施工现场十大员技术管理手册

质 量 员

（第二版）

潘延平 主编
辛达帆 邱 震 副主编

中国建筑工业出版社

图书在版编目（CIP）数据

质量员/潘延平主编．—2 版．—北京：中国建筑工业出版社，2004
（施工现场十大员技术管理手册）
ISBN 978-7-112-06838-8

Ⅰ．质...　Ⅱ．潘...　Ⅲ．建筑工程—工程质量—质量控制—技术手册　Ⅳ．TU712-62

中国版本图书馆 CIP 数据核字（2004）第 085554 号

施工现场十大员技术管理手册

质　量　员

（第二版）

潘延平　主编

辛达帆　邱　震　副主编

*

中国建筑工业出版社出版、发行（北京西郊百万庄）
各地新华书店、建筑书店经销
北京市安泰印刷厂印刷

*

开本：787×1092 毫米　1/32　印张：23　字数：512 千字
2005 年 3 月第二版　　2010 年 6 月第十七次印刷
定价：**36.00** 元
ISBN 978-7-112-06838-8
（12792）

《质量员》(第二版)是以所颁布的《建筑工程施工质量验收统一标准》GB50300—2001和相关专业的施工质量验收规范为依据,对建筑工程每个分部的材料和设备要求,施工工艺和过程质量控制要求,以及质量验收标准和质量管理工作等一一作了详细介绍。

本书对建筑电气工程、通风与空调工程以及建筑给排水与采暖工程的介绍也比第一版详细。

本书可供建筑施工企业技术管理人员、施工人员及质量检验人员参考。

*　　*　　*

责任编辑:袁孝敏
责任设计:孙　梅
责任校对:刘玉英

第二版说明

我社1998年出版了一套“施工现场十大员技术管理手册”(一套共10册)。该套丛书是供施工现场最基层的技术管理人员阅读的,他们的特点是工作忙、热情高、文化和专业水平有待提高,求知欲强。“丛书”发行6~7年来不断重印,总印数达40~50万册,可见,丛书受到读者好评。

当前,建筑业已进入一个新的发展时期:为建筑业监督管理体制改革鸣锣开道的《中华人民共和国建筑法》、《中华人民共和国招标投标法》、《建设工程质量管理条例》、《建设工程安全生产管理条例》,……等一系列国家法律、法规已相继出台;2000年以来,由建设部负责编制的《建筑工程施工质量验收统一标准》GB50300—2001和相关的14个专业工程施工质量验收规范也已全部颁布,全面调整了建筑工程质量管理和验收方面的要求。

为了适应这一新的建筑业发展形势,我社诚恳邀请这套丛书的原作者,根据6~7年来国家新颁布的建筑法律、法规和标准、规范,以及施工管理技术的新动向,对原丛书进行认真的修改和补充,以更好地满足广大读者、特别是基层技术管理人员的需要。

中国建筑工业出版社

2004年8月

出版说明

目前,我国建筑业发展迅速,全国城乡到处都在搞基本建设,建筑工地(施工现场)比比皆是,出现了前所未有的好形势。

活跃在施工现场最基层的技术管理人员(十大员),其业务水平和管理工作的好坏,已经成为我国千千万万个建设项目能否有序、高效、高质量完成的关键。这些基层管理人员,工作忙、有热情,但目前的文化业务水平普遍还不高,其中有不少还是近期从工人中提上来的,他们十分需要培训、学习,也迫切需要有一些可供工作参考的知识性、资料性读物。

为了满足施工现场十大员对技术业务知识的需求,满足各地对这些基层管理干部的培训与考核,我们在深入调查研究的基础上,组织上海、北京有关施工、管理部门编写了这套"施工现场十大员技术管理手册"。它们是《施工员》、《质量员》、《材料员》、《定额员》,《安全员》、《测量员》、《试验员》、《机械员》、《资料员》和《现场电工》,书中主要介绍各种技术管理人员的工作职责、专业技术知识、业务管理和质量管理实施细则,以及有关专业的法规、标准和规范等,是一套拿来就能教、能学、能用的小型工具书。

中国建筑工业出版社

1998年2月

《质量员》(第二版)编写人员名单

主　审: 张国琮　徐　伟

主　编: 潘延平

副主编: 辛达帆　邱　震

成　员: 石国祥　孙玉明　余洪川　徐佳彦

翁益民　季　晖　陶为农　司徒伊俐

黄建中　吴晓宇　蔡振宇　朱明德

王国庆　鲍　逸　李慧萍　胡　宽

宋　玮　杨凤芳　余康华

第二版前言

建筑施工现场十大员管理手册之一《质量员》，自1998年发行至今已有6年之久。著作的出版对我国建筑施工现场技术管理人员，特别是对建筑施工企业的项目经理、质理检验人员与现场管理人员掌握工程质量基本概念、专业技术知识、质量检验与评定标准、质量控制重点要领，以及有关工程质量的法规、标准与规范等起了关键的作用，保证了我国千千万万个建设项目有序、高效、高质量的完成。

随着我国建筑业进一步迅猛发展，新技术、新工艺、新材料的不断推广，建筑施工队伍不断扩大，新管理人员、新工人进一步充实进建筑施工队伍；特别是国家颁发了《建筑工程施工质量验收统一标准》(GB50300—2001)和14项建筑工程各专业工程施工质量验收系列规范，全面调整了建筑工程质量验收规范与评定标准的内容、要求与操作方法，且为适应中国进入WTO，质量管理需进一步与国际接轨，原《质量员》书中不少内容已不再适应当前建筑业施工现场质量管理的要求。为顺应建筑工程质量验收制度改革和推进“验评分离、强化验收、完善手段、过程控制”，《质量员》原作者们邀请了其他一些专家，在上海市建设工程安全质量监督总站与上海市建筑施工行业协会工程质量和安全监督专业委员会的组织下，对原出版的《质量员》进行了认真的修改、补充和改编。

本次再版后共分15个部分，包括建筑施工工程质量管理的概念和质量员工作职责、地基与基础工程、砌体工程、混凝土结构工程、钢结构工程、木结构工程、装饰装修与幕墙工程、建筑地面工程、地下防水工程、屋面工程、建筑电气工程、通风与空调工程、建筑给排水及采暖工程、质量保证资料和质量检验评定。

愿本书的再版，能为我国建筑施工企业技术管理人员和质量检验人员掌握工程质量管理、控制、检验的新标准、新知识与提高应用能力继续作出有益的贡献！

由于时间仓促，书中内容难免有欠缺、疏漏，敬请广大读者谅解和指正。

编　者

2004年4月15日

目　录

1 工程质量管理的概念与质量员工作职责

1.1 工程质量管理的概念与发展

本章旨在对建筑工程质量管理的基本概念,以及质量员在质量管理中的职责作出基本阐述。

1.1.1 质量的概念(简述)

1. 我国国家标准和国际标准有关质量的定义

我国国家标准和国际标准有关质量(品质)的定义是"反映产品或服务满足明确或隐含需要能力的特征和特性的总和"。

定义中指出的"明确需要",一般是指在合同环境中,用户明确提出的要求或需要。这一般应通过合同关系予以明文规定,由供方保证实现。

定义中指出的"隐含需要",一般是指非合同环境(即市场环境)中,用户未提出或未提出明确要求,而由生产企业通过市场调研进行识别与探明的要求或需要。

定义中提出的"特性和特征",是"需要"的定性与定量表现,因而也是用户评价产品过程或服务满足需要程度的参数与指标系列,即"需要",可以包括可用性、安全性、可获得性、可靠性、可维修性、经济性和环境等几个方面。

国家标准和国际标准中的定义,从适用性和符合性两个角度,较为全面地表述了质量的涵义,既有科学性,又有可操作性。

2. 产品质量的解释

产品分有形产品和无形产品。有形产品是经过加工的成品、半成品、零部件，如电视机、洗衣机、汽车、拖拉机、棉纱、建筑工程、市政设施等；无形产品包括各种形式的服务，如修理、商贸、电讯、运输等。

所谓产品质量，即产品能满足人们从事生产和生活所需要的那些使用价值及其属性。对有形产品质量来说，包括适用性、耐久性、可靠性及经济性等；对无形产品质量来说，包括功能性、经济性、安全性、时间性、舒适性和文明性等。表现产品的这些特性和特征的参数与技术经济指标，称为产品质量特性。产品质量特性，可归纳为如下五个方面：

(1)性能——产品满足使用目的所具备的技术属性。如电视机的图像清晰，色彩柔和；冰箱的制冷速度，冷冻温度；混凝土的强度等。

(2)寿命——产品能够正常使用的期限。如灯泡的使用小时数，柴油机大修周期等。

(3)可靠性——产品在规定时间内，规定的条件下，完成规定工作任务的能力。如电视机的平均无故障工作时间，测量工具的精度稳定性，材料与零件的持久性、耐用性等。可靠性必须使用一段时间后才能显示出来。

(4)安全性——产品在流通、操作、使用中保证人身与环境免遭危害的程度。如电器的使用电压，食品的卫生指标，机器的噪声强度，工业产品产生公害、污染的程度。

(5)经济性——产品从设计、制造到整个产品使用寿命周期的成本大小，具体表现为设计成本、制造成本、使用成本三者之和。

3. 建筑工程质量的解释

建筑工程是一种综合加工的特殊产品，有其生产经营管理活动自身的、同其他工业生产不同的特点。它是"单件、定做"的产品。工程质量的质量特性除具有一般产品共同具有的特性之外，还有其特殊之处：

(1)理化方面——如耐酸、耐碱、耐腐蚀、防水、防火、防风化、防尘、隔热、御寒、采光、通风等性能。

(2)结构方面——防振、减振、抗震、承受拉力、压力、弯矩，连接点的强度和韧性，整体性，稳定性等性能。

(3)使用方面——住宅工程要求平面合理、使用方便；工业建筑要考虑专业工艺特点；公共建筑则要求具有广泛的社会性，要在体型、立面、色调、内部空间、庭院绿化等方面给人以美的享受。

(4)外观方面——如造型、布置以及室内外装饰给人的观感要美观、协调、大方，并通过施工操作达到设计所期望的效果。

(5)经济方面——建造成本低、维修费用省、生产效率高。

1.1.2 质量管理的发展

1. 质量检验阶段

质量检查制度形成于20世纪初，质量管理演变到工长的质量管理。这一时期，现代工厂大量出现，在工厂中，执行相同任务的人划为一个班组，以工长为首进行指挥，于是，演变到工长对工人进行质量负责的阶段。在第一次世界大战期间，制造工业复杂起来，对生产工长报告的工人数增加，于是，第一批专职的检验人员就从生产工人中分离出来，从而走上了质量管理正规的第一阶段，即质量检验阶段。

质量检验阶段在20世纪初期，第一次世界大战到第二次世界大战之前，即20~30年代达到高峰。主要代表人物是美国的工程师、科学管理者泰罗。主要贡献是：首次将检验作为一种管理职能从生产过程中分离出来，建立了专职的检验制度。包括：设立专职检验人员、检验机构，制定检验的基本依据——技术标准。泰罗为了适应大量生产的要求，实行零部件的标准化、通用化，与之相关的计量技术也得到很大的发展，使质量检验从经验走向科学。

检验制度的缺陷：(1)为"事后检验"制度。主要是在产品生产之后，将不合格的废品从产品中挑出来，形成较大的浪费，无法补救。(2)检验的产品为100%的逐个检验，造成人力、物力的浪费，在生产规模逐渐扩大的情况下，这种检验是不合理的。

20世纪20年代，一些著名的统计学家和管理学家注意到了质量检验的弱点，并设法用数理统计的原理去解决这些问题。1924年工程师休哈特提出了控制和预防缺陷的观点，陆续发表了论文，出版了《工业产品质量的经济控制》一书，成为提出数理统计引入质量管理的先驱。

2. 统计质量控制阶段

第二次世界大战，由于大量生产(特别是军需品)的需要，企业的质量检验的弱点越来越显示出来，质量检验成了生产中最薄弱的环节，生产企业无法预先控制质量，检验工作量很大。军火常常不能发出。休哈特于1924年首创工序控制图和巴奇与罗米特提出统计抽检检验原理和抽检表，取代了原始的质量检验方法。

质量统计方法给企业带来了巨额利润。战后很多企业运用这一方法，50年代达到高峰。在联合国教科文组织的赞助下，通过国际统计学会等一些国际性专业组织的努力，很多国家都积极开展统计质量控制活动，并取得成效。

统计质量控制阶段的特点是:(1)利用数理统计原理对质量进行控制;(2)将事后检验转变为事前控制;(3)将专职检验人员的质量控制活动转移给专职质量控制工程师和技术人员来承担;(4)改变最终检验为每道工序之中的抽样检验。

但是,统计质量控制也有其弱点:(1)过分强调质量控制而忽视其组织管理工作,使人们误认为统计方法就是质量管理;(2)因数理统计是比较深奥的理论,致使人们误认为质量管理是统计学家们的事情,对质量管理感到高不可攀。

尽管有一些弱点,但是,统计方法仍为质量管理的提高做出了显著的成绩。质量控制理论也从初期发展到成熟。

3. 全面质量管理阶段

全面质量管理理论始于 20 世纪 60 年代,在现阶段仍在不断完善和发展,主要代表人物是美国质量管理专家菲根堡姆和米兰等人。全面质量管理不排除检验质量管理和统计质量管理的方法。而是进一步采用现代生产技术,对一切与生产产品有关的因素进行系统管理,在此基础上,保证建立一个有效的、确保质量提高的质量体系。全面质量管理理论提出后,很快被各国接受,最有成效的是日本,日本全面引进管理技术,在工业产品质量方面迅速提高,有些产品(汽车、家用电器)一跃成为世界一流水平。

但是,全面质量管理也有其弱点:(1)随着世界经济的迅猛发展,各国之间的质量标准不尽统一,全面质量管理无力解决。(2)在世界经济市场的激烈竞争中,低价竞争愈演愈烈,使质量管理面临一个新的课题。

虽然全面质量管理有不足,但是,全面质量管理的出现使依赖质量检验和运用统计方法的质量管理,交付于全体人员,使全体人员都参加到质量管理之中,企业的各职能部门、各管理层、操作层，每一个人都与质量管理密切相连，把过去的事后检验和最后把关，转变为事前控制，以预防为主，把分散管理转变为全面的系统的综合管理，使产品的开发、生产全过程都处于受控状态，提高了质量，降低了成本。

4. 质量管理和质量保证阶段

国际标准化组织质量管理和质量保证技术委员会在多年协调努力的基础上，总结了各国质量管理和质量保证经验，经过各国质量管理专家近10年的努力工作，于1986年6月15日正式发布ISO8402《质量——术语》标准，1987年3月正式发布ISO9000~9004系列标准。

ISO9000系列标准的发布，使世界主要工业发达国家的质量管理和质量保证的概念、原则、方法和程序统一在国际标准的基础上，它标志着质量管理和质量保证走向规范化、程序化的新高度。

回顾质量管理的发展史，可以清醒地看到质量管理发展的过程是与社会的发展、科学技术的进步和生产力水平的提高相适应的，随着世界经济的发展，新技术产业的崛起，我们会面临新的挑战，人类会进一步研究质量管理理论，将质量管理推进到一个更新的发展阶段。

1.1.3 建筑工程质量管理

1. 建筑工程的特点

基本建设工程项目是由一个建筑物(房屋或构筑物)或是一组建筑物的组合。这些建筑物竣工以后，可以完整、独立地形成生产能力或使用价值。这些建筑物在建造上有如下特点：

(1)群体性。往往由一组不同功能的建筑物组成，发挥总体的作用，来满足人们生产和生活的需要。因此，在同一地点，要由不同专业、不同工种、不同工艺交叉生产。不像一般工业产品，采用比较单一工艺，不受干扰地进行生产。

(2)固定性。每一组建筑物都要固定在指定地点的土地上，分散进行生产。不像一般工业产品能够集中生产，自由运输。

(3)单一性。每一建筑物都要与周围环境相结合。由于环境、地基承载能力的变化，只能单独设计生产，不像一般工业产品，同一类型，可以批量生产。

(4)协作性。每一建筑物从设计、施工到固定设备安装，每一个步骤，都需要很多性质完全不同的工种，作为一项系列工程，安排计划，协作配合，才能进行生产。不像一般工业产品，只需要单一和少数工种配合，就可以生产。

(5)复合性。很多建筑物都是现场建造和工厂预制相结合的复合体。预制装配程度愈高，建筑工业化的水平也愈高。不像一般工业产品，在工厂生产流水线上组装生产。

(6)预约性。建筑物不像一般工业产品，可以拿到市场交换，它只能在现场根据预定的条件进行生产。因此，选择设计、施工单位，通过投标、竞争、定约、成交，就成为建筑业物质生产的一种特有方式。也就是事先对这项工程产品的工期、造价和质量提出要求，并要求在生产过程中，对工程质量进行必要的监督。

2. 建筑工程的质量要求

价值和使用价值，是商品的两大属性。建筑物的使用价值，表现为满足人们日常生活和生产活动中对建筑物的各种需求，也就是对工程产品的质量要求。作为对建筑物所应具备的使用价值，表现在如下几个方面：

(1)适用性。任何建筑物首先要满足它的使用要求。例如住宅，要满足居住的要求；影剧院要满足演出的要求；各类工厂要满足产品生产要求；码头要满足船舶停靠、装卸货物的要求。凡此种种不同使用功能要求，都要在一系列专门的工业与民用建筑标准、规范中加以明确。

(2)可靠性。任何建筑物都必须坚实可靠，足以承担它所负荷的人和物的重量；风、雪和自然灾害的侵袭。这就要求对荷载和钢、木、混凝土、砖石等不同性质的工程结构的计算分析方法，在相关的标准、规范中加以明确。

(3)耐久性。任何建筑物都要考虑满足它使用年限和防止水、火和腐蚀性物质的侵袭。这就要求对建筑布局、构造和使用材料制定一系列防水、防火、防腐蚀等标准、规范中加以明确。

(4)美观性。任何建筑物都要根据它的特点和所处的环境，为人们提供与环境协调、赏心悦目、丰富多彩的造型和景观，这就要求对建筑物的规划、布局、体型、装饰、园林绿化等方面制定一系列的标准、规范中加以明确。

(5)经济性。建筑物当满足了适用、可靠、耐久、美观等各种要求以后能否体现最佳的经济效益，主要取决于它的经济性。只有做到物美价廉，才能取得最大的经济效益。所以也要制定一系列定额、标准，作为衡量、控制造价的指标。

3. 工程质量与技术标准

对建筑物的质量要求，就在于以符合适用、可靠、耐久、美观等各项要求和符合当前经济上最优条件所制定的各项工程技术标准、定额和管理标准来最大限度地满足人们日益增长的生产和生活的需要。因此，制定建筑业的各类工程技术标准和管理标准，就成为确保工程质量和衡量经济效益的基础。而这些工程标准的制定都是通过科研和生产实践，制定合理的指标，通过鉴定、审批，在不同范围内，以国家标准、行业标准、地方标准和企业标准的形式颁布实施。

工程标准依其作用的不同，可分为基础标准、控制标准、方法标准、产品标准、管理标准五大类。名词术语、图例符号、模数、气象参数等为基础标准；满足安全、防火、卫生、环保要求以及工期、造价、劳动、材料定额等为控制标准；试验检测、设计计算、施工操作、安全技术、检查、验收、评定等为方法标准；确定工程材料、构配件、设备、建筑机具、模具等性能为产品标准；计划管理、质量管理、成本管理、技术管理、安全管理、劳动管理、机具管理、物料管理、财务管理等等为管理标准。

为了确保工程质量，取得最大经济效益，上述这些技术标准和管理标准，不仅是咨询、勘察、设计、施工企业据以生产的标准，也是国家据以进行工程质量监督、检查和评价的标准。而这些标准的编修颁发工作，不是一劳永逸，它是随着生产的发展、技术的进步、生活水平的提高，不断地充实、完善和更新。所以每一个标准、规范等技术、管理文件，都要落实到编制管理单位的长期管理，并收集反馈信息，及时进行修定，才能为确保工程质量，提高工程经济效益，奠定良好的基础。

4. 工程质量与经济效益

任何一个基本建设工程项目，在运营上，只有满足它的使用功能要求，才能充分发挥它的经济效益。经济效益就是在物质资料生产过程中，以尽量少的活劳动和物化劳动消耗，为社会提供更多的使用价值，更好地满足人们的需要。衡量经济效益，不仅看产品的价值——它所消耗的劳动，更重要的是它的使用价值。只有产品符合社会需要，才能使它的劳动消耗得到承认，才能使它的价值和使用价值得以实现，这才算是有了真正的经济效益。一个基本建设工程项目，能否有效发挥它的使用价值，取得它预期的经济效益，主要取决于所修建工程的设计质量、施工质量和工程产品质量是否能满足工程项目各项使用功能指标的要求。因此,确保基本建设工程的质量,将是整个基本建设工程的核心。

1.1.4 建筑工程质量控制

1. 工程项目质量的特点

工程项目质量特点:工程项目质量的特点是由工程项目的特点决定的。工程项目的特点主要有:

(1)具有单项性。工程项目不同于工厂中连续生产的相同产品,它是按业主的建设意图单项进行设计的。其施工内外部管理条件、所在地点的自然和社会环境、生产工艺过程等也各不相同。即使类型相同的工程项目,其设计、施工也会存在着千差万别。

(2)具有实施一次性与寿命的长期性。工程项目的实施必须一次成功,它的质量必须在建设的一次过程中全部满足合同规定要求。它不同于制造产品,如果不合格可以报废,售出的可以用退货或退还货款的方式补偿顾客的损失。工程项目质量不合格会长期影响生产使用,甚至危及生命财产的安全。

(3)具有高投入性。任何一个工程项目都要投入大量的人力、物力和财力,投入建设的时间也是一般制造业产品所不可比拟的。因此,业主和实施者对于每个项目都需要投入特定的管理力量。

(4)具有生产管理方式的特殊性。工程项目施工地点是特定的,产品位置固定而操作人员流动。因此,这些特点形成了工程项目管理方式的特殊性。这种管理方式的特殊性还体现在工程项目建设必须实施监督管理。这样可以对工程质量的形成有制约和提高的作用。

(5)具有风险性。工程项目在自然环境中进行建设,受大自然的阻碍或损害很多。由于建设周期很长,遭遇社会风险的机会也多,工程的质量会受到或大或小的影响。

正是由于上述工程项目的特点而形成了工程质量本身的特点,即:

(1)影响因素多。如决策、设计、材料、机械、环境、施工工艺、施工方案、操作方法、技术措施、管理制度、施工人员素质等均直接或间接地影响工程项目的质量。

(2)质量波动大。工程建设因其具有复杂性、单一性,不像一般工业产品的生产那样,有固定的生产流水线,有规范化的生产工艺和完善的检测技术,有成套的生产设备和稳定的生产环境,有相同系列规格和相同功能的产品,所以其质量波动性大。

(3)质量变异大。由于影响工程质量的因素较多,任一因素出现质量问题,均会引起工程建设系统的质量变异,造成工程质量事故。

(4)质量隐蔽性。工程项目在施工过程中,由于工序交接多,中间产品多,隐蔽工程多,若不及时检查并发现其存在的质量问题,事后看表面质量可能很好,容易产生判断错误,即:将不合格的产品认为是合格的产品。

(5)终检局限大。工程项目建成后,不可能像某些工业产品那样,可以拆卸或解体来检查内在的质量。所以工程项目终检验收时难以发现工程内在的、隐蔽的质量缺陷。

所以,对工程质量更应重视事前控制、事中严格监督,防患于未然,将质量事故消灭于萌芽之中。

2. 工程项目质量控制

质量控制是指为达到质量要求所采取的作业技术和活动。质量要求需要转化为可用定性或定量的规范表示的质量特性,以便于质量的控制执行和检查。质量控制要贯穿于质量形成的全过程、各环节,要排除这些环节的技术、活动偏离有关规范的现象,使其恢复正常,达到控制的目的。

质量控制的内容是"采取的作业技术和活动"。这些活动包括:(1)确定控制对象,例如一道工序、设计过程、制造过程等。(2)规定控制标准,即详细说明控制对象应达到的质量要求。(3)制定具体的控制方法,例如工艺规程。(4)明确所采用的检验方法,包括检验手段。(5)实际进行检验。(6)说明实际与标准之间差异的原因。(7)为解决差异而采取的行动。

工程项目质量控制可定义为:为达到工程项目质量要求采取的作业技术和活动。工程项目质量要求则主要表现为工程合同、设计文件、技术规范规定的质量标准。因此,工程项目质量控制就是为了保证达到工程合同设计文件和标准规范规定的质量标准而采取的一系列措施、手段和方法。

工程项目质量控制按其实施者不同,包括三方面:

(1)业主方面的质量控制与工程建设监理的质量控制。其特点是外部的、横向的控制。

工程建设监理的质量控制,是指监理单位受业主委托,为保证工程合同规定的质量标准对工程项目进行的质量控制。其目的在于保证工程项目能够按照工程合同规定的质量要求达到业主的建设意图,取得良好的投资效益。其控制依据除国家制定的法律、法规外,主要是合同文件、设计图纸。在设计阶段及其前期的质量控制以审核可行性研究报告及设计文件、图纸为主,在审核基础上确定设计是否符合业主要求。在施工阶段驻现场实地监理,检查是否严格按图施工,并达到合同文件规定的质量标准。

(2)政府方面的质量控制——政府监督机构质量控制。其特点是外部的、纵向的控制。

政府监督机构的质量控制是按城镇或专业部门建立有权威的工程质量监督机构，根据有关法规和技术标准，对本地区（本部门）的工程质量进行监督检查。其目的在于维护社会公共利益，保证技术性法规和标准贯彻执行。其控制依据主要是有关的法律文件和法定技术标准。在设计阶段及其前期的质量控制以审核设计纲要、选址报告、建设用地申请及施工图设计文件为主，施工阶段以不定期的检查为主，审核是否违反城市规划，是否符合有关技术法规、标准的规定，对环境影响的性质和程度大小，有无防止污染、公害的技术措施。因此，政府质量监督机构对工程进行质量验收程序监督和竣工工程备案，是工程交付使用的依据。

(3)承建商方面的质量控制。其特点是内部的、自身的控制。

3. 工程项目质量的形成与控制过程

(1)工程项目质量形成的系统过程

工程项目质量是按照工程建设程序，经过工程建设系统各个阶段而逐步形成的。其形成的系统过程如图 1-1 所示。

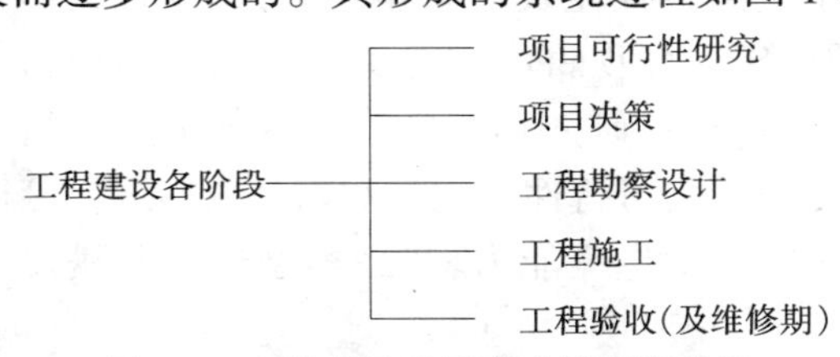

图 1-1 工程项目质量形成的系统过程

工程建设各阶段的主要内容包括：

1)项目可行性研究：论证项目在技术、经济上的可行性与合理性，是决策是否立项，确定质量目标与水平的依据。

2)项目决策：决定项目是否投资建设，确定项目质量目标与水平。

3)工程设计:将工程项目质量目标与水平具体化,直接关系到项目建成后的功能和使用价值。

4)工程施工:使合同要求和设计方案得以实现,最终形成工程实体质量。

5)工程验收:最终确认工程质量是否达到要求及达到的程度。

要实现对工程项目质量的控制,就必须严格执行工程建设程序,对工程建设过程中各个阶段质量严格控制。工程建设的不同阶段,对工程项目质量的形成起着不同的作用和影响。具体表现在:

项目可行性研究对工程项目质量的影响。项目可行性研究是运用技术经济学原理,在对投资建议有关的技术、经济、社会、环境等所有方面进行调查研究的基础上,对各种可能的拟建方案和建成投产后的经济效益、社会效益和环境效益等进行技术分析、预测和论证,确定项目建设的可行性,并在可行的情况下提出最佳建设方案作为决策、设计的依据。在此阶段,需要确定工程项目的质量要求,并与投资目标相协调。因此,项目的可行性研究直接影响项目的决策质量和设计质量。这就要求项目可行性研究应对以下内容进行分析论证:

1)建设项目的生产能力、产品类型适合和满足市场需求的程度。

2)建设地点(或厂址)的选择是否符合城市、地区总体规划要求。

3)资源、能源、原料供应的可靠性。

4)工程地质、水文地质、气象等自然条件的良好性。

5)交通运输条件是否有利生产、方便生活。

6)治理"三废"、文物保护、环境保护等的相应措施。

7)生产工艺、技术是否先进、成熟,设备是否配套。

8)确定的工程实施方案和进度表是否最合理。

9)投资估算和资金筹措是否符合实际。

项目决策阶段对工程项目质量的影响。项目决策阶段,主要是确定工程项目应达到的质量目标及水平。对于工程项目建设,需要控制的总体目标是投资、质量和进度,它们三者之间是互相制约的。要做到投资、质量、进度三者协调统一,达到业主最为满意的质量水平,则应通过可行性研究和多方案论证来确定。因此,项目决策阶段是影响工程项目质量的关键阶段,要能充分反映业主对质量的要求和意愿。在进行项目决策时,应从整个国民经济的角度出发,根据国民经济发展的长期计划和资源条件,有效地控制投资规模,以确定工程项目最佳的投资方案、质量目标和建设周期,使工程项目的预定质量标准,在投资、进度目标下能顺利实现。

工程设计阶段对工程项目质量的影响。工程项目设计阶段,是根据项目决策阶段已确定的质量目标和水平,通过工程设计使其具体化。设计在技术上是否可行、工艺是否先进、经济是否合理、设备是否配套、结构是否安全可靠等,都将决定着工程项目建成后的使用价值和功能。因此,设计阶段是影响工程项目质量的决定性环节。

工程施工阶段对工程项目质量的影响。工程项目施工阶段,是根据设计文件和图纸的要求,通过施工形成工程实体。这一阶段直接影响工程的最终质量。因此,施工阶段是工程质量控制的关键环节。

工程竣工验收阶段对工程项目质量的影响。工程项目竣工验收阶段,就是对项目施工阶段的质量进行试车运转、检查评定、考核质量目标是否符合设计阶段的质量要求。这一阶段是工程建设向生产转移的必要环节，影响工程能否最终形成生产能力，体现了工程质量水平的最终结果。因此，工程竣工验收阶段是工程质量控制的最后一个重要环节。

从工程项目质量的形成过程可知，要控制工程项目的质量，就应按照建设过程的程序依次控制各阶段的工程质量。

在可行性研究和项目决策阶段的质量控制，要保证选址合理，使项目的质量要求和标准符合业主的意图，并与投资目标相协调，使建设的项目与所在地区环境相协调，为项目在长期使用过程中创造良好的运行条件和环境。

在工程设计阶段的质量控制，一是要选择好设计单位，要通过设计招标，组织设计方案竞赛，从中选择能保证设计质量的设计单位。二是要保证各部分的设计符合决策阶段确定的质量要求。三是要保证各部分设计符合有关技术法规和技术标准的规定。四是要保证各专业设计部分之间的协调。五是要保证设计文件、图纸符合现场和施工的实际条件，其深度应能满足施工的要求。

在工程施工阶段的质量控制，具有特殊的重要意义。施工阶段是形成工程项目实体的阶段，是形成项目使用价值的过程，因此，这个阶段的质量控制是整个工程质量控制的重要内容。而工程竣工验收的质量控制更是对施工过程质量控制的总结。

综上所述，工程项目质量的形成是一个系统的过程，即工程质量是由可行性研究、投资决策、工程设计、工程施工和竣工验收各阶段质量的综合反映。

(2)工程项目质量控制过程

1)施工阶段质量控制应遵循的原则：

a. 坚持质量第一原则。建筑产品作为一种特殊的商品，使用年限长，是“百年大计”，直接关系到人民生命财产的安全。所以，应自始至终地把“质量第一”作为对工程项目质量控制的基本原则。

b. 坚持以人为控制核心。人是质量的创造者，质量控制必须“以人为核心”，把人作为质量控制的动力，发挥人的积极性、创造性，处理好业主监理与承包单位各方面的关系，增强人的责任感，树立“质量第一”的思想，提高人的素质，避免人的失误，以人的工作质量保证工序质量、保证工程质量。

c. 坚持以预防为主。预防为主是指要重点做好质量的事前控制、事中控制，同时严格对工作质量、工序质量和中间产品质量的检查。这是确保工程质量的有效措施。

d. 坚持质量标准。质量标准是评价产品质量的尺度，数据是质量控制的基础。产品质量是否符合合同规定的质量标准，必须通过严格检查，以数据为依据。

e. 贯彻科学、公正、守法的职业规范。在控制过程中，应尊重客观事实，尊重科学，客观、公正、不持偏见，遵纪守法，坚持原则，严格要求。

2)施工阶段质量控制因素：

施工阶段的质量控制是一个由投入物质量控制→施工过程质量控制→产出物质量控制的全过程、全系统的控制过程。由于工程施工也是一种物质生产活动，因此在全过程系统控制过程中，应对影响工程项目实体质量的五大因素实施全面控制。五大因素系指：人（Man）、材料（Material）、机械（Machine）、方法（Method）、环境（Environment），简称4M1E质量因素。其具体构成如图1-2所示。

3)施工阶段质量控制系统的组织：

工程技术只有通过科学的组织管理才能充分地发挥其效能。以下就从几个方面作一概略介绍。

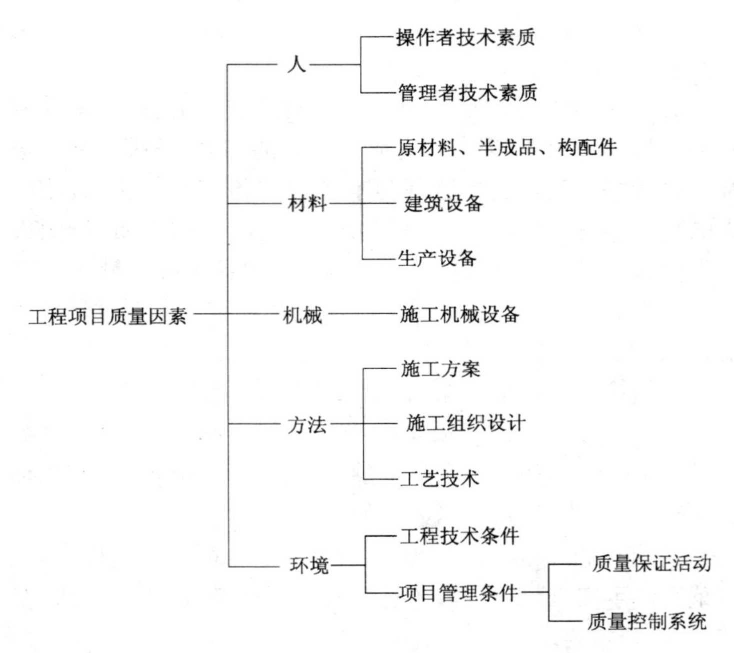

图 1-2　影响工程项目实体质量的因素

①质量控制系统的组织模式：组织是管理的一项重要职能，质量控制系统组织的功能是通过任务结构和权力关系的设计，来协调工程项目施工的各方面并共同努力。其组织模式有直线制、职能制、直线职能制、矩阵制等。典型的施工现场的质量控制系统组织如图 1-3。

②质量控制系统的检验工作程序：为了使质量控制系统能够有条不紊的运转，每当一个分部分项或单位工程完工后，承包商应请业主（或业主委托的监理工程师）对分部分项或单位工程进行质量检验。承包商向业主（或监理工程师）提出质量检验申请，必须在 24h 以内送给业主（监理工程师），业主（或监理工程师）必

须及时转达有关信息,进行协调工作,避免影响承包商的工作进度及随之而来的索赔。质量控制系统的检验工作程序见图 1-4。

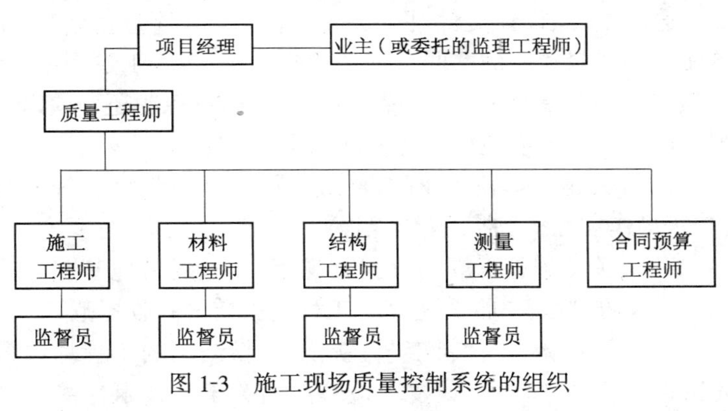

图 1-3　施工现场质量控制系统的组织

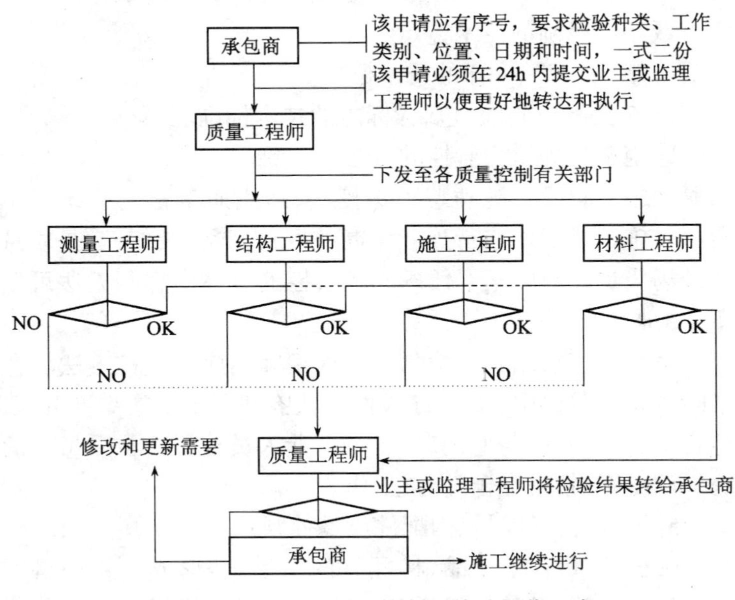

图 1-4　施工阶段质量控制的检验工作程序

4)施工阶段质量控制的依据及方法：

①施工阶段质量控制的依据：

合同文件、设计文件(图纸)、工程施工质量验收规范，是施工阶段质量控制的共同依据。除此之外，在施工过程中，工序质量控制及原材料、半成品、构配件的质量控制还必须以下列专门技术法规或规定作为控制依据。

a. 有关建筑安装作业的操作规程。如《电焊操作规程》、《抹灰操作规程》、《油漆操作规程》等。

b. 有关工程施工规程及验收规范。如《建筑地基基础施工质量验收规范》、《混凝土结构工程施工质量验收规范》等。

c. 凡采用新材料、新工艺、新技术、新结构的工程均应事先进行试验，并提交权威技术检验部门关于其技术性能的鉴定书或相应级别的技术鉴定。

d. 有关试验、取样的技术标准。

e. 有关材料验收、包装、标志的技术标准。

②施工现场质量监控的方法：

在施工阶段实施动态跟踪控制，运用质量控制系统在工程项目施工过程中进行连续不断的评价、验证及纠偏，是质量员现场质量监控的基本任务。其监控的具体内容和方法可用图 1-5 来表示。

目视检查与试验室检测是两种相辅相成的监控方法。在实际的施工过程中，常常将两种方法有机结合，交叉使用，以达到监控的目的，与此同时，各种专业人员也需要在质量员的统一调度下，紧密配合，协调工作。

5)原材料、半成品、构配件质量控制：

工程原材料、半成品、构配件的质量，是形成工程项目实体质量的基础，对其进行质量控制，是实现工程质量目标，确保投资及进度计划顺利进行的必要途径。

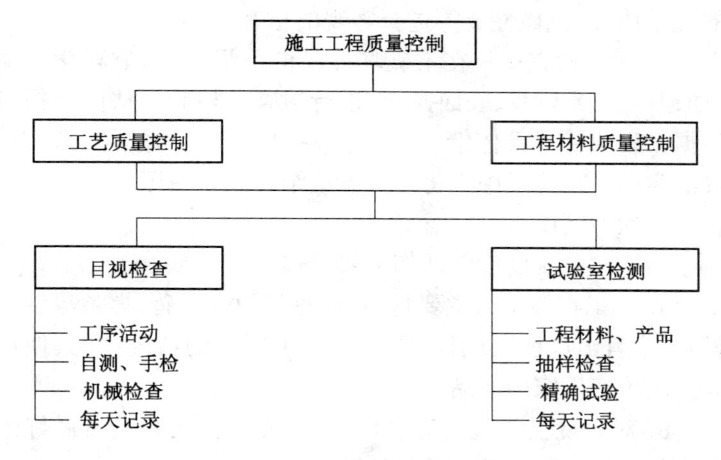

图 1-5　施工现场质量监控的内容和方法

①检验原则：

工程原材料、半成品、构配件进入施工现场，必须经质量员检验认可后，方可在工程项目上使用。因此，质量员在进行质量检验时，必须遵循质量标准原则和及时检验原则。

a. 质量标准原则：质量标准的直接依据是工程合同。如果合同中未作出具体规定的，则应根据工程项目的整体质量目标，援引相应的，技术规范或规定进行处理。

b. 及时检验原则：及时检验是为了防止停工待料，避免由此引起的工期延误所造成的损失。

②检验方法：

常见的检验方法有：

a. 资料检查——即有关的技术文件和质量保证资料。

b. 外观检查——对样品作品种、规格、标记、外形几何尺寸等方面的直观检查。

c.理化检查——借助科学仪器或委托有关单位，对样品的化学成分，机械性能等进行客观的检查。

d.无损检查——在不破坏样品的前提下，依靠科学仪器（如超声波、X射线、表面探伤）进行检查。检验方法的选择应根据工程项目的具体情况及原材料、半成品、构配件的来源、灵活掌握。在实践中常将几种方法结合起来使用。

③检验制度：

质量检验制度应包括如下要点：

a.对工程施工的主要材料，如钢材、水泥、砖、焊条等结构材料，应有出厂证明或检验单，并提供厂家的情况，严禁使用非正规生产厂家的产品。

b.对混凝土、砂浆、防水材料等，要监督实验人员做好配合比并按规定制作试块进行检验。

c.对钢筋混凝土构件及预应力混凝土构件，应按有关规定做抽样检查。

d.对预制加工厂生产的成品、半成品，应由生产厂家提供出厂合格证明，必要时可作抽样检查。

e.对新材料、新构件，要经过技术鉴定合格后方可在工程上使用。

1.2 工程施工质量员职责

按照全面质量管理的观点，企业要保证工程质量，必须实行全企业、全员、全过程的质量管理。工程质量是施工单位各部门、各环节、各项工作质量的综合反映，质量保证工作的中心是认真履行各自的质量职能，所以，建立各部门、各级人员的质量责任制是十分必要的。质量责任制要目标明确，职责分明，权责一致，避免互不负责、互相推诿，贻误或影响质量保证工作。

对于一个建设工程来说，项目质量员应对现场质量管理的实施全面负责，因此，质量员的人选很重要。其必须具备如下素质：

(1)足够的专业知识。质量员的工作具有很强的专业性和技术性，必须由专业技术人员来承担，一般要求应连续从事本专业工作三年以上。此外，对于设计、施工、材料、测量、计量、检验、评定等各方面专业知识都应了解精通。

(2)较强的管理能力和一定的管理经验。质量员是现场质量监控体系的组织者和负责人，具有一定的组织协调能力也是非常必要的，一般有两年以上的管理经验，才能胜任质量员的工作。

(3)很强的工作责任心。质量员除派专人负责外，还可以由技术员、项目经理助理、内业技术员等其他工程技术人员担任。

1.2.1　工程施工质量员的基本工作与质量责任

质量员负责工程的全部质量控制工作，明确质量控制系统中每一人员的称谓，并规定相应的职责和责任。负责现场各组织部门的各类专项质量控制工作的执行。质量员负责向工程项目班子所有人员介绍该工程项目的质量控制制度，负责指导和保证此项制度的实施，通过质量控制来保证工程建设满足技术规范和合同规定的质量要求。具体有：

(1)负责适用标准的识别和解释。

(2)负责质量控制手段的介绍，指导质量保证活动。如负责对机械、电气、管道、钢结构以及混凝土工程的施工质量进行检查、监督；对到达现场的设备、材料和半成品进行质量检查；对焊接、铆接、螺栓、设备定位以及技术要求严格的工序进行检查；检查和验收隐蔽工程并做好记录等。

(3)组织现场试验室和质监部门实施质量控制。

(4)建立文件和报告制度,包括建立一套日常报表体系。报表汇录和反映以下信息:将要开始的工作;各负责人员的监督活动;业主提出的检查工作的要求;在施工中的检验或现场试验;其他质量工作内容。此外,现场试验简报是极为重要的记录,每月底须以表格或图表形式送达项目经理及业主,每季度或每半年也要进行同样汇报,报告每项工作的结果。

(5)组织工程质量检查,主持质量分析会,严格执行质量奖罚制度。

(6)接受工程建设各方关于质量控制的申请和要求,包括向各有关部门传达必要的质量措施。如质量员有权停止分包商不符合验收标准的工作,有权决定需要进行实验室分析的项目并亲自准备样品、监督实验工作等。

(7)指导现场质量监督员的质量监督工作。

质监员的主要职责有:

1)巡查工程,发现并纠正错误操作;

2)记录有关工程质量的详细情况,随时向质量员报告质量信息并执行有关任务;

3)协助工长搞好工程质量自检、互检和交接检,随时掌握各分项工程的质量情况;

4)整理分项、分部和单位工程检查评定的原始记录,及时填报各种质量报表,建立质量档案。

1.2.2 工程施工质量员的职责

1. 施工阶段的质量控制

施工阶段的质量控制可以分为以下三个阶段的质量控制:事前控制、过程控制、事后控制。

事前控制:即施工前准备阶段进行的质量控制。它是指在各工程对象正式施工活动开始前,对各项准备工作及影响质量的因素和有关方面进行质量控制，它包括审查施工队伍的技术资质，采购和审核对工程有重大影响的材料、施工机械、设备等。也就是对投入工程的资源和条件进行质量控制。

过程控制：即施工过程中进行的所有与施工过程有关各方面、各环节的质量控制，也包括对施工过程中的之间产品（工序产品或分项、分部工程产品）的质量控制。

事后控制：它是指对于通过施工过程完成的具有独立功能和使用价值的最终产品（单位工程或工程项目）及其有关方面（例如质量文档）的质量进行控制。也就是对已完工项目的质量检验验收控制。

以上三阶段的质量控制系统过程及其所涉及的主要方面一般如图 1-6：

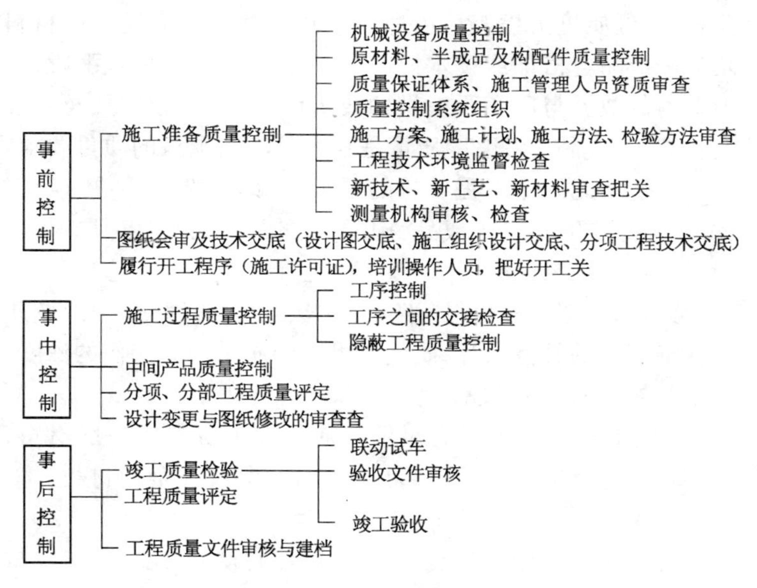

图 1-6　质量控制系统

2. 质量员在各阶段的职责

(1)施工准备阶段职责:

事前控制对保证工程质量具有很重要的意义。质量员在本阶段的主要职责有以下三方面:

1)建立质量控制系统:建立质量控制系统,制订本项目的现场质量管理制度,包括现场会议制度、现场质量检验制度、质量统计报表制度、质量事故报告处理制度,完善计量及质量检测技术和手段。协助分包单位完善其现场质量管理制度,并组织整个工程项目的质量保证活动。建章立制是保证工程质量的前提,也是质量员的首要任务。

2)进行质量检查与控制:对工程项目施工所需的原材料、半成品、构配件进行质量检查与控制。重要的预订货应先提交样品、经质量员检查认可后方进行采购。凡进场的原材料均应有产品合格证或技术说明书。通过一系列检验手段,将所取得的数据与厂商所提供的技术证明文件相对照,及时发现材料(半成品、构配件)质量是否满足工程项目的质量要求。一旦发现不能满足工程质量的要求,立即重新购买、更换,以保证所采用的材料(半成品、构配件)的质量可靠性。同时,质量员将检验结果反馈厂商,使之掌握有关的质量情况。

此外,根据工程材料(半成品、构配件)的用途、来源及质量保证资料的具体情况,质量员可决定质量检验工作的深度,通常可按下列情况掌握:

①免检——对于已有足够的质量保证资料的一般材料;或实践证明质量长期稳定,且质量保证资料齐全的材料。一般建筑企业很少对材料和半成品免检。

②抽检——对资料有怀疑或与合同规定不符的一般材料;材料标记不清或怀疑材料质量有问题;由工程材料重要程

度决定应进行一定比例的实验,或需要进行追踪检验以控制其质量保证的可靠性。

③全部检查——对于重要工程或虽非重要工程,但属关键性施工部位所用的材料,为了确保工程适用性和安全可靠性要求而对材料质量有严格要求时。

3)组织或参与组织图纸会审

①审查图纸组织:

a. 规模大、结构特殊或技术复杂的工程由公司总工程师在项目质量员的配合下组织分包技术人员,采用技术会议的形式进行图纸审查。

b. 企业列为重点的工程,由工程处主任工程师组织有关技术人员进行图纸审查,项目质量员配合。

c. 一般工程由项目质量员组织技术队长、工长、翻样师傅等进行图纸审查。

②图纸会审程序:

在图纸会审以前,质量员必须组织技术队长或主任工程师、分项工程负责人(工长)及预算人员等学习正式施工图,熟悉图纸内容的要求和特点,并由设计单位进行设计交底,以达到明确要求,彻底弄清设计意图,发现问题,消灭差错的目的。

图纸审查包括学习、初审、会审、综合会审四个阶段。

③图纸会审重点:

图纸会审应以保证建筑物的质量为出发点,对图纸中有关影响建筑物性能、寿命、安全、可靠、经济等问题提出修改意见。会审重点如下:

a. 设计单位技术等级证书及营业执照;

b. 对照图纸目录,清点新绘图纸的张数及利用标准图的册数;

c. 建筑场地工程地质勘察资料是否齐全；

d. 设计假定条件和采用的处理方法是否符合实际情况，施工时有无足够的稳定性，对完成施工有无影响；

e. 地基处理和基础设计有无问题；

f. 建筑、结构、设备安装之间有无矛盾；

g. 专业图之间、专业图内各图之间、图与统计表之间的规格、强度等级、材质、数量、坐标、标高等重要数据是否一致；

h. 实现新技术项目、特殊工程、复杂设备的技术可能性和必要性，是否有保证工程质量的技术措施。

图纸会审后，应由组织会审的单位，将会审中提出的问题以及解决办法详细记录，写成正式文件，列入工程档案。

(2)施工过程中的职责：

施工过程中进行质量控制称为事中控制。事中控制是施工单位控制工程质量的重点，而且施工过程的质量控制任务是很繁重的。质量员在本阶段的职责是：按照施工阶段质量控制的基本原理，切实依靠自己的质量控制系统，根据工程项目质量目标要求，加强对施工现场及施工工艺的监督管理，加强工序质量控制，督促施工人员严格按图纸、工艺、标准和操作规程，实行检查认证制度。在关键部位，项目经理及质量员必须亲自监督，实行中间检查和技术复核，对每个分部分项工程均进行检测验收并签证认可，防止质量隐患发生。质量员还必须做好施工过程记录，认真分析质量统计数字，对工程的质量水平及合格率、优良品率的变化趋势作出预测供项目经理决策。对不符合质量要求的施工操作应及时纠编，加以处理，并提出相应的报告。本阶段的工作重点是：

1)完善工序质量控制，建立质量控制点，把影响工序质量的因素都纳入管理范围

①工序质量控制：

a. 工序质量的概念：工序是生产的具体阶段，也是构成生产制造过程的基本单元。从质量管理角度来看，工序是人、机械、材料、工艺、环境五大因素对产品质量发挥综合作用的过程。工序质量是施工过程质量控制的最小单位，是施工质量控制的基础。

在建筑施工企业，工序质量是指工序满足工程施工要求的程度。而满足程度的高低（工序质量水平的高低），取决于4M1E五大因素在施工过程中的综合效果。

b. 工序质量监控的内容：施工过程质量控制就是要以科学方法来提高人的工作质量，以保证工序质量，并通过工序质量来保证工程项目实体的质量。工序质量控制的主要内容如图1-7。

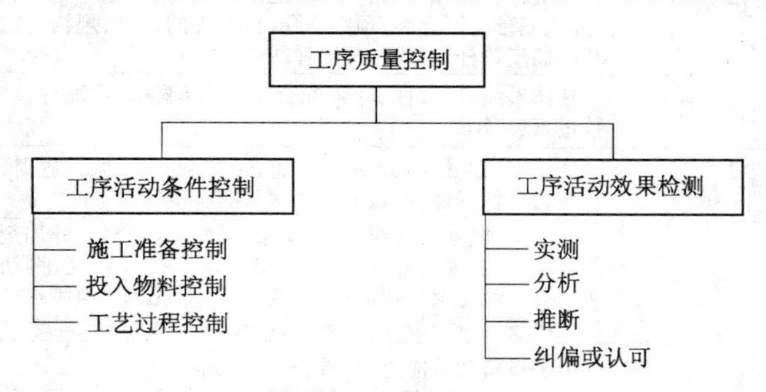

图1-7　工序质量控制的主要内容

c. 工序质量控制的实施要则：

工序质量控制的实施是件很繁杂的事，关键应抓住主要矛盾和技术关键，要依靠组织制度及职责划分，来完成工序活动的质量控制。一般来说，要掌握如下的实施要则：

(a)确定工序质量控制计划。

(b)对工序活动实行动态跟踪控制。

(c)加强对工序活动条件的主动控制。

②质量控制点：

在施工生产现场中，对需要重点控制的质量特性、工程关键部位或质量薄弱环节，在一定的时期内，一定条件下强化管理，使工序处于良好的控制状态。这称为“质量控制点”。

建立质量控制点的作用，在于强化工序质量管理控制、防止和减少质量问题的发生。一般工业与民用建筑中质量控制点设置位置如表1-1所示。

质量控制点的设置位置　　表1-1

分项工程	质量控制点
工程测量定位	标准轴线桩、水平桩、龙门板、定位轴线、标高
地基、基础(含设备基础)	基坑(槽)尺寸、标高、土质、地基承载力，基础位置、尺寸、标高、基础垫层标高、预留洞孔、预埋件的位置、规格、数量、基础墙皮数杆及标高、杯底弹线
砌体	砌体轴线、皮数杆、砂浆配合比，预留洞孔、预埋件位置、数量、砌块排列
模板	位置、尺寸、标高、预埋件位置，预留洞孔尺寸、位置，模板承载力及稳定性，模板内部清理及润湿情况
钢筋混凝土	水泥品种、强度等级、砂石质量，混凝土配合比，外加剂比例，混凝土振捣，钢筋品种、规格、尺寸、搭接长度，钢筋焊接，预留洞、孔及预埋件规格、数量、尺寸、位置，预制构件吊装或出场(脱模)强度，吊装位置、标高、支承长度、焊缝长度
吊装	吊装设备起重能力、吊具、索具、地锚
钢结构	翻样图、放大样
焊接	焊接条件、焊接工艺
装修	视具体情况而定

2)组织参与技术交底和技术复核

技术交底与复核制度是施工阶段技术管理制度的一部分，也是工程质量控制的经常性任务。

①技术交底的内容：

技术交底是参与施工的人员在施工前了解设计与施工的技术要求，以便科学地组织施工，按合理的工序、工艺进行作业的重要制度。在单位工程、分部工程、分项工程正式施工前都必须认真做好技术交底工作。

技术交底的内容根据不同层次有所不同，主要包括施工图纸、施工组织设计、施工工艺、技术安全措施、规范要求、操作规程、质量标准要求等。对于重点工程、特殊工程，采用新结构、新工艺、新材料、新技术的特殊要求，更需详细地交待清楚。分项工程技术交底后，一般应填写施工技术交底记录。

施工现场技术交底的重要内容有以下几点：

a. 提出图纸上必须注意的尺寸，如轴线、标高、预留孔洞、预埋件、镶入构件的位置、规格、大小、数量等。

b. 所用各种材料的品种、规格、等级及质量要求。

c. 混凝土、砂浆、防水、保温、耐火、耐酸和防腐蚀材料等的配合比和技术要求。

d. 有关工程的详细施工方法、程序、工种之间、土建与各专业单位之间的交叉配合部位、工序搭接及安全操作要求。

e. 设计修改、变更的具体内容或应注意的关键部位。

f. 结构吊装机械及设备的性能、构件重量、吊点位置、索具规格尺寸、吊装顺序、节点焊接及支撑系统等。

②技术复核内容：

技术复核一方面是在分项工程施工前指导、帮助施工人员正确掌握技术要求；另一方面是在施工过程中再次督促检查施工人员是否已按施工图纸、技术交底及技术操作规程施工，避免发生重大差错。复核主要内容见表1-2。技术复核应作为书面凭证归档。

技术复核内容　　表 1-2

项　　目	复　　核　　内　　容
建筑物的位置及高程	四角定位轴线桩的坐标位置;各轴线桩的位置及其间距;龙门板上轴线钉的位置;轴线引桩的位置;水平桩上所示室内地面的绝对标高
地基与基础工程	基坑(槽)底的土质;基础中心线的位置;基础的底标高;基础各部分尺寸
钢筋混凝土工程	模板的位置、标高及各部分尺寸;预埋件及预留孔的位置和牢固程度;模板内部的清理及湿润情况;混凝土组成材料的质量情况;现浇混凝土的配合比;预制构件的安装位置及标高;预制构件接头情况;预制构件起吊时预测强度
砖石工程	墙身中心线位置;皮数杆上砖皮划分及其竖立标高;砂浆配合比
屋面工程	沥青玛琋脂配合比
管道工程	暖气、热力、给水、排水、燃气管道的标高及其坡度;化粪池、检查井的底标高及各部分尺寸
电气工程	变电、配电的位置;高低压进出口方向;电缆沟的位置及标高;送电方向
其　他	工业设备、仪器仪表的完好程度、数量及规格,以及根据工程需要指定的复核项目

3)严格工序间交换检查

主要作业工序包括隐蔽作业应按有关验收规定的要求由质量员检查,签字验收。隐蔽验收的内容见表 1-3。隐蔽验收记录是今后各项建筑安装工程的合理使用、维护、改造扩建的一项重要技术资料,必须归入工程技术档案。

隐蔽工程验收项目　　表 1-3

项　　目	检　　查　　内　　容
土方工程	基坑(槽)或管沟开挖竣工图;排水盲沟设置情况;填方土料、冻土块含量及填土压实试验记录
地基与基础工程	基坑(槽)底土质情况;基底标高及宽度;对不良基土采取的处理情况;地基夯实施工记录;打桩施工记录及桩位竣工图

续表

项　目	检　查　内　容
砖石工程	基础砌体；沉降缝、伸缩缝和防震缝；砌体中配筋情况
钢筋混凝土工程	钢筋的品种、规格、形状尺寸、数量及位置；钢筋接头情况；钢筋除锈情况；预埋件数量及其位置；材料代用情况
屋面工程	保温隔热层、找平层、防水层的施工记录
地下防水工程	卷材防水层及沥青胶结材料防水层的基层；防水层被土、水、砌体等掩盖的部位；管理设备穿过防水层的封固处
地面工程	地面下的基土；各种防护层以及经过防腐处理的结构或连接件
装饰工程	各类装饰工程的基层情况
管道工程	各种给排水暖卫暗管道的位置、标高、坡度、试压、通水试验、焊接、防腐、防锈保温及预埋件等情况
电气工程	各种暗配电气线路的位置、规格、标高、弯度、防腐、接头等情况；电缆耐压绝缘试验记录；避雷针的接地电阻试验
其　他	完工后无法进行检查的工程；重要结构部位和有特殊要求的隐蔽工程

如出现下述情况，质量员有权向项目经理建议下达停工令。

①施工中出现异常情况；

②隐蔽工程未经检查擅自封闭、掩盖；

③使用了无质量合格证的工程材料，或擅自变更、替换工程材料等。

(3)施工验收阶段的职责：

对施工过的产品进行质量控制称为事后控制。事后控制的目的是对工程产品进行验收把关，以避免不合格产品投入使用。具体内容为：按照建筑工程质量验收规范对检验批、分项工程、分部工程、单位工程进行验收，办理验收手续，填写验收记录，整理有关的工程项目质量的技术文件，并编目建档。

本阶段质量员的主要职责是:组织进行分项工程和分部工程的质量检查评定。

2 地基与基础工程

地基与基础工程是建筑工程中重要的分部工程，任何一个建筑物或构筑物都是由上部结构、基础和地基三个部分组成。基础担负着承受建筑物的全部荷载并将其传递给地基的任务。

2.1 地 基 处 理

2.1.1 换填法

1. 换填法施工材料要求

(1)素土

一般用黏土或粉质黏土，土料中有机物含量不得超过5%，土料中不得含有冻土或膨胀土，土料中含有碎石时，其粒径不宜大于50mm。

(2)灰土

土料宜用黏性土及塑性指数大于4的粉土，不得含有松软杂质，土料应过筛，颗粒不得大于15mm，石灰应用Ⅲ级以上新鲜块灰，含氧化钙、氧化镁越高越好，石灰消解后使用，颗粒不得大于5mm，消石灰中不得夹有未熟化的生石灰块粒及其他杂质，也不得含有过多的水分。灰土采用体积配合比，一般宜为2:8或3:7。

(3)砂

宜用颗粒级配良好，质地坚硬的中砂或粗砂；当用细砂、粉砂应掺加粒径25%～30%的卵石(或碎石),最大粒径不大于5mm,但要分布均匀。砂中不得含有杂草,树根等有机物,含泥量应小于5%。

(4)砂石

采用自然级配的砂砾石(或卵石、碎石)混合物,最大粒径不大于50mm,不得含有植物残体,有机物垃圾等杂物。

(5)粉煤灰垫层

粉煤灰是电厂的工业废料,选用的粉煤灰含SiO_2、Al_2O_3、Fe_2O_3,总量越高越好,颗粒宜粗,烧失量宜低,含SO_3宜小于0.4%,以免对地下金属管道等具有腐蚀性。粉煤灰中严禁混入植物、生活垃圾及其他有机杂质。

(6)工业废渣(俗称干渣)

可选用分级干渣、混合干渣或原状干渣。小面积垫层用8～40mm与40～60mm的分级干渣或0～60mm的混合干渣;大面积铺填时,用混合或原状干渣,混合干渣最大粒径不大于200mm或不大于碾压分层需铺厚度的2/3。干渣必须具备质地坚硬、性能稳定、松散重度(kN/m^3)不小于11,泥土与有机杂质含量不大于5%的条件。

2. 换填法施工质量控制

(1)施工质量控制要点

1)当对湿陷性黄土地基进行换填加固时,不得选用砂石。土料中不得夹有砖、瓦和石块等可导致渗水的材料。

2)当用灰土作换填垫层加固材料时,应加强对活性氧化钙含量的控制,如以灰土中活性氧化钙含量81.74%的灰土强度为100%计,当氧化钙含量降为74.59%时,相对强度就降到74%,当氧化钙含量降为69.49%时,相对强度就降到60%,所以在监督检查时要重点看灰土中石灰的氧化钙含量大小。

3)当换垫层底部存在古井、古墓、洞穴、旧基础、暗塘等软硬不均的部位时,应根据《建筑地基处理技术规范》JGJ 79—91第三章第三节第3.3.4条予以处理,当基底有软土时应执行第3.3.5条规定。

4)垫层施工的最优含水量。垫层材料的含水量,在当地无可靠经验值取用时,应通过击实试验来确定最优含水量。分层铺垫厚度,每层压实遍数和机械碾压速度应根据选用不同材料及使用的施工机械通过压实试验确定。

5)垫层分段施工或垫层在不同标高层上施工时应遵守JGJ79—91第三章第三节3.3.6条规定。

(2)施工质量检验要求

1)对素土、灰土、砂垫层用贯人仪检验垫层质量;对砂垫层也可用钢筋贯入度检验。

2)检验的数量按JGJ79—91第四节第3.4.3条规定执行。分层检验的深度按第3.4.2条规定进行。

3)当用贯入仪和钢筋检验垫层质量时,均应以现场控制压实系数所对应的贯入度为合格标准。压实系数检验可用环刀法或其他方法。

4)粉煤灰垫层的压实系数≥0.9施工试验确定的压实系数为合格。

5)干渣垫层表面应达到坚实、平整、无明显软陷,每层压陷差<2mm为合格。

(3)质量保证资料检查要求

1)检查地质资料与验槽是否吻合,当不吻合时,提供对进一步搞清地质情况的记录和采取进一步加固的设计图纸和说明。

2)确定施工四大参数的试验报告和记录:

a. 最优含水量的试验报告。

b. 分层需铺厚度,每层压实遍数,机械碾压运行速度的记录。

c. 每层垫层施工时的检验记录和检验点的图示。

2.1.2 预压法

预压法分为加载预压法和真空预压法两种,适用于处理淤泥质土、淤泥和冲填土等饱和黏性土地基。

1. 加载预压法

(1)加载预压法施工技术要求

1)用以灌入砂井的砂应用干砂。

2)用以造孔成井的钢管内径应比砂井需要的直径略大,以减少施工过程中对地基土的扰动。

3)用以排水固结用的塑料排水板,应有良好的透水性、足够的湿润抗拉强度和抗弯曲能力。

(2)加载预压法施工质量控制

1)检查砂袋放入孔内高出孔口的高度不宜小于 200mm,以利排水砂井和砂垫层形成垂直水平排水通道。

2)检查砂井的实际灌砂量应不小于砂井计算灌砂量的 95%,砂井计算灌砂的原则是按井孔的体积和砂在中密时的干密度计算。

3)袋装砂井或塑料排水带施工时,平面井距偏差应不大于井径,垂直度偏差小于 1.5%,拔管时被管子带上砂袋或塑料排水板的长度不宜超过 500mm。塑料排水带需要接长时,应采用滤膜内芯板平搭接的连接方式,搭接长度宜大于 200mm。

4)严格控制加载速率,竖向变形每天不应超过 10mm,边桩水平位移每天不应超过 4mm。

2. 真空预压法

(1)真空预压法施工技术要求

1)抽真空用密封膜应为抗老化性能好、韧性好、抗穿刺能力强的不透气材料。

2)真空预压用的抽气设备宜采用射流真空泵,空抽时必须达到95kPa以上的真空吸力。

3)滤水管的材料应用塑料管和钢管,管的连接采用柔性接头,以适应预压过程地基的变形。

(2)真空预压法施工质量控制

1)垂直排水系统要求同加载预压法。

2)水平向排水的滤水管布置应形成回路,并把滤水管设在排水砂垫层中,基上覆盖100~200mm厚砂。

3)滤水管外宜围绕钢丝或尼龙纱或土工织物等滤水材料,保证滤水能力。

4)密封膜热合粘接时用两条膜的热合粘接缝平搭接,搭接宽度大于15mm。

5)密封膜宜铺三层,覆盖膜周边要严密封堵,封堵的方法参见JGJ79—91第四章第三节第4.3.7条。

6)为避免密封膜内的真空度在停泵后很快降低,在真空管路中设置止回阀和闸阀。

7)为防止密封膜被锐物刺破,在铺密封膜前,要认真清理平整砂垫层,拣除贝壳和带尖角石子,填平打袋装砂井或塑料排水板留下的空洞。

8)真空度可一次抽气至最大,当连续五天实测沉降速率≤2mm/d时,可停止抽气。

2.1.3 振冲法

振冲法分为振冲置换法和振冲密实法两类。

1. 振冲置换法

(1)振冲置换法施工技术要求

1)材料要求:置换桩体材料可选用含泥量不大于5%的碎石、卵石、角砾、圆砾等硬质材料,粒径为20~50mm,最大粒径不宜超过80mm。

2)施工设备要求:振冲器的功率为30kW,用55~75kW更好。

(2)振冲置换法施工质量控制

1)振冲置换施工质量三参数:密实电流、填料量、留振时间应通过现场成桩试验确定。施工过程中要严格按施工三参数执行,并做好详细记录。

2)施工质量监督要严格检查每米填料的数量,达到密实电流值。振冲达到密实电流时,要保证留振数十秒后,才能提升振冲器继续施工上段桩体,留振是防止瞬间电流时桩体密实假象的措施(见图2-1、图2-2)。

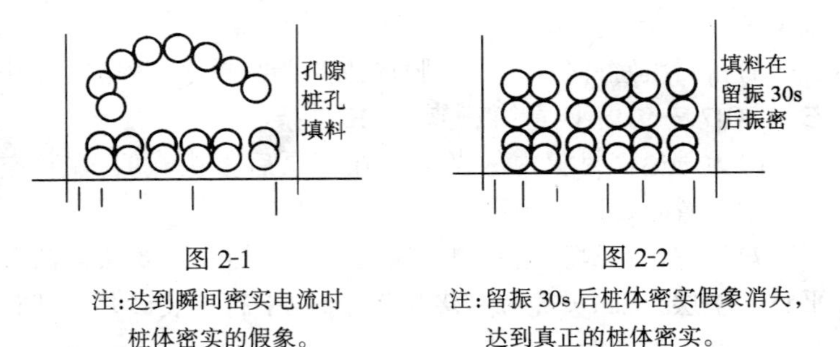

图2-1

注:达到瞬间密实电流时桩体密实的假象。

图2-2

注:留振30s后桩体密实假象消失,达到真正的桩体密实。

3)开挖施工时,应将桩顶的松散桩体挖除,或用碾压等方法使桩顶松散填料密实,防止因桩顶松散而发生附加沉降。

2. 振冲密实法

振冲密实法的材料和设备要求同振冲置换法,振冲密实法又分填料和不填料两种。

振冲密实法施工质量控制

(1)填料法是把填料放在孔口,振冲点上要放钢护筒护好孔口,振冲器对准护筒中心,使桩中心不偏斜。

(2)振冲器下沉速率控制在1~2mm/min范围内。

(3)每段填料密实后,振冲器向上提0.3~0.5m,不要多提造成多提高度内达不到密实效果。

(4)不加填料的振冲密实法用于砂层中,每次上提振冲器高度不能大于0.3~0.5m。

(5)详细记录各深度的最终电流值、填料量;不加填料的记录各深度留振时间和稳定密实电流值。

(6)加料或不加料振冲密实加固均应通过现场成桩试验确定施工参数。

2.1.4 砂石桩法

1. 砂石桩法施工技术要求

(1)砂石桩孔内的填料宜用砾砂、粗砂、中砂、圆砾、角砾、卵石、碎石等,含泥量不大于5%,粒径不大于50mm。

(2)振冲器施工时,采用功率30kW振冲器。沉管法施工时设计成桩直径与套管直径之比不宜大于1.5,一般采用300~700mm。

2. 砂石桩法施工质量控制

(1)砂、石桩孔内填料量可按砂石桩理论计算桩孔体积乘以充盈系数来确定,设计桩的间距在施工前进行成桩挤密试验,试验桩数宜选7~9根,试柱后检验加固效果符合设计要求为合格,如达不到设计要求时,应调整桩的间距改变设计重做试验,直到符合设计要求,记录填石量等施工参数作为施工过程控制桩身质量的依据。

(2)桩孔内实际填砂石量(不包括水重),不应少于设计值

(通过挤密试验确认的填石量)的95%。

(3)施工结束后,将基础底标高以下的桩间松土夯压密实。

2.1.5 深层搅拌法

有湿法和干法二种施工方法。

1. 深层搅拌法施工技术要求

(1)软土的固化剂:一般选用32.5强度等级普通硅酸盐水泥,水泥的掺入量一般为被加固湿土重的10%~15%。

(2)外掺剂:湿法施工用早强剂:可选用三乙醇胺、氯化钙、碳酸钠或水玻璃等,掺入量宜分别取水泥重量的0.05%、2%、0.5%、2%。

减水剂:选用木质素磺酸钙,其掺入最宜取水泥重量的0.2%。

缓凝早强剂:石膏兼有缓凝和早强作用,其掺入量宜取水泥重量的2%。

(3)施工设备要求:为使搅入土中水泥浆和喷入土中水泥粉体计量准确,湿法施工的深层搅拌机必须安装输入浆液计量装置;干法施工的粉喷桩机必须安装粉体喷出流量计,无计量装置的机械不能投入施工生产使用。

2. 深层搅拌法施工质量控制

(1)湿、干法施工都必需做工艺试桩,把灰浆泵(喷粉泵)的输浆(粉)量和搅拌机提升速度等施工参数通过成桩试验使之符合设计要求,以确定搅拌桩的水泥浆配合比,每分钟输浆(粉)量,每分钟搅拌头提升速度等施工参数。以决定选用一喷二搅或二喷三搅施工工艺。

(2)为了保证桩端的质量,当水泥浆液或粉体到达桩端设计标高后,搅拌头停止提升,喷浆或喷粉30s,使浆液或粉体与已搅拌的松土充分搅拌固结。

(3)水泥土搅拌桩作为工程桩使用时,施工时设计停灰面一般应高出基础底面标高 300 ~ 500mm,(基础埋深大用 300mm,基础埋深小用 500mm),在基础开挖时把它挖除。

(4)为了保证桩顶质量,当喷浆(粉)口到达桩顶标高时,搅拌头停止提升,搅拌数秒,保证桩头均匀密实。当选用干法施工且地下水位标高在桩顶以下时,粉喷制桩结束后,应在地面浇水,使水泥干粉与土搅拌后水解水化反应充分。

2.1.6 高压喷射注浆法

1. 高压喷射注浆法施工技术要求

旋喷使用的水泥应采用新鲜无结块 32.5 级普通水泥,一般浆液灰水比为 1 ~ 1.5,稠度过大,流动缓慢,喷嘴常要堵塞,稠度过小,对强度有影响。为防止浆液沉淀和离析,一般可加入水泥用量 3% 的陶土、0.9‰的碱。浆液应在旋喷前 1h 以内配制,使用时滤去硬块、砂石等,以免堵塞管路和喷嘴。

2. 高压喷射注浆法施工质量控制

(1)为防止浆液凝固收缩影响桩顶高程,应在原孔位采用冒浆回灌或二次注浆。

(2)注浆管分段提升搭接长度不得小于 100mm。

(3)当处理和加固既有建筑物时,要加强对原有建筑物的沉降观测;高压旋喷注浆过程中要大间距隔孔旋喷和及时用冒浆回灌,防止地基与基础之间有脱空现象而产生附加沉降。

2.2 桩 基 工 程

2.2.1 桩的分类

按《建筑桩基技术规范》JGJ94—94(以下简称“规范”)的统一分类如下:

- 桩的分类
  - 按承载性状分
    - 摩擦型桩
      - 摩擦桩
      - 端承摩擦桩
    - 端承桩
      - 端承桩
      - 摩擦端承桩
  - 按桩的使用功能分
    - 竖向抗压桩（抗压桩）
    - 竖向抗拔桩（抗拔桩）
    - 水平受荷桩（主要承受水平荷载）
    - 复合受荷桩（竖向、水平荷载均较大）
  - 按桩身材料分
    - 混凝土桩
      - 灌注桩
        - 混凝土灌注桩
        - 钢筋混凝土灌注桩
      - 预制桩
        - 混凝土预制桩
        - 预应力混凝土桩
        - 自应力混凝土桩
    - 钢　桩
      - 钢管桩
      - 型钢桩
    - 木　桩
    - 组合材料桩
      - 钢管混凝土桩
      - 部分钢管混凝土桩
  - 按成桩方法和工艺分
    - 非挤土桩
      - 干作业法桩
      - 泥浆护壁法桩
      - 套管护壁法桩
    - 部分挤土桩
      - 部分挤土灌注桩
      - 预钻孔打入式预制桩
      - 打入式敞口桩
    - 挤土桩
      - 挤土灌注桩
        - 振扩桩
        - 爆扩桩
        - 夯扩桩
      - 挤土预制桩
        - 打入桩
        - 静压桩
  - 按桩径大小分
    - 小桩（$d \leqslant 250$mm）
    - 中等直径桩 250mm$<d<$800mm
    - 大直径桩 $d>$800mm
  - 按桩的形状分
    - 方形桩
    - 圆形桩
    - 多边形桩
    - 锥形桩
    - 空心桩

2.2.2 灌注桩施工

1. 灌注桩施工材料要求

(1)粗骨料:选用卵石或碎石,含泥量控制按设计混凝土强度等级从《普通混凝土用碎石或卵石质量标准及检验方法》JCJ53—92中选取。粗骨料粒径用沉管成孔时不宜大于50mm;用泥浆护壁成孔时粗骨料粒径不宜大于40mm;并不得大于钢筋间最小净距的1/3;对于素混凝土灌注桩,不得大于桩径的1/4,并不宜大于70mm。

(2)细骨料:选用中、粗砂,含泥量控制按设计混凝土强度等级从《普通混凝土用砂质量标准及检验方法》JGJ52—92中选取。

(3)水泥:宜选用普通硅酸盐水泥、矿渣硅酸盐水泥、粉煤灰硅酸盐水泥,当灌注桩浇注方式为水下混凝土时,严禁选用快硬水泥作胶凝材料。

(4)钢筋:钢筋的质量应符合国家标准《钢筋混凝土用热轧带肋钢筋》(GB1499—98)的有关规定。进口热轧变形钢筋应符合《进口热轧变形钢筋应用若干规定》的有关规定。

以上四种材料进场时均应有出厂质量证明书,材料到达施工现场后,取样复试合格后才能投入使用于工程。对于钢筋进场时应保护标牌不缺损,按标牌批号进行外观检验,外观检验合格后再取样复试,复试报告上应填明批号标识,施工现场核对批号标识进行加工。

2. 灌注桩施工质量控制

(1)灌注桩钢筋笼制作质量控制

1)钢筋笼制作允许偏差按"规范"执行。

2)主筋净距必需大于混凝土粗骨料粒径3倍以上,当因设计含钢量大而不能满足时,应通过设计调整钢筋直径加大主筋之间净距,以确保混凝土灌注时达到密实的要求。

3)加劲箍宜设在主筋外侧,主筋不设弯钩,必需设弯钩时,弯钩不得向内圆伸露,以免钩住灌注导管,妨碍导管正常工作。

4)钢筋笼的内径应比导管接头处的外径大100mm以上。

5)分节制作的钢筋笼,主筋接头宜用焊接,由于在灌注桩孔口进行焊接只能做单面焊,搭接长度按10d留足。

6)沉放钢筋笼前,在预制笼上套上或焊上主筋保护层垫块或耳环,使主筋保护层偏差符合以下规定。

水下灌注混凝土桩　　　　±20mm

非水下灌注混凝土桩　　　±10mm

(2)泥浆护壁成孔灌注桩施工质量控制

1)泥浆制备和处理的施工质量控制:

a. 制备泥浆的性能指标按“规范”执行。

b. 一般地区施工期间护筒内的泥浆面应高出地下水位1.0m以上。

在受潮水涨落影响地区施工时,泥浆面应高出最高水位1.5m以上。

以上数据应记入开孔通知单或钻进班报表中。

c. 在清孔过程中,要不断置换泥浆,直至灌注水下混凝土时才能停止置换,以保证已清好符合沉渣厚度要求的孔底沉渣不应由于泥浆静止渣土下沉而导致孔底实际沉渣厚度超差的弊病。

d. 灌注混凝土前,孔底500mm以内的泥浆比重应小于1.25;含砂率≤8%;黏度≤28s。

2)正反循环钻孔灌注桩施工质量控制:

a. 孔深大于30mm的端承型桩,钻孔机具工艺选择时宜用反循环工艺成孔或清孔。

b. 为了保证钻孔的垂直度,钻机应设置导向装置。潜水钻的钻头上应有不小于3倍钻头直径长度的导向装置;利用钻杆加压的正循环回转钻机,在钻具中应加设扶正器。

c. 钻孔达到设计深度后,清孔应符合下列规定:

端承桩≤50mm;

摩擦端承桩,端承摩擦桩≤100mm;

摩擦桩≤300mm。

d. 正反循环钻孔灌注桩成孔施工的允许偏差应满足“规范”表6.2.5序号1的规定要求。

3)冲击成孔灌注桩施工质量控制:

a. 冲孔桩孔口护筒的内径应大于钻头直径200mm,护筒设置要求按“规范”6.3.5条规定执行。

b. 泥浆护壁要求见“规范”第6.3.2条执行。

4)水下混凝土灌注施工质量控制:

a. 水下混凝土配制的强度等级应有一定的余量,能保证水下灌注混凝土强度等级符合设计强度的要求(并非在标准条件下养护的试块达到设计强度等级即判定符合设计要求)。

b. 水下混凝土必须具备良好的和易性,坍落度宜为180~220mm,水泥用量不得少于360kg/m^3。

c. 水下混凝土的含砂率宜控制在40%~45%,粗骨料粒径应<40mm。

d. 导管使用前应试拼装、试压,试水压力取0.6~1.0MPa。防止导管渗漏发生堵管现象。

e. 隔水栓应有良好的隔水性能,并能使隔水栓顺利从导管中排出,保证水下混凝土灌注成功。

f. 用以储存混凝土的初灌斗的容量,必须满足第一斗混凝土灌下后能使导管一次埋入混凝土面以下 0.8m 以上。

g. 灌注水下混凝土时应有专人测量导管内外混凝土面标高，保证混凝土在埋管 2 ~ 6m 深时，才允许提升导管。当选用吊车提拔导管时，必须严格控制导管提拔时导管离开混凝土面的可能，避免发生断桩事故。

h. 严格控制浮桩标高，凿除泛浆高度后必须保证暴露的桩顶混凝土达到设计强度值。

i. 详细填写水下混凝土灌注记录。

2.2.3 混凝土预制桩施工

1. 预制桩钢筋骨架质量控制

(1)预制桩在锤击时，桩主筋可采用对焊或电弧焊，在对焊和电弧焊时同一截面的主筋接头不得超过 50%，相邻主筋接头截面的距离应大于 35d 且不小于 500mm。

(2)为了防止桩顶击碎，桩顶钢筋网片位置要严格控制按图施工，并采取措施使网片位置固定正确、牢固，保证混凝土浇捣时不移位；浇筑预制桩的混凝土时，从桩顶开始浇筑，要保证桩顶和桩尖不积聚过多的砂浆。

(3)为防止锤击时桩身出现纵向裂缝，导致桩身击碎被迫停锤，预制桩钢筋骨架中主筋距桩顶的距离必需严格控制，绝不允许出现主筋距桩顶面过近甚至触及桩顶的质量问题。

(4)预制桩分节长度的确定，应在掌握地层土质的情况下，决定分节桩长度时要避开桩尖接近硬持力层或桩尖处于硬持力层中接桩。因为桩尖停在硬层内接桩，电焊接桩耗时长，桩周摩阻得到恢复，使继续沉桩发生困难。

(5)根据许多工程的实践经验，凡龄期和强度都达到的预制桩，大都能顺利打入土中，很少打裂。沉桩应做到强度和龄期双控制。

2. 混凝土预制桩的起吊、运输和堆存质量控制

(1)预制桩达到设计强度 70%方可起吊,达到 100%才能运输。

(2)桩水平运输,应用运输车辆,严禁在场地上直接拖拉桩身。

(3)垫木和吊点应保持在同一横断面上,且各层垫木上下对齐,防止垫木参差桩被剪切断裂。

3. 混凝土预制桩接桩施工质量控制

(1)硫磺胶泥锚接法仅适用于软土层,管理和操作要求较严;一级建筑桩基或承受拔力的桩应慎用。

(2)焊接接桩材料:钢板宜用低碳钢,焊条宜用 E43;焊条使用前必须经过烘焙,降低烧焊时含氢量,防止焊缝产生气孔而降低其强度和韧性;焊条烘焙应有记录。

(3)焊接接桩时,应先将四角点焊固定,焊接必需对称进行以保证设计尺寸正确,使上下节桩对中好。

4. 混凝土预制桩沉桩质量控制

(1)沉桩顺序是打桩施工方案的一项十分重要内容,必须督促施工企业认真对待,预防桩位偏移、上拔、地面隆起过多,邻近建筑物破坏等事故发生。

(2)"规范"7.4.5 条停止锤击的控制原则适用于一般情况。如软土中的密集桩群,按设计标高控制,但由于大量桩沉入土中产生挤土效应,后续沉桩发生困难,如坚持按设计标高控制很难实现。按贯入度控制的桩,有时也会产生贯入度过大而满足不了设计要求的情况。又有些重要建筑,设计要求标高和贯入度实行双控,而发生贯入度已达到,桩身不等长度的冒在地面而采取大量截桩的现象,因此确定停锤标准是较复杂的,发生不能按"规范"7.4.5 条停锤控制沉桩时,应由建设单位邀请设计单位、

施工单位在借鉴当地沉桩经验与通过静(动)载试验综合研究来确定停锤标准,作为沉桩检验的依据。

(3)为避免或减少沉桩挤土效应和对邻近建筑物、地下管线的影响,在施打大面积密集桩群时,有采取预钻孔,设置袋装砂井或塑料排水板,消除部分超孔隙水压力以减少挤土现象,设置隔离板桩或地下连续墙、开挖地面防振沟以消除部分地面振动,限制打桩连率等等辅助措施。不论采取一种或多种措施,在沉桩前应对周围建筑、管线进行原始状态观测数据记录,在沉桩过程应加强观测和监护,每天在监测数据的指导下进行沉桩做到有备无患。

(4)锤击法沉桩和静压法沉桩同样有挤土效应,导致孔隙水压力增加,而发生土体隆起,相邻建筑物破坏等,为此在选用静压法沉桩时仍然应采用辅助措施消除超孔隙水压力和挤土等破坏现象,并加强监测采取预防。

(5)插桩是保证桩位正确和桩身垂直度的重要开端,插桩应用二台经纬仪两个方向来控制插桩的垂直度,并应逐桩记录,以备核对查验。

2.2.4 钢桩施工

1. 钢桩(钢管桩、H 型钢桩及其他异型钢桩)制作施工质量控制

(1)材料要求

1)国产低碳钢(Q235 钢),加工前必须具备钢材合格证和试验报告。

2)进口钢管:在钢桩到港后,由商检局作抽样检验,检查钢材化学成分和机械性能是否满足合同文本要求,加工制作单位在收到商检报告后才能加工。

(2)加工要求

1)钢桩制作偏差应满足“规范”表 7.5.3 的规定。

2)钢桩制作分二部分完成：

a. 加工厂制作均为定尺钢桩，定尺钢桩进场后应逐根检查在运输和堆放过程中桩身有否局部变形，变形的应予纠正或割除，检查应留下记录。

b. 现场整根桩的焊接组合，设计桩的尺寸不一定是定尺桩的组合，多数情况下，最后一节是非定尺桩，这就要进行切割，要对切割后的节段和拼装后的桩进行外形尺寸检验，合格后才能沉桩。检验应留有记录。

(3)防腐要求

地下水有侵蚀性的地区或腐蚀性土层中用的钢桩，沉桩前必须按设计要求作好防腐处理。

2. 钢桩焊接施工质量控制

(1)焊丝或焊条应有出厂合格证，焊接前必须在 200 ~ 300℃温度下烘干 2h，避免焊丝不烘干，引起烧焊时含氢量高，使焊缝容易产生气孔而降低强度和韧性，烘干应留有记录。

(2)焊接质量受气候影响很大，雨云天气，在烧焊时，由于水分蒸发含有大量氢气混入焊缝内形成气孔。大于 10m/s 的风速会使自保护气体和电弧火焰不稳定。无防风避雨措施，在雨云或刮风天气不能施工。

(3)焊接质量检验：

1)按“规范”7.6.1 表的规定进行接桩焊缝外观允许偏差检查。

2)按“规范”7.6.1.8 进行超声或拍片检查。

(4)异型钢桩连接加强处理

H 型钢桩或其他异型薄壁钢桩，应按设计要求在接头处加连接板，如设计无规定形式，可按等强度设置，防止沉桩时在刚度小的一侧失稳。

3. 钢桩沉桩施工质量控制

(1)混凝土预制桩沉桩质量控制要点均适用于钢桩施工。

(2)H型钢桩沉桩时为防止横向失稳,锤重不宜大于4.5t大级(柴油锤),且在锤击过程中桩架前应有横向约束装置。

2.3 基础工程

2.3.1 刚性基础施工

刚性基础是指用砖、石、混凝土、灰土、三合土等材料建造的基础,这种基础的特点是抗压性能好,而整体性、抗拉、抗弯、抗剪性能差。它适用于地基坚实、均匀、上部荷载较小,六层和六层以下(三合土基础不宜超过四层)的一般民用建筑和墙承重的轻型厂房。

1. 混凝土基础施工质量控制

(1)施工质量控制要点:

1)基槽(坑)应进行验槽,局部软弱土层应挖去,用灰土或砂砾石分层回填夯实至基底相平。如有地下水或地面滞水,应挖沟排除;对粉土或细砂地基,应用轻型井点方法降低地下水位至基坑(槽)底以下50mm处;基槽(坑)内浮土、积水、淤泥、垃圾、杂物应清除干净。

2)如地基土质良好,且无地下水,基槽(坑)第一阶可利用原槽(坑)浇筑,但应保证尺寸正确,砂浆不流失。上部台阶应支模浇筑,模板要支撑牢固,缝隙孔洞应堵严,木模应浇水湿润。

3)基础混凝土浇筑高度在2m以内,混凝土可直接卸人基槽(坑)内,应注意使混凝土能充满边角;浇筑高度在2m以上时,应通过漏斗、串筒或溜槽下料。

4)浇筑台阶式基础应按台阶分层一次浇筑完成，每层先浇边角，后浇中间，施工时应注意防止上下台阶交接处混凝土出现蜂窝和脱空(即吊脚、烂脖子)现象。措施是待第一台阶捣实后，继续浇筑第二台阶前，先沿第二台阶模板底圈做成内外坡度，待第二台阶混凝土浇筑完后，再将第一台阶混凝土铲平、拍实、拍平；或第一台阶混凝土浇完成后稍停 0.5 ~ 1h，待下部沉实，再浇上一台阶。

5)锥形基础如斜坡较陡，斜面部分应支模浇筑，或随浇随安装模板，应注意防止模板上浮。斜坡较平时，可不支模，但应注意斜坡部位及边角部位混凝土的捣固密实，振捣完后，再用人工将斜坡表面修正、拍平、拍实。

6)当基槽(坑)因土质不一挖成阶梯形式时，应先从最低处开始浇筑，按每阶高度，其各边搭接长度应不小于 500mm。

7)混凝土浇筑完后，外露部分应适当覆盖，洒水养护；拆模后及时分层回填土方并夯实。

(2)质保资料检查要求：

1)混凝土配合比。

2)掺合料、外加剂的合格证明书、复试报告。

3)试块强度报告。

4)施工日记。

5)混凝土质量自检记录。

6)隐蔽工程验收记录。

7)混凝土分项工程质量验收记录表。

2. 砖基础施工质量控制

(1)施工质量控制要点：

1)砖基础应用强度等级不低于 MU7.5、无裂缝的砖和不低于 M10 的砂浆砌筑。在严寒地区，应采用高强度等级的砖和水泥砂浆砌筑。

2)砖基础一般做成阶梯形,俗称大放脚。大放脚做法有等高式(两皮一收)和间隔式(两皮一收和一皮一收相间)两种,每一种收退台宽度均为 1/4 砖,后者节省材料,采用较多。

3)砌基础施工前应清理基槽(坑)底,除去松散软弱土层,用灰土填补夯实,并铺设垫层;按基础大样图,吊线分中,弹出中心线和大放脚边线;检查垫层标高、轴线尺寸,并清理好垫层;先用干砖试摆,以确定排砖方法和错缝位置,使砌体平面尺寸符合要求;砖应浇水湿透,垫层适量洒水湿润。

4)砌筑时,应先铺底灰,再分皮挂线砌筑;铺砖按"一丁一顺"砌法,做到里外咬槎上下层错缝。竖缝至少错开 1/4 砖长;转角处要放七分头砖,并在山墙和檐墙两处分层交替设置,不能同缝,基础最下与最上一皮砖宜采用丁砌法。先在转角处及交接处砌几皮砖,然后拉通线砌筑。

5)内外墙基础应同时砌筑或做成踏步式。如基础深浅不一时,应从低处砌起,接槎高度不宜超过 1m,高低相接处要砌成阶梯,台阶长度应不小于 1m,其高度不大于 0.5m,砌到上面后再和上面的砖一起退台。

6)如砖基础下半部为灰土时,则灰土部分不做台阶,其宽高比应按要求控制,同时应核算灰土顶面的压应力,以不超过 250~300kPa 为宜。

7)砌筑时,灰缝砂浆要饱满,严禁用冲浆法灌缝。

8)基础中预留洞口及预埋管道,其位置、标高应准确,管道上部应预留沉降空隙。基础上铺放均沟盖板的出檐砖,应同时砌筑。

9)基础砌至防潮层时,须用水平仪找平,并按规定铺设 20mm 厚、1:2.5~3.0 防水水泥砂浆(掺加水泥重量 3%的防水剂)防潮层,要求压实抹平。用一油一毡防潮层,待找平层干硬后,刷冷底子油一道,浇沥青玛琋脂,摊铺卷材并压紧,卷材搭接宽度不少于 100mm,如无卷材,亦可用塑料薄膜代替。

10)砌完基础应及时清理基槽(坑)内杂物和积水,在两侧同时回填土,并分层夯实。

(2)质保资料检查要求:

1)材料合格证及试验报告、水泥复试报告。

2)砂浆试块强度报告。

3)砂浆配合比。

4)施工日记。

5)自检记录。

6)砌筑分项工程质量验收记录表。

2.3.2 扩展基础施工

扩展基础是指柱下钢筋混凝土独立基础和墙下混凝土条形基础,它由于钢筋混凝土的抗弯性能好,可充分放大基础底面尺寸,达到减小地基应力的效果,同时可有效的减小埋深,节省材料和土方开挖量,加快工程进度。适用于六层和六层以下一般民用建筑和整体式结构厂房承重的柱基和墙基。柱下独立基础,当柱荷载的偏心距不大时,常用方形,偏心距大时,则用矩形

1. 扩展基础施工技术要求

(1)锥形基础(条形基础)边缘高度 h 一般不小于 200mm;阶梯形基础的每阶高度 h_1,一般为 300 ~ 500mm。基础高度 $h \leqslant 350mm$,用一阶;$350 < h \leqslant 900mm$,用二阶;$h > 900mm$,用三阶。为使扩展基础有一定刚度,要求基础台阶的宽高比不大于 2.5。

(2)垫层厚度一般为 100mm,混凝土强度等级为 C10,基础混凝土强度等级不宜低于 C15。

(3)底部受力钢筋的最小直径不宜小于 8mm，当有垫层时，钢筋保护层的厚度不宜小于 35mm；无垫层时，不宜小于 70mm。插筋的数目和直径应与柱内纵向受力钢筋相同。

(4)钢筋混凝土条形基础，在 T 字形与十字形交接处的钢筋沿一个主要受力方向通长放置。

(5)柱基础纵向钢筋除应满足冲切要求外，尚应满足锚固长度的要求，当基础高度在 900mm 以内时，插筋应伸至基础底部的钢筋网，并在端部做成直弯钩；当基础高度较大时，位于柱子四角的插筋应伸到基础底部，其余的钢筋只需伸至锚固长度即可。插筋伸出基础部分长度应按柱的受力情况及钢筋规格确定。

2. 扩展基础施工质量控制

(1)施工质量控制要点

1)基坑验槽清理同刚性基础。垫层混凝土在基坑验槽后应立即浇筑，以免地基土被扰动。

2)垫层达到一定强度后，在其上划线、支模、铺放钢筋网片。上下部垂直钢筋应绑扎牢，并注意将钢筋弯钩朝上，连接柱的插筋，下端要用 90°弯钩与基础钢筋绑扎牢固，按轴线位置校核后用方木架成井字形，将插筋固定在基础外模板上；底部钢筋网片应用与混凝土保护层同厚度的水泥砂浆垫塞，以保证位置正确。

3)在浇筑混凝土前，模板和钢筋上的垃圾、泥土和钢筋上的油污杂物，应清除干净。模板应浇水加以润湿。

4)浇筑现浇柱下基础时，应特别注意柱子插筋位置的正确，防止造成位移和倾斜，在浇筑开始时，先满铺一层 5～10cm 厚的混凝土，并捣实使柱子插筋下段和钢筋网片的位置基本固定，然后再对称浇筑。

5)基础混凝土宜分层连续浇筑完成,对于阶梯形基础,每一台阶高度内应整分浇捣层,每浇筑完一台阶应稍停0.5~1h,待其初步获得沉实后,再浇筑上层,以防止下台阶混凝土溢出,在上台阶根部出现烂脖子。每一台阶浇完,表面应随即原浆抹平。

6)对于锥形基础,应注意保持锥体斜面坡度的正确,斜面部分的模板应随混凝土浇捣分段支设,以防模板上浮变形,边角处的混凝土必须注意捣实。严禁斜面部分不支模,用铁锹拍实。基础上部柱子后施工时,可在上部水平面留设施工缝。施工缝的处理应按有关规定执行。

7)条形基础应根据高度分段分层连续浇筑,一般不留施工缝,各段各层间应相互衔接,每段长2~3m左右,做到逐段逐层呈阶梯形推进。浇筑时应先使混凝土充满模板内边角,然后浇筑中间部分,以保证混凝土密实。

8)基础上插筋时,要加以固定保证插筋位置的正确,防止浇捣混凝土时发生移位。

9)混凝土浇筑完毕,外露表面应覆盖浇水养护。

(2)质保资料检查要求

1)混凝土配合比。

2)掺合料、外加剂的合格证明书、复试报告。

3)试块强度报告。

4)施工日记。

5)混凝土质量自检记录。

6)隐蔽工程验收记录。

7)混凝土分项工程质量验收记录表。

2.3.3 杯形基础施工

杯形基础形式有杯口、双杯口、高杯口钢筋混凝土基础等,接头采用细石混凝土灌浆。杯形基础主要用作工业厂房装配式钢筋混凝土柱的高度不大于5m的一般工业厂房柱基础。

1. 杯形基础施工技术要求

(1)柱的插入深度 h_1 可按表2-1选用,此外,h_1 应满足锚固长度的要求(一般为20倍纵向受力钢筋直径)和吊装时柱的稳定性(不小于吊装时柱长的0.05倍)。

柱的插入深度 h_1(mm) 表2-1

矩形或工字形柱				单肢管柱	双肢柱
$h<500$	$500\leqslant h<800$	$800\leqslant h<1000$	$h>1000$		
$(1\sim1.2)h$	h	$0.9h\geqslant800$	$0.8h\geqslant1000$	$1.5d\geqslant500$	$(1/3\sim2/3)h_a$ 或 $(1.5\sim1.8)h_b$

注:1. h 为柱截面长边尺寸;d 为管柱的外直径;h_a 为双肢柱整个截面长边尺寸;h_b 为双肢柱整个截面短边尺寸。

2. 柱轴心受压或小偏心受压时,h_1 可以适当减小,偏心距 $e_0>2h$(或 $e_0>2d$)时,h_1 适当加大。

(2)基础的杯底厚度和杯壁厚度,可按表2-2采用。

基础的杯底厚度和杯壁厚度(mm) 表2-2

柱截面长边尺寸 h	杯底厚度 a_1	杯壁厚度	柱截面长边尺寸 h	杯底厚度 a_1	杯壁厚度
$h<500$	≥150	150~200	$1000\leqslant h<1500$	≥250	≥350
$500\leqslant h<800$	≥200	≥200	$1500\leqslant h<2000$	≥300	≥400
$800\leqslant h<1000$	≥200	≥300			

注:1. 双肢柱的 a_1 值可适当加大。

2. 当有基础梁时,基础梁下的杯壁厚度应满足其支撑宽度的要求。

3. 柱子插入杯口部分的表面,应尽量凿毛,柱子与杯口之间的空隙,应用细石混凝土(比基础混凝土强度等级高一级)密实充填,其强度达到基础设计强度等级的70%以上(或采取其他相应措施)时,方能进行上部吊装。

(3)大型工业厂房柱双杯口和高杯口基础与一般杯口基础构造要求基本相同。

2. 杯形基础施工质量控制

(1)施工质量控制要点

1)杯口模板可用木或钢定型模板,可做成整体,也可做成两半形式,中间各加楔形板一块,拆模时,先取出楔形板然后分别将两半杯口模取出。为便于周转宜做成工具式,支模时杯口模板要固定牢固。

2)混凝土应按台阶分层浇筑。对杯口基础的高台阶部分按整体分层浇筑,不留施工缝。

3)浇捣杯口混凝土时,应注意杯口的位置,由于模板仅上端固定,浇捣混凝土时,四侧应对称均匀下灰,避免将杯口模板挤向一侧。

4)杯形基础一般在杯底均留有 50mm 厚的细石混凝土找平层,在浇筑基础混凝土时,要仔细控制标高,如用无底式杯口模板施工,应先将杯底混凝土振实,然后浇筑杯口四周的混凝土,此时宜采用低流动性混凝土;或杯底混凝土浇完后停0.5~1h,待混凝土沉实,再浇杯口四周混凝土等办法,避免混凝土从杯底挤出,造成蜂窝麻面。基础浇筑完毕后,将杯口底冒出的少量混凝土掏出,使其与杯口模下口齐平,如用封底式杯口模板施工,应注意将杯口模板压紧,杯底混凝土振捣密实,并加强检查,以防止杯口模板上浮。基础浇捣完毕,混凝土终凝后用倒链将杯口模板取出,并将杯口内侧表面混凝土划(凿)毛。

5)施工高杯口基础时,由于最上一台阶较高,可采用后安装杯口模板的方法施工,即当混凝土浇捣接近杯口底时,再安装固定杯口模板,继续浇筑杯口四侧混凝土,但应注意位置标高正确。

6)其他施工监督要点同扩展基础。

(2)质保资料检查要求

1)混凝土配合比。

2)掺合料、外加剂的合格证明书、复试报告。

3)试块强度报告。

4)施工日记。

5)混凝土质量自检记录。

6)隐蔽工程验收记录。

7)混凝土分项工程质量验收记录表。

2.3.4 筏形基础施工

筏形基础由整块式钢筋混凝土平板或板与梁等组成,它在外形和构造上像倒置的钢筋混凝土平面无梁楼盖或肋形楼盖,分为平板式和梁板式两类,前者一般在荷载不很大,柱网较均匀,且间距较小的情况下采用;后者用于荷载较大的情况。由于筏形基础扩大了基底面积,增强了基础的整体性,抗弯刚度大,可调整建筑物局部发生显著的不均匀沉降。适用于地基土质软弱又不均匀(或筑有人工垫层的软弱地基)、有地下水或当柱子或承重墙传来的荷载很大的情况,或建造六层或六层以下横墙较密的民用建筑。

1. 筏形基础施工技术要求

(1)垫层厚度宜为 100mm,混凝土强度等级采用 C10,每边伸出基础底板不小于 100mm;筏形基础混凝土强度等级不宜低于 C15;当有防水要求时,混凝土强度等级不宜低于 C20,抗渗等级不宜低于 P6。

(2)筏板厚度应根据抗冲切、抗剪切要求确定,但不得小于 200mm;梁截面按计算确定,高出底板的顶面,一般不小于

300mm，梁宽不小于250mm。筏板悬挑墙外的长度，从轴线起算，横向不宜大于1500mm，纵向不宜大于1000mm，边端厚度不小于200mm。

(3)当采用墙下不埋式筏板，四周必须设置向下边梁，其埋入室外地面下不得小于500mm，梁宽不宜小于200mm，上下钢筋可取最小配筋率，并不少于2ϕ10mm，箍筋及腰筋一般采用ϕ8@150~250mm，与边梁连接的筏板上部要配置受力钢筋，底板四角应布置放射状附加钢筋。

2. 筏形基础施工质量控制

(1)施工质量监督要点

1)地基开挖，如有地下水，应采用人工降低地下水位至基坑底50cm以下部位，保持在无水的情况下进行土方开挖和基础结构施工。

2)基坑土方开挖应注意保持基坑底土的原状结构，如采用机械开挖时，基坑底面以上20~30cm厚的土层，应采用人工清除，避免超挖或破坏基土。如局部有软弱土层或超挖，应进行换填，采用与地基土压缩性相近的材料进行分层回填，并夯实。基坑开挖应连续进行，如基坑挖好后不能立即进行下一道工序，应在基底以上留置150~200mm厚土层不挖，待下道工序施工时再挖至设计基坑底标高，以免基土被扰动。

3)筏形基础施工，可根据结构情况和施工具体条件及要求采用以下两种方法之一：

a. 先在垫层上绑扎底板梁的钢筋和上部柱插筋，先浇筑底板混凝土，待达到25%以上强度后，再在底板上支梁侧模板，浇筑完梁部分混凝土。

b. 采取底板和梁钢筋、模板一次同时支好，梁侧模板用混凝土支墩或钢支脚支承，并固定牢固，混凝土一次连续浇筑完成。

4)当筏形基础长度很长(40m 以上)时,应考虑在中部适当部位留设贯通后浇带,以避免出现温度收缩裂缝和便于进行施工分段流水作业;对超厚的筏形基础应考虑采取降低水泥水化热和浇筑入模温度措施,以避免出现大的温度收缩应力,导致基础底板裂缝,做法参见箱形基础施工相关部分。

5)基础浇筑完毕,表面应覆盖和晒水养护,并不少于 7d,必要时应采取保温养护措施,并防止浸泡地基。

6)在基础底板上埋设好沉降观测点,定期进行观测、分析,做好记录。

(2)质保资料检查要求

1)混凝土配合比。

2)掺合料、外加剂的合格证明书、复试报告。

3)试块强度报告。

4)施工日记。

5)混凝土质量自检记录。

6)隐蔽工程验收记录。

7)混凝土分项工程质量验收记录表。

2.3.5 箱形基础施工

箱形基础是由钢筋混凝土底板、顶板、外墙和一定数量的内隔墙构成一封闭空间的整体箱体,基础中空部分可在内隔墙开门洞作地下室。它具有整体性好、刚度大、抗不均匀沉降能力及抗震能力强,可消除因地基变形使建筑物开裂的可能性、减少基底处原有地基自重应力,降低总沉降量等特点。适于作软弱地基上的面积较大、平面形状简单、荷载较大或上部结构分布不均的高层建筑物的基础及对建筑物沉降有严格要求的设备基础或特种构筑物基础,特别在城市高层建筑物基础中得到较广泛的采用。

1. 箱形基础施工技术要求

(1)箱形基础的埋置深度除满足一般基础埋置深度有关规定外,还应满足抗倾覆和抗滑稳定性要求,同时考虑使用功能要求,一般最小埋置深度在3.0~5.0m。在地震区,埋深不宜小于建筑物总高度的1/10。

(2)箱形基础高度应满足结构刚度和使用要求,一般可取建筑物高度的1/8~1/12,不宜小于箱形基础长度的1/16~1/18,且不小于3m。

(3)基础混凝土强度等级不应低于C20,如采用密实混凝土防水时,宜采用C30,其外围结构的混凝土抗渗等级不宜低于P6。

2. 箱形基础施工质量控制

(1)施工质量监督要点

1)施工前应查明建筑物荷载影响范围内地基土组成、分布、均匀性及性质和水文情况,判明深基坑的稳定性及对相邻建筑物的影响;编制施工组织设计,包括土方开挖、地基处理、深基坑降水和支护以及对邻近建筑物的保护等方面的具体施工方案。

2)基坑开挖,如地下水位较高,应采取措施降低地下水位至基坑底以下50cm处,当地下水位较高,土质为粉土、粉砂或细砂时,不得采用明沟排水,宜采用轻型井点或深井井点方法降水措施,并应设置水位降低观测孔,井点设置应有专门设计。

3)基础开挖应验算边坡稳定性,当地基为软弱土或基坑邻近有建(构)筑物时,应有临时支护措施,如设钢筋混凝土钻孔灌注桩,桩顶浇混凝土连续梁连成整体,支护离箱形基础应不小于1.2m、上部应避免堆载、卸土。

4)开挖基坑应注意保持基坑底土的原状结构，当采用机械开挖基坑时，在基坑底面设计标高以上20～30cm厚的土层，应用人工挖除并清理，如不能立即进行下一道工序施工，应留置15～20cm厚土层，待下道工序施工前挖除，以防止地基土被扰动。

5)箱形基础开挖深度大，挖土卸载后，土中压力减小，土的弹性效应有时会使基坑坑面土体回弹变形(回弹变形量有时占建筑物地基变形量的50%以上)，基坑开挖到设计基底标高经验收后，应随即浇筑垫层和箱形基础底板，防止地基土被破坏，冬期施工时，应采取有效措施，防止基坑底土的冻胀。

6)箱形基础底板、内外墙和顶板的支模、钢筋绑扎和混凝土浇筑，可采取分块进行，其施工缝的留设，外墙水平施工缝应在底板面上部300～500mm范围内和无梁顶板下部20～30cm处，并应做成企口形式，有严格防水要求时，应在企口中部设镀锌钢板(或塑料)止水带，外墙的垂直施工缝宜用凹缝，内墙的水平和垂直施工缝多采用平缝，内墙与外墙之间可留垂直缝，在继续浇混凝土前必须清除杂物，将表面冲洗洁净，注意接浆质量，然后浇筑混凝土。

7)当箱形基础长度超过40m时，为避免表面出现温度收缩裂缝或减轻浇筑强度，宜在中部设置贯通后浇带，后浇带宽度不宜小于800mm，并从两侧混凝土内伸出贯通主筋，主筋按原设计连续安装而不切断，经2～4周，后浇带用高一级强度等级的半干硬性混凝土或微膨胀混凝土灌筑密实，使连成整体并加强养护，但后浇带必须是在底板、墙壁和顶板的同一位置上部留设，使形成环形，以利释放早、中期温度应力。若只在底板和墙壁上留后浇带，而在顶板上不留设，将会在顶板上产生应力集中，出现裂缝，且会传递到墙壁后浇带，也会引起裂缝。底板后浇带处的垫层应加厚，局部加厚范围可采用800mm + C(C-钢筋最小锚固长度)，垫层顶面设防水层，外墙外侧在上述范围也应设防水层，并用强度等级为M5的砂浆砌半砖墙保护。后浇带适用于变形稳定较快，沉降量较小的地基，对变形量大，变形延续时间长的地基不宜采用。当有管道穿过箱形基础外墙时，应加焊止水片防漏。

8)钢筋绑扎应注意形状和位置准确，接头部位采用闪光接触对焊和套管压接，严格控制接头位置及数量，混凝土浇筑前须经验收。外部模板宜采用大块模板组装，内壁用定型模板；墙间距采用直径12mm穿墙对接螺栓控制墙体截面尺寸，埋设件位置应准确固定。箱顶板应适当预留施工洞口，以便内墙模板拆除后取出。

9)混凝土浇筑要合理选择浇筑方案，根据每次浇筑量，确定搅拌、运输、振捣能力、配备机械人员，确保混凝土浇筑均匀、连续，避免出现过多施工缝和薄弱层面。底板混凝土浇筑，一般应在底板钢筋和墙壁钢筋全部绑扎完毕，柱子插筋就位后进行，可沿长方向分2~3个区，由一端向另一端分层推进，分层均匀下料。当底面积大或底板呈正方形，宜分段分组浇筑，当底板厚度小于50cm，可不分层，采用斜面赶浆法浇筑，表面及时平整；当底板厚度大于或等于50cm，宜水平分层或斜面分层浇筑，每层厚25~30cm，分层用插入式或平板式振动器捣固密实，同时应注意各区、组搭接处的振捣，防止漏振，每层应在水泥初凝时间内浇筑完成，以保证混凝土的整体性和强度，提高抗裂性。

10)墙体浇筑应在墙全部钢筋绑扎完，包括顶板插筋、预埋件、各种穿墙管道敷设完毕、模板尺寸正确、支撑牢固安全、经检查无误后进行。一般先浇外墙，后浇内墙，或内外墙同时浇筑，分支流向轴线前进，各组兼顾横墙左右宽度各半范围。外墙浇筑可采取分层分段循环浇筑法，即将外墙沿周边分成若干段，分段的长度应由混凝土的搅拌运输能力、浇筑强度、分层厚度和水泥初凝时间而定。一般分3~4个小组，绕周长循环转圈进行，周而复始，直至外墙体浇筑完成。本法能减少混凝土浇筑时产生的对模板的侧压力，各小组循环递进，以利于提高工效，但要求混凝土输送和浇筑过程均匀连续，劳动组织严密。当周边较长，工程量较大，亦可采取分层分段一次浇筑法，即由2~6个浇筑小组从一点开始，混凝土分层浇筑，每两组相对应向后延伸浇筑，直至同边闭合。本法每组有固定的施工段，以利于提高质量，对水泥初凝时间控制没有什么要求，但混凝土一次浇到墙体全高，模板侧压力大，要求模板牢固。

箱形基础顶板（带梁）混凝土浇筑方法与基础底板浇筑基本相同（略）。

11）箱形基础混凝土浇筑完后，要加强覆盖，并浇水养护；冬期要保温，防止温差过大出现裂缝，以保证结构使用和防水性能。

12）箱形基础施工完毕后，应防止长期暴露，要抓紧基坑回填土。回填时要在相对的两侧或四周同时均匀进行，分层夯实；停止降水时，应验算箱形基础的抗浮稳定性；地下水对基础的浮力，一般不考虑折减，抗浮稳定系数宜小于1.20，如不能满足时，必须采取有效措施，防止基础上浮或倾斜，地下室施工完成后，始可停止降水。

（2）质保资料检查要求

1）混凝土配合比。

2)掺合料、外加剂的合格证明书、复试报告。

3)试块强度报告。

4)施工日记。

5)温控记录。

6)混凝土质量自检记录。

7)隐蔽工程验收记录。

8)混凝土分项工程质量验收记录表。

3 砌体工程

3.1 砌筑砂浆

砌筑砂浆按组成材料不同分为:水泥砂浆与水泥混合砂浆;按拌制方式不同分为:现场拌制砂浆与干拌砂浆(即工厂内将水泥、钙质消石灰粉、砂、掺加料及外加剂按一定比例干混合制成,现场仅加水机械拌和即成)。近年来有的地方(如上海等)还出现了类似预拌混凝土那样的预拌砌筑砂浆,由于掺入保水增稠材料,凝结时间可延长到8~24h,既确保砂浆质量,又减少了扬尘。除此之外还有不少具有特别功能的砌筑砂浆,如早强砂浆、缓凝砂浆、防冻砂浆等。

一般砌筑砂浆的强度分为:M2.5、M5、M7.5、M10和M15等五个等级;干拌砌筑砂浆与预拌砌筑砂浆的强度分为:M5、M7.5、M10、M15、M20、M25、M30等七个等级。

3.1.1 材料质量要求

1. 水泥

(1)水泥进场使用前,应分批对其强度、安定性进行复验。检验批应以同一生产厂家、同一编号为一批。

当在使用中对水泥质量有怀疑或水泥出厂超过3个月(快硬硅酸盐水泥超过一个月)时,应复查试验,并按其结果使用。

不同品种的水泥,不得混合使用。

(2)水泥进场后，应按不同品种和强度等级分级贮存，不得混杂、不得受潮。复验的要按复验结果使用。不同品种的水泥不得混用。

(3)水泥的强度等级应根据设计要求进行选择。水泥砂浆采用的水泥，其强度等级不宜大于 32.5 级；水泥混合砂浆采用的水泥，其强度等级不宜大于 42.5 级。

2. 砂

用于砖砌体的砌筑砂浆宜选用中砂并应过筛，不得含有草根和杂物。砂的含泥量应满足下列要求：

(1)对水泥砂浆和强度等级不小于 M5 的水泥混合砂浆，含泥量不应超过 5%。

(2)对强度等级小于 M5 的水泥混合砂浆，不应超过 10%。

(3)人工砂、山砂及特细砂，经试配能满足砌筑砂浆技术条件时，含泥量可适当放宽。

3. 掺加料

(1)配制水泥石灰砂浆时，不得使用脱水硬化的石灰膏。生石灰熟化成石灰膏时，应用孔径不大于 3mm × 3mm 的网过滤，熟化时间不得少于 7d；磨细生石灰粉的熟化时间不得少于 2d。沉淀池中贮存的石灰膏，应采取防止干燥、冻结和污染的措施。

(2)采用黏土或亚黏土制备黏土膏时，宜用搅拌机加水搅拌，通过孔径不大于 3mm × 3mm 的网过筛。用比色法鉴定黏土中的有机物含量时应浅于标准色。

(3)制作电石膏的电石渣，应用孔径不大于 3mm × 3mm 的网过滤，检验时应加热至 70℃并保持 20min，没有乙炔气味后，方可使用。

石灰膏、黏土膏和电石膏试配时的稠度,应为 120±5mm。

消石灰粉不得直接用于砌筑砂浆中。

(4)粉煤灰的品质指标和磨细生石灰的品质指标应符合国家标准《用于水泥和混凝土中的粉煤灰》(GB 1596)及行业标准《建筑生石灰粉》JC/T480 的要求。

4. 水

拌制砂浆用水,其水质应符合行业标准《混凝土拌合用水标准》(JGJ63)的规定。

5. 外加剂

凡在砂浆中掺入有机塑化剂、早强剂、缓凝剂、防冻剂等,应经检验和试配符合要求后,方可使用。有机塑化剂尚应做砌体强度的型式检验。例如用微沫剂替代石灰膏制作混合砂浆时,砌体抗压强度较同强度等级的混合砂浆砌筑的砌体的抗压强度降低 10%左右。

3.1.2 砂浆的拌制和使用

1. 砂浆的拌制

(1)砂浆的品种、强度等级应满足设计要求。

(2)砂浆的配合比应根据原材料的性能、砂浆的技术要求及施工水平经试配后确定。如砂浆的组成材料有变化时,其配合比应重新试验确定。如用水泥砂浆代替同强度的水泥混合砂浆,或在水泥混合砂浆中掺入有机塑化剂时,应考虑砌体抗压强度降低的不利影响,其配合比应重新确定。

(3)砂浆的配合比应用重量比。石灰膏、黏土膏、电石膏等湿料使用时的用量,应按试配时的稠度予以调整。砂的含水量应计入水的重量中,砂的含水率应随时测定,并及时调整砂的用量;混合砂浆中的用水量,不包括石灰膏中的水。

所有原材料按重量计量,允许偏差不得超过表 3-1 规定。

砂浆原材料计量允许偏差　　表 3-1

原材料品种	水泥	砂	水	外加剂	掺合料
允许偏差%	±2	±3	±2	±2	±2

(4)砌筑砂浆应采用机械搅拌,自投料完算起,搅拌时间应符合下列规定:

1)水泥砂浆和水泥混合砂浆不得少于 2min;

2)水泥粉煤灰砂浆和掺用外加剂的砂浆不得少于 3min;

3)掺用有机塑化剂的砂浆,应为 3~5min。

(5)砂浆的稠度应符合表 3-2 规定:

砌筑砂浆的稠度　　表 3-2

砌 体 种 类	砂浆稠度(mm)	砌 体 种 类	砂浆稠度(mm)
烧结普通砖砌体	70~90	烧结普通砖平拱式过梁空斗墙,筒拱 普通混凝土小型空心砌块砌体 加气混凝土砌块砌体	50~70
轻骨料混凝土小型空心砌块砌体	60~90	石砌体	30~50
烧结多孔砖,空心砖砌体	60~80		

注:雨天施工时可取下限,炎热、干燥环境可取上限。

(6)砂浆的分层度不得大于 30mm。

(7)水泥砂浆中水泥用量不应小于 200kg/m^3;水泥混合砂浆中水泥和掺加料总量宜为 300~350kg/m^3。

(8)具有冻融循环次数要求的砌筑砂浆,经冻融试验后,质量损失率不得大于 5%,抗压强度损失率不得大于 25%。

2. 砂浆的使用

(1)砂浆拌制后及使用时，应盛入贮灰器中。当出现泌水现象，应在砌筑前再次拌合。

(2)砂浆应随拌随用，水泥砂浆和水泥混合砂浆应分别在3h和4h内使用完毕；当施工期间最高气温超过30℃时，应分别在拌成后2h和3h内使用完毕。

注：对掺用缓凝剂的砂浆，其使用时间可根据具体情况延长。

(3)预拌砌筑砂浆，根据掺入的保水增稠材料及缓凝剂的情况，凝结时间分为：8、12和24h三档，故必须在其规定的时间内用毕，严禁使用超过凝结时间的砂浆。

(4)预拌砌筑砂浆运至现场后，必须储存在不吸水的密闭容器内，严禁在储存过程中加水。夏季应采取遮阳措施，冬季应采取保温措施，其储存环境温度宜控制在0~37℃之间。

(5)水泥混合砂浆不得用于基础、地下及潮湿环境中的砌体工程。

3.1.3 砂浆试块的抽样及强度评定

1. 砂浆试块应在砂浆拌合后随机抽取制作，同盘砂浆只应制作一组试块。每一检验批且不超过250m³砌体的各种类型及强度等级的砌筑砂浆，每台搅拌机应至少制作一组试块(每组6块)即抽验一次。

2. 砂浆强度应以标准养护、龄期为28d的试块抗压试验结果为准。

3. 砌筑砂浆试块强度必须符合以下规定：

同一验收批砂浆试块抗压强度平均值必须大于或等于设计强度等级所对应的立方体抗压强度；同一验收批砂浆试块抗压强度的最小一组平均值必须大于或等于设计强度等级所对应的立方体抗压强度的75%。

注：砌筑砂浆的验收批，同一类型、强度等级的砂浆试块应不少于3

组。当同一验收批只有一组试块时,该组试块抗压强度的平均值必须大于或等于设计强度所对应的立方体抗压强度。

4. 当施工中或验收时出现下列情况,可采用现场检验方法对砂浆和砌体强度进行原位检测或取样检测,并判定其强度:

(1)砂浆试块缺乏代表性或试块数量不足;

(2)对砂浆试块的试验结果有怀疑或有争议;

(3)砂浆试块的试验结果,不能满足设计要求。

3.2 砖砌体工程

本节适用于烧结普通砖、烧结多孔砖、蒸压灰砂砖、粉煤灰砖等砌体工程。

3.2.1 一般规定

1. 砖的品种、强度等级必须符合设计要求,并应有产品合格证书和性能检测报告,进场后应进行复验,复验抽样数量为在同一生产厂家同一品种同一强度等级的普通砖 15 万块、多孔砖 5 万块、灰砂砖或粉煤灰砖 10 万块中各抽查 1 组。

2. 砌筑时蒸压灰砂砖、粉煤灰砖的产品龄期不得少于 28d。

3. 用于清水墙、柱表面的砖,应边角整齐,色泽均匀。品质为优等品的砖适用于清水墙和墙体装修;一等品、合格品砖可用于混水墙。中等泛霜的砖不得用于潮湿部位。冻胀地区的地面或防潮层以下的砌体不宜采用多孔砖;水池、化粪池、窨井等不得采用多孔砖。粉煤灰用于基础或受冻融和干湿交替作用的建筑部位时,必须使用一等品或优等品砖。

4. 多雨地区砌筑外墙时,不宜将有裂缝的砖面砌在室外表面。

5. 用于砌体工程的钢筋品种、强度等级必须符合设计要求,并应有产品合格证书和性能检测报告,进场后应进行复验。

6. 设置在潮湿环境或有化学侵蚀性介质的环境中的砌体灰缝内的钢筋应采取防腐措施。如涂刷环氧树脂、镀锌、采用不锈钢筋等。

7. 砌体的日砌筑高度一般不宜超过一步脚手架高度(1.6~1.8m);当遇到大风时,砌体的自由高度不得超过表3-3的规定。如超过表中限值时,必须采取临时支撑等技术措施。

墙和柱的允许自由高度(m)　　表3-3

墙(柱)厚(mm)	砌体密度>1600(kg/m^3)			砌体密度1300~1600(kg/m^3)		
	风载(kN/m^2)			风载(kN/m^2)		
	0.3(约7级风)	0.4(约8级风)	0.5(约9级风)	0.3(约7级风)	0.4(约8级风)	0.5(约9级风)
190	—	—	—	1.4	1.1	0.7
240	2.8	2.1	1.4	2.2	1.7	1.1
370	5.2	3.9	2.6	4.2	3.2	2.1
490	8.6	6.5	4.3	7.0	5.2	3.5
620	14.0	10.5	7.0	11.4	8.6	5.7

注:1. 本表适用于施工处相对标高(H)在10m范围内的情况。如$10m < H \leqslant 15m$,$15m < H \leqslant 20m$时,表中的允许自由高度应分别乘以0.9、0.8的系数;如$H > 20m$时,应通过抗倾覆验算确定其允许自由高度。

2. 当所砌筑的墙有横墙或其他结构与其连接,而且间距小于表列限值的2倍时,砌筑高度可不受本表的限制。

8. 砌体的施工质量控制等级应符合设计要求,并不得低于表3-4的规定。

砌体施工质量控制等级　　表 3-4

项目	施工质量控制等级		
	A	B	C
现场质量管理	制度健全，并严格执行；非施工方质量监督人员经常到现场，或现场设有常驻代表；施工方有在岗专业技术管理人员，人员齐全，并持证上岗	制度基本健全，并能执行；非施工方质量监督人员间断地到现场进行质量控制；施工方有在岗专业技术管理人员，并持证上岗	有制度；非施工方质量监督人员很少作现场质量控制；施工方有在岗专业技术管理人员
砂浆、混凝土强度	试块按规定制作，强度满足验收规定，离散性小	试块按规定制作，强度满足验收规定，离散性较小	试块强度满足验收规定，离散性大
砂浆拌合方式	机械拌合；配合比计量控制严格	机械拌合；配合比计量控制一般	机械或人工拌合；配合比计量控制较差
砌筑工人	中级工以上，其中高级工不少于20%	高、中级工不少于70%	初级工以上

3.2.2　质量控制

1. 标志板、皮数杆

建筑物的标高，应引入标准水准点或设计指定的水准点。基础施工前，应在建筑物的主要轴线部位设置标志板。标志板上应标明基础、墙身和轴线的位置及标高。外形或构造简单的建筑物，可用控制轴线的引桩代替标志板。

(1)砌筑前，弹好墙基大放脚外边沿线、墙身线、轴线、门窗洞口位置线，并必须用钢尺校核放线尺寸。

(2)按设计要求，在基础及墙身的转角及某些交接处立好皮数杆，其间距每隔 10～15m 立一根，皮数杆上划有每皮砖和灰缝厚度及门窗洞口、过梁、楼板等竖向构造的变化位置，控制楼层及各部位构件的标高。砌筑完每一楼层(或基础)后，应校正砌体的轴线和标高。

2. 砌体工作段划分

(1)相邻工作段的分段位置,宜设在伸缩缝、沉降缝、防震缝、构造柱或门窗洞口处。

(2)相邻工作段的高度差,不得超过一个楼层的高度,且不得大于4m。

(3)砌体临时间断处的高度差,不得超过一步脚手架的高度。

(4)砌体施工时,楼面堆载不得超过楼板允许荷载值。

(5)雨天施工,每日砌筑高度不宜超过1.4m,收工时应遮盖砌体表面。

(6)设有钢筋混凝土抗风柱的房屋,应在柱顶与屋架以及屋架间的支撑均已连接固定后,方可砌筑山墙。

3. 砌筑时砖的含水率

砌筑砖砌体时,砖应提前1~2天浇水湿润。普通砖、多孔砖的含水率宜为10%~15%;灰砂砖、粉煤灰砖含水率宜为8%~12%(含水率以水重占干砖重量的百分数计),施工现场抽查砖的含水率的简化方法可采用现场断砖,砖截面四周融水深度为15~20mm视为符合要求。

4. 组砌方法

(1)砖柱不得采用先砌四周后填心的包心砌法。柱面上下皮的竖缝应相互错开1/2砖长或1/4砖长,使柱心无通天缝。

(2)砖砌体应上下错缝,内外搭砌,实心砖砌体宜采用一顺一丁、梅花丁或三顺一丁的砌筑形式;多孔砖砌体宜采用一顺一丁、梅花丁的砌筑形式。

(3)基底标高不同时应从低处砌起,并由高处向低处搭接。当设计无要求时,搭接长度不应小于基础扩大部分的高度。

(4)每层承重墙(240mm厚)的最上一皮砖、砖砌体的阶台水平面上以及挑出层(挑檐、腰线等)应用整砖丁砌。

(5)砖柱和宽度小于1m的墙体,宜选用整砖砌筑。

(6)半砖和断砖应分散使用在受力较小的部位。

(7)搁置预制梁、板的砌体顶面应找平,安装时并应坐浆。当设计无具体要求时,应采用1:2.5的水泥砂浆。

(8)厕浴间和有防水要求的楼面,墙底部应浇筑高度不小于120mm的混凝土坎。

5. 留槎、拉结筋

(1)砖砌体的转角处和交接处应同时砌筑,严禁无可靠措施的内外墙分砌施工。对不能同时砌筑而又必须留置的临时间断处应砌成斜槎,斜槎水平投影长度不应小于高度的2/3。

接槎时必须将接槎处的表面清理干净,浇水湿润,填实砂浆并保持灰缝平直。

(2)非抗震设防及抗震设防烈度为6度、7度地区的临时间断处,当不能留斜槎时,除转角处外,可留直槎,但直槎必须做成凸槎。留直槎处应加设拉结钢筋,拉结钢筋的数量为每120mm墙厚放置1ϕ6拉结钢筋(240mm厚墙放置2ϕ6),间距沿墙高不应超过500mm;埋入长度从留槎处算起每边均不应小于500mm,对抗震设防烈度6度、7度的地区,不应小于1000mm;末端应有90°弯钩(图3-1)。

(3)多层砌体结构中,后砌的非承重砌体隔墙,应沿墙高每隔500mm配置2根ϕ6的钢筋与承重墙或柱拉结,每边伸入墙内不应小于500mm。抗震设防烈度为8度和9度区,长度大于5m的后砌隔墙的墙顶,尚应与楼板或梁拉结。隔墙砌至梁板底时,应留有一定空隙,间隔一周后再补砌挤紧。

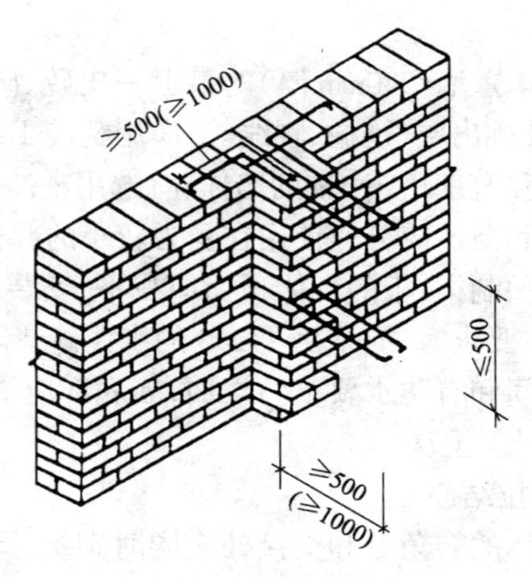

图 3-1 留直槎

6. 灰缝

(1)砖砌体的灰缝应横平竖直,厚薄均匀。水平灰缝厚度和竖向灰缝宽度宜为 10mm,但不应小于 8mm,也不应大于 12mm。砌筑方法宜采用“三一”砌砖法,即“一铲灰、一块砖、一揉挤”的操作方法。竖向灰缝宜采用挤浆法或加浆法,使其砂浆饱满,严禁用水冲浆灌缝。如采用铺浆法砌筑,铺浆长度不得超过 750mm。施工期间气温超过 30℃时,铺浆长度不得超过 500mm。

水平灰缝的砂浆饱满度不得低于 80%;竖向灰缝不得出现透明缝、瞎缝和假缝。

(2)清水墙面不应有上下二皮砖搭接长度小于 25mm 的通缝,不得有三分头砖,不得在上部随意变活乱缝。

(3)空斗墙的水平灰缝厚度和竖向灰缝宽度一般为 10mm,但不应小于 7mm,也不应大于 13mm。

(4)筒拱拱体灰缝应全部用砂浆填满,拱底灰缝宽度宜为

5～8mm,筒拱的纵向缝应与拱的横断面垂直。筒拱的纵向两端,不宜砌入墙内。

(5)为保持清水墙面立缝垂直一致,当砌至一步架子高时,水平间距每隔 2m,在丁砖竖缝位置弹两道垂直立线,控制游丁走缝。

(6)清水墙勾缝应采用加浆勾缝,勾缝砂浆宜采用细砂拌制的 1:1.5 水泥砂浆。勾凹缝时深度为 4～5mm,多雨地区或多孔砖可采用稍浅的凹缝或平缝。

(7)砖砌平拱过梁的灰缝应砌成楔形缝。灰缝宽度,在过梁底面不应小于 5mm;在过梁的顶面不应大于 15mm。

拱脚下面应伸入墙内不小于 20mm,拱底应有 1%起拱。

(8)砌体的伸缩缝、沉降缝、防震缝中,不得夹有砂浆、碎砖和杂物等。

7. 预留孔洞、预埋件

(1)设计要求的洞口、管道、沟槽,应在砌筑时按要求预留或预埋,未经设计同意,不得打凿墙体和在墙体上开凿水平沟槽。超过 300mm 的洞口上部应设过梁。

(2)砌体中的预埋件应作防腐处理,预埋木砖的木纹应与钉子垂直。

(3)在墙上留置临时施工洞口,其侧边离交接处墙面不应小于 500mm,洞口净宽度不应超过 1m,洞顶部应设置过梁。

抗震设防烈度为 9 度的地区建筑物的临时施工洞口位置,应会同设计单位确定。

临时施工洞口应做好补砌。

(4)不得在下列墙体或部位设置脚手眼:

1)120mm 厚墙、料石清水墙和独立柱石;

2)过梁上与过梁成 60°角的三角形范围及过梁净跨度 1/2

的高度范围内；

3)宽度小于 1m 的窗间墙；

4)砌体门窗洞口两侧 200mm(石砌体为 300mm)和转角处 450mm(石砌体为 600mm)范围内；

5)梁或梁垫下及其左右 500mm 范围内；

6)设计不允许设置脚手眼的部位。

(5)预留外窗洞口位置应上下挂线，保持上下楼层洞口位置垂直；洞口尺寸应准确。

8. 构造柱

(1)构造柱纵筋应穿过圈梁，保证纵筋上下贯通；构造柱箍筋在楼层上下各 500mm 范围内进行加密，间距宜为 100mm。

(2)墙体与构造柱连接处应砌成马牙槎，从每层柱脚起，先退后进，马牙槎的高度不应大于 300mm；并应先砌墙后浇混凝土构造柱。

(3)浇构造柱混凝土前，必须将砌体留槎部位和模板浇水湿润，将模板内的落地灰、砖渣和其他杂物清理干净，并在结合面处注入适量与构造柱混凝土相同的去石水泥砂浆。振捣时，应避免触碰墙体，严禁通过墙体传振。

3.2.3 质量验收

1. 砌体工程(本章 3.2～3.4)检验批合格均应符合下列规定：

(1)主控项目的质量经抽样检验全部符合要求。

(2)一般项目的质量经抽样检验应有 80%及以上符合要求。

(3)具有完整的施工操作依据、质量检查记录。

2. 主控项目

(1)砖和砂浆的强度等级必须符合设计要求。

抽检数量：每一生产厂家的砖到现场后，按烧结砖15万块、多孔砖5万块、灰砂砖及粉煤灰砖10万块各为一验收批，抽检数量为1组。砂浆试块的抽检数量应符合3.13的有关规定。

检验方法：检查砖和砂浆试块试验报告。

(2)砌体水平灰缝的砂浆饱满度不得小于80%。

抽检数量：每检验批抽查不应少于5处。

检验方法：用百格网检查砖底面与砂浆的粘结痕迹面积。每处检测3块砖，取其平均值。

(3)砖砌体的转角处和交接处应同时砌筑，严禁无可靠措施的内外墙分砌施工。对不能同时砌筑而又必须留置的临时间断处应砌成斜槎，斜槎水平投影长度不应小于高度的2/3。

抽检数量：每检验批抽20%接槎，且不应少于5处。

检验方法：观察检查。

(4)非抗震设防及抗震设防烈度为6度、7度地区的临时间断处，当不能留斜槎时，除转角处外，可留直槎，但直槎必须做成凸槎。留直槎处应加设拉结钢筋，拉结钢筋的数量为每120mm墙厚放置1ϕ6拉结钢筋(240mm厚墙放置2ϕ6拉结钢筋)，间距沿墙高不应超过500mm；埋入长度从留槎处算起每边均不应小于500mm，对抗震设防强度6度、7度的地区，不应小于1000mm；末端应有90°弯钩(见图3-1)。

抽检数量：每检验批抽20%接槎，且不应少于5处。

检验方法：观察和尺量检查。

合格标准：留槎正确，拉结钢筋设置数量、直径正确，竖向间距偏差不超过100mm，留置长度基本符合规定。

(5)砖砌体的位置及垂直度允许偏差应符合表3-5的规定。

砖砌体的位置及垂直度允许偏差　　　表 3-5

项次	项目			允许偏差(mm)	检验方法
1	轴线位置偏移			10	用经纬仪和尺检查或用其他测量仪器检查
2	垂直度	每层		5	用 2m 托线板检查
		全高	≤10m	10	用经纬仪、吊线和尺检查，或用其他测量仪器检查
			>10m	20	

抽检数量:轴线查全部承重墙柱;外墙垂直度全高查阳角,不应少于 4 处,每层每 20m 查一处;内墙按有代表性的自然间抽 10%,但不应少于 3 间,每间不应少于 2 处,柱不少于 5 根。

(6)钢筋的品种、规格和数量应符合设计要求。

检验方法:检查钢筋的合格证书、钢筋性能试验报告、隐蔽工程记录。

(7)构造柱。混凝土的强度等级应符合设计要求。

抽检数量:每一检验批砌体至少应做一组试块。

检验方法:检查混凝土试块试验报告。

(8)构造柱与墙体的连接处应砌成马牙槎,马牙槎应先退后进,预留的拉结钢筋应位置正确,施工中不得任意弯折。

抽检数量:每检验批抽 20%构造柱,且不少于 3 处。

检验方法:观察检查。

合格标准:钢筋竖向移位不应超过 100mm,每一马牙槎沿高度方向尺寸不应超过 300mm。钢筋竖向位移和马牙槎尺寸偏差每一构造柱不应超过 2 处。

(9)构造柱位置及垂直度的允许偏差应符合表 3-6 规定。

构造柱尺寸允许偏差　　表 3-6

<table>
<tr><th>项次</th><th colspan="3">项　目</th><th>允许偏差(mm)</th><th>检　验　方　法</th></tr>
<tr><td>1</td><td colspan="3">柱中心线位置</td><td>10</td><td>用经纬仪和尺检查或用其他测量仪器检查</td></tr>
<tr><td>2</td><td colspan="3">柱层间错位</td><td>8</td><td>用经纬仪和尺检查或用其他测量仪器检查</td></tr>
<tr><td rowspan="3">3</td><td rowspan="3">柱垂直度</td><td colspan="2">每层</td><td>5</td><td>用 2m 托线板检查</td></tr>
<tr><td rowspan="2">全高</td><td>≤10m</td><td>10</td><td rowspan="2">用经纬仪、吊线和尺检查，或用其他测量仪器检查</td></tr>
<tr><td>>10m</td><td>20</td></tr>
</table>

抽检数量：每检验批抽 10%，且不应少于 5 处。

3. 一般项目

(1)砖砌体组砌方法应正确，上、下错位，内外搭砌，砖柱不得采用包心砌法。

抽检数量：外墙每 20m 抽查一处，每处 3～5m，且不应少于 3 处；内墙按有代表性的自然间抽 10%，且不应少于 3 间。

检验方法：观察检查。

合格标准：除符合本条要求外，清水墙、窗间墙无通缝；混水墙中长度大于或等于 300mm 的通缝每间不超过 3 处，且不得位于同一面墙体上。

(2)砖砌体的灰缝应横平竖直，厚薄均匀。水平灰缝厚度宜为 10mm，但不应小于 8mm，也不应大于 12mm。

抽检数量：每步脚手架施工的砌体，每 20m 抽查 1 处。

检验方法：用尺量 10 皮砖砌体高度折算。

(3)砖砌体的一般尺寸允许偏差应符合表 3-7 的规定。

砖砌体一般尺寸允许偏差　　表 3-7

项次	项目		允许偏差(mm)	检验方法	抽检数量
1	基础顶面和楼面标高		±15	用水平仪和尺检查	不应少于5处
2	表面平整度	清水墙、柱	5	用 2m 靠尺和楔形塞尺检查	有代表性自然间10%,但不应少于3间,每间不应少于2处
		混水墙、柱	8		
3	门窗洞口高、宽(后塞口)		±5	用尺检查	检验批洞口的10%,且不应少于5处
4	外墙上下窗口偏移		20	以底层窗口为准,用经纬仪或吊线检查	检验批的10%,且不应少于5处
5	水平灰缝平直度	清水墙	7	拉 10m 线和尺检查	有代表性自然间10%,但不应少于3间,每间不应少于2处
		混水墙	10		
6	清水墙游丁走缝		20	吊线和尺检查,以每层第一皮砖为准	有代表性自然间10%,但不应少于3间,每间不应少于2处

4. 质量控制资料

砌体工程验收前,应提供下列文件和记录:

(1)施工执行的技术标准。

(2)原材料的合格证书、产品性能检测报告及复验报告。

(3)混凝土及砂浆配合比通知单。

(4)混凝土及砂浆试块抗压强度试验报告单及评定结果。

(5)施工记录。

(6)各检验批的主控项目、一般项目验收记录。

(7)施工质量控制资料。

(8)重大技术问题的处理或修改设计的技术文件。

(9)其他必须提供的资料。

3.3 混凝土小型空心砌块砌体工程

本节所指混凝土小型空心砌块(简称小砌块),包括普通混凝土小型空心砌块(简称普通小砌块)和轻骨料混凝土小型空心砌块(简称轻骨料小砌块)。

3.3.1 一般规定

1. 小砌块的品种、强度等级必须符合设计要求,并应有产品合格证书和性能检测报告,进场后应进行复验。复验抽样为同一生产厂家同一品种同一强度等级的小砌块每1万块为一个验收批,每一验收批应抽查1组。

(其中4层以上建筑的基础和底层的小砌块每一万块抽查2组)。

2. 小砌块吸水率不应大于20%。

干缩率和相对含水率应符合表3-8的要求。

3. 掺工业废渣的小砌块其放射性应符合《建筑材料放射性核素限量》(GB6566—2000)的有关规定。

4. 砌筑时小砌块的产品龄期不得少于28d。

5. 承重墙体严禁使用断裂小砌块。

6. 底层室内地面以下或防潮层以下的砌体,应采用强度等级不低于C20的混凝土灌实小砌块的孔洞。

7. 用于清水墙的砌块,其抗渗性指标应满足产品标准规定,并宜选用优等品小砌块。

8. 小砌块堆放、运输时应有防雨、防潮和排水措施;装卸时应轻码轻放,严禁抛掷、倾倒。

9. 钢筋的质量控制要求同砖砌体工程。

10. 小砌块砌筑宜选用专用的《混凝土小型空心砌块砌筑

砂浆》(JC860—2000)。当采用非专用砂浆时,除应按表 3-1 的要求控制外,宜采取改善砂浆粘结性能的措施。

干缩率和相对含水率　　表 3-8

干缩率(%)	相对含水率(%)		
	潮　湿	中　等	干　燥
<0.03	45	40	35
0.03~0.045	40	35	30
>0.045~0.065	35	30	25

注

1. 相对含水率即砌块出厂含水率与吸水率之比。

$$W = \frac{\omega_1}{\omega_2} \times 100$$

式中　W——砌块的相对含水率(%);

ω_1——砌块出厂时间的含水率(%);

ω_2——砌块的吸水率(%)。

2. 使用地区的湿度条件:

潮湿——系指年平均相对湿度大于 75%的地区;

中等——系指年平均相对湿度 50%~75%的地区;

干燥——系指年平均相对湿度小于 50%的地区。

3.3.2　质量控制

1. 设计模数的校核

小砌块砌体房屋在施工前应加强对施工图纸的会审,尤其对房屋的细部尺寸和标高是否适合主规格小砌块的模数应进行校核。发现不合适的细部尺寸和标高应及时与设计单位沟通,必要时进行调整。这一点对于单排孔小砌块显得尤为重要。当尺寸调整后仍不符合主规格块体的模数时,应使其符合辅助规格块材的模数。否则会影响砌筑的速度与质量。这是由于小砌块块材不可切割的特性所决定的,应引起高度的重视。

2. 小砌块排列图

砌体工程施工前,应根据会审后的设计图纸绘制小砌块砌体的施工排列图。排列图应包括平面与立面两面二个方面。它不仅对估算主规格及辅助规格块材的用量是不可缺少的,对正确设定皮数杆及指导砌体操作工人进行合理摆砖,准确留置预留洞口、构造柱、梁等位置,确保砌筑质量也是十分重要的。对采用混凝土芯柱的部位,既要保证上下畅通不梗阻,又要避免由于组砌不当造成混凝土灌注时横向流窜,芯柱呈正三角形状(或宝塔状)。不仅浪费材料,而且增加了房屋的永久荷载。

3. 砌筑时小砌块的含水率

普通小砌块砌筑时,一般可不浇水。天气干燥炎热时,可提前洒水湿润;轻骨料小砌块,宜提前一天浇水湿润。小砌块表面有浮水时,为避免游砖不得砌筑。

4. 组砌与灰缝

(1)单排孔小砌块砌筑时应对孔错缝搭砌;当不能对孔砌筑,搭接长度不得小于 90mm(含其他小砌块);当不能满足时,在水平灰缝中设置拉结钢筋网,网位两端距竖缝宽度不宜小于 300mm。

(2)小砌块砌筑应将底面(壁、肋稍厚一面)朝上反砌于墙上。

(3)小砌块砌体的水平灰缝应平直,按净面积计算水平灰缝砂浆饱满度不得小于 90%。

(4)小砌块砌体的水平灰缝厚度和竖向灰缝宽度宜为 10mm,但不应小于 8mm,也不应大于 12mm。铺灰长度不宜超过两块主规格块体的长度。

(5)需要移动砌体中的小砌块或砌体被撞动后,应重新铺砌。

(6)厕浴间和有防水要求的楼面,墙底部应浇筑高度不小于 120mm 的混凝土坎；轻骨小砌块墙底部混凝土高度不宜小于 200mm。

(7)小砌块清水墙的勾缝应采用加浆勾缝，当设计无具体要求时宜采用平缝形式。

(8)为保证砌筑质量安全，日砌筑高度为 1.4m，或不得超过一步脚手架高度内。

(9)雨天砌筑应有防雨措施，砌筑完毕应对砌体进行遮盖。

5．留槎、拉结筋

(1)墙体转角处和纵横墙交接处应同时砌筑。临时间断处应砌成斜槎，斜槎水平投影长度不应小于高度的 2/3。

(2)砌块墙与后砌隔墙交接处，应沿墙高每 400mm 在水平灰缝内设置不少于 2ϕ4、横筋间距不大于 200mm 的焊接钢筋网片(图 3-2)。

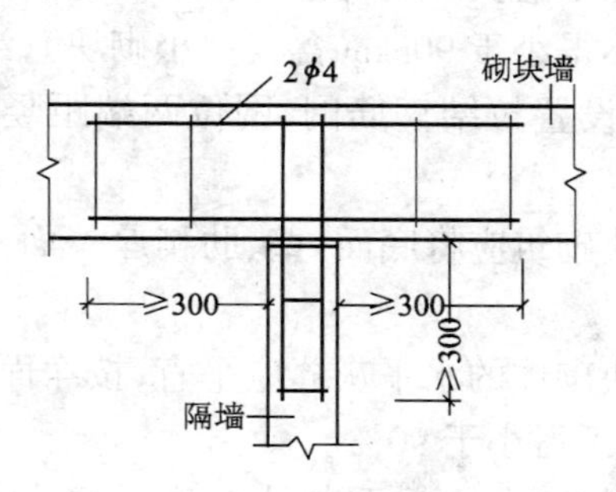

图 3-2　砌块墙与后砌隔墙交接处钢筋网片

6．预留洞、预埋件

(1)除按砖砌体工程控制外，当墙上设置脚手眼时，可用辅助规格砌块侧砌，利用其孔洞作脚手眼(注意脚手眼下部砌块的承载能力)；补眼时可用不低于小砌块强度的混凝土填实。

(2)门窗固定处的砌筑,可镶砌混凝土预制块(其内可放木砖),也可在门窗两侧小砌块孔内灌筑混凝土。

7. 混凝土芯柱

(1)砌筑芯柱(构造柱)部位的墙体,应采用不封底的通孔小砌块,砌筑时要保证上下孔通畅且不错孔,确保混凝土浇筑时不侧向流窜。

(2)在芯柱部位,每层楼的第一皮块体,应采用开口小砌块或U形小砌块砌出操作孔,操作孔侧面宜预留连通孔;砌筑开口小砌块或U形小砌块时,应随时刮去灰缝内凸出的砂浆,直至一个楼层高度。

(3)浇灌芯柱的混凝土,宜选且专用的《混凝土小型空心砌块灌孔混凝土》(JC861—2000)(塌落度为180mm以上);当采用普通混凝土时,其坍落度不应小于90mm。

(4)浇灌芯柱混凝土,应遵守下列规定:

1)清除孔洞内的砂浆等杂物,并用水冲洗;

2)砌筑砂浆强度大于1MPa时,方能浇灌芯柱混凝土;

3)在浇灌芯柱混凝土前应先注入适量与芯柱混凝土相同的去石水泥砂浆,再浇灌混凝土。

8. 小砌块墙中设置构造柱时,与构造柱相邻的砌块孔洞,当设计未具体要求时,6度(抗震设防烈度,下同)时宜灌实,7度时应灌实,8度时应灌实并插筋。其他可参照砖砌体工程。

3.3.3 质量验收

1. 主控项目

(1)小砌块:砂浆和混凝土的强度等级必须符合设计要求。

抽检数量:每一生产厂家,每1万块小砌块至少应抽检一组。用于多层以上建筑基础和底层的小砌块抽检数量不应少于2组。砂浆试块的抽检数量：每一检验批且不超过250m³砌体的各种类型及强度等级的建筑砂浆，每台搅拌机应至少抽检一次。芯柱混凝土每一检验批至少做一组试块。

检验方法：查小砌块、砂浆混凝土试块试验报告。

(2)砌体水平灰缝的砂浆饱满度，应按净面积计算不得低于90%；竖向灰缝饱满度不得小于80%，竖缝凹槽部位应用砌筑砂浆填实；不得出现瞎缝、透明缝。

抽检数量：每检验批不应少于3处。

检验方法：用专用百格网检测小砌块与砂浆粘结痕迹，每处检测3块小砌块，取其平均值。

(3)墙体转角处和纵横墙交接处应同时砌筑。临时间断处应砌成斜槎，斜槎水平投影长度不应小于高度的2/3。

抽检数量：每检验批抽20%接槎，且不应少于5处。

检验方法：观察检查。

(4)砌体的轴线位置偏移和垂直度偏差应符合表3-5的规定。

2. 一般项目

(1)墙体的水平灰缝厚度和竖向灰缝宽度宜为10mm，但不应大于12mm，也不应小于8mm。

抽检数量：每层楼的检测点不应少于3处。

抽检方法：用尺量5皮小砌块的高度和2m砌体长度折算。

(2)小砌块墙体的一般尺寸允许偏差应按表3-7中1～5项的规定执行。

3. 质量控制资料

同砖砌体工程。

3.4 填充墙砌体工程

本节适用于轻骨料混凝土小型空心砌块，蒸压加气混凝土砌块(以下简称“加气砌块”)，空心砖等砌筑填充墙砌体工程。

3.4.1 一般规定

1. 砌块、砖的品种、强度等级应符合设计要求，品质符合合同要求的等级品；并应具有出厂合格证和产品性能检测报告。

2. 小砌块、加气砌块出釜后应在干燥环境中放置28d后方可使用。填充墙不属承重墙，一般选用密度较小的块材，如轻骨料小砌块、加气砌块(含砂加气砌块)等。这些块材均为非烧结制品，故干燥收缩率较大。如普通混凝土小砌块为0.03%~0.04%，轻骨料混凝土小砌块为0.03%~0.065%，加气砌块可达到0.08%。为减少砌体的干缩率，使其在砌筑前完成大部分的收缩量，干置28d后使用将是十分有利的。当对这些块材尚不放心(如有些生产厂更多掺加了易收缩变形的粗骨料或粉煤灰)，可将进场块材(订采购合同时约定验货方式)送检测机构做干缩试验，确保砌体质量。

3. 小砌块、加气砌块装卸时严禁抛掷和倾倒，这是因为送到现场时强度往往较低，有的甚至生产龄期才几天(为了加快厂里堆放场所的周转)，这是与烧结黏土砖的一个很大的区别(烧结砖冷却出窑时强度已达100%)。对减少块材的掉楞缺角和损坏有利。

4. 上述块材在堆放运输过程中应采取防雨防潮和排水措施，故不可露天着地堆放。国外这类块材按用户需求分为有含水率要求与无含水率要求两种。若有含水率要求,出厂前须经烘焙处理,再用防潮材料包装,即不怕雨淋。而我国目前一般未达到这样水准,只能靠运输和现场堆放时的简易措施来弥补,降低块材含水率,减少物体干缩裂缝,从而提高砌体质量。这也是有关产品标准中专门规定的。

5. 轻骨料小砌块、加气砌块和薄壁空心砖(如三孔砖)砌筑时,墙底部应砌筑烧结多孔砖、普通混凝土小砌块(采用混凝土灌孔更好)或浇筑混凝土,其高度不宜小于 200mm。厕浴间和有防水要求的房间,所有墙底部 200mm 高度内均应浇筑混凝土导墙。

3.4.2 质量控制

1. 填充墙砌体施工质量控制等级,应选用 B 级以上,不得选用 C 级(见《砌体工程施工质量验收规范》),其砌筑人员均应取得技术等级证书,其中高、中级技术工人的比例不少于 70%。为落实操作质量责任制,应采用挂牌或墙面明示等形式,注明操作人员、质量实测数据,并记入施工日志。

2. 对进入施工现场的建筑材料,尤其是砌体材料,应按产品标准进行质量验收,并作好验收记录。对质量不合格或产品等级不符合要求的,不得用于砌体工程。为消除外墙面渗漏水隐患,不得将有裂缝的砖面、小砌块面砌于外墙的外表面。

3. 砌体施工前,应由专人设置皮数杆,并应根据设计要求、块材规格和灰缝厚度在皮数杆上标明皮数及竖向构造的变化部位;灰缝厚度应用双线标明。

未设置皮数杆,砌筑人员不得进行施工。

4. 用混凝土小型空心砌块,加气混凝土砌块等块材砌筑墙体时,必须根据预先绘制的砌块排列图进行施工。

严禁无排列图或不按排列图施工。

5. 轻骨料小砌块、空心砖应提前一天浇水湿润;加气砌块砌筑时,应向砌筑面适量洒水;当采用粘结剂砌筑时不得浇水湿润。用砂浆砌筑时的含水率:轻骨料小砌块宜为5%~8%,空心砖宜为10%~15%,加气砌块宜小于15%。

6. 填充墙砌筑时应错缝搭砌。单排孔小砌块应对孔错缝砌筑,当不能对孔时,搭接长度不应小于90mm,加气砌块搭接长度不小于砌块长度的1/3;当不能满足时,应在水平灰缝中设置钢筋加强。

7. 小砌块、空心砖砌体的水平、竖向灰缝厚度应为8~12mm;加气砌块的水平灰缝厚度宜为12~15mm,竖向灰缝宽度宜为20mm。

8. 轻骨料小砌块和加气砌块砌体,由于干缩率和膨胀值较大,不应与其他块材混砌。但对于因构造需要的墙底部、顶部、门窗固定部位等,可局部适量镶嵌其他块材,门窗两侧小砌块可采用填灌混凝土办法,不同砌体交接处可采用构造柱连接。

9. 填充墙的水平灰缝砂浆饱满度均应不小于80%;小砌块、加气砌块砌体的竖向灰缝也不应小于80%,其他砖砌体的竖向灰缝应填满砂浆,并不得有透明缝、瞎缝、假缝。

10. 填充墙砌至梁、板底部时,应留一定空隙,至少间隔7d后再进行镶嵌;或用坍落度较小的混凝土或砂浆填嵌密实(高度宜为50与30mm)。在封砌施工洞口及外墙井架洞口时,尤其应严格控制,千万不能一次到顶。

11. 小砌块、加气砌块砌筑时应防止雨淋。

12. 封堵外墙支模洞、脚手眼等,应在抹灰前派专人实施,在清洗干净后应从墙体两侧封堵密实,确保不开裂,不渗漏,并应加强检查，做好记录。

13. 砌筑伸缩缝、沉降缝、抗震缝等变形缝处砌体时应确保缝的净宽，并应采取遮盖措施或填嵌聚苯乙烯等发泡材料等，防止缝内夹有块材、碎渣、砂浆等杂物。

14. 构造柱与墙体的连接处应砌成马牙槎，从每层柱脚开始，先退后进，每一马牙槎沿高度方向的尺寸不宜超过300mm。沿墙高每500mm设2Φ6拉结钢筋，每边伸入墙内不宜小于1m。预留伸出的拉结钢筋不得在施工中任意反复弯折，如有歪斜、弯曲，在浇灌混凝土之前，应校正到准确位置并绑扎牢固。

15. 利用砌体支撑模板时，为防止砌体松动，严禁采用"骑马钉"直接敲入砌体的做法。利用砌体入模浇筑混凝土构造柱等，当砌体强度、刚度不能克服混凝土振捣产生的侧向力时，应采取可靠措施，防止砌体变形、开裂、杜绝渗漏隐患。

16. 填充墙与混凝土结合部的处理，应按设计要求进行；若设计无要求时，宜在该处内外两侧，敷设宽度不小于200mm的钢丝网片，网片应绷紧后分别固定于混凝土与砌体上的粉刷层内，要保证网片粘结牢固。

17. 为防止外墙面渗漏水，伸出墙面的雨篷、敞开式阳台、空调机搁板、遮阳板、窗套、外楼梯根部及凹凸装饰线脚处，应采取切实有效的止水措施。

18. 钢筋混凝土结构中砌筑填充墙时，应沿框架柱（剪力墙）全高每隔500mm（砌块模数不能满足时可为600mm）设2ϕ6拉结筋，拉结筋伸入墙内的长度应符合设计要求；当设计未具体要求时，非抗震设防及抗震设防烈度为6度、7度时，不应小于墙长的1/5且不小于700mm；8度、9度时宜沿墙全长贯通。

19. 抗震设防地区还应采取如下抗震拉结措施：(1)墙长

大于5m时，墙顶与梁宜有拉结；(2)墙长超过层高2倍时，宜设置钢筋混凝土构造柱；(3)墙高超过4m时，墙体半高处宜设置与柱连接且沿墙全长贯通的钢筋混凝土水平系梁。

20. 单层钢筋混凝土柱厂房等其他砌体围护墙应按设计要求。

3.4.3 质量验收

1. 主控项目

砖、砌块和砌筑砂浆的强度等级应符合设计要求。

检验方法：检查砖或砌块的产品合格证书、产品性能检测报告和砂浆试块试验报告。

2. 一般项目

(1)填充墙砌体一般尺寸的允许偏差应符合表3-9的规定。

抽检数量：

1)对表中1、2项，在检验批的标准间中随机抽查10%，但不应少于3间；大面积房间和楼道按两个轴线或每10延长米按一标准间计数。每间检验不应少于3处。

2)对表中3、4项，在检验批中抽检10%，且不应少于5处。

填充墙砌体一般尺寸允许偏差　　表3-9

<table>
<tr><th>项次</th><th colspan="2">项　　目</th><th>允许偏差(mm)</th><th>检 验 方 法</th></tr>
<tr><td rowspan="3">1</td><td colspan="2">轴线位移</td><td>10</td><td>用尺检查</td></tr>
<tr><td rowspan="2">垂直度</td><td>小于或等于3m</td><td>5</td><td rowspan="2">用2m托线板或吊线、尺检查</td></tr>
<tr><td>大于3m</td><td>10</td></tr>
<tr><td>2</td><td colspan="2">表面平整度</td><td>8</td><td>用2m靠尺和楔形塞尺检查</td></tr>
<tr><td>3</td><td colspan="2">门窗洞口高、宽(后塞口)</td><td>±5</td><td>用尺检查</td></tr>
<tr><td>4</td><td colspan="2">外墙上、下窗口偏移</td><td>20</td><td>用经纬仪或吊线检查</td></tr>
</table>

(2)蒸压加气混凝土砌块砌体和轻骨料混凝土小型空心砌块砌体不应与其他块材混砌。

抽检数量:在检验批中抽检 20%,且不应少于 5 处。

检验方法:外观检查。

(3)填充墙砌体的砂浆饱满度及检验方法应符合表 3-10 的规定。

抽检数量:每步架子不少于 3 处,且每处不应少于 3 块。

填充墙砌体的砂浆饱满度及检验方法　　表 3-10

砌体分类	灰缝	饱满度及要求	检验方法
空心砖砌体	水平	≥80%	采用百格网检查块材底面砂浆的粘结痕迹面积
	垂直	填满砂浆,不得有透明缝、瞎缝、假缝	
加气混凝土砌块和轻骨料混凝土小砌块砌体	水平	≥80%	
	垂直	≥80%	

(4)填充墙砌体留置的拉结筋或网片的位置应与块体皮数相符合。拉结钢筋或网片应置于灰缝中,埋置长度应符合设计要求,竖向位置偏差不应超过一皮高度。

抽检数量:在检验批中抽检 20%,且不应少于 5 处。

检验方法:观察和用尺量检查。

(5)填充墙砌筑时应错缝搭砌,蒸压加气混凝土砌块搭砌长度不应小于砌块长度的 1/3;轻骨料混凝土小型空心砌块搭砌长度不应小于 90mm;竖向通缝不应大于 2 皮。

抽检数量:在检验批的标准间中抽查 10%,且不应小于 3 间。

检查方法:观察和用尺检查。

(6)填充墙砌体的灰缝厚度和宽度应正确。空心砖、轻骨料混凝土小型空心砌块的砌体灰缝应为8～12mm。蒸压加气混凝土砌块砌体的水平灰缝厚度及竖向灰缝宽度分别宜为15mm和20mm。

抽检数量：在检验批的标准间中抽查10%，且不应少于3间。

检查方法：用尺量5皮空心砖或小砌块的高度和2m砌体长度折算。

(7)填充墙砌至接近梁、板底时，应留有一定空隙，待填充墙砌筑完并应至少间隔7d后，再将其补砌挤紧。

抽检数量：每验收批抽10%填充墙片（每两柱间的填充墙为一墙片），且不应少于3片墙。

检验方法：观察检查。

4 混凝土结构工程

4.1 模 板 工 程

4.1.1 一般要求

1. 模板宜选用钢材、胶合板、塑料等材料，模板的支架材料宜选用钢材等。当采用木材时，木材应符合《木结构设计规范》中的承重结构选材标准，其材质不宜低于Ⅲ等材；当采用钢模板时，钢材应符合《碳素结构钢》中的Q235(3号)钢标准；胶合板应符合《混凝土模板用胶合板》中的有关规定。

2. 模板及其支架必须符合下列规定：

(1)保证工程结构和构件各部分形状尺寸和相互位置的正确。这就要求模板工程的几何尺寸、相互位置及标高满足设计图纸要求以及混凝土浇捣完毕后，在其允许偏差范围内。

(2)要求模板工程具有足够的承载力、刚度和稳定性，能使它在静荷载和动荷载的作用下不出现塑性变形、倾覆和失稳。

(3)构造简单，拆装方便，便于钢筋的绑扎和安装以及混凝土的浇捣和养护工艺要求，做到加工容易，集中制造，提高工效，紧密配合，综合考虑。

(4)模板的拼缝不应漏浆。对于反复使用的钢模板要不断进行整修，保证其楞角顺直、平整。

3. 组合钢模板、大模板、滑升模板等的设计、制作和施工尚应符合国家现行标准的有关规定。

4. 模板与混凝土的接触应涂隔离剂。不宜采用油质类隔离剂。严禁隔离剂沾污钢筋与混凝土接槎处，以免影响钢筋与混凝土的握裹力以及混凝土接槎处不能有机结合。故不得在模板安装后刷隔离剂。

5. 对模板及其支架应定期维修。钢模板及支架应防止锈蚀，从而延长模板及其支架的使用寿命。

4.1.2 现浇混凝土结构模板工程设计

1. 模板结构的三要素

虽然模板结构的种类很多，所用材料不同和功能各异，但其模板结构均由三部分组成。

(1)模板面板

是所浇筑混凝土直接接触的承力板。

(2)支撑结构

是支撑新浇混凝土产生的各种荷载和模板面板以及施工荷载的结构。

(3)连接件

是将模板面板和支撑结构连接成整体的部件，使模板结构组合成整体。

2. 模板结构设计的原则

(1)实用性

即要保证混凝土结构工程的质量，便于钢筋绑扎和安装以及混凝土浇筑和养护工艺要求。

(2)安全性

模板结构必须具有足够的承载能力和刚度，确保操作工人的安全。

(3)经济性

要结合工程结构的具体情况和施工单位的具体条件，进行技术经济比较,因地制宜,就地取材,择优选用模板方案。

3. 荷载分项系数与调整系数

根据《建筑结构荷载规范》和《混凝土结构工程施工质量验收规范》GB50204—2002 有关规定,在进行一般模板结构构件计算时,各类荷载应乘以相应的分项系数与调整系数,其要求如下:

(1)分项系数:

1)恒荷载分项系数

a. 当其效应对结构不利时,乘以分项系数 1.2;

b. 当其效应对结构有利时,取分项系数为 1,但对抗倾覆有利的恒荷载其分项系数取 0.9。

2)活荷载分项系数

a. 一般情况下分项系数取 1.4;

b. 模板的操作平台结构,当活荷载标准值不小于 $4kN/m^2$ 时,分项系数取 1.3。

(2)调整系数

1)对于一般钢模板结构,其荷载设计值可乘以 0.85 的调整系数;但对于冷弯薄壁型钢模板结构,其设计荷载值的调整系数为 1.0;

2)对于木模板结构,当木材含水率小于 25%时,其设计荷载值可乘以 0.9 的调整系数。

4. 荷载与荷载组合

(1)荷载

1)模板结构的自重 ······························ ①

包括模板面板、支撑结构和连接件的自重,有的模板还应包括安全防护结构,例如护身栏等的自重荷载。

2)新浇混凝土自重 ······························ ②

普通混凝土采用 24kN/m^3,其他混凝土根据实际重力密度确定。

3)钢筋自重 ………………………………………… ③

根据钢筋混凝土结构工程设计图纸计算确定。

4)新浇混凝土对模板侧面的压力 …………………… ⑥

采用内部振捣器时,新浇筑的混凝土作用于模板的最大侧压力,可按照以下两式计算,并取其中较小值:

$$F = 0.22\gamma_c t_0 \beta_1 \beta_2 V^{\frac{1}{2}}$$

$$F = \gamma_c H$$

式中 F——新浇混凝土对模板的最大侧压力(kN/m^2);

γ_c——混凝土的重力密度(kN/m^3);

t_0——新浇混凝土的初凝时间(h),可按实测确定;

V——混凝土的浇筑速度(m/h);

H——混凝土侧压力计算位置处至新浇混凝土顶面的总高度(m);

β_1——外加剂影响修正系数,不掺外加剂时取 1.0,掺具有缓凝作用的外加剂时取 1.2;

β_2——混凝土坍落度影响修正系数,当坍落度小于 30mm 时取 0.85;50 ~ 90mm 时取 1.0;110 ~ 150mm 时取 1.15。

5)施工人员及施工设备荷载 ………………………… ④

计算模板板面均布荷载取 2.5kN/m^2;另应以集中荷载 2.5kN 进行验算。

计算支撑结构立柱及其支撑结构构件时,均布活荷载取 1.0kN/m^2。

大型浇筑设备按实际情况计算。

6)振捣混凝土时产生的荷载 ………………………… ⑤

a. 对水平面模板产生的垂直荷载为 $2kN/m^2$;

b. 对垂直面模板,在新浇混凝土侧压力有效压头高度以内,取 $4kN/m^2$;有效压头高度以外可不予考虑。

7)倾倒混凝土时产生的荷载 ………………………… ⑦

倾倒混凝土时,对垂直面模板产生的水平荷载按表 4-1 采用。

倾倒混凝土时产生的水平荷载标准值(kN/m^2)　表 4-1

项　次	向模板内供料方法	水平荷载
1	溜槽、串筒或导管	2
2	容量小于 $0.2m^3$ 的运输器具	2
3	容量为 $0.2\sim0.8m^3$ 的运输器具	4
4	容量为大于 $0.8m^3$ 的运输器具	6

注:本荷载作用范围在有效压头高度以内。

(2)荷载组合

计算一般模板结构,其荷载组合应根据表 4-2 选用。

计算一般模板结构的荷载组合　表 4-2

项　次	模板结构项目	荷载组合	
		计算承载能力	验算刚度
1	平板及薄壳的模板及支架	①+②+③+④	①+②+③
2	梁和拱模板的底板及支架	①+②+③+⑤	①+②+③
3	梁、拱、柱(边长≤300mm)、墙(厚≤100mm)的侧面模板	⑤+⑥	⑥
4	大体积结构、柱(边长>300mm)、墙(厚>100mm)的侧面模板	⑥+⑦	⑥

注:计算承载能力时,荷载组合中各项荷载均采用荷载设计值,即荷载标准值乘以相应的分项系数和调整系数。刚度验算时,荷载组合中各项荷载均采用荷载标准值。

4.1.3 模板安装的质量控制

1. 竖向模板和支架的支承部分必须坐落在坚实的基土上,并应加设垫板,使其有足够的支承面积。

2. 一般情况下,模板自下而上地安装。在安装过程中要注意模板的稳定,可设临时支撑稳住模板,待安装完毕且校正无误后方可固定牢固。

3. 模板安装要考虑拆除方便,宜在不拆梁的底模和支撑的情况下,先拆除梁的侧模,以利周转使用。

4. 模板在安装过程中应多检查,注意垂直度、中心线、标高及各部位的尺寸;保证结构部分的几何尺寸和相邻位置的正确。

5. 现浇钢筋混凝土梁、板,当跨度大于或等于 4m 时,模板应起拱;当设计无要求时,起拱高度宜为全跨长的 1/1000 ~ 3/1000。不准许起拱过小而造成梁、板底下垂。

6. 现浇多层房屋和构筑物支模时,采用分段分层方法。下层混凝土须达到足够的强度以承受上层荷载传来的力,且上、下立柱应对齐,并铺设垫板。

7. 固定在模板上的预埋件和预留洞不得遗漏,安装必须牢固,位置准确,其允许偏差应符合《混凝土结构工程施工质量验收规范》GB50204—2002 中表 4.2.6 的规定。

8. 现浇结构模板安装的允许偏差,应符合《混凝土结构工程施工质量验收规范》GB50204—2002 中表 4.2.7 的规定。

4.1.4 模板拆除的质量控制

1. 模板及其支架拆除时的混凝土强度,应符合设计要求,当设计无具体要求时,应符合下列规定:

(1)现浇结构侧模在混凝土强度能保证其表面及棱角不因拆除模板而受损坏后,方可拆除。

(2)现浇结构底模在混凝土强度符合表 4-3 的规定后，方可拆除。

底摸拆除时所需混凝土强度　　表 4-3

结构类型	结构跨度(m)	按设计的混凝土强度标准值的百分率计(%)
板	≤2	≥50
	>2，≤8	≥75
	>8	≥100
梁、拱、壳	≤8	≥75
	>8	≥100
悬臂构件	—	≥100

注："设计的混凝土强度标准值"系指与设计混凝土强度等级相应的混凝土立方体抗压强度标准值。

2. 混凝土结构在模板和支架拆除后，需待混凝土强度达到设计混凝土强度等级后，方可承受全部使用荷载；当施工荷载所产生的效应比使用荷载的效应更为不利时，必须经过核算，加设临时支撑。

3. 拆模时，除了符合以上要求外，还必须注意下列几点：

(1)拆模时不要用力过猛过急，拆下来的模板和支撑用料要及时运走、整理。

(2)拆模顺序一般应是后支的先拆，先支的后拆，先拆非承重部分，后拆承重部分。重大复杂模板的拆除，事先要制定拆模方案。

(3)多层楼板模板支柱的拆除，应按下列要求进行：上层楼板正在浇灌混凝土时，下一层楼板的模板支柱不得拆除，再下层楼板的支柱，仅可拆除一部分；跨度 4m 及 4m 以上的梁下均应保留支柱，其间距不得大于3m。

(4)快速施工的高层建筑梁、板模板，例如：3～5d完成一层结构，其底模及支柱的拆除时间，应对所用混凝土的强度发展情况分层进行核算，确保下层楼板及梁能完全承载。

(5)定型模板，特别是组合式钢模板，要加强保护，拆除后逐块传递下来，不得抛掷，拆下后清理干净，板面涂刷脱模剂，分类堆放整齐，以利再用。

4.2 钢 筋 工 程

4.2.1 一般要求

1. 钢筋采购与进场验收

(1)钢筋采购时，混凝土结构所采用的热轧钢筋、热处理钢筋、碳素钢丝、刻痕钢丝和钢铰线的质量，应分别符合现行国家标准的规定：

1)《钢筋混凝土用热轧带肋钢筋》(GB1499)；

2)《钢筋混凝土用热轧光圆钢筋》(GB13013)；

3)《钢筋混凝土用余热处理钢筋》(GB13014)。

(2)钢筋从钢厂发出时，应具有出厂质量证明书或试验报告单，每捆(盘)钢筋均应有标牌。

(3)钢筋进入施工单位的仓库或放置场地时，应按炉罐(批)号及直径分批验收。验收内容包括查对标牌、外观检查，并按有关技术标准的规定抽取试样作机械性能试验，检验合格后方可使用。

(4)钢筋在运输和储存时，必须保留标牌，严格防止混料，并按批分别堆放整齐，无论在检验前或检验后，都要避免锈蚀和污染。

2. 其他要求

(1)当钢筋在加工过程中发生脆断、焊接性能不良或力学性能显著不正常等现象时,应按现行国家标准对该批钢筋进行化学成份检验或金相、冲击韧性等专项检验。

(2)对有抗震要求的框架结构纵向受力钢筋的强度应满足设计要求;当设计无具体要求时,对一、二级抗震等级,检验所得的强度实测值应符合下列规定:

1)钢筋的抗拉强度实测值与屈服强度实测值的比值不应小于 1.25;

2)钢筋的屈服强度实测值与钢筋的强度标准值的比值不应大于 1.3。

(3)钢筋的级别、种类和直径应符合设计要求,当需要代换时,必须征得设计单位同意,并应符合下列要求:

1)不同种类钢筋的代换,应按钢筋受拉承载力设计值相等的原则进行;

2)当构件受抗裂、裂缝宽度或挠度控制时,钢筋代换后应重新进行验算;

3)钢筋代换后,应满足混凝土结构设计规范中有关间距,锚固长度,最小钢筋直径,根数等要求;

4)对重要受力结构,不宜用 HPB235 级钢筋代换带肋钢筋;

5)梁的纵向受力钢筋与弯起钢筋应分别进行代换;

6)对有抗震要求的框架,不宜以强度等级较高的钢筋代替原设计中的钢筋;当必须代换时,尚应符合上述第 3 条的规定;

7)预制构件的吊环,必须采用未经冷拉的Ⅰ级热轧钢筋制作。

3. 钢筋取样与试验

钢筋进场时应按国家现行有关标准的规定抽取试件作力学性能检验。

由于工程量、运输条件和各种钢筋用量等的差异，很难对各种钢筋的进场检查数量做出统一规定。实际检查时，若有关标准中对进场检验数量作了具体规定，应遵照执行；若有关标准中只有对产品出厂检验数量的规定，则在进场检验时，检查数量可按下列情况确定：

(1)当一次进场的数量大于该产品的出厂检验批量时，应划分为若干个出厂检验批量，然后按出厂检验的抽样方案执行；

(2)当一次进场的数量小于或等于该产品的出厂检验批量时，应作为一个检验批量，然后按出厂检验的抽样方案执行；

(3)对连续进场的同批钢筋，当有可靠依据时，可按一次进场的钢筋处理。

当用户有特殊要求时，还应列出某些专门检验数据。

4.2.2 钢筋冷处理的质量控制

1. 钢筋冷拉

(1)检查内容

冷拉应力、冷拉率、拉力及冷弯。

(2)质量控制

1)控制冷拉力法

冷拉力　　$N = \sigma_{yk} \cdot As$

式中　σ_{yk}——控制应力(MPa)；

As——冷拉前截面面积(mm^2)。

冷拉应力与冷拉率应控制在表 4-4 的范围内。

冷拉控制应力及最大冷拉率　　　　表 4-4

钢筋级别	钢筋直径(mm)	冷拉控制应力(N/mm²)	最大冷拉率(%)
HPB235	≤12	280	10.0
HRB335	≤25	450	5.5
	28～40	430	
HRB400	8～40	500	5.0
RRB400	10～28	700	4.0

冷拉钢筋至控制应力后,应剔除个别超过最大冷拉率的钢筋,若较多钢筋超过最大冷拉率,则应进行抗拉强度试验,符合规定者仍可使用。

2)控制冷拉率法

冷拉钢筋时,其冷拉率由试验确定,测定同炉批钢筋冷拉率的冷拉应力应符合表 4-5 的规定,其试样不少于 4 个,取其平均值为冷拉率。

测定冷拉率时钢筋的冷拉应力(N/mm²)　　　　表 4-5

钢筋级别	钢筋直径(mm)	冷拉应力
HPB235	≤12	310
HRB335	≤25	480
	28～40	460
HRB400	8～40	530
RRB400	10～28	730

注:当钢筋平均冷拉率低于 1%时,仍应按 1%进行冷拉。

冷拉伸长值 $\Delta L = r \cdot L$

式中　r——钢筋冷拉率;

L——钢筋冷拉前长度。

3)冷拉要点

a. 冷拉前测力器和各项数据需进行校验和复核。

b. 冷拉速度不宜过快。

c. 预应力钢筋应先对焊后冷拉。

d. 自然时效的冷拉钢筋,需放置 7~15d 方能使用。

4)冷拉钢筋的力学性能应符合表 4-6 的规定。冷拉后不得有裂纹、起层现象。

冷拉钢筋的力学性能 **表 4-6**

钢筋级别	钢筋直径(mm)	屈服强度(N/mm²)	抗拉强度(N/mm²)	伸长率 δ_{10}(%)	冷弯	
		不小于			弯曲角度	弯曲直径
HPB235	≤12	280	370	11	180°	$3d$
HRB335	≤25	450	510	10	90°	$3d$
	28~40	430	490	10	90°	$4d$
HRB400	8~40	500	570	8	90°	$5d$
RRB400	10~28	700	835	6	90°	$5d$

注:d 为钢筋直径(mm)。

2. 钢筋冷拔

(1)检查内容

冷拔总压缩力,拉力与反复弯曲。

(2)质量控制

1)冷拉总压缩率 $\beta=(d_0^2-d^2)/d_0^2\times100\%$

式中 β——冷拔总压缩率(盘条拔成钢丝的横截面总压缩率);

d_0——盘条钢筋直径(mm);

d——成品钢筋直径(mm)。

2)冷拔要点

a. 原材料必须符合 HPB235 级钢筋标准的 Q235 号钢盘圆。

b. 必须控制总压缩率,否则塑性较差。

c. 控制冷拔的次数,过多钢筋易发脆,过少易断丝,后道钢筋的直径以 0.85 ~ 0.9 前道钢筋直径为宜。

d. 合理选择润滑剂。

e. 拉力和反复弯曲试验必须符合有关标准规定。

3. 钢筋的冷轧

冷轧带肋钢筋是近几年开发的新钢种,它是用普通低碳钢或低合金钢热轧圆盘条为母材,经冷轧或冷拔减径后在其表面冷轧成具有三面或二面月牙形横肋的钢筋。冷轧带肋钢筋有三个强度级别,即:LL550、LL650 和 LL800。直径为 4 ~ 12mm 多种。

LL550 级冷轧带肋钢筋,直径 4 ~ 12mm 适用于非预应力结构构件配筋,可代替普通Ⅰ级钢筋。LL650 级适用于预应力构件配筋,目前生产的直径一般为 4 ~ 6mm。LL800 级适用于预应力构件配筋,目前只生产一种规格,直径为 5mm,由热轧低合金钢(24MnTi)盘条轧制而成,与光面冷拔低合金钢丝强度相同,用于预应力空心板中具有较好的经济性。

冷轧带肋钢筋的使用规定详见《冷轧带肋钢筋混凝土结构技术规程》(JGJ95—95)。冷轧带肋钢筋是建设部"九五"期间重点推广应用十项新技术之一。冷轧带肋钢筋的力学及工艺性能见表 4-7。

冷轧带肋钢筋的力学及工艺性能　　表 4-7

级别代号	条件屈服强度 $\sigma_{0.2}$ (N/mm²)	抗拉强度 σ_b (N/mm²)	伸长率		冷弯 180° 弯心直径 D	预应力松弛 $\sigma_{con}=0.7\sigma_b$	
			σ_{10}(%)	σ_{100}(%)		10h(%)	1000h(%)
LL550	≥500	≥550	≥8	—	$D=3d$	—	—
LL650	≥520	≥650	—	≥4	$D=4d$	≤5	≤8
LL800	≥640	≥800	—	≤4	$D=5d$	≤5	≤8

注:σ_{10}的测量标距为 $10d$;σ_{100}的测量标距为 100mm。

4. 钢筋冷轧扭

钢筋的冷轧扭是把 Q235 钢 $\phi6.5 \sim \phi10$ 普通低碳钢热轧盘圆条通过钢筋冷轧扭机,在常温下经调直除锈后,经轧机将圆钢筋轧扁;在轧辊推动下,强迫扁钢筋通过扭转装置,从而形成表面为连续螺旋曲面的麻花状钢筋,常用规格有 $\Phi^{Z}6.5$、$\Phi^{Z}8$、$\Phi^{Z}10$ 三种,设计强度为 460MPa。由于冷轧扭钢筋与普通盘圆的钢筋相比,强度提高 1.95 倍,与混凝土之间的握裹力大大提高,具有明显的技术经济效果,适宜于制作现浇大楼板、双向叠合板、加气混凝土复合大楼板、多孔板以及圈梁等。冷轧扭钢筋的几何尺寸及重量详见表 4-8。

冷轧扭钢筋几何尺寸及重量　　　　表 4-8

规格	公称尺寸（mm）	公称截面积（mm^2）	埋设重量（kg/m）	螺距值及偏差（mm）
$\Phi^{Z}6.5$	3.5×8	28	0.2156	60 ± 3
$\Phi^{Z}8$	4.0×10	40	0.3079	70 ± 3
$\Phi^{Z}10$	4.8×12.5	60	0.4619	80 ± 3

4.2.3. 钢筋加工的质量控制

1. 钢筋的弯钩和弯折应符合下列规定:

(1)HPB235 级钢筋末端应作 180°弯钩,其弯弧内直径不应小于钢筋直径的 2.5 倍,弯钩的弯后平直部分长度不应小于钢筋直径的 3 倍。

(2)当设计要求钢筋末端需作 135°弯钩时,HRB335 级、HRB400 级钢筋的弯弧内直径不应小于钢筋直径的 4 倍,弯钩的弯后平直部分长度应符合设计要求。

(3)钢筋作不大于 90°的弯折时弯折处的弯弧内直径不应小于钢筋直径的 5 倍。

2. 焊接封闭环式箍筋时箍筋的末端应作弯钩，弯钩形式应符合设计要求，当设计无具体要求时应符合下列规定：

(1)箍筋弯钩的弯弧内直径除应满足规范第5.3.1条的规定外尚应不小于受力钢筋直径。

(2)箍筋弯钩的弯折角度：对一般结构不应小于90°，对有抗震等要求的结构应为135°。

(3)箍筋弯后平直部分长度：对一般结构不宜小于箍筋直径的5倍，对有抗震等要求的结构不应小于箍筋直径的10倍。

3. 钢筋加工的形状、尺寸应符合设计要求，其偏差应符合表4-9的规定。

钢筋加工的允许偏差　　　表4-9

项　　目	允　许　偏　差（mm）
受力钢筋顺长度方向全长的净尺寸	±10
弯起钢筋的弯折位置	±20
箍筋内净尺寸	±5

4.2.4　钢筋连接的质量控制

1. 钢筋焊接方法、接头形式及适用范围

(1)焊接方法

1)电阻点焊；

2)闪光对焊；

3)电弧焊；

4)电渣压力焊；

5)预埋件埋弧压力焊；

6)气压焊。

(2)接头形式

1)对接焊接；

2)交叉焊接；

3)T型连接。

(3)焊接方法适用范围见表4-10

钢筋焊接方法的运用范围　　　　表4-10

焊接方法	接头型式	适用范围 钢筋牌号	适用范围 钢筋直径(mm)
电阻点焊		HPB235 HRB335 HRB400 CRB550	8～16 6～16 6～16 4～12
闪光对焊	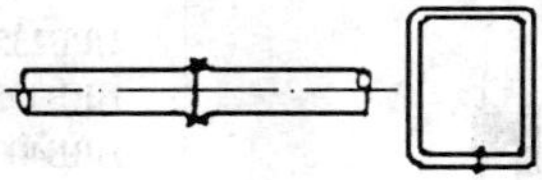	HPB235 HRB335 HRB400 RRB400 HRB500 Q235	8～20 6～40 6～40 10～32 10～40 6～14
电弧焊　帮条焊　双面焊	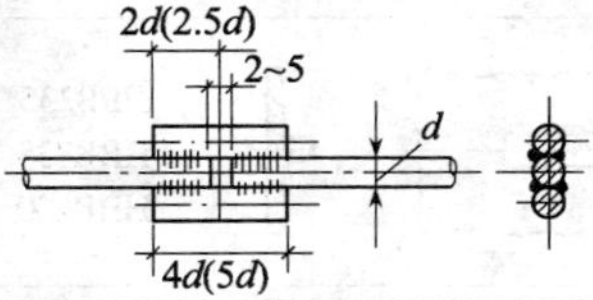 2d(2.5d)　2~5　d　4d(5d)	HPB235 HRB335 HRB400 RRB400	10～20 10～40 10～40 10～25
电弧焊　帮条焊　单面焊	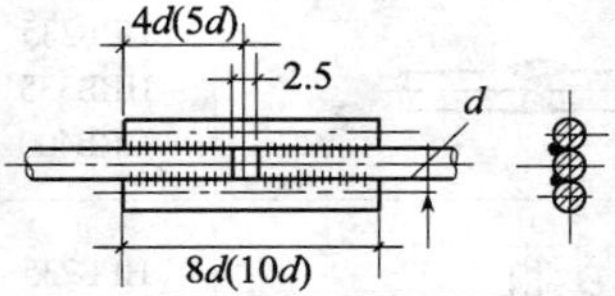 4d(5d)　2.5　d　8d(10d)	HPB235 HRB335 HRB400 RRB400	10～20 10～40 10～40 10～25
电弧焊　搭接焊　双面焊	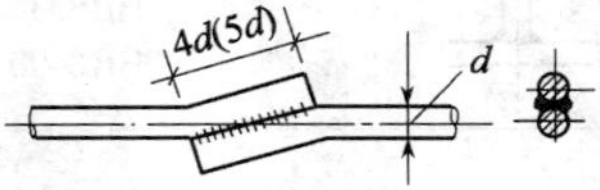 4d(5d)　d	HPB235 HRB335 HRB400 RRB400	10～20 10～40 10～40 10～25
电弧焊　搭接焊　单面焊	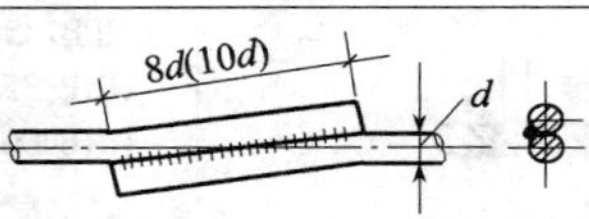 8d(10d)　d	HPB235 HRB335 HRB400 RRB400	10～20 10～40 10～40 10～25

续表

焊接方法			接头型式	适用范围	
				钢筋牌号	钢筋直径(mm)
电弧焊	熔槽帮条焊		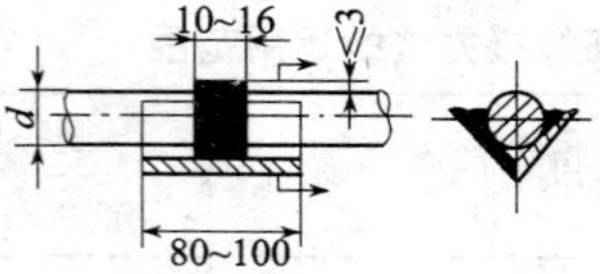 10~16 ≤3 d 80~100	HPB235 HRB335 HRB400 RRB400	20 20 ~ 40 20 ~ 40 20 ~ 25
电弧焊	坡口焊	平焊		HPB235 HRB335 HRB400 RRB400	18 ~ 20 18 ~ 40 18 ~ 40 18 ~ 25
电弧焊	坡口焊	立焊		HPB235 HRB335 HRB400 RRB400	18 ~ 20 18 ~ 40 18 ~ 40 18 ~ 25
电弧焊	钢筋与钢板搭接焊		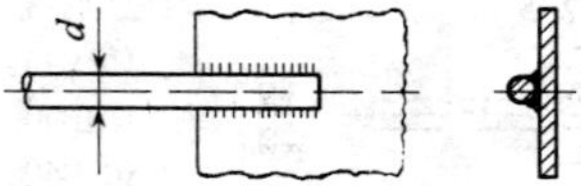 d	HPB235 HRB335 HRB400	8 ~ 20 8 ~ 40 8 ~ 25
电弧焊	窄间隙焊			HPB235 HRB335 HRB400	16 ~ 20 16 ~ 40 16 ~ 40
电弧焊	预埋件电弧焊	角焊	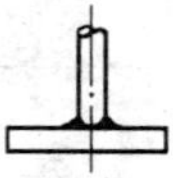	HPB235 HRB335 HRB400	8 ~ 20 6 ~ 25 6 ~ 25
电弧焊	预埋件电弧焊	穿孔塞焊		HPB235 HRB335 HRB400	20 20 ~ 25 20 ~ 25

续表

焊接方法	接头型式	适用范围	
		钢筋牌号	钢筋直径(mm)
电渣压力焊		HPB235 HRB335 HRB400	14 ~ 20 14 ~ 32 14 ~ 32
气压焊		HPB235 HRB335 HRB400	14 ~ 20 14 ~ 40 14 ~ 40
预埋件钢筋埋弧压力焊		HPB235 HRB335 HRB400	8 ~ 20 6 ~ 25 6 ~ 25

注:1. 电阻点焊时,适用范围的钢筋直径系指 2 根不同直径钢筋交叉叠接中较小钢筋的直径。

2. 当设计图纸规定对冷拔低碳钢丝焊接网进行电阻点焊,或对原 RL540 钢筋(IV 级)进行闪光对焊时,可按规程相关条款的规定实施。

3. 钢筋闪光对焊含封闭环式箍筋闪光对焊。

2. 钢筋焊接连接的操作要点及质量要求

(1)电阻点焊

1)操作要点

a. 钢筋必须除锈,保持钢筋与电极之间表面清洁平整,使其接触良好。

b. 焊接不同直径钢筋时,其较小钢筋直径小于 10mm 时,大小钢筋直径之比不宜大于 3;若较小钢筋直径为 12 ~ 16mm 时,大小钢筋直径之比不宜大于 2。焊接网较小钢筋直径不得小于较大钢筋直径的 0.6 倍。

c. 焊点的压入深度应为较小钢筋直径的 18% ~ 25%。

d. 焊接骨架的所有钢筋相交点必须焊接;焊接网片时,单向受力其受力主筋与两端两根横向钢筋相交点全部焊接;双向受力其四边的两根钢筋相交点全部焊接;其余的相交点可间隔焊接。

2)外观检查应符合下列要求:

a. 焊点处熔化金属均匀;

b. 压入深度应符合操作要点中第 3 条规定;

c. 焊点无脱落、漏焊、裂纹、多孔性缺陷及明显的烧伤现象。

3)强度检验

a. 取样从成品中切取,热轧钢筋焊点作抗剪试验,试件为 3 件;冷拔低碳钢丝焊点除作抗剪试验外,还应对较小钢丝作拉伸试验,试件各为 3 件;30t 或 200 件为一批。

b. 对试验结果要求:

(a)抗剪试验结果应符合表 4-11 要求。

焊点抗剪力指标(kN)　　表 4-11

钢筋种类	较小钢筋直径(mm)								
	3	4	5	6	6.5	8	10	12	14
HPB235				6.7	7.8	11.9	18.4	26.6	36.2
HRB335						16.8	26.2	37.8	51.3
冷拔低碳钢丝	2.5	4.4	6.9						

(b)拉伸试验结果应符合下列要求:

乙级冷拔低碳钢丝的抗拉强度不低于 540MPa;伸长率不低于 2%。

以上试验结果中如有一个试件达不到上述要求时,应加倍取样复试,复试结果仍有一个试件不符合上述要求,则该批制品为不合格。

(2)闪光对焊

1)操作要点

a. 夹紧钢筋时,应使两钢筋端面的凸出部分相接触;

b. 合理选择焊接参数:调伸长度、闪光留量、闪光速度、顶锻留量、顶锻速度、顶锻压力、变压器级次、一、二次烧化留量和预热时间参数等,应根据不同工艺合理选择;

c. 烧化过程应该稳定、强烈,防止焊缝金属氧化;

d. 冷拉钢筋的闪光对焊应在冷拉前进行;

e. 顶锻应在足够大压力下快速完成,保证焊口闭合良好。

2)外观检查应符合下列要求:

a. 接头处不得有横向裂纹;

b. 与电极接触处的钢筋表面不得有明显的烧伤;

c. 接头处的弯折不得大于3°;

d. 接头处的钢筋轴线偏移不得大于0.1d,且不得大于2mm。

3)机械性能试验

a. 取样:

(a)在同一台班内,由同一焊工完成的300个同牌号、同直径钢筋焊接接头应作为一批。当同一台班内焊接的接头数量较少,可在一周之内累计计算;累计仍不足300个接头时,应按一批计算;

(b)力学性能检验时,应从每批接头中随机切取6个接头,其中3个做拉伸试验,3个做弯曲试验;

(c)焊接等长的预应力钢筋(包括螺丝端杆与钢筋)时,可按生产时同等条件制作模拟试件;

(d)螺丝端杆接头可只做拉伸试验;

(e)封闭环式箍筋闪光对焊接头,以600个同牌号、同规格的接头作为一批,只做拉伸试验。

b. 拉伸试验

(a)3个热轧钢筋接头试件的抗拉强度均不得小于该牌号钢筋规定的抗拉强度;RRB400钢筋接头试件的抗拉强度均不得小于570N/mm²;

(b)至少应有2个试件断于焊缝之外,并应全延性断裂。当达到上述2项要求时,应评定该批接头为抗拉强度合格。当试验结果有2个试件抗拉强度小于钢筋规定的抗拉强度,或3个试件均在焊缝或热影响区发生脆性断裂时,则一次判定该批接头为不合格品。当试验结果有1个试件的抗拉强度小于规定值,或2个试件在焊缝或热影响区发生脆性断裂,其抗拉强度均小于钢筋规定抗拉强度的1.10倍时,应进行复验。复验时,应再切取6个试件。复验结果,当仍有1个试件的抗拉强度小于规定值,或有3个试件断于焊缝或热影响区呈脆性断裂,其抗拉强度小于钢筋规定抗拉强度的1.10倍时,应判定该批接头为不合格品。

注:当接头试件虽断于焊缝或热影响区,呈脆性断裂,但其抗拉强度大于或等于钢筋规定抗拉强度的1.10倍时,可按断于焊缝或热影响区之外,与延性断裂同等对待。

c. 弯曲试验

进行弯曲试验时,应将受压面的全部毛刺和镦粗凸起部分消除,且应与钢筋的外表齐平且焊缝应处于弯曲中心,弯心直径见表4-12。弯曲到90°时,接头外侧不得出现宽度大于0.5mm的横向裂缝。

当试验结果,弯至90°,有2个或3个试件外侧(含焊缝和热影响区)未发生破裂,应评定该批接头弯曲试验合格。当3个试件均发生破裂,则一次判定该批接头为不合格品。当有 2 个试件发生破裂,应进行复验。复验时,应再切取 6 个试件。复验结果,当有 3 个试件发生破裂时,应判定该接头为不合格品。

接头弯曲试验指标　　　表 4-12

钢筋牌号	弯心直径	弯曲角(°)
HPB235	$2d$	90
HRB335	$4d$	90
HRB400、RRB400	$5d$	90
HRB500	$7d$	90

注:1. d 为钢筋直径(mm)。

2. 直径大于 25mm 的钢筋焊接接头,弯心直径应增加 1 倍钢筋直径。

(3)电弧焊

1)操作要点

a. 进行帮条焊时,两钢筋端头之间应留 2 ~ 5mm 的间隙;

b. 进行搭接焊时,钢筋宜预弯,以保证两钢筋的轴线在一直线上;

c. 焊接时,引弧应在帮条或搭接钢筋一端开始,收弧应在帮条或搭接钢筋端头上,弧坑应填满。

d. 熔槽帮条焊钢筋端头应加工成平面,两钢筋端面间隙为 10 ~ 16mm;焊接时电流宜稍大,从焊缝根部引弧后连续施焊,形成熔池,保证钢筋端部熔合良好。焊接过程中应停焊敲渣一次。焊平后,进行加强缝的焊接。

e. 坡口焊钢筋坡面应平顺,切口边缘不得有裂纹和较大的钝边、缺棱;钢筋根部最大间隙不宜超过 10mm;为了防止接头过热,应采用几个接头轮流施焊;加强焊缝的宽度应超过 V 形坡口的边缘 2 ~ 3mm。

2)外观检查应符合下列要求:

a. 面应平整，不得有凹陷或焊瘤；

b. 焊接接头区域不得有肉眼可见的裂纹；

c. 咬边深度、气孔、夹渣等缺陷允许值及接头尺寸的允许偏差，应符合表 4-13 的规定；

d. 坡口焊、熔槽帮条焊和窄间隙焊接头的焊缝余高不得大于 3mm。焊缝表面平整，不得有较大的凹陷、焊瘤。

钢筋电弧焊接头尺寸偏差及缺陷允许值　　表 4-13

名称		单位	接头型式		
			帮条焊	搭接焊 钢筋与钢板搭接焊	坡口焊 窄间隙焊 熔槽帮条焊
帮条沿接头中心线的纵向偏移		mm	0.3d	—	—
接头处弯折角		°	3	3	3
接头处钢筋轴线的偏移		mm	0.1d	0.1d	0.1d
焊缝厚度		mm	+0.05d 0	+0.05d 0	—
焊缝宽度		mm	+0.1d 0	+0.1d 0	—
焊缝长度		mm	−0.3d	−0.3d	—
横向咬边深度		mm	0.5	0.5	0.5
在长 2d 焊缝表面上的气孔及夹渣	数量	个	2	2	—
	面积	mm^2	6	6	—
在全部焊缝表面上的气孔及夹渣	数量	个	—	—	2
	面积	mm^2	—	—	6

注：d 为钢筋直径(mm)。

在现浇钢筋混凝土结构中，应以 300 个同牌号钢筋接头作为一批；在房屋结构中，应在不超过二楼层中 300 个同牌号钢筋接头作为一批；当不足 300 个接头时，仍应作为一批。每批随机切取 3 个接头做拉伸试验。

3)拉伸试验

a. 取样:

(a)在现浇混凝土结构中,应以 300 个同牌号钢筋、同型式接头作为一批;在房屋结构中,应在不超过二楼层中 300 个同牌号钢筋、同型式接头作为一批。每批随机切取 3 个接头,做拉伸试验。

(b)在装配式结构中,可按生产条件制作模拟试件,每批 3 个,做拉伸试验。

(c)钢筋与钢板电弧搭接焊接头可只进行外观检查。

注:在同一批中若有几种不同直径的钢筋焊接接头,应在最大直径钢筋接头中切取 3 个试件。

b. 对试验结果要求

同闪光对焊拉伸试验。

(4)电渣压力焊

1)操作要点

a. 焊接夹具的上下钳口应夹紧于上、下钢筋上;钢筋一经夹紧,不得晃动;

b. 引弧可采用直接引弧法,或铁丝臼(焊条芯)引弧法;

c. 引燃电弧后,应先进行电弧过程,然后,加快上钢筋下送速度,使钢筋端面与液态渣池接触,转变为电渣过程,最后在断电的同时,迅速下压上钢筋,挤出熔化金属和熔渣;

d. 接头焊毕,应稍作停歇,方可收口焊剂和卸下焊接夹具;敲去渣壳后,四周焊包凸出钢筋表面的高度不得小于 4mm。

2)外观检查应符合下列要求:

a. 四周焊包凸出钢筋表面的高度不得小于 4mm;

b. 钢筋与电极接触处,应无烧伤缺陷;

c. 接头处的弯折角不得大于 3°;

d. 接头处的轴线偏移不得大于钢筋直径的 0.1 倍,且不得大于 2mm。

3)强度检验

a. 取样:

(a)在现浇混凝土结构中,应以 300 个同牌号钢筋、同型式接头作为一批;在房屋结构中,应在不超过二楼层中 300 个同牌号钢筋、同型式接头作为一批。每批随机切取 3 个接头,做拉伸试验。

(b)在装配式结构中,可按生产条件制作模拟试件,每批 3 个,做拉伸试验。

(c)钢筋与钢板电弧搭接焊接头可只进行外观检查。

注:在同一批中若有几种不同直径的钢筋焊接接头,应在最大直径钢筋接头中切取 3 个试件。

b. 对试验结果要求

同闪光对焊拉伸试验。

(5)埋弧压力焊

1)操作要点:

a. 钢板应放平,并与铜板电极接触紧密;

b. 将锚固钢筋夹于夹钳内,应夹牢;并应放好挡圈,注满焊剂;

c. 接通高频引弧装置和焊接电源后,应立即将钢筋上提,引燃电弧,使电弧稳定燃烧,再渐渐下送;

d. 迅速顶压但不得用力过猛;

e. 敲去渣壳,四周焊包凸出钢筋表面的高度不得小于 4mm。

2)外观检查应符合下列要求:

a. 四周焊包凸出钢筋表面的高度不得小于 4mm;

b. 钢筋咬边深度不得超过 0.5mm；

c. 钢板应无焊穿，根部应无凹陷现象；

d. 钢筋相对钢板的直角偏差不得大于 3°。

3)强度检验

a. 取样：

应以 300 件同类型预埋件作为一批。一周内连续焊接时，可累计计算。当不足 300 件时，亦应按一批计算。应从每批预埋件中随机切取 3 个接头做拉伸试验，试件的钢筋长度应大于或等于 200mm，钢板的长度和宽度均应大于或等于 60mm。

b. 预埋件钢筋 T 型接头拉伸试验结果，3 个试件的抗拉强度均应符合下列要求：

(a)HPB235 钢筋接头不得小于 350N/mm^2；

(b)HRB335 钢筋接头不得小于 470N/mm^2；

(c)HRB400 钢筋接头不得小于 550N/mm^2。

当试验结果，3 个试件中有小于规定值时，应进行复验。复验时，应再取 6 个试件。复验结果，其抗拉强度均达到上述要求时，应评定该批接头为合格品。

(6)气压焊

1)操作要点：

a. 焊前钢筋端面应切平、打磨，使其露出金属光泽，钢筋安装夹牢，顶压顶紧后，两钢筋端面局部间隙不得大于 3mm；

b. 气压焊加热开始至钢筋端面密合前，应采用碳化焰集中加热；钢筋端面密合后可采用中性焰宽幅加热；焊接全过程不得使用氧化焰；

c. 气压焊顶压时，对钢筋施加的顶压力应为 30 ~ 40N/mm^2

2)外观检查应符合下列要求：

a. 接头处的轴线偏移 e 不得大于钢筋直径的 0.15 倍，且不得大于 4mm（图 4-1*a*）；当不同直径钢筋焊接时，应按较小钢筋直径计算；当大于上述规定值，但在钢筋直径的 0.30 倍以下时，可加热矫正；当大于 0.30 倍时，应切除重焊；

b. 接头处的弯折角不得大于 3°；当大于规定值时，应重新加热矫正；

c. 镦粗直径 d 不得小于钢筋直径的 1.4 倍（图 4-1*b*）；当小于上述规定值时，应重新加热镦粗；

d. 镦粗长度 l 不得小于钢筋直径的 1.0 倍，且凸起部分平缓圆滑（图 4-1*c*）；当小于上述规定值时，应重新加热镦长。

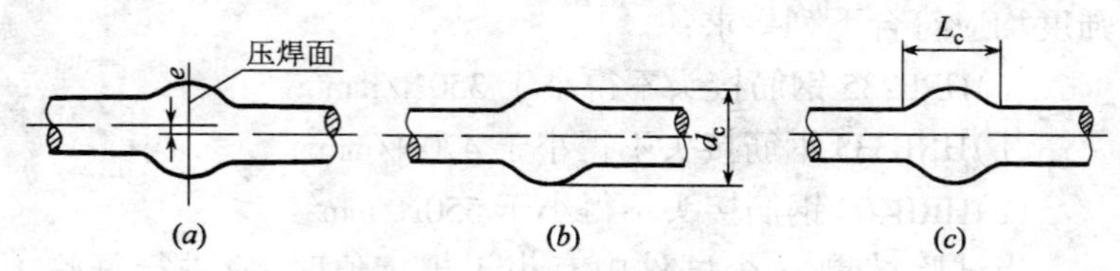

图 4-1　钢筋气压焊接头外观质量图解

（*a*）轴线偏移；（*b*）镦粗直径；（*c*）镦粗长度

3）机械性能

a. 取样：

在现浇钢筋混凝土结构中，应以 300 个同牌号钢筋接头作为一批；在房屋结构中，应在不超过二楼层中 300 个同牌号钢筋接头作为一批；当不足 300 个接头时，仍应作为一批。在柱、墙的竖向钢筋连接中，应从每批接头中随机切取 3 个接头做拉伸试验；在梁、板的水平钢筋连接中，应另切取 3 个接头做弯曲试验。

b. 拉伸试验

同闪光对焊拉伸试验。

c. 弯曲试验

同闪光对焊弯曲试验。

3. 钢筋机械连接

(1)接头性能等级,性能指标与适用范围

1)接头性能等级:

接头应根据静力单向拉伸性能以及高应力和大变形条件下反复拉压性能的差异,分下列三个性能等级:

a. A 级接头抗拉强度达到或超过母材抗拉强度标准值,并具有高延性及反复、拉压性能。

b. B 级接头抗拉强度达到或超过母材屈服强度标准值的 1.35 倍,具有一定的延性及反复拉压性能。

c. C 级接头仅能承受压力。

2)接头性能检验指标

A 级、B 级、C 级的接头性能应符合表 4-14 的规定。

3)接头适用范围:

a. 混凝土结构中要求充分发挥钢筋强度或对接头延性要求较高的部位,应采用 A 级接头;

b. 混凝土结构中钢筋受力小或对接头延性要求不高的部位,可采用 B 级接头;

c. 非抗震设防和不承受动力荷载的混凝土结构中钢筋只承受压力的部位,可采用 C 级接头。

(2)钢筋锥螺纹接头

1)一般规定

a. 同一构件内同一截面受力钢筋的接头位置应相互错开。在任一接头中心至长度为钢筋直径的 35 倍的区域范围内,有接头的受力钢筋截面积占受力钢筋总截面面积的百分率应符合下列规定:

接头性能检验指标　　　表 4-14

等级		A级	B级	C级
单向拉伸	强度	$f_{mst}^0 \geqslant f_{tk}$	$f_{mst}^0 \geqslant 1.35 f_{yk}$	单向受压 $f_{mst}^{0'} \geqslant f_{Yk}$
	割线模量	$E_{0.7} \geqslant E_s^0$ 且 $E_{0.9} \geqslant 0.9 E_s^0$	$E_{0.7} \geqslant 0.9 E_s^0$ 且 $E_{0.7} \geqslant 0.7 E_s^0$	—
	极限应变	$\varepsilon_u \geqslant 0.04$	$\varepsilon_u \geqslant 0.02$	—
	残余变形	$u \leqslant 0.3$mm	$u \leqslant 0.3$mm	—
高应力反复拉压	强度	$f_{mst}^0 \geqslant f_{tk}$	$f_{mst}^0 \geqslant 1.35 f_{yk}$	—
	割线模量	$E_{20} \geqslant 0.85 E_1$	$E_{20} \geqslant 0.5 E_1$	—
	残余变形	$u_{20} \leqslant 0.3$mm	$u_{20} \leqslant 0.3$mm	—
大变形反复拉压	强度	$f_{mst}^0 \geqslant f_{ck}$	$f_{mst}^0 \geqslant 1.35 f_{yk}$	—
	残余变形	$u_4 \leqslant 0.3$mm 且 $u_8 \leqslant 0.6$mm	$u_4 \leqslant 0.6$mm	—

注：f_{mst}^0——机械连接接头抗拉强度实测值；

$f_{mst}^{0'}$——机械连接接头抗压强度实测值；

$E_{0.7}$——接头在 0.7 倍钢筋屈服强度标准值下的割线模量；

$E_{0.9}$——接头在 0.9 倍钢筋屈服强度标准值下的割线模量；

E_s^0——钢筋弹性模量实测值；

ε_u——受拉接头试件极限应变；

u——接头单向拉伸的残余变形；

u_4——接头反复拉压 4 次后的残余变形；

u_8——接头反复拉压 8 次后的残余变形；

u_{20}——接头反复拉压 20 次后的残余变形；

E_1——接头在第 1 次加载至 0.9 倍钢筋屈服强度标准值时割线模量；

E_{20}——接头在第 20 次加载至 0.9 倍钢筋屈服强度标准值时的割线模量；

f_{tk}——钢筋抗拉强度标准值；

f_{ck}——钢筋屈服强度标准值；

f_{yk}——钢筋抗压屈服强度标准值。

(a)受拉区的受力钢筋接头百分率不宜超过50%；

(b)在受拉区的钢筋受力较小时,A级接头百分率不受限制；

(c)接头宜避开有抗震设防要求的框架梁端和柱端的箍筋加密区；当无法避开时,接头应采用A级接头,且接头百分率不应超过50%；

(d)受力区和装配式构件中钢筋受力较小部位,A级和B级接头百分率可不受限制。

b. 接头端头距钢筋弯曲点不得小于钢筋直径的10倍。

c. 不同直径钢筋连接时,一次连接钢筋直径规格不宜超过二级。

d. 钢筋连接套的混凝土保护层厚度除了要满足现行国家标准外,还必须满足其保护层厚度不得小于15mm,且连接套之间的横向净距不宜小于25mm。

2)操作要点

a. 操作工人必须持证上岗。

b. 钢筋应先调直再下料。切口端面应与钢筋轴线垂直,不得有马蹄形或挠曲。不得用气割下料。

c. 加工的钢筋锥螺纹丝头的锥度、牙形、螺距等必须与连接套的锥度、牙形、螺距相一致,且经配套的量规检测合格。

d. 加工钢筋锥螺纹时,应采用水溶液切削润滑液；当气温低于0℃时,应掺入15%～20%亚硝酸钠,不得用机油作润滑液或不加润滑液套丝。

e. 已检验合格的丝头应加以保护。

f. 连接钢筋时,钢筋规格和连接套的规格应一致,并确保钢筋和连接套的丝扣干净完好无损。

g. 采用预埋接头时,连接套的位置、规格和数量应符合设计要求。带连接套的钢筋应固定牢固,连接套的外露端应有密封盖。

h. 必须用精度±5%的力矩扳手拧紧接头,且要求每半年用扭力仪检定力矩扳手一次。

i. 连接钢筋时,应对正轴线将钢筋拧入连接套,然后用力矩扳手拧紧。

j. 接头拧紧值应满足表 4-15 规定的力矩值,不得超拧。拧紧后的接头应做上标志。

接头拧紧力矩值 **表 4-15**

钢筋直径(mm)	16	18	20	22	25~28	32	36~40
拧紧力矩(N·m)	118	145	177	216	275	314	343

3)钢筋锥螺纹接头拉伸试验

a. 取样同一施工条件下的同一批材料的同等级、同规格接头,以 500 个为一个验收批,不足 500 个也作为一个验收批。每一验收批应在工程结构中随机截取 3 个试件作单向拉伸试验。

b. 拉伸试验结果

拉伸试验结果必须符合下列规定:

(a)$f^0_{mst} \leqslant f_{tk}$且$f^0_{mst} \geqslant 0.9 f^0_{st}$为 A 级接头;

(b)$f^0_{mst} \geqslant 1.35 f_{yk}$为 B 级接头。

注:f^0_{st}——钢筋母材抗拉强度实测值。

当有 1 个试件的强度不符合要求时,应再取 6 个试件进行复检。复检中如仍有 1 个试件结果不符合要求,则该验收批评为不合格。

4)接头外观检查:

a. 抽样随机抽取同规格接头的 10%进行外观检查。

b. 要求:

(a)钢筋与连接套的规格一致；

(b)无完整接头丝扣外露。

(3)带肋钢筋套筒挤压连接

1)一般规定

a. 同一构件内同一截面的挤压接头位置与要求同钢筋锥螺纹接头的要求相一致。

b. 不同带肋直径的钢筋可采用挤压接头连接，当套筒两端外径和壁厚相同时，被连接钢筋的直径相差不应大于5mm。

c. 对直接承受动力荷载的结构，其接头应满足设计要求的抗疲劳性能。

当无专门要求时，对连接Ⅱ级钢筋的接头，其疲劳性能应能经受应力幅为100N/mm^2，上限应力为180N/mm^2 的200万次循环加载。对连接Ⅲ级钢筑筋的接头，其疲劳性能应能经受应力幅为100N/mm^2，上限应力为190N/mm^2 的200万次循环加载。

d. 挤压接头的混凝土保护层除了满足现行国家标准外，还要满足不得小于15mm的规定，且连接套筒之间的横向净距不宜小于25mm。

e. 当混凝土结构中挤压接头部位的温度低于－20℃时，宜进行专门的试验。

f. 对于Ⅱ、Ⅲ级带肋钢筋挤压接头所用套筒材料应选用适于压延加工的钢材，其实测力学性能应符合表4-16的要求。

套筒材料的力学性能 **表4-16**

项　　目	力学性能指标
屈服强度(N/mm^2)	225～350
抗拉强度(N/mm^2)	375～500
延伸率σ_s(%)	≥20
硬度(HRB)	60～80
或(HB)	102～133

2)操作要点

a. 操作工人必须持证上岗。

b. 挤压操作时采用的挤压力,压模宽度,压痕直径或挤压后套筒长度的波动范围以及挤压道数,均应符合经型式检验确定的技术参数要求。

c. 挤压前应做以下准备工作:

(a)钢筋端头的锈皮、泥沙、油污等杂物应清理干净;

(b)应对套筒作外观尺寸检查;

(c)应对钢筋与套筒进行试套,如钢筋有马蹄,弯折或纵肋尺寸过大者,应预先矫正或用砂轮打磨;对不同直径钢筋的套筒不得相互串用;

(d)钢筋连接端应划出明显定位标记,确保在挤压时和挤压后可按定位标记检查钢筋伸入套筒内的长度;

(e)检查挤压设备情况,并进行试压,符合要求后方可作业。

d. 挤压操作应符合下列要求:

(a)应按标记检查钢筋插入套筒内深度,钢筋端头离套筒长度中点不宜超过 10mm;

(b)挤压时挤压机与钢筋轴线应保持垂直;

(c)挤压宜从套筒中央开始,并依次向两端挤压;

(d)宜先挤压一端套筒,在施工作业区插入待接钢筋后再挤压另一端套筒。

3)带肋钢筋套筒挤压连接拉伸试验

a. 取样

同一施工条件下的同一批材料的同等级、同型式、同规格接头,以 500 个为一个验收批进行检验与验收,不足 500 个也作为一个验收批。每一验收批应在工程结构中随机截取 3 个试件做单向拉伸试验。

b. 拉伸试验结果

(a) $f_{mst}^0 \geqslant f_{tk}$ 且 $f_{mst}^0 \geqslant 0.9 f_{st}^0$ 为 A 级接头；

(b) $f_{mst}^0 \geqslant 1.35 f_{yk}$ 为 B 级接头。

如有一个试件的抗拉强度不符合要求，应再取 6 个试件进行复检。复检中如仍有一个试件检验结果不符合要求，则该验收批单向拉伸检验为不合格。

4)接头外观检查：

a. 抽样：随机抽取同规格接头数的 10%进行外观检查。

b. 要求：

(a)外形尺寸挤压后套筒长度应为原套筒长度的 1.10～1.15 倍；或压痕处套筒的外径波动范围为原套筒外径的 80%～90%；

(b)挤压接头的压痕道数应符合型式检验确定的道数；

(c)接头处弯折不得大于 4°；

(d)挤压后的套筒不得有肉眼可见裂缝。

4. 钢筋绑扎

(1)准备工作

1)熟悉施工图；

2)确定分部分项工程的绑扎进度和顺序；

3)了解运料路线、现场堆料情况、模板清扫和润滑状况以及坚固程度、管道的配合条件等；

4)检查钢筋的外观质量，着重检查钢筋的锈蚀状况，确定有无必要进行除锈；

5)在运料前要核对钢筋的直径、形状、尺寸以及钢筋级别是否符合设计要求；

6)准备必要数量的工具和水泥垫块与绑扎所需的铁丝

等。

(2)操作要点

1)钢筋的交叉点都应扎牢。

2)板和墙的钢筋网,除靠近外围两行钢筋的相交点全部扎牢外,中间部分的相交点可相隔交错扎牢,但必须保证受力钢筋不位移;如采用一面顺扣绑扎,交错绑扎扣应变换方向绑扎;对于面积较大的网片,可适当地用钢筋作斜向拉结加固(如图 4-2)双向受力的钢筋须将所有相交点全部扎牢。

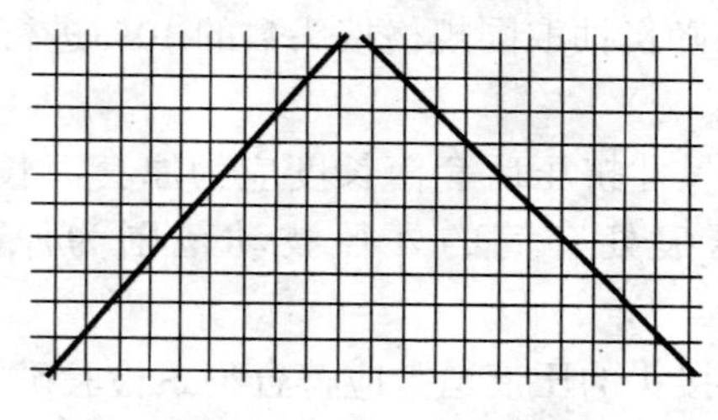

图 4-2　钢筋的斜向拉结加固

3)梁和柱的箍筋,除设计有特殊要求外,应与受力钢筋保持垂直;箍筋弯钩叠合处,应沿受力钢筋方向错开放置。此外,梁的箍筋弯钩应尽量放在受压处。

4)绑扎柱竖向钢筋时,角部钢筋的弯钩应与模板成 45°(多边形柱为模板内角的半分角;圆形柱应与模板切线垂直);中间钢筋的弯钩应与模板成 90°;当采用插入式振捣器浇筑小型截面柱时,弯钩平面与模板面的夹角不得小于 15°。

5)绑扎基础底板面钢筋时,要防止弯钩平放,应预先使弯钩朝上;如钢筋有带弯起直段的,绑扎前应将直段立起来,宜用细钢筋联系上,防止直段倒斜,见图 4-3。

6)钢筋的绑扎接头应符合下列要求:

a. 同一构件中相邻纵向受力钢筋的绑扎搭接接头宜相互

错开，绑扎搭接接头中钢筋的横向净距不应小于钢筋直径且不应小于 25mm；

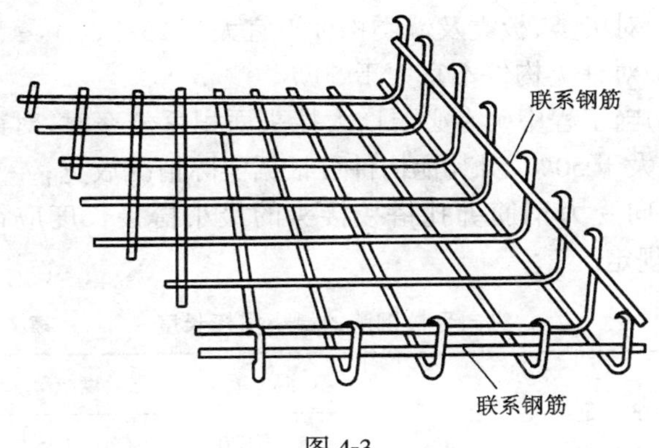

图 4-3

b. 钢筋绑扎搭接接头连接区段的长度为 $1.3l_1$（l_1 为搭接长度），凡搭接接头中点位于该连接区段长度内的搭接接头均属于同一连接区段，同一连接区段内纵向钢筋搭接接头面积百分率为该区段内有搭接接头的纵向受力钢筋截面面积与全部纵向受力钢筋截面面积的比值（图 4-4）；

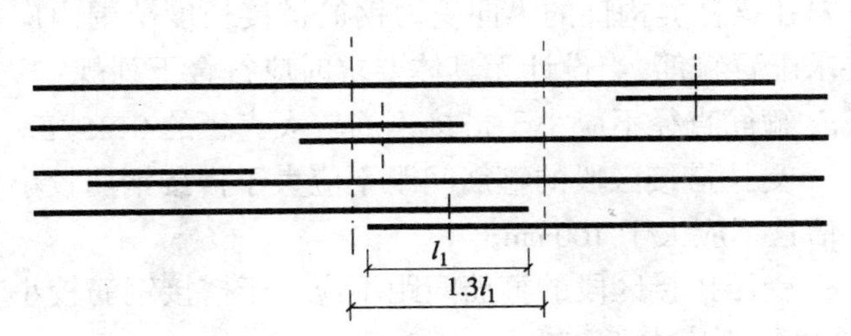

图 4-4　钢筋绑扎搭接接头连接区段及接头面积百分率

注：图中所示搭接接头同一连接区段内的搭接钢筋为两根，当各钢筋直径相同时，接头面积百分率为 50%。

c. 同一连接区段内纵向受拉钢筋搭接接头面积百分率应符合设计要求，当设计无具体要求时应符合下列规定：

(a)对梁类、板类及墙类构件不宜大于25%；

(b)对柱类构件不宜大于50%；

(c)当工程中确有必要增大接头面积百分率时，对梁类构件不应大于50%，对其他构件可根据实际情况放宽；

纵向受力钢筋绑扎搭接接头的最小搭接长度应符合表4-17的规定。

纵向受拉钢筋的最小搭接长度　　　表4-17

钢筋类型		混凝土强度等级			
		C15	C20～C25	C30～C35	≥C40
光圆钢筋	HPB235级	$45d$	$35d$	$30d$	$25d$
带肋钢筋	HRB335级	$55d$	$45d$	$35d$	$30d$
	HRB400级、RRB400级	—	$55d$	$40d$	$35d$

注：两根直径不同钢筋的搭接长度，以较细钢筋的直径计算。

7)在梁柱类构件的纵向受力钢筋搭接长度范围内应按设计要求配置箍筋，当设计无具体要求时应符合下列规定：

a. 箍筋直径不应小于搭接钢筋较大直径的0.25倍；

b. 受拉搭接区段的箍筋间距不应大于搭接钢筋较小直径的5倍且不应大于100mm；

c. 受压搭接区段的箍筋间距不应大于搭接钢筋较小直径的10倍且不应大于200mm；

d. 当柱中纵向受力钢筋直径大于25mm时应在搭接接头两个端面外100mm范围内各设置两个箍筋，其间距宜为50mm。

4.2.5 钢筋安装的质量控制

1. 安装钢筋时,配置的钢筋级别、直径、根数和间距应符合设计图纸的要求。

2. 混凝土保护层砂浆垫块应根据钢筋粗细和间距垫得适量可靠。竖向钢筋可采用带铁丝的垫块,绑在钢筋骨架外侧。

3. 当构件中配置双层钢筋网,需利用各种撑脚支托钢筋网片。撑脚可用相应的钢筋制成。

4. 当梁中配有两排钢筋时,为了使上排钢筋保持正确位置,要用短钢筋作为垫筋垫在它上面,如图 4-5 所示。

5. 墙体中配置双层钢筋时,为了使两层钢筋网保持正确位置,可采用各种用细钢筋制作的撑件加以固定,如图 4-6 所示。

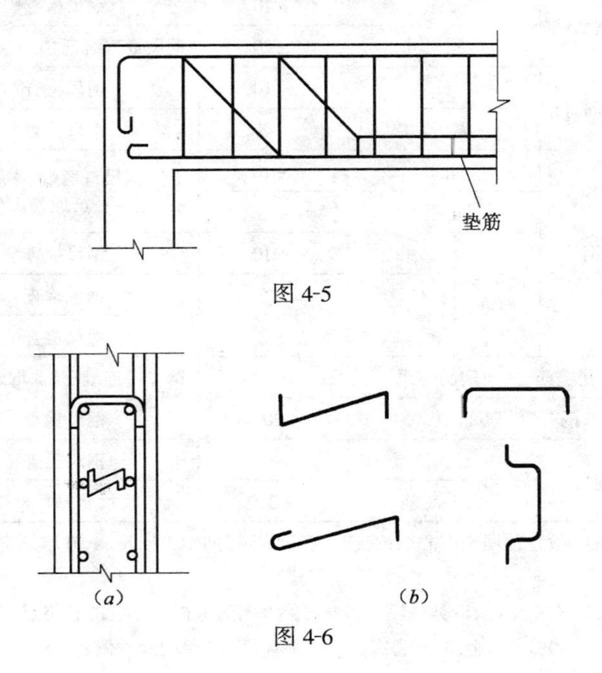

图 4-5

图 4-6

6. 对于柱的钢筋，现浇柱与基础连接而设在基础内的插筋，其箍筋应比柱的箍筋缩小一个箍筋直径，以便连接；插筋必须固定准确牢靠。下层柱的钢筋露出楼面部分，宜用工具式箍筋将其收进一个柱筋直径，以利上层柱的钢筋搭接；当柱截面改变时，其下层柱钢筋的露出部分，必须在绑扎上部其他部位钢筋前，先行收缩准确。

7. 绑扎和焊接的钢筋网和钢筋骨架，不得有变形、松脱和开焊。钢筋位置的允许偏差应符合表 4-18 的规定。

钢筋安装位置的允许偏差和检验方法　　表 4-18

<table>
<tr><th colspan="3">项　　目</th><th>允许偏差(mm)</th><th>检　验　方　法</th></tr>
<tr><td rowspan="2">绑扎钢筋网</td><td colspan="2">长、宽</td><td>±10</td><td>钢尺检查</td></tr>
<tr><td colspan="2">网眼尺寸</td><td>±20</td><td>钢尺量连续三档，取最大值</td></tr>
<tr><td rowspan="2">绑扎钢筋骨架</td><td colspan="2">长</td><td>±10</td><td>钢尺检查</td></tr>
<tr><td colspan="2">宽、高</td><td>±5</td><td>钢尺检查</td></tr>
<tr><td rowspan="5">受力钢筋</td><td colspan="2">间距</td><td>±10</td><td rowspan="2">钢尺量两端、中间各一点，取最大值</td></tr>
<tr><td colspan="2">排距</td><td>±5</td></tr>
<tr><td rowspan="3">保护层厚度</td><td>基础</td><td>±10</td><td>钢尺检查</td></tr>
<tr><td>柱、梁</td><td>±5</td><td>钢尺检查</td></tr>
<tr><td>板、墙、壳</td><td>±3</td><td>钢尺检查</td></tr>
<tr><td colspan="3">绑扎箍筋、横向钢筋间距</td><td>±20</td><td>钢尺量连续三档，取最大值</td></tr>
<tr><td colspan="3">钢筋弯起点位置</td><td>20</td><td>钢尺检查</td></tr>
<tr><td rowspan="2">预埋件</td><td colspan="2">中心线位置</td><td>5</td><td>钢尺检查</td></tr>
<tr><td colspan="2">水平高差</td><td>+3,0</td><td>钢尺和塞尺检查</td></tr>
</table>

注：1. 检查预埋件中心线位置时，应沿纵、横两个方向量测，并取其中的较大值。

2. 表中梁类、板类构件上部纵向受力钢筋保护层厚度的合格点率应达到90%及以上，且不得有超过表中数值 1.5 倍的尺寸偏差。

4.3 预应力混凝土工程

由于混凝土的抗拉强度有限,所以人们早就想通过预加应力使混凝土承重结构的受拉区处于受压状态,这样在混凝土产生拉应力时才会抵消这种压应力。预应力技术的基本原理在几个世纪之前就已出现,而其现代应用应归功于现代预应力技术的创始人——法国的 E. Freyssinet,他成功地发明了可靠而又经济的张拉锚固工艺技术(1928 年),从而推动了预应力材料、设备及工艺技术的发展。

经过不断实践改良,现代预应力混凝土的优点包含了:

(1)由于有效利用了高强度的钢筋和混凝土,所以可以做成比普通钢筋混凝土跨度大而自重较小的细长承重结构;

(2)预应力可以改善使用性,从而可以防止混凝土开裂,或者至少可以把裂缝宽度限制到无害的程度,这提高了耐久性;

(3)变形可保持很小,因为在使用荷载作用下即使是部分预加应力,实际上承重结构也保持在较为理想的状态中;

(4)预应力混凝土承重结构有很高的疲劳强度,因为即使是部分预应力,钢筋应力的变化幅度也小,所以远远低于疲劳强度;

(5)预应力混凝土可以承受相当大的过载而不引起永久的损坏。只要钢筋应力保持在应变极限的 0.01% 以下,超载引起的裂缝就会重新完全闭合;

4.3.1 先张法

先张法,即在混凝土硬化之前张拉钢筋,预应力钢筋在两个固定的锚固台座之间进行张拉,并在张拉状态下浇灌混凝土。这样在钢筋和混凝土之间直接产生粘结力，待混凝土足够硬化后，放松预应力钢筋。于是预应力通过粘结力或锚固体传递到混凝土上。

先张法主要应用于预制构件施工，一般适用于生产中小型的预应力混凝土构件。由于建筑施工工业化发展迅速，相对工厂化生产而言现场预制预应力构件不仅费时费力而且设备维护、质量标准都不易控制，所以现场通常不进行先张预应力施工。这里对先张法仅作简要介绍。

需要引起重视的是，现行《混凝土结构工程施工质量验收规范》GB50204 规定，(混凝土构件厂提供的，用作建筑物结构组成部分的)预制构件应进行结构性能检验。结构性能检验不合格的预制构件不得用于混凝土结构。该规定为现行工程建设标准强制性条文，必须严格执行。

1. 先张法施工设备

(1)台座

以混凝土为承力结构的台座称为墩式台座，一般生产中小型构件。生产中型或大型构件时，采用台面局部加厚的台座，以承受部分张拉应力。生产吊车梁、屋架等预应力混凝土构件时，由于张拉力和倾覆力矩都较大，多用槽式台座。

(2)张拉机具和夹具

根据预应力筋选材的不同，分为钢丝和钢筋两种。对应的张拉机具和夹具基本大同小异。

钢丝的夹具分为锚固夹具和张拉夹具，都可以重复使用。根据现行规范要求，预应力筋张拉机具设备及仪表应定期维护和校验，张拉设备应配套标定并配套使用。张拉设备的标定期限不应超过半年。当在使用过程中出现反常现象或千斤顶检修后，应重新标定。张拉机具要求简易可靠，使用方便。

常用的锚固夹具有圆锥齿板式夹具、圆锥三槽式夹具和镦头夹具。前两种属于锥销式体系,锚固时将齿板或锥销打入套筒,借助摩阻力将钢丝锚固。锥销的硬度大于预应力筋硬度,预应力筋硬度大于套筒硬度。

常用的张拉夹具有钳式和偏心式夹具。张拉机具分为单根张拉和多根张拉。台座生产时常采用小型卷扬机单根张拉。多根张拉多用于钢模,以机组流水法或传送带生产,要求钢丝长度相等,事先调整初应力。

钢筋锚固多用螺丝端杆锚具、镦头锚具和销片夹具等。张拉时用连接器与螺丝端杆锚具连接。直径 22mm 以下的钢筋用对焊机热镦或冷镦,大直径钢筋用压模加热锻打成型。镦头钢筋需冷拉检验镦头强度。除锚夹具不同外,其余方面基本与钢丝张拉一致。

2. 先张法施工工艺

(1)预应力筋张拉

预应力筋的张拉力、张拉顺序及张拉工艺应符合设计及施工技术方案的要求并应符合规定,并要求现场施工予以详细记录备查。当施工需要超张拉时,最大张拉应力不应大于国家现行标准《混凝土结构设计规范》GB50010 的规定。现场采用的张拉工艺应能保证同一束中各根预应力筋的应力均匀一致。

采用应力控制方法张拉时,应校核预应力筋的伸长值。实际伸长值与设计计算理论伸长值的相对允许偏差为 6%。张拉过程中应避免预应力筋断裂或滑脱。预应力筋断裂或滑脱对结构构件的受力性能影响极大,故施加预应力过程中应采取措施加以避免 。先张法预应力构件中的预应力筋不允许出现断裂或滑脱,若在浇筑混凝土前出现断裂或滑脱,相应的预应力筋应予以更换重新实施张拉。该规定被列入 2002

年版的工程建设标准强制性条文,必须严格执行。

预应力筋张拉应根据设计要求进行。多根成组张拉应先调整各预应力筋的初应力,使长度、松紧一致,以保证张拉后预应力筋应力一致。张拉程序按照下列之一进行:

$$0 \rightarrow 1.05\sigma_{con} \xrightarrow{\text{持荷 2min}} \sigma_{con} \text{ 或 } 0 \rightarrow 1.03\sigma_{con}$$

σ_{con}为预应力钢筋张拉控制应力(N/mm^2)。

此程序主要目的在于减少钢材在常温、高应力状态下不断产生塑性变形而发生的松弛损失。规范规定,施工现场应用钢尺检查先张法预应力筋张拉后与设计位置的偏差,要求偏差不得大于5mm,且不得大于构件截面短边边长的4%。

上述工作过程及结果的相当部分内容都通过张拉记录来体现。

(2)混凝土浇筑与养护

确定预应力混凝土的配合比,通过尽量减少混凝土的收缩和徐变,来减少预应力的损失。对水泥品种、用量、水灰比、骨料孔隙率、振动成型等因素的控制可以达到减少混凝土收缩和徐变的目的。

混凝土应振捣密实,振动器不得碰触预应力筋。混凝土没有达到一定强度前,对预应力筋不得有碰撞或移动。

一个需要注意的问题就是采用湿热养护时预应力筋的应力损失问题。由于环境温度升高预应力筋膨胀而台座长度不变会引起预应力损失,所以混凝土没有达到一定强度以前,应该对环境温度进行控制。

(3)预应力筋放松

预应力筋放张时混凝土强度应符合设计要求,当设计无具体要求时,不低于设计的混凝土立方体抗压强度标准值的75%后,方可放松预应力筋。过早地对混凝土施加预应力,会引起较大的收缩和徐变，预应力损失的同时可能因局部承压过大而引起混凝土损伤。施工现场需要了解预应力混凝土实际强度数值，可以通过试压同条件养护试件得到。

先张法预应力筋放张时宜缓慢放松锚固装置，使各根预应力筋同时缓慢放松。无论预应力筋为钢丝还是钢筋，都应尽量做到同时放松，以防止最后几根由于承受过大拉力而突然断裂使构件端部开裂。

3. 先张法质量检验要点

(1)材料、设备及制作

1)预应力筋、锚具、水泥、外加剂等主要材料的分批出厂合格证、进场检测报告、预应力筋、锚具的见证取样检测报告等；预应力筋用锚具夹具和连接器使用前应进行全数外观检查，其表面应无污物锈蚀、机械损伤和裂纹；预应力筋用锚具夹具和连接器要按设计要求采用，其性能应符合现行国家标准《预应力筋用锚具夹具和连接器》GB/T14370 等的规定；预应力筋进场时应按现行国家标准《预应力混凝土用钢绞线》GB/T5224 等的规定抽取试件作力学性能检验，其质量必须符合有关标准的规定。GB50204 将预应力筋的检查列为主控项目，并且在现行的《工程建设标准强制性条文——房屋建筑部分》中也明文规定，要求按进场批次和产品的抽样检验方案确定检测数量，检查产品合格证、出厂检验报告和进场复验报告；

2)张拉设备、固定端制作设备等主要设备的进场验收、标定；

3)预应力筋制作交底文件及制作记录文件。

(2)预应力筋布置

1)模板、预应力筋、锚具之间是否有破损、是否封闭；

2)预应力筋固定是否牢固，连接配件是否到位；

3)张拉端、固定端安装是否正确,固定是否可靠;

4)自检、隐检记录是否完整。

(3)预应力筋张拉

1)张拉设备是否良好;

2)张拉力值是否准确;预应力筋张拉锚固后实际建立的预应力值与量测时间有关,相隔时间越长预应力损失值越大。故检验值应由设计通过计算确定。预应力筋张拉后实际建立的预应力值对结构受力性能影响很大,必须予以保证。先张法施工中通常用应力测定仪器直接测定张拉锚固后预应力筋的应力值;

3)伸长值是否在规定范围内;

4)张拉记录是否完整、清楚。

(4)混凝土浇筑

1)是否派专人监督混凝土浇筑过程;

2)张拉端、固定端处混凝土是否密实。

4.3.2 后张法

后张法即将钢筋松弛地放在滑动孔道或张拉孔道内,一般放在预埋的套管内,待混凝土硬化后在两端张拉和锚固。后张法分有粘结预应力和无粘结预应力两类。有粘结预应力工艺是在预加应力以后,用灌浆方法填满张拉孔道,防止钢筋锈蚀,并产生粘结力来保证预应力作用的发挥;而后张法无粘结预应力工艺是使用套管中填充保护剂来保证预应力筋材质稳定,通过预应力筋两端的锚固件作用来发挥预加在混凝土构件上的应力。后张法是在构件或块体上直接张拉预应力钢筋,不需要专门的台座,现场生产时还可避免构件的长途搬运。适宜于生产大型构件,尤其是大跨度构件。随着顶应力技术的发展,已逐渐从单个预应力构件发展到预应力结构,如大跨度大柱网的房屋结构、大跨度的桥梁、大型特种结构等等。

后张法预应力工程的施工应由具有相应资质等级的预应力专业施工单位承担。这是因为后张法预应力施工是一项专业性强、技术含量高、操作要求严的作业。预应力混凝土结构施工前，专业施工单位应根据设计图纸编制预应力施工方案。当设计图纸深度不具备施工条件时，预应力施工单位应予以完善，并经设计单位审核后实施。

这里主要从总承包单位质量员角度出发，对后张法预应力混凝土施工作简要介绍，适用范围仅限于一般工业与民用建筑现场预应力混凝土后张预应力液压张拉施工（不包括构件和块体制作）。

后张预应力筋所用防护材料、防护工艺及张拉工艺有多种多样，目前较常用的防护材料及工艺有以下二种：

（1）混凝土 + 波纹管 + 预应力钢材粘结剂（有粘结预应力工艺）；

（2）混凝土 + 套管 + 预应力钢材保护剂（无粘结预应力工艺）。

就目前国际、国内发展趋势而言，在一般介质环境下工作的结构，如房屋结构的室内环境等采用常规的防护材料及工艺即可满足耐久性要求；对侵蚀性介质环境下工作的结构，如桥梁、水工、海洋结构等应采用多层防护工艺，而目前国外工程中出现的可更换的体外索预应力技术更具有发展前景。

1. 预应力筋、锚具和张拉机具

在预应力筋材质选用方面，先张法后张法施工，基本没有重大区别，有钢丝、钢绞线或者钢筋等。张拉机具和锚夹具等随施工工艺方法不同而变化。

（1）预应力筋

预应力粗钢筋(单根筋)的制作一般包括下料、对焊、冷拉等工序。热处理钢筋及冷拉Ⅳ筋宜采用切割机切断,不得采用电弧切割。预应力筋的下料长度应由计算确定,计算时应考虑锚夹具厚度、对焊接头压缩量、钢筋冷拉率、弹性回缩率、张拉伸长值和构件长度等的影响。

预应力钢筋束、钢丝束和钢绞线束的制作,一般包括开盘(冷拉)、下料和编束等工序;当采用镦头锚具时,还应增加镦头工序;钢丝和钢绞线的下料,一段采用砂轮锯或切割机切断,切口应平齐,无毛刺,无热影响区,以免造成不必要的损伤。下料长度需经计算确定,一般为孔道净长加上两端的预留长度,这与选用何种张拉体系有关。为了保证穿筋在张拉时不发生扭结,对钢筋、钢丝和钢绞线束需进行编束,通常可用18~2号钢丝每隔1m左右将理顺后的筋束绑扎,形成束状,亦可用穿束网套进行穿束。对于钢绞线束目前可用专门的穿索机进行穿束。

预应力钢筋进场时应按现行国家标准《预应力混凝土用钢绞线》GB/T5224等的规定,抽取试件作力学性能检验。其质量必须符合有关标准的规定。检查数量按进场的批次和产品的抽样检验方案确定。此要求作为现行强制性条文内容之一,现场施工时总承包质量员必须督促严格执行。

(2)无粘结预应力筋

用于制作无粘结筋的钢材为由7根5mm或4mm的钢丝绞合而成的钢绞线或7根直径5mm的碳素钢丝束,其质量应符合现行国家标准。无粘结预应力筋的制作,采用挤压涂塑工艺,外包聚乙烯或聚丙烯套管,内涂防腐建筑油脂,经过挤出成型机后,塑料包裹层一次成型在钢绞线或钢丝束上。

无粘结预应力筋的涂料层应具有良好的化学稳定性,对周围材料无侵蚀作用;不透水,不吸湿、抗腐蚀性能强;润滑性能好,摩擦阻力小;在规定温度范围内高温不流淌,低温不变脆,并有一定韧性。

无粘结预应力筋在成品堆放期间,应按不同规格分类成捆、成盘,挂牌整齐,堆放在通风良好的仓库中;露天堆放时,严禁放置在受热影响的场所,应搁置在支架上,不得直接与地面接触,并覆盖雨布。在成品堆放期间严禁碰撞、踩压。

钢绞线无粘结预应力筋应成盘运输,碳素钢丝束无粘结预应力筋可成盘或直条运输。在运输、装卸过程中,吊索应外包橡胶、尼龙带等材料,并应轻装轻卸,严禁摔掷,或在地上拖拉,严禁锋利物品损坏无粘结预应力筋。

无粘结预应力筋质量要求应符合现行《钢绞线钢丝束无粘结预应力筋》JG3006 及《无粘结预应力筋专用防腐润滑脂标准》JG3007 等的规定,其涂包质量应符合无粘结预应力钢绞线标准的规定。无粘结预应力筋的涂包质量对保证预应力筋防腐及准确地建立预应力非常重要。涂包质量的检验内容主要有涂包层油脂用量、护套厚度及外观。当有工程经验并经观察确认质量有保证时,可仅作外观检查。通常无粘结预应力筋都是工厂制作或者成品购买。

(3)后张预应力设备

预应力混凝土构件进行混凝土浇筑以后,一般强度达到设计要求的 75%左右(特别是锚固区域)就要进行预应力张拉作业。要想完成后张预应力工作,需使用多种机械设备,其中主要设备有:预应力张拉设备、固定端制作设备、螺旋管制作机、穿束设备、灌浆机械及辅助设备等。

(4)后张法预应力筋锚具夹具

基本与先张法相同。

2. 后张有粘结预应力施工

后张有粘结预应力技术是通过在结构或构件中预留孔道，允许孔道内预应力筋在张拉时可自由滑动，张拉完成后在孔道内灌注水泥浆或其他类似材料，而使预应力筋与混凝土永久粘结不产生滑动的施工技术。

后张有粘结预应力技术在房屋建筑中，主要用于框架、刚架结构，各种梁系结构、平板楼盖结构也可采用预留扁形孔道施工的后张有粘结预应力工艺。

(1)预留孔道

预应力筋的孔道形状有直线、曲线和折线三种。孔道的直径与布置，主要根据预应力混凝土构件或结构的受力性能，并参考预应力筋张拉锚固体系特点与尺寸确定。

1)孔道直径

对粗钢筋，孔道的直径应比预应力筋直径、钢筋对焊接头处外径或需穿过孔道的锚具或连接器外径大 10～15mm。对钢丝或钢绞线，孔道的直径应比预应力束外径或锚具外径大 5～10mm，且孔道面积应大于预应力筋面积的两倍。

2)孔道布置

预应力筋孔道之间的净距不应小于 50mm，孔道至构件边缘的净距不应小于 40mm，凡需要起拱的构件，预留孔道宜随构件同时起拱。

3)孔道端头排列

预应力筋孔道端头连接承压钢垫板或铸铁喇叭管，由于锚具局部承压要求及张拉设备操作空间的要求，预留孔道端部排列间距往往与构件内部排列间距不同。此外由于成束预应力筋的锚固工艺要求，构件孔道端常常需要扩大孔径，形成喇叭口形孔道。构件端部排列间距及扩孔直径各不相同，详细尺寸可参见相关的张拉锚固体系的技术资料。

4)孔道成形方法

预应力筋的孔道可采用抽芯法(钢管抽芯和胶管抽芯)和预埋(金属波纹)管等方法成形。对孔道成形的基本要求是:孔道的尺寸与位置应正确,孔道应平顺,接头不漏浆,端部预埋钢板应垂直于孔道中心线等。孔道成形的质量,对孔道摩阻损失的影响较大,应严格把关。

(2)其他(非预应力)钢筋工程及混凝土工程

预应力筋预留孔道的施工过程与钢筋工程同步进行,施工时应对节点钢筋进行放样,调整钢筋间距及位置,保证预留孔道顺畅通过节点。在钢筋绑扎过程中应小心操作,确实保护好预留孔道位置、形状及外观。在电焊操作时,更应小心,禁止电焊火花触及波纹管及胶管,焊渣也不得堆落在孔道表面,应切实保护好预留孔道。

混凝土浇筑是一道关键工序,禁止将振捣棒直接振动波纹管,混凝土入模时,严禁将下料斗出口对准孔道下灰。此外混凝土材料中不应含带氯离子的外加剂或其他侵蚀性离子。

混凝土浇筑完成后,对抽拔管成孔应按时组织人员抽拔钢管或胶管,检查孔道及灌浆孔等是否通畅。对预埋金属螺旋管成孔,应在混凝土终凝能上人后,派人用通孔器清理孔道,或抽动孔道内的预应力筋,以确保孔道及灌浆孔通畅。

用于后张预应力结构中的混凝土比常规的普通混凝土结构要求有更高的强度,因为预应力筋比普通钢筋强度高出许多,为充分发挥预应力筋的强度,混凝土必须相应有较高的抗压强度与之匹配。特别是现代高效预应力混凝土技术的发展,要求混凝土不光有较高的抗压强度指标,还要求混凝土具有多种优良结构性能和工艺性能。预应力混凝土结构用混凝土的发展方向是高性能混凝土。

(3)预应力筋张拉

1)混凝土强度检验

预应力筋张拉前,应提供结构构件(含后浇带)混凝土的强度试压报告。当混凝土的立方体强度满足设计要求后,方可施加预应力。施加预应力时构件的混凝土强度应在设计图纸上标明;如设计无要求时,不应低于强度等级的75%,这是各个版本的国家规范都明文规定的要求。立缝处混凝土或砂浆强度如设计无要求时,不应低于块体混凝土强度等级的40%,且不得低于15N/mm^2。

2)预应力筋张拉力值

预应力筋的张拉力大小,直接影响预应力效果。张拉力越高,建立的预应力值越大,构件的抗裂性也越好;但预应力筋在使用过程中经常处于过高应力状态下,构件出现裂缝的荷载与破坏荷载接近,往往在破坏前没有明显的警告,这是危险的。另外,如张拉力过大,造成构件反拱过大或预拉区出现裂缝,也是不利的。反之,张拉阶段预应力损失越大,建立的预应力值越低,则构件可能过早出现裂缝,也是不安全的。因此,设计人员不仅在图纸上要标明张拉力大小,而且还要注明所考虑的预应力损失项目与取值。这样,施工人员如遇到实际施工情况所产生的预应力损失与设计取值不一致,则有可能调整张拉力,以准确建立预应力值。

3)减少孔道摩擦损失的措施

包括改善预留孔道与预应力筋制作质量,采用润滑剂和采取超张拉方法。

4)预应力筋张拉

选择合理的张拉顺序是保证质量的重要一环。当构件或结构有多根预应力筋(束)时,应采用分批张拉,此时应按设计规定进行;如设计无规定或受设备限制必须改变时,则应经核算确定。张拉时宜对称进行,避免引起偏心。预应力筋的张拉顺序,应使结构及构件受力均匀、同步,不产生扭转、侧弯,不应使混凝土产生超应力,不应使其他构件产生过大的附加内力及变形等。因此,无论对结构整体,还是对单个构件而言,都应遵循同步、对称张拉的原则。现行 GB50204 规定,后张法施工中,当预应力筋是逐根或逐束张拉时,应保证各阶段不出现对结构不利的应力状态。同时宜考虑后批张拉预应力筋所产生的结构构件的弹性压缩对先批张拉预应力筋的影响确定张拉力。

在选用一定张锚体系后,在进行预应力筋张拉时,可采用一端张拉法,亦可采用两端同时张拉法。当采用一端张拉时,为了克服孔道摩擦力的影响,使预应力筋的应力得以均匀传递,采用反复张拉 2~3 次,可以达到较好的效果。

采用分批张拉时,应计算分批张拉的预应力损失值,分别加到先张拉预应力筋的张拉控制应力值内,或采用同一张拉值逐根复拉补足。对于平卧叠浇制作的构件,张拉时应考虑由于上下层间的摩阻力对先张拉的构件产生预应力损失的影响,但最大不宜超过 $105\%\sigma_{con}$。如果隔离层效果较好,亦可采用同一张拉值。此外,安排张拉顺序还应考虑到尽量减少张拉设备的移动次数。一般张拉程序与先张法施工相同。

(4)孔道灌浆

预应力筋张拉后,利用灌浆泵将水泥浆压灌到预应力筋孔道中去,其作用有二:一是保护预应力筋,以免锈蚀;二是使预应力筋与构件混凝土有效的粘结,以控制超载时裂缝的间距与宽度,并减轻梁端锚具的负荷状况。因此,对孔道灌浆的质量,必须重视。

1)材料

孔道灌浆应采且强度等级不低于32.5级的普通硅酸盐水泥,在寒冷地区和低温季节,应优先采用早强型普通硅酸盐水泥。水泥浆应有足够的流动性。水泥浆3h泌水率宜控制在2%,最大不得超过3%。灌浆用水应是可饮用的清洁水,不含对水泥或预应力筋有害的物质。为提高水泥浆的流动性,减少泌水和体积收缩,在水泥浆中可掺入适量的JP型外加剂。根据试验结果,在32.5级普通硅酸盐水泥或42.5级早强型普通硅酸盐水泥中掺入10%~12%JP型外加剂,当水灰比为0.35~0.4时,其流动度达到240mm以上,泌水性3h小于2%,体积微膨胀,强度指标极好。任何其他类型的外加剂用于孔道灌浆时,应不含有对预应力筋有侵蚀性的氯化物、硫化物及硝酸盐等。

灌浆用的水泥浆,除应满足强度和粘结力的要求外,应具有较大的流动性和较小的干缩性、泌水性。水泥浆强度不应低于M30(水泥浆强度等级M30系指立方体抗压标准强度为$30N/mm^2$)。水泥浆试块用边长为70.7mm立方体制作。对空隙较大的孔道,水泥浆中可掺入适量的细砂,强度也不应小于M20。

2)灌浆

灌浆前孔道应湿润、洁净。对于水平孔道,灌浆顺序应先灌下层孔道,后灌上层孔道。对于竖直孔道,应自下而上分段灌注,每段高度视施工条件而定,下段顶部及上段底部应分别设置排气孔和灌浆孔。灌浆应缓慢均匀地进行,不得中断,并应排气通畅。不掺外加剂的水泥浆,可采用二次灌浆法,以提高密实度。对抽拔管成孔,灌浆前应用压力水冲洗孔道,一方面润湿管壁，保证水泥浆流动正常，另一方面检查灌浆孔、排气孔是否正常；对金属波纹管或钢管成孔，孔道可不用冲洗，但应先用空气泵检查通气情况。

将灌浆机出浆口与孔道相连，保证密封，开动灌浆泵注入压力水泥浆，从近至远逐个检查出浆口，待出浓浆后逐一封闭，待最后一个出浆孔出浓浆后，封闭出浆孔，继续加压至0.5～0.6MPa，封闭进浆孔，待水泥浆凝固后，再拆卸连接接头，即时清理。

低温状态下灌浆首先用气泵检查孔道是否被结冰堵孔。水泥应选用早强型普通硅酸盐水泥，掺入一定量防冻剂。水泥浆也可用温水拌和，灌浆后将梁体保温，梁体应选用木模做底模、侧模，待水泥浆强度上升后，再拆除模板。

孔道灌浆一般采用素水泥浆，材料、搅拌、灌装等方面要求与普通混凝土工程并无多大不同。由于普通硅酸盐水泥浆的泌水率较小，故规定应采用普通硅酸盐水泥配制水泥浆。水泥浆中掺入外加剂，可改善其稠度泌水率、膨胀度、初凝时间和强度等特性，但预应力筋对应力腐蚀较为敏感，故水泥和外加剂中均不能含有对预应力筋有害的化学成分。孔道灌浆所采用水泥和外加剂数量较少的一般工程，如果由使用单位提供近期采用的相同品牌和型号的水泥及外加剂的检验报告，也可不作水泥和外加剂性能的进场复验。

3. 后张无粘结预应力施工

无粘结后张预应力混凝土是在浇灌混凝土之前，把预先加工好的无粘结筋与普通钢筋一样直接放置在模板内，然后浇筑混凝土，待混凝土达到设计强度时，即进行张拉。它与有粘结预应力混凝土不同之处就在于：不需在放置预应力筋的部位预先留设孔道和沿孔道穿筋；预应力筋张拉完后，不需进行孔道灌浆。现场的施工作业,无粘结比有粘结简单,可大量减少现场施工工序。由于无粘结预应力筋表面的润滑防腐油脂涂料使其与混凝土之间不起粘结作用,可自由滑动,故可直接张拉锚固。但由于无粘结筋对锚夹具质量及防腐保护要求高,一般用于预应力筋分散配置,且外露的锚具易用混凝土封口的结构,如大跨度单向和双向平板与密肋板等结构,以及集中配筋较少的梁结构。

(1)无粘结筋的铺放

1)检查和修补　对运送到现场的无粘结筋应及时检查规格尺寸及其端部配件。如镦头锚具、塑料保护套筒、承压板以及工具式连杆等。逐根检查外包层的完好程度,对有轻微破损者,可用塑料胶带修补,破损严重者应予以报废,不得使用。

2)铺设　无粘结筋的铺设工序通常在绑扎完成底筋后进行。无粘结筋铺放的曲率,可用垫铁马凳或其他构造措施控制。铁马凳一般用不小于4ϕ12钢筋焊接而成,按设计要求制作成不同高度,其放置间距不宜大于2m,用铁丝与无粘结筋扎紧。铺设双向配置的无粘结筋时,应先铺放下层,再铺放上层筋,应尽量避免两个方向的钢筋相互穿插编结。绑扎无粘结筋时,应先在两端拉紧,同时从中往两端绑扎定位。

3)验收　浇筑混凝土前应对无粘结筋进行检查验收,如各控制点的矢高、端头连杆外露尺寸是否合格;塑料保护套有无脱落和歪斜;固定端镦头与锚板是否贴紧;无粘结筋涂层有无破损等,合格后方可浇筑。

(2)无粘结筋的张拉与防护

无粘结筋的张拉设备通常包括油泵、千斤顶、张拉杆、顶压器、工具锚等。

钢绞线无粘结筋的张拉端可采用夹片式锚具,埋入端宜采用压花式埋入锚具。钢丝束无粘结筋的张拉端和埋入端均可采用夹片式或镦头锚具。成束无粘结筋正式张拉前，宜先用千斤顶往复抽动1～2次，以降低张拉摩擦损失。在张拉过程中，当有个别钢丝发生滑脱或断裂时，可相应降低张拉力，但滑脱或断裂的根数，不应超过结构同一截面钢丝总根数的2%。

无粘结筋张拉完成后，应立即用防腐油或水泥浆通过锚具或其附件上的灌注孔，将锚固部位张拉形成的空腔全部灌注密实，以防预应力筋发生局部锈蚀。无粘结筋的端部锚固区，必须进行密封防护措施，严防水汽进入锈蚀预应力筋，并要求防火。一般做法为：切去多余的无粘结筋，或将端头无粘结筋分散弯折后，浇注混凝土封闭或外包钢筋混凝土，或用环氧砂浆堵封等。用混凝土做堵头封闭时，要防止产生收缩裂缝。当不能采用混凝土或灰浆作封闭保护时，预应力筋锚具要全部涂刷防锈漆或油脂，并加其他保护措施，总之，必须有严格的措施，绝不可掉以轻心。

4. 质量检验要点

(1)材料、设备及制作

1)预应力筋、锚具、波纹管、水泥、外加剂等主要材料的分批出厂合格证、进场检测报告、预应力筋、锚具的见证取样检测报告等；

2)张拉设备、固定端制作设备等主要设备的进场验收、标定；

3)预应力筋制作交底文件及制作记录文件。

(2)预应力筋及孔道布置

1)孔道定位点标高是否符合设计要求；

2)孔道是否顺直、过渡平滑、连接部位是否封闭，能否防止漏浆；

3)孔道是否有破损、是否封闭；

4)孔道固定是否牢固,连接配件是否到位;

5)张拉端、固定端安装是否正确,固定可靠;

6)自检、隐检记录是否完整。

(3)混凝土浇筑

1)是否派专人监督混凝土浇筑过程;

2)张拉端、固定端处混凝土是否密实;

3)是否能保证管道线形不变,保证管道不受损伤;

4)混凝土浇筑完成后是否派专人用清孔器检查孔道或抽动孔道内预应力筋。

(4)预应力筋张拉

1)张拉设备是否良好;

2)张拉力值是否准确;

3)伸长值是否在规定范围内;

4)张拉记录是否完整、清楚。

(5)孔道灌浆

1)设备是否正常运转;

2)水泥浆配合比是否准确,计量是否精确;

3)记录是否完整;

4)试块是否按班组制作。

4.3.3 施工质量控制注意事项

预应力混凝土施工需要用到强度很高的钢筋,这种钢筋对锈蚀和缺口等非常敏感。此外,这种钢筋所加的预应力与其强度比较起来也是很高的。混凝土,特别是预应力筋锚固区的混凝土,还有预压受拉区的混凝土受力都很大,所以在制作预应力混凝土承重结构时必须严格遵守设计及规范要求的各项规定,特别是强制性标准条文中所作的规定。这些规定不仅涉及到建筑材料的质量的监督,而且也涉及到模板和脚手架的尺寸精度，以及预应力筋和非预应力筋的尺寸、间距、混凝土保护层、高度、方向等方面的严格监督。

因为预应力筋在梁截面内的高度位置对预应力弯矩影响很大，所以设计高度位置必须保证误差很小。诚然，这样小的误差在截面高度很小(例如板)时是难于保证的。安装千斤顶的锚固板必须尽可能精确地垂直于预应力筋轴线，并且牢固定位，不得移动。

另外，要特别注意气候、空气温度、混凝土在水化作用过程中引起的温度变化，以及在混凝土硬化过程中由于绝热覆盖物可能引起的冷却延长等等对新浇混凝土的影响。如果在混凝土浇筑后第二到第四天由于夜间温差引起较高的约束应力，则即使有配筋也可产生较大的裂缝，因为龄期这样短的混凝土尚未建立足够的粘结强度来有效地使钢筋限制裂缝宽度。如果新浇混凝土没有保护，则强烈的日照和干燥的风也可能引起较大的裂缝。

关于气温对硬化过程的影响应特别在考虑预加应力日期时予以注意。气温会引起预应力筋的长度变化。钢筋在炎热的无风天气暴晒可使温度超过 70℃，夜间又冷却下来。这种情况对于长的预应力筋，其端部用螺母固定在锚固件上，而锚固件又固定到刚性的模板上时，应予注意。螺母必须留出足够间隙，否则在热条件下穿入的曲线预应力筋到夜间会从支垫上抬起，或者在冷条件下穿入的曲线预应力筋在炎热白天会向四边弯折。

此外，专业工程师必须严格监督预加应力和灌浆过程，并分别作详细记录。

在模架或施工支架上制作时必须考虑到，支架本身不能阻碍由温度下降及由预加应力产生的压应力所引起的混凝土缩短。木模板几乎不阻碍缩短。施工支架在新浇混凝土自重作用下产生变形，必须相应加高或在浇灌混凝土时进行调整。至于是否需要进一步升高或降低施工支架来抵消由预应力和永久荷载引起的已硬化的预应力混凝土梁之变形(特别是考虑到以后由收缩和徐变引起的与时间有关的变形)，则视使用条件而定。

如果梁的压应力在预压受拉缘大于受压缘，则在预加应力时，梁就会从它的支架上拱起(如果支架是刚性的)。首先是在梁的全长上均匀分布的自重从支架上升起，使梁中部悬空，两端支承在立座上，于是支座受力。所以支座在预加应力时应有完好的功能。

如果支座是模架或支架梁，它在新浇混凝土重量作用下产生弹性变形，则支架梁在预加应力时回弹、往回弯曲，并将其弹力从下至上压到预应力混凝土梁上。这就是说，梁的自重没有完全起作用，从而可导致受拉缘产生过高的压应力及受压缘甚至产生拉应力。因此在支架梁或模架下沉没有达到足够量，使回弹不再对预应力混凝土梁起作用之前，不允许施加全部预应力。

这里还要指出，在使用千斤顶、高压泵、高压管和大的预应力时有可能发生事故。这方面的详细规定可参见有关建筑业规程。

4.4 混凝土工程

4.4.1 一般要求

1. 原材料要求

(1)水泥

1)水泥的品种及组成：

在工业与民用建筑中，配制普通混凝土所用的水泥，一般采用硅酸盐水泥、普通硅酸盐水泥、矿渣硅酸盐水泥、火山灰质硅酸盐水泥和粉煤灰硅酸盐水泥。以上常用五种水泥的组成成分见表 4-19。

土建工程常用五种水泥的组成　　表 4-19

名　称	简　称	主要组成
硅酸盐水泥	纯熟料水泥	以硅酸盐熟料为主，加 0～5% 石膏磨细而成，不掺任何混合材料
普通硅酸盐水泥	普通水泥	以硅酸盐熟料为主，加适量混合材料及石膏磨细而成。所掺材料不能大于下列数值(按水泥重量计)： 石膏 5% 活性混合材 15%； 或惰性混合材 10%；或两者同掺 15%(其中惰性材料 10%)
矿渣硅酸盐水泥	矿渣水泥	以硅酸盐熟料为主，加入不大于水泥重量的 20%～70% 的粒化高炉矿渣及适量石膏磨细而成
火山灰质硅酸盐水泥	火山灰质水泥	以硅酸盐熟料为主；加入不大于水泥重量的 20%～50% 的粉煤灰及适量石膏磨细而成
粉煤灰硅酸盐水泥	粉煤灰水泥	以硅酸盐熟料为主，加入不大于水泥重量的 20%～40% 的粉煤灰及适量石膏磨细而成

2)水泥的强度：

水泥的强度等级按规定龄期的抗压强度和抗折强度来划分，各强度等级水泥的各龄期强度不得低于表 4-20 中的规定值。

各强度等级水泥各龄期的强度　　　　表 4-20

品　　种	强度等级	抗压强度(MPa)		抗折强度(MPa)	
		3天	28天	3天	28天
硅酸盐水泥	42.5	17.0	42.5	3.5	6.5
	42.5R	22.0	42.5	4.0	6.5
	52.5	23.0	52.5	4.0	7.0
	52.5R	27.0	52.5	5.0	7.0
	62.5	28.0	62.5	5.0	8.0
	62.5R	32.0	62.5	5.5	8.0
普通硅酸盐水泥	32.5	11.0	32.5	2.5	5.5
	32.5R	16.0	32.5	3.5	5.5
	42.5	16.0	42.5	3.5	6.5
	42.5R	21.0	42.5	4.0	6.5
	52.5	22.0	52.5	4.0	7.0
	52.5R	26.0	52.5	5.0	7.0
矿渣、火山灰及粉煤灰水泥	32.5	10.0	32.5	2.5	5.5
	32.5R	15.0	32.5	3.5	5.5
	42.5	15.0	42.5	3.5	6.5
	42.5R	19.0	42.5	4.0	6.5
	52.5	21.0	52.5	4.0	7.0
	52.5R	23.0	52.5	4.5	7.0

注:表中 R 为早强型水泥。

3)水泥的技术要求:

a. 水泥的技术要求除了以上所述的强度要求以外,其他技术要求还须符合表 4-21 的规定。

土建工程常用五种水泥的品质指标　　表 4-21

序　号	项　目	品　质　指　标
1	氧化镁	熟料中氧化镁的含量不宜超过5%。如水泥经蒸压安定性试验合格,则允许放宽到6%
2	三氧化硫	水泥中三氧化硫的含量不得超过3.5%,但矿渣水泥不得超过4%
3	烧失量	Ⅰ型硅酸盐水泥中不溶物不得大于3.0%; Ⅱ型硅酸盐水泥中不溶物不得大于3.5% 普通水泥中烧失量不得大于5.0%
4	细度	硅酸盐水泥比表面积大于300m^2/kg,普通水泥0.08mm方孔筛筛余不得超过10%
5	凝结时间	初凝不得早于45min,终凝不得迟于10h,但硅酸盐水泥终凝不得迟于6.5h
6	安定性	用沸煮法检验,必须合格
7	不溶物	Ⅰ型硅酸盐水泥中不溶物不得超过0.75%; Ⅱ型硅酸盐水泥中不溶物不得超过1.5%

注:1. 凡氧化镁、三氧化硫、初凝时间、安定性中的任一项不符合表中规定时,均为废品。

2. 凡细度、终凝时间、不溶物和烧失量中的任一项不符合表中规定时,称为不合格品。

b. 水泥袋上应清楚标明:工厂名称、生产许可证编号、品牌名称、代号、包装年、月、日和编号。水泥包装标志中水泥品种、强度等级、工厂名称和出厂编号不全的也属于不合格品。散装时应提交与袋装相同的内容卡片。

c. 水泥在运输和贮存时不得受潮和混入杂物,不同品种和强度等级的水泥应分别贮存,不得混杂。

4)水泥的复试

按照《混凝土结构工程施工质量验收规范》(GB50204—2002)规定及工程质量管理的有关规定,用于承重结构、用于使用部位有强度等级要求混凝土用水泥,或水泥出厂超过三个月(或快硬硅酸盐水泥为一个月)和进口水泥,在使用前必须进行复试,并提供试验报告。

水泥复试项目,水泥标准中规定,水泥的技术要求包括不溶物、氧化镁、三氧化硫、细度、安定性和强度等8个项目。水泥生产厂在水泥出厂时已经提供了标准规定的有关技术要求的试验结果。通常复试只做安定性、凝结时间和胶砂强度三项必试项目。

(2)砂

1)砂的品种:

a. 砂按产源可分为:海砂、河砂、湖砂、山砂。

b. 砂按颗粒半径或细度模数(μ_f)可分为四级:

粗砂:平均粒径为0.5mm以上,细度模数μ_f为3.7~3.1;

中砂:平均粒径为0.35~0.5mm,细度模数μ_f为3.0~2.3;

细砂:平均粒径为0.25~0.35mm,细度模数μ_f为2.2~1.6;

特细砂:平均粒径为0.25mm以下,细度模数μ_f为1.5~0.7。

2)砂的颗粒级配:

砂的颗粒级配应符合表4-22的规定。

砂颗粒级配 表4-22

筛孔尺寸(mm)	级配区		
	1区	2区	3区
	累计筛余(%)		
10.00	0	0	0
5.00	10~0	10~0	10~0
2.50	35~5	25~0	15~0
1.25	65~35	50~10	25~0
0.63	85~71	70~41	40~16
0.315	95~80	92~70	85~55
0.16	100~90	100~90	100~90

3)砂的含泥量:

砂的含泥量应符合表 4-23 的规定。

砂的含泥量　　表 4-23

混凝土强度等级	高于或等于 C30	低于 C30
含泥量,按重量计不大于(%)	3	5

4)砂的密度、体积密度、空隙率:

砂的密度、体积密度、空隙率应符合下列规定:

a. 砂的密度应大于 $2.5g/cm^3$;

b. 砂的松散体积密度应大于 $1400kg/m^3$;

c. 砂的空隙率小于 45%。

5)砂的坚固性:

采用硫酸钠溶液法进行试验,砂在其饱和溶液中以 5 次循环浸渍后,其质量损失应小于 10%。

(3)碎(卵)石

1)碎(卵)石的种类;

碎(卵)石按颗粒粒径大小,可分为四级:

粗碎(卵)石:颗粒粒径在 40~150mm 之间;

中碎(卵)石:颗粒粒径在 20~40mm 之间;

细碎(卵)石:颗粒粒径在 5~20mm 之间;

特细碎(卵)石:颗粒粒径在 5~10mm 之间。

2)碎(卵)石的颗粒级配:

碎(卵)石的颗粒级配应符合表 4-24 的规定。

3)碎(卵)石含泥量:

碎(卵)石含泥量:低于 C30 混凝土不大于 2%;高于或等于 C30 混凝土不大于 1%。

4)碎(卵)石的密度、体积密度、空隙率:

碎(卵)石颗粒级配　　　　表 4-24

情况级配	公称粒级(mm)	累计筛余、按重量计(%)											
		筛孔尺寸(圆筛孔)(mm)											
		2.5	5	10	15	20	25	30	40	50	60	80	100
连续粒级	5~10	95~100	80~100	0~15	0								
	5~15	95~100	90~100	30~60	0~10	0							
	5~20	95~100	90~100	40~70		0~10	0						
	5~25	95~100	90~100	70~90		15~45		0~5	0				
	5~30		95~100	75~90		30~65			0~5	0			
单粒级	10~20		95~100	85~100		1~15	0						
	6~30		95~100		85~100			0~10	0				
	20~40			95~100		80~100			0~10				
	30~60				95~100			75~100	45~75		0~10	0	
	40~80					95~100			70~100		30~60	0~10	0

a. 碎(卵)石的密度应大于 2.5g/cm^3;

b. 碎(卵)石的体积密度应大于 1500kg/m^3;

c. 碎(卵)石的空隙率应小于 45%。

5)碎(卵)石坚固性:

采用硫酸钠溶液法进行试验,其质量损失应小于 12%。

6)碎(卵)石的强度:

碎石的强度可用岩石的抗压强度和压碎指标值表示。卵石的强度用压碎指标值表示。具体要求详见《普通混凝土用碎石或卵石质量标准及检验方法》JGJ53 规定。混凝土强度等级为 C60 及以上时应进行岩石抗压强度检验,其他情况下如有怀疑或认为有必要时也可进行岩石的抗压强度检验。岩石的抗压强度与混凝土强度等级之比不应小于 1.5,且火成岩强度不宜低于 80MPa,变质岩不宜低于 60MPa,水成岩不宜低于 30MPa。

7)碎石或卵石中针片状颗粒含量应符合《普通混凝土用

碎石或卵石质量标准及检验方法》JGJ53 规定。

8)其他要求:

a. 混凝土所用的粗骨料,其最大粒径不得超过结构截面最小尺寸的 1/4;且不得超过钢筋间距最小净距的 3/4。

b. 对混凝土实心板,骨料的最大粒径不宜超过板厚的 1/2;且不得超过 50mm。

c. 骨料应按品种、规格分别堆放,不得混杂,骨料中严禁混入煅烧过的白云石和石灰块。

(4)水

1)水的种类:

混凝土拌合用水按水源可分为:饮用水、地表水、地下水和海水等。

2)水的技术要求:

a. 拌合用水所含物质对混凝土、钢筋混凝土和预应力混凝土不应产生以下有害作用:

(a)影响混凝土的和易性及凝结;

(b)有损于混凝土强度发展;

(c)降低混凝土的耐久性,加快钢筋腐蚀及导致预应力钢筋脆断;

(d)污染混凝土表面。

b. 水的物质含量:

水的 pH 值、不溶物,可溶物、氯化物、硫酸盐、硫化物的含量应符合表 4-25 的规定。

3)水的使用要求:

a. 生活饮用水,可拌制各种混凝土。

b. 地表水和地下水首次使用前,应按《混凝土拌合用水标准》(JGJ63)规定进行检验。

物质含量限值　　　　表 4-25

项　　目	预应力混凝土	钢筋混凝土	素混凝土
pH 值	>4	>4	>4
不溶物(mg/L)	<2000	<2000	<5000
可溶物(mg/L)	<2000	<5000	<10000
氢化物(以 CL^- 计)(mg/L)	<500①	<1200	<3500
硫酸盐(以 SO_4^{-2} 计)(mg/L)	<600	<2700	<2700
硫化物(以 S^{2-} 计)(mg/L)	<100	—	—

①使用钢丝或经热处理钢筋的预应力混凝土氯化物含量不得超过 350mg/L。

c. 海水可用于拌制素混凝土,但不得用于拌制钢筋混凝土和预应力混凝土。

d. 有饰面要求的混凝土不应用海水拌制。

(5)外加剂

1)混凝土工程中外加剂的种类

a. 普通减水剂及高效减水剂。

普通减水剂:木质素磺酸钙、木质素磺酸钠、木质素磺酸镁及丹宁等;

高效减水剂:

(a)多环芳香族磺酸盐类:萘和萘的同系磺化物与甲醛缩合的盐类、胺基磺酸盐等;

(b)水溶性树脂磺酸盐类:磺化三聚氰胺树脂、磺化古码隆树脂等;

(c)脂肪族类:聚羧酸盐类、聚丙烯酸盐类、脂肪族羟甲基磺酸盐高缩聚物等;

(d)其他:改性木质素磺酸钙、改性丹宁等。

b. 引气剂及引气减水剂。

(a)松香树脂类:构香热聚物,松香皂类等;(b)烷基和烷基芳烃磺酸盐类:十二烷基磺酸盐、烷基苯磺酸盐、烷基苯酚聚氧乙烯醚等;(c)脂肪醇磺酸盐类:脂肪醇聚氧乙烯醚、脂肪醇聚氧乙烯磺酸钠、脂肪醇硫酸钠等;(d)皂甙类:三萜皂甙等;(e)其他:蛋白质盐、石油磺酸盐等。

c. 缓凝剂、缓凝减水剂及缓凝高效减水剂。

(a)糖类:糖钙、葡萄糖酸盐等;(b)木质素磺酸盐类:木质素磺酸钙、木质素磺酸钠等;(c)羟基羧酸及其盐类:柠檬酸、酒石酸钾钠等;(d)无机盐类:锌盐、磷酸盐等;(e)其他:胺盐及其衍生物、纤维素醚等。

d. 早强剂及早强减水剂。

(a)强电解质无机盐类早强剂:硫酸盐、硫酸复盐、硝酸盐、亚硝酸盐、氯盐等;(b)水溶性有机化合物:三乙醇胺,甲酸盐、乙酸盐、丙酸盐等;(c)其他:有机化合物,无机盐复合物。

e. 防冻剂。

强电解质无机盐类:(a)氯盐类:以氯盐为防冻组分的外加剂;(b)氯盐阻锈类:以氯盐与阻锈组分为防冻组分的外加剂;(c)无氯盐类:以亚硝酸盐、硝酸盐等无机盐为防冻组分的外加剂。

水溶性有机化合物类:以某些醇类等有机化合物为防冻组分的外加剂。

有机化合物与无机盐复合类及复合型防冻剂:以防冻组分复合早强、引气、减水等组分的外加剂。

f. 膨胀剂。

(a)硫铝酸钙类;(b)硫铝酸钙—氧化钙类;(c)氧化钙类。

g. 泵送剂。

h. 防水剂。

(a)无机化合物类:氯化铁、硅灰粉末,锆化合物等;(b)有机化合物类:脂肪酸及其盐类、有机硅表面活性剂(甲基硅醇钠、乙基硅醇钠、聚乙基羟基硅氧烷)、石蜡、地沥青、橡胶及水溶性树脂乳液等;(c)混合物类:无机类混合物、有机类混合物、无机类与有机类混合物;(d)复合类:上述各类与引气剂、减水剂、调凝剂等外加剂复合的复合型防水剂。

i. 速凝剂。

(a)在喷射混凝土工程中可采用的粉状速凝剂:以铝酸盐、碳酸盐等为主要成分的无机盐混合物等;(b)在喷射混凝土工程中可采用的液体速凝剂:以铝酸盐、水玻璃等为主要成分,与其他无机盐复合而成的复合物。

2)一般规定及施工要求

a. 普通减水剂及高效减水剂。

(a)普通减水剂及高效减水剂可用于素混凝土、钢筋混凝土、预应力混凝土,并可制备高强高性能混凝土。

(b)普通减水剂宜用于日最低气温5℃以上施工的混凝土,不宜单独用于蒸养混凝土;高效减水剂宜用于日最低气温0℃以上施工的混凝土。

(c)当掺用含有木质素磺酸盐类物质的外加剂时应先做水泥适应性试验,合格后方可使用。

(d)普通减水剂、高效减水剂进入工地(或混凝土搅拌站)的检验项目应包括pH值、密度(或细度)、混凝土减水率,符合要求方可入库、使用。

(e)减水剂掺量应根据供货单位的推荐掺量、气温高低、施工要求,通过试验确定。

(f)减水剂以溶液掺加时,溶液中的水量应从拌合水中扣除。

(g)液体减水剂宜与拌合水同时加入搅拌机内,粉剂减水剂宜与胶凝材料同时加入搅拌机内,需二次添加外加剂时,应通过试验确定,混凝土搅拌均匀方可出料。

(h)根据工程需要,减水剂可与其他外加剂复合使用。其掺量应根据试验确定。配制溶液时,如产生絮凝或沉淀等现象,应分别配制溶液并分别加入搅拌机内。

(i)掺普通减水剂、高效减水剂的混凝土采用自然养护时,应加强初期养护;采用蒸养时,混凝土应具有必要的结构强度才能升温,蒸养制度应通过试验确定。

b. 引气剂及引气减水剂。

(a)混凝土工程中可采用由引气剂与减水剂复合而成的引气减水剂。

(b)引气剂及引气减水剂,可用于抗冻混凝土、抗渗混凝土、抗硫酸盐混凝土、泌水严重的混凝土、贫混凝土、轻骨料混凝土、人工骨料配制的普通混凝土、高性能混凝土以及有饰面要求的混凝土。

(c)引气剂及引气减水剂不宜用于蒸养混凝土及预应力混凝土,必要时,应经试验确定。

(d)引气剂及引气减水剂进入工地(或混凝土搅拌站)的检验项目应包括 pH 值、密度(或细度)、含气量,引气减水剂应增测减水率,符合要求方可入库、使用。

(e)抗冻性要求高的混凝土,必须掺引气剂或引气减水剂,其掺量应根据混凝土的含气量要求,通过试验确定。掺引气剂及引气减水剂混凝土的含气量,不宜超过表 4-26 规定的含气量;对抗冻性要求高的混凝土,宜采用表 4-26 规定的含气量数值。

掺引气剂及引气减水剂混凝土的含气量　　表 4-26

粗骨料最大粒径(mm)	20(19)	25(22.4)	40(37.5)	50(45)	80(75)
混凝土含气量(%)	5.5	5.0	4.5	4.0	3.5

注:括号内数值为(建筑用卵石、碎石)GB/T 14685 中标准筛的尺寸。

(f)引气剂及引气减水剂，宜以溶液掺加，使用时加入拌合水中，溶液中的水量应从拌合水中扣除。

(g)引气剂及引气减水剂配制溶液时，必须充分溶解后方可使用。

(h)引气剂可与减水剂、早强剂、缓凝剂、防冻剂复合使用。配制溶液时，如产生絮凝或沉淀等现象，应分别配制溶液并分别加入搅拌机内。

(i)施工时，应严格控制混凝土的含气量。当材料、配合比，或施工条件变化时，应相应增减引气剂或引气减水剂的掺量。

(j)检验掺引气剂及引气减水剂混凝土的含气量，应在搅拌机出料口进行取样，并应考虑混凝土在运输和振捣过程中含气量的损失。对含气量有设计要求的混凝土，施工中应每间隔一定时间进行现场检验。掺引气剂及引气减水剂混凝土，必须采用机械搅拌，搅拌时间及搅拌量应通过试验确定。出料到浇筑的停放时间也不宜过长，采用插入式振捣时，振捣时间不宜超过20s。

c. 缓凝剂、缓凝减水剂及缓凝高效减水剂。

(a)混凝土工程中可采用由缓凝剂与高效减水剂复合而成的缓凝高效减水剂。

(b)缓凝剂、缓凝减水剂及缓凝高效减水剂可用于大体积混凝土、碾压混凝土、炎热气候条件下施工的混凝土，大面积浇筑的混凝土、避免冷缝产生的混凝土、需较长时间停放或长距离运输的混凝土、自流平免振混凝土、滑模施工或拉模施工的混凝土及其他需要延缓凝结时间的混凝土。缓凝高效减水剂可制备高强高性能混凝土。

(c)缓凝剂、缓凝减水剂及缓凝高效减水剂宜用于日最低气温5℃以上施工的混凝土，不宜单独用于有早强要求的混凝土及蒸养混凝土。

(d)柠檬酸及酒石酸钾钠等缓凝剂不宜单独用于水泥用量较低、水灰比较大的贫混凝土。

(e)当掺用含有糖类及木质素磺酸盐类物质的外加剂时应先做水泥适应性试验，合格后方可使用。

(f)使用缓凝剂、缓凝减水剂及缓凝高效减水剂施工时，宜根据温度选择品种并调整掺量，满足工程要求方可使用。

(g)缓凝剂、缓凝减水剂及缓凝高效减水剂进入工地(或混凝土搅拌站)的检验项目应包括pH值，密度(或细度)、混凝土凝结时间，缓凝减水剂及缓凝高效减水剂应增测减水率，合格后方可入库、使用。

(h)缓凝剂、缓凝减水剂及缓凝高效减水剂的品种及掺量应根据环境温度、施工要求的混凝土凝结时间、运输距离、停放时间、强度等来确定。

(i)缓凝剂、缓凝减水剂及缓凝高效减水剂以溶液掺加时计量必须正确，使用时加入拌合水中，溶液中的水量应从拌合水中扣除。难溶和不溶物较多的应采用干掺法并延长混凝土搅拌时间30s。

(j)掺缓凝剂、缓凝减水剂及缓凝高效减水剂的混凝土浇筑、振捣后，应及时抹压并始终保持混凝土表面潮湿，终凝以后应浇水养护，当气温较低时，应加强保温保湿养护。

d. 早强剂及早强减水剂。

(a)混凝土工程中可采用由早强剂与减水剂复合而成的早强减水剂。

(b)早强剂及早强减水剂适用于蒸养混凝土及常温、低温和最低温度不低于-5℃环境中施工的有早强要求的混凝土工程。炎热环境条件下不宜使用早强剂、早强减水剂。

(c)掺入混凝土后对人体产生危害或对环境产生污染的化学物质严禁用作早强剂。含有六价铬盐、亚硝酸盐等有害成分的早强剂严禁用于饮水工程及与食品相接触的工程。硝铵类严禁用于办公、居住等建筑工程。

(d)下列结构中严禁采用含有氯盐配制的早强剂及早强减水剂:预应力混凝土结构;相对湿度大于80%环境中使用的结构、处于水位变化部位的结构、露天结构及经常受水淋、受水流冲刷的结构;大体积混凝土;直接接触酸、碱或其他侵蚀性介质的结构;经常处于温度为60℃以上的结构,需经蒸养的钢筋混凝土预制构件;有装饰要求的混凝土,特别是要求色彩一致的或是表面有金属装饰的混凝土;薄壁混凝土结构;中级和重级工作制吊车的梁、屋架、落锤及锻锤混凝土基础等结构;使用冷拉钢筋或冷拔低碳钢丝的结构;骨料具有碱活性的混凝土结构。

(e)在下列混凝土结构中严禁采用含有强电解质无机盐类的早强剂及早强减水剂:与镀锌钢材或铝铁相接触部位的结构,以及有外露钢筋预埋铁件而无防护措施的结构;使用直流电源的结构以及距高压直流电源100m以内的结构。

(f)早强剂、早强减水剂进入工地(或混凝土搅拌站)的检验项目应包括密度(或细度),1d、3d抗压强度及对钢筋的锈蚀作用。早强减水剂应增测减水率。混凝土有饰面要求的还应观测硬化后混凝土表面是否析盐。符合要求,方可入库、使用。

(g)常用早强剂掺量应符合表4-27的规定。

(h)粉剂早强剂和早强减水剂直接掺入混凝土干料中应延长搅拌时间30s。常温及低温下使用早强剂或早强减水剂的混凝土采用自然养护时宜使用塑料薄膜覆盖或喷洒养护液。终凝后应立即浇水潮湿养护。最低气温低于0℃时除塑料薄膜外还应加盖保温材料。最低气温低于-5℃时应使用防冻剂。

常用早强剂掺量限值　　表4-27

混凝土种类	使用环境	早强剂名称	掺量限值(水泥重量%)不大于
预应力混凝土	干燥环境	三乙醇胺 硫酸钠	0.05 1.0
钢筋混凝土	干燥环境	氯离子(Cl^-) 硫酸钠	0.6 2.0
钢筋混凝土	干燥环境	与缓凝减水剂复合的硫酸钠 三乙醇胺	3.0 0.05
	潮湿环境	硫酸钠 三乙醇胺	1.5 0.05
有饰面要求的混凝土		硫酸钠	0.8
素混凝土		氯离子(Cl^-)	1.8

注:预应力混凝土及潮湿环境中使用的钢筋混凝土中不得掺氯盐早强剂。

(i)掺早强剂或早强减水剂的混凝土采用蒸汽养护时,其蒸养制度应通过试验确定。

e. 防冻剂

(a) 防冻剂的选用应符合下列规定:在日最低气温为0~-5℃,混凝土采用塑料薄膜和保温材料覆盖养护时,可采用早强剂或早强减水剂;在日最低气温为-5~-10℃、-10~15℃、-15~20℃,采用上款保温措施时,宜分别采用规定温度为-5℃、-10℃、-15℃的防冻剂;防冻剂的规定温度为按《混凝土防冻剂》(JC 475)规定的试验条件成型的试件,在恒负温条件下养护的温度。施工使用的最低气温可比规定温度低

5℃。

(b)防冻剂运到工地(或混凝土搅拌站)首先应检查是否有沉淀、结晶或结块。检验项目应包括密度(或细度)、抗压强度比和钢筋锈蚀试验。合格后方可入库、使用。

(c)掺防冻剂混凝土所用原材料,应符合下列要求:宜选用硅酸盐水泥、普通硅酸盐水泥。水泥存放期超过3个月时,使用前必须进行强度检验,合格后方可使用;粗、细骨料必须清洁,不得含有冰、雪等冻结物及易冻裂的物质;当骨料具有碱活性时,由防冻剂带入的碱含量,混凝土的总碱含量,应符合相关规范的规定;储存液体防冻剂的设备应有保温措施。

(d)掺防冻剂的混凝土配合比,宜符合下列规定:含引气组分的防冻剂混凝土的砂率,比不掺外加剂混凝土的砂率可降低2%~3%;混凝土水灰比不宜超过0.6,水泥用量不宜低于300kg/m^3,重要承重结构、薄壁结构的混凝土水泥用量可增加10%,大体积混凝土的最少水泥用量应根据实际情况而定。强度等级不大于C15的混凝土,其水灰比和最少水泥用量可不受此限制。

(e)掺防冻剂混凝土采用的原材料,应根据不同的气温,按下列方法进行加热:气温低于-5℃时,可用热水拌合混凝土;水温高于65℃时,热水应先与骨料拌合,再加入水泥;气温低于-10℃时,骨料可移入暖棚或采取加热措施。骨料冻结成块时须加热,加热温度不得高于65℃,并应避免火烧,用蒸汽直接加热骨料带入的水分,应从拌合水中扣除。

(f)掺防冻剂混凝土搅拌时,应符合下列规定:严格控制防冻剂的掺量;严格控制水灰比,由骨料带入的水及防冻剂溶液中的水,应从拌合水中扣除;搅拌前,应用热水或蒸汽冲洗搅拌机,搅拌时间应比常温延长50%;掺防冻剂混凝土拌合物的出机温度，严寒地区不得低于15℃；寒冷地区不得低于10℃。入模温度，严寒地区不得低于10℃，寒冷地区不得低于5℃。

(g)防冻剂与其他品种外加剂共同使用时，应先进行试验，满足要求方可使用。

(h)掺防冻剂混凝土的运输及浇筑除应满足不掺外加剂混凝土的要求外，还应符合下列规定：混凝土浇筑前，应清除模板和钢筋上的冰雪和污垢，不得用蒸汽直接融化冰雪，避免再度结冰；混凝土浇筑完毕应及时对其表面用塑料薄膜及保温材料覆盖。掺防冻剂的商品混凝土，应对混凝土搅拌运输车罐体包裹保温外套。

(i)掺防冻剂混凝土的养护，应符合下列规定：在负温条件下养护时，不得浇水，混凝土浇筑后，应立即用塑料薄膜及保温材料覆盖，严寒地区应加强保温措施；初期养护温度不得低于规定温度；当混凝土温度降到规定温度时，混凝土强度必须达到受冻临界强度；当最低气温不低于－10℃时，混凝土抗压强度不得小于3.5MPa；当最低温度不低于－15℃时，混凝土抗压强度不得小于4.0MPa；当最低温度不低于－20℃时，混凝土抗压强度不得小于5.0MPa；拆模后混凝土的表面温度与环境温度之差大于20℃时，应采用保温材料覆盖养护。

(j)混凝土浇筑后，在结构最薄弱和易冻的部位，应加强保温防冻措施，并应在有代表性的部位或易冷却的部位布置测温点。测温测头埋入深度应为100~150mm，也可为板厚的1/2或墙厚的1/2。在达到受冻临界强度前应每隔2h测温一次，以后应每隔6h测一次，并应同时测定环境温度。掺防冻剂混凝土的质量应满足设计要求，并应符合下列规定：应在浇筑地点制作一定数量的混凝土试件进行强度试验。其中一组试件应在标准条件下养护，其余放置在工程条件下养护。在达到受冻临界强度时、拆模前、拆除支撑前及与工程同条件养护28d、再标准养护28d均应进行试压。试件不得在冻结状态下试压，边长为100mm立方体试件，应在15～20℃室内解冻3～4h或应浸入10～15℃的水中解冻3h；边长为150mm立方体试件应在15～20℃室内解冻5～6h或浸入10～15℃的水中解冻6h，试件擦干后试压；检验抗冻、抗渗所用试件，应与工程同条件养护28d，再标准养护28d后进行抗冻或抗渗试验。

f. 膨胀剂。

掺膨胀剂混凝土所采用的原材料应符合下列规定：

(a)膨胀剂：应符合《混凝土膨胀剂》JC 476标准的规定；膨胀剂运到工地（或混凝土搅拌站）应进行限制膨胀率检测，合格后方可入库、使用。

(b)水泥：应符合现行通用水泥国家标准，不得使用硫铝酸盐水泥、铁铝酸盐水泥和高铝水泥。

(c)用于有抗渗要求的补偿收缩混凝土的水泥用量应不小于320kg/m^3，当掺入掺合料时，其水泥用量不应小于280kg/m^3。

(d)补偿收缩混凝土的膨胀剂掺量不宜大于12%，不宜小于6%；填充用膨胀混凝土的膨胀剂掺量不宜大于15%，不宜小于10%；其他外加剂用量的确定方法：膨胀剂可与其他混凝土外加剂复合使用，应有较好的适应性，膨胀剂不宜与氯盐类外加剂复合使用，与防冻剂复合使用时应慎重，外加剂品种和掺量应通过试验确定。

(e)粉状膨胀剂应与混凝土其他原材料一起投入搅拌机，搅拌时间应延长30s。

(f)混凝土浇筑应符合下列规定：在计划浇筑区段内连续

浇筑混凝土,不得中断;混凝土浇筑以阶梯式推进,浇筑间隔时间不得超过混凝土的初凝时间;混凝土不得漏振、欠振和过振;混凝土终凝前,应采用抹面机械或人工多次抹压。

(g)混凝土养护应符合下列规定:对于大体积混凝土和大面积板面混凝土,表面抹压后用塑料薄膜覆盖,混凝土硬化后,宜采用蓄水养护或用湿麻袋覆盖,保持混凝土表面潮湿,养护时间不应少于14d;对于墙体等不易保水的结构,宜从顶部设水管喷淋,拆模时间不宜少于3d,拆模后宜用湿麻袋紧贴墙体覆盖,并浇水养护,保持混凝土表面潮湿,养护时间不宜少于14d;冬期施工时,混凝土浇筑后,应立即用塑料薄膜和保温材料覆盖,养护期不应少于14d。对于墙体,带模板养护不应少于7d。

(h)灌浆用膨胀砂浆施工应符合下列规定:灌浆用膨胀砂浆的水料(胶凝材料加砂)比应为0.14~0.16,搅拌时间不宜少于3min;膨胀砂浆不得使用机械振捣,宜用人工插捣排除气泡,每个部位应从一个方向浇筑;浇筑完成后,应立即用湿麻袋等覆盖暴露部分,砂浆硬化后应立即浇水养护,养护期不宜少于7d;灌浆用膨胀砂浆浇筑和养护期间,最低气温低于5℃时,应采取保温保湿养护措施。

g. 泵送剂。

(a)泵送剂运到工地(或混凝土搅拌站)的检验项目应包括pH值、密度(或细度)、坍落度增加值及坍落度损失。符合要求方可入库、使用。

(b)含有水不溶物的粉状泵送剂应与胶凝材料一起加入搅拌机中;水溶性粉状泵送剂宜用水溶解后或直接加入搅拌机中,应延长混凝土搅拌时间30s。

(c)液体泵送剂应与拌合水一起加入搅拌机中,溶液中的水应从拌合水中扣除。

(d)泵送剂的品种、掺量应按供货单位提供的推荐掺量和环境温度、泵送高度、泵送距离、运输距离等要求经混凝土试配后确定。

(e)配制泵送混凝土的砂、石应符合下列要求:粗骨料最大粒径不宜超过40mm;泵送高度超过50m时,碎石最大粒径不宜超过25mm;卵石最大粒径不宜超过30mm;骨料最大粒径与输送管内径之比,碎石不宜大于混凝土输送管内径的1/3;卵石不宜大于混凝土输送管内径的2/5;粗骨料应采用连续级配,针片状颗粒含量不宜大于10%;细骨料宜采用中砂,通过0.315mm筛孔的颗粒含量不宜小于15%,且不大于30%,通过0.160mm筛孔的颗粒含量不宜小于5%。

(f)掺泵送剂的泵送混凝土配合比设计应符合下列规定:应符合《普通混凝土配合比设计规程》(JGJ 55)、《混凝土结构工程施工质量验收规范》(GB 50204)及《粉煤灰混凝土应用技术规范》(GBJ 146)等;泵送混凝土的胶凝材料总量不宜小于300kg/m^3;泵送混凝土的砂率宜为35%~45%;泵送混凝土的水胶比不宜大于0.6;泵送混凝土含气量不宜超过5%;泵送混凝土坍落度不宜小于100mm。

(g)在不可预测情况下造成商品混凝土坍落度损失过大时,可采用后添加泵送剂的方法掺入混凝土搅拌运输车中,必须快速运转,搅拌均匀后,测定坍落度符合要求后方可使用。后添加的量应预先试验确定。

h. 防水剂。

(a)防水剂进入工地(或混凝土搅拌站)的检验项目应包括pH值、密度(或细度)、钢筋锈蚀,符合要求方可入库、使用。

(b)防水混凝土施工应选择与防水剂适应性好的水泥。

一般应优先选用普通硅酸盐水泥，有抗硫酸盐要求时，可选用火山灰质硅酸盐水泥，并经过试验确定。

(c)防水剂应按供货单位推荐掺量掺入，超量掺加时应经试验确定，符合要求方可使用。

(d)防水剂混凝土宜采用5~25mm连续级配石子。

(e)防水剂混凝土搅拌时间应较普通混凝土延长30s。防水剂混凝土应加强早期养护，潮湿养护不得少于7d。

(f)处于侵蚀介质中的防水剂混凝土，当耐腐蚀系数小于0.8时，应采取防腐蚀措施。防水剂混凝土结构表面温度不应超过100℃，否则必须采取隔断热源的保护措施。

i. 速凝剂。

(a)速凝剂进入工地(或混凝土搅拌站)的检验项目应包括密度(或细度)、凝结时间、1d抗压强度，符合要求方可入库、使用。

(b)喷射混凝土施工应选用与水泥适应性好、凝结硬化快、回弹小、28d强度损失少、低掺量的速凝剂品种。

(c)速凝剂掺量一般为2%~8%，掺量可随速凝剂品种、施工温度和工程要求适当增减。

(d)喷射混凝土施工时，应采用新鲜的硅酸盐水泥、普通硅酸盐水泥、矿渣硅酸盐水泥，不得使用过期或受潮结块的水泥。

(e)喷射混凝土宜采用最大粒径不大于20mm的卵石或碎石，细度模数为2.8~3.5的中砂或粗砂。

(f)喷射混凝土的经验配合比为：水泥用量约400kg/m^3，砂率45%~60%，水灰比约为0.4。

(g)喷射混凝土施工人员应注意劳动防护和人身安全。

(6)掺合料

在采用硅酸盐水泥或普通硅酸盐水泥拌制的混凝土中，可掺用混合材料。当混合材料为粉煤灰时，必须符合如下规定：

1)品质指标：粉煤灰按其品质分为三个等级，其品质指标应满足表4-28的规定：

粉煤灰品质指标和分类　　　表4-28

序号	指标	粉煤灰级别		
		Ⅰ	Ⅱ	Ⅲ
1	细度(0.080mm方孔筛的筛余%)不大于	5	8	25
2	烧失量(%)不大于	5	8	15
3	需水量比(%)不大于	95	105	115
4	三氧化硫(%)不大于	3	3	3
5	含水率(%)不大于	1	1	不规定

注：代替细骨料或用以改善和易性的粉煤灰不受此规定的限制。

2)应用范围：Ⅰ级粉煤灰允许用于后张预应力钢筋混凝土构件及跨度小的先张预应力钢筋混凝土构件，Ⅱ级粉煤灰主要用于普通钢筋混凝土和轻骨料钢筋混凝土，Ⅲ级粉煤灰主要用于无筋混凝土和砂浆。

3)施工要求：

a. 用于地上工程的粉煤灰混凝土其强度等级龄期定为28d；用于地下大体积混凝土工程的粉煤灰混凝土其强度等级龄期可定为60d；

b. 粉煤灰投入搅拌机可采用以下方法：干排灰经计量后与水泥同时直接投入搅拌机内；湿排灰经计量制成料浆后使用；粉煤灰计量的允许偏差为±2%；

c. 坍落度大于20mm的混凝土拌合物宜在自落式搅拌机中制备，坍落度小于20mm或干硬性混凝土拌合物宜在强制式搅拌机中制备，粉煤灰混凝土拌合物一定要搅拌均匀，其搅拌时间宜比基准混凝土拌合物延长约30s；

d. 泵送粉煤灰混凝土拌合物运到现场时的坍落度不得小于80mm，并严禁在装入泵车时加水；

e. 粉煤灰混凝土的浇灌和成型与普通混凝土相同；

f. 用插入式振动器振捣泵送粉煤灰混凝土时不得漏振，其振动时间为：坍落度为80～120mm时，其振动时间为15～20s；坍落度为120～180mm时，其振动时间为10～15s。粉煤灰混凝土抹面时必须进行二次压光。

4.4.2 混凝土配合比设计

1. 混凝土配合比的选择条件

(1)应保证结构设计所规定的强度等级。

(2)充分考虑现场实际施工条件的差异和变化，满足施工和易性的要求。

(3)合理使用材料，节省水泥。

(4)符合设计提出的特殊要求，如抗冻性、抗掺性等。

2. 混凝土配合比的确定

混凝土配合比可根据工程特点、组成材料的质量、施工方法等因素，通过理论计算和试配来合理确定。试配时，应按设计强度提高1.645σ。(σ_0为施工单位的混凝土强度标准差(N/mm^2))。

由试验室经试配确定的配合比，在施工中还应经常测定骨料含水率并及时加以调整。如砂的含水率为5%，则应在砂的总重量上增加5%的砂重量，石子的含水率为2%，则应在石子的总重量上增加2%的石子重量，而水的用量则为总用水量减去砂和石子增加的重量。

3. 混凝土的最大水灰比和最小水泥用量

为了保证混凝土的质量(耐久性和密实度)，在检验中，应控制混凝土的最大水灰比和最小水泥用量(见表 4-29)。同时混凝土的最大水泥用量也不宜大于 550kg/m³。

混凝土的最大水灰比和最小水泥用量　　表 4-29

环境条件		结构物类别	最大水灰比			最小水泥用量(kg/m³)		
			素混凝土	钢筋混凝土	预应力混凝土	素混凝土	钢筋混凝土	预应力混凝土
1. 干燥环境		正常的居住或办公用房屋内部件	不作规定	0.65	0.60	200	260	300
2. 潮湿环境	无冻害	高湿度的室内部件 室外部件 在非侵蚀性土和(或)水中的部件	0.70	0.60	0.60	225	280	300
	有冻害	经受冻害的室外部件 在非侵蚀性土和(或)水中且经受冻害的部件 高湿度且经受冻害的室内部件	0.55	0.55	0.58	250	280	300
3. 有冻害和除冰剂的潮湿环境		经受冻害和除冰剂作用的室内和室外部件	0.50	0.50	0.50	300	300	300

注:1. 当用活性掺合料取代部分水泥时,表中的最大水灰比及最小水泥用量即为代替前的水灰比和水泥用量。

2. 配制 C15 级及其以下等级的混凝土,可不受本表限制。

3. 冬期施工应优先选用硅酸盐水泥和普通硅酸盐水泥。最少水泥用量不应少于 300kg/m³,水灰比不应大于 0.6。

4. 混凝土坍落度

在浇筑混凝土时,应进行坍落度测试(每工作台班至少二次),坍落度应符合表 4-30 的规定。

混凝土浇筑时的坍落度(mm)　　表4-30

结构种类	坍落度
基础或地面等的垫层、无配筋的大体积结构(挡土墙、基础等)或配筋稀疏的结构	10~30
板、梁和大型及中型截面的柱子等	30~50
配筋密列的结构(薄壁、斗仓、筒仓、细柱等)	50~70
配筋特密的结构	70~90

注:1. 本表系采用机械振捣混凝土时的坍落度,当采用人工捣实混凝土时其值可适当增大。
2. 当需要配制大坍落度混凝土时,应掺用外加剂。
3. 曲面或斜面结构混凝土的坍落度应根据实际需要另行选定。
4. 轻骨料混凝土的坍落度,宜比表中数值减少10~20mm。

5. 泵送混凝土配合比

泵送混凝土配合比,应符合下列规定:

(1)骨料最大粒径与输送管内径之比,当泵送高度小于50m时,碎石不宜大于1:3,卵石不宜大于1:2.5;泵送高度增加时骨料粒径应减小;

(2)通过0.315mm筛孔的砂不应少于15%;砂率宜控制在35%~45%;

(3)最小水泥用量宜为300kg/m^3;

(4)混凝土的坍落度宜为80~180mm;

(5)混凝土内宜掺加适量的外加剂。

泵送轻骨料混凝土的原材料选用及配合比,应通过试验确定。

4.4.3　混凝土施工的质量控制

1. 搅拌机的选用

混凝土搅拌机按搅拌原理可分为自落式和强制式两种。

其搅拌原理、机型及适用范围见表4-31。

搅拌机的搅拌原理及适用范围　　表4-31

类别	搅拌原理	机型	适用范围
自落式	筒身旋转,带动叶片将物料提高,在重力作用下物料自由坠下,重复进行,互相穿插、翻拌,混合	鼓形	流动性及低流动性混凝土
		锥形	流动性、低流动性及干硬性混凝土
强制式	筒身固定,叶片旋转,对物料施加剪切、挤压、翻滚、滑动、混合	立轴	低流动性或干硬性混凝土
		卧轴	

2. 混凝土搅拌前材料质量检查

在混凝土拌制前,应对原材料质量进行检查,其检验项目见表4-32。

材料质量的检查　　表4-32

材料名称		检查项目
水泥	散装	向仓管员按仓库号查验水泥品种、强度等级、出厂或进仓时间
	袋装	1. 检查袋上标注的水泥品种、强度等级、出厂日期 2. 抽查重量,允许误差2% 3. 仓库内水泥品种、强度等级有无混放
砂、石子		目测(有怀疑时再通知试验部门检验): 1. 有无杂质 2. 砂的细度模数 3. 粗骨料的最大粒径、针片状及风化骨料含量
外加剂		溶液是否搅拌均匀,粉剂是否已按量分装好

3. 混凝土工程的施工配料计量

在混凝土工程的施工中,混凝土质量与配料计量控制关系密切。但施工现场有关人员为图方便,往往是骨料按体积比,加水量由人工凭经验控制,这样造成拌制的混凝土离散性很大,难以保证混凝土的质量,故混凝土的施工配料计量须符合下列规定：

(1)水泥、砂、石子、混合料等干料的配合比，应采用重量法计量。严禁采用容积法。

(2)水的计量必须在搅拌机上配置水箱或定量水表。

(3)外加剂中的粉剂可按比例先与水泥拌匀，按水泥计量或将粉剂每拌比例用量称好，在搅拌时加入；溶液掺入先按比例稀释为溶液，按用水量加入。

混凝土原材料每盘称量的偏差，不得超过表4-33的规定。

混凝土原材料称量的允许偏差　　　　表4-33

材　料　名　称	允　许　偏　差
水泥、混合材料	±2%
粗、细骨料	±3%
水、外加剂	±2%

注：1. 各种衡器应定期校验，保持准确。

2. 骨料含水率应经常测定，雨天施工应增加测定次数。

4. 首拌混凝土的操作要求

上班第一拌的混凝土是整个操作混凝土的基础，其操作要求如下：

(1)空车运转的检查：

1)旋转方向是否与机身箭头一致。

2)空车转速约比重车快2~3r/min。

3)检查时间2~3min。

(2)上料前应先起动，待正常运转后方可进料。

(3)为补偿粘附在机内的砂浆，第一拌减少石子约30%；或多加水泥、砂各15%。

5. 混凝土搅拌时间

搅拌混凝土的目的是所有骨料表面都涂满水泥浆,从而使混凝土各种材料混合成匀质体。因此,必需的搅拌时间与搅拌机类型、容量和配合比有关。混凝土搅拌的最短时间可按表 4-34 采用。

混凝土搅拌的最短时间(s)　　表 4-34

混凝土坍落度(mm)	搅拌机机型	搅拌机出料量(L)		
		< 250	250 ~ 500	> 500
≤30	强制式	60	90	120
	自落式	90	120	150
> 30	强制式	60	60	90
	自落式	90	90	120

注:1. 混凝土搅拌的最短时间系指自全部材料装入搅拌筒中起,到开始卸料止的时间。
2. 当掺有外加剂时,搅拌时间应适当延长。
3. 全轻混凝土宜采用强制式搅拌机搅拌,砂轻混凝土可采用自落式搅拌机搅拌,但搅拌时间应延长 60 ~ 90s。
4. 采用强制式搅拌机搅拌轻骨料混凝土的加料顺序是:当轻骨料在搅拌前预湿时,先加粗、细骨料和水泥搅拌 30s,再加水继续搅拌;当轻骨料在搅拌前未预湿时,先加 1/2 的总用水量和粗、细骨料搅拌 60s,再加水泥和剩余用水量继续搅拌。
5. 当采用其他形式的搅拌设备时,搅拌的最短时间应按设备说明书的规定或经试验确定。

6. 混凝土浇捣的质量控制

(1)混凝土浇捣前的准备

1)对模板、支架、钢筋、预埋螺栓、预埋铁的质量、数量、位置逐一检查,并作好记录。

2)与混凝土直接接触的模板、地基基土、未风化的岩石,应清除淤泥和杂物,用水湿润。地基基土应有排水和防水措施。模板中的缝隙和孔应堵严。

3)混凝土自由倾落高度不宜超过2m。

4)根据工程需要和气候特点,应准备好抽水设备、防雨、防暑、防寒等物品。

(2)混凝土浇捣过程中的质量要求

1)分层浇捣与浇捣时间间隔

a. 分层浇捣

为了保证混凝土的整体性,浇捣工作原则上要求一次完成。但由于振捣机具性能、配筋等原因,混凝土需要分层浇捣时,其浇筑层的厚度,应符合表4-35的规定,

混凝土浇筑层厚度(mm)　　表4-35

捣实混凝土的方法		浇筑层的厚度
插入式振捣		振捣器作用部分长度的1.25倍
表面振动		200
人工捣固	在基础、无筋混凝土或配筋稀疏的结构中	250
	在梁、墙板、柱结构中	200
	在配筋密列的结构中	150
轻骨料混凝土	插入式振捣	300
	表面振动(振动时需加荷)	200

b. 浇捣的时间间隔

浇捣混凝土应连续进行。当必须间歇时,其间歇时间应尽量缩短,并应在前层混凝土凝结之前,将次层混凝土浇筑完毕。前层混凝土凝结时间的标准,不得超过表4-36的规定,否

则应留施工缝。

混凝土凝结时间 min(从出搅拌机起计)　　表 4-36

混凝土强度等级	气温　(℃)	
	不高于 25	高于 25
≤C30	210	180
>C30	180	150

2)采用振捣器振实混凝土时,每一振点的振捣时间,应将混凝土捣实至表面呈现浮浆和不再沉落为止。

a. 采用插入式振捣器振捣时,普通混凝土的移动间距,不宜大于作用半径的 1.5 倍,振捣器距离模板不应大于振捣器作用半径的 1/2,并应尽量避免碰撞钢筋、模板、芯管、吊环、预埋件等。

为使上、下层混凝土结合成整体,振捣器应插入下层混凝土 5cm。

b. 表面振动器,其移动间距应能保证振动器的平板覆盖已振实部分的混凝土边缘。对于表面积较大平面构件,当厚度小于 20cm 时,采用一般表面振动器振捣即可,但厚度大于 20cm 时,最好先用插入式振捣器振捣后,再用表面振动器振实。

c. 采用振动台振实干硬性混凝土时,宜采用加压振实的方法,加压重量为 1 ~ 3kN/m^2。。

3)在浇筑与柱和墙连成整体的梁与板时,应在柱和墙浇捣完毕后停歇 1 ~ 1.5h,再继续浇筑。

梁和板宜同时浇筑混凝土;拱和高度大于 1m 的梁等结构,可单独浇筑混凝土。

4)大体积混凝土的浇筑应按施工方案合理分段、分层进行,浇筑应在室外气温较高时进行,但混凝土浇筑温度不宜超

过28℃

(3)施工缝与后浇带

1)施工缝的位置设置

混凝土施工缝的位置应在混凝土浇捣前按设计要求和施工技术方案确定。施工缝的处理应按施工技术方案执行。

2)后浇带

a. 后浇带定义

后浇带是指在现浇整体钢筋混凝土结构中,只在施工期间保留的临时性沉降收缩变形缝,并根据工程条件,保留一定的时间后,再用混凝土浇筑密实成为连续整体、无沉降、收缩缝的结构。

b. 后浇带特点

(a)后浇带在施工期间存在,是一种特殊的、临时性沉降缝和收缩缝。

(b)后浇带的钢筋一次成型,混凝土后浇。

(c)后浇带既可以解决超大体积混凝土浇筑中的施工问题,又可以解决高低结构的沉降变形协调问题。

c. 后浇带操作工艺

(a)后浇带的设置

结构设计中由于考虑沉降原因而设计的后浇带,施工中应严格按设计图纸留置。

由于施工原因而需要设置后浇带时,应视工程具体情况而定,留设的位置应经设计院认可。

(b)后浇带的保留时间

后浇带的保留时间,在设计无要求时,应不少于40d,在不影响施工进度的情况下,保留60d。

在一些工程中,设计单位对后浇带的保留时间有特殊要求,应按设计要求进行保留。

(c)后浇带的保护

基础承台的后浇带留设后,应采取保护措施,防止垃圾杂物掉入后浇带内。保护措施可采用木盖板覆盖在承台的上皮钢筋上,盖板两边应比后浇带各宽出500mm以上。

地下室外墙竖向后浇带的保护措施可采用砌砖保护。

(d)后浇带的封闭

后浇带的模板,采用钢板网,浇筑结构混凝土时,水泥浆从钢板网中渗出,后浇带施工时,钢板网不必拆除。

后浇带无论采用何种形式设置,都必须在封闭前仔细地将整个混凝土表面浮浆凿清,并形成毛面,彻底清除后浇带中的垃圾杂物,并隔夜浇水湿润。

底板及地下室外墙的后浇带的止水处理,按设计要求及相应的施工验收规范进行。

后浇带的封闭材料应采用比设计强度等级提高一级的无收缩混凝土(可在普通混凝土中掺入膨胀剂)浇筑振捣密实,并保持不少于30d的保温、保湿养护。

d. 后浇带施工要求

(a)使用膨胀剂和外加剂的品种,应根据工程性质和现场施工条件选择,并事先通过试验确定配合比。

(b)所有膨胀剂和外加剂必须具有出厂合格证及产品技术资料,并符合相应标准的要求。

(c)由于膨胀剂的掺量直接影响混凝土的质量,如超过适宜掺量,会使混凝土产生膨胀破坏;低于要求掺量,会使混凝土的膨胀率达不到要求。因此,要求膨胀剂的称量由专人负责。

(d)混凝土应搅拌均匀,如搅拌不均匀会产生局部过大的膨胀,造成工程事故,所以应将掺膨胀剂的混凝土搅拌时间适当延长。

(e)混凝土浇筑 8～12h 后，应采取保温保湿条件下的养护，待模板拆除后，仍应进行保湿养护，养护不得少于 30d。

(f)浇筑后浇带的混凝土如有抗渗要求，应按有关规定制作抗渗试块。

e. 后浇带质量标准

后浇带施工时模板应支撑安装牢固，钢筋应进行清理整形，施工的质量应满足钢筋混凝土设计和施工验收规范的要求，以保证混凝土密实不渗水和不产生有害裂缝。

7. 混凝土养护

混凝土浇筑完毕后应按施工技术方案及时采取有效的养护措施并应符合下列规定：

(1)应在浇筑完毕后的 12h 以内对混凝土加以覆盖并保湿养护。

(2)混凝土浇水养护的时间：对采用硅酸盐水泥、普通硅酸盐水泥或矿渣硅酸盐水泥拌制的混凝土不得少于 7d，对掺用缓凝型外加剂或有抗渗要求的混凝土不得少于 14d。

(3)浇水次数应能保持混凝土处于湿润状态，混凝土养护用水应与拌制用水相同。

(4)采用塑料布覆盖养护的混凝土其敞露的全部表面应覆盖严密并应保持塑料布内有凝结水。

(5)混凝土强度达到 1.2N/mm^2 前不得在其上踩踏或安装模板及支架。

注：1. 当日平均气温低于 5℃时不得浇水。

2. 当采用其他品种水泥时，混凝土的养护时间应根据所采用水泥的技术性能确定。

3. 混凝土表面不便浇水或使用塑料布时宜涂刷养护剂。

4. 对大体积混凝土的养护应根据气候条件按施工技术方案采取控温措施。

4.4.4 混凝土质量验评

1. 混凝土强度的评定

(1)试件的留设

试件应在混凝土浇筑地点取样制作。试件的留置应符合下列规定:

1)每拌制 100 盘且不超过 $100m^3$ 的同配合比混凝土,其取样不得少于一次;

2)每工作班拌制的同配合比的混凝土不足 100 盘时,其取样不得少于一次;

3)每一现浇楼层同配合比的混凝土,其取样不得少于一次;

4)每次取样应至少留置一组标准养护试件,同条件养护试件的留置组数,可根据实际需要确定;

5)当一次连续浇捣超过 $1000m^3$,同一配合比的混凝土每 $200m^3$ 取样不得少于一次。

(2)混凝土强度代表值

每组 3 个试件应在同盘混凝土中取样制作,其试件的混凝土强度代表值应符合下列规定:

1)取 3 个试件强度的平均值;

2)当 3 个试件强度中的最大值或最小值与中间值之差超过中间值的 15%时,取中间值;

3)当 3 个试件强度中的最大值和最小值与中间值之差均超过中间值的 15%时,该组试件不应作为强度评定依据。

(3)标准试件混凝土强度

评定结构构件的混凝土强度应采用标准试件的混凝土强度。即按标准方法制作的边长为 150mm 的标准尺寸的立方体试件,在温度为(20 ± 3)℃、相对湿度为90%以上的环境或水中的标准条件下,养护至28d龄期时按标准试验方法测得的混凝土立方体抗压强度。

(4)混凝土强度的评定

混凝土强度的评定必须符合下列规定:

1)混凝土强度应分批进行验收。同一验收批的混凝土应由强度等级相同、生产工艺和配合比基本相同的混凝土组成,对现浇混凝土结构构件,应按单位工程的验收项目划分验收批。对同一验收批的混凝土强度,应以同批内标准试件的全部强度代表值来评定。

2)当混凝土的生产条件在较长时间内能保持一致,且同一品种混凝土强度变异性能保持稳定时,应由连续的三组试件代表一个验收批,其强度应同时符合下列要求:

$$m_{fcu} \geqslant f_{cu \cdot k} + 0.7\sigma_0$$

$$f_{cu \cdot min} \geqslant f_{cu \cdot k} - 0.7\sigma_0$$

当混凝土强度等级不高于C20时,尚应符合下式要求:

$$f_{cu \cdot min} \geqslant 0.85 f_{cu \cdot k}$$

当混凝土强度等级高于C20时,尚应符合下式要求:

$$f_{cu \cdot min} \geqslant 0.90 f_{cu \cdot k}$$

式中 m_{fcu}——同一验收批混凝土强度的平均值(N/mm^2);

$f_{cu \cdot k}$——设计的强度标准值(N/mm^2);

σ_0——验收批强度的标准差(N/mm^2);

$f_{cu \cdot min}$——同一验收批强度的最小值(N/mm^2)。

验收批混凝土强度的标准差,应根据前一检验期内同一品种试件的强度数据,按下列公式确定:

$$\sigma_0 = 0.59/m \sum_{i=1}^{m} \Delta f_{cu \cdot i}$$

式中　$\Delta f_{cu \cdot i}$——前一检验期内第i验收批混凝土试件中强度的最大值与最小值之差；

m——前一检验期内验收批总批数。

每个检验期内不应超过 3 个月，且在该期间内验收批总批数不得小于 15 组。

3)当混凝土的生产条件不能满足上列 2)款的规定时，或在前一检验期内的同一品种混凝土没有足够的强度数据用以确定验收批混凝土强度标准差时，应由不少于 10 组的试件代表一个验收批，其强度应同时符合下列要求：

$$m_{f_u} - \lambda_1 s_{f_{cu}} \geqslant 0.9 f_{cu \cdot k}$$

$$f_{cu \cdot min} \geqslant \lambda_2 f_{cu \cdot k}$$

式中　s_{fcu}——验收批混凝土强度的标准差，(N/mm^2)，当 s_{fcu} 的计算值小于 $0.06 f_{cu \cdot k}$时，取 $s_{fcu} = 0.06 f_{cu \cdot k}$；

λ_1、λ_2——合格判定系数。

验收批混凝土强度的标准差 s_{fcu}应按下式计算：

$$s_{fcu} = \sqrt{\frac{\sum_{i=1}^{m} f_{cu \cdot i}^2 - n m_{fcu}^2}{n - 1}}$$

式中　$f_{cu \cdot i}$——验收批内第 i 组混凝土试件的强度值(N/mm^2)；

n——验收批内混凝土试件的总组数。

合格判定系数，按表 4-37 取用。

合格判定系数　　　　**表 4-37**

试件组数	10～14	15～24	≥25
λ_1	1.70	1.65	1.60
λ_2	0.90	0.85	

4)对零星生产的预制构件混凝土或现场搅拌批量不大的混凝土,可采用非统计法评定。此时,验收批混凝土的强度必须同时符合下列要求:

$$m_{fcu} \geqslant 1.15f_{cu\cdot k}$$

$$f_{cu\cdot min} \geqslant 0.95f_{cu\cdot k}$$

4.4.5 碱骨料反应对混凝土的影响

1. 碱骨料反应原理

碱骨料反应是指混凝土中水泥、外加剂、掺合料和水中的可溶性碱(K^+、Na^+)溶于混凝土孔隙液中,与骨料中能与碱反应的活性成分(如 SiO_2)在混凝土凝结硬化后逐渐发生反应,生成含碱的胶凝体,吸水膨胀,使混凝土产生内应力而导致开裂。

由于碱骨料反应引起的混凝土结构破坏的发展速度和破坏程度,比其他耐久性破坏更快、更严重。碱骨料反应一旦发生,就比较难以控制,还会加速结构的其他破坏过程。所以也称碱骨料破坏是混凝土的"癌症"。

2. 碱骨料反应引起混凝土开裂的特征

碱骨料反应引起的混凝土开裂,在混凝土表面产生网状和地图状裂缝,并在裂缝处形成白色凝胶物质,外观上接近六边形,裂缝从网状结点处三分岔开,夹角约为 120°,此时混凝土所受的约束力不是很大,一般在无筋或少筋混凝土部位产生;当混凝土受到的约束力较大时(钢筋附近或其他外力约束),膨胀裂缝往往平行于约束力方向,如主筋外保护层的顺筋裂缝,见图 4-7。

3. 影响混凝土碱骨料反应的因素

影响混凝土碱骨料反应有以下几方面的因素。

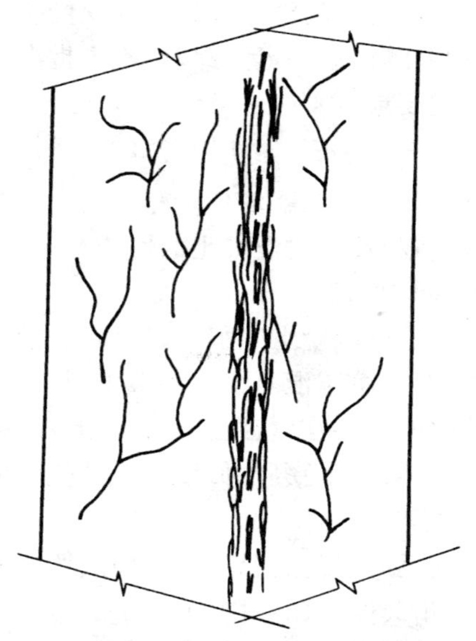

图 4-7　露天堆场钢筋混凝土柱破坏情况

(1)混凝土含碱量

水泥的含碱量一般以当量 NaO 表示。NaO 当量等于N_2O + 0.658K_2O,当 NaO 的含量大于 0.6%时,混凝土中的活性骨料与混凝土中的碱骨料就发生反应,从而产生裂缝,这个结论与国外的研究结论“当混凝土中碱含量大于 3.0kg/m^3 时,碱将与活性骨料反应,产生破坏性膨胀”是一致的。水泥含碱量与碱骨料反应膨胀的关系见图 4-8。

(2)混凝土水泥用量

近年来随着混凝土强度设计等级的不断提高,每立方米混凝土的水泥用量也相应提高,这些倾向,对于碱骨料反应来说,也十分令人担忧。水泥用量与碱骨料反应膨胀的关系见图 4-9。

(3)环境因素

碱骨料反应引起的裂缝一般发生在物体受雨水和温湿度变化大的部位。环境湿度低于 80%～85%时,一般不发生碱骨料破坏。

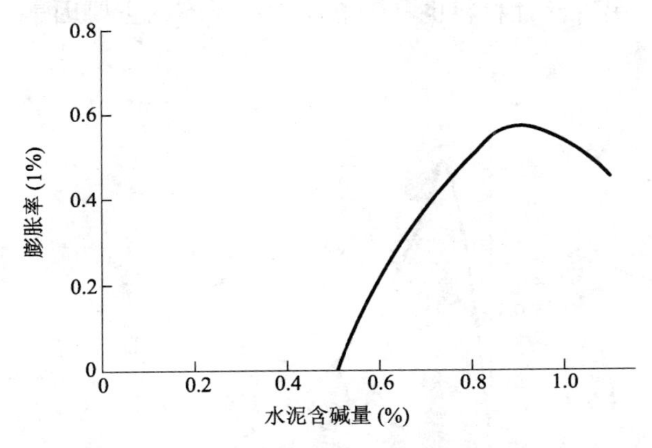

图 4-8　水泥含碱量与碱骨料反应膨胀的关系

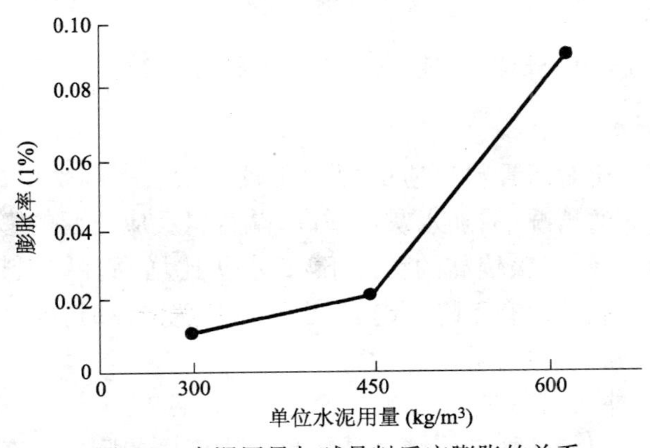

图 4-9　水泥用量与碱骨料反应膨胀的关系

(4)活性骨料

各种有害的 SiO_2 骨料，其中的二氧化硅由于结晶程度等物理特征不同，其活性不同，碱骨料反应造成的危害也不同。蛋白石是无形的、多孔的二氧化硅活性骨料，因此危害最大。另外活性材料也是影响碱骨料反应的重要因素，见图4-10。

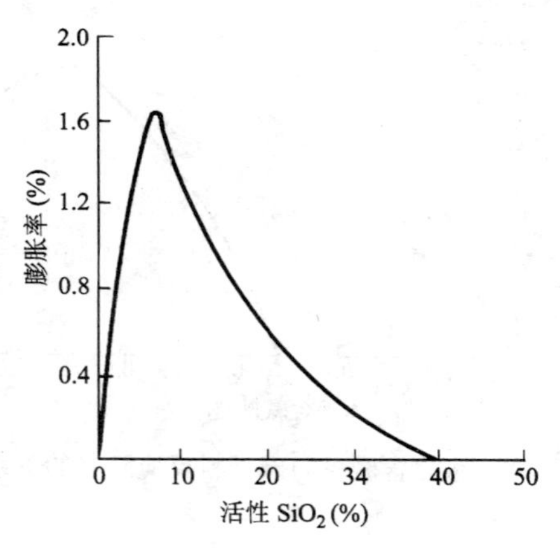

图4-10　骨料中活性二氧化硅与碱骨料反应膨胀的关系

(5)水灰比

水灰比对碱骨料反应的影响比较复杂。一般来说，在水灰比较低的情况下，随水灰比增高，碱骨料反应引起的膨胀会增大，而在水灰比较高的情况下，随水灰比增高，碱骨料反应引起的膨胀反而有下降的趋势，当水灰比为0.4时，碱骨料反应产生的膨胀值为最大。

(6)外加剂和掺合料

使用引气外加剂能减轻碱骨料反应产生的膨胀。在混凝土中引入4%的空气，能使碱骨料反应产生的膨胀量减少

40%。在混凝土中掺加的细粉状活性掺合料也能减轻和消除碱骨料反应的膨胀，但掺量不足时则会加重碱骨料破坏。掺入矿渣和粉煤灰应不小于30%，硅粉不小于7%。

4. 防治混凝土碱骨料反应的对策与措施

根据世界各国的经验，防治混凝土碱骨料反应的对策与措施可以从以下几个方面来考虑：

(1)尽快制定强制性国家规范

改革开放以来，我国的基本建设规模和速度是世界上任何一个国家也无法比拟的。而混凝土工程又在我国基本建设中被大量采用。在我国许多地方的混凝土工程中已经发现碱骨料反应现象，给修复工作带来困难，甚至有的工程必须推倒重建，其损失惨重。故我国必须尽快制定和完善混凝土碱骨料反应的有关规范。

(2)大幅度增加低碱水泥的产量

采用低碱水泥是预防碱骨料反应的最重要措施之一。根据世界各国的经验教训，我国一定要下决心大幅度增加低碱水泥的产量。否则混凝土结构的耐久性就不能得到保证。

(3)建立现代化的采石场

建立现代化的采石场，保证所供骨料无碱活性，这是解决当前骨料供应混乱状况的最佳途径。

(4)建立权威性的检测鉴定中心

在我国水泥碱含量居高不下的情况下，建立权威性的检测鉴定中心，对骨料进行碱活性测定才能从根本上解决我国的碱骨料反应问题。同时也能判定混凝土破坏是否为碱骨料反应所引起，从而避免将混凝土的破坏统统推断为碱骨料反应。

(5)参与各方职责落实完善

1)设计单位在进行工程设计时,必须在设计图纸和设计说明中注明需要预防混凝土碱骨料反应的工程部位和必须采取的措施;

2)施工单位依据工程设计要求,在编制施工组织设计时,要有具体的预防混凝土碱骨料反应的技术措施;做好混凝土配合比设计,配置混凝土时,严格选用水泥,砂、石、外加剂、矿粉掺合料等混凝土用建设材料;做好混凝土用材料的现场复试检测工作;

3)工程质量监督部门应将设计、施工、材料、监理各单位所签订的技术责任合同,预防混凝土碱骨料反应的技术措施,混凝土所用各种材料的检测报告和混凝土配合比、强度报告及碱含量评估等一并作为验收工程时的必备档案,否则不得进行工程质量核验。

4.5 现浇结构混凝土工程

4.5.1 一般规定

1. 现浇结构的外观质量缺陷应由监理(建设)单位施工单位等各方根据其对结构性能和使用功能影响的严重程度按表4-38确定。

现浇结构外观质量缺陷　　表4-38

名　称	现　象	严重缺陷	一般缺陷
露筋	构件内钢筋未被混凝土包裹而外露	纵向受力钢筋有露筋	其他钢筋有少量露筋
蜂窝	混凝土表面缺少水泥砂浆而形成石子外露	构件主要受力部位有蜂窝	其他部位有少量蜂窝

续表

名 称	现 象	严重缺陷	一般缺陷
孔洞	混凝土中孔穴深度和长度均超过保护层厚度	构件主要受力部位有孔洞	其他部位有少量孔洞
夹渣	混凝土中夹有杂物且深度超过保护层厚度	构件主要受力部位有夹渣	其他部位有少量夹渣
疏松	混凝土中局部不密实	构件主要受力部位有疏松	其他部位有少量疏松
裂缝	缝隙从混凝土表面延伸至混凝土内部	构件主要受力部位有影响结构性能或使用功能的裂缝	其他部位有少量不影响结构性能或使用功能的裂缝
连接部位缺陷	构件连接处混凝土缺陷及连接钢筋、连接件松动	连接部位有影响结构传力性能的缺陷	连接部位有基本不影响结构传力性能的缺陷
外形缺陷	缺棱掉角、棱角不直、翘曲不平、飞边凸肋等	清水混凝土构件有影响使用功能或装饰效果的外形缺陷	其他混凝土构件有不影响使用功能的外形缺陷
外表缺陷	构件表面麻面、掉皮、起砂、沾污等	具有重要装饰效果的清水混凝土构件有外表缺陷	其他混凝土构件有不影响使用功能的外表缺陷

2. 现浇结构拆模后应由监理(建设)单位施工单位对外观质量和尺寸偏差进行检查作出记录并应及时按施工技术方案对缺陷进行处理。

4.5.2 外观质量与尺寸偏差

1. 外观质量

(1)现浇结构的外观质量不应有严重缺陷。

对已经出现的严重缺陷,应由施工单位提出技术处理方案，并经监理（建设）单位认可后进行处理。对经处理的部位应重新检查验收。

（2）现浇结构的外观质量不宜有一般缺陷。

对已经出现的一般缺陷，应由施工单位按技术处理方案进行处理，并重新检查验收。

2. 尺寸偏差

（1）现浇结构不应有影响结构性能和使用功能的尺寸偏差。混凝土设备基础不应有影响结构性能和设备安装的尺寸偏差。对超过尺寸允许偏差且影响结构性能和安装、使用功能的部位，应由施工单位提出技术处理方案，并经监理（建设）单位认可后进行处理。对经处理的部位，应重新检查验收。

（2）现浇结构和混凝土设备基础拆模后的尺寸偏差应符合表 4-39 和表 4-40 的规定。

现浇结构尺寸允许偏差和检验方法　　表 4-39

项	目		允许偏差（mm）	检验方法
轴线位置	基础		15	钢尺检查
	独立基础		10	
	墙、柱、梁		8	
	剪力墙		5	
垂直度	层高	≤5m	8	经纬仪或吊线、钢尺检查
		>5m	10	经纬仪或吊线、钢尺检查
	全高（H）		H/1000 且≤30	经纬仪、钢尺检查
标　高	层高		±10	水准仪或拉线、钢尺检查
	全高		±30	
截面尺寸			+8，-5	钢尺检查
电梯井	井筒长、宽对定位中心线		+25，0	钢尺检查
	井筒全高（H）垂直度		H/1000 且≤30	经纬仪、钢尺检查

续表

项目		允许偏差(mm)	检验方法
表面平整度		8	2m靠尺和塞尺检查
预埋设施中心线位置	预埋件	10	钢尺检查
	预埋螺栓	5	
	预埋管	5	
预留洞中心线位置		15	钢尺检查

注:检查轴线、中心线位置时,应沿纵、横两个方向量测,并取其中的较大值。

混凝土设备基础尺寸允许偏差和检验方法　表 4-40

项目		允许偏差(mm)	检验方法
坐标位置		20	钢尺检查
不同平面的标高		0, -20	水准仪或拉线、钢尺检查
平面外形尺寸		±20	钢尺检查
凸台上平面外形尺寸		0, -20	钢尺检查
凹穴尺寸		+20,0	钢尺检查
平面水平度	每米	5	水平尺、塞尺检查
	全长	10	水准仪或拉线、钢尺检查
垂直度	每米	5	经纬仪或吊线、钢尺检查
	全高	10	
预埋地脚螺栓孔	标高(顶部)	+20,0	水准仪或拉线、钢尺检查
	中心距	±2	钢尺检查
	中心线位置	10	钢尺检查
	深度	+20,0	钢尺检查
	孔垂直度	10	吊线、钢尺检查
预埋活动地脚螺栓锚板	标高	+20,0	水准仪或拉线、钢尺检查
	中心线位置	5	钢尺检查
	带槽锚板平整度	5	钢尺、塞尺检查
	带螺纹孔锚板平整度	2	钢尺、塞尺检查

注:检查坐标、中心线位置时,应沿纵、横两个方向量测,并取其中的较大值。

4.6 装配式结构混凝土工程

4.6.1 一般要求

我国正经历由计划经济向市场调控的过渡，由物资匮乏到供应充裕。片面强调节约的思想已有改变，建筑的安全度和舒适性适当提高。结构安全已由单纯满足强度到考虑综合性能。震害和事故表明：构件的韧性和结构的整体性是不亚于承载力（强度）的重要性能。断裂、倒塌类型的脆性破坏应尽量避免。

装配式结构分项工程以模板、钢筋、预应力、混凝土四个分项工程为依托，是预制构件产品质量检验、结构性能检验、预制构件的安装等一系列技术工作和完成结构实体的总称。本节所指预制构件包括在预制构件厂和施工现场制作的构件。装配式结构分项工程可按楼层结构缝或施工段划分检验批。混凝土装配式结构工程主要就是混凝土预制构件的制作和安装工程。我国混凝土预制构件行业在 20 世纪 80 年代中达到鼎盛时期。

4.6.2 预制构件的质量控制

预制构件的质量控制同样分为两个方面，大批量生产的工厂预制构件通常生产企业自有其质量管理、质量控制的方法措施，应该来说还是颇有成效的，现场施工运用到工厂批量生产的预制构件时，或者将施工现场向管理有效的预制品生产厂家订购的特殊规格构件时，仅需要遵循现行 GB50204 相关规定，注意成品进场检验即可。

现场制作的预制构件除了与工厂生产构件类似需要注意成品外观尺寸、结构性能检验外，为保证质量，相对而言涉及到多一些的注意事项。

现场制作预制构件除与普通混凝土现浇结构一样需要注意模板、钢筋、骨料、浇捣、养护等问题外，针对预制构件制作特殊性，需要在下列方面采取有效措施来控制质量：

1. 制作预制构件，特别是屋架、吊车梁等大型构件时，要注意底模稳定性。通常采用素土夯实铺砖砂浆找平，或者在混凝土地坪上直接做胎膜施工。底模布置时应注意避开地面变形缝，现场素土砖胎膜应考虑排水设施，预防雨季地基变形。底模制作完成临使用前应涂刷隔离剂两道，并且每次构件制作完成脱模后均应清洁表面，涂刷隔离剂。

2. 浇筑混凝土时，要从构件的一端开始往另一端逐渐浇筑。

预制桩混凝土浇筑时应由桩顶向桩尖方向连续浇筑。屋架等分肢构件应分组同时向另一端推进浇筑，腹杆在浇筑上下弦杆时同时浇筑。

无论预制构件几何尺寸如何变化，都应一次浇筑完成，不能留设施工缝。

屋架杆件等部位截面较小，钢筋、埋件分布较密，容易出现蜂窝孔洞，应注意保证节点振捣质量，同时振捣中不应触碰钢筋。

3. 现场预制构件通常自然养护，浇水时应注意少量多次，防止多余水分浸软地基引起底模变形。

拆模工作在现场预制构件中应特别注意养护龄期及构件混凝土强度，保证构件不受内伤。吊车梁芯模应在混凝土强度能保证梁心孔洞表面不发生裂缝、塌陷时方可拆除，并且芯模应在混凝土初凝前后略作移动，以免混凝土凝结后难于脱模。

预制构件吊装工作应在混凝土强度达到设计及规范要求后方可进行。现场制作预制构件考虑到场地节约问题，通常采用重叠法生产，但重叠层数一般不宜超过四层。

装配式结构的结构性能主要取决于预制构件的结构性能和连接质量。关于预制构件的结构性能，现行的《混凝土结构工程施工质量验收规范》GB50204—2002在结构性能检验方面作了比较详细的规定，构件只有在性能检验合格后方能用于工程。并且规范将该要求作为强制性条文列出，要求严格执行，可见其重要程度。

4.6.3 装配式结构施工的质量控制

预制构件经装配施工后形成的装配式结构与现浇结构在外观质量、尺寸偏差等方面的质量要求基本一致。现浇混凝土结构外观质量、尺寸偏差要求前文已经列出，这里不再重复。

4.7 混凝土结构子分部工程

4.7.1 结构实体检验

1. 组织形式：

(1)监理工程师(建设单位项目专业技术负责人)见证；

(2)施工项目技术负责人组织实施；

(3)具有相应的资质试验室承担结构实体检验。

2. 检验内容：

(1)混凝土强度；

(2)钢筋保护层厚度；

(3)工程合同约定的其他项目。

3. 同条件养护试件强度检验：

(1)同条件养护试件的留置方式和取样数量应符合下列要求：

1)同条件养护试件所对应的结构构件或结构部位应由监理(建设)施工等各方共同选定；

2)对混凝土结构工程中的各混凝土强度等级均应留置同条件养护试件；

3)同一强度等级的同条件养护试件其留置的数量应根据混凝土工程量和重要性确定，不宜多于10组且不应少于3组；

4)同条件养护试件拆模后应放置在靠近相应结构构件或结构部位的适当位置并应采取相同的养护方法。

(2)同条件养护试件应在达到等效养护龄期时进行强度试验。

等效养护龄期应根据同条件养护试件强度与在标准养护条件下28d龄期试件强度相等的原则确定。

(3)同条件自然养护试件的等效养护龄期及相应的试件强度代表值，宜根据当地的气温和养护条件按下列规定确定：

1)等效养护龄期可取按日平均温度逐日累计达到60d时所对应的龄期，等效养护龄期不应小于14d也不宜大于60d；

2)同条件养护试件的强度代表值应根据强度试验结果，按现行国家标准混凝土强度检验评定标准GBJ107的规定确定后乘折算系数取用，折算系数宜取为1.1，也可根据当地的试验统计结果作适当调整。

(4)冬期施工人工加热养护的结构构件其同条件养护试件的等效养护龄期可按结构构件的实际养护条件由监理(建设)施工等各方根据本节4.7.1—3(2)的规定共同确定。

(5)对混凝土强度的检验也可根据合同的约定采用非破

损或局部破损的检测方法按国家现行有关标准的规定进行。

(6)当同条件养护试件强度的检验结果符合现行国家标准混凝土强度检验评定标准 GBJ107 的有关规定时混凝土强度应判为合格。

(7)试件制作应在混凝土浇筑地点取样。

4. 钢筋保护层厚度检验

(1)钢筋保护层厚度检验的结构部位和构件数量应符合下列要求:

1)钢筋保护层厚度检验的结构部位应由监理(建设)施工等各方根据结构构件的重要性共同选定;

2)对梁类板类构件应各抽取构件数量的 2%且不少于 5 个构件进行检验,当有悬挑构件时抽取的构件中悬挑梁类板类构件所占比例均不宜小于 50%。

(2)对选定的梁类构件应对全部纵向受力钢筋的保护层厚度进行检验,对选定的板类构件应抽取不少于 6 根纵向受力钢筋的保护层厚度进行检验,对每根钢筋应在有代表性的部位测量 1 点。

(3)钢筋保护层厚度的检验可采用非破损或局部破损的方法,也可采用非破损方法并用局部破损方法进行校准,当采用非破损方法检验时所使用的检测仪器应经过计量检验,检测操作应符合相应规程的规定。

钢筋保护层厚度检验的检测误差不应大于 1mm。

(4)钢筋保护层厚度检验时纵向受力钢筋保护层厚度的允许偏差:对梁类构件为 + 10mm、- 7mm;对板类构件为 + 8mm、- 5mm。

(5)对梁类板类构件纵向受力钢筋的保护层厚度应分别进行验收。

结构实体钢筋保护层厚度验收合格应符合下列规定：

1)当全部钢筋保护层厚度检验的合格点率为90%及以上时钢筋保护层厚度的检验结果应判为合格；

2)当全部钢筋保护层厚度检验的合格点率小于90%但不小于80%可再抽取相同数量的构件进行检验，当按两次抽样总和计算的合格点率为90%及以上时钢筋保护层厚度的检验结果仍应判为合格；

3)每次抽样检验结果中不合格点的最大偏差均不应大于本节4.7.1—4(4)的规定允许偏差的1.5倍。

5. 当未能取得同条件养护试件强度、同条件养护试件强度被判为不合格或钢筋保护层厚度不满足要求时应委托具有相应资质等级的检测机构按国家有关标准的规定进行检测。

4.7.2 混凝土结构子分部工程验收

1. 混凝土结构子分部工程施工质量验收时应提供下列文件和记录：

(1)设计变更文件；

(2)原材料出厂合格证和进场复验报告；

(3)钢筋接头的试验报告；

(4)混凝土工程施工记录；

(5)混凝土试件的性能试验报告；

(6)装配式结构预制构件的合格证和安装验收记录；

(7)预应力筋用锚具连接器的合格证和进场复验报告；

(8)预应力筋安装张拉及灌浆记录；

(9)隐蔽工程验收记录；

(10)分项工程验收记录；

(11)混凝土结构实体检验记录；

(12)同条件养护试件的留置组数、取样部位、放置位置、等效养护龄期、实际养护龄期和相应的温度测量等记录；

(13)钢筋保护层厚度检验的结构部位、构件数量、检测钢筋数量和位置等记录；

(14)工程的重大质量问题的处理方案和验收记录；

(15)其他必要的文件和记录。

2. 混凝土结构子分部工程施工质量验收合格应符合下列规定：

(1)有关分项工程施工质量验收合格；

(2)应有完整的质量控制资料；

(3)观感质量验收合格；

(4)结构实体检验结果满足 GB50204—2002 的要求。

3. 当混凝土结构施工质量不符合要求时应按下列规定进行处理：

(1)经返工返修或更换构件部件的检验批应重新进行验收；

(2)经有资质的检测单位检测鉴定达到设计要求的检验批应予以验收；

(3)经有资质的检测单位检测鉴定达不到设计要求但经原设计单位核算并确认仍可满足结构安全和使用功能的检验批可予以验收；

(4)经返修或加固处理能够满足结构安全使用要求的分项工程可根据技术处理方案和协商文件进行验收。

4. 混凝土结构工程子分部工程施工质量验收合格后应将所有的验收文件存档备案。

5 钢结构工程

20世纪以来，由于钢铁冶炼、铸造、轧钢技术的不断发展，使高强度、高性能的钢材得到发展，为钢结构建筑的发展和应用开创了新的局面。20年来，随着我国的钢产量跃居世界首位，城市面貌也出现了新的变化，高层和超高层钢结构建筑拔地而起，各种大型和超大型钢结构公用设施也在成批的涌现。钢结构建筑工程在我国已形成了一种新的建筑体系，施工技术已经积累了比较丰富的经验，各种技术标准和施工规范正在逐步完善和配套。本节结合我国钢结构工程的各种有关标准和技术要求，尤其是新颁布的《钢结构工程施工质量验收规范》的要求，简要介绍钢结构工程的原材料要求以及钢结构工程的制作、连接和安装等方面的质量控制。

5.1 钢结构原材料

钢结构工程用材量大，品种、规格、形式繁多，标准要求高。因此各种材料必须符合国家有关标准，这是控制钢结构工程质量的关键之一。

5.1.1 钢材

1. 建筑结构钢的种类

建筑结构钢的含义是指用于建筑工程金属结构的钢材。我国建筑钢结构所用的钢材大致可归纳为碳素结构钢、低合金结构钢和热处理低合金钢等三大类。

(1)碳素结构钢

含碳量在0.02%～2.0%之间的铁碳合金称为钢。由于碳是使碳素钢获得必要强度的主要元素，故以钢的含碳量不同来划分钢号。一般把含碳量<0.25%的称为低碳钢，含碳量在0.25%～0.6%之间的称为中碳钢，含碳量>0.6%（一般在0.6%～1.3%范围）的称为高碳钢。

我国生产的碳素结构钢分为碳素结构钢、优质碳素结构钢、桥梁用碳素钢等。普通碳素结构钢有Q195、Q215、Q235、Q255、Q275等五个牌号的钢种。Q195不分等级，Q215分A、B两个等级，这两个牌号钢材的强度不高，不宜作为承重结构钢材。Q255、Q275两个牌号的钢材虽然强度高，但塑性、韧性比较差，亦不宜作承重结构钢材。Q235牌号的钢种有四个等级，特别是B、C、D级均有较高的冲击韧性。其成本较低、易于加工和焊接，是工业与民用房屋建筑和一般构筑物中最常用的钢材。类似我国Q235钢的国外碳素钢有日本的SS400、SM400，美国的A36，德国的St37，俄国的CT3等。

(2)低合金结构钢

钢中除含碳外，还有其他元素，特意加入的称为合金元素，含有一定量的合金元素（例如Mn、Si、Cr、Ni、Mo等）的钢称为合金钢。按加入的合金元素总量的多少分为低合金钢（<5%），中合金钢(5%～10%）和高合金钢（>10%）。

低合金结构钢是在碳素结构钢的基础上加入少量的合金元素，达到提高强度、提高抗腐蚀性和提高在低温下的冲击韧性。属于常用的低合金高强度结构钢的有Q345（16Mn、16Mnq），Q390（15MnV、15MnVq）等牌号钢种。结构中采用低合金结构钢，可减轻结构自重（如在采用Q345钢时比采用Q235钢节省15%～20%的材料）。

(3)热处理低合金钢

低合金钢可用适当的热处理方法(如调质处理)来进一步提高其强度且不显著降低其塑性和韧性。目前,国外使用这种钢的屈服点已超过 700N/mm^2。我国尚未在建筑承重结构中推荐使用此类钢。碳素钢也可用热处理的方法来提高强度。例如用于制造高强度螺栓的 45 号优质碳素钢,也是通过调质处理来提高强度的。

(4)钢材的质量标准

钢结构工程所使用的钢材材质应符合表 5-1 所示的现行国家标准的规定。

钢号与材料标准 **表 5-1**

序号	钢　　号	材　料　标　准	
		标准名称	标 准 号
1	Q215A、Q235A、Q235B、Q235C	碳素结构钢	GB700—88
2	Q345、Q390	低合金高强度结构钢	GB/T1591—94
3	10、15、20、25、35、45	优质碳素结构钢	GB699—88

2. 建筑结构钢的品种

建筑结构钢使用的型钢主要是热轧钢板和型钢,以及冷弯成形的薄壁型钢。热轧型钢是指经加热用机械轧制出来具有一定形状和横截面的钢材。在钢结构工程中所使用的热轧型钢主要有钢板(厚钢板、薄钢板、钢带)、工字钢(普通工字钢、轻型工字钢、宽翼缘工字钢)、槽钢(普通槽钢、轻型槽钢)、角钢(等边角钢、不等边角钢)、方钢、T 形钢、钢管(无缝钢管、焊接钢管)等。

冷弯薄壁型钢主要是由钢板或钢带经机械冷轧成型,少量亦有在压力机上模压成型或在弯板机上弯曲成型。在钢结构工程中所使用的冷轧型钢主要有等边角钢、Z形钢、槽钢、方钢管、圆钢管等。

3. 钢材的质量控制

(1)钢材在进场后,应对其出厂质量保证书、批号、炉号、化学成分和机械性能逐项验收。检验方法有书面检验、外观检验、理化检验、无损检测四种。

(2)钢结构工程所采用的钢材,应附有质量证明书,其品种、规格、性能应符合现行国家产品标准和设计文件的要求。承重结构选用的钢材应有抗拉强度、屈服强度、延伸率和硫、磷含量的合格保证,对焊接结构用钢,尚应具有含碳量的合格保证。对重要承重结构的钢材,还应有冷弯试验的合格保证。对于重级工作制和起重量大于或等于50t的中级工作制焊接吊车梁、吊车桁架或类似结构的钢材,除应有以上性能合格保证外,还应有常温冲击韧性的合格保证。当设计有要求时,尚须-20℃和-40℃冲击韧性的合格保证。

(3)凡进口的钢材应根据订货合同进行商检,商检不合格不得使用。对属于下列情况之一时,应按规定进行抽样复验,复验结果应符合现行国家产品标准和设计的要求。

1)国外进口钢材;

2)钢材混批;

3)板厚等于或大于40mm,且设计有Z向性能要求的厚板;

4)建筑结构安全等级为一级,大跨度钢结构中主要受力构件所采用的钢材;

5)设计有复验要求的钢材;

6)对质量有疑义的钢材(指对证明文件有怀疑,证明文件不全,技术指标不全这三种情况)。

(4)用于钢结构工程的钢板、型钢和管材的外形、尺寸、重量及允许偏差应符合以下国家现行标准要求:

热轧钢板和钢带 GB709

碳素结构钢和低合金结构钢热轧薄钢板及钢带 GB912

碳素结构钢和低合金结构钢热轧厚钢板及钢带 GB3274

热轧工字钢 GB706

热轧槽钢 GB707

热轧等边角钢 GB9787

热轧不等边角钢 GB9788

热轧圆钢和方钢 GB702

结构用无缝钢管 GB8162

热轧扁钢 GB704

冷轧钢板和钢带 GB708

通用冷弯开口型钢 GB6723

花纹钢板 GB3277

(5)钢材的表面外观质量必须均匀,不得有夹层、裂纹、非金属加杂和明显的偏析等缺陷。钢材表面不得有肉眼可见的气孔、结疤、折叠、压入的氧化铁皮以及其他的缺陷。当钢材表面有锈蚀麻点或划痕等缺陷时,其深度不得大于该钢材厚度的负偏差值的1/2。钢材表面锈蚀等级应符合现行国家标准《涂装前钢材表面锈蚀等级和除锈等级》规定的A、B、C级。

4. 钢材的选用要求

钢材的选择和使用不当,均会严重影响工程质量。为此,必须针对工程特点,根据钢材的性能、质量标准、适用范围和对施工要求等方面进行综合考虑,慎重地来选择和使用钢材。

(1)对混炉号、批号的钢材,当其为同一强度等级者,应按质量证明书中材质较差者使用。

(2)材料代用要征得设计部门的许可。

(3)首次采用的钢材应进行焊接工艺评定,合格后方可选用。

5.1.2 焊接材料

焊接是现代钢结构的主要连接方法。优点是省工省料,构造简单,构件刚度大,施工方便。有手工电弧焊、埋弧焊、气体保护焊、栓焊等不同的焊接方法。由于焊接方法的不同,造成了焊接材料的多样性。为了保证每一个焊接接头的质量,必须对所用的各种焊接材料进行管理和验收,避免不合格的焊接材料在钢结构工程中的使用。

1. 焊接材料分类

焊接材料分为手工焊接材料和自动焊接材料,其中自动焊接材料主要分为自动焊电渣焊用焊丝、二氧化碳气体保护焊用焊丝、焊剂等,而手工电焊条则分为以下九类:

第一类　结构钢焊条;

第二类　钼和铬钼耐热钢焊条;

第三类　不锈钢焊条;

第四条　堆钢焊条;

第五类　低温钢焊条;

第六类　铸铁焊条;

第七类　镍及镍合金焊条;

第八类　铜及铜合金焊条;

第九类　铝及铝合金焊条。

第一类结构钢焊条主要用于各种结构钢工程的焊接。它分为碳钢结构焊条和低合金结构钢焊条。

钢结构工程所使用的焊接材料应符合表5-2所示的国家现行标准要求。

焊接材料国家标准　　表 5-2

序号	标　准　名　称	标　准　号
1	碳钢焊条	GB/T5117
2	低合金钢焊条	GB/T5118
3	熔化焊用钢丝	GB/T14957
4	碳钢药芯焊丝	GB10045
5	气体保护电弧焊用碳钢、低合金钢焊丝	GB/T8110
6	碳素钢埋弧焊用焊剂	GB5293
7	低合金钢埋弧焊用焊剂	GB12470
8	圆柱头焊钉	GB10433

2. 焊接材料的管理

(1)焊接材料进厂必须按规定的技术条件进行检验,合格后方可入库和使用。

(2)焊接材料必须分类、分牌号堆放,并有明显标识,不得混放。

(3)焊材库必须干燥通风,严格控制库内温度和湿度,防止和减少焊条的吸潮。焊条吸潮后不仅影响焊接质量,甚至造成焊条变质(如焊芯生锈及药皮酥松脱落),所以焊条在使用前必须进行烘焙《焊条质量管理规定》JB3223 对此作了专门的使用管理规定。

3. 焊接材料的质量控制

(1)焊接材料应附有质量合格证明文件,其品种、规格、性能等应符合现行国家产品标准和设计要求。重要钢结构焊缝采用的焊接材料应按照 GB5118 的规定进行抽样复验,复验结果应符合现行国家产品标准和设计要求,“重要钢结构焊缝”是指:

1)建筑结构安全等级为一级的一、二级焊缝；

2)建筑结构安全等级为二级的一级焊缝；

3)大跨度结构中的一级焊缝；

4)重级工作制吊车梁结构中一级焊缝；

5)设计要求。

(2)焊钉及焊接磁环的规格、尺寸及偏差应符合现行国家标准《圆柱头焊钉》GB10433 中的规定。

(3)钢结构工程所使用的焊条外观不应有药皮脱落、焊芯生锈等缺陷，焊剂不应受潮结块。

5.1.3 连接用紧固件

钢结构零部件的连接方式很多，一般有铆接、焊接、栓接三种，其中栓接分为普通螺栓连接和高强度螺栓连接。而自攻钉、拉铆钉、射钉、锚栓(机械型和化学试剂型)、地脚锚栓等紧固件也在钢结构中得以运用。

1. 铆钉和普通螺栓

(1)铆钉的规格和材质

铆接连接是将一端带有预制钉头的金属圆杆，插入被连接的零部件的孔中，利用铆钉机或压铆机铆合而成。

热铆钉有半圆头、平锥头、埋头(沉头)、半沉头铆钉等多种规格。铆钉的材料应有良好的塑性，通常采用专用钢材 ML2 和 ML3 等普通碳素钢制成。

(2)普通螺栓的种类和材质

常用的普通螺栓有六角螺栓、双头螺栓和地脚螺栓等。其分类、用途如下：

1)六角螺栓，按其头部支承面大小及安装位置尺寸分大六角头与六角头两种；按制造质量和产品等级则分为 A、B、C 三种，应符合现行国家标准《六角头螺栓—A 级和 B 级》

GB5782 和《六角头螺栓—C 级》GB5780 的规定。其中 A 级螺栓为精制螺栓，B 级螺栓为半精制螺栓。它们适用于拆装式结构，或连接部位需传递较大剪力的重要结构。C 级螺栓是粗制螺栓，适用于钢结构安装中作临时固定使用。对于重要结构，采用 C 级螺栓时，应另加支柱件来承受剪力。

2)双头螺栓一般称作螺柱，多用于连接厚板和不便使用六角螺栓连接的地方，如混凝土屋架、屋面梁、悬挂单轨梁吊挂件等。

3)地脚螺栓分为一般地脚螺栓、直角地脚螺栓、锤头螺栓、锚固地脚螺栓等四种。

钢结构用螺栓、螺柱一般用低碳钢、中碳钢、低合金钢制造。国家标准《紧固件机械性能》GB3098.1 规定了各类螺栓、螺柱性能等级的适用钢材。

2. 高强度螺栓

(1)高强度螺栓连接形式

高强度螺栓是继铆接、焊接连接后发展起来的一种新型钢结构连接形式，它已发展成为当今钢结构连接的主要手段之一。高强度螺栓是用优质碳素钢或低合金钢材料制成的一种特殊螺栓，由于螺栓的强度高，故称高强度螺栓。高强度螺栓适用于大跨度工业与民用钢结构、桥梁结构、重型起重机械及其他重要结构。按其受力状态分为以下三种：摩擦型高强度螺栓、承压型高强度螺栓、张拉型高强度螺栓。

(2)高强度螺栓技术条件

1)钢结构用高强度大六角头螺栓一个连接副由一个螺栓、一个螺母、二个垫圈组成，分为 8.8S 和 10.9S 两个等级。其螺栓规格应符合国家标准 GB1228 的规定，螺母规格应符合 GB1229 的规定，垫圈规格应符合 GB1230 的规定，其材料性能等级和使用组合应符合国家标准《钢结构大六角头高强度螺栓、螺母及垫圈技术条件》GB/T1228—1231 的规定。

2)钢结构用扭剪型高强度螺栓一个连接副由一个螺栓、一个螺母、一个垫圈组成,我国现在常用的扭剪型高强度螺栓等级为 10.9S。其螺栓、螺母与垫圈型式与尺寸规格应符合国家标准 GB3632 的规定。其材料性能等级应符合国家标准《钢结构用扭剪型高强度螺栓连接副技术条件》GB3632—3633 的规定。

3)六角法兰面扭剪型高强度螺栓一个连接副包括一个螺栓、一个螺母和一个垫圈组成,螺栓头部与大六角头螺栓一样为六角形,尾部有一梅花卡头,与扭剪螺栓一样。其技术条件除连接副机械性能外,主要是紧固预拉力 P 值,扭距系数(平均值)和标准偏差($\leqslant 0.010$),紧固方法可以采用扭剪型高强螺栓紧固法,也可用大六角头高强螺栓紧固法进行紧固。

3. 连接用紧固件的质量控制

(1)钢结构连接用紧固件进场后,应检查产品的质量合格证明文件、中文标识和检验报告。高强度大六角头螺栓连接副、扭剪型高强度螺栓连接副、普通螺栓、铆钉、自攻钉、拉铆钉、射钉、锚栓(机械型和化学试剂型)、地脚锚栓等紧固标准件及螺母、垫圈等标准配件,其品种、规格、性能等应符合现行国家产品标准和设计要求。高强度大六角头螺栓连接副和扭剪型高强度螺栓连接副出厂时应分别随箱带有扭距系数和紧固轴力(预拉力)的检验报告。

(2)高强度大六角头螺栓连接副和扭剪型高强度螺栓连接副在使用前应按每批号随机抽 8 套分别复验扭距系数和预拉力,检验结果应符合 GB50205 的规定。复验应在产品保质期内及时进行。

(3)高强度螺栓连接副应按包装箱配套供货，进场后应检查包装箱上的批号、规格、数量及生产日期。螺栓、螺母、垫圈外观表面应涂油保护，不应出现生锈和沾染脏物，螺纹不应损伤。

(4)高强度螺栓在储存、运输、施工过程中，应严格按批号存放、使用。不同批号的螺栓、螺母、垫圈不得混杂使用。在使用前应尽可能地保持其出厂状态，以免扭距系数或紧固轴力(预拉力)发生变化。

5.1.4　钢网架材料

当前我国空间结构中，以钢网架结构发展、应用速度较快。钢网架结构以其工厂预制、现场安装、施工方便、节约劳动力等优点在不少场合取代了钢筋混凝土结构。钢网架材料主要有焊接球、螺栓球、杆件、支托、节点板、钢网架用高强度螺栓、封板、锥头和套筒等。

1. 钢网架材料技术条件

(1)网架结构杆件、支托、节点板、封板、锥头及套筒所用的钢管、型钢、钢板的材料宜采用国家标准《碳素结构钢》(GB700)规定的Q235B钢、《优质碳素结构钢技术条件》(GB699)规定的20号钢或25号钢、《低合金结构钢》(GB1591)规定的16Mn钢或15MnV钢。

(2)螺栓球节点球的钢材宜采用国家标准《优质碳素结构钢技术条件》GB699规定的45号钢。

(3)焊接空心球节点球的钢材宜采用国家标准《碳素结构钢》(GB700)规定的Q235B钢或《低合金结构钢》(GB1591)规定的16Mn钢。

(4)网架用高强度螺栓应根据国家标准《钢结构用高强度大六角头螺栓》(GB1228)规定的性能等级8.8S或10.9S，符合国家标准《钢螺栓球节点用高强度螺栓》(GB/T)的规定。

2. 钢网架材料的质量控制

(1)钢网架材料进场后,应检查产品的质量合格证明文件、中文标志及检验报告。焊接球、螺栓球、杆件、封板、锥头和套筒及组成这些产品所采用的原材料,其品种、规格、性能等应符合现行国家产品标准和设计要求。钢网架用高强度螺栓及螺母、垫圈的品种、规格、性能等应符合现行国家产品标准和设计要求。

(2)按规格抽查8只,对建筑结构安全等级为一级,跨度40m及以上的螺栓球节点钢网架结构,其连接高强度螺栓应进行表面硬度试验,对8.8级的高强度螺栓其硬度应为HRC21~29;10.9级高强度螺栓其硬度应为HRC32~36,且不得有裂纹或损伤。

(3)焊接球进场后,每一规格按数量抽查5%,且不应少于3个。焊缝应进行无损检验,检验应按照国家现行标准《焊接球节点钢网架焊缝超声波探伤方法及质量分级法》(JBJ/T3034.1)执行。其质量应符合设计要求,当设计无要求时应符合规范中规定的二级质量标准。

(4)杆件进场后,按1/200比例抽样做焊缝强度试验。

(5)各种产品外观质量应符合以下要求:

1)螺栓球不得有过烧、裂纹及褶皱;

2)封板、锥头、套筒不得有裂纹、过烧及氧化皮;

3)焊接球表面应无明显波纹及局部凹凸不平不大于1.5mm。

(6)焊接球直径、圆度、壁厚减薄量等尺寸及允许偏差应符合现行规范的规定。每一规格按数量抽查5%,且不应少于3个。

(7)螺栓球螺纹尺寸应符合现行国家标准《普通螺纹基本尺寸》GB196 中粗牙螺纹的规定，螺纹公差必须符合现行国家标准《普通螺纹公差与配合》GB197 中 6H 级精度的规定。每种规格抽查 5%，且不应少于 5 只。

(8)螺栓球直径、圆度、相邻两螺栓孔中心线夹角等尺寸及允许偏差应符合现行规范的规定。每一规格按数量抽查 5%，且不应少于 3 个。

5.1.5 涂装材料

1. 防腐涂料

(1)防腐涂料的分类

我国涂料产品按《涂料产品分类、命名和型号》(GB2705)的规定，分为 17 类，它们的代号见表 5-3。

涂料类别代号　　表 5-3

代　号	涂料类别	代　号	涂料类别
Y	油脂漆类	X	烯树脂漆类
T	天然树脂漆类	B	丙烯酸漆类
F	酚醛树脂漆类	Z	聚酯漆类
L	沥青漆类	S	聚氨酯漆类
C	醇酸树脂漆类	H	环氧树脂漆类
A	氨基树脂漆类	W	元素有机漆类
Q	硝基漆类	J	橡胶漆类
M	纤维素漆类	E	其他漆类
G	过氯乙烯漆类		

建筑钢结构工程常用的一般涂料是油改性系列、酚醛系列、醇酸系列、环氧系列、氯化橡胶系列、沥青系列、聚氨酯系列等。

(2)涂层的结构形式

涂层的结构形式有以下几种：

1)底漆—中间漆—面漆

如:红丹醇酸防锈漆—云铁醇酸中间漆—醇酸瓷漆。

特点:底漆附着力强、防锈性能好;中间漆兼有底漆和面漆的性能,是理想的过渡漆,特别是厚浆型的中间漆,可增加涂层厚度;面漆防腐、耐候性好。底、中、面结构形式,既发挥了各层的作用,又增强了综合作用。这种形式为目前国内、外采用较多的涂层结构形式。

2)底漆—面漆

如:铁红酚醛底漆—酚醛瓷漆。

特点:只发挥了底漆和面漆的作用,明显不如上一种形式。这是我国以前常采用的形式。

3)底漆和面漆是一种漆

如:有机硅漆。

特点:有机硅漆多用于高温环境,因没有有机硅底漆,只好把面漆也作为底漆用。

2. 防火涂料

(1)防火涂料分类

钢结构防火涂料施涂于建筑物及构筑物的钢结构表面,能形成耐火隔热保护层以提高钢结构耐火极限的涂料。钢结构防火涂料按其涂层厚度及性能特点分为以下两类：

1)B类—薄涂型钢结构防火涂料,涂层厚度一般为2~7mm,有一定装饰效果,高温时膨胀增厚耐火隔热,耐火极限可达0.5~1.5H。又称为钢结构膨胀防火涂料。

2)H类—厚涂型钢结构防火涂料,涂层厚度一般为8~50mm,粒状表面,密度较小,导热率低,耐火极限可达0.5~

3.0H。又称为钢结构防火隔热涂料。

(2)防火涂料技术条件

1)涂层性能可按照规定的试验方法进行检测。

2)用于制造防火涂料的原料应预先检验。不得使用石棉材料和苯类溶剂。

3)防火涂料可用喷涂、抹涂、辊涂、刮涂或刷涂等方法中的任何一种或多种方法方便的施工,并能在通常自然环境条件下干燥固化。

4)防火涂料应呈碱性或偏碱性。复层涂料应相互配套。底层涂料应与普通防锈漆相容。

5)涂层实干后不应有刺激性气味,燃烧时一般不产生浓烟和有害人体健康的气体。

3. 涂装材料的质量控制

(1)涂装材料进场后,应检查产品的质量合格证明文件、中文标识及检验报告,且需按桶数的5%,且不少于3桶开桶检查。

(2)钢结构防腐涂料、稀释剂和固化剂等材料的品种、规格、性能等应符合现行国家产品标准和设计要求。

(3)钢结构防火涂料的品种和技术性能应符合设计要求,并应经过具有资质的检测机构检测符合国家现行有关标准的规定。

(4)防腐涂料和防火涂料的型号、名称、颜色及有效期应与其质量证明文件相符。开启后,不应存在结皮、结块、凝胶等现象。

5.1.6 其他材料

钢结构工程中用到的其他材料有金属压型板、防水密封材料、橡胶垫及各种零配件等。

质量控制：

(1)金属压型板及制造金属压型板所采用的原材料，其品种、规格、性能等应符合现行国家产品标准和设计要求。

(2)压型金属泛水板、包角板和零配件的品种、规格及防水密封材料的性能应符合现行国家产品标准和设计要求。

(3)压型金属板的规格尺寸及允许偏差、表面质量、涂层质量等应符合设计要求和产品标准规定。

(4)钢结构用橡胶垫的品种、规格、性能等应符合现行国家产品标准和设计要求。

(5)钢结构工程所涉及到的其他特殊材料，其品种、规格、性能等应符合现行国家产品标准和设计要求。

5.2 钢结构连接

在钢结构工程中，常将两个或两个以上的零件，按一定形式和位置连接在一起。这些连接可分为两大类：一类是可拆卸的连接(紧固件连接)，另一类是永久性不可拆卸的连接(焊接连接)。

5.2.1 钢结构焊接

由于焊接技术的迅速发展，使它具有节省金属材料，减轻结构重量，简化加工和装配工序，接头密封性能好，能承受高压，容易实现机械化和自动化生产，缩短建设工期，提高生产效率等一系列优点，焊接连接在钢结构和高层钢结构建筑工程中，所占的比例越来越高，因此，提高焊接质量成了至关重要的任务。

1. 焊接准备的一般规定

(1)从事钢结构各种焊接工作的焊工，应按现行国家标准

《建筑钢结构焊接规程》JGJ81 的规定经考试并取得合格证后，方可进行操作。

(2)在钢结构中首次采用的钢种、焊接材料、接头形式、坡口形式及工艺方法，应按照《建筑钢结构焊接规程》和《钢制压力容器焊接工艺评定》的规定进行焊接工艺评定，其评定结果应符合设计要求。

(3)焊接材料的选择应与母材的机械性能相匹配。对低碳钢一般按焊接金属与母材等强度的原则选择焊接材料；对低合金高强度结构钢一般应使焊缝金属与母材等强或略高于母材，但不应高出 50MPa，同时焊缝金属必须具有优良的塑性、韧性和抗裂性；当不同强度等级的钢材焊接时，宜采用与低强度钢材相适应的焊接材料。

(4)焊条、焊剂、电渣焊的熔化嘴和栓钉焊保护瓷圈，使用前应按技术说明书规定的烘焙时间进行烘焙，然后转入保温。低氢型焊条经烘焙后放入保温筒内随用随取。

(5)母材的焊接坡口及两侧 30～50mm 范围内，在焊前必须彻底清除氧化皮、熔渣、锈、油、涂料、灰尘、水分等影响焊接质量的杂质。

(6)构件的定位焊的长度和间距，应视母材的厚度、结构型式和拘束度来确定。

(7)钢结构的焊接，应视(钢种、板厚、接头的拘束度和焊接缝金属中的含氢量等因素)钢材的强度及所用的焊接方法来确定合适的预热温度和方法。

碳素结构钢厚度大于 50mm、低合金高强度结构钢厚度大于 36mm，其焊接前预热温度宜控制在 100～150℃。预热区在焊道两侧，其宽度各为焊件厚度的 2 倍以上，且不应小于 100mm。

合同、图纸或技术条件有要求时，焊接应作焊后处理。

(8)因降雨、雪等使母材表面潮湿(相对湿度 > 80%)或大风天气，不得进行露天焊接；但焊工及被焊接部分如果被充分保护且对母材采取适当处置(如加热、去潮)时，可进行焊接。

当采用 CO_2 半自动气体保护焊时，环境风速大于 2m/s 时原则上应停止焊接，但若采用适当的挡风措施或采用抗风式焊机时，仍允许焊接(药芯焊丝电弧焊可不受此限制)。

2. 焊接施工的一般规定

(1)引弧应在焊道处进行，严禁在焊道区以外的母材上打火引弧。焊缝终端的弧坑必须填满。

(2)对接焊接

1)不同厚度的工件对接，其厚板一侧应加工成平缓过渡形状，当板厚差超过 4mm 时，厚板一侧应加工成 1:2.5～1:5 的斜度，对接处与薄板等厚。

2)T 形接头、十字接头、角接接头等要求熔透的对接和角接组合焊缝，焊接时应增加对母材厚度 1/4 以上的加强角焊缝尺寸。

(3)填角焊接

1)等角填角焊缝的两侧焊角，不得有明显差别；对不等角填角焊缝，要注意确保焊角尺寸，并使焊趾处平滑过渡。

2)焊成凹形的角焊缝，焊缝金属与母材间应平缓过渡；加工成凹形的角焊缝不得在其表面留下切痕。

3)当角焊缝的端部在构件上时，转角处宜连续包角焊，起落弧点不宜在端部或棱角处，应距焊缝端部 10mm 以上。

(4)部分熔透焊接，焊前必须检查坡口深度，以确保要求的焊缝深度。当采用手工电弧焊时，打底焊宜采用 Φ3.2mm

或以下的小直径焊条，以确保足够的熔透深度。

(5)多层焊接宜连续施焊，每一层焊完后应及时清理检查，如发现有影响质量的缺陷，必须清除后再焊。

(6)焊接完毕，焊工应清理焊缝表面的熔渣及两侧的飞溅物，检查焊缝外观质量，合格后在工艺规定的部位打上焊工钢印。

(7)不良焊接的修补

1)焊缝同一部位的返修次数，不宜超过两次，超过两次时，必须经过焊接责任工程师核准后，方可按返修工艺进行。

2)焊缝出现裂缝时，焊工不得擅自处理，应及时报告焊接技术负责人查清原因，订出修补措施，方可处理。

3)对焊缝金属中的裂纹，在修补前应用无损检测方法确定裂纹的界限范围，在去除时，应自裂纹的端头算起，两端至少各加50mm的焊缝一同去除后再进行修补。

4)对焊接母材中的裂纹，原则上应更换母材，但是在得到技术负责人认可后，可以采用局部修补措施进行处理。主要受力构件必须得到原设计单位确认。

(8)栓钉焊

1)采用栓钉焊机进行焊接时，一般应使工件处于水平位置。

2)每天施工作业前，应在与构件相同的材料上先试焊2只栓钉，然后进行30°的弯曲试验，只有当挤出焊脚达到360°，且无热影响区裂纹时，方可进行正式焊接。

3．焊接质量控制

(1)焊接质量检验包括资料检查和实物检查，其中实物检查又包括外观检查和内部缺陷检查。

(2)焊接材料与母材的匹配应符合设计要求及国家现行行业标准《建筑钢结构焊接技术规程》JGJ81 的规定。焊接材料在使用前应按其产品说明书及焊接工艺文件的规定进行烘焙和存放。

(3)焊工必须经考试合格并取得合格证书。持证焊工必须在其考试合格项目及其认可范围内施焊。

(4)焊接工艺评定符合要求。

(5)焊缝内部缺陷检查

1)钢结构焊缝内部缺陷检查一般采用无损检验的方法,主要方法有超声波探伤(UT)、射线探伤(RT)、磁粉探伤(MT)、渗透探伤(PT)等。碳素结构钢应在焊缝冷却到环境温度、低合金结构钢应在完成焊接 24h 以后,进行焊缝探伤检验。

2)设计要求全焊透的一、二级焊缝应采用超声波探伤进行内部缺陷的检验,超声波探伤不能对缺陷作出判断时,应采用射线探伤,其内部缺陷分级及探伤方法应符合现行国家标准《钢焊缝手工超声波探伤方法和探伤结果分级法》GB11345 或《钢熔化焊对接接头射线照相和质量分级》GB3323 的规定。

3)焊接球节点网架焊缝、螺栓球节点网架焊缝及圆管 T、K、Y 形节点相关线焊缝,其内部缺陷分级及探伤方法应分别符合国家现行标准《焊接球节点钢网架焊缝超声波探伤方法及质量分级法》JBJ/T3034.1、《螺栓球节点钢网架焊缝超声波探伤方法及质量分级法》JBJ/T3034.2、《建筑钢结构焊接技术规程》JGJ81 的规定。

4)一、二级焊缝的质量等级及缺陷分级应符合表 5-4 的规定。

一、二级焊缝的质量等级及缺陷分级　　　表 5-4

焊缝质量等级		一级	二级
内部缺陷超声波探伤	评定等级	Ⅱ	Ⅲ
	检验等级	B 级	B 级
	探伤比例	100%	20%
内部缺陷射线探伤	评定等级	Ⅱ	Ⅲ
	检验等级	AB 级	AB 级
	探伤比例	100%	20%

注：探伤比例的计数方法应按以下原则确定：(1)对工厂制作焊缝，应按每条焊缝计算百分比，且探伤长度应不小于 200mm，当焊缝长度不足 200mm 时，应对整条焊缝进行探伤；(2)对现场安装焊缝，应按同一类型、同一施焊条件的焊缝条数计算百分比，探伤长度应不小于 200mm，并应不少于 1 条焊缝。

5)凡属局部探伤的焊缝，若发现有不允许的缺陷时，应在该缺陷两端的延伸部位增加探伤长度，增加的长度为该焊缝长度的 10%，且不应小于 200mm，若仍有不允许的缺陷时，则对该焊缝百分之百检查。

(6)焊缝外观检查

1)焊缝外观检查方法主要是目视观察，用焊缝检验尺检查，即采用肉眼或低倍放大镜、标准样板和量规等检测工具检查焊缝的外观。

2)焊缝表面不得有裂纹、焊瘤等缺陷。一级、二级焊缝不得有表面气孔、夹渣、弧坑裂纹、电弧擦伤等缺陷。且一级焊缝不得有咬边、未焊满、根部收缩等缺陷。

3)二级、三级焊缝外观质量标准应符合表 5-5 的规定。三级对接焊缝应按二级焊缝标准进行外观质量检验。

二级、三级焊缝外观质量标准(mm)　　表 5-5

项　目	允　许　偏　差	
缺陷类型	二　级	三　级
未焊满(指不足设计要求)	$\leqslant 0.2+0.02t$,且$\leqslant 1.0$	$\leqslant 0.2+0.04t$,且$\leqslant 2.0$
	每 100.0 焊缝内缺陷总长$\leqslant 25.0$	
根部收缩	$\leqslant 0.2+0.02t$,且$\leqslant 1.0$	$\leqslant 0.2+0.04t$,且$\leqslant 2.0$
	长度不限	
咬边	$\leqslant 0.05t$,且$\leqslant 0.5$;连续长度$\leqslant 100.0$,且焊缝两侧咬边总长$\leqslant 10\%$焊缝全长	$\leqslant 0.1t$,且$\leqslant 1.0$,长度不限
弧坑裂纹	—	允许存在个别长度$\leqslant 5.0$的弧坑裂纹
电弧擦伤	—	允许存在个别电弧擦伤
接头不良	$\leqslant$缺口深度 $0.05t$,且$\leqslant 0.5$	$\leqslant$缺口深度 $0.1t$,且$\leqslant 1.0$
	每 1000.0 焊缝不应超过 1 处	
表面夹渣	—	深$\leqslant 0.2t$,长$\leqslant 0.5t$,且$\leqslant 20.0$
	—	每 50.0 焊缝长度内允许直径$\leqslant 0.4t$,且$\leqslant 3.0$ 的气孔 2 个,孔距$\geqslant 6$倍孔径

注:表内 t 为连接处较薄的板厚。

4)焊缝尺寸允许偏差应符合表 5-6 的规定。

对接焊缝及完全熔透组合焊缝尺寸允许偏差(mm)　　表 5-6

序号	项　目	图　例	允许偏差	
			一、二级	三　级
1	对接焊缝余高 C	C B	$B<20$:0～3.0 $B\geqslant 20$:0～4.0	$B<20$:0～4.0 $B\geqslant 20$:0～5.0
2	对接焊缝错边 D	D	$D<0.15t$,且$\leqslant 2.0$	$D<0.15t$,且$\leqslant 3.0$

5)焊缝观感应达到以下要求:外形均匀、成型较好、焊道与焊道、焊道与基本金属间过渡较平滑,焊渣和飞溅物基本清除干净。

(7)栓钉焊检验

1)栓钉焊后,应按每批同类构件的10%且不少于10件进行随机弯曲试验抽查,抽查率为1%,试验时用锤击栓钉头部,使栓钉弯曲30°,观察挤出焊脚达到360°且热影响区无肉眼可见的裂纹,认为合格。

2)焊钉根部焊脚应均匀,焊脚立面的局部未熔合或不足360°的焊脚应进行修补。

5.2.2 钢结构紧固件连接

紧固件连接是用铆钉、普通螺栓、高强度螺栓将两个以上的零件或构件连接成整体的一种钢结构联结方法。它具有结构简单,紧固可靠,装拆迅速方便等优点,所以运用极为广泛。

1. 铆接施工的一般规定

(1)冷铆　铆钉在常温状态下的铆接称为冷铆。冷铆前,为清除硬化,提高材料的塑性,铆钉必须进行退火处理。用铆钉枪冷铆时,铆钉直径不应超过13mm。用铆接机冷铆时,铆钉最大直径不得超过25mm。铆钉直径小于8mm时常用手工冷铆。

手工冷铆时,先将铆钉穿过钉孔,用顶模顶住,将板料压紧后用手锤锤击镦粗钉杆,再用手锤的球形头部锤击,使其成为半球状,最后用罩模罩在钉头上沿各方向倾斜转动,并用手锤均匀锤击,这样能获得半球形铆钉头。如果锤击次数过多,材质将由于冷作用而硬化,致使钉头产生裂纹。

冷铆的操作工艺简单而且迅速,铆钉孔比热铆填充得紧密。

(2)拉铆　拉铆是冷铆的另一种铆接方法。它利用手工或压缩空气作为动力,通过专用工具,使铆钉和被铆件铆合。

拉铆的主要材料和工具是抽芯铆钉和风动(或手动)拉铆枪。拉铆过程就是利用风动拉铆枪,将抽芯铆钉的芯棒夹住,同时,枪端顶住铆钉头部,依靠压缩空气产生的向后拉力,芯棒的凸肩部分对铆钉产生压缩变形,形成铆钉头。同时,芯棒的颈缩处受拉断裂而被拉出。

(3)热铆　铆钉加热后的铆接称为热铆。当铆钉直径较大时应采用热铆,铆钉加热的温度,取决于铆钉的材料和施铆的方式。用铆钉枪铆接时,铆钉需加热到1000~1100℃;用铆接机铆接时,铆钉需加热到650~670℃。

当热铆时,除形成封闭钉头外,同时铆钉杆应镦粗而充满钉孔。冷却时,铆钉长度收缩,使被铆接的板件间产生压力,而造成很大的摩擦力,从而产生足够的连接强度。

2. 普通螺栓施工的一般规定

(1)螺母和螺钉的装配应符合以下要求:

1)螺母或螺钉与零件贴合的表面要光洁、平整、贴合处的表面应当经过加工,否则容易使连接件松动或使螺钉弯曲。

2)螺母或螺钉和接触面之间应保持清洁,螺孔内的脏物应当清理干净。

3)拧紧成组的螺母时,必须按照一定的顺序进行,并做到分次序逐步拧紧,否则会使零件或螺杆产生松紧不一致,甚至变形。在拧紧长方形布置的成组螺母时,必须从中间开始,逐渐向两边对称地扩展;在拧紧方形或圆形布置的成组螺母时,必须对称地进行。

4)装配时,必须按照一定的拧紧力矩来拧紧,因为拧紧力矩太大时,全出现螺栓或螺钉拉长,甚至断裂和被连接件变形等现象;拧紧力矩太小时,就不可能保证被连接件在工作时的可靠性和正确性。

(2)一般的螺纹连接都具有自锁性，在受静荷载和工作温度变化不大时，不会自行松脱。但在冲击、振动或变荷载作用下，以及在工作温度变化很大时，这种连接有可能自松，影响工作，甚至发生事故。为了保证连接安全可靠，对螺纹连接必须采取有效的防松措施。

一般常用的防松措施有增大摩擦力、机械防松和不可拆三大类。

1)增大摩擦力的防松措施　这类防松措施是使拧紧的螺纹之间不因外载荷变化而失去压力，因而始终有摩擦阻力防止连接松脱。但这种方法不十分可靠，所以多用于冲击和振动不剧烈的场合。常用的措施有弹簧垫圈和双螺母。

2)机械防松　这类防松措施是利用各种止动零件，阻止螺纹零件的相对转动来实现防松。机械防松可靠，所以应用很广。常用的措施有开口销与槽形螺母、止退垫圈与圆螺母、止动垫圈与螺母或螺钉、串联钢丝等。

3)不可拆的防松措施　利用点焊、点铆等方法把螺母固定在螺栓或被连接件上，或者把螺钉固定在被连接零件上，达到防松目的。

3. 高强度螺栓施工的一般规定

(1)高强度螺栓的连接形式

高强度螺栓的连接形式有：摩擦连接、张拉连接和承压连接。

1)摩擦连接是高强度螺栓拧紧后，产生强大夹紧力来夹紧板束，依靠接触面间产生的抗剪摩擦力传递与螺杆垂直方向应力的连接方法。

2)张拉连接是螺杆只承受轴向拉力，在螺栓拧紧后，连接的板层间压力减少，外力完全由螺栓承担。

3)承压连接是在螺栓拧紧后所产生的抗滑移力及螺栓孔

内和连接钢板间产生的承压力来传递应力的一种方法。

(2)摩擦面的处理是指采用高强度摩擦连接时对构件接触面的钢材进行表面加工。经过加工,使其接触表面的抗滑系数达到设计要求的额定值,一般为 0.45 ~ 0.55。

摩擦面的处理方法有:喷砂(或抛丸)后生赤锈;喷砂后涂无机富锌漆;砂轮打磨;钢丝刷消除浮锈;火焰加热清理氧化皮;酸洗等。

(3)摩擦型高强度螺栓施工前,钢结构制作和施工单位应按规定分别进行高强度螺栓连接摩擦面的抗滑移系数实验和复验,现场处理的构件摩擦面应单独进行摩擦面抗滑移系数试验。试验基本要求如下:

1)制造厂和安装单位应分别以钢结构制造批为单位进行抗滑移系数试验。制造批可按照分部(子分部)工程划分规定的工程量每 2000t 为一批,不足 2000t 的可视为一批。选用两种或两种以上表面处理工艺时,每种处理工艺应单独检验。每批三组试件。

2)抗滑移系数试验用的试件应由制造厂加工,试件与所代表的钢结构构件应为同一材质、同批制作、采用同一摩擦面处理工艺和具有相同的表面状态,并应用同批同一性能等级的高强度螺栓连接副,在同一环境条件下存放。

(4)高强度螺栓连接安装时,在每个节点上应穿入的临时螺栓与冲钉数量由安装时可能承担的载荷计算确定,并应符合下列规定:

1)不得少于安装孔数的 1/3;

2)不得少于两个临时的螺栓;

3)冲钉穿入数量不宜多于临时螺栓的 30%,不得将连接用的高强度螺栓兼作临时螺栓。

(5)高强度螺栓的安装应顺畅穿入孔内,严禁强行敲打。如不能自由穿入时,应用绞刀铰孔修整,修整后的最大孔径应小于 1.2 倍螺栓直径。铰孔前应将四周的螺栓全部拧紧,使钢板密贴后再进行,不得用气割扩孔。

(6)高强度螺栓的穿入方向应以施工方便为准,并力求一致。连接副组装时,螺母带垫圈面的一侧应朝向垫圈倒角面的一侧。大六角头高强度螺栓六角头下放置的垫圈有倒角面的一侧必须朝向螺栓六角头。

(7)安装高强度螺栓时,构件的摩擦面应保持干燥,不得在雨中作业。

(8)高强度螺栓连接副的拧紧应分为初拧、终拧。对于大型节点应分初拧、复拧、终拧,复拧扭矩等于初拧扭矩。初拧、复拧、终拧应在 24h 内完成。

(9)高强度螺栓连接副初拧、复拧、终拧时,一般应按由螺栓群节点中心位置顺序向外缘拧紧的方法施拧。

(10)高强度螺栓连接副的施工扭矩确定

1)终拧扭矩值按下式计算:

$$Tc = K \times Pc \times d$$

式中 Tc——终拧扭矩值(Nm);

Pc——施工预拉力标准值(kN),见表 5-7;

d——螺栓公称直径(mm);

K——扭矩系数,按 GB50205 的规定试验确定。

高强度螺栓连接副施工预拉力标准值(kN)　　表 5-7

螺栓的性能等级	螺栓公称直径(mm)					
	M16	M20	M22	M24	M27	M30
8.8s	75	120	150	170	225	275
10.9s	110	170	210	250	320	390

2)高强度大六角头螺栓连接副初拧扭矩值 To 可按 $0.5Tc$ 取值。

3)扭剪型高强度螺栓连接副初拧扭矩值 To 可按下式计算:

$$To = 0.065Pc \times d$$

式中 To——初拧扭矩值(Nm);

Pc——施工预拉力标准值(kN),见表5-7;

d——螺栓公称直径(mm)。

(11)施工所用的扭矩扳手,班前必须矫正,班后必须校验,其扭矩误差不得大于±5%,合格的方可使用。检查用的扭矩扳手其扭矩误差不得大于±3%。

(12)初拧或复拧后的高强度螺栓应用颜色在螺母上涂上标记,终拧后的螺栓应用另一种颜色在螺栓上涂上标记,以分别表示初拧、复拧、终拧完毕。扭剪型高强螺栓应用专用扳手进行终拧,直至螺栓尾部梅花头拧掉。对于操作空间有限,不能用扭剪型螺栓专用扳手进行终拧的扭剪型螺栓,可按大六角头高强度螺栓的拧紧方法进行终拧。

4. 钢结构紧固件连接质量控制

(1)普通紧固件连接质量控制

1)普通螺栓作为永久性连接螺栓时,当设计有要求或对其质量有疑义时,应按照GB50205的规定进行螺栓实物最小拉力载荷复验,复验报告结果应符合现行国家标准《紧固件机械性能螺栓、螺钉和螺柱》GB3098的规定。

2)连接薄钢板采用的自攻钉、拉铆钉、射钉等其规格尺寸应与被连接钢板相匹配,其间距、边矩等应符合设计要求。

3)永久性普通螺栓紧固应牢固、可靠,外露丝扣不应少于2扣。自攻钉、拉铆钉、射钉等与连接钢板应紧固密贴,外观排列整齐。

(2)高强度螺栓连接质量控制

1)摩擦面抗滑移系数试验和复验结果应符合设计要求。

2)高强度大六角头螺栓连接副终拧完成1h后,48h内应按以下要求进行终拧扭矩检查:

a. 检查数量:按节点数抽查10%,且不应少于10个;每个被抽查节点按螺栓数抽查10%,且不应少于2个。

b. 检验方法:分扭矩法检验和转角法检验两种,原则上检验法与施工法应相同。

扭矩法检验:在螺尾端头和螺母相对位置划线,将螺母退回60°左右,用扭矩扳手测定拧回至原来位置时的扭矩值。该扭矩值与施工扭矩值的偏差在10%以内为合格。

转角法检验:检查初拧后在螺母与相对位置所划的终拧起始线和终止线所夹的角度是否达到规定值。在螺尾端头和螺母相对位置划线,然后全部卸松螺母,再按规定的初拧扭矩和终拧角度重新拧紧螺栓,观察与原划线是否重合。终拧转角偏差在10°以内为合格。

c. 检验用的扭矩扳手其扭矩精度误差应不大于3%。

3)扭剪型高强度螺栓连接副终拧后,除因构造原因无法使用专用扳手终拧掉梅花头者外,未在终拧中拧掉梅花头的螺栓数不应大于该节点螺栓数的5%。对所有梅花头未拧掉的扭剪型高强度螺栓连接副应采用扭矩法或转角法进行终拧扭矩检查。

4)螺栓施拧顺序和初拧、复拧扭矩应符合设计要求和国家现行行业标准《钢结构高强度螺栓连接的设计、施工及验收规范》JGJ82的规定。

5)观察检查高强度螺栓施工质量:

a. 高强度螺栓连接副终拧后，螺栓丝扣外露应为 2 ~ 3 扣，其中允许有 10%的螺栓丝扣外露 1 扣或 4 扣。

b. 高强度螺栓连接摩擦面应保持干燥、整洁，不应有飞边、毛刺、焊接飞溅物、焊疤、氧化铁皮、污垢等，除设计要求外摩擦面不应涂漆。

c. 高强度螺栓应自由穿入螺栓孔。高强度螺栓孔不应采用气割扩孔。机械扩孔数量应征得设计同意，扩孔后的孔径不应超过 1.2 倍螺栓直径。

6)螺栓球节点网架总拼装完成后，高强度螺栓与球节点应紧固连接，高强度螺栓拧入螺栓球内的螺纹长度不应小于螺栓直径，连接处不应出现间隙、松动等未拧紧情况。

5.3 钢结构加工制作

制作过程是钢结构产品质量形成的过程，为了确保钢结构工程的制作质量，操作和质控人员应严格遵守制作工艺，执行"三检"制。质监人员对制作过程要有所了解，必要时对其进行抽查。

5.3.1 钢零件及钢部件加工

1. 放样和号料的一般规定

(1)放样

1)放样即是根据已审核过的施工样图，按构件(或部件)的实际尺寸或一定比例画出该构件的轮廓，或将曲面展开成平面，求出实际尺寸，作为制造样板、加工和装配工作的依据。放样是整个钢结构制作工艺中第一道工序，是非常重要的一道工序。因为所有的构件、部件、零件尺寸和形状都必须先进行放样，然后根据其结果数据、图样进行加工，然后才把各个零件装配成一个整体，所以，放样的准确程度将直接影响产品的质量。

2)放样前，放样人员必须熟悉施工图和工艺要求，核对构件及构件相互连接的几何尺寸和连接有否不当之处。如发现施工图有遗漏或错误，以及其他原因需要更改施工图时，必须取得原设计单位签具设计变更文件，不得擅自修改。

3)放样使用的钢尺，必须经计量单位检验合格，并与土建、安装等有关方面使用的钢尺相核对。丈量尺寸，应分段叠加，不得分段测量后相加累计全长。

4)放样应在平整的放样台上进行。凡放大样的构件，应以1:1的比例放出实样；当构件零件较大难以制作样杆、样板时，可以绘制下料图。

5)样杆、样板制作时，应按施工图和构件加工要求，做出各种加工符号、基准线、眼孔中心等标记，并按工艺要求预放各种加工余量，然后号上冲印等印记，用磁漆（或其他材料）在样杆、样板上写出工程、构件及零件编号、零件规格孔径、数量及标注有关符号。

6)放样工作完成，对所放大样和样杆、样板（或下料图）进行自检，无误后报专职检验人员检验。

7)样杆、样板应按零件号及规格分类存放，妥为保存。

(2)号料

1)号料前，号料人员应熟悉样杆、样板（或下料图）所注的各种符号及标记等要求，核对材料牌号及规格、炉批号。

2)凡型材端部存有倾斜或板材边缘弯曲等缺陷，号料时应去除缺陷部分或先行矫正。

3)根据割、锯等不同切割要求和对刨、铣加工的零件，预放不同的切割及加工余量和焊接收缩量。

4)按照样杆、样板的要求,对下料件应号出加工基准线和其他有关标记,并号上冲印等印记。

5)下料完成,检查所下零件规格、数量等是否有误,并做出下料记录。

2. 切割的一般规定

钢材的切割下料应根据钢材截面形状、厚度以及切割边缘质量要求的不同而分别采用剪切、冲切、锯切、气割。

(1)剪切

1)剪切或剪断的边缘必要时,应加工整光,相关接触部分不得产生歪曲。

2)剪切材料对主要受静载荷的构件,允许材料在剪断机上剪切,毋需再加工。

3)剪切的材料对受动载荷的构件,必须将截面中存在的有害剪切边清除。

4)剪切前必须检查核对材料规格、牌号是否符合图纸要求。

5)剪切前,应将钢板表面的油污、铁锈等清除干净,并检查剪断机是否符合剪切材料强度要求。

6)剪切时,必须看清断线符号,确定剪切程序。

(2)气割

1)气割原则上采用自动切割机,也可使用半自动切割机和手工切割,使用气体可为氧、乙炔、丙烷、碳—3气及混合气等。气割工在操作时,必须检查工作场地和设备,严格遵守安全操作规程。

2)零件自由端火焰切割面无特殊要求的情况加工精度如下:

粗糙度:200s以下。

缺口度:1.0mm 以下。

3)采用气割时应控制切割工艺参数,自动、半自动气割工艺参数见表 5-8。

自动、半自动气割工艺参数 **表 5-8**

割嘴号码	板厚(mm)	氧气压力(MPa)	乙炔压力(MPa)	气割速度(mm/min)
1	6~10	0.20~0.25	≥0.030	650~450
2	10~20	0.25~0.30	≥0.035	500~350
3	20~30	0.30~0.40	≥0.040	450~300
4	40~60	0.50~0.60	≥0.045	400~300
5	60~80	0.60~0.70	≥0.050	350~250
6	80~100	0.70~0.80	≥0.060	300~200

4)气割工割完重要的构件时,在割缝两端 100~200mm 处,加盖本人钢印。割缝出现超过质量要求所规定的缺陷,应上报有关部门,进行质量分析,订出措施后方可返修。

5)当重要构件厚板切割时应作适当预热处理,或遵照工艺技术要求进行。

3. 矫正和成型的一般规定

钢结构(或钢材)表面上如有不平、弯曲、扭曲、尺寸精度超过允许偏差的规定时,必须对有缺陷的构件(或钢材)进行矫正,以保证钢结构构件的质量。矫正的方法很多,根据矫正时钢材的温度分冷矫正和热矫正两种。冷矫正是在常温下进行的矫正,冷矫时会产生冷硬现象,适用于矫正塑性较好的钢材。对变形十分严重或脆性很大的钢材,如合金钢及长时间放在露天生锈的钢材等,因塑性较差不能用冷矫正;热矫正是将钢材加热至 700~1000℃的高温内进行,当钢材弯曲变形大,钢材塑性差,或在缺少足够动力设备的情况下才应用热矫正。另外，根据矫正时作用外力的来源与性质来分，矫正分手工矫正、机械矫正、火焰矫正等。矫正和成型应符合以下要求：

(1)钢材的初步矫正，只对影响号料质量的钢材进行矫正，其余在各工序加工完毕后再矫正或成型。

(2)钢材的机械矫正，一般应在常温下用机械设备进行，矫正后的钢材，在表面上不应有凹陷、凹痕及其他损伤。

(3)碳素结构钢和低合金高强度结构钢，允许加热矫正，其加热温度严禁超过正火温度(900℃)。用火焰矫正时，对钢材的牌号为Q345、Q390、35、45的焊件，不准浇水冷却，一定要在自然状态下冷却。

(4)弯曲加工分常温和高温，热弯时所有需要加热的型钢，宜加热到880～1050℃，并采取必要措施使构件不致“过热”，当温度降低到普通碳素结构钢700℃，低合金高强度结构钢800℃时，构件不能再进行热弯，不得在蓝脆区段(200～400℃)进行弯曲。

(5)热弯的构件应在炉内加热或电加热，成型后有特殊要求者再退火。冷弯的半径应为材料厚度的2倍以上。

4. 边缘加工的一般规定

通常采用刨和铣加工对切割的零件边缘加工，以便提高零件尺寸精度，消除切割边缘的有害影响，加工焊接坡口，提高截面光洁度，保证截面能良好传递较大压力。边缘加工应符合以下要求：

(1)气割的零件，当需要消除影响区进行边缘加工时，最少加工余量为2.0mm。

(2)机械加工边缘的深度，应能保证把表面的缺陷清除掉，但不能小于2.0mm，加工后表面不应有损伤和裂缝，在进行砂轮加工时，磨削的痕迹应当顺着边缘。

(3)碳素结构钢的零件边缘，在手工切割后，其表面应作清理，不能有超过 1.0mm 的不平度。

(4)构件的端部支承边要求刨平顶紧；当构件端部截面精度要求较高时，无论用什么方法切割和用何种钢材制成，都要刨边或铣边。

(5)施工图有特殊要求或规定为焊接的边缘需进行刨边，一般板材或型钢的剪切边不需刨光。

(6)刨削时直接在工作台上用螺栓和压板装夹工件时，通用工艺规则如下：

1)多件划线毛坯同时加工时，装夹中心必须按工件的加工线找正到同一平面上，以保证各工件加工尺寸的一致。

2)在龙门刨床上加工重而窄的工件，需偏于一侧加工时，应尽量两件同时加工或在另一侧加配重，以使机床的两边导轨负荷平衡。

3)在刨床工作台上装夹较高的工件时，应加辅助支承，以使装夹牢靠和防止加工中工件变形。

4)必须合理装夹工件，以工件迎着走刀方向和进给方向的两个侧边紧靠定位装置，而另两个侧边应留有适当间隙。

(7)关于铣刀和铣削量的选择，应根据工件材料和加工要求决定，合理的选择是加工质量的保证。

5. 制孔的一般规定

构件使用的高强度螺栓、半圆头铆钉、自攻螺钉等用孔的制作方法可有：钻孔、铣孔、冲孔、铰孔等。制孔加工过程应注意以下事项：

(1)构件制孔优先采用钻孔，当证明某些材料质量、厚度和孔径，冲孔后不会引起脆性时允许采用冲孔。

厚度在5mm以下的所有普通结构钢允许冲孔，次要结构厚度小于12mm允许采用冲孔。在冲切孔上，不得随后施焊（槽型），除非证明材料在冲切后，仍保留有相当韧性，则可焊接施工。一般情况下，在需要所冲的孔上再钻大时，则冲孔必须比指定的直径小3mm。

（2）钻孔前，一是要磨好钻头，二是要合理地选择切削余量。

（3）制成的螺栓孔，应为正圆柱形，并垂直于所在位置的钢材表面，倾斜度应小于1/20，其孔周边应无毛刺、破裂、喇叭口或凹凸的痕迹，切屑应清除干净。

6．零部件加工的质量控制

（1）切割质量控制

1）钢材切割面或剪切面应无裂纹、夹渣、分层和大于1mm的缺棱。

2）气割的允许偏差应符合表5-9的规定；机械切割的允许偏差应符合表5-10的规定。

气割的允许偏差（mm）　表5-9

项　目	允许偏差
零件宽度、长度	±0.3
切割面平面度	$0.05t$，且不应大于2.0
割纹深度	0.3
局部缺口深度	1.0

注：t为切割面厚度。

机械剪切的允许偏差（mm）　表5-10

项　目	允许偏差
零件宽度、长度	±0.3
边缘缺棱	1.0
型钢端部垂直度	2.0

(2)矫正和成型的质量控制

1)碳素结构钢在环境温度低于 -16℃、低合金结构钢在环境温度低于 -12℃时,不应进行冷矫正和冷弯曲。碳素结构钢和低合金结构钢在加热矫正时,加热温度不应超过900℃。低合金结构钢在加热矫正后应自然冷却。

2)当零件采用热加工成型时,加热温度应控制在 900~1100℃;碳素结构钢和低合金结构钢在温度分别下降到 700℃和 800℃之前,应结束加工;低合金结构钢应自然冷却。

3)矫正后的钢材表面,不应有明显的凹面或损伤,划痕深度不得大于 0.5mm,且不应大于该钢材厚度负允许偏差的 1/2。

4)冷矫正和冷弯曲的最小曲率半径和最大弯曲矢高应符合表 5-11 的规定。

冷矫正和冷弯曲的最小曲率半径和最大弯曲矢高(mm)　　表 5-11

钢材类别	图例	对应轴	矫正		弯曲	
			r	f	r	f
钢板扁钢		$x-x$	$50t$	$l^2/400t$	$25t$	$l^2/200t$
		$y-y$(仅对扁钢轴线)	$100b$	$l^2/800b$	$50b$	$l^2/400b$
角钢	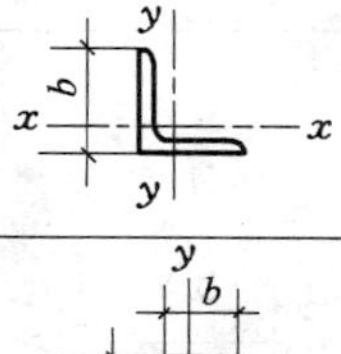	$x-x$	$90b$	$l^2/720b$	$45b$	$l^2/360b$
槽钢	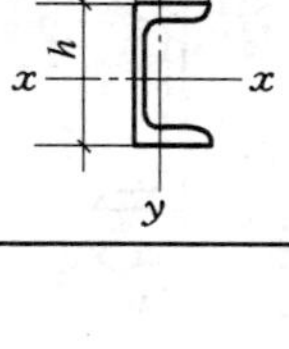	$x-x$	$50h$	$l^2/400h$	$25h$	$l^2/200h$
		$y-y$	$90b$	$l^2/720b$	$45b$	$l^2/360b$

续表

钢材类别	图例	对应轴	矫正		弯曲	
			r	f	r	f
工字钢	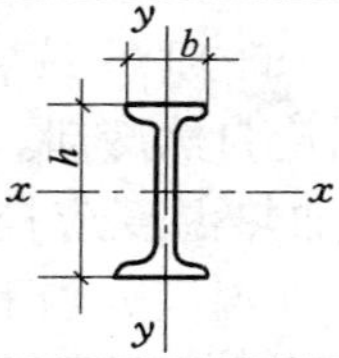	$x—x$	$50h$	$l^2/400h$	$25h$	$l^2/200h$
		$y—y$	$50b$	$l^2/400b$	25b	$l^2/200b$

注：r 为曲率半径；f 为弯曲矢高；l 为弯曲弦长；t 为钢板厚度。

5)钢材矫正后的允许偏差，应符合表 5-12 的规定。

钢材矫正后的允许偏差(mm)　　　　表 5-12

项目		允许偏差	图例
钢板的局部平面度	$t \leqslant 14$	1.5	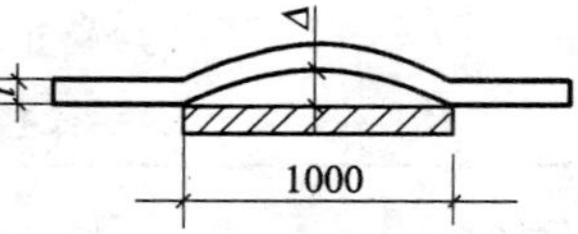
	$t > 14$	1.0	
型钢弯曲矢高		$t/1000$ 且不应大于 5.0	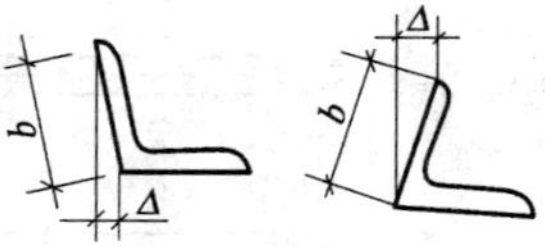
角钢肢的垂直度		$b/100$ 双肢栓接角钢的角度不得大于 90°	
槽钢翼缘对腹板的垂直度		$b/80$	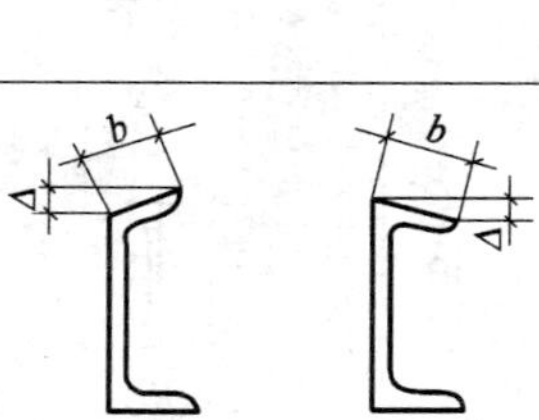

续表

项目	允许偏差	图例
工字钢、H型钢翼缘板的垂直度	$b/100$ 且不大于2.0	b h b

(3)边缘加工质量控制

1)气割或机械剪切的零件，需要进行边缘加工时，其刨削量不应小于2.0mm。

2)边缘加工允许偏差应符合表5-13的规定。

边缘加工的允许偏差(mm)　　表5-13

项目	允许偏差
零件宽度、长度	±1.0
加工边直线度	$l/3000$，且不应大于2.0
相邻两边夹角	±6′
加工面垂直度	$0.025t$，且不应大于0.5
加工面表面粗糙度	不应大于50

(4)制孔质量控制

1)A、B级螺栓孔(Ⅰ级孔)应具有H12的精度，孔壁表面粗糙度 R_a 不应大于12.5μm。其孔径的允许偏差应符合表5-14的规定。

C级螺栓孔(Ⅱ级孔)，孔壁表面粗糙度 R_a 不应大于25μm，其允许偏差应符合表5-15的规定。

A、B 级螺栓孔径的允许偏差(mm)　　　表 5-14

序　号	螺栓公称直径、螺栓孔直径	螺栓公称直径允许偏差	螺栓孔直径允许偏差
1	10 ~ 18	0.00 ~ 0.18	+0.18 0.00
2	18 ~ 30	0.00 ~ 0.21	+0.21 0.00
3	30 ~ 50	0.00 ~ +0.25	+0.25 0.00

C 级螺栓孔的允许偏差(mm)　　　表 5-15

项　　目	允　许　偏　差
直　径	+1.0 0.0
圆　度	2.0
垂直度	0.03t,且不应大于 2.0

2)螺栓孔孔距的允许偏差应符合表 5-16 的规定。超过允许偏差时,应采用与母材材质相匹配的焊条补焊后重新制孔。

螺栓孔孔距的允许偏差(mm)　　　表 5-16

螺栓孔孔距范围	≤500	501 ~ 1200	1201 ~ 3000	>3000
同一组内任意两孔间距离	±1.0	±1.5	—	—
相邻两组的端孔间距离	±1.5	±2.0	±2.5	±3.0

注:1. 在节点中连接板与一根杆件相连的所有螺栓孔为一组;
2. 对接接头在拼接板一侧的螺栓孔为一组;
3. 在两相邻节点或接头间的螺栓孔为一组,但不包括上述两款所规定的螺栓孔;
4. 受弯构件翼缘上的连接螺栓孔,每米长度范围内的螺栓孔为一组。

5.3.2 钢构件组装和预拼装

1. 组装

钢结构构件的组装是遵照施工图的要求，把已加工完成的各零件或半成品构件，用组装的手段组合成为独立的成品，这种方法通常称为组装。组装根据组装构件的特性以及组装程度，可分为部件组装、组装和预总装。

部件组装是组装的最小单元的组合，它由两个或两个以上零件按施工图的要求组装成为半成品的结构构件。

组装是把零件或半成品按施工图的要求组装成为独立的成品构件。

预总装是根据施工图把相关的两个以上成品构件，在工厂制作场地上，按其各构件空间位置总装起来。其目的是客观地反映出各构件组装接点，保证构件安装质量。钢结构构件组装通常使用的方法有：地样组装、仿形复制组装、立装、卧装、胎膜组装等。

(1)组装的一般规定

1)在组装前，组装人员必须熟悉施工图、组装工艺及有关技术文件的要求，并检查组装零部件的外观、材质、规格、数量，当合格无误后方可施工。

2)组装焊接处的连接接触面及沿边缘 30 ~ 50mm 范围内的铁锈、毛刺、污垢、冰雪等必须在组装前清除干净。

3)板材、型材需要焊接时，应在部件或构件整体组装前进行；构件整体组装应在部件组装、焊接、矫正后进行。

4)构件的隐蔽部位应先行涂装、焊接，经检查合格后方可组合；完全封闭的内表面可不涂装。

5)构件组装应在适当的工作平台及装配胎膜上进行。

6)组装焊接构件时，对构件的几何尺寸应依据焊缝等收缩变形情况，预放收缩余量；对有起拱要求的构件，必须在组装前按规定的起拱量做好起拱。

7）胎膜或组装大样定型后须经自检，合格后质检人员复检，经认可后方可组装。

8）构件组装时的连接及紧固，宜使用活络夹具及活络紧固器具；对吊车梁等承受动载荷构件的受拉翼缘或设计文件规定者，不得在构件上焊接组装卡夹具或其他物件。

9）拆取组装卡夹具时，不得损伤母材，可用气割方法割除，切割后并磨光残留焊疤。

（2）组装的质量控制

1）焊接H型钢

a. 焊接H型钢的翼缘板拼接缝和腹板拼接缝的间距不应小于200mm。翼缘板拼接长度不应小于2倍板宽；腹板拼接宽度不应小于300mm，长度不应小于600mm。

b. 焊接H型钢的允许偏差应符合GB50205—2001附录C中表C.0.1的规定。

2）组装

a. 吊车梁和吊车桁架不应下挠。

b. 焊接连接组装的允许偏差应符合GB50205—2001附录C中表C.0.2的规定。

c. 顶紧接触面应有75%以上的面积紧贴。

d. 桁架结构杆件轴线交点错位的允许偏差不得大于3.0mm。

3）端部铣平及安装焊缝坡口

a. 端部铣平的允许偏差应符合表5-17的规定。

b. 安装焊缝坡口的允许偏差应符合表5-18的规定。

c. 外露铣平面应防锈保护。

端部铣平的允许偏差(mm)　　表 5-17

项　　目	允　许　偏　差
两端铣平时构件长度	±2.0
两端铣平时零件长度	±0.5
铣平面的平面度	0.3
铣平面对轴线的垂直度	l/1500

安装焊缝坡口的允许偏差(mm)　　表 5-18

项　　目	允　许　偏　差
坡口角度	±5°
钝边	±1.0mm

4)钢构件外形尺寸

a.钢构件外形尺寸主控项目的允许偏差应符合表 5-19 的规定。

钢构件外形尺寸主控项目的允许偏差(mm)　表 5-19

项　　目	允　许　偏　差
单层柱、梁、桁架受力支托(支承面)表面至第一个安装孔距离	±1.0
多节柱铣平面至第一个安装孔距离	±1.0
实腹梁两端最外侧安装孔距离	±3.0
构件连接处的截面几何尺寸	±3.0
柱、梁连接处的腹板中心线偏移	2.0
受压构件(杆件)弯曲矢高	l/1000,且不应大于 10.0

b.钢构件外形尺寸一般项目的允许偏差应符合 GB50205—2001 附录 C 中表 C.0.3～表 C.0.9 的规定。

2. 预拼装

钢结构构件工厂内预拼装,目的是在出厂前将已制作完成的各构件进行相关组合,对设计、加工,以及适用标准的规模性验证。

(1)预拼装的一般规定

1)预拼装组合部位的选择原则:尽可能选用主要受力框架、节点连接结构复杂,构件允差接近极限且有代表性的组合构件。

2)预拼装应在坚实、稳固的平台式胎架上进行。

3)预拼装中所有构件应按施工图控制尺寸,各杆件的重心线应汇交于节点中心,并完全处于自由状态,不允许有外力强制固定。单构件支承点不论柱、梁、支撑,应不少于二个支承点。

4)预拼装构件控制基准中心线应明确标示,并与平台基线和地面基线相对一致。控制基准应按设计要求基准一致。

5)所有需进行预拼装的构件,必须制作完毕经专检员验收并符合质量标准。相同的单构件宜可互换,而不影响整体集合尺寸。

6)在胎架上预拼全过程中,不得对构件动用火焰或机械等方式进行修正、切割,或使用重物压载、冲撞、锤击。

7)大型框架露天预拼装的检测应定时。所使用测量工具的精度,应与安装单位一致。

8)高强度螺栓连接件预拼装时,可使用冲钉定位和临时螺栓紧固。试装螺栓在一组孔内不得少于螺栓孔的30%,且不少于2只。冲钉数不得多于临时螺栓的1/3。

(2)预拼装的质量控制

1)高强度螺栓和普通螺栓连接的多层叠板,应采用试孔

器进行检查,并应符合下列规定:

a. 当采用比孔公称直径小 1.0mm 的试孔器检查时,每组孔的通过率不应小于 85%;

b. 当采用比螺栓公称直径大 0.3mm 的试孔器检查时,每组孔的通过率应为 100%。

2)预拼装的允许偏差应符合 GB50205—2001 附录 D 表 D 的规定。

5.3.3 钢网架制作

1. 焊接球节点加工的一般规定

(1)焊接空心球节点由空心球、钢管杆件、连接套管等零件组成。空心球制作工艺流程应为:下料→加热→冲压→切边坡口→拼装→焊接→检验。

(2)半球圆形坯料钢板应用乙炔、氧气或等离子切割下料。坯料锻压的加热温度应控制在 900 ~ 1100℃。半球成型,其坯料须在固定锻模具上热挤压成半个球形,半球表面光滑平整,不应有局部凸起或褶皱。

(3)毛坯半圆球可在普通车床切边坡口。不加肋空心球两个半球对装时,中间应预留 2.0mm 缝隙,以保证焊透。

(4)加肋空心球的肋板位置,应在两个半球的拼接环形缝平面处。加肋钢板应用乙炔、氧气切割下料,并外径(D)留放加工余量,其内孔以 D/3 ~ D/2 割孔。

(5)空心球与钢管杆件连接时,钢管两端开坡口 30°,并在钢管两端头内加套管与空心球焊接,球面上相邻钢管杆件之间的缝隙不宜小于 10mm。钢管杆件与空心球之间应留有 2.0 ~ 6.0mm的缝隙予以焊透。

2. 螺栓球节点加工的一般规定

(1)螺栓球节点主要由钢球、高强螺栓、锥头或封板、套筒等零件组成。钢球、锥头、封板、套筒等原材料是元钢采用锯床下料,元钢经加热温度控制在900~1100℃之间,分别在固定的锻模具上压制成型。

(2)螺栓球加工应在车床上进行,其加工程序第一是加工定位工艺孔,第二是加工各弦杆孔。相邻螺孔角度必须以专用的夹具架保证。每个球必须检验合格,打上操作者标记和安装球号,最后在螺纹处涂上黄油防锈。

3. 钢管杆件加工的一般规定

(1)钢管杆件应用切割机或管子车床下料,下料后长度应放余量,钢管两端应坡口30°,钢管下料长度应预加焊接收缩量,如钢管壁厚≤6.0mm,每条焊缝放1.0~1.5mm;壁厚≥8.0mm,每条焊缝放1.5~2.0mm。钢管杆件下料后必须认真清除钢材表面的氧化皮和锈蚀等污物,并采取防腐措施。

(2)钢管杆件焊接两端加锥头或封板,长度是用专门的定位夹具控制,以保证杆件的精度和互换性。采用手工焊,焊接成品应分三步到位:一是定长度点焊;二是底层焊;三是面层焊。当采用CO_2气体保护自动焊接机床焊接钢管杆件,它只需要钢管杆件配锥头或封板后焊接自动完成一次到位,焊缝高度必须大于钢管壁厚。对接焊缝部位应在清除焊渣后涂刷防锈漆,检验合格后打上焊工钢印和安装编号。

4. 钢网架制作的质量控制

(1)螺栓球成型后,不应有裂纹、褶皱、过烧。

(2)钢板压成半圆球后,表面不应有裂纹、褶皱;焊接球其对接坡口应采用机械加工,对接焊缝表面应打磨平整。

(3)螺栓球加工的允许偏差应符合表5-20的规定。

螺栓球加工的允许偏差(mm)　　表 5-20

项目		允许偏差	检验方法
圆　度	$d\leqslant120$	1.5	用卡尺和游标卡尺检查
	$d>120$	2.5	
同一轴线上两铣平面平行度	$d\leqslant120$	0.2	用百分表 V 形块检查
	$d>120$	0.3	
铣平面距球中心距离		±0.2	用游标卡尺检查
相邻两螺栓孔中心线夹角		±30′	用分度头检查
两铣平面与螺栓孔轴线垂直度		$0.005r$	用百分表检查
球毛坯直径	$d\leqslant120$	+2.0 −1.0	用卡尺和游标卡尺检查
	$d>120$	+3.0 −1.5	

(4)焊接球加工的允许偏差应符合表 5-21 的规定。

焊接球加工的允许偏差(mm)　　表 5-21

项　　目	允　许　偏　差	检　验　方　法
直　径	$\pm0.005d$ ±2.5	用卡尺和游标卡尺检查
圆　度	2.5	用卡尺和游标卡尺检查
壁厚减薄量	$0.13t$,且不应大于 1.5	用卡尺和测厚仪检查
两半球对口错边	1.0	用套模和游标卡尺检查

(5)钢网架(桁架)用钢管杆件加工的允许偏差应符合表 5-22 的规定。

钢网架(桁架)用钢管杆件加工的允许偏差(mm)　表 5-22

项　　目	允　许　偏　差	检　验　方　法
长　度	±1.0	用钢尺和百分表检查
端面对管轴的垂直度	$0.005r$	用百分表 V 形块检查
管口曲线	1.0	用套模和游标卡尺检查

5.4 钢结构安装

钢结构安装是将各个单体(或组合体)构件组合成一个整体,其所提供的整体建筑物将直接投入生产使用,安装上出现的质量问题有可能成为永久性缺陷,同时钢结构安装工程具有作业面广,工序作业点多,材料、构件等供应渠道来自各方,手工操作比重大,交叉立体作业复杂,工程规模大小不一以及结构形式变化不同等特点,因此,更显示质量控制的重要性。

5.4.1 钢结构安装

1. 施工准备的一般规定

(1)建筑钢结构的安装,应符合施工图设计的要求,并应编制安装工程施工组织设计。

(2)安装用的专用机具和工具,应满足施工要求,并应定期进行检验,保证合格。

(3)安装的主要工艺,如测量校正、高强度螺栓安装、负温度下施工及焊接工艺等,应在安装前进行工艺试验或评定,并应在此基础上制定相应的施工工艺和施工方案。

(4)安装前,应对构件的外形尺寸、螺栓孔直径及位置、连接件位置及角度、焊缝、栓钉焊、高强度螺栓接头摩擦面加工质量、栓件表面的油漆等进行全面检查,在符合设计文件或有关标准的要求后,方能进行安装工作。

(5)安装使用的测量工具应按同一标准鉴定,并应具有相同的精度等级。

2. 基础和支承面的一般规定

(1)建筑钢结构安装前,应对建筑物的定位轴线、平面封闭角、柱的位置线、钢筋混凝土基础的标高和混凝土强度等级等进行复查，合格后方能开始安装工作。

(2)框架柱定位轴线的控制，可采用在建筑物外部或内部设辅助线的方法。每节柱的定位轴线应从地面控制轴线引上来，不得从下层柱的轴线引出。

(3)柱的地脚螺栓位置应符合设计文件或有关标准的要求，并应有保护螺纹的措施。

(4)底层柱地脚螺栓的紧固轴力，应符合设计文件的规定。螺母止退可采用双螺母，或用电焊焊牢。

(5)结构的楼层标高可按相对标高或设计标高进行控制。

3. 构件质量检查的一般规定

(1)构件成品出厂时，制作厂应将每个构件的质量检查记录及产品合格证交安装单位。

(2)对柱、梁、支撑等主要构件，在安装现场应进行复查。凡其偏差大于允许偏差时，安装前应在地面进行修理。

(3)端部进行焊接的梁柱构件，其长度尺寸应按下列方法进行检查：

1)柱的长度应增加柱端焊接产生的收缩变形值和荷载使柱产生的压缩变形值。

2)梁的长度应增加梁接头焊接产生的收缩变形值。

(4)钢构件的弯曲变形、扭曲变形以及钢构件上的连接板、螺栓孔等的位置和尺寸，应以钢构件的轴线为基准进行核对，不宜用钢构件的边棱线作为检查基准线。

4. 构件安装顺序的一般规定

(1)建筑钢结构的安装应符合下列要求：

1)划分安装流水区段；

2)确定构件安装顺序；

3)编制构件安装顺序表；

4)进行构件安装,或先将构件组拼成扩大安装单元,再行安装。

(2)安装流水区段可按建筑物的平面形状、结构形式、安装机械的数量、现场施工条件等因素划分。

(3)构件安装的顺序,平面上应从中间向四周扩展,竖向应由下向上逐层安装。

(4)构件的安装顺序表,应包括各构件所用的节点板、安装螺栓的规格数量等。

5. 钢构件安装的一般规定

(1)柱的安装应先调整标高,再调整位移,最后调整垂直偏差,并应重复上述步骤,直到柱的标高、位移、垂直偏差符合要求。调整柱垂直度的缆风绳或支撑夹板,应在柱起吊前在地面绑扎好。

(2)当由多个构件在地面组拼为扩大安装单元进行安装时,其吊点应经过计算确定。

(3)构件的零件及附件应随构件一起起吊。尺寸较大、重量较重的节点板,可以用铰链固定在构件上。

(4)柱、主梁、支撑等大构件安装时,应随即进行校正。

(5)当天安装的钢构件应形成空间稳定体系。形成空间刚度单元后,应及时对柱底板和基础顶面的空隙进行细石混凝土、灌浆料等两次浇灌。

(6)进行钢结构安装时,必须控制屋面、楼面、平台等的施工荷载和冰雪荷载等,严禁超过梁、桁架、楼面板、屋面板、平台铺板等的承载能力。

(7)一节柱的各层梁安装完毕后,宜立即安装本节柱范围内的各层楼梯,并铺设各层楼面的压型钢板。

(8)安装外墙板时,应根据建筑物的平面形状对称安装。

(9)吊车梁或直接承受动力荷载的梁其受拉翼缘、吊车桁架或直接承受动力荷载的桁架其受拉弦杆上不得焊接悬挂物和卡具。

(10)一个流水段一节柱的全部钢构件安装完毕并验收合格后，方可进行下一流水段的安装工作。

6. 安装测量校正的一般规定

(1)柱在安装校正时，水平偏差应校正到允许偏差以内。在安装柱与柱之间的主梁时，再根据焊缝收缩量预留焊缝变形值。

(2)结构安装时，应注意日照、焊接等温度变化引起的热影响对构件的伸缩和弯曲引起的变化，应采取相应措施。

(3)用缆风绳或支撑校正柱时，应在缆风绳或支撑松开状态下使柱保持垂直，才算校正完毕。

(4)在安装柱与柱之间的主梁构件时，应对柱的垂直度进行监测。除监测一根梁两端柱子的垂直度变化外，还应监测相邻各柱因梁连接而产生的垂直度变化。

(5)安装压型钢板前，应在梁上标出压型钢板铺放的位置线。铺放压型钢板时，相邻两排压型钢板端头的波形槽口应对准。

(6)栓钉施工前应标出栓钉焊接的位置。若钢梁或压型钢板在栓钉位置有锈污或镀锌层，应采用角向砂轮打磨干净。栓钉焊接时应按位置线排列整齐。

7. 钢结构安装的质量控制

(1)基础和支承面

1)建筑物的定位轴线、基础上柱的定位轴线和标高、地脚螺栓(锚栓)的规格和位置、地脚螺栓(锚栓)紧固应符合设计要求。当设计无要求时，应符合表5-23的规定。

建筑物的定位轴线、基础上柱的定位轴线和标高、地脚螺栓(锚栓)的允许偏差(mm)　　表 5-23

项　　目	允 许 偏 差	图　　例
建筑物定位轴线	$L/20000$,且不应大于 3.0	L L
基础上柱的定位轴线	1.0	Δ Δ
基础上柱底标高	±2.0	基准点
地脚螺栓(锚栓)位移	2.0	Δ Δ

2)基础顶面直接作为柱的支承面和基础顶面预埋钢板或支座作为柱的支承面时,其支承面、地脚螺栓(锚栓)位置的允许偏差应符合表 5-24 的规定。

支承面、地脚螺栓(锚栓)位置的允许偏差(mm)　表 5-24

项	目	允 许 偏 差
支承面	标　高	±3.0
	水平度	$l/1000$
地脚螺栓(锚栓)	螺栓中心偏移	5.0
预留孔中心偏移		10.0

3)采用座浆垫板时,座浆垫板的允许偏差应符合表 5-25 的规定。

座浆垫板的允许偏差(mm) 表 5-25

项 目	允 许 偏 差
顶面标高	0.0 -3.0
水平度	$l/1000$
位 置	20.0

4)采用杯口基础时,杯口尺寸的允许偏差应符合表 5-26 的规定。

杯口尺寸的允许偏差(mm) 表 5-26

项 目	允 许 偏 差
底面标高	0.0 -5.0
杯口深度 H	±5.0
杯口垂直度	$H/100$,且不应大于 10.0
位 置	10.0

5)地脚螺栓(锚栓)尺寸的偏差应符合表 5-27 的规定。地脚螺栓(锚栓)的螺纹应受到保护。

地脚螺栓(锚栓)尺寸的偏差(mm) 表 5-27

项 目	允 许 偏 差
螺栓(锚栓)露出长度	+30.0 0.0
螺纹长度	+30.0 0.0

(2)安装与校正

1)钢构件应符合设计要求和验收规范的规定。运输、堆放和吊装等造成的钢构件变形及涂层脱落,应进行矫正和修补。

2)设计要求顶紧的节点,接触面不应少于70%紧贴,且边缘最大间隙不应大于0.8mm。

3)钢屋(托)架、桁架、梁及受压杆件的垂直度和侧向弯曲矢高的允许偏差应符合表5-28的规定。

钢屋(托)架、桁架、梁及受压杆件的垂直度和侧向弯曲矢高的允许偏差(mm)　　表5-28

项　目	允许偏差		图　例
跨中的垂直度	$h/250$,且不应大于15.0		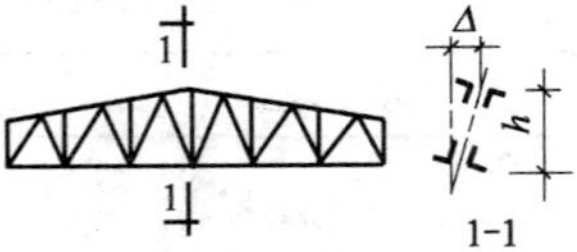 1　1　Δ　h　1-1
侧向弯曲矢高 f	$l \leqslant 30m$	$l/1000$,且不应大于10.0	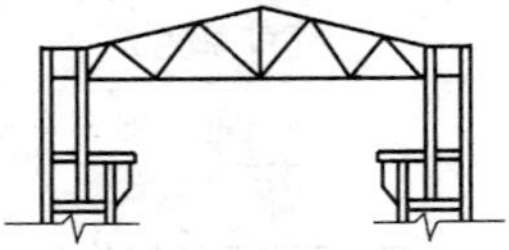
	$30m < l \leqslant 60m$	$l/1000$,且不应大于30.0	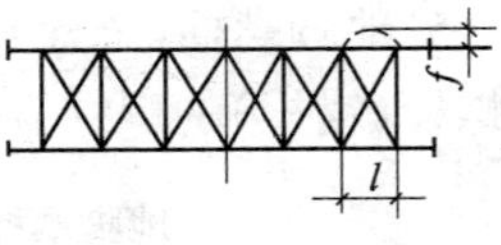 f　l
	$l > 60m$	$l/1000$,且不应大于50.0	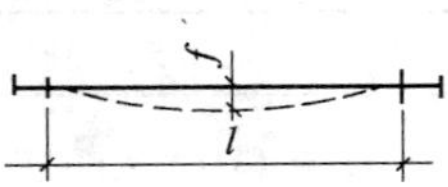 f　l

4)柱子安装的允许偏差应符合表5-29的规定。

柱子安装的允许偏差(mm)　　表 5-29

项　目	允 许 偏 差	图　例
底层柱柱底轴线对定位轴线偏移	3.0	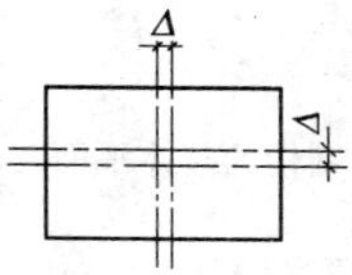 Δ Δ
柱子定位轴线	1.0	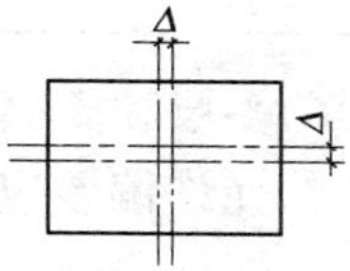 Δ Δ
单节柱的垂直度	$h/1000$，且不应大于 10.0	 Δ

5)单层钢结构主体结构的整体垂直度和整体平面弯曲的允许偏差应符合表 5-30 的规定。

单层钢结构主体结构的整体垂直度和整体平面弯曲的允许偏差(mm)　　表 5-30

项　目	允 许 偏 差	图　例
主体结构的整体垂直度	$H/1000$，且不应大于 25.0	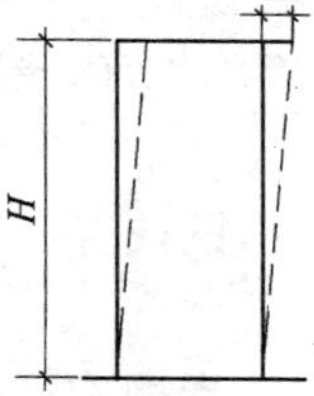 Δ H

续表

项　目	允 许 偏 差	图　例
主体结构的整体平面弯曲	$L/1500$，且不应大于 50.0	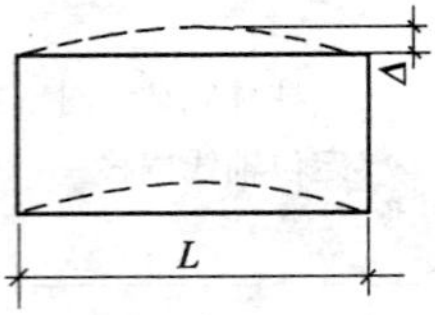 L、Δ

6)多层和高层钢结构主体结构的整体垂直度和整体平面弯曲的允许偏差应符合表 5-31 的规定。

多层和高层钢结构主体结构的整体垂直度和整体平面弯曲的允许偏差(mm)　　表 5-31

项　目	允 许 偏 差	图　例
主体结构的整体垂直度	($H/2500+10.0$)，且不应大于 50.0	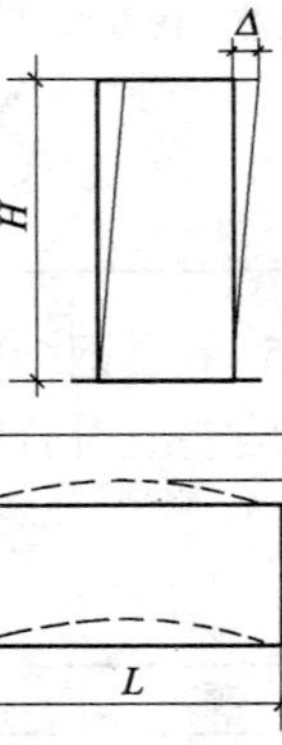 Δ、H
主体结构的整体平面弯曲	$L/1500$，且不应大于 25.0	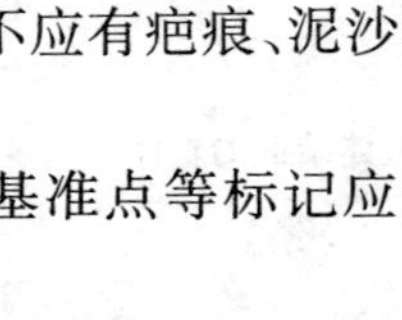 Δ、L

7)钢结构表面应干净，结构主要表面不应有疤痕、泥沙等污垢。

8)钢柱等主要构件的中心线及标高基准点等标记应齐全。

9)当钢构件安装在混凝土柱上时，其支座中心对定位轴线的偏差不应大于 10mm;当采用大型混凝土屋面板时,钢梁(或桁架)间距的偏差不应大于 10mm。

10)单层钢结构钢柱安装的允许偏差应符合 GB50205—2001 附录 E 中的表 E.0.1 的规定。

11)多层及高层钢结构钢构件安装的允许偏差应符合 GB50205—2001 附录 E 中的表 E.0.5 的规定。

12)多层及高层钢结构主体结构总高度的允许偏差应符合 GB50205—2001 附录 E 中的表 E.0.6 的规定。

13)钢吊车梁或直接承受动力荷载的类似构件,其安装的允许偏差应符合 GB50205—2001 附录 E 中的表 E.0.2 的规定。

14)檩条、墙架等次要构件安装的允许偏差应符合 GB50205—2001 附录 E 中的表 E.0.3 的规定。

15)钢平台、钢梯、栏杆安装应符合现行国家标准《固定式钢直梯》GB4053.1、《固定式钢斜梯》GB4053.2、《固定式防护栏杆》GB4053.3、《固定式钢平台》GB4053.4 的规定。钢平台、钢梯和防护栏杆安装的允许偏差应符合 GB50205—2001 附录 E 中的表 E.0.4 的规定。

16)现场焊缝组对间隙的允许偏差应符合表 5-32 的规定。

现场焊缝组对间隙的允许偏差(mm)　　表 5-32

项　　目	允　许　偏　差
无垫板间隙	+3.0 0.0
有垫板间隙	+3.0 -2.0

(3)压型金属板的安装

1)压型金属板、泛水板和包角板等应固定可靠、牢固,防腐涂料涂刷和密封材料敷设应完好，连接件数量、间距应符合设计要求和国家现行有关标准规定。

2)压型金属板应在支承构件上可靠搭接，搭接长度应符合设计要求，且不应小于表5-33所规定的数值。

压型金属板在支承构件上的搭接长度(mm)　表5-33

项	目	搭接长度
截面高度>70		375
截面高度≤70	屋面坡度<$l/10$	250
	屋面坡度≥$l/10$	200
墙面		120

3)组合楼板中压型钢板与主体结构(梁)的锚固支承长度应符合设计要求，且不应小于50mm，端部锚固件连接应可靠，设置位置应符合设计要求。

4)压型金属板安装应平整、顺直，板面不应有施工残留物和污物。檐口和墙面下端应呈直线，不应有未经处理的错钻孔洞。

5)压型金属板安装的允许偏差应符合表5-34的规定。

压型金属板安装的允许偏差(mm)　表5-34

项	目	允许偏差
屋面	檐口与屋脊的平行度	12.0
	压型金属板波纹线对屋脊的垂直度	$L/800$，且不应大于25.0
	檐口相邻两块压型金属板端部错位	6.0
	压型金属板卷边板件最大波浪高	4.0
墙面	墙板波纹线的垂直度	$H/800$，且不应大于25.0
	墙板包角板的垂直度	$H/800$，且不应大于25.0
	相邻两块压型金属板的下端错位	6.0

注：1. L 为屋面半坡或单坡长度；

2. H 为墙面高度。

5.4.2 钢网架安装

1. 一般规定

(1)网架安装前,应对照构件明细表核对进场的各种节点、杆件及连接件规格、品种和数量;查验各节点、杆件、连接件和焊接材料的原材料质量保证书和试验报告;复验工厂预装的小拼单元的质量验收合格证明书。

(2)网架安装前,根据定位轴线和标高基准点复核和验收土建施工单位设置的网架支座预埋件或预埋螺栓的平面位置和标高。

(3)网架安装必须按照设计文件和施工图要求,制定施工组织设计和施工方案,并认真加以实施。

(4)网架安装的施工图应严格按照原设计单位提供的设计文件或设计图进行绘制,若要修改,必须取得原设计单位同意,并签署设计更改文件。

(5)网架安装所使用的测量器具,必须按国家有关的计量法规的规定定期送检。测量器(钢卷尺)使用时按精度进行尺长改正、温度改正,使之满足网架安装工程质量验收的测量精度。

(6)网架安装方法应根据网架受力的构造特点、施工技术条件,在满足质量的前提下综合确定。常用的安装方法有:高空散装法;分条或分块安装法;高空滑移法;整体吊装法;整体提升法;整体顶升法。

(7)采用吊装、提升或顶升的安装方法时其吊点或支点的位置和数量的选择,应考虑下列因数:

1)宜与网架结构使用时的受力状况相接近。

2)吊点或支点的最大反力不应大于起重设备的负荷能力。

3)各起重设备的负荷宜接近。

(8)安装方法确定后,施工单位应会同设计单位按安装方法分别对网架的吊点(支点)反力、挠度、杆件内力、风荷载作用下提升或顶升时支承柱的稳定性和风载作用的网架水平推力等项进行验算,必要时应采取加固措施。

(9)网架正式施工前均应进行试拼及试安装,在确保质量安全和符合设计要求的前提下方可进行正式施工。

(10)当网架采用螺栓球节点连接时,须注意下列几点:

1)拼装过程中,必须使网架杆件始终处于非受力状态,严禁强迫就位或不按设计规定的受力状态加载。

2)拼装过程中,不宜将螺栓一次拧紧,而是须待沿建筑物纵向(横向)安装好一排或两排网架单元后,经测量复验并校正无误后方可将螺栓球节点全部拧紧到位。

3)在网架安装过程中,要确保螺栓球节点拧到位,若出现销钉高出六角套筒面外时,应及时查明原因,调整或调换零件使之达到设计要求。

(11)屋面板安装必须待网架结构安装完毕后再进行,铺设屋面板时应按对称要求进行,否则,须经验算后方可实施。

(12)网架单元宜减少中间运输。如须运输时,应采取措施防止网架变形。

(13)当组合网架结构分割成条(块)状单元时,必须单独进行承载力和刚度的验算,单元体的挠度不应大于形成整体结构后该处挠度值。

(14)曲面网架施工前应在专用胎架上进行预拼装,以确保网架各节点空间位置偏差在允许范围内。

(15)柱面网架安装顺序:先安装两个下弦球及系杆,拼装成一个简单的曲面结构体系,并及时调整球节点的空间位置,再进行上弦球和腹杆的安装，宜从两边支座向中间进行。

(16)柱面网架安装时，应严格控制网架下弦的挠度，平面位移和各节点缝隙。

(17)大跨度球面网架，其球节点空间定位应采用极坐标法。

(18)球面网架安装，其顺序宜先安装一个基准圈，校正固定后再安装与其相邻的圈。原则上从外圈到内圈逐步向内安装，以减少封闭尺寸误差。

(19)球面网架焊接时，应控制变形和焊接应力，严禁在同一杆件两端同时施焊。

2. 质量控制

(1)支承面顶板和支承垫板

1)钢网架结构支座定位轴线的位置、支座锚栓的规格应符合设计要求。

2)支承面顶板的位置、标高、水平度以及支座锚栓位置的允许偏差应符合表5-35的规定。

支承面顶板、支座锚栓位置的允许偏差(mm)　表5-35

项	目	允许偏差
支承面顶板	位置	15.0
	顶面标高	0 −3.0
	顶面水平度	$l/100$
支座锚栓	中心偏移	±5.0

3)支承垫块的种类、规格、摆放位置和朝向，必须符合设计要求和国家现行有关标准的规定。橡胶垫块和刚性垫块之间或不同类型刚性垫块之间不得互换使用。

4)网架支座锚栓的紧固应符合设计要求。

(2)总拼与安装

1)小拼单元的允许偏差应符合表5-36的规定。

小拼单元的允许偏差(mm)　　表5-36

<table>
<tr><th colspan="3">项　目</th><th>允　许　偏　差</th></tr>
<tr><td colspan="3">节点中心偏移</td><td>2.0</td></tr>
<tr><td colspan="3">焊接球节点与钢管中心的偏移</td><td>1.0</td></tr>
<tr><td colspan="3">杆件轴线的弯曲矢高</td><td>L_1/1000,且不应大于5.0</td></tr>
<tr><td rowspan="3">锥体型小拼单元</td><td colspan="2">弦杆长度</td><td>±2.0</td></tr>
<tr><td colspan="2">锥体高度</td><td>±2.0</td></tr>
<tr><td colspan="2">上弦杆对角线长度</td><td>±3.0</td></tr>
<tr><td rowspan="5">平面桁架型小拼单元</td><td rowspan="2">跨　长</td><td>≤24m</td><td>+3.0
-7.0</td></tr>
<tr><td>>24m</td><td>+5.0
-10.0</td></tr>
<tr><td colspan="2">跨中高度</td><td>±3.0</td></tr>
<tr><td rowspan="2">跨中拱度</td><td>设计要求起拱</td><td>±L/5000</td></tr>
<tr><td>设计未要求起拱</td><td>+10.0</td></tr>
</table>

注:1. L_1为杆件长度;

2. L为跨长。

2)中拼单元的允许偏差应符合表5-37的规定。

中拼单元的允许偏差(mm)　　表5-37

<table>
<tr><th colspan="2">项　目</th><th>允　许　偏　差</th></tr>
<tr><td rowspan="2">单元长度≤20m,拼接长度</td><td>单　跨</td><td>±10.0</td></tr>
<tr><td>多跨连续</td><td>±5.0</td></tr>
<tr><td rowspan="2">单元长度>20m,拼接长度</td><td>单　跨</td><td>±20.0</td></tr>
<tr><td>多跨连续</td><td>±10.0</td></tr>
</table>

3)对建筑结构安全等级为一级,跨度 40m 及以上的公共建筑钢网架结构,且设计有要求时,应按下列项目进行节点承载力试验,其结果应符合以下规定:

a. 焊接球节点应按设计指定规格的球及其匹配的钢管焊接成试件,进行轴心拉、压承载力试验,其试验破坏荷载值大于或等于 1.6 倍设计承载力为合格。

b. 螺栓球节点应按设计指定规格的球最大螺栓孔螺纹进行抗拉强度保证荷载试验,当达到螺栓的设计承载力时,螺孔、螺纹及封板仍完好无损为合格。

4)钢网架结构总拼完成后及屋面工程完成后应分别测量其挠度值,且所测的挠度值不应超过相应设计值的 1.15 倍。

5)钢网架结构安装完成后,其节点及杆件表面应干净,不应有明显的疤痕、泥砂和污垢 。螺栓球节点应将所有接缝用油腻子填嵌严密,并应将多余螺孔封口。

6)钢网架结构安装完成后,其安装的允许偏差应符合表 5-38的规定。

钢网架结构安装的允许偏差(mm)　　表 5-38

<table>
<tr><th>项　　目</th><th>允 许 偏 差</th><th>检 验 方 法</th></tr>
<tr><td>纵向、横向长度</td><td>$L/2000$,且不应大于 30.0
$-L/2000$,且不应大于 -30.0</td><td>用钢尺实测</td></tr>
<tr><td>支座中心偏移</td><td>$L/3000$,且不应大于 30.0</td><td>用钢尺和经纬仪实测</td></tr>
<tr><td>周边支承网架相邻支座高差</td><td>$L/400$,且不应大于 15.0</td><td rowspan="3">用钢尺和水准仪实测</td></tr>
<tr><td>支座最大高差</td><td>30.0</td></tr>
<tr><td>多点支承网架相邻支座高差</td><td>$L_1/800$,且不应大于 30.0</td></tr>
</table>

注:1. L 为纵向、横向长度;

2. L_1 为相邻支座间距。

5.5 钢结构涂装

5.5.1 钢结构防腐涂装

钢结构构件在使用中,经常与环境中的介质接触,由于环境介质的作用,钢材中的铁与介质产生化学反应,导致钢材被腐蚀,亦称为锈蚀。钢材受腐蚀的原因很多,可根据其与环境介质的作用分为化学腐蚀和电化学腐蚀两大类。

为了防止钢构件的腐蚀以及由此而造成的经济损失,采用涂料保护是目前我国防止钢结构构件腐蚀的最主要的手段之一。涂装防护是利用涂料的涂层使被涂物与环境隔离,从而达到防腐蚀的目的,延长被涂物件的使用寿命。

1. 涂装施工准备工作一般规定

(1)涂装之前应除去钢材表面的污垢、油脂、铁锈、氧化皮、焊渣或已失效的旧漆膜,还包括除锈后钢材表面所形成的合适的“粗糙度”。钢结构表面处理的除锈方法主要有喷射或抛射除锈、动力工具除锈、手工工具除锈、酸洗(化学)除锈和火焰除锈。

(2)在使用前,必须将桶内油漆和沉淀物全部搅拌均匀后才可使用。

(3)双组分的涂料,在使用前必须严格按照说明书所规定的比例来混合。一旦配比混合后,就必须在规定的时间内用完。

(4)施工时应对选用的稀释剂牌号及使用稀释剂的最大用量进行控制,否则会造成涂料报废或性能下降影响质量。

2. 施工环境条件的一般规定

(1)涂装工作尽可能在车间内进行,并应保持环境清洁和干燥,以防止已处理的涂料表面和已涂装好的任何表面被灰尘、水滴、油脂、焊接飞溅或其他脏物黏附在其上面而影响质量。

(2)涂装时的环境温度和相对湿度应符合涂料产品说明书的要求，当说明书无要求时，环境温度宜在5～38℃之间，相对湿度不应大于85%。

(3)涂后4h内严防雨淋。当使用无气喷涂，风力超过5级时，不宜喷涂。

3．涂装施工的一般规定

(1)涂装方法一般有浸涂、手刷、滚刷和喷漆等。在涂刷过程中的顺序应自上而下，从左到右，先里后外，先难后易，纵横交错地进行涂刷。

(2)对于边、角、焊缝、切痕等部位，在喷涂之前应先涂刷一道，然后再进行大面积涂装，以保证凸出部位的漆膜厚度。

(3)喷(抛)射磨料进行表面处理后，一般应在4～6h内涂第一道底漆。涂装前钢材表面不允许再有锈蚀，否则应重新除锈后方可涂装。

(4)构件需焊接部位应留出规定宽度暂不涂装。

(5)涂装前构件表面处理情况和涂装工作每一个工序完成后，都需检查，并作出工作记录。内容包括：涂件周围工作环境、相对湿度、表面清洁度、各层涂刷(喷)遍数、涂料种类、配料、湿、干膜厚度等。

(6)损伤涂膜应根据损伤的情况，砂、磨、铲后重新按层涂刷，仍按原工艺要求修补。

(7)包浇、埋入混凝土部位均可不做涂刷油漆。

4．防腐涂装质量控制

(1)涂装前钢材表面除锈应符合设计要求和国家现行有关标准的规定。处理后的钢材表面不应有焊渣、焊疤、灰尘、油污、水和毛刺等。当设计无要求时，钢材表面除锈等级应符合表5-39的规定。

各种底漆或防锈漆要求最低的除锈等级　　表 5-39

涂　料　品　种	除　锈　等　级
油性酚醛、醇酸等底漆或防锈漆	St2
高氯化聚乙烯、氯化橡胶、氯磺化聚乙烯、环氧树脂、聚氨酯等底漆或防锈漆	Sa2
无机富锌、有机硅、过氯乙烯等底漆	Sa2 1/2

(2)涂料、涂装遍数、涂层厚度均应符合设计要求。当设计对涂层厚度无要求时,涂层干漆膜总厚度:室外应为150μm,室内应为125μm,其允许偏差为－25μm。每遍涂层干漆膜厚度的允许偏差为－5μm。

(3)构件表面不应误涂、漏涂,涂层不应脱皮和返锈等。涂层应均匀、无明显皱皮、流坠、针眼和气泡等。

(4)当钢结构处在有腐蚀介质环境或外露且设计有要求时,应进行涂层附着力测试,在检测处范围内,当涂层完整程度达到70%以上时,涂层附着力达到合格质量标准的要求。

(5)涂装完成后,构件的标志、标记和编号应清晰完整。

5.5.2　钢结构防火涂装

钢材在高温下,会改变自己的性能而使结构降低强度,当温度达600℃时,其承载能力几乎完全丧失,可见钢结构是不耐火的。因此钢结构的防火涂装是防止建筑钢结构在火灾中倒塌,避免经济损失和环境破坏、保障人民生命与财产安全的有效办法。

1. 一般规定

(1)为了保证防火涂层和钢结构表面有足够的粘结力,在喷涂前,应清除构件表面的铁锈,必要时,除锈后应涂一层防锈底漆,且注意防锈底漆不得与防火涂料产生化学反应。

(2)在喷涂前,应将构件间的缝隙用防火涂料或其他防火材料填平,以避免产生防火薄弱环节。

(3)当风速在 5m/s 以上时,不宜施工。喷完后宜在环境温度 5~38℃,相对湿度不应大于 85%,通风条件良好的情况下干燥固化。

(4)防火涂料的喷涂施工应由专业施工单位负责施工,并由设计单位、施工单位和材料生产厂共同商讨确定实施方案。

(5)喷涂场地要求、构件表面处理、接缝填补、涂料配制、喷涂遍数等,均应符合现行国家标准《钢结构防火涂料应用技术条件》(CECS24)的规定。

2. 质量控制

(1)防火涂料涂装前钢材表面除锈及防锈底漆涂装应符合设计要求和国家现行有关标准的规定。

(2)钢结构防火涂料的粘结强度、抗压强度应符合国家现行标准《钢结构防火涂料应用技术条件》(CECS24)的规定。检验方法应符合现行国家标准《建筑构件防火喷涂材料性能试验方法》GB9978 的规定。

(3)薄涂型防火涂料的涂层厚度应符合有关耐火极限的设计要求。厚涂型防火涂料涂层的厚度,80%及以上面积应符合有关耐火极限的设计要求,且最薄处厚度不应低于设计要求的 85%。

(4)薄涂型防火涂料涂层表面裂纹宽度不应大于 0.5mm,厚涂型防火涂料涂层表面裂纹宽度不应大于 1mm。

(5)防火涂料涂装基层不应有油污、灰尘和泥砂等污垢 。

(6)防火涂料不应有误涂、漏涂,涂层应闭合无脱层、空鼓、明显凹陷、粉化松散和浮浆等外观缺陷,乳突已剔除。

5.6 钢结构分部工程质量验收

1. 根据现行国家标准《建筑工程施工质量验收统一标准》GB50300 的规定，钢结构作为主体结构之一应按子分部工程验收；当主体结构均为钢结构时应按分部工程验收。大型钢结构工程可划分成若干个子分部工程进行验收。

2. 钢结构分部工程有关安全及功能的检验和见证检测项目见表 5-40，检验应在其分项工程验收合格后进行。

钢结构分部（子分部）工程有关安全及功能的检验和见证检测项目　　表 5-40

项次	项　　目	抽检数量及检验方法	合格质量标准
1	见证取样送样试验项目： (1)钢材及焊接材料复验 (2)高强度螺栓预拉力、扭矩系数复验 (3)摩擦面抗滑移系数复验 (4)网架节点承载力试验	GB50205 第 4.2.2、4.3.2、4.4.2、4.4.3、6.3.1、12.3.3 条规定	符合设计要求和国家现行有关产品标准的规定
2	焊缝质量： (1)内部缺陷 (2)外观缺陷 (3)焊缝尺寸	一、二级焊缝按焊缝处数随机抽检 3%，且不应少于 3 处；检验采用超声波或射线探伤及 GB50205 第 5.2.6、5.2.8、5.2.9 条方法	GB50205 第 5.2.4、5.2.6、5.2.8、5.2.9 条规定
3	高强度螺栓施工质量： (1)终拧扭矩 (2)梅花头检查 (3)网架螺栓球节点	按节点数随机抽检 3%，且不应少于 3 个节点，检验按 GB50205 第 6.3.2、6.3.3、6.3.8 条方法执行	GB50205 第 6.3.2、6.3.3、6.3.8 条的规定

续表

项次	项　　目	抽检数量及检验方法	合格质量标准
4	柱脚及网架支座： (1)锚栓紧固 (2)垫板、垫块 (3)二次灌浆	按柱脚及网架支座数随机抽检10%，且不应少于3个；采用观察和尺量等方法进行检验	符合设计要求和GB50205的规定
5	主要构件变形： (1)钢屋(托)架、桁架、钢梁、吊车梁等垂直度和侧向弯曲 (2)钢柱垂直度 (3)网架结构挠度	除网架结构外，其他按构件数随机抽检3%，且不应少于3个；检验方法按GB50205第10.3.3、11.3.2、11.3.4、12.3.4条执行	GB50205第10.3.3、11.3.2、11.3.4、12.3.4条的规定
6	主体结构尺寸： (1)整体垂直度 (2)整体平面弯曲	见GB50205第10.3.4、11.3.5条的规定	GB50205第10.3.4、11.3.5条的规定

3．钢结构分部工程有关观感质量检验应按表5-41执行。

钢结构分部(子分部)工程观感质量检查项目　表5-41

项次	项　　目	抽　检　数　量	合格质量标准
1	普通涂层表面	随机抽查3个轴线结构构件	GB50205第14.2.3条的要求
2	防火涂层表面	随机抽查3个轴线结构构件	GB50205第14.3.4、14.3.5、14.3.6条的要求
3	压型金属板表面	随机抽查3个轴线间压型金属板表面	GB50205第13.3.4条的要求
4	钢平台、钢梯、钢栏杆	随机抽查10%	连接牢固，无明显外观缺陷

4．钢结构分部(子分部)合格质量标准应符合下列规定：

(1)各分项工程质量均应符合合格质量标准；

(2)质量控制资料和文件应完整；

(3)有关安全及功能的检验和见证检测结果应符合表5-40合格质量标准的要求；

(4)有关观感质量应符合表5-41合格质量标准的要求。

5. 钢结构分部(子分部)工程验收时，应提供下列文件和记录：

(1)钢结构工程竣工图纸及相关设计文件；

(2)施工现场质量管理检查记录；

(3)有关安全及功能的检验和见证检测项目检查记录；

(4)有关观感质量检验项目检查记录；

(5)分部(子分部)所含各分项工程质量验收记录；

(6)分项工程所含各检验批质量验收记录；

(7)强制性条文检验项目检查记录及证明文件；

(8)隐蔽工程检验项目检查验收记录；

(9)原材料、成品质量合格证明文件、中文标志及性能检测报告；

(10)不合格项的处理记录及验收记录；

(11)重大质量、技术问题实施方案及验收记录；

(12)其他有关文件和记录。

6. 钢结构工程质量验收记录应符合下列规定：

(1)施工现场质量管理检查记录可按现行国家标准《建筑工程施工质量验收统一标准》GB50300中附录A进行；

(2)分项工程检验批验收记录可按GB50205附录J中表J.0.1～表J.0.13进行；

(3)分项工程验收记录可按现行国家标准《建筑工程施工质量验收统一标准》GB50300中附录E进行；

(4)分部(子分部)工程验收记录可按现行国家标准《建筑工程施工质量验收统一标准》GB50300中附录F进行。

6 木结构工程

6.1 方木和原木结构

6.1.1 一般规定

1. 定义

方木和原木结构指由方木(含板材)或原木组成的结构。

2. 树种要求

木屋架和桁架所用木材的树种要求应符合设计图纸规定。在制作原木屋架时,一般采用杉木树种。在制作方木屋架时,一般采用松木树种,如东北松、美松等。

对于在干燥过程中容易翘裂的树种木材(如落叶松、云南松等),当用作桁架时,宜采用钢下弦,若采用木下弦,对于原木,其跨度不宜大于15m,对于方木不应大于2m,且应采取有效防止裂缝的措施。

3. 木材质量要求

结构工程中所使用的木材质量控制的原则是保证木材的结构力学性能,因此质量控制主要着眼于对木材缺陷的控制,如从木节、裂缝、木纹斜率、髓心位置和不许有腐朽等几个方面来加以限制,具体要求可参见质量检验主控项目。

4. 木材含水率

木材含水率高低,直接影响木材构件强度,同时过湿的木材在干燥过程中会产生木材裂缝和翘曲变形,因而对木材全截面含水率平均值应予以控制，并作为检验标准中的主控项目。

5. 防腐、防虫、防火处理

(1)在建筑物使用年限内，木材应保持其防腐、防虫、防火的性能，并对人畜无害。

(2)木材经处理后不得降低强度和腐蚀金属配件。

(3)对于工业建筑木结构需作耐酸防腐处理时，木结构基面要求较高：木材表面应平整光滑，无油脂、树脂和浮灰；木材含水率不大于15%；木基层有疖疤、树脂时，应用脂胶清漆作封闭处理。

(4)采用马尾松、木麻黄、桦木、杨木、湿地松、辐射松等易腐朽和虫蛀的树种时，整个构件应用防腐防虫药剂处理。

(5)对于易腐和虫蛀的树种，或虫害严重地区的木结构，或珍贵的细木制品，应选用防腐防虫效果较好的药剂。

(6)木材防火剂的确定应根据规范与设计要求，按建筑耐火等级确定防火剂浸渍的等级。

(7)木材构件中所有钢材的级别应符合设计要求，所有钢构件均应除锈，并进行防锈处理。

6.1.2 施工过程质量控制

1. 采用易裂树种作屋架下弦时应"破心下料"

(1)当径级较大时，沿方木底边破心，见图6-1*a*。

(2)当径级较小时，沿侧边破心，见图6-1*b*。髓心朝外用直径 $d=10\sim12$mm 螺栓拼合(见图6-1*c*)。螺栓沿下弦长度方向每隔60cm左右按两行错列布置，在节点处钢拉杆两侧各用一个螺栓系紧，参见图6-1*d*。

(3)当受条件限制不得不用湿材制作原木或方木结构时，应采取措施：可采用破心下料；桁架受拉腹杆应采取圆钢，以便调整；桁架下弦采用带髓心的方木时，在桁架支座节点处，应将髓心避开齿连接受剪面(见图 6-2)。

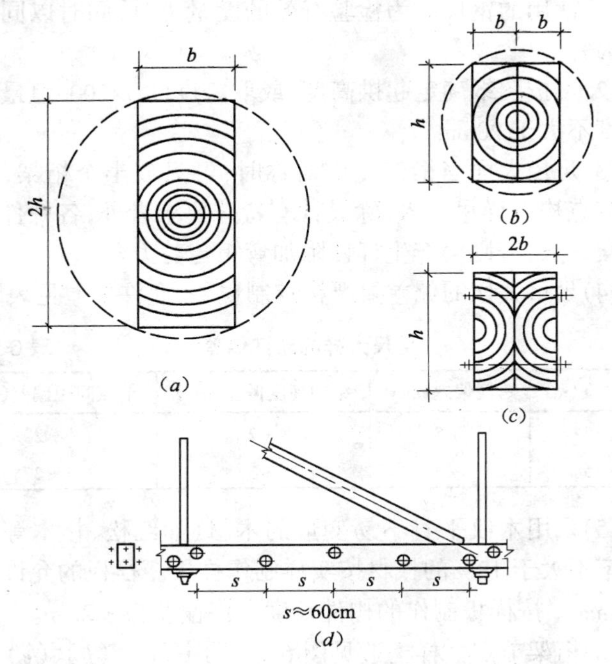

图 6-1 破心下料的方木下弦

(a)沿方木底边破心;(b)沿方木侧边破心;

(c)沿侧边破心方木拼合截面;(d)侧边破心方木拼合下弦系紧螺栓的布置

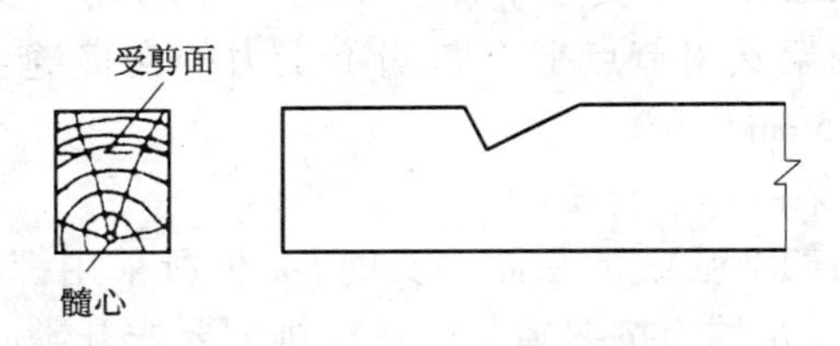

图 6-2 髓心避开齿连接受剪面的示意图

2. 制作桁架或梁之前,应按下列规定绘制足尺大样:

(1)使用的钢尺应为检验有效的度量工具,同时以同一把尺子为宜。

(2)可按图纸确定起拱高度,或取跨度的 1/200,但最大起拱高度不大于 20mm。

(3)足尺大样当桁架完全对称时,可只放半个桁架,并将全部节点构造详尽绘入,除设计有特殊要求者外,各杆件轴线应汇交一点,否则会产生杆件附加弯矩与剪力。

(4)足尺大样的偏差要严格控制误差,允许偏差见表 6-1。

足尺大样的允许偏差　　表 6-1

结构跨度(m)	跨度偏差(mm)	结构高度偏差(mm)	节点间距偏差(mm)
≤15	±5	±2	±2
>15	±7	±3	±2

(5)采用木纹平直不易变形的木材(如红松、杉木等),且含水率不大于 18%的板材按实样制作样板。样板的允许偏差为 ±1mm。按样板制作的构件长度允许偏差为 ±2mm。

(6)桁架节点大样构造见图 6-3。图中(a)、(b)、(c)、(d)各节点都显示了压杆轴和承压面成 90°;双齿连接的第一齿顶点 a 位于上下弦的上边缘交点处,第二齿槽深度应比第一齿槽至少大 2cm;桁架支座节点垫木的中心线应与设计支座轴线重合;桁架支座节点上下弦间不受力的交接缝上口 c 和 e 点宜留出 5mm 间隙。

3. 桁架制作注意事项

(1)桁架上弦或下弦需接头时,夹板所采用螺栓直径、数量及排列间距均应按图施工。螺栓排列要避开髓心。受拉构件在夹板区段的构件材质均应达到一等材的要求。

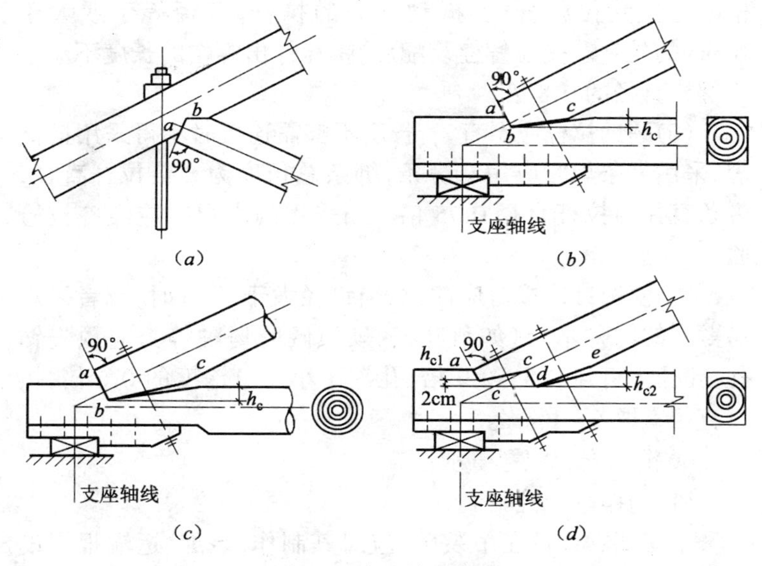

图 6-3 齿连接的构造

(2)受压接头端面应与构件轴线垂直，不应采用斜搭接头；齿连接或构件接头处不得采用凸凹榫。

(3)当采用木夹板螺栓连接的接头钻孔时，应各部固定，一次钻通，以保证孔位完全一致。受剪螺栓孔径大于螺栓直径不超过 1mm；系紧螺栓孔直径大于螺栓直径不超过 2mm。

(4)木结构中所用钢材等级应符合设计要求。钢件的连接不应用气焊或锻接。受拉螺栓垫板应根据设计要求设置。受剪螺栓和系紧螺栓的垫板若无设计要求时，应符合下列规定：厚度不小于 $0.25d$(d——螺栓直径)，且不应小于 4mm；正方形垫板的边长或圆形垫板的直径不应小于 $3.5d$。

(5)下列受拉螺栓必须戴双螺帽：如钢木屋架圆钢下弦；

桁架主要受拉腹杆；受振动荷载的拉杆；直径等于或大于20mm的拉杆。受拉螺栓装配后，螺栓伸出螺帽的长度不应小于螺栓直径的0.8倍。

(6)圆钢拉杆应平直，若长度不够需连接时不得采用搭接焊，采用绑条焊时应用双绑条，绑条总长度为8倍拉杆直径，绑条直径为拉杆直径0.75倍。当采用闪光焊时应经冷拉检验。

(7)使用钉连接时应注意：当钉径大于6mm时，或者采用易劈裂的树种木材（如落叶松、硬质阔叶树种等），应预先钻孔，孔径为钉径0.8~0.9倍，孔深不小于钉深度的0.6倍，扒钉直径宜取6~10mm。

4. 桁架安装注意事项

(1)制作后的检验

木屋架、梁、柱在吊装前，应对其制作、装配、运输根据设计要求进行检验，主要检查原材料质量，结构及其构件的尺寸正确程度及构件制作质量，并记录在案，验收合格后方可安装。

(2)吊装前的准备工作

修整运输过程中造成的缺陷；拧紧所有的螺栓螺帽；加强屋架侧向刚度和防止构件错位（临时加固）；校正支座标高、跨度和间距；对于跨度大于15m、采用圆钢下弦的钢木桁架，应采取措施防止就位后对墙柱产生水平推力。

(3)吊装过程中的注意事项

首先要对吊装机械、缆风绳、地锚坑进行检查。对跨度较大的屋架要进行试吊，以检验理论计算是否可行。在试吊过程中，应停车对结构、吊装机具、缆风绳、地锚坑等进行检查。在试吊后检查结构各部位是否受到损伤、变形或节点错位，并根据检查情况最后确定吊装方案。

(4)屋架就位检验

屋架就位后要控制稳定,检查位置与固定情况。第一榀屋架吊装后立即找中、找直、找平,并用临时拉杆(或支撑)固定。第二榀屋架吊装后,立即上脊檩,装上剪力撑。支撑与屋架用螺栓连接。

(5)防腐、防虫检验

对于经常受潮的木构件以及木构件与砖石砌体及混凝土结构接触处进行防腐处理。在虫害(白蚁、长蠹虫、粉蠹虫及家天牛等)地区的木构件应进行防虫处理。

(6)通风处理

木屋架支座节点、下弦及梁端部不应封闭在墙、保温层或其他通风不良处内,构件周边(除支承面)及端部均应留出不小于5cm的空隙。

(7)防火

木材自身易燃,在50℃以上高温烘烤下,即降低承载力和产生变形。为此木结构与烟囱、壁炉的防火间距应严格符合设计要求。木结构支承在防火墙上时,不能穿过防火墙 ,并将端面用砖墙封闭隔开。

(8)锚固

在正常情况下,屋架端头应加以锚固,故屋架安装校正完毕后,应将锚固螺栓上螺帽并拧紧。

6.1.3 质量验收标准

1. 主控项目

(1)应根据木构件的受力情况,按表6-2~表6-4规定的等级检查方木、板材及原木构件的木材缺陷限值。

检查数量:每检验批分别按不同受力的构件全数检查。

检查方法：用钢尺或量角器量测。

注：检查裂缝时，木构件的含水率必须达到下列第2条的要求。

承重木结构方木材质标准　　表6-2

项次	缺陷名称		木材等级		
			$Ⅰ_a$	$Ⅱ_a$	$Ⅲ_a$
			受拉构件或拉弯构件	受弯构件或压弯构件	受压构件
1	腐朽		不允许	不允许	不允许
2	木节：在构件任一面任何150mm长度上所有木节尺寸的总和，不得大于所在面宽的		1/3（连接部位为1/4）	2/5	1/2
3	斜纹：斜率不大于（%）		5	8	12
4	裂缝	1）在连接的受剪面上	不允许	不允许	不允许
		2）在连接部位的受剪面附近，其裂缝深度（有对面裂缝时用两者之和）不得大于材宽的	1/4	1/3	不限
5	髓心		应避开受剪面	不限	不限

注：1. $Ⅰ_a$等材不允许有死节，$Ⅱ_a$、$Ⅲ_a$等材允许有死节（不包括发展中的腐朽节），对于$Ⅱ_a$等材直径不应大于20mm，且每延米中不得多于1个，对于$Ⅲ_a$等材直径不应大于50mm，每延米中不得多于2个。

2. $Ⅰ_a$等材不允许有虫眼，$Ⅱ_a$、$Ⅲ_a$等材允许有表层的虫眼。

3. 木节尺寸按垂立于构件长度方向测量。木节表现为条状时，在条状的一面不量（参见图6-4）；直径小于10mm的木节不计。

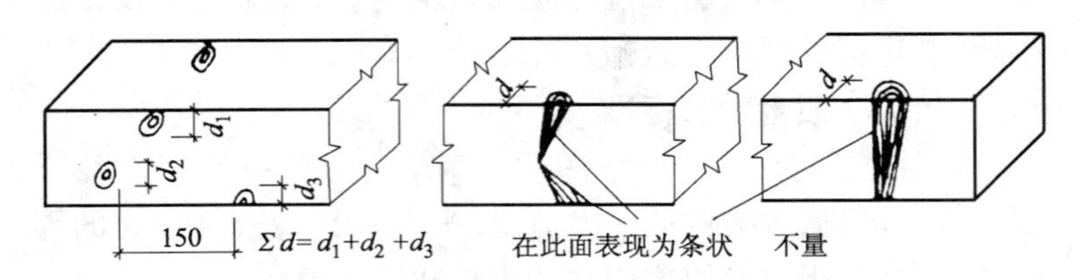

图6-4　木节量法

承重木结构板材材质标准 **表 6-3**

项次	缺陷名称	木材等级		
		$Ⅰ_a$	$Ⅱ_a$	$Ⅲ_a$
		受拉构件或拉弯构件	受弯构件或压弯构件	受压构件
1	腐朽	不允许	不允许	不允许
2	木节：在构件任一面任何 150mm 长度上所有木节尺寸的总和，不得大于所在面宽的	1/4(连接部位为 1/5)	1/3	2/5
3	斜纹：斜率不大于(%)	5	8	12
4	裂缝：连接部位的受剪面及其附近	不允许	不允许	不允许
5	髓心	不允许	不限	不限

注：同表 6-2。

承重木结构原木材质标准 **表 6-4**

项次	缺陷名称		木材等级		
			$Ⅰ_a$	$Ⅱ_a$	$Ⅲ_a$
			受拉构件或拉弯构件	受弯构件或压弯构件	受压构件
1	腐朽		不允许	不允许	不允许
2	木节	1)在构件任何 150mm 长度上沿圆周所有木节尺寸的总和，不得大于所测部位原来周长的	1/4	1/3	不限
		2)每个木节的最大尺寸，不得大于所测部位原木周长的	1/10(连接部位为 1/12)	1/6	1/6
3	扭纹：斜率不大于(%)		8	12	15
4	裂缝	1)在连接的受剪面上	不允许	不允许	不允许
		2)在连接部位的受剪面附近，其裂缝深度(有对面裂缝时用两者之和)不得大于原木直径的	1/4	1/3	不限
5	髓心		应避开受剪面	不限	不限

注：1. $Ⅰ_a$、$Ⅱ_a$ 等材不允许有死节，$Ⅲ_a$ 等材允许有死节(不包括发展中的腐朽节)，直径不应大于原木直径的 1/5，且每 2m 长度内不得多于 1 个。
2. 同表 6-2 注 2。
3. 木节尺寸按垂直于构件长度方向测量。直径小于 10mm 的木节不量。

(2)应按下列规定检查木构件的含水率:

1)原木或方木结构应不大于25%;

2)板材结构及受拉构件的连接板应不大于18%;

3)通风条件较差的木构件应不大于20%。

注:本条中规定的含水率为木构件全截面的平均值。

检查数量:每检验批检查全部构件。

检查方法:按国家标准《木材物理力学试验方法》GB1927~1943—1991的规定测定木构件全截面的平均含水率。

2. 一般项目

(1)木桁架、木梁(含檩条)及木柱制作的允许偏差应符合表6-5的规定。

木桁架、梁、柱制作的允许偏差　　表6-5

项次	项目		允许偏差(mm)	检验方法
1	构件截面尺寸	方木构件高度、宽度	-3	钢尺量
		板材厚度、宽度	-2	
		原木构件梢径	-5	
2	结构长度	长度不大于15m	±10	钢尺量桁架支座节点中心间距,梁、柱全长(高)
		长度大于15m	±15	
3	桁架高度	跨度不大于15m	±10	钢尺量脊节点中心与下弦中心距离
		跨度大于15m	±15	
4	受压或压弯构件纵向弯曲	方木构件	$L/500$	拉线钢尺量
		原木构件	$L/200$	
5	弦杆节点间距		±5	钢尺量
6	齿连接刻槽深度		±2	

续表

<table>
<tr><th>项次</th><th colspan="3">项　　目</th><th>允许偏差(mm)</th><th>检验方法</th></tr>
<tr><td rowspan="3">7</td><td rowspan="3">支座节点受剪面</td><td colspan="2">长　度</td><td>-10</td><td rowspan="3">钢尺量</td></tr>
<tr><td rowspan="2">宽度</td><td>方　木</td><td>-3</td></tr>
<tr><td>原　木</td><td>-4</td></tr>
<tr><td rowspan="3">8</td><td rowspan="3">螺栓中心间距</td><td colspan="2">进孔处</td><td>±0.2d</td><td rowspan="3"></td></tr>
<tr><td rowspan="2">出孔处</td><td>垂直木纹方向</td><td>±0.5d
且不大于
$4B/100$</td></tr>
<tr><td>顺木纹方向</td><td>±1d</td></tr>
<tr><td>9</td><td colspan="3">钉进孔处的中心间距</td><td>±1d</td><td></td></tr>
<tr><td>10</td><td colspan="3">桁架起拱</td><td>+20
-10</td><td>以两支座节点下弦中心线为准,拉一水平线,用钢尺量跨中下弦中心线与拉线之间距离</td></tr>
</table>

注:d 为螺栓或钉的直径;L 为构件长度;B 为板束总厚度。

检查数量:检验批全数。

(2)木桁架、梁、柱安装的允许偏差应符合表 6-6 的规定。

木桁架、梁、柱安装的允许偏差　　表 6-6

项次	项　目	允许偏差(mm)	检验方法
1	结构中心线的间距	±20	钢尺量
2	垂直度	$H/200$ 且不大于 15	吊线钢尺量
3	受压或压弯构件纵向弯曲	$L/300$	吊(拉)线钢尺量
4	支座轴线对支承面中心位移	10	钢尺量
5	支座标高	+5	用水准仪

注:H 为桁架、柱的高度;L 为构件长度。

(3)屋面木骨架的安装允许偏差应符合表 6-7 的规定。

检查数量:检验批全数。

屋面木骨架的安装允许偏差　　　　表 6-7

<table>
<tr><th>项次</th><th colspan="2">项　目</th><th>允许偏差(mm)</th><th>检　验　方　法</th></tr>
<tr><td rowspan="5">1</td><td rowspan="5">檩条
椽条</td><td>方木截面</td><td>-2</td><td>钢　尺　量</td></tr>
<tr><td>原木梢径</td><td>-5</td><td>钢尺量,椭圆时取大小径的平均值</td></tr>
<tr><td>间　距</td><td>-10</td><td>钢　尺　量</td></tr>
<tr><td>方木上表面平直</td><td>4</td><td rowspan="2">沿坡拉线钢尺量</td></tr>
<tr><td>原木上表面平直</td><td>7</td></tr>
<tr><td>2</td><td colspan="2">油毡搭接宽度</td><td>-10</td><td rowspan="2">钢　尺　量</td></tr>
<tr><td>3</td><td colspan="2">挂瓦条间距</td><td>±5</td></tr>
<tr><td rowspan="2">4</td><td>封山封</td><td>下边缘</td><td>5</td><td>拉 10m 线,不足 10m 拉通线</td></tr>
<tr><td>檐板平直</td><td>表　面</td><td>8</td><td>钢　尺　量</td></tr>
</table>

(4)木屋盖上弦平面横向支撑设置的完整性应按设计文件检查。

检查数量:整个横向支撑。

检查方法:按施工图检查。

3. 应具备的技术资料

(1)木材(承重木结构方材质量标准、承重木结构板材材质标准、承重木结构原木材质标准)按等级检验材质缺陷记录。

(2)木材含水率记录。

(3)木材强度试验记录:

1)取样方法应从每批木材的总数中随机抽取三根为试材,在每根试材髓心以外部分切取三个试件为一组。根据各组平均值中最低的一个值确定该批材的强度等级。

2)若检验结果高于同种树时,按同种树的强度等级使用。

3)对于树名不详的树种应按检验结果确定等级,可采用该等级的 B 组设计指标,可与设计协商处理。

(4)木屋架、柱和梁制作质量验收记录：

1)木材防护处理记录。

2)木桁架、梁、柱制作的允许偏差记录。

(5)吊装记录：

(1)木桁架、梁、柱安装允许偏差记录。

(2)屋面木骨架的安装允许偏差记录。

(3)木屋盖上弦平面横向支撑设置的完整性记录(按规定逐个无遗漏检查)。

(6)施工日记。

(7)技术复核。

6.2 胶合木结构

6.2.1 一般规定

1. 定义

将木纹平行于长度方向的木板层胶合起来称为胶合木(软质树种的层板厚度不大于45mm，硬质树种木板不应大于40mm)。

2. 材料要求

(1)层板胶合木构件应采用经应力分级标定的木板制作。各层木板的木纹应与构件长度方向一致。

(2)层板胶合木使用条件根据气候环境分为1级、2级、3级三个等级；根据使用环境的温度不同，又分为两个型号，Ⅰ型结构件温度应低于80℃，Ⅱ型结构使用环境温度低于50℃。Ⅱ型仅能用于1类或2类。

(3)层板的厚度 t 和截面面积 A 不应超过表6-8的规定。

在不同使用条件下层板刨光后的厚度与截面面积限值　　表 6-8

使用条件等级	1		2		3	
树　　种	厚度和截面面积					
	t(mm)	A(mm^2)	t(mm)	A(mm^2)	t(mm)	A(mm^2)
软质树种	45	10000	45	9000	35	7000
硬质树种	40	7500	40	7500	35	6000

当截面面积超过表 6-8 的限值时,宜在层板底面开槽,用以保证胶缝的平整度,槽宽不应大于 4mm,槽深不应大于板厚的 1/3,相邻层板的槽口应相互错开不小于层板的厚度。

弧形构件的层板厚度应随曲率半径 ρ 减小而减薄,可按下式确定:

$$t \leqslant \rho/200(\text{mm})$$

(4)层板宽度大于 200mm 时,应用两块木板拼合(图 6-5),相邻两层木板间的拼缝间距应等于或大于木板厚度或 25mm。

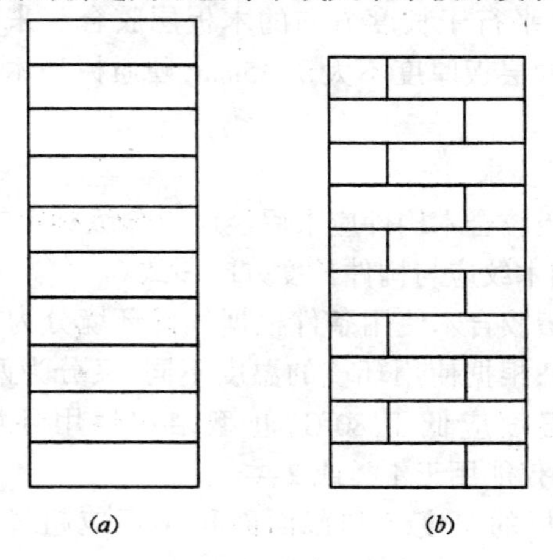

图 6-5　层板胶合木的类型

(5)层板胶合木在垂直荷载作用下受弯时,除上下两层之外,拼缝不需胶合。当有外观要求时,上、下两个面层的拼缝应用加填料的胶封闭。在水平荷载作用下受弯时,或用于使用条件等级为 3 级时,全部拼缝均应胶合。

(6)层板的目测定级规定如下:

1)定级应以每块木板的全长为依据,并应以较差的面层为准。应将密度异常小的木板剔除。

2)已定级的木板锯解后应按新的尺寸重新定级。

3)木节尺寸应按两根包括木节而平行于木板宽面边缘的直线测量,如果有两个或更多的木节在两根线内,或部分在线内,则在 200mm 长度内所有木节在两条平行线之间的尺寸(包括部分木节)的总和为有效木节尺寸。

4)在同一截面上出现两个或更多的木节时,它们的尺寸之和不应超过最大允许的木节。

5)当层板是由两块木板拼合时,应按拼合后的层板宽度确定木节的允许尺寸。

6)层板分为$\mathrm{I_b}$、$\mathrm{II_b}$ 和$\mathrm{III_b}$3 个等级,当受弯构件需加受拉区面层,则另加$\mathrm{I_{bt}}$级,其目测选材标准列于表 6-11 和表 6-12 中。

(7)层板按弹性模量定级的规定:

1)以弹性模量为主并应满足必要的目测要求;

2)弹性模量与目测要求的综合规定;

3)上述两种定级方法均要求层板的弹性模量应达到或超过规定值。

(8)胶应能形成坚固和耐久的连接,胶连接的完整性应在结构物使用期间保持始终。

结构胶的型号及其使用条件,通常由设计者选定。当制造厂要求改选胶种需与设计者商定。

6.2.2 制作质量控制

1. 层板坯料应在纵向接长和表面加工之前，窑干或气干至 8% ~ 15% 的含水率。

2. 层板坯料纵向接长应采用指形接头(以下简称指接，见图 6-6)。表 6-9 列出推荐的指接剖面尺寸范围。

注：本条推荐的指接剖面按规范第 5.2.5 条见证试验的规定验证。

推荐的指接剖面尺寸 **表 6-9**

指端宽度 b_t(mm)	指长 l(mm)	指边坡度 $s=(P-2b_t)/[2(l-l_t)]$
0.5 ~ 1.2	20 ~ 30	1/8 ~ 1/12

注：P—指形接头的指距，mm；l_t—指形接头指端缺口的长度，mm。

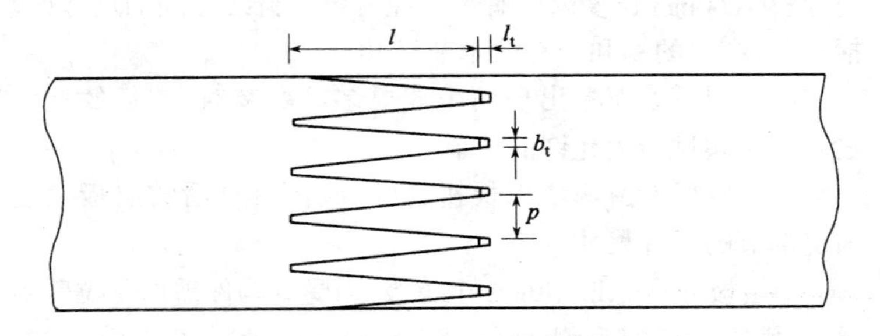

图 6-6 指接剖面的几何关系

3. 指接的间距按层板的受力情况，分别规定如下：

(1)受拉构件：当构件应力达到或超过设计值的 75% 时，相邻层板之间的距离应为 150mm。

(2)受弯构件的受拉区：在构件 1/8 高度的受拉外层再加一块层板的范围内，相邻层板之间的指接间距应为 150mm。

(3)受拉构件或受弯构件的受拉区 10% 高度内，层板自身的指接间距不应小于 1800mm。

(4)需修补后出厂的构件的受拉区最外层和相邻的内层，

距修补块端头的每一侧小于 150mm 的范围内，皆不允许有指接接头。

4. 木板应用指接胶合接长至设计的长度，经过养护后刨光。

落叶松、花旗松等不易胶合的木材及需化学药剂处理的木材，应在刨光后 6h 内胶合。

易于胶合的木材及不需化学药剂处理的木材，应在刨光后 24h 内胶合。

5. 木板胶合前应清除灰尘、污垢及渗出的胶液和化学处理药剂，但不得用砂纸打磨。两块木板的胶合面均应均匀涂胶，用胶量不得少于 350g/m²，若采用高频电干燥，不得少于 200g/m²。指接应双面涂胶。

6. 胶合时木板含水率，对于不需用化学药剂处理的木材应在 8%～15%之间，对于需用化学药剂处理的木材应在 11%～18%之间。各层木板之间及指接木板之间的含水率差别不应超过 4%。

胶合时木板温度不应低于 15℃。

7. 胶合时必须均匀加压，加压可从构件的任意位置开始，逐步延伸至端部。为在夹紧期间保持足够的压力，在夹紧后应立即开始拧紧螺栓加压器调整压力，压力应按表 6-10 所列数值控制。

不同层板厚度的胶合面压力　　　　表 6-10

层板厚度 t(mm)	$t \leqslant 35$	$35 < t \leqslant 45$ 底面有刻槽	$35 < t \leqslant 45$ 底面无刻槽
胶合面压力(N/mm²)	0.6	0.8	1.0

注：不应采用钉加压。

8. 弧形构件胶合时应采用模架，模架拱面的曲率半径应稍小于弧形构件下表面的曲率半径，以抵消卸模后构件的回

弹,其值按下式确定:

$$\rho_0 = \rho(1 - 1/n)$$

式中 ρ_0——模架拱面的曲率半径(mm);

ρ——弧形构件下表面的设计曲率半径(mm);

n——木板层数。

9. 在制作工段内的温度应不低于 15℃,空气的相对湿度应在 40%~75%的范围内。

胶合构件养护室内的温度当木材初始温度为 18℃时,应不低于 20℃;当木材初始温度为 15℃时,应不低于 25℃。养护时空气的相对湿度应不低于 30%。

在养护完全结束前,胶合构件不应受力或置于温度在 15℃以下的环境中。

10. 需在胶合前进行化学药剂处理的木材,应在胶合前完成机械加工。

11. 当采用弹性模量与目测配合定级时,应按本条的规定测定木板的弹性模量:

(1)以一片木板作为试件;

(2)按规定采样;

(3)将木板平卧放置在距端头 75mm 的两个辊轴上,其中之一能在垂直木板长度方向旋转;

(4)在跨度中点加载,荷载准确度应在 ±1%之内;

(5)在加载点用读数能达到 0.025mm 的仪表测量挠度;

(6)进行适当的预加载后,将仪表调到 0 读数;

(7)最后荷载应以试件的应力不超过 10MPa 为限;

(8)读出最后荷载下的挠度;

(9)根据最后荷载和挠度求得弹性模量;

(10)在测试的 100 个试件中,有 95 个试件的弹性模量高于规定值,即被认可。

6.2.3 质量验收标准

1. 主控项目

(1)应根据胶合木构件对层板目测等级的要求,按表6-11、表6-12的规定检查木材缺陷的限值。

层板材质标准　　表6-11

项次	缺陷名称		材质等级		
			I_b与I_{bt}	II_b	III_b
1	腐朽,压损,严重的压应木,大量含树脂的木板,宽面上的漏刨		不允许	不允许	不允许
2	木节	1)突出于板面的木节	不允许	不允许	不允许
		2)在层板较差的宽面任何200mm长度上所有木节尺寸的总和不得大于构件面宽的	1/3	2/5	1/2
3	斜纹:斜率不大于(%)		5	8	15
4	裂缝	1)含树脂的振裂	不允许	不允许	不允许
		2)窄面的裂缝(有对面裂缝时,用两者之和)深度不得大于构件面宽的	1/4	1/3	不限
		3)宽面上的裂缝(含劈裂、振裂)深 $b/8$,长 $2b$,若贯穿板厚而平行于板边长1/2	允许	允许	允许
5	髓心		不允许	不限	不限
6	翘曲、顺弯或扭曲≤4/1000,横弯≤2/1000,树脂条纹宽≤$b/12$,长≤$l/6$,干树脂囊宽3mm,长<b,木板侧边漏刨长3mm,刃具撕伤木纹,变色但不变质,偶尔的小虫眼或分散的针孔状虫眼,最后加工能修整的微小损棱		允许	允许	允许

注:1. 木节是指活节、健康节、紧节、松节及节孔;

2. b—木板(或拼合木板)的宽度;l—木板的长度;

3. III_{bt}级层板位于梁受拉区外层时在较差的宽面任何200mm长度上所有木节尺寸的总和不得大于构件面宽的1/4,在表面加工后距板边13mm的范围内,不允许存在尺寸大于10mm的木节及撕伤木纹;

4. 构件截面宽度方向由两块木板拼合时,应按拼合后的宽度定级。

边翘材横向翘曲的限值　　　表 6-12

木板厚度 (mm)	木板宽度 (mm)		
	≤100	150	≥200
20	1.0	2.0	3.0
30	0.5	1.5	2.5
40	0	1.0	2.0
45	0	0	1.0

检查数量:在层板接长前应根据每一树种,截面尺寸按等级随机取样 100 片木板。

检查方法:用钢尺或量角器量测。

当采用弹性模量与目测配合定级时,除检查目测等级外,尚应按 6.2.1 中第 11 条要求检测层板的弹性模量。应在每个工作班的开始、结尾和在生产过程中每间隔 4h 各选取 1 片木板。目测定级合格后测定弹性模量。

(2)胶缝应检验完整性,并应按照表 6-13 规定胶缝脱胶试验方法进行。对于每个树种、胶种、工艺过程至少应检验 5 个全截面试件。脱胶面积与试验方法及循环次数有关,每个试件的脱胶面积所占的百分率应小于表 6-14 所列限值。

(3)对于每个工作班应从每个流程或每 $10m^3$ 的产品中随机抽取 1 个全截面试件,对胶缝完整性进行常规检验,并应按照表 6-15 规定胶缝完整性试验方法进行。结构胶的型号与使用条件应满足表 6-13 的要求。脱胶面积与试验方法及循环次数有关,每个试件的脱胶面积所占的百分率应小于 6-14 和表 6-16 所列限值。

胶缝脱胶试验方法　　表 6-13

使用条件类别	1		2		3
胶的型号	Ⅰ	Ⅱ	Ⅰ	Ⅱ	Ⅰ
试验方法	A	C	A	C	A

注：1. 层板胶合木的使用条件根据气候环境分为3类：

1类—空气温度达到20℃，相对湿度每年有2～3周超过65%，大部分软质树种木材的平均平衡含水率不超过12%；

2类—空气温度达到20℃，相对湿度每年有2～3周超过85%，大部分软质树种木材的平均平衡含水率不超过20%；

3类—导致木材的平均平衡含水率超过20%的气候环境，或木材处于室外无遮盖的环境中。

2. 胶的型号有Ⅰ型和Ⅱ型两种：

Ⅰ型　可用于各类使用条件下的结构构件（当选用间苯二酚树脂胶或酚醛间苯二酚树脂胶时，结构构件温度应低于85℃）。

Ⅱ型　只能用于1类或2类使用条件，结构构件温度应经常低于50℃（可选用三聚氰胺脲醛树脂胶）。

胶缝脱胶率（%）　　表 6-14

试验方法	胶的型号	循环次数		
		1	2	3
A	Ⅰ		5	10
C	Ⅱ	10		

常规检验的胶缝完整性试验方法　　表 6-15

使用条件类别	1	2	3
胶的型号	Ⅰ和Ⅱ	Ⅰ和Ⅱ	Ⅰ
试验方法	脱胶试验方法C或胶缝抗剪试验	脱胶试验方法C或脱缝抗剪试验	脱胶试验方法A或B

胶缝脱胶率（%）　　表 6-16

试验方法	胶的类型	循环次数	
		1	2
B	Ⅰ	4	8

每个全截面试件胶缝抗剪试验所求得的抗剪强度和木材破坏百分率应符合下列要求：

1)每条胶缝的抗剪强度平均值应不小于 $6.0N/mm^2$,对于针叶材和杨木当木材破坏达到 100%时,其抗剪强度达到 $4.0N/mm^2$ 也被认可。

2)与全截面试件平均抗剪强度相应的最小木材破坏百分率及与某些抗剪强度相应的木材破坏百分率列于表 6-17。

与抗剪强度相应的最小木材破坏百分率(%)　表 6-17

	平均值			个别数值		
抗剪强度 f_v(N/mm^2)	6	8	≥11	4~6	6	≥10
最小木材破坏百分率	90	70	45	100	75	20

注:中间值可用插入法求得。

(4)应按下列规定检查指接范围内的木材缺陷和加工缺陷：

1)不允许存在裂缝、涡纹及树脂条纹；

2)木节距指端的净距不应小于木节直径的 3 倍；

3) I_b 和 I_{bt}级木板不允许有缺指或坏指，II_b 和 III_b 级木板的缺指或坏指的宽度不得超过允许木节尺寸的 1/3；

4)在指长范围内及离指根 75mm 的距离内,允许存在钝棱或边缘缺损,但不得超过两个角,且任一角的钝棱面积不得大于木板正常截面面积的 1%。

检查数量:应在每个工作班的开始、结尾和在生产过程中每间隔 4h 各选取 1 块木板。

检查方法:用钢尺量和辨认。

(5)层板接长的指接弯曲强度应符合规定：

1)见证试验:当新的指接生产线试运转或生产线发生显

著的变化(包括指形接头更换剖面)时,应进行弯曲强度试验。

试件应取生产中指接的最大截面。

根据所用树种、指接几何尺寸、胶种、防腐剂或阻燃剂处理等不同的情况,分别取至少 30 个试件。

凡属因木材缺陷引起破坏的试验结果应剔除,并补充试件进行试验,以取得至少 30 个有效试验数据,据此进行统计分析求得指接弯曲强度标准值 f_{mk}。

2)常规试验:从一个生产工作班至少取 3 个试件,尽可能在工作班内按时间和截面尺寸均匀分布。从每一生产批料中至少选一个试件,试件的含水率应与生产的构件一致,并应在试件制成后 24h 内进行试验。其他要求与见证试验相同。

常规试验合格的条件是 15 个有效指接试件的弯曲强度标准值大于等于 f_{mk}。

2. 一般项目

(1)胶合时木板宽度方向的厚度允许偏差应不超过 ±0.2mm,每块木板长度方向的厚度允许偏差应不超过 ±0.3mm。

检查数量:每检验批 100 块。

检查方法:用钢尺量。

(2)表面加工的截面允许偏差:

1)宽度:±2.0mm;

2)高度:±6.0mm;

3)规方:以承载处的截面为准,最大的偏离为 1/200。

检查数量:每检验批 10 个。

检查方法:用钢尺量。

(3)胶合木构件的外观质量:

1)A 级—构件的外观要求很重要而需油漆,所有表面空隙均需封填或用木料修补。表面需用砂纸打磨达到粒度为 60 的要求。下列空隙应用木料修补。

a. 直径超过 30mm 的孔洞。

b. 尺寸超过 40mm × 20mm 的长方形孔洞。

c. 宽度超过 3mm 的侧边裂缝长度为 40 ~ 100mm。

注:填料应为不收缩的材料,符合构件表面加工的要求。

2)B 级—构件的外观要求表面用机具刨光并加油漆。表面加工应达到上述第(2)条的要求。表面允许有偶尔的漏刨,允许有细小的缺陷、空隙及生产中的缺损。最外的层板不允许有松软节和空隙。

3)C 级—构件的外观要求不重要,允许有缺陷和空隙,构件胶合后无须表面加工。构件的允许偏差和层板左右错位限值示于图 6-7 及表 6-18 之中。

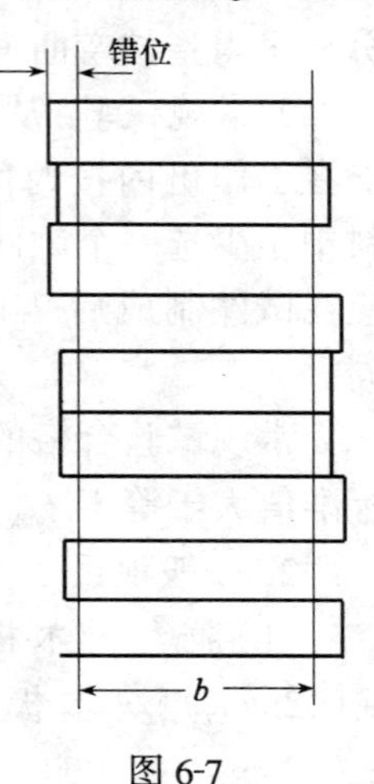

图 6-7

胶合木构件外观 C 级的允许偏差和错位　　表 6-18

截面的高度或宽度 (mm)	截面高度或宽度的允许偏差 (mm)	错位的最大值 (mm)
(h 或 b) < 100	± 2	4
100 ≤ (h 或 b) < 300	± 3	5
300 ≤ (h 或 b)	± 6	6

检查数量:每检验批当要求为 A 级时,应全数检查,当要求为 B 或 C 级时,要求检查 10 个。

检查方法:用钢尺量。

3. 应具备的资料

(1)层板目测质量等级记录

1)定级应以每块木板的全长为依据,并以较差的面为准。应将密度异常小的木板剔除。

2)已定级的木板锯解后应按新的尺寸重新定级。

3)木节尺寸应按两根包括木节而平行于木板宽面边缘的直线测量,如果有两个或更多的木节在两根线内,或部分在线内,则在200mm长度内所有木节在两条平行线之间的尺寸(包括部分木节)的总和为有效木节尺寸。

4)在同一截面上出现更多的木节时,它们的尺寸之和不应超过最大允许的木节。

5)当层板是由两块木板拼合时,应按拼合后的层板宽度确定木节的允许尺寸。

6)边翘材横向翘曲的限值不能超过要求。

(2)如按弹性模量定级时,除有上述记录并满足要求的同时,还需满足弹性模量的相应要求记录。在测试的100个试件中,有95个试件的弹性模量高于规定值,即被认可。

(3)胶型记录——出厂证明书。

(4)胶缝完整性试验,胶缝脱胶率记录。

(5)胶缝抗剪强度记录及与抗剪强度相对应的最小木材破坏率记录。

(6)胶合木生产日记。

(7)胶合木外观检查记录,并定A、B、C三个级别。

(8)胶合木上应打上标签,其上注明生产日期、批号、等级、检验人及生产厂名品牌等。

6.3 轻型木结构

6.3.1 一般规定

1. 定义

将木基结构板材与间距不大于600mm侧立的规格材用钉连接成墙体、楼盖和屋盖，并组成框架式结构，用于1～3层。

通常是由锚固在条形基础上的规格材作墙骨，木基结构板材做面板的框架承重墙，支承规格材组合梁或层板胶合梁作主梁或屋脊梁，规格材作搁栅、椽条与木结构板材构成楼盖与屋盖，并加必要的剪力墙和支撑系统。

2. 材料要求

(1)木框架结构用材分七个规格等级，即I_c、II_c、III_c、IV_c、V_c、VI_c、VII_c。具体要求参见表6-19轻型木结构用规格材材质标准。

(2)规格材含水率不超过18%。

(3)等级标识：所有目测分等和机械分等，规格材均盖有经认证的分等机构或组织提供的等级标识。标识应在规格材的宽面，并明确指出：生产者名称、树种组合名称、生产木材含水率及根据“统一分等标准”或等效分等标准的等级代号。

(4)用于屋面板、墙面板和楼面板的木基结构板材、结构胶合板或定向末片板应根据国家或国际标准生产，并经相应认证机构根据ISO Guide 65的有关要求，对产品的生产厂家是否符合有关标准做出认证。

(5)石膏板应符合ASTM中C97/C97M—01“采用经过化学药剂处理或末经处理板芯的墙面石膏板标准”规定的有关

要求。

(6)其他结构用木材应根据规范规定的产品标准制造。

1)结构复合木材:应根据 ASTMD—5055 的规定制造。

2)预制工字形木搁栅:应根据 ASTMD—5456 的规定制造。

6.3.2 施工过程质量控制

1. 轻型木框架结构应符合国家标准《木结构设计规范》GB50005 的要求设计的施工图进行施工。

2. 木框架所用的木材、普通圆钢钉、麻花钉及 U 形钉应符合质量要求。

3. 施工过程要严格控制轴线及标高尺寸,由专人放线后并经专人验收复核。

4. 注意框架结构纵向横向的稳定系统:如剪刀撑、横向斜撑和水平杆件要及时安装并固定,否则不能继续向上进行。

5. 木材端面安装前应进行隐蔽工程验收,如防腐蚀材料等检查。

6.3.3 质量验收标准

1. 主控项目

(1)规格材的应力等级检验应满足下列要求:

1)对于每个树种、应力等级、规格尺寸至少应随机抽取 15 个足尺试件进行侧立受弯试验,测定抗弯强度。

2)根据全部试验数据统计分析后求得的抗弯强度设计值应符合规定。

(2)应根据设计要求的树种、等级按表 6-19 的规定检查规格材的材质和木材含水率(≤18%)。

检查数量:每检验批随机取样 100 块。

检查方法:用钢尺或量角器测,按国家标准《木材物理力学试验方法》GB1927 ~ 1943—1991 的规定(表 6-20、表 6-21)测定规格材全截面的平均含水率，并对照规格材的标识。

(3)用作楼面板或屋面板的木基结构板材应进行集中静载与冲击荷载试验和均布荷载试验，其结果应分别符合表 6-22 和表 6-23 的规定。

此外，结构用胶合板每层单板所含的木材缺陷不应超过表 6-24 中的规定，并对照木基结构板材的标识。

(4)普通圆钉的最小屈服强度应符合设计要求。

检查数量：每种长度的圆钉至少随机抽取 10 枚。

检查方法：进行受弯试验。

轻型木结构用规格材材质标准　　表 6-19

项次	缺陷名称	材质等级		
		$Ⅰ_c$	$Ⅱ_c$	$Ⅲ_c$
1	振裂和干裂	允许个别长度不超过 600mm，不贯通，如贯通，参见劈裂要求		贯通：600mm 长，不贯通：900mm 长或不超过 1/4 构件长，干裂：无限制，贯通干裂参见劈裂要求
2	漏　刨	构件的 10%轻度漏刨[3]		轻度漏刨不超过构件的 5%，包含长达 600mm 的散布漏刨[5]，或重度漏刨[4]
3	劈　裂	$b/6$		$1.5b$
4	斜纹：斜率不大于(%)	8	10	12
5	钝棱[6]	$h/4$ 和 $b/4$，全长或等效，如果每边的钝棱不超过 $h/2$ 或 $b/3$，$L/4$		$h/3$ 和 $b/3$，全长或等效，如果每边钝棱不超过 $2h/3$ 或 $b/2$，$L/4$
6	针孔虫眼	每 25mm 的节孔允许 48 个针孔虫眼，以最差材面为准		
7	大虫眼	每 25mm 的节孔允许 12 个 6mm 的大虫眼，以最差材面为准		
8	腐朽：材心[17]a	不允许		当 $h>40$mm 时不允许，否则 $h/3$ 或 $b/3$

续表

项次	缺陷名称	材质等级								
		Ⅰ$_c$			Ⅱ$_c$			Ⅲ$_c$		
9	腐朽：白腐[17]b	不允许						1/3 体积		
10	腐朽：蜂窝腐[17]c	不允许						1/6 材宽[13]—坚实[13]		
11	腐朽：局部片状腐[17]d	不允许						1/6 材宽[13],[14]		
12	腐朽：不健全材	不允许						最大尺寸 $b/12$ 和 50mm 长，或等效的多个小尺寸[13]		
13	扭曲，横弯和顺弯[7]	1/2 中度						轻度		
14	木节和节孔[16]高度（mm）	健全节、卷入节和均布节[8]		非健全节，松节和节孔[9]	健全节、卷入节和均布节		非健全节，松节和节孔[10]	任何木节		节孔[11]
		材边	材心		材边	材心		材边	材心	
	40	10	10	10	13	13	13	16	16	16
	65	13	13	13	19	19	19	22	22	22
	90	19	22	19	25	38	25	32	51	32
	115	25	38	22	32	48	29	41	60	35
	140	29	48	25	38	57	32	48	73	38
	185	38	57	32	51	70	38	64	89	51
	235	48	67	32	64	93	38	83	108	64
	285	57	76	32	76	95	38	95	121	76

项次	缺陷名称	材质等级	
		Ⅳ$_c$	Ⅴ$_c$
1	振裂和干裂	贯通：$L/3$ 不贯通：全长 3 面振裂：$L/6$ 干裂无限制，贯通干裂参见劈裂要求	不贯通　全长 贯通和三面振裂 $L/3$

续表

<table>
<tr><td rowspan="2">项次</td><td rowspan="2">缺陷名称</td><td colspan="6">材 质 等 级</td></tr>
<tr><td colspan="3">Ⅳ$_c$</td><td colspan="3">Ⅴ$_c$</td></tr>
<tr><td>2</td><td>漏 刨</td><td colspan="3">散布漏刨伴有不超过构件10%的重度漏刨[14]</td><td colspan="3">任何面的散布漏刨中，宽面含不超过10%的重度漏刨[4]</td></tr>
<tr><td>3</td><td>劈 裂</td><td colspan="3">$b/6$</td><td colspan="3">$2b$</td></tr>
<tr><td>4</td><td>斜纹：斜率不大于(%)</td><td colspan="3">25</td><td colspan="3">25</td></tr>
<tr><td>5</td><td>钝棱[6]</td><td colspan="3">$h/2$ 和 $b/2$，全长或等效不超过 $7h/8$ 或 $3b/4$，$L/4$</td><td colspan="3">$h/3$ 和 $b/3$，全长或每个面等效，如果钝棱不超过 $h/2$ 或 $3b/4$，$\leqslant L/4$</td></tr>
<tr><td>6</td><td>针孔虫眼</td><td colspan="6">每25mm的节孔允许48个针孔虫眼，以最差材面为准</td></tr>
<tr><td>7</td><td>大虫眼</td><td colspan="6">每25mm的节孔允许12个6mm的大虫眼，以最差材面为准</td></tr>
<tr><td>8</td><td>腐朽：材心[17]a</td><td colspan="3">1/3截面[13]</td><td colspan="3">1/3截面[15]</td></tr>
<tr><td>9</td><td>腐朽：白腐[17]b</td><td colspan="3">无限制</td><td colspan="3">无限制</td></tr>
<tr><td>10</td><td>腐朽：蜂窝腐[17]c</td><td colspan="3">100%坚实</td><td colspan="3">100%坚实</td></tr>
<tr><td>11</td><td>腐朽：局部片状腐[17]d</td><td colspan="3">1/3截面</td><td colspan="3">1/3截面</td></tr>
<tr><td>12</td><td>腐朽：不健全材</td><td colspan="3">1/3截面，深入部分1/6长度[15]</td><td colspan="3">1/3截面，深入部分1/6长度[15]</td></tr>
<tr><td>13</td><td>扭曲，横弯和顺弯[7]</td><td colspan="3">中度</td><td colspan="3">1/2中度</td></tr>
<tr><td rowspan="6">14</td><td rowspan="2">木节和节孔[16]高度(mm)</td><td colspan="2">任何木节</td><td rowspan="2">节孔[12]</td><td colspan="2" rowspan="2">任何木节</td><td rowspan="2">节孔[12]</td></tr>
<tr><td>材边</td><td>材心</td></tr>
<tr><td>40</td><td>19</td><td>19</td><td>19</td><td>19</td><td>19</td><td>19</td></tr>
<tr><td>65</td><td>32</td><td>32</td><td>32</td><td>32</td><td>32</td><td>32</td></tr>
<tr><td>90</td><td>44</td><td>64</td><td>44</td><td>44</td><td>64</td><td>38</td></tr>
<tr><td>115</td><td>57</td><td>76</td><td>48</td><td>57</td><td>76</td><td>44</td></tr>
</table>

续表

项次	缺陷名称	材质等级					
		IV_c			V_c		
14	木节和节孔[16]高度(mm)	任何木节		节孔[12]	任何木节		节孔[12]
		材边	材心				
	140	70	95	51	70	95	51
	185	89	114	64	89	114	64
	235	114	140	76	114	140	76
	285	140	165	89	140	165	89

项次	缺陷名称	材质等级	
		IV_c	V_c
1	振裂和干裂	材面不长于600mm,贯通干裂同劈裂	贯通:600mm长不贯通:900mm长或不大于 $L/4$
2	漏刨	构件的10%轻度漏刨[3]	轻度漏刨不超过构件的5%,包含长达600mm的散布漏刨[5]或重度漏刨[4]
3	劈裂	b	$1.5b$
4	斜纹:斜率不大于(%)	17	25
5	钝棱[6]	$h/4$ 和 $b/4$,全长或每个面等效钝棱不超过 $h/2$ 或 $b/3$,$L/4$	$h/3$ 和 $b/3$,全长或每个面等效不超过 $2h/3$ 或 $b/2$,$\leqslant L/4$
6	针孔虫眼	每25mm的节孔允许48个针孔虫眼,以最差材面为准	
7	大虫眼	每25mm的节孔允许12个6mm的大虫眼,以最差材面为准	
8	腐朽:材心[17]a	不允许	$h/3$ 或 $b/3$
9	腐朽:白腐[17]b	不允许	1/3体积
10	腐朽:蜂窝腐[17]c	不允许	$b/6$
11	腐朽:局部片状腐[17]d	不允许	$b/6$[14]
12	腐朽:不健全材	不允许	最大尺寸 $b/12$ 和50mm长,或等效的小尺寸[13]

续表

项次	缺陷名称	材质等级			
		Ⅳc		Ⅴc	
13	扭曲,横弯和顺弯[7]	1/2 中度		轻度	
14	木节和节孔[16]高度(mm)	健全节、卷入节和均布节	非健全节,松节和节孔[10]	任何木节	节孔[11]
	40	—	—	—	
	65	19	16	25	19
	90	32	19	38	25
	115	38	25	51	32
	140				
	185				
	235				
	285				

[1]目测分等应考虑构件所有材面以及二端。表中 b—构件宽度,h—构件厚度,L—构件长度。

[2]除本注解中已说明,缺陷定义详见国家标准《锯材缺陷》GB/T4823—1995。

[3]一系列深度不超过 1.6mm 的漏刨,介于刨光的表面之间。

[4]全长深度为 3.2mm 的漏刨(仅在宽面)。

[5]全面散布漏刨或局部有刨光面或全为糙面。

[6]离材端全面或部分占据材面的钝棱,当表面要求满足允许漏刨规定,窄面上损坏要求满足允许节孔的规定(长度不超过同一等级允许最大节孔直径的二倍),钝棱的长度可为 305mm,每根构件允许出现一次。含有该缺陷的构件不得超过总数的 5%。

[7]见表 6-20 和表 6-21,顺弯允许值是横弯的 2 倍。

[8]卷入节是指被树脂或树皮包围不与周围木材连生的木节,均布节是指在构件任何 150mm 长度上所有木节尺寸的总和,它必须小于容许最大木节尺寸的 2 倍。

[9]每 1.2m 有一个或数个小节孔,小节孔直径之和与单个节孔直径相等。非健全节是指腐朽节,但不包括发展中的腐朽节。

[10]每 0.9m 有一个或数个小节孔,小节孔直径之和与单个节孔直径相等。

[11]每 0.6m 有一个或数个小节孔,小节孔直径之和与单个节孔直径相等。
[12]每 0.3m 有一个或数个小节孔,小节孔直径之和与单个节孔直径相等。
[13]仅允许厚度为 40mm。
[14]假如构件窄面均有局部片状腐,长度限制为节孔尺寸的二倍。
[15]不得破坏钉入边。
[16]节孔可以全部或部分贯通构件。除非特别说明,节孔的测量方法同节子。
[17]腐朽(不健全材)

1)材心腐朽是指某些树种沿髓心发展的局部腐朽,用目测鉴定。心材腐朽存在于活树中,在被砍伐的木材中不会发展。

2)白腐是指木材中白色或棕色的小壁孔或斑点,由白腐菌引起。白腐存在于活树中,在使用时不会发展。

3)蜂窝腐与白腐相似但囊孔更大。含有蜂窝腐的构件较未含蜂窝腐的构件容易腐朽。

4)局部片状腐是柏树中槽状或壁孔状的区域。所有引起局部片状腐的木腐菌在树砍伐后不再生长。

规格材的允许扭曲值　　表 6-20

长度(m)	扭曲程度	高度(mm)					
		40	65 和 90	115 和 140	185	235	285
1.2	极轻	1.6	3.2	5	6	8	10
	轻度	3	6	10	13	16	19
	中度	5	10	13	19	22	29
	重度	6	13	19	25	32	38
1.8	极轻	2.4	5	8	10	11	14
	轻度	5	10	13	19	22	29
	中度	7	13	19	29	35	41
	重度	10	19	29	38	48	57
2.4	极轻	3.2	6	10	13	16	19
	轻度	6	5	19	25	32	38
	中度	10	19	29	38	48	57
	重度	13	25	38	51	64	76
3	极轻	4	8	11	16	19	24
	轻度	8	16	22	32	38	48
	中度	13	22	35	48	60	70
	重度	16	32	48	64	79	95

续表

长度(m)	扭曲程度	高　度　(mm)					
		40	65 和 90	115 和 140	185	235	285
3.7	极轻	5	10	14	19	24	29
	轻度	10	19	29	38	48	57
	中度	14	29	41	57	70	86
	重度	19	38	57	76	95	114
4.3	极轻	6	11	16	22	27	33
	轻度	11	22	32	44	54	67
	中度	16	32	48	67	83	98
	重度	22	44	67	89	111	133
4.9	极轻	6	13	19	25	32	38
	轻度	13	25	38	51	64	76
	中度	19	38	57	76	95	114
	重度	25	51	76	102	127	152
5.5	极轻	8	14	21	29	37	43
	轻度	14	29	41	57	70	86
	中度	22	41	64	86	108	127
	重度	29	57	86	108	143	171
≥6.1	极轻	8	16	24	32	40	48
	轻度	16	32	48	64	79	95
	中度	25	48	70	95	117	143
	重度	32	64	95	127	159	191

规格材的允许横弯值　　　　表 6-21

长度(m)	横弯程度	高　度　(mm)						
		40	65	90	115 和 140	185	235	285
1.2 和 1.8	极轻	3.2	3.2	3.2	3.2	1.6	1.6	1.6
	轻度	6	6	6	5	3.2	1.6	1.6
	中度	10	10	10	6	5	3.2	3.2
	重度	13	13	13	10	6	5	5
2.4	极轻	6	6	5	3.2	3.2	1.6	1.6
	轻度	10	10	10	8	6	5	3.2
	中度	13	13	13	10	10	6	5
	重度	19	19	19	16	13	10	6

续表

长度(m)	横弯程度	高度 (mm)						
		40	65	90	115和140	185	235	285
3.0	极轻	10	8	6	5	5	3.2	3.2
	轻度	19	16	13	11	10	6	5
	中度	35	25	19	16	13	11	10
	重度	44	32	29	25	22	19	16
3.7	极轻	13	10	10	8	6	5	5
	轻度	25	19	17	16	13	11	10
	中度	38	29	25	25	21	19	14
	重度	51	38	35	32	29	25	21
4.3	极轻	16	13	11	10	8	6	5
	轻度	32	25	22	19	16	13	10
	中度	51	38	32	29	25	22	19
	重度	70	51	44	38	32	29	25
4.9	极轻	19	16	13	11	10	8	6
	轻度	41	32	25	22	19	16	13
	中度	64	48	38	35	29	25	22
	重度	83	64	51	44	38	32	29
5.5	极轻	25	19	16	13	11	10	8
	轻度	51	35	29	25	22	19	16
	中度	76	52	41	38	32	29	25
	重度	102	70	57	51	44	38	32
6.1	极轻	29	22	19	16	13	11	10
	轻度	57	38	35	32	25	22	19
	中度	86	57	52	48	38	32	29
	重度	114	76	70	64	51	44	38
6.7	极轻	32	25	22	19	16	13	11
	轻度	64	44	41	38	32	25	22
	中度	95	67	62	57	48	38	32
	重度	127	89	83	76	64	51	44
7.3	极轻	38	29	25	22	19	16	13
	轻度	76	51	30	44	38	32	25
	中度	114	76	48	67	57	48	41
	重度	152	102	95	89	76	64	57

木基结构板材在集中静载和冲击荷载作用下应控制的力学指标[1]　　表 6-22

用途	标准跨度(最大允许跨度)(mm)	试验条件	冲击荷载(N·m)	最小极限荷载[2](kN)		0.89kN 集中静载作用下的最大挠度[3](mm)
				集中静载	冲击后集中静载	
楼面板	400(410)	干态及湿态重新干燥	102	1.78	1.78	4.8
	500(500)	干态及湿态重新干燥	102	1.78	1.78	5.6
	600(610)	干态及湿态重新干燥	102	1.78	1.78	6.4
	800(820)	干态及湿态重新干燥	122	2.45	1.78	5.3
	1200(1220)	干态及湿态重新干燥	203	2.45	1.78	8.0
屋面板	400(410)	干态及湿态	102	1.78	1.33	11.1
	500(500)	干态及湿态	102	1.78	1.33	11.9
	600(610)	干态及湿态	102	1.78	1.33	12.7
	800(820)	干态及湿态	122	1.78	1.33	12.7
	1200(1220)	干态及湿态	203	1.78	1.33	12.7

注:1. 单个试验的指标。
2.100%的试件应能承受表中规定的最小极限荷载值。
3. 至少 90%的试件的挠度不大于表中的规定值。在干态及湿态重新干燥试验条件下,楼面板在静载和冲击荷载后静载的挠度,对于屋面板只考虑静载的挠度,对于湿态试验条件下的屋面板,不考虑挠度指标。

木基结构板材在均布荷载作用下应控制的力学指标[1]　　表 6-23

用途	标准跨度(最大允许跨度)(mm)	试验条件	性能指标[1]	
			最小极限荷载[2](kPa)	最大挠度[3](mm)
楼面板	400(410)	干态及湿态重新干燥	15.8	1.1
	500(500)	干态及湿态重新干燥	15.8	1.3
	600(610)	干态及湿态重新干燥	15.8	1.7

续表

用途	标准跨度(最大允许跨度)(mm)	试验条件	性能指标[1]	
			最小极限荷载[2](kPa)	最大挠度[3](mm)
楼面板	800(820)	干态及湿态重新干燥	15.8	2.3
	1200(1220)	干态及湿态重新干燥	10.8	3.4
屋面板	400(410)	干态	7.2	1.7
	500(500)	干态	7.2	2.0
	600(610)	干态	7.2	2.5
	800(820)	干态	7.2	3.4
	1000(1020)	干态	7.2	4.4
	1200(1220)	干态	7.2	5.1

注:1. 单个试验的指标。

2. 100%的试件应能承受表中规定的最小极限荷载值。

3. 每批试件的平均挠度应不大于表中的规定值。4.79kPa 均布荷载作用下的楼面最大挠度;或 1.68kPa 均布荷载作用下的屋面最大挠度。

结构胶合板每层单板的缺陷限值　　表 6-24

缺陷特征	缺陷尺寸(mm)
实心缺陷:木节	垂直木纹方向不得超过 76
空心缺陷:节孔或其他孔眼	垂直木纹方向不得超过 76
劈裂、离缝、缺损或钝棱	$l<400$,垂直木纹方向不得超过 40 $400\leqslant l\leqslant 800$,垂直木纹方向不得超过 30 $l>800$,垂直木纹方向不得超过 25
上、下面板过窄或过短	沿板的某一侧边或某一端头不超过 4,其长度不超过板材的长度或宽度的一半
与上、下面板相邻的总板过窄或过短	$\leqslant 4\times 200$

注:l—缺陷长度。

2. 一般项目

木框架各种构件的钉连接、墙面板和屋面板与框架构件的钉连接及屋脊梁无支座时椽条与搁栅的钉连接均应符合设计要求。

检查数量:按检验批全数。

检查方法:钢尺或游标卡尺量。

3. 应具备的技术资料

(1)板材冲击抗弯与静载抗弯强度试验报告。

(2)含水率试验报告。

(3)目测轻型木结构规格材质等级报告。

(4)普通圆钉抗弯试验记录。

(5)规格木材应力等级报告(抗弯强度)。

(6)技术复核及隐蔽检查报告。

(7)施工日记。

6.4 木结构的防护

6.4.1 一般规定

1. 防护材料选用要求

为确保木结构达到设计使用年限,应根据使用环境和使用树种的耐腐或抗虫蛀的性能,确定是否采用防护药剂进行处理。

2. 木材结构的使用环境分为三级,HJⅠ、HJⅡ及 HJⅢ,定义如下:

(1)HJⅠ:木材和复合木材用于地面以上:

1)室内结构。2)室外有遮盖的木结构。3)室外暴露在大气中或长期处于潮湿状态的木结构。

(2)HJⅡ:木材和复合木材用于与地面(或土壤)、淡水接触处,或处于其他易遭腐朽的环境(例如埋于砌体或混凝土中的木构件)及虫害地区。

(3)HJⅢ:木材和复合木材用于与地面(或土壤)接触处:

1)园艺场或虫害严重地区。

2)亚热带或热带。

注:不包括海事用途的木材。

3. 防护剂应具有毒杀木腐菌和害虫的功能,而不致危害人畜和污染环境,因此对下述防护剂应限制其使用范围:

(1)混合防腐油和五氯酚只用于与地面(或土壤)接触的房屋构件防腐和防虫,应用两层可靠的包皮密封,不得用于居住建筑的内部和农用建筑的内部,以防与人畜直接接触;并不得用于储存食品的房屋或能与饮用水接触的处所。

(2)含砷的无机盐可用于居住、商业或工业房屋的室内,只需在构件处理完毕后将所有的浮尘清除干净,但不得用于储存食品的房屋或能与饮用水接触的处所。

4. 药剂验收、运输和储存

(1)药剂应按说明书验收。

(2)药剂运输和储存时,其包装应符合规定。

(3)药剂应储存在封闭的仓库中,并与其他材料隔离。

(4)可燃或易爆炸的药剂应遵守有关可燃或爆炸材料储存规程的规定。

(5)药剂的运输、装卸和使用应遵守有关部门工业毒物安全技术规定。

6.4.2 施工操作要点

1. 用防护剂处理木材的方法有浸渍法、喷洒法和涂刷法。

浸渍法包括常温浸渍法、冷热槽法、加压处理法：为了保证达到足够的防护剂透入度，锯材、层板胶合木、胶合板及结构复合木材均应采用加压处理法。

常温浸渍法等非加压处理法：只能在腐朽和虫害轻微的使用环境 HJⅠ中应用。

喷洒法和涂刷法：只能用于已处理的木材因钻孔、开槽使未吸收防护剂的木材暴露的情况下使用。

2. 用水溶性防护剂处理后的木材，包括层板胶合木、胶合板及结构复合木材均应重新干燥到使用环境所要求的含水率。

3. 木构件在处理前应加工至最后的截面尺寸，以消除已处理木材再度切割、钻孔的必要性。若有切口和孔眼，应用原来处理用的防护剂涂刷。

4. 木构件需做阻燃处理时，应符合下列规定：

(1)阻燃剂的配方和处理方法应遵照国家标准《建筑设计防火规范》GB50016 和设计对不同用途和截面尺寸的木构件耐火极限要求选用，但不得采用表面涂刷法。

(2)对于长期暴露在潮湿环境中的木构件，经过防火处理后，尚应进行防水处理。

5. 用于锯材的防护剂及其在每级使用环境下最低的保持量列于表 6-25 中。锯材防护剂透入度应符合于表 6-26 的规定。

(1)刻痕：刻痕是对难于处理的树种木材保证防护剂更均匀透入的一项辅助措施。对于方木和原木每 100cm^2 至少 80 个刻痕，对于规格材，刻痕深度 5 ~ 10mm。当采用含氨的防护剂(301，302，304 和 306)时可适当减少。构件的所有表面都应刻痕，除非构件侧面有图饰时，只能在宽面刻痕。

锯材的防护剂最低保持量(kg/m³)　　表 6-25

防护剂				保持量(kg/m³)			检测区段(mm)	
类型	名称		计量依据	使用环境			木材厚度	
				HJⅠ	HJⅡ	HJⅢ	<127mm	≥127mm
油类	混合防腐油 Creosote	101	溶液					
		102		128	160	192	0~15	0~25
		103						
油溶性	五氯酚 Penta	104	主要成分	6.4	8.0	8.0	0~15	0~25
		105						
	8-羟基喹啉铜 Cu8 106			0.32	不推荐	不推荐	0~15	0~25
	8-羟基喹啉铜 Cu8 106；环烷酸铜 CuN 107		金属铜	0.64	0.96	1.20	0~15	0~25
水溶性	铜铬砷合剂 CCA—A/—B/—C 201		主要成分	4.0	6.4	9.6	0~15	0~25
	酸性铬酸铜 ACC 202			4.0	8.0	不推荐	0~15	0~25
	氨溶砷酸铜 ACA 203			4.0	6.4	9.6	0~15	0~25
	氨溶砷酸铜锌 ACZA 302			4.0	6.4	9.6	0~15	0~25
	氨溶季氨铜 ACQ-B 304			4.0	6.4	9.6	0~15	0~25
	柠檬酸铜 CC 306			4.0	6.4	不推荐	0~15	0~25
	氨溶季氨铜 ACQ-D 401			4.0	6.4	不推荐	0~15	0~25
	铜 CBA-A 403			3.2	不推荐	不推荐	0~15	0~25
	硼酸/硼砂* SBX 501			2.7	不推荐	不推荐	0~15	0~25

* 硼酸硼砂仅限用于无白蚁地区的室内木结构。

(2)透入度的确定：当只规定透入深度或边材透入百分率时，应理解为二者之中较小者，例如要求64mm的透入深度，除非 85%的边材都已经透入防护剂；当透入深度和边材透入百分率都作规定时，则应取二者之中的较大者，例如要求 10mm 的透入深度和 90%的边材透入百分率，应理解 10mm 为最低的透入深度，而超过 10mm 任何边材的 90%必须透入。

锯材防护剂透入度检测规定与要求　　表 6-26

木材特征	透入深度(mm)或边材吸收率		钻孔采样数量		试样合格率
	木材厚度		油类	其他防护剂	
	<127mm	≥127mm			
不刻痕	64 或 85%	64 或 85%	20	48	80%
刻痕	10 或 90%	13%或 90%	20	48	80%

一块锯材的最大透入度当从侧边(指窄面)钻取木心时，不应大于构件宽度的一半，若从宽面钻取木心时，不应大于构件厚度的一半。

(3)当 20 个木心的平均透入度满足要求，则这批构件应验收。

(4)在每一批量中，最少应从 20 个构件中各钻取一个有外层边材的木心。至少有 10 个木心必须最少有 13mm 的边材渗透防护剂。没有足够边材的木心在确定透入度的百分率时，必须具有边材处理的证据。

6. 用于层板胶合木的防护剂及其在每级使用环境下最低的保持量应符合表 6-27 和表 6-28 的规定，层板胶合木防护剂透入度应符合表 6-29 的规定。

用胶合前防护剂处理的木板制作的层板胶合梁，在测定透入度时，可从每块层板的两侧采样。

7. 用于胶合板或结构复合木材的防护剂及其在每个等级使用环境下最低的保持量列于表 6-30 或表 6-31 中。

层板胶合木的防护剂最低保持量(kg/m³)　表 6-27

防护剂				胶合前处理			
类型	名称		计量依据	使用环境			检测区段(mm)
				HJⅠ	HJⅡ	HJⅢ	
油类	混合防腐油 Creosote	101	溶液	128	160	不推荐	13～26
		102					
		103					
油溶性	五氯酚 Penta	104	主要成分	4.8	9.6		13～26
		105					
	8-羟基喹啉铜 Cu8 106			0.32	不推荐		13～26
	环烷酸铜 CuN 107		金属铜	0.64	0.96		13～26
水溶性	铜铬砷合剂 CCA—A CCA—B 201 CCA—C		主要成分	4.0	6.4		13～26
	酸性铬酸铜 ACC 202			4.0	8.0		13～26
	氨溶砷酸铜 ACA 301			4.0	6.4		13～26
	氨溶砷酸铜锌 ACZA 302			4.0	6.4		13～26

层板胶合木的防护剂最低保持量(kg/m³)　表 6-28

防护剂				胶合后处理			
类型	名称		计量依据	使用环境			检测区段(mm)
				HJⅠ	HJⅡ	HJⅢ	
油类	混合防腐油 Creosote	101	溶液	128	160	不推荐	0～15
		102					
		103		128	160		
油溶性	五氯酚 Penta	104	主要成分	4.8	9.6		0～15
		105					
	8-羟基喹啉铜 Cu8 106			0.32	不推荐		0～15
	环烷酸铜 CuN 107		金属铜	0.64	0.96		0～15

层板胶合木防护剂透入度检测规定与要求　　　表 6-29

木材特征	胶合前处理		胶合后处理	
不刻痕	透入深度(mm)或边材吸收率			
	76 或 90%		64 或 85%	
刻　痕	地面以上	与地面接触	木材厚度 $t<127$mm	木材厚度 $t\geqslant 127$mm
	25	32	10 与 90%	13 与 90%

胶合板的防护剂最低保持量　　　表 6-30

防护剂				保持量(kg/m^3)			检测区段(mm)
类型	名称		计量依据	使用环境			
				HJⅠ	HJⅡ	HJⅢ	
油类	混合防腐油 Creosote	101	溶液	128	160	192	0~16
		102					
		103					
油溶性	五氯酚 Penta	104	主要成分	6.4	8.0	9.6	0~16
		105					
	8-羟基喹啉铜 Cu8 106			0.32	不推荐	不推荐	0~16
	环烷酸铜 CuN 107		金属铜	0.64	不推荐	不推荐	0~16
水溶性	铜铬砷合剂 —A CCA—B 201 —C		主要成分	4.0	6.4	9.6	0~16
	酸性铬酸铜 ACC 202			4.0	8.0	不推荐	0~16
	氨溶砷酸铜 ACA 301			4.0	6.4	9.6	0~16
	氨溶砷酸铜锌 ACZA 302			4.0	6.4	9.6	0~16
	氨溶季氨铜 ACQ—B 304			4.0	6.4	不推荐	0~16
	柠檬酸铜 CC 306			4.0	不推荐	不推荐	0~16
	氨溶季氨铜 ACQ—D 401			4.0	6.4	不推荐	0~16
	铜唑 CBA—A 403			3.3	不推荐	不推荐	0~16
	硼酸硼砂 SBX 501			2.7	不允许	不允许	0~16

结构复合木材的防护剂最低保持量　　　　表 6-31

防护剂				保持量(kg/m³)			检测区段(mm)	
类型	名称		计量依据	使用环境			木材厚度	
				HJⅠ	HJⅡ	HJⅢ	< 127mm	≥127mm
油类	混合防腐油 Creosote	101	溶液	128	160	192	0～15	0～25
		102						
		103						
油溶性	五氯酚 Penta	104	主要成分	6.4	8.0	9.6	0～15	0～25
		105						
	环烷酸铜 CuN 107		金属铜	0.64	0.96	1.20	0～15	0～25
水溶性	铜铬砷合剂 —A CCA—B 201 —C			4.0	6.4	9.6	0～15	0～25
	氨溶砷酸铜 ACA 301			4.0	6.4	9.6	0～15	0～25
	氨溶砷酸铜锌 ACZA 302			4.0	6.4	9.6	0～15	0～25

6.4.3 质量验收标准

1. 主控项目

(1)木结构防腐的构造措施应符合设计要求。

检查数量:以一幢木结构房屋或一个木屋盖为检验批全面检查。

检查方法:根据规定和施工图逐项检查。

(2)木构件防护剂的保持量和透入度应符合下列规定。

1)根据设计文件的要求,需要防护剂加压处理的木构件,包括锯材、层板胶合木、结构复合木材及结构胶合板制作的构件。

2)木麻黄、马尾松、云南松、桦木、湿地松、杨木等易腐或易虫蛀木材制作的构件。

3)在设计文件中规定与地面接触或埋入混凝土、砌体中及处于通风不良而经常潮湿的木构件。

检查数量:以一幢木结构房屋或一个木屋盖为检验批。属于本条第1和第2款列出的木构件,每检验批油类防护剂处理的20个木心,其他防护剂处理的48个木心;属于本条第3款列出的木构件,检验批全数检查。

检查方法:采用化学试剂显色反应或X光衍射检测。

(3)木结构防火的构造措施,应符合设计文件的要求。

检查数量:以一幢木结构房屋或一个木屋盖为检验批全面检查。

检查方法:根据规定和施工图逐项检查。

2. 应具备的资料

(1)木材防火浸渍报告。

(2)木材防腐、防虫浸渍报告。

(3)局部涂刷(防腐、防潮)隐蔽验收报告。

(4)药剂出厂证明书并附有说明书。

(5)药剂处理前木材含水率及刻痕检验记录。

(6)施工日记。

6.5 木结构子分部工程验收

6.5.1 质量管理要求

1. 木结构工程施工单位(含层板胶合木加工厂)应具备相应的资质和施工技术标准(或制造工艺标准)、健全的质量管理体系、质量检验制度和综合质量水平的考评制度。

施工现场质量管理可按《建筑工程施工质量验收统一标

准》GB50300—2001 附录 A 的要求检查记录。

2. 木结构子分部工程由方木和原木结构、胶合木结构及轻型木结构与木结构的防护组成，只有当分项工程都验收合格后，子分部工程方可通过验收。

分项工程应在检验批验收合格后验收。

3. 检验批应根据结构类型、构件受力特征、连接件种类、截面形状和尺寸及所采用的树种和加工量划分。

4. 木结构工程应按下列规定控制施工质量：

(1)木结构工程采用的木材(含规格材、木基结构板材)、钢构件和连接件、胶合剂及层板胶合木构件、器具及设备应进行现场验收。凡涉及安全、功能的材料或产品应按本规范或相应的专业工程质量验收规范的规定复验，并应经监理工程师(建设单位技术负责人)检查认可。

(2)各工序应按施工技术标准控制质量，每道工序完成后，应进行检查。

(3)相关各专业工种之间，应进行交接检验，并形成记录。未经监理工程师(建设单位技术负责人)检查认可，不得进行下道工序施工。

6.5.2 木结构子分部工程验收

1. 木结构子分部工程质量验收的程序和组织应符合《建筑工程施工质量验收统一标准》GB50300—2001 第 6 章的规定。

2. 木结构子分部工程质量验收合格应符合下列规定：

(1)子分部工程所含分项工程的质量均应验收合格。

(2)所含分项工程的质量资料和验收记录应完整。

(3)安全功能检测项目的资料应完整，抽测的项目应符合规定。

(4)观感质量验收应符合要求。

7 装饰装修与幕墙工程

建筑装饰是建筑物的重要组成部分。它可以通过各种装饰材料的质感、线条、色彩以及高水平的施工工艺,把建筑物点缀得丰富多彩,使建筑物更加完美、更具魅力。我国的建筑装饰具有悠久的历史,有着独特的民族风格,但我国建筑装饰施工技术长期处于停滞、落后的局面。20 世纪 70 年代以后,随着科技进步,一些新材料、新技术的开发运用,我国建筑装饰工程得到了发展。改革开放以来,随着建筑业的快速发展,新技术、新设备、新材料、新工艺的引进和开发,近几年我国建筑装饰工程得到了迅速发展。特别是自 1984 年开始,作为外围护结构的幕墙,在工程中大量应用。在不到 20 年的时间里,我们就掌握了大型超高层幕墙技术。各种科学的、先进的技术在我们的工程中不断出现。增加了我国建筑的外观效果,幕墙在目前已成为我国现代建筑的象征。

本章适用于各种建筑装饰材料,对工业和民用建筑的室内、室外进行装饰施工及验收时的质量控制。

7.1 抹 灰 工 程

抹灰工程是保护建筑物、装饰建筑物的最基本手段之一,其主要作用是避免建筑物遭受周围环境中有害介质的侵蚀,提高建筑物的耐久性,美化建筑物,改善周围环境,同时也为满足人们生活居住舒适、美观的需要,满足工农业生产发展的需要。本节适用于室内外墙面和顶棚的一般抹灰、装饰抹灰和清水砌体勾缝等分项工程的施工及验收时的质量控制。

7.1.1　一般规定

1. 外墙抹灰工程施工前应先安装钢木门窗框、护栏等，并应将墙上的施工孔洞都塞密实。

2. 抹灰所用材料的品种和性能应符合设计要求。水泥的凝结时间和安定性复验要合格。

3. 经过淋制熟化成膏状的石灰膏，一般熟化时间不少于15d；用于罩面时，应不少于30d。不得含有未熟化颗粒，已硬化或冻结的石灰膏不得使用。抹灰用砂，宜用中砂或中粗砂，其含泥量不得超过3%，使用前需过筛。装饰抹灰用的石粒，应洁净，不含风化的石粒及其他有害物质，使用前应冲洗过筛。干粘石用的石粒应干燥。掺入装饰砂浆的颜料，应用耐碱、耐光的颜料。

4. 抹灰工程应分层操作，即分为底层、中层和面层。

5. 在室内墙面、柱面和门洞口的阳角，如设计无要求时，应用1:2水泥浆做护角线，其高度不应低于2m，每侧宽度不应小于50mm。

6. 当要求抹灰层具有防水、防潮功能时，应采用防水砂浆。

7. 抹灰前应对结构工程以及其他配合工种的工作进行检查，并符合要求，无遗漏现象。抹灰基层表面的浮灰、有害杂质应清除干净，并洒水润湿。光滑的混凝土基层面应凿毛处理或刷界面剂或用甩浆法处理，以增加其粘结力，防止空鼓。

8. 木结构与砖石结构、混凝土结构等相接处，应铺钉金属网，其搭接宽度不应小于100mm，并绷紧钉牢。

9. 墙面底层、中层抹灰前，应用抹灰层相同砂浆设置平整标志或标筋。顶棚抹灰前,应在四周墙上弹出水平线,并以此为依据先抹顶棚四周圈边找平。

10. 抹灰工程采用的砂浆品种应按设计要求选用。砂浆中掺用外加剂时,其掺入量应经试验确定。做涂料墙面的抹灰砂浆中不得掺入含氯盐的外加剂。

11. 抹灰的工艺流程一般按照"先室外后室内"、"先上面后下面"的原则进行。对于预制混凝土楼板层,必须先做地面,后做板下面平顶抹灰,以免做地面时影响下层平顶抹灰。同一层室内应先做平顶、墙面,后做地面,如需先做地面时,必须采取保护措施,以免在做平顶、墙面时影响地面。

12. 在外墙窗台、窗楣、雨篷、阳台、压顶和突出腰线等上面应做流水坡度,下面应做滴水线或滴水槽。滴水槽的深度和宽度不应小于10mm,并整齐一致。

13. 水泥砂浆及掺有水泥或石膏拌制的砂浆应控制在初凝前用完。各种砂浆的抹灰层,在凝结前,应防止快干、水冲、受冻、撞击和振动,凝结后应防止污染和损坏。水泥砂浆抹灰层应在湿润条件下养护。水泥砂浆不得抹在石灰砂浆或水泥石灰砂浆层上。

14. 外墙和顶棚的抹灰层与基层之间及各抹灰层之间必须粘结牢固。

7.1.2 一般抹灰质量控制

1. 质量要求:

(1)抹灰前基层表面的尘土、污垢、油渍等应清除干净,并应洒水润湿。

(2)所用材料品种规格符合设计要求。

(3)抹灰工程应分层进行,厚度超过35mm和不同材料交接处应采取加强措施。

(4)抹灰层粘结牢固,无脱层、空鼓、爆灰和裂缝。

(5)抹灰表面应光滑、无砂眼、洁净、接槎平整、阴阳角方正、立面垂直,护角、孔洞、槽盒周围应整齐,管道后面的抹灰表面应平整。

(6)分格缝的宽度和深度应均匀一致,并不少于10mm,不得错缝、缺棱掉角。

(7)滴水线(槽)整齐顺直,滴水线应内高外低,滴水槽宽度和深度不应小于10mm。

(8)一般抹灰按质量要求分为普通抹灰和高级抹灰,当设计无要求时按普通抹灰要求验收。高级抹灰除满足普通抹灰外,其表面要求应颜色均匀,无抹纹,分格缝、灰线应清晰美观。

(9)一般抹灰工程质量的允许偏差见表7-1。

一般抹灰工程质量的允许偏差　　　表7-1

项次	项　目	允许偏差(mm)		检验方法
		普通抹灰	高级抹灰	
1	立面垂直度	4	3	用2m垂直检测尺检查
2	表面平整度	4	3	用2m靠尺和塞尺检查
3	阴阳角方正	4	3	用直角检测尺检查
4	分格条(缝)直线度	4	3	拉5m线,不足5m拉通线,用钢直尺检查
5	墙裙、勒脚上口直线度	4	3	拉5m线,不足5m拉通线,用钢直尺检查

注:1. 普通抹灰,本表第3项阴角方正不检查;

2. 顶棚抹灰,本表第2项表面平整度可不检查,但应平顺。

2. 施工中应注意的事项

(1)抹灰层厚度不宜太厚,特别是顶棚部位,抹灰层太厚,如基层粘结不牢,易脱落伤人。因此抹灰层的平均总厚度在顶棚部位：板条、空心砖、现浇混凝土不得大于 15mm；预制混凝土板不得大于 18mm；金属网不得大于 20mm。在内墙部位：普通抹灰不得大于 18 ~ 20mm；高级抹灰不得大于 25mm。在外墙部位：墙面不得大于 20mm；勒脚及突出墙面部分不得大于 25mm；对于石墙不得大于 35mm。对于基层不平，抹灰层厚度超过以上规定时，应加设钢筋（丝）网，以增加拉结强度，防止抹灰层脱落伤人。

(2)为了保证每层抹灰的粘结和不致产生裂缝，对水泥砂浆，每遍厚度宜为 5 ~ 7mm，对水泥混合砂浆和石灰砂浆，每遍厚度宜为 7 ~ 9mm。对于水泥砂浆或水泥混合砂浆的抹灰层，应待前一层抹灰层凝结后，方可抹后一层；对于石灰砂浆的抹灰层，应待前一层七、八成干后，方可抹后一层。

(3)面层抹灰经过赶平压实后的厚度：麻刀石灰不得大于 3mm；纸筋石灰、石灰膏不得大于 2mm。

(4)对于混凝土大板和大模板的内墙和楼板底面，宜用腻子分遍刮平，每遍应粘结牢固，总厚度为 2 ~ 3mm。如用聚合物水泥砂浆、水泥混合砂浆喷毛打底，纸筋石灰罩面，或用膨胀珍珠岩水泥砂浆抹面时，总厚度为 3 ~ 5mm。

(5)为防止加气混凝土基层上的抹灰层空鼓开裂，在抹灰前应对加气混凝土表面清扫干净，并作基层表面处理后，随即分层抹灰。

(6)对于板条、金属网基层的抹灰，其底层砂浆应压入板条缝或网眼内，形成转脚以使结合牢固，底层和中层的抹灰材料宜用麻刀石灰砂浆或纸筋石灰砂浆等有纤维的砂浆，每遍厚度为 3 ~ 6mm。

(7)由于 108 胶耐日照的性能较差，因此在室外用聚合物砂浆中，不宜掺入 108 胶。

(8)当抹灰线时,应在墙面、柱面找平后确定灰线位置,一般应在中层抹灰完成后进行,以保证灰线平直,厚度、宽度均匀一致。

(9)当面层用石膏灰时,掺入缓凝剂量应进行试验,控制在15~20min内凝结。石膏灰面层应分两遍连续进行,第一遍应抹在干燥的中层上,但不得抹在水泥砂浆层上。

(10)抹灰的面层应在踢脚板、门窗贴脸板、挂镜线和开关插座面板等安装前涂抹。

(11)采用机械喷涂抹灰时,应防止沾污门窗、管道、设备和其他非喷涂部位,一旦沾污应及时清理干净,以免影响观感效果。当喷涂石灰砂浆时,应在水泥砂浆护角线、踢脚板、墙裙、窗台板的抹灰及混凝土过梁等底面的抹灰完成后进行。用于砖墙面喷涂砂浆的稠度应控制在10~12cm,用于混凝土面的控制在9~10cm。

3. 工程验收

(1)抹灰工程验收时应检查下列文件和记录:

1)抹灰工程的施工图、设计说明及其他设计文件。

2)材料的产品合格证书、性能检测报告、进场验收记录和复验报告。

3)隐蔽工程验收记录。

4)施工记录。

(2)抹灰工程应对水泥的凝结时间和安定性进行复验。

(3)抹灰工程应对下列隐蔽工程项目进行验收:

1)抹灰总厚度大于或等于35mm时的加强措施。

2)不同材料基体交接处的加强措施。

(4)各分项工程的检验批应按下列规定划分:

1)相同材料、工艺和施工条件的室外抹灰工程每500~

$1000m^2$ 应划分为一个检验批，不足 $500m^2$ 也应划分为一个检验批。

2)相同材料、工艺和施工条件的室内抹灰工程每 50 个自然间(大面积房间和走廊按抹灰面积 $30m^2$ 为一间)应划分为一个检验批，不足 50 间也应划分为一个检验批。

(5)检查数量应符合下列规定：

1)室内每个检验批应至少抽查 10%，并不得少于 3 间；不足 3 间时应全数检查。

2)室外每个检验批每 $100m^2$ 应至少抽查一处，每处不得小于 $10m^2$。

7.1.3 装饰抹灰质量控制

1. 质量要求

(1)～(3)同一般抹灰。

(4)装饰抹灰面层的厚度、颜色、图案应符合设计要求。各抹灰层之间及抹灰层与基体之间必须粘结牢固，无脱层、空鼓和裂缝等缺陷。面层的外观质量应符合下列规定：

1)水刷石：石粒清晰，分布均匀，紧密平整，色泽一致，无掉粒和接槎痕迹。

2)斩假石：剁纹均匀顺直，深浅一致，无漏剁处。阳角处横剁和留边宽窄一致，棱角无损坏。

3)干粘石：石粒粘结牢固，分布均匀，色泽一致，无露浆，无漏粘，阳角处无明显黑边。

4)假面砖：表面平整，沟纹清晰，留缝整齐，色泽均匀，无掉角、脱皮和起砂等缺陷。

(5)装饰抹灰分格条(缝)的设置应符合设计要求，宽度和深度均匀，表面应平整光滑棱角整齐不缺损。

(6)有排水要求部位的滴水线(槽)，应整齐顺直；滴水线应内高外低，滴水槽的宽度和深度应不小于10mm。

(7)装饰抹灰工程质量的允许偏差见表7-2。

装饰抹灰允许偏差　表7-2

项次	项　目	允许偏差(mm)				检　验　方　法
		水刷石	斩假石	干粘石	假面砖	
1	立面垂直度	5	4	5	5	用2m垂直检测尺检查
2	表面平整度	3	3	5	4	用2m靠尺和塞尺检查
3	阳角方正	3	3	4	4	用直角检测尺检查
4	分格条(缝)直线度	3	3	3	3	拉5m线，不足5m拉通线，用钢直尺检查
5	墙裙、勒脚上口直线度	3	3	—	—	拉5m线，不足5m拉通线，用钢直尺检查

2. 施工中应注意的事项

(1)装饰抹灰的底层、中层抹灰的施工应同一般抹灰的施工，但底层厚度不可过厚，一般控制在6mm左右。

(2)当面层有分格要求时，分格条应呈八字形，以便于取出。分格条应宽窄一致，厚薄一致。分格条应用纯水泥砂浆粘贴在中层抹灰层上，捂条子时，应注意横平竖直，交接严密。条子应在完工后，适时取出，以不损坏面层边缘。

(3)装饰抹灰的施工缝，应留在分格缝、墙面阴角、水落管背后或独立装饰的边缘处。

(4)大面积的装饰抹灰应采用同一批号的水泥或商品砂浆，彩色石粒、彩色砂浆应经计量统一配料，以免出现色差。

(5)水刷石、斩假石、干粘石等面层涂抹前，应对湿润的中层砂浆面上涂抹水泥浆作界面处理，以使面层与中层结合牢固。

(6)水刷石所用的水泥宜采用不低于32.5级矿渣或普通

硅酸盐水泥,石子宜用粒径 4mm 不含针片状和其他有害物质的石英石。石粒砂浆的水泥和石子的体积比为:粒径 8mm 时 1:1,粒径 6mm 时 1:1.25,粒径 4mm 时 1:1.5,稠度为 5~7cm。

水刷石面层必须分遍拍平压实,石子分布均匀紧密,稍收水后,待表面用手指揿上无痕时,即用喷雾器或刷帚自上而下洗刷,喷头一般距墙面 10~20cm。如发现表面不平应及时拍平,将露出的水泥加以洗刷洁净。水刷石喷刷露出石子后,就可起出分格条。

(7)当采用白水泥、颜料拌制彩色石子浆时,不宜使用搅拌机拌料,以免出现色差。

(8)斩假石宜用 32.5 级普通水泥、矿渣水泥,水泥、石粒体积比一般为 1:1.25~1.5。

斩假石面层一般分两次进行,厚度为 15mm。第一层稍收水后,再抹第二层至分格条平,待收水后,用木抹子打磨压平溜直,用软扫帚顺剁纹清扫一遍。抹完后,应进行养护,不能受烈日曝晒或受冻,不得出现脱壳、裂缝、高低不平等弊病。

待达到设计强度的 60%~70%时(常温下经 3d 左右),一般经一周左右开始斩剁,以石子不脱落为准。斩剁前应弹顺线,相距约 10cm,按线操作。斩剁时应由上而下进行,先仔细斩剁四周边缘和棱角部位,再斩中间。边缘和棱角部位斩纹应与棱边方向垂直,以免斩坏边棱,也可在棱角与分格缝周边,留 15~20mm 不剁,以免影响美观。遇有分格条,每剁一行时,将上面和竖向分格条取出,用水泥浆修补分格缝中的缝隙和小孔。

斩剁时,应先轻斩一遍,再盖着前遍的斧纹斩剁深痕,用力必须均匀,移动速度一致,不得漏斩。

斩剁后应用钢丝刷顺斩纹刷净尘土,在分格缝处做凹缝、上色。斩假石施工不得在雨天进行,斩剁时,墙面过于干燥,可予蘸水，但对斩剁完部分不得蘸水，以免影响外观。

(9)干粘石水泥不应低于32.5级，石子宜采用粒径为3～4mm或5～6mm，且应洁净干燥。石灰膏掺入量一般为水泥用量的1/2～1/3，稠度不应大于8cm。

干粘石粘结层应分两道做成，第一道用同强度水泥素浆薄刮一层，以保证底、面粘结牢。第二道抹聚合物水泥砂浆5～6mm厚，严格执行高刮低添，以避免面层出现大小波浪。粘结层不宜上下同一厚度，更不宜高于嵌条，一般在下部约1/3的高度范围要比上面薄一些，整面分块表面要比嵌条薄1mm左右，以保证石子压实后表面平整，避免下部鼓包皱皮。石子嵌入砂浆的深度应不小于粒径的1/2，并拍实拍严。

甩石子时，应先甩两边，后甩中间，从上至下快速进行。当机喷干粘石时，应在中层砂浆刚要收水时抹粘结层，而且抹完粘结层后立即进行喷石粒。喷石粒时，空气压力以0.6～0.8N为宜，喷头对准墙面，距墙面30～40mm。

压石子时，应先压边，后压中间，从左至右换着压，从上至下轻压、重压、加重拍，至少三遍，间隔时间不应超过45min，压完石子后起分格条，并于24h后洒水养护2～3d。

(10)假面砖所用的彩色砂浆，必须专人掌握配料，严格按配合比，应先统一配料，干拌均匀过筛后，方可加水搅拌，以免产生色差。

(11)假面砖应使用32.5级以上的普通水泥。施工时，应在湿润的中层上弹出水平线，一般一个水平工作段上弹上、中、下三条水平通线，再抹面层砂浆，以控制面层划沟平直度。面层砂浆稍收水，按面砖的尺寸，沿靠尺划纹和沟，纹的深度为3～4mm，要求深浅一致，接缝平直。

3. 工程验收

同一般抹灰工程。

7.1.4 清水砌体勾缝质量控制

1. 质量要求

清水砌体勾缝的材料应粘结牢固,不开裂,无遗漏。

勾缝应横平竖直,交接处平顺,宽度和深度应均匀,表面应压实抹平。灰缝色泽一致,砌体表面洁净。

2. 施工中应注意的事项

(1)在旧墙面上进行清水墙面勾缝时,应注意将原墙面风化、碱蚀、剥皮和损坏的灰缝剔除干净,浇水湿润后,将破损砖面按要求修补完毕,按原墙样式或设计要求进行勾缝。

(2)勾缝所用的材料、级配应严格按设计要求。当采用麻刀灰、纸筋灰时,应严格按工艺要求的级配和操作程序进行。

3. 工程验收

(1)验收时应检查的文件和记录同一般抹灰工程。

(2)应有对水泥凝结时间和安定性进行复验报告。

(3)检验批划分及检验数量同一般抹灰工程。

7.2 门 窗 工 程

随着我国建筑业的发展,门窗作为建材产品得到了迅速发展,特别是根据功能需要而出现的各类特种门,使我国建筑的门窗种类、档次得到了进一步提高。

门窗作为产品,应在工厂进行生产加工。本节除了木门窗,由于需求的不同,有制作要求外,其他均不允许施工企业自行加工制作。因此本节适用于工业与民用建筑中的木门窗制作,木门窗、金属门窗、塑料门窗、特种门和门玻璃安装等分项工程的施工及验收时的质量控制。

7.2.1　一般规定

为了保证门窗工程质量和正常使用，门窗既要达到设计效果，门窗及零附件又要符合国家和行业标准的规定，按设计要求选用，不得使用不合格产品。

1. 门窗安装前，应根据图纸进行检查，核对材料品种、规格、开启形式等是否符合设计要求，并对其组合杆、零附件进行检查，是否缺损，是否有出厂合格证、准用证。对损坏变形的应予维修校正，对不符合要求的门窗和材料应剔除，以保证门窗安装质量。

2. 门窗框制作或订货时，应按设计洞口尺寸规定，如设计未标明时，应考虑墙面装饰需留出的空间尺寸，如当内外墙面均为抹灰时，门窗框外缘尺寸应比洞口尺寸每侧小 2mm，过梁下应留 1.5 ~ 1.8mm，窗台应留出 50mm；如果是大理石面层时，门窗框外缘尺寸应比洞口尺寸每侧小 50mm 左右，以免门窗框与洞口间的缝隙太大或太小，造成开关振动使抹灰脱落或咬边太多窗台做不出泛水等。

3. 门窗在运输时，底部应用 200mm × 200mm 的枕木垫平，其间距为 500mm 左右。枕木表面应平整光滑。门窗应竖直排放，并固定牢靠。金属、塑料门窗樘与樘之间应用非金属软质材料隔开，以防止相互摩损及压坏五金零配件。

4. 门窗应在室内竖直排放，并用枕木垫平。禁止与酸碱等杂物一起存放。塑料门窗存放应与热源隔开 2m 以上，以保证门窗不受腐蚀、变形。当存放在室外时，必须用方枕木垫水平，并采取遮盖措施，以免日晒雨淋。

5. 门窗安装应采用预留洞口的方法，禁止采用边安装边砌或先安装后砌的方法，以避免砌筑过程中对门窗的损坏和变形。

6. 门窗固定在砖墙上时,严禁采用射钉,以免砖受冲击破碎而影响门窗的固定,也避免因砖破碎造成墙面渗水。

7. 在门窗与墙体间需填塞保温材料时,应塞实、饱满、均匀。

8. 组合门窗的拼樘料安装时,两端应伸入墙体洞口内,并固定牢固。

9. 门窗框安装后应进行隐蔽工程验收,并做好记录。

10. 铝合金门窗、塑料门窗框与墙体交接处外表面应留5~8mm槽口,嵌填密封胶。

11. 门窗在安装过程中,不得安放脚手架或悬挂重物,以免变形、损坏或脱落下坠,发生安全事故。

12. 平开窗和向外开的平开外门应装置风钩。固定外门窗的铰页螺钉尾不得露在窗外,以防门窗关闭时仍可拆下门窗扇,不利于防盗。

7.2.2 木门窗制作与安装质量控制

1. 质量要求

(1)制作木门窗的木材品种、材质等级、规格、尺寸、框扇的线型及人造木板的甲醛含量应符合设计要求。当设计未规定木材材质等级时,应符合表7-3,表7-4规定。

普通木门窗用木材的质量要求　　表7-3

木材缺陷		门窗扇的立梃、冒头、中冒头	窗棂、压条、门窗及气窗的线脚、通风窗立梃	门心板	门窗框
活节	不计个数,直径(mm)	<15	<5	<15	<15
	计算个数,直径(mm)	≤材宽的1/3	≤材宽的1/3	≤30	≤材宽的1/3
	任1延长个数	≤3	≤2	≤3	≤5

续表

木材缺陷	门窗扇的立梃、冒头、中冒头	窗棂、压条、门窗及气窗的线脚、通风窗立梃	门心板	门窗框
死节	允许,计入活节总数	不允许	允许,计入活节总数	
髓心	不露出表面的,允许	不允许	不露出表面的,允许	
裂缝	深度及长度≤厚度及材长的1/5	不允许	允许可见裂缝	深度及长度≤厚度及材长的1/4
斜纹的斜率(%)	≤7	≤5	不限	≤12
油眼	非正面,允许			
其他	浪形纹理、圆形纹理、偏心及化学变色,允许			

高级木门窗用木材的质量要求　　表7-4

木材缺陷		门窗扇的立梃、冒头、中冒头	窗棂、压条、门窗及气窗的线脚、通风窗立梃	门心板	门窗框
活节	不计个数,直径(mm)	<10	<5	<10	<10
	计算个数,直径(mm)	≤材宽的1/4	≤材宽的1/4	≤20	≤材宽的1/3
	任1延长个数	≤2	0	≤2	≤3
死节		允许,包括在活节总数中	不允许	允许,包括在活节总数中	不允许
髓心		不露出表面的,允许	不允许	不露出表面的,允许	
裂缝		深度及长度≤厚度及材长的1/6	不允许	允许可见裂缝	深度及长度≤厚度及材长的1/5
斜纹的斜率(%)		≤6	≤4	≤15	≤10
油眼		非正面,允许			
其他		浪形纹理、圆形纹理、偏心及化学变色,允许			

(2)制作木门窗的木材的含水率应予控制。由于我国幅员辽阔,各地湿度不一样,因此在制作时,木材含水率不应大于当地的平衡含水率。在气候干燥地区不大于12%,南方气候潮湿地区不宜大于15%。

(3)门窗框与砌体、混凝土或抹灰层接触处应进行防腐处理,并应设置防潮层;埋入砌体或混凝土中的木砖应进行防腐处理。

(4)门窗的防火、防腐、防虫处理应符合设计要求。当设计未规定防护剂选用时,禁止使用对人体有害的材料,如在室内禁止采用混合防腐油、五氯酚、沥青防护。在储存食品和与饮用水接触的处所禁止采用混合防腐油、五氯酚和含砷的无机盐材料防护。

(5)木门窗的结合处和安装配件处不得有木节或已填补的木节。木门窗如有允许限值以内的死节及直径较大的虫眼时,应用同一材质的木塞加胶填补。对于清漆制品,木塞的木纹和色泽应与制品一致。

(6)门框、扇的榫槽必须用胶、木楔加紧,嵌合严密。门窗制成后,应刷一遍干性底油,以防受潮和变形。

(7)胶合板门、纤维板门和模压门不得脱胶。胶合板不得刨透表层单板,不得有戗槎。制作胶合板门、纤维板门时,边框和横楞应在同一平面上,面层、边框及横楞应加压胶结。横楞和上、下冒头应各钻两个以上透气孔,透气孔应通畅。

(8)木门窗的割角、拼缝应严密平整。门窗框、扇裁口顺直,刨面平整。

(9)木门窗的品种、类型、规格、开启方向、安装位置及连接方式应符合设计要求。

(10)木门窗框的安装必须牢固。埋件规格、尺寸、数量、位置和固定方法应符合设计要求。

(11)木门窗的批水、盖口条、压缝条、密封条安装应牢固、顺直,结合应严密。门窗上的孔、槽边缘应整齐无毛刺。

(12)门窗表面平整,无缺楞、戗槎、毛刺、刨痕和锤印。门窗扇安装必须牢固,开关灵活、关闭严密,无回弹和倒翘现象。小五金型号、规格、数量符合设计要求,安装位置正确,功能应满足使用要求。

(13)木门窗制作和安装的允许偏差见表7-5,表7-6。

木门窗制作的允许偏差和检验办法　　表7-5

项次	项　目	构件名称	允许偏差(mm)		检验方法
			普通	高级	
1	翘　曲	框	3	2	将框、扇平放在检查台上,用塞尺检查
		扇	2	2	
2	对角线长度	框、扇	3	2	用钢尺检查,框量裁口里角,扇量外角
3	表面平整度	扇	2	2	用1m靠尺和塞尺检查
4	高度、宽度	框	0;-2	0;-1	用钢尺检查,框量裁口里角,扇量外角
		扇	+2;0	+1;0	
5	裁口、线条结合处高低差	框、扇	1	0.5	用钢直尺和塞尺检查
6	相邻棂子两端间距	扇	2	1	用钢直尺检查

木门窗安装的留缝限值、允许偏差和检验方法　表7-6

项次	项　目	留缝限值(mm)		允许偏差(mm)		检验方法
		普通	高级	普通	高级	
1	门窗槽口对角线长度差	—	—	3	2	用钢尺检查
2	门窗框的正、侧面垂直度	—	—	2	1	用1m垂直检测尺检查

续表

项次	项目		留缝限值(mm)		允许偏差(mm)		检验方法
			普通	高级	普通	高级	
3	框与扇、扇与扇接缝高低差		—	—	2	1	用钢直尺和塞尺检查
4	门窗扇对口缝		1~2.5	1.5~2	—	—	用塞尺检查
5	工业厂房双扇大门对口缝		2~5	—	—	—	
6	门窗扇与上框间留缝		1~2	1~1.5	—	—	
7	门窗扇与侧框间留缝		1~2.5	1~1.5	—	—	
8	窗扇与下框间留缝		2~3	2~2.5	—	—	
9	门扇与下框间留缝		3~5	3~4	—	—	
10	双层门窗内外框间距		—	—	4	3	用钢尺检查
11	无下框时门扇与地面间留缝	外门	4~7	5~6	—	—	用塞尺检查
		内门	5~8	6~7	—	—	
		卫生间门	8~12	8~10	—	—	
		厂房大门	10~20	—	—	—	

2. 施工中应注意事项

(1)由于树木生长环境、树种不同和木材取材部位及含水率等原因,木材易发生边弯、弓形翘曲等现象。因此,在选材、锯割时,对门框边梃应选用锯割料中靠心材部位;对于无中贯档、下槛的门框,其边梃的翘曲面应将凸面向外,靠墙顶住使其无法变形;对于有中贯档、下槛的门框边梃,其翘曲面应与成品同在一个平面内,以便牵制其变形。当门框边梃、上槛料较宽时,应在靠墙面开 5mm 深、10mm 宽的槽沟,以减少呈瓦形的反翘。

(2)门窗扇开榫应平整,榫眼、榫肩方正,榫眼应与梃料面垂直,榫与榫眼结合紧密。当门窗扇框和门窗扇厚度大于

50mm 时,应采用双榫连接。

(3)门窗框安装时,要注意水平标高和垂直度,安装完毕后,应进行复查。一般门窗框与墙体固定点,应采用经防腐处理的预埋木砖,木砖间距一般不超过 10 皮砖,最大不超过 1.2m。单砖墙或轻质隔墙,应用混凝土木砖。门窗框应用铁钉与墙体结合固定,铁钉钉入木砖不小于 50mm。当门窗框较大或为硬木门窗框时,应用铁脚与墙体结合固定。

(4)双开门窗铲口时,应注意顺手缝,并根据樘子宽度,凸缝不宜超过 12mm。

门窗铰链应铲铰链槽,禁止贴铰链。槽的深度应为铰链厚度。铰链距上下边的距离应等于门窗边长的 1/10,并应错开上下冒头。铰链的固定页应安装在门窗框上,活动页安装在门窗扇上。

(5)门锁不得装在中冒头与立梃的结合处,其高度应距地面 1m 为宜。

(6)安装小五金应用木螺钉固定,不得用铁钉代替。螺钉不得用锤子一次打入全部深度,应用螺丝刀拧入。当为硬木制品时,应先钻 2/3 深度的孔,孔径为木螺钉直径的 0.9 倍。

(7)门窗拉手应位于门窗扇中线以下。窗拉手距地面以 1.5~1.6m 为宜。门拉手距地面以 0.9~1.05m 为宜。

3. 工程验收

(1)门窗工程验收时应检查下列文件和记录:

1)门窗工程的施工图、设计说明及其他设计文件。

2)材料的产品合格证书、性能检测报告、进场验收记录和复验报告。

3)木制特种门及其附件的生产许可文件。

4)隐蔽工程验收记录。

5)施工记录。

(2)木门窗工程应对人造木板的甲醛含量进行复验。

(3)门窗工程应对预埋件和锚固件:隐蔽部位的防腐、填嵌处理等隐蔽工程项目进行验收。

(4)各分项工程的检验批应按下列规定划分:

1)同一品种、类型和规格的木门窗及门窗玻璃每 100 樘应划分为一个检验批,不足 100 樘也应划分为一个检验批。

2)同一品种、类型和规格的特种门每 50 樘应划分为一个检验批,不足 50 樘也应划分为一个检验批。

(5)检查数量应符合下列规定:

木门窗及门窗玻璃,每个检验批应至少抽查 5%,并不得少于 3 樘,不足 3 樘时应全数检查;高层建筑的外窗,每个检验批应至少抽查 10%,并不得少于 6 樘,不足 6 樘时应全数检查。

7.2.3 金属门窗安装质量控制

1. 质量要求

(1)金属门窗的品种、类型、规格、尺寸、性能、开启方向、安装位置、连接方式及铝合金门窗的型材壁厚应符合设计要求。金属门窗的防腐处理及填嵌、密封处理应符合设计要求。

(2)金属门窗框和副框的安装必须牢固。预埋件的数量、位置、埋设方式、与框的连接方式必须符合设计要求。

(3)金属门窗扇必须安装牢固,并应开关灵活、关闭严密,无倒翘。推拉门窗扇必须有防脱落措施。

(4)金属门窗配件的型号、规格、数量应符合设计要求,安装应牢固,位置应正确,功能应满足使用要求。

(5)金属门窗表面应洁净、平整、光滑、色泽一致,无锈蚀。大面应无划痕、碰伤。漆膜或保护层应连续不破损。

(6)铝合金门窗推拉门窗扇开关力应不大于 100N。

(7)金属门窗框与墙体之间的缝隙应填嵌饱满,并采用密封胶密封。密封胶表面应光滑、顺直、无裂纹。

(8)金属门窗扇的橡胶密封条或毛毡密封条应安装完好,不得脱槽。

(9)有排水孔的金属门窗,排水孔应顺畅,位置和数量应符合设计要求。

(10)金属门窗的留缝限值,允许偏差和检验方法见表7-7,表7-8,表7-9。

钢门窗安装的留缝限值、允许偏差和检验方法　表7-7

项次	项目		留缝限值(mm)	允许偏差(mm)	检验方法
1	门窗槽口宽度、高度	≤1500mm	—	2.5	用钢尺检查
		>1500mm	—	3.5	
2	门窗槽口对角线长度差	≤2000mm	—	5	用钢尺检查
		>2000mm	—	6	
3	门窗框的正、侧面垂直度		—	3	用1m垂直检测尺检查
4	门窗横框的水平度		—	3	用1m水平尺和塞尺检查
5	门窗横框标高		—	5	用钢尺检查
6	门窗竖向偏离中心		—	4	用钢尺检查
7	双层门窗内外框间距		—	5	用钢尺检查
8	门窗框、扇配合间隙		≤2	—	用塞尺检查
9	无下框时门扇与地面间留缝		4~8	—	用塞尺检查

铝合金门窗安装的允许偏差和检验方法　表7-8

项次	项目		允许偏差(mm)	检验方法
1	门窗槽口宽度、高度	≤1500mm	1.5	用钢尺检查
		>1500mm	2	

续表

项次	项目		允许偏差(mm)	检验方法
2	门窗槽口对角线长度差	≤2000mm	3	用钢尺检查
		>2000mm	4	
3	门窗框的正、侧面垂直度		2.5	用垂直检测尺检查
4	门窗横框的水平度		2	用1m水平尺和塞尺检查
5	门窗横框标高		5	用钢尺检查
6	门窗竖向偏离中心		5	用钢尺检查
7	双层门窗内外框间距		4	用钢尺检查
8	推拉门窗扇与框搭接量		1.5	用钢直尺检查

涂色镀锌钢板门窗安装的允许偏差和检验方法 表7-9

项次	项目		允许偏差(mm)	检验方法
1	门窗槽口宽度、高度	≤1500mm	2	用钢尺检查
		>1500mm	3	
2	门窗槽口对角线长度差	≤2000mm	4	用钢尺检查
		>2000mm	5	
3	门窗框的正、侧面垂直度		3	用垂直检测尺检查
4	门窗横框的水平度		3	用1m水平尺和塞尺检查
5	门窗横框标高		5	用钢尺检查
6	门窗竖向偏离中心		5	用钢尺检查
7	双层门窗内外框间距		4	用钢尺检查
8	推拉门窗扇与框搭接量		2	用钢直尺检查

2. 施工中应注意的事项

(1)金属门窗在运输、堆放时,应轻拿轻放,不得用钢管、棍棒穿入框内吊运,不得受外力挤压,运输时,构件表面应用软质材料衬垫,以免划伤门窗表面。

(2)在安装前，必须对门窗扇进行检查，对于翘曲变形、松动、合页破损等应予整修，符合要求后方可使用。对于锈蚀和表面划伤部位，经处理符合要求后再予安装。

(3)铝合金门窗选用的外露五金配件应采用不锈钢或热镀锌处理的产品，其他零附件和紧固件均应防腐处理。

(4)门窗安装就位后应暂时用木楔固定。钢门窗当用铁脚插入预留孔中固定时，应待细石混凝土或砂浆窝捣密实，在混凝土或水泥砂浆未完全凝固前不得碰撞，不可将木楔撤除，亦不得进行零附件安装，以防铁脚松动影响质量和安全使用。待细石混凝土或砂浆完全凝固后(一般 3d)方可取出定位木楔，安装零附件。钢窗框与洞口的缝隙应用 1:3 水泥砂浆嵌填密实，严禁用石灰砂浆或混合砂浆嵌缝，更不可用刮糙代替嵌填以免雨水渗漏。

当为组合窗时，窗框之间或窗框与拼樘料之间的拼合处，钢门窗应预先满嵌油灰后用螺钉拧紧后再行安装，铝合金门窗和塑料门窗用密封胶或其他密封材料密封后再安装。拼樘料两端应伸入墙体洞口，并固定牢固。

(5)铝合金门窗框固定的连接件，应用厚度不小于1.5mm，宽度不小于 25mm 的金属件，如用钢质材料时其表面应经热镀锌处理，金属件两端应伸出铝框，予以内外固定。其位置距边角 180mm 处设一点，其余间距不大于 500mm。

铝合金门窗安装应符合设计要求，当住宅工程或设计未明确要求时，铝合金门窗框与墙体洞口的缝隙应采用闭孔弹性材料填嵌饱满，表面采用密封胶密封。

铝合金材料不得直接与水泥砂浆、混凝土接触，溅上的水泥砂浆应及时擦干净，以免碱对铝合金的腐蚀。

铝合金门窗下槛两端与梃交接部位和下槛平面上的螺钉

尾均应用密封材料和密封胶密封。

当为组合式时，应采用曲面组合形式，可采用套插、搭接等组合方式。搭接宽度为10mm，搭接面应用密封胶密封，禁止采用平面同平面或平面与线接触的组合形式，推拉门金属滑槽不应露出门框表面以免影响其气密性、水密性和隔声性能。

(6)涂色镀锌钢板门窗目前有带副框和不带副框两种类型。带副框门窗在安装时，应先用自攻螺钉将连接件固定在副框上，然后将副框放入洞口，调整好位置后，用木楔将副框固定牢，木楔间距应控制在500mm左右，以防副框变形，然后将连接件与预埋件焊接牢固。洞口如为混凝土时，可用膨胀螺栓或射钉将连接件固定牢固，其位置应距框边角180mm处设一点，其余间距不大于500mm。

为使门窗框与副框接触严密，又不擦伤涂色镀锌层，在安装门窗前，将副框顶面及两侧面贴上密封条。密封条要求粘贴平整、无皱折，再将门窗用螺钉与副框连接牢固，盖好螺钉盖。

推拉门窗应先将门窗框放入副框，并用螺钉固定牢固后，再装上推拉扇，调整好滑块，装上限位装置，使门窗推拉灵活，又不致脱落。

不带副框的门窗应在湿作业完成后进行。洞口的偏差应控制在门窗洞口允许范围值内，将门窗框放入洞口，调整就位后，用膨胀螺栓将门窗框与洞口连接牢固。

洞口与副框(门窗框)、副框与门窗框之间的缝隙，应用建筑密封胶密封。安装完毕后剥去保护条，并及时擦掉污染物。

(7)铝合金门窗安装后，在竣工验收前应将型材表面的保护胶纸撕掉，将型材表面或玻璃上的胶痕和其他污染物刮除或用清洗剂清理干净，不得用金属利器刮铲，以免损坏铝合金表面涂层。当用清洗剂时应采用对门窗无腐蚀性的清洗剂。

3. 工程验收

(1)工程验收时应检查下列文件和记录：

1)门窗工程的施工图、设计说明及其他设计文件。

2)材料的产品合格证书、性能检测报告、进场验收记录。

3)隐蔽工程验收记录。

4)施工记录。

5)建筑外墙金属窗、塑料窗的抗风压性能、空气渗透性能和雨水渗漏性能的复验报告。

(2)应对下列隐蔽工程项目进行验收：

1)预埋件和锚固件。

2)隐蔽部位的防腐、填嵌处理。

(3)各分项工程的检验批应按下列规定划分：

同一品种、类型和规格的金属门窗及门窗玻璃每100樘划分为一个检验批，不足100樘也应划分为一个检验批。

(4)检查数量应符合下列规定：

金属门窗及门窗玻璃，每个检验批应至少抽查5%，并不得少于3樘，不足3樘时应全数检查；高层建筑的外窗，每个检验批应至少抽查10%，并不得少于6樘，不足6樘时应全数检查。

7.2.4 塑料门窗安装质量控制

1. 质量要求

(1)塑料门窗的品种、类型、规格、尺寸、开启方向、安装位置、连接方式及填嵌密封处理应符合设计要求，内衬增强型钢的壁厚及设置应符合国家现行产品标准的质量要求。

(2)塑料门窗框、副框和扇的安装必须牢固。固定片或膨胀螺栓的数量与位置应正确,连接方式应符合设计要求。固定点应距窗角、中横框、中竖框 150mm ~ 200mm,固定点间距应不大于 600mm。

(3)塑料门窗拼樘料内衬增强型钢的规格、壁厚必须符合设计要求,型钢应与型材内腔紧密吻合,其两端必须与洞口固定牢固。窗框必须与拼樘料连接紧密,固定点间距应不大于 600mm。

(4)门窗用紧固件、五金件、增强型钢及金属衬板等均应进行表面防腐处理。

(5)塑料门窗框与墙体间缝隙应采用闭孔弹性材料填嵌饱满,表面应采用密封胶密封。密封胶应具有一定的弹性,且与墙体及门窗框有足够的粘结强度,粘结应牢固,表面应光滑、顺直、无裂缝。

(6)当用橡胶条固定玻璃时,必须进行相容性试验,合格后方可使用。

(7)塑料门窗应开关灵活、关闭严密,无倒翘。推拉门窗扇必须有防脱落措施。

(8)塑料门窗配件的型号、规格、数量应符合设计要求,安装应牢固,位置应正确,功能应满足使用要求。

(9)塑料门窗表面应洁净、平整、光滑,大面应无划痕、碰伤。

(10)塑料门窗扇的密封条不得脱槽。旋转窗间隙应基本均匀。玻璃密封条与玻璃槽口的接缝应平整,不得卷边、脱槽。

(11)塑料平开门窗扇平铰链的开关力不应大于 80N;滑撑铰链的开关力应不大于 80N,并不小于 30N。推拉门窗扇的开关力应不大于 100N。

(12)排水孔应畅通,位置和数量应符合设计要求。

(13)塑料门窗安装的允许偏差和检验方法应符合表 7-10。

塑料门窗安装的允许偏差和检验方法　　表 7-10

项次	项　目		允许偏差(mm)	检　验　方　法
1	门窗槽口宽度、高度	≤1500mm	2	用钢尺检查
		>1500mm	3	
2	门窗槽口对角线长度差	≤2000mm	3	用钢尺检查
		>2000mm	5	
3	门窗框的正、侧面垂直度		3	用 1m 垂直检测尺检查
4	门窗横框的水平度		3	用 1m 水平尺和塞尺检查
5	门窗横框的标高		5	用钢尺检查
6	门窗竖向偏离中心		5	用钢尺检查
7	双层门窗内外框间距		4	用钢尺检查
8	同樘平开门窗相邻扇高度差		2	用钢直尺检查
9	平开门窗铰链部位配合间隙		+2; -1	用塞尺检查
10	推拉门窗扇与与框搭接量		+1.5; -2.5	用钢直尺检查
11	推拉门窗扇与竖框平行度		2	用 1m 水平尺和塞尺检查

2. 施工中应注意的事项

(1)塑料门窗在安装前,应先装五金配件及固定件。安装螺钉时,不能直接锤击拧入,应先钻孔后,再用自攻螺钉拧入。钻孔用的钻头直径应比螺钉直径小 0.5~1mm。

安装五金配件时,必须加衬增强金属板,其厚度约 3mm。

(2)组合窗与拼樘料应采用卡接,并用螺栓双向拧紧,其间距不应大于 600mm,并应避免框体翘曲变形。螺栓外露部位应用密封胶或其他密封材料密封。

(3)门窗的安装应按表 7-11 进行:

门窗安装主要工序　　7-11

序号	工 序 名 称	平开窗	推拉窗	组合窗	平开门	推拉门	连窗门
1	补贴保护膜	+	+	+	+	+	+
2	框上找中线	+	+	+	+	+	+
3	装固定片	+	+	+	+	+	+
4	洞口找中线	+	+	+	+	+	+
5	卸玻璃(或门、窗扇)	+	+	+	+	+	+
6	框进洞口	+	+	+	+	+	+
7	调整定位	+	+	+	+	+	+
8	与墙体固定	+	+	+	+	+	+
9	装拼樘料			+			+
10	装窗台板	+	+	+			+
11	填充弹性材料	+	+	+	+	+	+
12	洞口抹灰	+	+	+	+	+	+
13	清理砂浆	+	+	+	+	+	+
14	嵌缝	+	+	+	+	+	+
15	装玻璃(或门、窗扇)	+	+	+	+	+	+
16	装纱窗(门)	+	+	+	+	+	+
17	安装五金件				+	+	+
18	表面清理	+	+	+	+	+	+
19	撕下保护膜	+	+	+	+	+	+

门窗洞口的装饰面不应影响门窗扇的开启。

3. 工程验收

同7.2.3金属门窗中的工程验收。

7.2.5　特种门安装质量控制

1. 质量要求

(1)特种门应有生产许可证、产品合格证和性能检测报告，其质量和各项性能应符合设计要求。

(2)特种门的品种、类型、规格、尺寸、开启方向、安装位置及防腐处理应符合设计要求。

(3)带有机械装置、自动装置或智能化装置的特种门，其机械装置、自动装置或智能化装置的功能应符合设计要求和有关标准的规定。

(4)特种门的安装必须牢固。预埋件的数量、位置、埋设方式、与框的连接方式必须符合设计要求。

(5)特种门的配件应齐全，位置应正确，安装应牢固，功能应满足使用要求和特种门的各项性能要求。

(6)推拉门窗扇与框的搭接量应符合设计要求，其最小不得小于设计的80%；弹簧门自动定位准确，开启角度为90°±1.5°，关闭时间应在6~10s范围内。

(7)特种门的表面应洁净，无划痕、碰伤。表面装饰应符合设计要求。

(8)推拉自动门安装的留缝限值、允许偏差、感应时间限值和检验方法以及旋转门安装的允许偏差和检验方法应符合表7-12，表7-13，表7-14的要求。

推拉自动门安装的留缝限值、允许偏差和检验方法　　表7-12

项次	项目		留缝限值(mm)	允许偏差(mm)	检验方法
1	门槽口宽度、高度	≤1500mm	—	1.5	用钢尺检查
		>1500mm	—	2	
2	门槽口对角线长度差	≤2000mm	—	2	用钢尺检查
		>2000mm	—	2.5	
3	门框的正、侧面垂直度		—	1	用1m垂直检测尺检查

续表

项次	项　　目	留缝限值(mm)	允许偏差(mm)	检　验　方　法
4	门构件装配间隙	—	0.3	用塞尺检查
5	门梁导轨水平度	—	1	用1m水平尺和塞尺检查
6	下导轨与门梁导轨平行度	—	1.5	用钢尺检查
7	门扇与侧框间留缝	1.2~1.8	—	用塞尺检查
8	门扇对口缝	1.2~1.8	—	用塞尺检查

推拉自动门的感应时间限值和检验方法　　表7-13

项次	项　　目	感应时间限值(s)	检　验　方　法
1	开门响应时间	≤0.5	用秒表检查
2	堵门保护时间	16~20	用秒表检查
3	门扇全开启后保持时间	13~17	用秒表检查

旋转门安装的允许偏差和检验方法　　表7-14

项次	项　　目	允许偏差(mm)		检　验　方　法
		金属框架玻璃旋转门	木质旋转门	
1	门扇正、侧面垂直度	1.5	1.5	用1m垂直检测尺检查
2	门扇对角线长度差	1.5	1.5	用钢尺检查
3	相邻扇高度差	1	1	用钢尺检查
4	扇与圆弧边留缝	1.5	2	用塞尺检查
5	扇与上顶间留缝	2	2.5	用塞尺检查
6	扇与地面间留缝	2	2.5	用塞尺检查

2. 施工中应注意的事项

(1)特种门因其功能要求各不相同,因此在施工过程中,应严格遵守有关专业标准和主管部门的规定。

(2)防火门应装闭门器,以保持其功能要求,在防火门上不宜安装门锁,以免紧急状态下无法开启。

(3)根据水平标高和玻璃门的高度,将自动推拉门的上下轨道固定在预埋件上,上下两滑槽轨道必须平行并控制在同一平面内。

(4)无框门的玻璃必须采用钢化玻璃,其厚度不应小于10mm,门夹和玻璃之间应加垫一层半软质垫片,用螺钉将门夹固定在玻璃上或用强力粘结剂将门夹铜条粘结在门夹安装部位的玻璃两侧,根据粘结剂的养护要求达到要求后再予吊装在轨道的滑轮上。

(5)地弹簧安装时,轴孔中心线必须在同一铅垂线上,并与门扇底地面垂直。地弹簧面板应与地面保持在同一标高上。地弹簧安装后应进行开闭速度的调整,调整时应注意防止液压部位漏油。

(6)旋转门轴与上下轴孔中心线必须在同一铅垂线上,应先安装好圆弧门套后,再等角度安装旋转门,装上封闭条带(刷),然后进行调试。

(7)卷帘门轴两端必须在同一水平线上,卷帘门轴与两侧轨道应在同一平面内。

3. 工程验收

(1)工程验收时应检查下列文件和记录:

1)门窗工程的施工图、设计说明及其他设计文件。

2)材料的产品合格证书、性能检测报告、进场验收记录。

3)特种门及其附件的生产许可文件。

4)隐蔽工程验收记录。

5)施工记录。

6)各种特种门要求的复验报告。

(2)门窗工程应对下列隐蔽工程项目进行验收：

1)预埋件和锚固件。

2)隐蔽部件的防腐、填嵌处理。

(3)各分项工程的检验批应按下列规定划分：

同一品种、类型和规格的特种门每50樘应划分为一个检验批，不足50樘也应划分为一个检验批。

(4)检查数量应符合下列规定：

特种门每个检验批应至少抽查50%，并不得少于10樘，不足10樘时全数检查。

(5)特种门安装除应符合设计要求和本规范规定外，还应符合有关专业标准和主管部门的规定。

7.2.6 门窗玻璃安装质量控制

1. 质量要求

(1)玻璃的品种、规格、尺寸、色彩、图案和涂膜朝向应符合设计要求。门玻璃单片大于0.5m^2，窗玻璃单片大于1.5m^2时应使用安全玻璃。

(2)门窗玻璃裁割尺寸应正确。安装后的玻璃应牢固，不得有裂纹、损伤和松动。

(3)玻璃的安装方法应符合设计要求。固定玻璃的钉子或钢丝卡的数量、规格应保证玻璃安装牢固。

(4)镶钉木压条接触玻璃处，应与裁口边缘平齐。木压条应互相紧密连接，并与裁口边缘紧贴，割角应整齐。

(5)密封条与玻璃、玻璃槽口的接触应紧密、平整。密封胶与玻璃、玻璃槽口的边缘应粘结牢固、接缝平齐。

(6)带密封条的玻璃压条，其密封条必须与玻璃全部贴紧，压条与型材之间应无明显缝隙，压条接缝应不大于0.5mm。

(7)玻璃表面应洁净,不得有腻子、密封胶、涂料等污渍。中空玻璃内外表面应洁净,玻璃中空层内不得有灰尘和水蒸气。

(8)门窗玻璃不应直接接触型材。单面镀膜玻璃的镀膜层及磨砂玻璃的磨砂面应朝室内。中空玻璃的单面镀膜玻璃应在最外层,镀膜层应朝向室内。

(9)腻子应填抹饱满、粘结牢固;腻子边缘与裁口应平齐。固定玻璃的卡子不应在腻子表面显露。

2. 施工中应注意的事项

(1)门窗玻璃安装时,其尺寸要求应符合表7-15,表7-16。

单片玻璃、夹层玻璃的最小安装尺寸(mm)　　表7-15

玻璃公称厚度	前部余隙或后部余隙			嵌入深度	边缘余隙
	①	②	③		
3	2.0	2.5	2.5	8	3
4	2.0	2.5	2.5	8	3
5	2.0	2.5	2.5	8	4
6	2.0	2.5	2.5	8	4
8	—	3.0	3.0	10	5
10	—	3.0	3.0	10	5
12	—	3.0	3.0	12	5
15	—	5.0	4.0	12	8
19	—	5.0	4.0	15	10
25	—	5.0	4.0	18	10

中空玻离的最小安装尺寸　　　　表 7-16

<table>
<tr><th rowspan="3">中空玻璃</th><th colspan="5">固　定　部　分</th><th colspan="5">可　动　部　分</th></tr>
<tr><th rowspan="2">前部余隙或后部余隙</th><th rowspan="2">嵌入深度</th><th colspan="3">边缘余隙</th><th rowspan="2">前部余隙或后部余隙</th><th rowspan="2">嵌入深度</th><th colspan="3">嵌入深度</th></tr>
<tr><th>下边</th><th>上边</th><th>两侧</th><th>下边</th><th>上边</th><th>两侧</th></tr>
<tr><td>3+A+3</td><td rowspan="4">5</td><td>12</td><td rowspan="4">7</td><td rowspan="4">6</td><td rowspan="4">5</td><td rowspan="4">5</td><td>12</td><td rowspan="4">7</td><td rowspan="4">3</td><td rowspan="4">3</td></tr>
<tr><td>4+A+4</td><td>13</td><td>13</td></tr>
<tr><td>5+A+5</td><td>14</td><td>14</td></tr>
<tr><td>6+A+6</td><td>15</td><td>15</td></tr>
</table>

注：A=6、9、12mm，为空气层的厚度。

(2)在一般情况下($2m^2$ 以下)，有框玻璃门应采用厚度不小于 4mm 的钢化玻璃或厚度不小于 5.38mm 的夹层玻璃。

(3)玻璃支承垫块宜采用挤压成型的 PVC 或邵氏 A80—90 的氯丁橡胶，定位垫块和止动片宜采用有弹性的无吸附性材料。

(4)有图案要求的门窗玻璃，不宜在钢化处理后的玻璃表面进行，以免损坏钢化玻璃的表面应力。

3. 工程验收

(1)工程验收时应检查下列文件和记录：

1)门窗工程的施工图、设计说明及其他设计文件。

2)材料的产品合格证书、性能检测报告、进场验收记录。

3)特种门及其附件的生产许可文件。

4)隐蔽工程验收记录。

5)施工记录。

(2)各分项工程的检验批应按下列规定划分：

1)同一品种、类型和规格的木门窗、金属门窗、塑料门窗及门窗玻璃每 100 樘应划分为一个检验批，不足 100 樘也应划分为一个检验批。

2)同一品种、类型和规格的特种门每50樘应划分为一个检验批,不足50樘也应划分为一个检验批。

(3)检查数量应符合下列规定:

木门窗、金属门窗、塑料门窗及门窗玻璃,每个检验批应至少抽查5%,并不得少于3樘,不足3樘时应全数检查;高层建筑的外窗,每个检验批应至少抽查10%,并不得少于6樘,不足6樘时应全数检查。

7.3 吊 顶 工 程

吊顶工程在装饰装修工程中是一个很重要的分部工程,随着装饰装修行业的不断发展,吊顶工程的装饰效果显得尤为突出。

本节适用于以轻钢龙骨、铝合金龙骨、木龙骨为骨架,以各类石膏板、矿棉板、胶合板、塑料板、金属板、玻璃板、格栅等为饰面材料的暗龙骨吊顶和明龙骨吊顶安装施工及验收时的质量控制。

7.3.1 一般规定

(1)工程所用材料的品种、规格、颜色、构架构造、固定方法等应符合规范和设计的要求。吊顶的基体应满足规范和设计的规定。

(2)材料在储运、安装时应轻拿轻放,防止受潮,以免材料损坏、变形。

(3)吊顶内吊杆严禁用朝天钉或朝天射钉固定。不得采用撑平顶方法安装吊杆构架。吊平顶吊杆不得与其他吊杆混用。

(4)安装龙骨前,应按设计要求对房间净高、洞口标高和吊顶内管道、设备及其支架的标高进行交接检验。

(5)吊顶工程的木吊杆、木龙骨和木饰面板必须进行防火处理,并应符合有关设计防火规范的规定。

(6)吊顶工程中的预埋件、钢筋吊杆和型钢吊杆应进行防锈处理。

(7)上人吊顶的轻钢龙骨宜采用不小于 UC60 系列的主龙骨,不上人吊顶的轻钢龙骨宜采用不小于 UC50 系列的主龙骨,轻质不上人吊顶可采用 UC38 系列的主龙骨。

(8)当采用木龙骨吊顶时,主龙骨的截面尺寸应不小于 50mm×50mm,吊杆截面尺寸不小于 40mm×40mm。

(9)安装饰面板前应完成吊顶内管道和设备的调试及验收。

(10)吊杆距主龙骨端部距离不得大于 300mm,当大于 300mm 时,应增设吊杆。当吊杆长度大于 1.5m 时,应置设反支撑。当吊杆与设备相遇时,应调整并增设吊杆。

(11)重型灯具、电扇及其他重型设备严禁安装在吊顶工程的龙骨上。

7.3.2 暗龙骨吊顶质量控制

1. 质量要求

(1)吊顶标高、尺寸、起拱和造型应符合设计要求,当设计对起拱未规定时,吊顶中间部分起拱高度不小于房间短向跨度的 1/200。

(2)吊杆、龙骨、饰面材料的材质、品种、规格、图案和颜色应符合设计要求。

(3)吊杆、龙骨安装必须位置正确。吊杆应平直,连接、焊接必须牢固。金属件不锈蚀并经防锈处理。木构件不腐朽、不劈裂、不变形,并经防腐、防火处理。吊杆及其连接节点应有足够的承载能力。

(4)面板与龙骨连接紧密,安装牢固,表面平整,无污染、裂缝、缺楞掉角、翘曲等缺陷。粘贴面板不脱层、洁净、色泽一致。

(5)饰面板上的灯具、烟感器、喷淋头、风口箅子等设备的位置应合理、美观,与饰面板的交接应吻合、严密。

(6)金属吊杆、龙骨的接缝应均匀一致,角缝应吻合,表面应平整,无翘曲、锤印。

(7)吊顶内填充吸声材料的品种和铺设厚度应符合设计要求,并应有防散落措施。

(8)暗龙骨吊顶工程安装的允许偏差和检验方法应符合表7-17。

暗龙骨吊顶工程安装的允许偏差和检验方法　　表7-17

项次	项　目	允许偏差(mm)				检验方法
		纸面石膏板	金属板	矿棉板	木板、塑料板、格栅	
1	表面平整度	3	2	2	2	用2m靠尺和塞尺检查
2	接缝直线度	3	1.5	3	3	拉5m线,不足5m拉通线,用钢直尺检查
3	拉缝高低	1	1	1.5	1	用钢直尺和塞尺检查

2. 施工中应注意事项

(1)为确保吊顶平整,在吊顶前应根据设计标高,在四周墙上标出平顶高度和中间起拱高度。

(2)在混凝土基体上设置吊杆时,应用专门金属胀管或膨胀螺栓加连接件用螺帽固定,不得用木樽或电焊直接将吊杆与膨胀螺栓焊接。在预制混凝土板基体上设置吊杆时,严禁将膨胀螺栓打入多孔板中。上人吊顶可用Φ6～10mm钢筋作吊杆，不得用铁丝作上人吊顶吊杆。吊杆焊接时，双面焊接长度不小于吊杆直径的5倍。

(3)用木吊杆时，端头应用两只钉子固定，钉子应错开排列，钉子到吊杆端头距离不小于钉子直径的15倍，木吊杆不得有劈裂现象。

(4)吊顶采用轻钢龙骨时应采用相配套的吊杆、配件。当用镀锌铁丝作轻质吊顶吊杆时，宜用12号以上双股并必须并股扭结吊挂。用铁丝作吊杆或吊杆长度大于1.5m的圆钢吊杆应加反撑，反撑与吊杆扎牢，以防吊顶上下振动。

(5)轻钢龙骨、铝合金龙骨吊杆如间距太大，龙骨会因刚度原因产生挠度，影响吊顶平整，甚至出现裂缝。因此，吊杆间距一般控制在0.9~1.1m，最大不宜超过1.2m，主龙骨间距不大于1.2m。木龙骨吊杆和主龙骨间距一般控制在1m。凡在风口、上人孔等饰面板开孔四周，应用附加龙骨加强，以免洞口破损。

(6)暗架吊顶饰面板，其长边应沿次龙骨，短边应沿主龙骨铺设，短边板缝应错开，不得在同一主龙骨上接缝。板与板之间的缝隙应控制在3~8mm，缝隙用油性腻子两遍嵌密实后，采取有效贴缝处理，以防裂缝。罩面板四边应用沉头自攻螺钉固定在复面龙骨上，螺钉距板边距离为10~15mm，饰面板不得悬挑。复面龙骨间距不宜大于600mm。固定饰面板四边的螺钉间距以150~170mm为宜，板中以200~300mm为宜。钉尾应埋入板面内1mm，并作防锈处理。安装双层面板时，面层板与基层板的接缝不得大于1mm。

3. 工程验收

(1)工程验收时应检查下列文件和记录：

1)吊顶工程的施工图纸、设计说明及其他设计文件。

2)材料的产品合格证书、性能检测报告、进场验收记录和复验报告。

3)隐蔽工程验收记录。

4)施工记录。

(2)吊顶工程应对人造木板的甲醛含量进行复验。

(3)吊顶工程应对下列隐蔽工程项目进行验收:

1)吊顶内管道、设备的安装及水管试压。

2)木龙骨、木质饰面板防火、防腐处理。

3)预埋件或拉结筋。

4)吊杆安装。

5)龙骨安装。

6)填充材料的设置。

(4)各分项工程的检验批应按下列规定划分:

同一品种的吊顶工程每50间(大面积房间和走廊按吊顶面积$30m^2$为一间)划分为一个检验批,不足50间也应划分为一个检验批。

(5)检查数量应符合下列规定:

每个检验批应至少抽查10%,并不得少于3间;不足3间时应全数检查。

7.3.3 明龙骨吊顶质量控制

1. 质量要求

(1)吊顶标高、尺寸、起拱和造型应符合设计要求,当设计对起拱未规定时,吊顶中间部分起拱高度不小于房间短向跨度的1/200。

(2)吊杆、龙骨、饰面材料的材质、品种、规格、图案和颜色应符合设计要求。当饰面板材料为玻璃板时,应使用安全玻璃或采取可靠的安全措施。

(3)吊杆、龙骨安装必须位置正确。吊杆应平直,连接、焊接必须牢固。金属件不锈蚀并经防锈处理。木构件不腐朽、不劈裂、不变形并经防腐、防火处理。吊杆及其连接节点应有足够的承载能力。

(4)饰面材料表面应洁净、色泽一致,不得有翘曲、裂缝及缺损。饰面板与明龙骨的搭接应平整、吻合,压条应平直、宽窄一致。

(5)饰面板上的灯具、烟感器、喷淋头、风口箅子等设备的位置应合理、美观,与饰面板的交接应吻合、严密。

(6)金属龙骨的接缝应平整、吻合、颜色一致,不得有划伤、擦伤等表面缺陷。木质龙骨应平整、顺直,无劈裂。

(7)吊顶内填充吸声材料的品种和铺设厚度应符合设计要求,并应有防散落措施。

(8)明龙骨吊顶工程安装的允许偏差和检验方法应符合表 7-18 的要求。

明龙骨吊顶工程安装的允许偏差和检验方法　表 7-18

项次	项　　目	允 许 偏 差 (mm)				检 验 方 法
		石膏板	金属板	矿棉板	塑料板、玻璃板	
1	表面平整度	3	2	3	2	用 2m 靠尺和塞尺检查
2	接缝直线度	3	2	3	3	拉 5m 线,不足 5m 拉通线,用钢直尺检查
3	接 缝 高 低	1	1	2	1	用钢直尺和塞尺检查

2. 施工中应注意的事项

(1)为确保吊顶平整,在吊顶前应根据设计标高,在四周墙上标出平顶高度和中间起拱高度。

(2)在混凝土基体上设置吊杆时,应用专门金属胀管或膨胀螺栓加连接件用螺帽固定，不得用木樽或电焊直接将吊杆与膨胀螺栓焊接。在预制混凝土板基体上设置吊杆时，严禁将膨胀螺栓打入多孔板中。上人吊顶可用Φ6～10mm钢筋作吊杆，不得用铁丝作上人吊顶吊杆。吊杆焊接时，双面焊接长度不小于吊杆直径的5倍。

(3)用木吊杆时，端头应用两只钉子固定，钉子应错开排列，钉子到吊杆端头距离不小于钉子直径的15倍，木吊杆不得有劈裂现象。

(4)吊顶采用轻钢龙骨时，应采用相配套的吊杆、配件。当用镀锌铁丝作轻质吊顶吊杆时，明龙骨轻质吊顶可用16号以上双股并必须并股扭结吊挂。

(5)当用非钢化玻璃作吊顶饰面材料时，应有防玻璃破碎坠落的可靠措施。采用贴膜方法不能有效防止玻璃破碎坠落，在施工中不宜采用。

3．工程验收

(1)验收时应检查下列文件和记录：

1)吊顶工程的施工图纸、设计说明及其他设计文件。

2)材料的产品合格证书、性能检测报告、进场验收记录和复验报告。

3)隐蔽工程验收记录。

4)施工记录。

(2)吊顶工程应对人造木板的甲醛含量进行复验。

(3)吊顶工程应对下列隐蔽工程项目进行验收：

1)吊顶内管道、设备的安装及水管试压。

2)木龙骨防火、防腐处理。

3)预埋件或拉结筋。

4)吊杆安装。

5)龙骨安装。

6)填充材料的设置。

(4)各分项工程的检验批应按下列规定划分:

同一品种的吊顶工程每50间(大面积房间和走廊按吊顶面积$30m^2$为一间)划分为一个检验批,不足50间也应划分为一个检验批。

(5)检查数量应符合下列规定:

每个检验批应至少抽查10%,并不得少于3间;不足3间时应全数检查。

7.4 轻质隔墙工程

轻质隔墙具有自重轻、灵活性大、施工方便、可增加装饰美等优点,目前已被广泛运用于建筑工程之中。本节适用于以复合轻质墙板、石膏空心板、预制或现制的钢丝网水泥板等板材为隔墙,轻钢龙骨、铝合金龙骨、木龙骨为骨架,以各类轻质饰面板材为墙面板的骨架隔墙,各种活动隔墙和以玻璃砖、玻璃板为隔墙的安装施工及验收时的质量控制。

7.4.1 一般规定

(1)工程所用材料的品种、规格、颜色、构架构造、安装固定方法等应符合规范和设计的要求。

(2)材料在储运、安装时,应轻拿轻放,防止受潮,以免材料损坏变形。

(3)隔墙采用轻钢龙骨时,当高度大于4.5m时,应采用C100系列,当高度大于3m小于4.5m时,应采用C75系列,当高度小于3m时可采用C50系列。

(4)当用木龙骨时,其上下槛和立筋的截面尺寸一般为

50mm × 70mm，立筋间距为 400mm × 500mm，横筋间距不大于 1200mm。

(5)轻钢龙骨安装应采用自攻螺钉和配件等连接，避免采用电焊等刚性连接。

(6)轻质隔墙与顶棚和其他墙体的交接处应采取防开裂措施。

(7)民用建筑轻质隔墙工程的隔声性能应符合现行国家标准《民用建筑隔声设计规范》(GBJ118)的规定。

7.4.2 板材隔墙质量控制

1. 质量要求

(1)隔墙板材的品种、规格、性能、颜色应符合设计要求。有隔声、隔热、阻燃、防潮等特殊要求的工程，板材应有相应性能等级的检测报告。

(2)安装隔墙板材所需预埋件、连接件的位置、数量及连接方法应符合设计要求。

(3)隔墙板材安装必须牢固。现制钢丝网水泥隔墙与周边墙体的连接方法应符合设计要求，并应连接牢固。

(4)隔墙板材所用接缝材料的品种及接缝方法应符合设计要求。

(5)隔墙板材安装应垂直、平整、位置正确，材料不应有裂缝或缺损。

(6)板材隔墙表面应平整光滑、色泽一致、洁净，接缝应均匀、顺直。

(7)隔墙上的孔洞、槽、盒应位置正确、套割方正、边缘整齐。

(8)板材隔墙安装的允许偏差和检验方法应符合表 7-19 的要求。

板材隔墙安装的允许偏差和检验方法　　表 7-19

项次	项　　目	允许偏差(mm)				检　验　方　法
		复合轻质墙板		石膏空心板	钢丝网水泥板	
		金属夹芯板	其他复合板			
1	立面垂直度	2	3	3	3	用 2m 垂直检测尺检查
2	表面平整度	2	3	3	3	用 2m 靠尺和塞尺检查
3	阴阳角方正	3	3	3	4	用直角检测尺检查
4	接缝高低差	1	2	2	3	用钢直尺和塞尺检查

2. 施工中应注意的事项

(1)隔墙施工前应按设计图纸标出墙体、门窗洞口位置和有关管线位置，在门洞两侧应采取加强措施，以增加隔墙刚度。

(2)在卫生间、厨房间、浴室等地面潮湿部位的隔墙底部应筑高度不小于踢脚线高度的墙，或采取其他防潮、防渗措施。

(3)隔墙中设置的管道应避免水平设置，以免减弱隔墙的整体刚度。

3. 工程验收

(1)板材隔墙工程验收时应检查下列文件和记录：

1)隔墙工程的施工图、设计说明及其他设计文件。

2)材料的产品合格证书、性能检测报告、进场验收记录和复验报告。

3)隐蔽工程验收记录。

4)施工记录。

(2)对人造木板的甲醛含量进行复验。

(3)隔墙工程应对下列隐蔽工程项目进行验收：

1)隔墙中设备管线的安装及水管试压。

2)木质材料防火、防腐处理。

3)预埋件或拉结筋。

4)龙骨安装。

5)填充材料的设置。

(4)各分项工程的检验批应按下列规定划分:

同一品种的板材隔墙工程每50间(大面积房间和走廊按轻质隔墙的墙面30m^{2}为一间)划分为一个检验批,不足50间也应划分为一个检验批。

(5)板材隔墙工程的检查数量应符合下列规定:

每个检验批应至少抽查10%,并不得少于3间;不足3间时应全数检查。

7.4.3 骨架隔墙质量控制

1. 质量要求

(1)骨架隔墙所用龙骨、配件、墙面板、填充材料及嵌缝材料的品种、规格、性能和木材的含水率应符合设计要求。有隔声隔热、阻燃、防潮等特殊要求的工程,材料应有相应性能等级报告。

(2)骨架隔墙工程边框龙骨必须与基体结构连接牢固,并应平整、垂直、位置正确。

(3)骨架隔墙中龙骨间距和构造连接方法应符合设计要求。骨架内设备管线的安装、门窗洞口等部位加强龙骨应安装牢固、位置正确,填充材料的设置应符合设计的要求。

(4)木龙骨及木墙面板的防火和防腐处理必须符合设计要求。

(5)骨架隔墙的墙面板应安装牢固,无脱层、翘曲、折裂及缺损。

(6)墙面板所用接缝材料的接缝方法应符合设计要求。

(7)骨架隔墙表面应平整光滑、色泽一致、洁净、无裂缝，接缝应均匀、顺直。

(8)骨架隔墙上的孔洞、槽、盒应位置正确、套割吻合、边缘整齐。

(9)骨架隔墙内的填充材料应干燥，填充应密实、均匀、无下坠。

(10)骨架隔墙安装的允许偏差和检验方法应符合表7-20的规定。

骨架隔墙安装的允许偏差和检验方法　　表7-20

项次	项目	允许偏差(mm)		检验方法
		纸面石膏板	人造木板、水泥纤维板	
1	立面垂直度	3	4	用2m垂直检测尺检查
2	表面平整度	3	3	用2m靠尺和塞尺检查
3	阴阳角方正	3	3	用直角检测尺检查
4	接缝直线度	—	3	拉5m线，不足5m拉通线，用钢直尺检查
5	压条直线度	—	3	拉5m线，不足5m拉通线，用钢直尺检查
6	接缝高低差	1	1	用钢直尺和塞尺检查

2. 施工中应注意的事项

(1)隔墙施工前应按设计图标出墙体、门窗洞口位置和有关管线位置。隔墙门洞两侧应用通天加强立筋加强门洞，用木立筋加强时，在上面需用人字撑加固。用轻钢龙骨、铝合金龙骨时，上下端的沿边龙骨的固定点间距一般不大于600mm，木龙骨固定点间距不大于 1m;靠墙、柱的竖向龙骨固定点的间距不大于 900mm。竖向龙骨应安装垂直。选用支撑卡系列龙骨时,卡距为 400 ~ 600mm。选用贯通系列龙骨时,低于 3m 高度的应安装横向一道窜龙骨,3 ~ 5m 高度应安装二道,5m 以上应安装三道,以增强隔墙的整体刚度。

(2)在卫生间、厨房间、浴室等地面潮湿部位分隔时,为防罩面板受潮损坏,应在隔墙底部砌砖墙或采取其他防潮、防渗措施,其高度为踢脚板设计高度。隔墙的下端用木踢脚板覆盖时,罩面板应离地面 20 ~ 30mm,用饰面板(砖)作踢脚板时,罩面板下端应与踢脚板上口齐平,接缝应严密。罩面板横向接缝处如不在沿顶、沿地龙骨上时,应加横撑龙骨固定板缝。罩面板铺设前,应对隔墙中的管道、管线设备检查测试,符合要求后方可进行。对隔墙中设置的电气箱、盒等装置时,应对其周围缝隙进行密封处理。

(3)饰面板应竖向铺设,龙骨两侧及一侧内外两层罩面板应错缝排列,接缝不得在同一根龙骨上。门洞两侧的上部罩面板不得内外通缝,应错缝安装,以免在该部位因振动产生裂缝。

(4)饰面板采用暗缝处理时,板与板之间应留 3 ~ 8mm 缝隙,经两遍嵌缝密实后,采取有效贴缝处理,以防裂缝。

(5)饰面板四边用自攻螺钉固定时,离板边缘距离不得小于 15mm。固定饰面板的螺钉、钉子沿周边间距不应大于 200mm,胶合板、纤维板间距 80 ~ 120mm,中间间距不应大于 300mm,钉帽应埋入板内 1mm,经防锈处理后用腻子批平。

3. 工程验收

同 7.4.2 板材隔墙工程。

7.4.4 活动隔墙质量控制

1. 质量要求

(1)活动隔墙所用墙板、配件等材料的品种、规格、性能和木材的含水率应符合设计要求。有阻燃、防潮等特性要求的工程,材料应有相应性能等级的检测报告。

(2)活动隔墙轨道必须与基体结构连接牢固,并应位置正确。

(3)活动隔墙用于组装、推拉和制动的构配件必须安装牢固、位置正确,推拉必须安全、平稳、灵活。

(4)活动隔墙制作方法、组合方式应符合设计要求。

(5)活动隔墙表面应色泽一致、平整光滑、洁净,线条应顺直、清晰。

(6)活动隔墙上的孔洞、槽、盒应位置正确、套割吻合、边缘整齐。

(7)活动隔墙推拉应无噪声。

(8)活动隔墙安装的允许偏差和检验方法应符合表 7-21 的规定。

活动隔墙安装的允许偏差和检验方法　　表 7-21

项次	项　　目	允许偏差(mm)	检　验　方　法
1	立面垂直度	3	用 2m 垂直检测尺检查
2	表面平整度	2	用 2m 靠尺和塞尺检查
3	接缝直线度	3	拉 5m 线,不足 5m 拉通线,用钢直尺检查
4	接缝高低差	2	用钢直尺和塞尺检查
5	接 缝 宽 度	2	用钢直尺检查

2. 施工中应注意事项

活动隔墙的构造形式应符合设计要求,比较笨重的隔墙应采用上挂滑轮方式，尽量避免底部滑轮支承式，以便推拉灵活、平稳，减少噪声。

施工中活动隔墙上轨道必须控制在同一水平上，轨道应与地面平面平行。

3. 工程验收

(1)活动隔墙工程验收时应检查下列文件和记录：

1)活动隔墙工程的施工图、设计说明及其他设计文件。

2)材料的产品合格证书、性能检测报告、进场验收记录和复验报告。

3)隐蔽工程验收记录。

4)施工记录。

(2)对人造木板的甲醛含量进行复验。

(3)活动隔墙工程应对木质材料的防火、防腐处理隐蔽工程项目进行验收。

(4)各分项工程的检验批应按下列规定划分：

同一品种的活动隔墙工程每 50 间(大面积房间和走廊按轻质隔墙的墙面 $30m^2$ 为一间)应划分为一个检验批，不足 50 间也应划分为一个检验批。

(5)活动隔墙工程的检查数量应符合下列规定：

每个检验批应至少抽查 20%，并不得少于 6 间；不足 6 间时应全数检查。

7.4.5 玻璃隔墙质量控制

1. 质量要求

(1)玻璃隔墙工程所用材料的品种、规格、性能、图案和颜色应符合设计要求。玻璃隔墙应使用安全玻璃。

(2)玻璃砖隔墙的砌筑或玻璃板隔墙的安装方法应符合设计要求。

(3)玻璃砖隔墙砌筑中埋设的拉结筋必须与基体结构连接牢固,并应位置正确。

(4)玻璃板隔墙的安装必须牢固。玻璃板隔墙胶垫的安装应正确。

(5)玻璃隔墙表面应色泽一致、平整洁净、清晰美观。

(6)玻璃隔墙接缝应横平竖直,玻璃应无裂痕、缺损和划痕。

(7)玻璃板隔墙嵌缝及玻璃砖隔墙勾缝应密实平整、均匀顺直、深浅一致。

(8)玻璃隔墙安装的允许偏差和检验方法应符合表 7-22 的规定。

玻璃隔墙安装的允许偏差和检验方法　　表 7-22

项次	项　目	允许偏差(mm)		检　验　方　法
		玻璃砖	玻璃板	
1	立面垂直度	3	2	用 2m 垂直检测尺检查
2	表面平整度	3	—	用 2m 靠尺和塞尺检查
3	阴阳角方正	—	2	用直角检测尺检查
4	接缝直线度	—	2	拉 5m 线,不足 5m 拉通线,用钢直尺检查
5	接缝高低差	3	2	用钢直尺和塞尺检查
6	接 缝 宽 度	—	1	用钢直尺检查

2. 施工中应注意事项

(1)玻璃安装前,应将槽口内的垃圾清除干净。

(2)玻璃板隔墙玻璃的厚度应符合设计要求,其最大许用面积应符合表 7-23 的要求。

安全玻璃最大许用面积 **表 7-23**

玻璃种类	公称厚度(mm)	最大许用面积(m^2)
钢化玻璃	4	2.0
	5	3.0
	6	4.0
	8	6.0
	10	8.0
	12	9.0
夹层玻璃	5.38 5.76 6.52	2.0
	6.38 6.76 7.52	3.0
	8.38 8.76 9.52	5.0
	10.38 10.76 11.52	7.0
	12.38 12.76 13.52	8.0

(3)不同厚度的单片玻璃、夹层玻璃和中空玻璃的最小安装尺寸应符合表 7-15、表 7-16。

(4)支承块宜用挤压成型的 PVC 或邵氏 A 硬度为 80 ~ 90 的氯丁橡胶,定位块和间距片宜采用有弹性的非吸附性材料。支承块最小长度不得小于 50mm,定位块最小长度不应小于 25mm。

(5)支承块和定位块的安装位置应距离槽角为 1/4 边长位置处。

(6)玻璃安装时,应注意朝向正确,磨砂面、镀膜面应面向室内;压花玻璃的花纹面图案面应面向走道。

(7)安装玻璃严禁锤击和撬动。

3. 工程验收

(1)玻璃隔墙工程验收时应检查下列文件和记录:

1)玻璃隔墙工程的施工图、设计说明及其他设计文件。

2)材料的产品合格证书、性能检测报告、进场验收记录和复验报告。

3)隐蔽工程验收记录。

4)施工记录。

(2)玻璃隔墙工程应对下列隐蔽工程项目进行验收:

1)木龙骨防火、防腐处理。

2)预埋件或拉结筋。

3)龙骨安装。

(3)各分项工程的检验批应按下列规定划分:

同一品种的玻璃隔墙工程每50间(大面积房间和走廊按玻璃隔墙的墙面30m^{2}为一间)应划分为一个检验批,不足50间也应划分为一个检验批。

(4)玻璃隔墙工程的检查数量应符合下列规定:

每个检验批应至少抽查20%,并不得少于6间;不足6间时应全数检查。

7.5 饰面板(砖)工程

饰面板(砖)在装饰工程中是较为普遍使用的装饰手段。随着装饰装修行业的不断发展,各种饰面板(砖)的新材料、新工艺不断推广使用,使装饰效果更为丰富多彩。

本节适用于以天然石饰面板、人造饰面板、金属饰面板安装和饰面砖粘贴工程施工及验收时的质量控制。

7.5.1 一般规定

(1)饰面工程所用的材料品种、规格、颜色、性能、图案、固定方法和砂浆级配等,应符合设计要求。

(2)镶贴、安装饰面的基体应具有足够的强度、稳定性和刚度。基体表面应符合相应规范要求。

(3)饰面板(砖)如镶贴胶粘时,应镶贴、胶粘在平整粗糙的基体或基层上,如光滑的基体表面或加气混凝土表面,在镶贴前，表面应进行增加粘结力的处理。基体或基层表面的残留砂浆、尘土和油渍等应清除干净。

(4)饰面板(砖)镶贴、填嵌应密实，不渗水。金属板搭接尺寸和方法应符合设计要求，外墙搭接应顺主导风向。

(5)室外突出的檐口、腰线、窗口、雨蓬等饰面必须有流水坡度和滴水线(槽)。

(6)装配式挑檐、托座等的下部与墙柱相接处，镶贴的饰面板(砖)应留有适当的缝隙。变形缝处的处理应保证变形缝的使用功能和饰面的完整性。留缝宽度应符合设计要求。

(7)在高温季节镶贴室外饰面板(砖)时，应防止曝晒。用砂浆粘贴时，基层应湿润，并防止早期脱水。

(8)在冬季施工时，砂浆的使用温度不得低于5℃以下，在砂浆硬化前，应采取防冻措施。

(9)饰面工程镶贴后，表面应及时进行清洁处理，并采取保护措施，以防损坏。

(10)饰面板采用干挂时，其构造形式应符合设计要求。

7.5.2 饰面板安装质量控制

1. 质量要求

(1)饰面板的品种、规格、颜色和性能应符合设计要求，木龙骨、木饰面板和塑料饰面板的燃烧性能等级应符合设计要求。

(2)饰面板孔、槽的数量、位置和尺寸应符合设计要求。

(3)饰面板安装工程的预埋件(或后置埋件)、连接件的数量、规格、位置、连接方法和防腐处理必须符合设计要求。后置埋件的现场拉拔强度必须符合设计要求。饰面板安装必须牢固。

(4)饰面板应表面平整洁净，边缘整齐，尺寸正确，色泽一致，不得有阴伤、风化和缺棱掉角等缺陷；金属装饰板表面应平整、光滑、色泽一致,边角整齐,无裂缝、皱折和划痕。并有产品合格证。

(5)饰面板镶贴、安装必须牢固,接缝平直,宽窄一致,嵌缝密实、平直,宽度和深度应符合设计要求。阴阳角处搭接方向正确,粘贴不空鼓,无歪斜,无缺棱掉角、裂缝和损伤等缺陷。

(6)采用湿作业法施工的饰面板工程,石材应进行防碱背涂处理。饰面板与基体之间的灌注材料应饱满、密实。

(7)饰面板上的孔洞应套割吻合,边缘应整齐。

(8)饰面板安装的允许偏差和检验方法应符合表 7-24 的规定。

饰面板安装的允许偏差和检验方法　　表 7-24

项次	项目	允许偏差(mm)							检验方法
		石材			瓷板	木材	塑料	金属	
		光面	剁斧石	蘑菇石					
1	立面垂直度	2	3	3	2	1.5	2	2	用 2m 垂直检测尺检查
2	表面平整度	2	3	—	1.5	1	3	3	用 2m 靠尺和塞尺检查
3	阴阳角方正	2	4	4	2	1.5	3	3	用直角检测尺检查
4	接缝直线度	2	4	4	2	1	1	1	拉 5m 线,不足 5m 拉通线,用钢直尺检查
5	墙裙、勒脚上口直线度	2	3	3	2	2	2	2	拉 5m 线,不足 5m 拉通线,用钢直尺检查
6	接缝高低差	0.5	3	—	0.5	0.5	1	1	用钢直尺和塞尺检查
7	接缝宽度	1	2	2	1	1	1	1	用钢直尺检查

2. 施工中应注意事项

(1)饰面板采用湿作业法施工时,其高度不应大于 24m,抗震设防烈度不应大于 7 度。

(2)当采用干挂法施工时,其高度大于24m时,应对埋件、连接件、饰面板进行计算,在确保安全的情况下采用。但其高度不应超过100m。

(3)饰面板安装前应按外形尺寸、色泽、平整、完整等要求进行选择,必要时可排列编号,使尺寸、颜色一致。

(4)饰面板采用湿作业法施工时,其锚固件、连接件应用不锈钢或热镀锌件,当连接件采用金属丝时,应采用相当于16号的铜丝双股,不可用镀锌铁丝作连接件,以免腐蚀断脱。

(5)采用湿作业法施工时,必须严格按工艺要求操作。在胶粘剂凝固前,饰面板不得受外力影响,以免影响饰面板的粘结和表面平整。

(6)采用干挂作业法施工时,连接件应采用不锈钢或铝合金挂件,其厚度不应小于4mm。

(7)金属饰面板不得用砂浆粘贴。当墙体为纸面石膏板时,应按设计要求进行防水处理。

(8)饰面板用抽芯铝铆钉时,中间必须垫橡胶垫圈,铆钉间距控制在100~150mm为宜。

(9)金属饰面板安装应顺主导风向搭接,严禁采用对接安装或逆向搭接,搭接尺寸按设计要求,不得有透缝现象。

(10)金属饰面板内填塞保温材料时,应填塞饱满,不留空隙,材料品种应符合设计要求。

3. 工程验收

(1)饰面板工程验收时应检查下列文件和记录:

1)饰面板工程的施工图、设计说明及其他设计文件。

2)材料的产品合格证、性能检测报告、进场验收记录和复验报告。

3)后置埋件的现场拉拔检测报告。

4)隐蔽工程验收记录。

5)施工记录。

(2)饰面板工程应对下列材料及其性能指标进行复验:

1)室内用花岗石的放射性。

2)粘贴用水泥的凝结时间、安定性和抗压强度。

(3)饰面板工程应对下列隐蔽工程项目进行验收:

1)预埋件(或后置埋件)。

2)连接节点。

3)防水层。

(4)各分项工程的检验批应按下列规定划分:

1)相同材料、工艺和施工条件的室内饰面板工程每50间(大面积房间和走廊按施工面积 $30m^2$ 为一间)划分为一个检验批,不足50间也应划分为一个检验批。

2)相同材料、工艺和施工条件的室外饰面板工程每500~$1000m^2$ 应划分为一个检验批,不足 $500m^2$ 也应划分为一个检验批。

(5)检查数量应符合下规定:

1)室内每个检验批应至少抽查10%,并不得少于3间;不足3间时应全数检查。

2)室外每个检验批每 $100m^2$ 应至少抽查一处,每处不得小于 $10m^2$。

7.5.3 饰面砖粘贴质量控制

1. 质量要求

(1)饰面砖的品种、规格、图案、颜色和性能应符合设计要求。

(2) 饰面砖粘贴工程的找平、防水、粘贴和勾缝材料及施工方法应符合设计要求及国家现行产品标准和工程技术标准的规定。

(3)饰面砖粘贴必须牢固。

(4)满粘法施工的饰面砖工程应无空鼓、裂缝。

(5)饰面砖表面应平整、洁净、色泽一致,无裂痕和缺陷。

(6)阴阳角处搭接方式、非整砖使用部位应符合设计要求。

(7)墙面突出物周围的饰面砖应整砖套割吻合,边缘应整齐。墙裙、贴脸突出墙面的厚度应一致。

(8)饰面砖接缝应平直、光滑,填嵌应连续、密实;宽度和深度应符合设计要求。

(9)有排水要求的部位应做滴水线(槽)。滴水线(槽)应顺直,流水坡向应正确,坡度应符合设计要求。

(10)饰面砖粘贴的允许偏差和检验方法应符合表 7-25 的规定。

饰面砖粘贴的允许偏差和检验方法　　表 7-25

项次	项　目	允许偏差(mm)		检　验　方　法
		外墙面砖	内墙面砖	
1	立面垂直度	3	2	用 2m 垂直检测尺检查
2	表面平整度	4	3	用 2m 靠尺和塞尺检查
3	阴阳角方正	3	3	用直角检测尺检查
4	接缝直线度	3	2	拉 5m 线,不足 5m 拉通线,用钢直尺检查
5	接缝高低差	1	0.5	用钢直尺和塞尺检查
6	接 缝 宽 度	1	1	用钢直尺检查

2. 施工中应注意事项

(1)饰面砖粘贴于室外时,饰面砖粘贴高度不宜大于 100m,抗震烈度不大于 8 度。

(2)施工前应对饰面砖的外形尺寸、平整、色泽、完整等要求进行选择,使其尺寸、色泽一致。

(3)外墙饰面砖粘贴前和施工过程中,均应在相同基层上做样板件,并对样板件的饰面砖粘贴强度进行检测,其检测方法和结果判定应符合《建筑工程饰面砖粘贴强度检验标准》(JGJ110)的规定。

(4)饰面砖镶贴前应充分浸水,待表面晾干再进行镶贴,以免干砖吸收砂浆中的水分或湿砖表面的水膜造成空鼓和粘贴不牢。

(5)饰面砖镶贴前必须找准标高,确定水平位置和垂直竖向标志挂线镶贴,使饰面砖表面平整,接缝平直、均匀一致。在同一平面上不宜二排(行)非整砖排列。

(6)镶贴釉面砖和外墙面砖应自下而上进行,镶贴锦砖(马赛克)应自上而下进行。

(7)镶贴釉面砖和外墙面砖采用软贴法时,结合层砂浆宜用1:2水泥砂浆或掺入少量石灰膏的1:2水泥砂浆,其厚度应控制在6~10mm,不宜太厚;当采用硬贴法时,聚合物水泥砂浆的配合比须经试验确定,硬贴法结合层厚度为2~3mm。

(8)镶贴面砖如遇突出的管线、灯具、卫生设备和洞口时,应用整砖套割,不得用非整砖拼凑镶贴。

(9)室内饰面砖的接缝宜用与饰面砖同色的水泥浆或石膏灰嵌缝密实(潮湿房间不得用石膏灰嵌缝),室外饰面砖应用水泥浆或水泥砂浆嵌(勾)缝,嵌缝后应及时将饰面砖表面擦拭干净,以免污染面砖。

3. 工程验收

(1)饰面砖工程验收时应检查下列文件和记录:

1)饰面砖工程的施工图、设计说明及其他设计文件。

2)材料的产品合格证、性能检测报告、进场验收记录和复验报告。

3)墙饰面板样板件的粘结强度检测报告。

4)隐蔽工程验收记录。

5)施工记录。

(2)饰面砖工程应对下列材料及其性能指标进行复验:

1)粘贴用水泥的凝结时间、安定性和抗压强度。

2)外墙陶瓷面砖的吸水率。

3)寒冷地区外墙陶瓷面砖的抗冻性。

(3)饰面砖工程应对下列隐蔽工程项目进行验收:

同饰面板工程。

(4)各分项工程的检验批应按下列规定划分:

同饰面板工程。

(5)检查数量应符合的规定:

同饰面板工程。

7.6 涂 饰 工 程

涂料,是涂于物体表面能够形成一层附着的涂膜材料。它不仅起到保护物体免受外界不利因素的侵蚀,还起装饰美化作用。涂料作为建筑装饰材料在建筑史上具有悠久的历史,随着科学技术的不断进步,建筑涂料也同样得到了广泛的运用和发展,可以这么说,每个建筑都离不开涂料。

本节适用于建筑装饰装修中的水性涂料涂饰、溶剂型涂料涂饰、美术涂饰等工程的施工及验收时的质量控制。

7.6.1 一般规定

(1)涂饰工程的基层处理应符合下列要求:

1)新建筑物的混凝土或抹灰基层在涂饰涂料前应涂刷抗碱封闭底漆。

2)旧墙面在涂饰涂料前应清除疏松的旧装修层,并涂刷界面剂。

3)混凝土或抹灰基层涂刷溶剂型涂料时,含水率不得大于8%;涂刷乳液型涂料时,含水率不得大于10%。木材基层的含水率不得大于12%。

4)基层腻子应平整、坚实、牢固,无粉化、起皮和裂缝;内墙腻子的粘结强度应符合《建筑室内用腻子》(JG/T3049)的规定。

5)厨房、卫生间墙面必须使用耐水腻子。

(2)涂料施工一般应在粉刷、门窗装修、给排水管道、通风照明等工程施工完毕检验合格后进行。

(3)涂料施工前,基层应干燥、洁净,混凝土和抹灰表面施涂溶剂型涂料时含水率应小于8%;施涂水性和乳液型涂料时含水率应小于10%;木制品含水率不应大于12%。

(4)水性涂料涂饰工程施工的环境温度应在5~35℃之间。

(5)涂料工程使用的腻子和易性应满足施工要求,干燥后应坚固,不得粉化、起皮和开裂。处于潮湿环境的腻子应具有耐水性。腻子干燥后应打磨平整、光滑,并清理干净。

(6)新型涂料产品应了解其性能和用途,并经试样达到要求后,再进行大面积施工。

(7)涂料的工作稠度,必须严格控制,以不流淌,不显刷痕为宜,不得任意稀释。

(8)双组分或多组分涂料,必须严格按规定的配合比,充分混合,并在规定的时间内用完。由于多组分涂料干燥时间快,每遍施涂厚度必须薄。

(9)施涂每遍涂料时,必须在前一遍涂料干燥后进行,涂施最后一遍涂料时,不得在涂料中加入催干剂。

(10)涂料在干燥前，应避免雨淋、灰尘和湿度的剧烈变化，以免影响涂料表面质量。

(11)涂料产品均应有使用说明和产品合格证，并在储存有效期内使用。

(12)用于外墙的涂料应使用耐碱和耐光性能的颜料和具有防水功能的产品。

(13)涂层与其他装修材料和设备衔接处应吻合，界面应清晰。

7.6.2 水性涂料涂饰质量控制

1. 质量要求：

(1)水性涂料涂饰工程所用涂料的品种、型号和性能应符合设计要求。

(2)水性涂料涂饰工程的颜色、图案应符合设计要求。

(3)水性涂料涂饰工程应涂饰均匀、粘结牢固，不得漏涂、透底、起皮和掉粉。

(4)薄涂料的涂饰质量和检验方法应符合表7-26的规定。

薄涂料的涂饰质量和检验方法　　表7-26

项次	项　目	普通涂饰	高级涂饰	检验方法
1	颜　色	均匀一致	均匀一致	观　察
2	泛碱、咬色	允许少量轻微	不允许	
3	流坠、疙瘩	允计少量轻微	不允许	
4	砂眼、刷纹	允许少量轻微，刷纹通顺	无砂眼，无刷纹	
5	装饰线、分色线直线度允许偏差(mm)	2	1	拉5m线，不足5m拉通线，用钢直尺检查

(5)厚涂料的涂饰质量和检验方法应符合表7-27的规定。

厚涂料的涂饰质量和检验方法　　　表 7-27

项次	项　目	普通涂饰	高级涂饰	检验方法
1	颜　色	均匀一致	均匀一致	观　察
2	泛碱、咬色	允许少量轻微	不允许	
3	点状分布	—	疏密均匀	

(6)复层涂料的涂饰质量和检验方法应符合表 7-28 的规定。

复层涂料的涂饰质量和检验方法　　　表 7-28

项次	项　目	质量要求	检验方法
1	颜　色	均匀一致	观　察
2	泛碱、咬色	不允许	
3	喷点疏密程度	均匀,不允许连片	

2. 施工中应注意的事项

(1)水性涂料的施工环境温度应在 5~35℃之间。

(2)为避免色差,对外墙涂料,在同一墙面应用同一批号的涂料,对于室内墙面,同一房间应用同一批号的涂料。每遍涂料不宜施涂过厚,涂层应均匀一致。

(3)在室外施涂时,施涂表面应避免烈日直接照射或大风天、雾天和雨天施工。

(4)木材是易燃建筑材料,根据防火规范要求进行防火处理。木材表面的裂缝、毛刺、钉眼等在清除后,用腻子批嵌密实、磨光,节疤处应点漆片 2~3 遍,以防树脂渗出。在涂饰前对木材表面应先施涂封闭剂,以免涂料变色。

3. 工程验收

(1)涂饰工程验收时应检查下列文件和记录:

1)涂饰工程的施工图、设计说明及其他设计文件。

2)材料的产品合格证书、性能检测报告和进场验收记录。

3)施工记录。

(2)各分项工程的检验批应按下列规定划分:

1)室外涂饰工程每一栋楼的同类涂料涂饰的墙面每 500~1000m^2 划分为一个检验批,不足 500m^2 也应划分为一个检验批。

2)室内涂饰工程同类涂料涂饰的墙面每 50 间(大面积房间和走廊按涂饰面积 30m^2 为一间)应划分为一个检验批,不足 50 间也应划分为一个检验批。

(3)检查数量应符合下列规定:

1)室外涂饰工程每 100m^2 应至少检查一处,每处不得小于 10m^2。

2)室内涂饰工程每个检验批应至少抽查 10%并不得少于 3 间;不足 3 间时应全数检查。

(4)涂饰工程应在涂层养护期满后进行质量验收。

7.6.3 溶剂型涂料涂饰工程

1. 质量要求

(1)溶剂型涂料涂饰工程所选用涂料的品种、型号和性能应符合设计要求。

(2)溶剂型涂料涂饰工程的颜色、光泽、图案应符合设计要求。

(3)溶剂型涂料涂饰工程应涂饰均匀、粘结牢固,不得漏涂、透底、起皮和反锈。

(4)涂层与其他装修材料和设备衔接处应吻合,界面应清晰。

(5)色漆的涂饰质量和检验方法应符合表 7-29 的规定。

色漆的涂饰质量和检验方法　　　　表 7-29

项次	项　　目	普通涂饰	高级涂饰	检验方法
1	颜　　色	均匀一致	均匀一致	观　　察
2	光泽、光滑	光泽基本均匀 光滑无挡手感	光泽均匀一致 光滑	观察、手摸检查
3	刷　　纹	刷纹通顺	无刷纹	观　　察
4	裹棱、流坠、皱皮	明显处不允许	不允许	观　　察
5	装饰线、分色线直线度允许偏差(mm)	2	1	拉 5m 线,不足 5m 拉通线,用钢直尺检查

(6)清漆的涂饰质量和检验方法应符合表 7-30 的规定

清漆的涂饰质量和检验方法　　　　表 7-30

项次	项　　目	普通涂饰	高级涂饰	检验方法
1	颜　　色	基本一致	均匀一致	观　　察
2	木　　纹	棕眼刮平、木纹清楚	棕眼刮平、木纹清楚	观　　察
3	光泽、光滑	光泽基本均匀 光滑无挡手感	光泽均匀一致 光　　滑	观察、手摸检查
4	刷　　纹	无　刷　纹	无　刷　纹	观　　察
5	裹棱、流坠、皱皮	明显处不允许	不　允　许	观　　察

2. 施工中应注意的事项

(1)在混凝土和抹灰层表面为保证油漆后表面平整光滑,阴阳角方正、顺直,在施涂前应将基层缺棱掉角、线脚不顺直处修补平整顺直。表面麻面、缝隙应用腻子批嵌齐平,并应打磨平整光滑,线条平直和顺。将基层表面上的灰尘、污垢、溅沫和砂浆流痕等清除干净。

在施涂外墙时,应以分格缝、墙的阴角处或水落管等处为分界线,分段进行。

为避免色差,对于外墙涂料,在同一墙面应用同一批号的涂料，对于室内墙面，同一房间应用同一批号的涂料。每遍涂料不宜施涂过厚，涂层应均匀一致。

在室外施涂时，施涂表面应避免烈日直接照射或大风天、雾天和雨天施工。

为保证涂料质量，必须按规范中规定的各种材料、等级的主要工序进行，严禁偷工减料。

(2)对有防火要求的木材面，涂饰前应进行防火处理，并应符合规范和设计要求。

施涂前，应将木材表面的油脂、污垢、胶渍、砂浆、沥青等清除干净。树脂用溶剂溶解、碱液洗涤或烙铁烫铲等方法清除。对于高级清色涂料，应采用漂白方法将木材的色斑和不均匀的色调消除。木材表面的裂缝、毛刺、钉眼等在清除后，用腻子批嵌密实，磨光。节疤处应点漆片 2～3 遍，以防树脂渗出。使木材表面达到平整光滑，少节疤，棱角整齐，木纹颜色一致。

施涂时，应按木材表面涂刷混色、清色涂料的主要工序进行。木地(楼)板施涂涂料不得少于 3 遍。当采用烫硬蜡时，不宜过厚，并防止烫坏木地(楼)板。

木材表面应均匀施涂，特别是门窗上冒头顶面、下冒头底面不得漏施涂料。

(3)金属表面施涂前，应将金属表面的灰尘、油渍、锈斑、焊渣和毛刺等清除干净。潮湿表面不得施涂，必须擦干后进行。

对于钢结构中不易施涂到的缝隙处，应在装配前除锈和施涂防锈漆。如构件虽经防锈处理，但因放置时间过长等原因，出现锈蚀时，仍应涂刷防锈漆。

当用石膏腻子嵌补面积较大时，可在腻子中加入适量厚漆或红丹粉，以增加腻子的干硬性。

所有铁件均不应少于一底二度做法，即一度防锈涂料打底，一度铅油，一度调和漆，施涂时应按“金属表面涂刷涂料的主要工序”进行。钢门窗应将玻璃安装完毕，嵌好油灰，底灰修补平整后再刷调和漆，对于有避雷要求的金属表面，不得施涂调和漆，应施涂具有导电功能的涂料。对于有防火要求的金属表面，应施涂防火涂料。

每个构件施涂后，均要反复观察检查，不得有漏涂现象。

3. 工程验收

同水性涂料涂刷工程。

7.6.4 美术涂饰质量控制

1. 质量要求

(1)美术涂饰所用材料的品种、型号和性能应符合设计要求。

(2)美术涂饰工程应涂饰均匀、粘结牢固，不得漏涂、透底、起皮、掉粉和反锈。

(3)美术涂饰的套色、花纹和图案应符合设计要求。

(4)美术涂饰表面应洁净，不得有流坠现象。

(5)仿花纹涂饰的饰面应具有被模仿材料的纹理。

(6)套色涂饰的图案不得移位，纹理和轮廓应清晰。

2. 施工中应注意的事项

美术涂饰应在一般油漆完成并干后，以面层油漆为基础进行，除了按水性涂料和溶剂型涂料施工中应注意的事项外，各种美术涂饰必须按各工艺要求操作。

3. 工程验收

同水性涂料涂刷工程。

7.7 裱糊与软包工程

裱糊和软包是我国传统的一种装饰工艺,其装饰效果好,施工方便,特别是软包工程除了能增加立体装饰效果外,还具有吸声功能。因此在目前的装饰工程中被大量运用。

本节适用于各类壁纸、墙布裱糊和软包工程的施工及验收时的质量控制。

7.7.1 一般规定

裱糊前,基层处理质量应达到下列要求:

(1)新建筑物的混凝土或抹灰基层墙面在刮腻子前应涂刷抗碱封闭底漆。

(2)旧墙面在裱糊前应清除疏松的旧装修层,并涂刷界面剂。

(3)混凝土或抹灰基层含水率不得大于8%;木材基层的含水率不得大于12%。

(4)基层腻子应平整、坚实、牢固,无粉化、起皮和裂缝;腻子的粘结强度应符合《建筑室内用腻子》(JG/T3049)N型的规定。

(5)基层表面应平整、立面垂直度及阴阳角方正应达到本章表7-1中高级抹灰的要求。

(6)基层表面颜色应一致。

(7)裱糊前应用封闭底漆胶涂刷基层。

7.7.2 裱糊质量控制

1. 质量要求

(1)壁纸、墙布的种类、规格、图案、颜色和燃烧性能等级必须符合设计要求及国家现行标准的有关规定。

(2)裱糊工程基层处理质量应符合 7.7.1 一般规定的要求。

(3)裱糊后各幅拼接应横平竖直,拼接处花纹、图案应吻合,不离缝,不搭接,不显拼缝。

(4)壁纸、墙布应粘贴牢固,不得有漏贴、补贴、脱层、空鼓和翘边。

(5)裱糊后的壁纸、墙布表面应平整,色泽应一致,不得有波纹起伏、气泡、裂缝、皱折及斑污,斜视时应无胶痕。

(6) 复合压花壁纸的压痕及发泡壁纸的发泡层应无损坏。

(7)壁纸、墙布与各种装饰线、设备盒应交接严密。

(8)壁纸、墙布边缘应平整,不得有纸毛、飞刺。

(9)壁纸、墙布阴角处搭接应顺光,阳角处应无接缝。

2. 施工中应注意的事项

(1)裱糊材料在运输和储存时,均不得日晒雨淋,并避免受压变形和边缘碰损,防止受潮发霉和靠近热源。

(2)裱糊工程应在喷浆和门窗油漆、地面工程已完成的情况下进行。

(3)裱糊的质量好坏,首先取决于基层的处理。在裱糊前,必须按工艺要求对基层进行处理,要求做到坚实牢固,表面平整光洁,颜色应一致,阴阳角方正、顺直、不得有疏松、掉粉、飞刺、麻点、砂粒和裂缝。

(4)在纸面石膏板上做裱糊时,板面应先用油性石膏腻子找平;在无纸面石膏板上做裱糊时,板面应先满刮一遍石膏腻子;对木质材料基层面上裱糊时,应在裱糊前涂刷一层涂料,使其颜色与周围墙面一致。

(5)对于附着牢固、表面平整的旧油性涂料墙面,裱糊前应打毛处理。对于泛碱部位,宜用9%的稀醋酸中和、清洗,防止侵蚀壁纸变色。

(6)不同基层接缝处,应予贴缝处理后裱糊,以免面层被拉裂撕开。

(7)在裱糊前,应在基层上涂刷一道1:1的108胶水溶液或经稀释50%的胶粘剂作底胶涂刷基层,以增加基层与壁纸、墙布的粘结力。

裱糊前应根据墙面情况,弹一垂直基准线,以此控制垂直度。

(8)壁纸、墙布下料长度应比裱贴部位尺寸长1~3cm,有花纹图案的应对好花饰裁割,不得错位。截割好的壁纸、墙布应编号,以便顺序粘贴。

(9)对于纸胎塑料壁纸,由于会遇水膨胀,因此应进行闷水处理后粘贴。闷水处理,一般将壁纸浸泡在水中3~5min,取出抖掉表面水分,静置20min左右。对于复合纸质壁纸,由于湿强度较差,裱糊前严禁闷水处理,可在壁纸背面均匀刷胶粘剂,然后胶面与胶面对叠放置4~8min,再上墙裱糊。纺织纤维壁纸不能在水中浸泡,应在壁纸背面用湿布擦一下粘贴。

(10)涂刷胶粘剂时,要薄而匀,严防漏刷,墙面阴角处应增刷1~2遍胶粘剂。

(11)带背胶壁纸应在水中浸泡数分钟后,无需在壁纸背面和墙面上刷胶粘剂,直接粘贴,在裱糊顶棚时,应涂刷一层稀释的胶粘剂。

(12)PVC壁纸裱糊时,在基层上涂刷胶粘剂,在裱糊顶棚时,基层上和壁纸背面均应涂刷胶粘剂。

(13)对于较厚的壁纸、墙布,应对基层和背面均刷胶,以增加粘结效果。

(14)对于玻璃纤维墙布、无纺贴墙布，无需在背面刷胶，可直接将胶粘剂涂于基层上，以免胶粘剂印透表面，出现胶痕。

(15)对于锦缎，由于柔软，极易变形，在裱糊前，应在锦锻背面衬糊一层宣纸，使其挺括不变形，且易操作，裱糊时在基层上涂刷胶粘剂。

(16)裱糊时，应先垂直面，后水平面；先细部，后大面；先保证垂直，后对花拼缝。垂直面先上后下，先长墙面，后短墙面。水平面时先高后低。

(17)由于墙角与地面不一定垂直，故裱糊时，不能以墙角为准，应严格按弹线保证第一块壁纸、墙布与地面垂直，依次裱糊，并用线坠检查调整，防止误差积累。对于偏斜过多的部位，可裁开拼接或搭接，切忌将壁纸、墙布横向硬拉，以免歪斜，甚至脱落。

(18)顶棚裱糊时，宜沿房间的长度方向，先裱糊靠近主窗部位，依次进行。

(19)壁纸、墙布与基层间多余胶和气泡，用刮板从上向下均匀赶出，并及时用湿毛巾擦净。较厚的壁纸须用胶滚滚压赶平。发泡壁纸和复合壁纸，只可用毛巾、海绵或毛刷赶压，严禁使用刮板赶压，以免赶平花型或出现死褶。裱糊完后发现有气泡或多余胶时，可用针筒将空气或余胶抽掉，抽去空气部位，可注入胶粘剂，用干净的湿布或湿毛巾将多余的胶粘剂从针孔中挤出，擦干净，并将壁纸、墙布压平。

(20)裁边时，用刀下力要匀，一次直落，避免出现刀痕或搭接起丝现象。

3. 工程验收

(1)裱糊工程验收时应检查下列文件和记录：

1)裱糊工程的施工图、设计说明及其他设计文件。

2)饰面材料的样板及确认文件。

3)材料的产品合格证书、性能检测报告、进场验收记录和复验报告。

4)施工记录。

(2)各分项工程的检验批应按下列规定划分：

同一品种的裱糊工程每50间(大面积房间和走廊按施工面积$30m^2$为一间)划分为一个检验批，不足50间也应划分为一个检验批。

(3)检查数量应符合下列规定：

裱糊工程每个检验批应至少抽查10%，并不得少于3间；不足3间时应全数检查。

7.7.3 软包质量控制

1. 质量要求

(1)软包面料、内衬材料及边框的材质、颜色、图案、燃烧性能等级和木材的含水率应符合设计要求及国家现行标准的有关规定。

(2)软包工程的安装位置及构造做法应符合设计要求。

(3)软包工程的龙骨、衬板、边框应安装牢固，无翘曲，拼缝应平直。

(4)单块软包面料不应有接缝，四周应绷压密实。

(5)软包工程表面应平整、洁净，无凹凸不平及皱折；图案应清晰、无色差，整体应协调美观。

(6)软包边框应平整、顺直、接缝吻合。其表面涂饰质量应符合《建筑装饰装修工程质量验收规范》(GB50210—2001)涂饰工程的有关规定。

(7)清漆涂饰木制品边框的颜色、木纹应协调一致。

(8)软包工程安装的允许偏差和检验方法应符合表 7-31 的规定。

软包工程安装的允许偏差和检验方法　　表 7-31

项次	项　　目	允许偏差(mm)	检　验　方　法
1	垂直度	3	用 1m 垂直检测尺检查
2	边框宽度、高度	0; -2	用钢直尺检查
3	对角线长度差	3	用钢直尺检查
4	裁口、线条接缝高低差	1	用钢直尺和塞尺检查

2. 施工中应注意的事项

(1)软包施工前,为防止潮气侵蚀,引起板面翘曲,织物霉变,应在基层做好防潮处理。

(2)软包部位的开关、插座盒内应严格控制软包填充料和织物伸入,应做好隔离措施,以免引起火灾。

(3)软包施工应在所有项目都完工后进行,以免织物污染。

(4)软包表面织物施工前应稍许喷水湿润,使软包完工后表面不松弛、皱折。

3. 工程验收

(1)软包工程验收时应检查下列文件和记录:

1)软包工程的施工图、设计说明及其他设计文件。

2)饰面材料的样板及确认文件。

3)材料的产品合格证书、性能检测报告、进场验收记录和复验报告。

4)施工记录。

(2)各分项工程的检验批应按下列规定划分:

同一品种的软包工程每50间(大面积房间和走廊按施工面积$30m^2$为一间)应划分为一个检验批,不足50间也应划分为一个检验批。

(3)检查数量应符合下列规定:

软包工程每个检验批应至少抽查20%,并不得少于6间;不足6间时应全数检查。

7.8 细部工程

细部工程以前称之谓细木工程,本节适用于橱柜制作与安装,窗帘盒、窗台板、散热器罩制作与安装,门窗套制作与安装,护栏和扶手制作与安装,花饰制作与安装等分项工程施工及验收时的质量控制。

7.8.1 一般规定

(1)细木制品应采用经干燥处理的木材,其含水率不应大于12%。

(2)细木制品的木材应按设计要求进行防腐、防火、防虫处理。其防护剂不得使用混合防腐油、五氯酚,用于储存食品或饮用水接触部位的,不得使用含砷的无机盐防护剂。

(3)细木制品制成后,应立即刷一遍干性油,以防止受潮变形。

7.8.2 橱柜制作与安装质量控制

1. 质量要求

(1)橱柜制作与安装所用材料的材质和规格、木材的燃烧性能等级和含水率、花岗石的放射性及人造板的甲醛含量应符合设计要求及国家现行标准的有关规定。

(2)橱柜安装预埋件或后置埋件的数量、规格、位置应符合设计要求。

(3)橱柜的造型、尺寸、安装位置、制作和固定方法应符合设计要求。橱柜安装必须牢固。

(4)橱柜配件的品种、规格应符合设计要求。配件应齐全,安装应牢固。

(5)橱柜的抽屉和柜门应开关灵活、回位正确。

(6)橱柜表面应平整、洁净、色泽一致,不得有裂缝、翘曲及损坏。

(7)橱柜裁口应顺直、接缝应严密。

(8)橱柜安装的允许偏差和检验方法应符合表 7-32 的规定。

橱柜安装的允许偏差和检验方法　　　表 7-32

项次	项　　目	允许偏差(mm)	检　验　方　法
1	外形尺寸	3	用钢直尺检查
2	立面垂直度	2	用 1m 垂直检测尺检查
3	门与框架的平行度	2	用钢直尺检查

2. 施工中应注意的事项

当采用后置埋件时,不得在砖砌体或轻质隔墙上埋设膨胀螺栓或化学螺栓,以防后置埋件松脱。

3. 工程验收

(1)工程验收时应对下列文件和记录进行检查:

1)施工图、设计说明及其他设计文件。

2)材料的产品合格证、性能检测报告、进场验收记录和复验报告。

3)隐蔽工程验收记录。

4)施工记录。

(2)对人造板的甲醛含量应进行复验。

(3)预埋件(或后置埋件)应进行隐蔽工程验收。

(4)各分项工程的检验批应按下列规定划分:

同类制品每 50 间(处)划分为一个检验批,不足 50 间(处)也应划分为一个检验批。

(5)每个检验批应至少抽查 3 间(处),不足 3 间(处)时应全数检查。

7.8.3 窗帘盒、窗台板和散热器罩制作与安装质量控制

1. 质量要求

(1)窗帘盒、窗台板和散热器罩制作与安装所用材料的材质和规格、木材的燃烧性能等级和含水率、花岗石的放射性及人造板的甲醛含量应符合设计要求及国家现行标准的有关规定。

(2)窗帘盒、窗台板和散热器罩的造型、规格、尺寸、安装位置和固定方法必须符合设计要求。窗帘盒、窗台板和散热器罩的安装必须牢固。

(3)窗帘盒配件的品种、规格应符合设计要求,安装应牢固。

(4)窗帘盒、窗台板和散热器罩表面应平整、洁净、线条顺直、接缝严密、色泽一致,不得有裂缝、翘曲及损坏。

(5)窗帘盒、窗台板和散热器罩与墙面、窗框的衔接应严密,密封胶缝应顺直、光滑。

(6)窗帘盒、窗台板和散热器罩安装的允许偏差和检验方法应符合表 7-33 的规定。

窗帘盒、窗台板和散热器罩的允许偏差和检验方法　　表 7-33

项次	项　　目	允许偏差(mm)	检　验　方　法
1	水平度	2	用 1m 水平尺和塞尺检查

续表

项次	项　　目	允许偏差(mm)	检　验　方　法
2	上口、下口直线度	3	拉5m线,不足5m拉通线,用钢直尺检查
3	两端距窗洞口长度差	2	用钢直尺检查
4	两端出墙厚度差	3	用钢直尺检查

2. 施工中应注意的事项

窗帘盒、窗台板和散热器罩等固定点不得少于2点,固定点应采用木砖预埋方式,窗台板预埋木砖间距不应小于500mm,不宜使用木樽作固定点。不得使用朝天钉、朝天射钉固定窗帘盒。窗帘盒、窗台板应居中安装,使其两端伸出窗洞口的长度相同。

3. 工程验收

同7.8.2橱柜制作与安装工程验收。

7.8.4 门窗套制作与安装质量控制

1. 质量要求

(1)门窗套制作与安装所用材料的材质、规格、花纹和颜色、木材的燃烧性能等级和含水率、花岗石的放射性及人造板的甲醛含量应符合设计要求及国家现行标准的有关规定。

(2)门窗套的造型、尺寸和固定方法应符合设计要求,安装应牢固。

(3)门窗套表面应平整、洁净、线条顺直、接缝严密、色泽一致,不得有裂缝、翘曲及损坏。

(4)门窗套安装的允许偏差和检验方法应符合表7-34的规定。

门窗套安装的允许偏差和检验方法　　表 7-34

项次	项　　目	允许偏差(mm)	检　验　方　法
1	正、侧面垂直度	3	用 1m 垂直检测尺检查
2	门窗套上口水平度	1	用 1m 水平尺和塞尺检查
3	门窗套上口直线度	3	拉 5m 线,不足 5m 拉通线,用钢直尺检查

2. 施工中应注意的事项

当门窗套洞口与门窗套间隙太大时,应采用可靠措施固定门窗套的预埋木砖,不可用衬垫材料替代。

门窗套一般应用整块安装,当采用拼接时应采用 45°夹角拼接,并尽量避开平视视觉范围内。门窗套拼角处应采用 45°夹角安装。

当在卫生间、厨房门等地面较潮湿部位,门窗套下部应采用墩子线,以便于更换。

3. 工程验收

同 7.8.2 工程验收。

7.8.5　护栏和扶手制作与安装质量控制

1. 质量要求

(1)护栏和扶手制作与安装所使用的材质、规格、数量和木材、塑料的燃烧性能等级应符合设计要求。

(2)护栏和扶手的造型、尺寸及安装位置应符合设计要求。

(3)护栏和扶手安装预埋件的数量、规格、位置以及护栏与预埋件的连接点应符合设计要求。

(4)护栏高度、栏杆间距、安装位置必须符合设计要求。护栏安装必须牢固。

(5)护栏玻璃应使用公称厚度不小于 12mm 的钢化玻璃或

钢化夹层玻璃。当护栏一侧距楼地面高度为5m及以上时,应使用钢化夹层玻璃。

(6)护栏和扶手转角弧度应符合设计要求,接缝严密,表面应光滑,色泽应一致,不得有裂缝、翘曲及损坏。

(7)护栏和扶手安装的允许偏差和检验方法应符合表7-35的规定。

护拦和扶手安装的允许偏差和检验方法　　表7-35

项次	项　　目	允许偏差(mm)	检　验　方　法
1	护栏垂直度	3	用1m垂直检测尺检查
2	栏 杆 间 距	3	用钢直尺检查
3	扶手直线度	4	拉通线,用钢直尺检查
4	扶 手 高 度	3	用钢直尺检查

2. 施工中应注意的事项

(1)当护栏、扶手采用后置埋件固定时,应采取可靠措施以保证护栏、扶手的牢固和稳定性,不可将后置埋件设置在与护栏和扶手的同一平面内,以免影响其刚度。

(2)在住宅建筑中,护栏应采用避免可攀爬的横向装饰花饰,以避免小孩攀爬,留下隐患。

3. 工程验收

(1)工程验收时应对下列文件和记录进行检查:

1)施工图、设计说明及其他设计文件。

2)材料的产品合格证、性能检测报告、进场验收记录和复验报告。

3)隐蔽工程验收记录。

4)施工记录。

(2)对人造板的甲醛含量应进行复验。

(3)预埋件(或后置埋件)应进行隐蔽工程验收。

(4)各分项工程的检验批应按下列规定划分:

1)同类制品每50间(处)应划分为一个检验批,不足50间(处)也应划分为一个检验批。

2)每部楼梯应划分为一个检验批。

(5)每个检验批的护栏和扶手应全数检查。

7.8.6 花饰制作与安装质量控制

1. 质量要求

(1)花饰制作与安装所使用材料的材质、规格应符合设计要求。

(2)花饰的造型、尺寸应符合设计要求。

(3)花饰的安装位置和固定方法必须符合设计要求,安装必须牢固。

(4)花饰表面应洁净,接缝应严密吻合,不得有歪斜、裂缝、翘曲及损坏。

(5)花饰安装的允许偏差和检查方法应符合表7-36的规定。

花饰安装的允许偏差和检查方法　　表7-36

项次	项目		允许偏差(mm)		检验方法
			室内	室外	
1	条型花饰的水平度或垂直度	每米	1	2	拉线和用1m垂直检测尺检查
		全长	3	6	
2	单独花饰中心位置偏移		10	15	拉线和用钢直尺检查

2. 施工中应注意的事项

(1)当镜子玻璃花饰安装时,镜子玻璃背面应采用背涂封闭处理,以避免镜子背面涂层受潮或与相接触的材料不相容而变色，影响装饰效果。

(2)有图案的玻璃花饰，不宜在玻璃钢化处理后进行加工图案，以避免损坏钢化玻璃的表面应力。

(3)在顶部安装重型花饰时，其固定点应进行计算，必要时应进行拉拔强度测试以确保安全。

3. 工程验收

(1)工程验收时应对下列文件和记录进行检查：

1)施工图、设计说明及其他设计文件。

2)材料的产品合格证、性能检测报告、进场验收记录和复验报告。

3)隐蔽工程验收记录。

4)施工记录。

(2)对人造板的甲醛含量应进行复验。

(3)预埋件(或后置埋件)应进行隐蔽工程验收。

(4)各分项工程的检验批应按下列规定划分：

同类制品每50间(处)应划分为一个检验批，不足50间(处)也应划分为一个检验批。

(5)检查数量应符合下列规定：

1)室外每个检验批应全部检查。

2)室内每个检验批应至少抽查3间(处)；不足3间(处)时应全数检查。

7.9 幕墙工程

建筑幕墙用于建筑工程仅一百多年时间，真正在工程中大量应用也仅几十年时间，我国将幕墙工程用于建筑外围护结构的装饰也仅近20年时间。但其发展速度极快，现已成为现代建筑的象征。

本节适用于由金属构件与玻璃板材、金属板材、石板组成的建筑幕墙或全由玻璃组成的全玻幕墙的施工及验收时的质量控制。

7.9.1 一般规定

1. 承担幕墙施工的企业除了具有相应的资质等级外，还应具有生产许可证，施工企业应在资质和许可范围内承揽工程，不可超越规定范围。

2. 幕墙设计一般按方案设计、初步设计和施工图设计三个阶段进行。施工图设计应由具有建筑幕墙专业设计资质的单位承担。

3. 幕墙结构应在工厂内机械加工，不得在现场手工加工。

4. 幕墙及其连接件应具有足够的承载力、刚度和相对于主体结构的位移能力。幕墙构架立柱的连接金属角码与其他连接件应采用螺栓连接，并应有防松动措施。

5. 立柱和横梁等主要受力构件，其截面受力部分的壁厚应经计算确定，且铝合金型材壁厚不应小于 3.0mm，钢型材壁厚不应小于 3.5mm。

6. 幕墙工程中使用的硅酮结构胶必须使用经我国硅酮结构胶领导小组经鉴定认可的品种，不同品牌的胶不得直接接触使用。隐框、半隐框幕墙所采用的结构粘结材料必须是中性硅酮结构密封胶，其性能必须符合《建筑用硅酮结构密封胶》(GB16776)的规定；硅酮结构密封胶必须在有效期内使用。

7. 隐框、半隐框幕墙构件中板材与金属框之间硅酮结构密封胶的粘结宽度，应分别计算风荷载标准值和板材自重标准值作用下硅酮结构密封胶的粘结宽度，并取其较大值，且不得小于 7.0mm。

8. 硅酮结构密封胶应打注饱满，并应在温度15～30℃、相对湿度50%以上、洁净的室内进行；不得在现场墙上打注。硅酮结构胶必须在非受力状态下固化。在固化前不得移动已注胶构件。

9. 幕墙的防火除应符合现行国家标准《建筑设计防火规范》(GBJ16)和《高层民用建筑设计防火规范》(GB50045)的有关规定外，还应符合下列规定：

(1)应根据防火材料的耐火极限决定防火层的厚度和宽度，并应在楼板处形成防火带。

(2)防火层应采取隔离措施。防火层的衬板应采用经防腐处理且厚度不小于1.5mm的钢板，不得采用铝板。

(3)防火层的密封材料应采用防火密封胶。

(4)防火层与玻璃不应直接接触，一块玻璃不应跨两个防火分区。

10. 主体结构与幕墙连接的各种预埋件，其数量、规格、位置和防腐处理必须符合设计要求。

11. 幕墙的金属框架与主体结构预埋件的连接、立柱与横梁的连接及幕墙面板的安装必须符合设计要求，安装必须牢固。

12. 单元幕墙连接处和吊挂处的铝合金型材的壁厚应通过计算确定，并不得小于5.0mm。

13. 幕墙的金属框架与主体结构应通过预埋件连接，预埋件应在主体结构混凝土施工时埋入，预埋件的位置应准确。当没有条件采用预埋件连接时，应采用其他可靠的连接措施，并应通过试验确定其承载力。膨胀螺栓和化学螺栓属后置埋件，只能作为幕墙的一种辅助、补救措施，不得代替全部预埋件。在防火区域内应使用防火化学螺栓，不得使用普通化学螺栓。

14. 立柱应采用螺栓与角码连接，螺栓直径应经过计算，并不应小于10mm。不同金属材料接触时应采用绝缘垫片分隔。

15. 幕墙的抗震缝、伸缩缝、沉降缝等部位的处理应保证缝的使用功能和饰面的完整性。

16. 幕墙工程的设计应满足维护和清洁的要求。

17. 对于采用隔热断桥措施的幕墙工程，其幕墙外侧面应按防雷要求进行有效接地。

18. 幕墙施工过程中应进行淋水试验。

19. 幕墙开启窗的角度不应大于30°，其绝对开启距离不应大于300mm。

7.9.2 玻璃幕墙质量控制

1. 质量要求

(1)玻璃幕墙工程所使用的各种材料、构件和组件的质量，应符合设计要求及国家现行产品标准和工程技术规范的规定。

(2)玻璃幕墙的造型和立面分格应符合设计要求。

(3)玻璃幕墙使用的玻璃应符合下列规定：

1)幕墙应使用安全玻璃，玻璃的品种、规格、颜色、光学性能及安装方向应符合设计要求。

2)幕墙玻璃的厚度不应小于6.0mm。全玻幕墙的肋玻璃的厚度不应小于12mm。

3)幕墙的中空玻璃应采用双道密封。明框幕墙的中空玻璃应采用聚硫密封胶及丁基密封胶；隐框和半隐框幕墙的中空玻璃应采用硅酮结构密封胶及丁基密封胶；镀膜面应在中空玻璃的第2或第3面上。

4)幕墙的夹层玻璃应采用聚乙烯醇缩丁醛(PVB)胶片干法加工合成的夹层玻璃。点支承玻璃幕墙夹层玻璃的夹层胶片(PVB)厚度不应小于0.76mm。

5)钢化玻璃表面不得有损伤;8.0mm以下的钢化玻璃应进行引爆处理。

6)所有幕墙玻璃均应进行边缘处理。

(4)玻璃幕墙与主体结构连接的各种预埋件、连接件、紧固件必须安装牢固,其数量、规格、位置、连接方法和防腐处理应符合设计要求。

(5)各种连接件、紧固件的螺栓应有防松动措施;焊接连接应符合设计要求和焊接规范的规定。

(6)隐框或半隐框玻璃幕墙,每块玻璃下端应设置两个铝合金或不锈钢托条,其长度不应小于100mm,厚度不应小于2mm,托条外端应低于玻璃外表面2mm。

(7)明框玻璃幕墙的玻璃安装应符合下列规定:

1)玻璃槽口与玻璃的配合尺寸应符合设计要求和技术标准的规定。

2)玻璃与构件不得直接接触,玻璃四周与构件凹槽底部应保持一定的空隙,每块玻璃下部应至少放置两块宽度与槽口宽度相同、长度不小于100mm的弹性定位垫块;玻璃两边嵌入量及空隙应符合设计要求。

3)玻璃四周橡胶条的材质、型号应符合设计要求,镶嵌应平整,橡胶条长度应比框内槽长1.5%~2.0%,橡胶条在转角处应斜面断开,并应用粘结剂粘结牢固后嵌入槽内。

(8)高度超过4m的全玻幕墙应吊挂在主体结构上,吊夹具应符合设计要求,玻璃与玻璃、玻璃与玻璃肋之间的缝隙,应采用硅酮结构密封胶填嵌严密。

(9)点支承玻璃幕墙应采用带万向头的活动不锈钢爪，其钢爪间的中心距离应大于250mm。

(10)玻璃幕墙四周、玻璃幕墙内表面与主体结构之间的连接节点、各种变形缝、墙角的连接节点应符合设计要求和技术标准的规定。

(11)玻璃幕墙应无渗漏。

(12)玻璃幕墙结构胶和密封胶的打注应饱满、密实、连续、均匀、无气泡，宽度和厚度应符合设计要求和技术标准的规定。

(13)玻璃幕墙开启窗的配件应齐全，安装应牢固，安装位置和开启方向、角度应正确；开启应灵活，关闭应严密。

(14)玻璃幕墙的防雷装置必须与主体结构的防雷装置可靠连接。

(15)玻璃幕墙表面应平整、洁净；整幅玻璃的色泽应均匀一致；不得有污染和镀膜损坏。

(16)每平方米玻璃的表面质量和检验方法应符合表7-37的规定。

每平方米玻璃的表面质量和检验方法　　表7-37

项次	项　　目	质量要求	检验方法
1	明显划伤和长度>100mm的轻微划伤	不允许	观　　察
2	长度≤100mm的轻微划伤	≤8条	用钢尺检查
3	擦伤总面积	≤500mm^2	用钢尺检查

(17)一个分格铝合金型材的表面质量和检验方法应符合表7-38的规定。

(18)明框玻璃幕墙的外露框或压条应横平竖直，颜色、规格应符合设计要求，压条安装应牢固。单元玻璃幕墙的单元拼缝或隐框玻璃幕墙的分格玻璃拼缝应横平竖直、均匀一致。

一个分格铝合金型材的表面质量和检验方法　表 7-38

项次	项　　目	质量要求	检验方法
1	明显划伤和长度 > 100mm 的轻微划伤	不允许	观　　察
2	长度 ≤ 100mm 的轻微划伤	≤ 2 条	用钢尺检查
3	擦伤总面积	≤ $500mm^2$	用钢尺检查

(19)玻璃幕墙的密封胶缝应横平竖直、深浅一致、宽窄均匀、光滑顺直。

(20)防火、保温材料填充应饱满、均匀,表面应密实、平整。

(21)玻璃幕墙隐蔽节点的遮封装修应牢固、整齐、美观。

(22)明框玻璃幕墙安装的允许偏差和检验方法应符合表 7-39 的规定。

明框玻璃幕墙安装的允许偏差和检验方法　表 7-39

<table>
<tr><th>项次</th><th colspan="2">项　　目</th><th>允许偏差(mm)</th><th>检　验　方　法</th></tr>
<tr><td rowspan="4">1</td><td rowspan="4">幕　墙
垂直度</td><td>幕墙高度 ≤ 30m</td><td>10</td><td rowspan="4">用经纬仪检查</td></tr>
<tr><td>30m < 幕墙高度 ≤ 60m</td><td>15</td></tr>
<tr><td>60m < 幕墙高度 ≤ 90m</td><td>20</td></tr>
<tr><td>幕墙高度 > 90m</td><td>25</td></tr>
<tr><td rowspan="2">2</td><td rowspan="2">幕　墙
水平度</td><td>幕墙幅宽 ≤ 35m</td><td>5</td><td rowspan="2">用水平仪检查</td></tr>
<tr><td>幕墙幅宽 > 35m</td><td>7</td></tr>
<tr><td>3</td><td colspan="2">构件直线度</td><td>2</td><td>用 2m 靠尺和塞尺检查</td></tr>
<tr><td rowspan="2">4</td><td rowspan="2">构　件
水平度</td><td>构件长度 ≤ 2</td><td>2</td><td rowspan="2">用水平仪检查</td></tr>
<tr><td>构件长度 > 2</td><td>3</td></tr>
<tr><td>5</td><td colspan="2">相邻构件错位</td><td>1</td><td>用钢直尺检查</td></tr>
<tr><td rowspan="2">6</td><td rowspan="2">分格框对角
线长度差</td><td>对角线长度 ≤ 2</td><td>3</td><td rowspan="2">用钢尺检查</td></tr>
<tr><td>对角线长度 > 2</td><td>4</td></tr>
</table>

(23)隐框、半隐框玻璃幕墙安装的允许偏差和检查方法应符合表7-40的规定。

隐框、半隐框玻璃幕墙安装的允许偏差和检查方法　　表7-40

项次	项目		允许偏差(mm)	检验方法
1	幕墙垂直度	幕墙高度≤30m	10	用经纬仪检查
		30m<幕墙高度≤60m	15	
		60m<幕墙高度≤90m	20	
		幕墙高度>90m	25	
2	幕墙水平度	层高≤3m	3	用水平仪检查
		层高>3m	5	
3	幕墙表面平整度		2	用2m靠尺和塞尺检查
4	板材立面垂直度		2	用垂直检测尺检查
5	板材上沿水平度		2	用1m水平尺和钢直尺检查
6	相邻板材板角错位		1	用钢直尺检查
7	阳角方正		2	用直角检测尺检查
8	接缝直线度		3	拉5m线,不足5m拉通线,用钢直尺检查
9	接缝高低差		1	用钢直尺和塞尺检查
10	接缝宽度		1	用钢直尺检查

2. 施工中应注意的事项

(1)幕墙高度超过规范规定的高度和抗震设防烈度大于8度时,幕墙设计方案应经具有资质的机构的专家进行充分认证通过方可实施。

(2)幕墙的抗风压性能、空气渗透性、雨水渗漏性能及平面变形性能的测试应在初步设计阶段完成,并根据测试结果进行施工图设计,加工制作。

(3)为保证幕墙安装的精度,施工测量放线很重要。对于高层建筑,应在风力不大于4级情况下,定时测量放线,并经多次校核,确保幕墙的垂直度和立挺位置的准确。

(4)在安装幕墙连接件与预埋件的连接时,需预安装,对偏差较大的预埋件可采用焊垫片,或补打膨胀螺栓的方法予以调整,使连接角钢与立柱连接螺栓中心线标高偏差±3mm,角钢上开孔中心线垂直方向±2mm、左右方向±3mm,以便在立柱安装时,可三维方向调整,使立柱正、侧面的垂直度、标高达到设计要求。焊接垫片应有足够的接触面和焊接面,其强度应达到预埋件锚板要求。禁止采用楔形垫片和点焊连接。不允许先用钢板对夹立柱,然后将钢板焊接定位的施工工艺,以免造成位移和烧坏立柱氧化膜。角钢连接件与立柱接触面之间,应加设耐热、耐久、绝缘和防腐的硬质有机材料垫片。不同金属接触面应采用绝缘垫片作隔离措施。螺栓紧固应有防松措施。

(5)立柱与立柱接头应有一定的空隙,一般控制在20mm,并用密封胶填嵌密实平整。立柱与立柱接头,应采用芯柱连接,芯柱应采用铝合金或不锈钢材料,不得采用热镀锌碳素钢或其他钢材。芯柱与上、下内壁应紧密接触,其插入上、下柱的长度不少于2倍的立柱截面高度。芯柱的惯性矩不小于立柱的惯性矩。

(6)幕墙防雷一般都采用公共接地方式,因此幕墙防雷接地电阻值应控制在不大于1Ω范围内。

(7)由于保温用的岩棉遇明火会熔化,因此不得用保温岩棉作防火棉使用。

(8)有热工要求的幕墙,其保温隔热材料,应用钉固定在衬板上。保温层与玻璃之间,必须有一定距离,便于气体流动。内衬板四周与构件接缝严密。禁止保温层与玻璃直接接触,以免温差造成玻璃碎裂。无窗间墙部位的玻璃幕墙应采用相应的防撞措施。

(9)幕墙内排水系统各连接处应连接严密,排水孔的直径不小于8mm。最小尺寸为5mm×5mm的孔。排水孔水平距离不应大于600mm。无挡水和渗水渗漏现象。

(10)当有特殊构造要求的夹层玻璃时,可采用SGP胶片或经测试满足设计要求的胶片。

(11)隐框、半隐框和沉头式点支承玻璃幕墙的中空玻璃采用的硅酮结构密封胶应经计算确定其粘结宽度。

(12)点支承玻璃幕墙必须采用钢化玻璃。

(13)当用硅酮结构密封胶将玻璃(板材)固定到金属上时,材料表面的净化是关键的工序之一,是对隐框、半隐框幕墙达到可靠度的最重要保证条件。净化材料应为溶剂。当被粘结材料表面有油性污渍时,应采用甲苯、二甲苯、丙酮等溶剂;当非油性污渍时,应采用异丙醇、水各50%的混合剂。净化时,应将溶剂倒在一块干净的抹布上(严禁用布蘸溶剂,以免交错污染),对基材表面进行擦抹,在溶剂末挥发前,用一块干净的不脱绒毛的干白布将污渍擦抹干净。净化后,在10~15min内要进行注胶,以免再次受到灰尘污染。玻璃应一次定位成功,不能再位移,以免影响粘结质量。注胶前,对涂胶处周围5cm左右范围的基材表面用不粘胶带纸保护,以免受到胶污染。

(14)在注胶时,应对胶的品种、牌号、生产日期进行核对,以免用错胶或过期的胶,造成质量事故。注胶速度应均匀,胶缝饱满密实,无气泡。并要留制检验样品,以便进行剥离试验和固化检验。

采用双组分密封胶时，在注胶前，应做扯断试验和蝴蝶试验，合格后，方可注胶。

组件需待胶完全固化后，才可挪动，养护14～21d后才可运往现场组装。

硅酮结构密封胶的粘结宽度，应按设计规定，但不得小于7mm，厚度不应小于6mm，且不应大于12mm。

耐候硅酮密封胶在缝内应两面粘结，不得三面粘结，以免受拉时被撕裂。密封胶施工厚度应大于3.5mm，宽度不应小于施工厚度的2倍。对于隐框玻璃幕墙的拼缝宽度不宜小于40mm。

(15)在现场装配时，为保证质量，应避免大风、高温和潮湿。如已清洗好的接口被大风吹上灰尘而污染时，在充填密封胶前必须重新清洁；在高温季节，充填密封胶时，其基材表面温度不得超过60℃，否则不应进行装配；当装配表面有潮气或露水时，必须擦干后方可填充密封胶。

(16)对悬挂式全玻幕墙，应避免采用钢丝网玻璃、钢线板玻璃和弯曲玻璃。

(17)玻璃幕墙在施工过程中应对易渗漏部位进行现场淋水试验，淋水方法可参照《玻璃幕墙安装质量检验方法标准》(JGJ139—2001附录C)进行。

3. 工程验收

(1)幕墙工程验收时应检查下列文件和记录：

1)幕墙工程的施工图、结构计算书、设计说明及其他设计文件。

2)建筑设计单位对幕墙工程设计的确认文件。

3)幕墙工程所用各种材料、五金配件、构件及组件的产品合格证书、性能检测报告、进场验收记录和复验报告。

4)幕墙工程所用硅酮结构胶的认定证书和抽查合格证明;进口硅酮结构胶的商检证;国家指定检测机构出具的硅酮结构胶相容性和剥离粘结性试验报告。

5)后置埋件的现场拉拔强度检测报告。

6)幕墙的抗风压性能、空气渗透性能、雨水渗漏性能及平面变形性能检测报告。

7)打胶、养护环境的温度、湿度记录;双组分硅酮结构胶的混匀性试验记录及拉断试验记录。

8)防雷装置测试记录。

9)隐蔽工程验收记录。

10)幕墙构件和组件加工制作记录;幕墙安装施工记录。

(2)玻璃幕墙用结构胶的邵氏硬度、标准条件拉伸粘结强度、相容性应进行复验。

(3)幕墙工程应对下列隐蔽工程项目进行验收:

1)预埋件(或后置埋件)。

2)构件的连接节点。

3)变形缝及墙面转角处的构造节点。

4)幕墙防雷装置。

5)幕墙防火构造。

(4)各分项工程的检验批应按下列规定划分:

1)相同设计、材料、工艺和施工条件的幕墙工程每 500~1000m^2 划分为一个检验批,不足 500m^2 也应划分为一个检验批。

2)同一单位工程的不连续的幕墙工程应单独划分为一个检验批。

3)对于异型或有特殊要求的幕墙,检验批的划分应根据幕墙的结构、工艺特点及幕墙工程规模,由监理单位(或建设单位)和施工单位协商确定。

(5)检查数量应符合下列规定:

1)每个检验批每 $100m^2$ 应至少抽查一处,每处不得小于 $10m^2$。

2)对于异型或有特殊要求的幕墙,应根据幕墙的结构和工艺特点,由监理单位(或建设单位)和施工单位协商确定。

7.9.3 金属幕墙质量控制

1. 质量要求

(1)金属幕墙工程所使用的各种材料和配件,应符合设计要求及国家现行产品标准和工程技术规范的规定。

(2)金属幕墙的造型和立面分格应符合设计要求。

(3)金属面板的品种、规格、颜色、光泽及安装方向应符合设计要求。

(4)金属幕墙主体结构上的预埋件、后置埋件的数量、位置及后置埋件的拉拔力必须符合设计要求。

(5)金属幕墙的金属框架及立柱与主体结构预埋件的连接、立柱与横梁的连接、金属面板的安装必须符合设计要求,安装必须牢固。

(6)金属幕墙的防火、保温、防潮材料的设置应符合设计要求,并密实、均匀、厚度一致。

(7)金属框架及连接件的防腐处理应符合设计要求。

(8)金属幕墙的防雷装置必须与主体结构的防雷装置可靠连接。

(9)各种变形缝、墙角的连接节点应符合设计要求和技术标准的规定。

(10)金属幕墙的板缝注胶应饱满、密实、连续、均匀、无气泡,宽度和厚度应符合设计要求和技术标准的规定。

(11)金属幕墙应无渗漏。

(12)金属幕墙板表面应平整、洁净、色泽一致。

(13)金属幕墙的压条应平直、洁净、接口严密、安装牢固。

(14)金属幕墙的密封胶缝应横平竖直、深浅一致、宽窄均匀、光滑顺直。

(15)金属幕墙上的滴水线、流水坡向应正确、顺直。

(16)每平方米金属板的表面质量和检验方法应符合表 7-41 的规定。

每平方米金属板的表面质量和检验方法　　表 7-41

项次	项　　目	质量要求	检 验 方 法
1	明显划伤和长度 > 100mm 的轻微划伤	不允许	观　　察
2	长度 ≤ 100mm 的轻微划伤	≤8 条	用钢尺检查
3	擦伤总面积	≤500mm^2	用钢尺检查

(17)金属幕墙安装的允许偏差和检验方法应符合表 7-42 的规定。

金属幕墙安装的允许偏差和检验方法　　表 7-42

<table>
<tr><th>项次</th><th colspan="2">项　　目</th><th>允许偏差(mm)</th><th>检 验 方 法</th></tr>
<tr><td rowspan="4">1</td><td rowspan="4">幕　墙
垂直度</td><td>幕墙高度 ≤ 30m</td><td>10</td><td rowspan="4">用经纬仪检查</td></tr>
<tr><td>30m < 幕墙高度 ≤ 60m</td><td>15</td></tr>
<tr><td>60m < 幕墙高度 ≤ 90m</td><td>20</td></tr>
<tr><td>幕墙高度 > 90m</td><td>25</td></tr>
<tr><td rowspan="2">2</td><td rowspan="2">幕　墙
水平度</td><td>层高 ≤ 3m</td><td>3</td><td rowspan="2">用水平仪检查</td></tr>
<tr><td>层高 > 3m</td><td>5</td></tr>
<tr><td>3</td><td colspan="2">幕墙表面平整度</td><td>2</td><td>用 2m 靠尺和塞尺检查</td></tr>
<tr><td>4</td><td colspan="2">板材立面垂直度</td><td>3</td><td>用垂直检测尺检查</td></tr>
<tr><td>5</td><td colspan="2">板材上沿水平度</td><td>2</td><td>用 1m 水平尺和钢直尺检查</td></tr>
</table>

续表

项次	项　　目	允许偏差(mm)	检 验 方 法
6	相邻板材板角错位	1	用钢直尺检查
7	阳角方正	2	用直角检测尺检查
8	接缝直线度	3	拉 5m 线,不足 5m 拉通线,用钢直尺检查
9	接缝高低差	1	用钢直尺和塞尺检查
10	接缝宽度	1	用钢直尺检查

2. 施工中应注意的事项

(1)金属幕墙横梁与立柱的连接应采用机械连接,不得采用电焊连接,以免减弱其抗平面位移的能力。

(2)金属幕墙板应在车间内制作,不得在现场加工,并应注意以下事项:

1)单层金属板折弯加工时,折弯外圆弧半径不应小于板厚的 1.5 倍,板的加强肋和板的周边肋应采用铆接、螺栓连接、焊接或胶结及机械结合的方式固定,四角部位应作密封处理,并使结构刚性好,固定牢固、不变形、不变色。

2)复合铝板、蜂窝板边折弯时,应切割内层板和中间芯料,在外层板内侧保留 0.3mm 厚的芯料,并不得划伤外层金属板的内表面,角弯成圆弧状。在打孔、切口和四角部位应用中性耐候硅酮密封胶密封。

3)复合铝板在加工过程中严禁与水接触。

(3)金属幕墙安装施工中也应遵照玻璃幕墙施工中应注意的事项中有关的要求操作。

3. 工程验收

同 7.9.2 玻璃幕墙工程验收。

7.9.4 石材幕墙质量控制

1. 质量要求

(1)石材幕墙工程所用材料的品种、规格、性能和等级,应符合设计要求及国家现行产品标准和工程技术规范的规定。石材的弯曲强度不应小于8.0MPa;吸水率应小于0.8%。石材幕墙的铝合金挂件或不锈钢挂件厚度均不应小于4.0mm。

(2)石材幕墙的造型、立面分格、颜色、光泽、花纹和图案应符合设计要求。

(3)石材孔、槽的数量、深度、位置、尺寸应符合设计要求。

(4)石材幕墙主体结构上的预埋件和后置预埋件的位置、数量及后置埋件的拉拔力必须符合设计要求。

(5)石材幕墙的金属框架立柱与主体结构预埋件的连接、立柱与横梁的连接、连接件与金属框架的连接、连接件与石材面板的连接必须符合设计要求,安装必须牢固。

(6)金属框架和连接件的防腐处理应符合设计要求。

(7)石材幕墙的防雷装置必须与主体结构防雷装置可靠连接。

(8)石材幕墙的防火、保温、防潮材料的设置应符合设计要求,填充应密实、均匀、厚度一致。

(9)各种结构变形缝、墙角的连接节点应符合设计要求和技术标准的规定。

(10)石材表面和板缝的处理应符合设计要求。

(11)石材幕墙的板缝注胶应饱满、密实、连续、均匀、无气泡,板缝宽度和厚度应符合设计要求和技术标准的规定。

(12)石材幕墙应无渗漏。

(13)石材幕墙表面应平整、洁净,无污染、缺损和裂缝。颜色和花纹应协调一致,无明显色差,无明显修痕。

(14)石材幕墙的压条应平直、洁净、接口严密、安装牢固。

(15)石材接缝应横平竖直、宽窄均匀;阴阳角石板压向应正确,板边合缝应顺直;凸凹线出墙厚度应一致,上下口应平直;石材面板上洞口、槽边应套割吻合,边缘应整齐。

(16)石材幕墙的密封胶缝应横平竖直、深浅一致、宽窄均匀、光滑顺直。

(17)石材幕墙上的滴水线、流水坡向应正确、顺直。

(18)每平方米石材的表面质量和检验方法应符合表7-43的规定。

每平方米石材的表面质量和检验方法　　表7-43

项次	项　　目	质量要求	检验方法
1	裂痕、明显划伤和长度 > 100mm的轻微划伤	不允许	观　察
2	长度≤100mm的轻微划伤	≤8条	用钢尺检查
3	擦伤总面积	$\leq 500mm^2$	用钢尺检查

(19)石材幕墙安装的允许偏差和检验方法应符合表7-44的规定。

2. 施工中应注意的事项

(1)石材幕墙的高度不应超过100m,其抗震设防烈度应在不大于8度的地域范围内。

(2)石材幕墙横梁与立柱的连接应采用机械连接,不得采用电焊连接,以免减弱其抗平面位移的能力。

石材幕墙安装的允许偏差和检验方法　　表 7-44

项次	项目		允许偏差(mm)		检验方法
			光面	麻面	
1	幕墙垂直度	幕墙高度≤30m	10		用经纬仪检查
		30m < 幕墙高度≤60m	15		
		60m < 幕墙高度≤90m	20		
		幕墙高度 > 90m	25		
2	幕墙水平度		3		用水平仪检查
3	板材立面垂直度		3		用水平仪检查
4	板材上沿水平度		2		用1m水平尺和钢直尺检查
5	相邻板材板角错位		1		用钢直尺检查
6	幕墙表面平整度		2	3	用垂直检测尺检查
7	阳角方正		2	4	用直角检测尺检查
8	接缝直线度		3	4	拉5m线,不足5m拉通线,用钢直尺检查
9	接缝高低差		1	—	用钢直尺和塞尺检查
10	接缝宽度		1	2	用钢直尺检查

(3)用于石材幕墙的挂件,应用定型产品,不宜自行加工。当采用不锈钢挂件时应符合天然花岗石饰面板及其不锈钢配件规定的要求。

(4)石材安装时应避免上下石板的力的传递。挂件或钢销不得触及孔槽底和壁,防止石材破损。

(5)石材幕墙所用的结构胶、密封胶应采用无低分子含量、低分子含量少的石材专用胶,以防污染石材。

(6)当石材幕墙采用内排水构造时,构造内部应有有效的防排水措施。

(7)石材幕墙安装施工中也应遵照玻璃幕墙施工中应注

意的事项中有关的要求操作。

3. 工程验收

(1)幕墙工程验收时应检查下列文件和记录:

1)幕墙工程的施工图、结构计算书、设计说明及其他设计文件。

2)建筑设计单位对幕墙工程设计的确认文件。

3)幕墙工程所用各种材料、五金配件、构件及组件的产品合格证书、性能检测报告、进场验收记录和复验报告。

4)幕墙工程所用硅酮结构胶的认定证书和抽查合格证明;进口硅酮结构胶的商检证;国家指定检测机构出具的硅酮结构胶相容性和剥离粘结性试验报告;石材用密封胶的耐污染性试验报告。

5)后置埋件的现场拉拔强度检测报告。

6)幕墙的抗风压性能、空气渗透性能、雨水渗漏性能及平面变形性能检测报告。

7)打胶、养护环境的温度、湿度记录;双组分硅酮结构胶的混匀性试验记录及拉断试验记录。

8)防雷装置测试记录。

9)隐蔽工程验收记录。

10)幕墙构件和组件加工制作记录;幕墙安装施工记录。

(2)石材的弯曲强度、寒冷地区石材的耐冻融性、室内用花岗石的放射性、石材用结构胶的粘结强度、石材用密封胶的污染性等应进行复验。

(3)幕墙工程应对下列隐蔽工程项目进行验收:

1)预埋件(或后置埋件)。

2)构件的连接节点。

3)变形缝及墙面转角处的构造节点。

4)幕墙防雷装置。

5)幕墙防火构造。

(4)各分项工程的检验批应按下列规定划分:

1)相同设计、材料、工艺和施工条件的幕墙工程每500~1000m^2划分为一个检验批,不足500m^2也应划分为一个检验批。

2)同一单位工程的不连续的幕墙工程应单独划分为一个检验批。

3)对于异型或有特殊要求的幕墙,检验批的划分应根据幕墙的结构、工艺特点及幕墙工程规模,由监理单位(或建设单位)和施工单位协商确定。

(5)检查数量应符合下列规定:

1)每个检验批每100m^2应至少抽查一处,每处不得小于10m^2。

2)对于异型或有特殊要求的幕墙,应根据幕墙的结构和工艺特点,由监理单位(或建设单位)和施工单位协商确定。

8　建筑地面工程

建筑地面工程包括建筑物底层和楼层地面，也包含室外散水、明沟、踏步、台阶、坡道等附属工程。它是建筑物装修工程的重要组成部分。本章介绍建筑地面工程的分类和施工质量控制等方面的内容。

8.1　建筑地面工程分类

本节主要叙述建筑地面工程的构造及面层分类。

8.1.1　建筑地面工程的构造

(1)面层：直接承受各种物理和化学作用的表面层。

(2)结合层：面层和下一构造层相连接的中间层，也可作为面层的弹性基层。

(3)找平层：在垫层上、楼板上或填充层(轻质、松散材料)上起整平、找坡或加强作用的构造层。

(4)隔离层：防止建筑地面上各种液体(含油渗)或地下水、潮气渗透地面等作用的构造层，仅防止地下潮气透过地面时可称作防潮层。

(5)填充层：在建筑地面上起隔声、保温、找坡或敷管线等作用的构造层。

(6)垫层：承受并传递地面荷载于基土上的构造层。

(7)基土：地面垫层下的土层(含地基加强或软土地基表面加固处理)。

8.1.2 建筑地面工程的分类

(1)水泥混凝土面层:采用粗、细骨料与水泥的拌合料铺设。

(2)水泥砂浆面层:采用细骨料与水泥的拌合料铺设。

(3)水磨石面层:采用白云石、大理石等岩石与水泥的拌合料铺设。

(4)防油渗面层:采用在普通混凝土中掺入外加剂或防油渗剂。

(5)水泥钢(铁)屑面层:采用钢(铁)屑与水泥的拌合料铺设。

(6)不发火(防爆的)面层:采用水泥类或沥青类的拌合料铺设。

(7)沥青砂浆和沥青混凝土面层:采用骨料、粉状填充料与热沥青拌合料铺设。

(8)砖面层:采用缸砖、陶瓷地砖或陶瓷锦砖板块等材料在结合层上铺设。

(9)大理石和花岗石面层:采用天然大理石和花岗石板材在结合层上铺设。

(10)预制板块面层:采用混凝土板块、水磨石板块等在结合层上铺设。

(11)料石面层:采用天然石料铺设。

(12)塑料地板面层:采用塑料板块、卷材并以粘贴、干铺或现浇整体式在水泥类基层上铺设。

(13)活动地板面层:采用活动板块,配以横梁、橡胶垫条和可供调节高度的金属支架组成的架空地板在水泥类基层上铺设。

(14)木板面层:采用双层或单层木板面层铺设。

(15)硬质纤维板面层;采用纤维板以胶粘剂或沥青胶结料在水泥类(含水泥木屑砂浆)基层上铺设。

(16)拚花木板面层:采用经加工的拚花木板铺设。

(17)地毯面层:采用方块、卷材地毯在水泥类面层(或基层)上铺设。

(18)竹地板面层:采用经严格选材、硫化、防腐、防蛀处理的竹地板铺设。

8.2 建筑地面工程施工

本节从各种不同的基层和面层的施工分别介绍施工过程中质量控制和检验。

8.2.1 一般规定

1. 基层铺设

(1)基层铺设的材料质量,密实度和强度等级(或配合比)等应符合设计要求。

(2)基层铺设前,其下一层表面应干净、无积水。

(3)当垫层、找平层内埋设暗管时,管道应按设计要求予以稳固。

2. 整体面层铺设

(1)铺设整体面层时,其水泥类基层的抗压强度不得小于1.2MPa,表面应粗糙、洁净、湿润并不得有积水,铺设前宜涂刷界面处理剂。

(2)整体面层施工后,养护时间不应少于7d;抗压强度应达到5MPa后,方准上人行走,抗压强度应达到设计要求后,方可正常使用。

(3)当采用掺有水泥拌合料做踢脚线时,不得用石灰砂浆打底。

(4)整体面层的抹平工作应在水泥初凝前完成,压光工作应在水泥终凝前完成。

3. 板块面层铺设

(1)铺设板块面层时,其水泥类基层的抗压强度不得小于1.2MPa。

(2)铺设板块面层的结合层和板块间的填缝采用水泥砂浆,应符合下列规定:

1)配制水泥砂浆应采用硅酸盐水泥、普通硅酸盐水泥或矿渣硅酸盐水泥;其水泥强度等级不宜小于32.5级。

2)配制水泥砂浆的体积比(或强度等级)应符合设计要求。

(3)结合层和板块面层填缝的沥青胶结材料应符合国家现行有关产品标准和设计要求。

(4)板块的铺砌应符合要求,当设计无要求时,宜避免出现板块小于1/4边长的边角料。

(5)铺设水泥混凝土板块、水磨石板块、水泥花砖、陶瓷锦砖、陶瓷地砖、缸砖、料石、大理石和花岗石面层等的结合层和填缝的水泥砂浆、在面层铺设后,表面应覆盖、湿润,其养护时间不应少于7d,当板块面层的水泥砂浆结合层的抗压强度达到设计要求后,方可正常使用。

(6)板块类踢脚线施工时,不得采用石灰砂浆打底。

8.2.2 基层施工的质量控制

1. 基土

(1)对软弱土层应按设计要求进行处理。

(2)地面应铺设在均匀密实的基土上。填土或土层结构被挠动的基土,应予分层压(夯)实。

(3)淤泥、腐殖土、冻土、耕植土和有机物含量大于8%的土,均不得用作填土。

(4)填土的施工应采用机械或人工方法分层压(夯)实;土块的粒径不应大于50mm。机械压实时,每层虚铺厚度不宜大于300mm,用蛙式机夯实时,不应大于250mm;人工夯实时,不应大于200mm,每层压(夯)实后土的压实系数应符合设计要求,但不应小于0.9。

(5)填土料的最佳含水量和最大干土质量密度,参见表8-1。

土的最佳含水量和最大干密度参考表　　　表8-1

项　　次	土的种类	变动范围	
		最佳含水量%(重量比)	最大干密度(g/cm^3)
1	砂　　土	8~12	1.80~1.88
2	黏　　土	19~23	1.58~1.70
3	粉质黏土	12~15	1.85~1.95
4	粉　　土	16~22	1.61~1.80

注:1. 表中土的最大密度应根据现场实际达到的数字为准。
　2. 一般性的回填可不作此项测定。

(6)压实的基土表面应平整,用2m靠尺和楔形塞尺检查时偏差控制在15mm以内。

(7)表面标高应符合设计要求,用水准仪检查时,偏差应控制在0~-50mm。

2. 垫层

(1)垫层分类:垫层按所用材料的不同分为以下六类。

1)灰土垫层;

2)砂垫层和砂石垫层;

3)碎石垫层和碎砖垫层;

4)三合土垫层;

5)炉渣垫层;

6)水泥混凝土垫层。

(2)质量控制:

1)灰土垫层:

采用熟石灰与黏土(或粉质黏土、粉土)的拌合料铺设。

a. 施工温度不应低于+5℃。铺设厚度不应小于100mm。

b. 灰土的配合比为体积比,一般为2∶8或3∶7(石灰∶土)。

c. 熟化石灰可采用磨细生石灰,亦可用粉煤灰或电石渣代替生石灰(石灰中的块灰不应小于70%),使用前3~4d洒水粉化,并过筛、其粒径不得大于5mm。

d. 采用的黏土不得含有机杂质,使用前应过筛,其粒径不得大于15mm。

e. 灰土拌合料应拌合均匀,加水量宜为拌合料总重量的16%。铺灰时应分层随铺随夯,施工后应有防止水浸泡的措施,不得隔日夯实和雨淋。每层虚铺厚度宜为150~250mm。

f. 灰土垫层的密实度,可用环刀取样测定其干土质量密度,一般要求灰土夯实后的最小干土质量密度为1.55g/cm^3。

g. 灰土表面平整度用2m靠尺检查时偏差控制在10mm以内。

h. 表面标高应符合设计要求,其偏差应控制在±10mm以内。

2)砂垫层和砂石垫层:

a. 砂垫层和砂石垫层施工温度不低于0℃。如低于上述温度时,应按冬期施工要求,采取相应措施。

b. 砂垫层厚度不得小于60mm;砂石垫层厚度不应小于100mm。其中石子的最大粒径不得大于垫层厚度的2/3。

c. 砂宜选用质地坚硬的中砂或中粗砂,不得含有草根等有机杂质。砂垫层铺平后,应洒水湿润,并宜采用机具振实。

d. 砂石垫层应摊铺均匀,不得有粗、细颗粒分离现象。采用机械碾压或人工夯实时，均不应少于3遍，并压(夯)至不松动为止。

e. 砂石垫层的密实度可检查试验记录，也可在现场用环刀取样，测定其干密度。

f. 砂、砂石垫层其表面平整度，用2m靠尺检查时偏差值控制在15mm以内。

g. 表面标高应符合设计要求，其偏差值可控制在±20mm以内。

3)碎石垫层和碎砖垫层：

a. 碎石垫层和碎砖垫层，其厚度不应小于100mm。

b. 碎石垫层必须摊铺均匀，表面的空隙应用粒径为5～25mm的细石子填补、辗压、夯实，应适当洒水，一般碾压不少于3遍，压实至石料不松动为止。

c. 碎石垫层中石料的最大粒径不得大于垫层厚度的2/3。

d. 碎砖垫层应分层摊铺均匀，洒水湿润后，采用机具夯实，并达到表面平整。碎砖垫层不得采用风化、酥松、含有有机杂物的砖料，颗粒粒径不应大于60mm，厚度不应大于虚铺厚度的3/4。

e. 压实后垫层表面平整度用2m靠尺检查，其偏差应控制在15mm以内。

f. 表面标高应符合设计要求，偏差应控制在±20mm以内。

4)三合土垫层：

采用石灰、碎砖和砂(可掺入黏土)，按一定的配合比加水拌合均匀后铺设夯实而成。

a. 三合土垫层厚度不应小于100mm。

b. 三合土的配合比(体积比)，一般采用1:2:4或1:3:6(石灰:砂:碎料)。

c. 三合土垫层的铺设,可采用先拌合后铺设或先铺设碎料灌砂浆的方法,但均应铺平夯实。

d. 三合土垫层夯打应密实,表面平整,在最后一遍夯打时,宜浇浓石灰浆,待表面灰浆晾干后,方可进行下道工序施工。

e. 三合土垫层表面平整度的允许偏差不得大于 10mm。其标高控制在 ± 10mm 以内。

5)炉渣垫层:

采用炉渣或采用水泥与炉渣或采用水泥、石灰与炉渣的拌合料铺设。

a. 炉渣垫层厚度不应小于 80mm。

b. 炉渣内不应含有有机杂质和未燃尽的煤块;粒径不应大于 40mm,且粒径在 5mm 及以下的体积,不得超过总体积的 40%。

c. 炉渣和水泥渣垫层所用的炉渣,在使用前应浇水闷透。水泥石灰渣垫层所用的炉渣,在使用前也必须先泼石灰浆或用消石灰拌合浇水闷透。闷透时间均不得小于 5d。

d. 炉渣垫层铺设,垫层厚度大于 120mm 时,应分层铺设,每层压实后的厚度不应大于虚铺厚度的 3/4。

e. 炉渣垫层施工完毕后应养护,并应待其凝固后方可进行下道工序施工。

f. 炉渣垫层表面平整度的偏差值应控制在 10mm 以内;标高偏差值应控制在 ± 10mm 以内。

6)水泥混凝土垫层:

a. 水泥混凝土垫层厚度不得小于 60mm;其强度等级不应小于 C10。

b. 灌筑大面积混凝土垫层时,应纵、横每 6 ~ 10m 设中间水平桩以控制厚度。

c. 大面积灌筑宜采用分仓浇灌的方法。要根据变形缝位置，不同材料面层连接部位或设备基础位置情况进行分仓，并应与设置的纵向、横向缩缝的间距相一致。分仓距离一般为3～6m。

d. 分仓接缝的构造形式有三种：平头分仓缝（图8-1*a*）；企口分仓缝（图8-1*b*）；加肋分仓缝（图8-1*c*），垫层的纵向缩缝应做平头缝或加肋平头缝。当垫层厚度大于150mm时，可做企口缝，横向缩缝应做假缝，平头缝和企口缝的缝间不得放置隔离材料，浇筑时应互相紧贴，企口缝的尺寸应符合设计要求，假缝宽度为5～20mm，深度为垫层厚度的1/3，缝内填水泥砂浆。

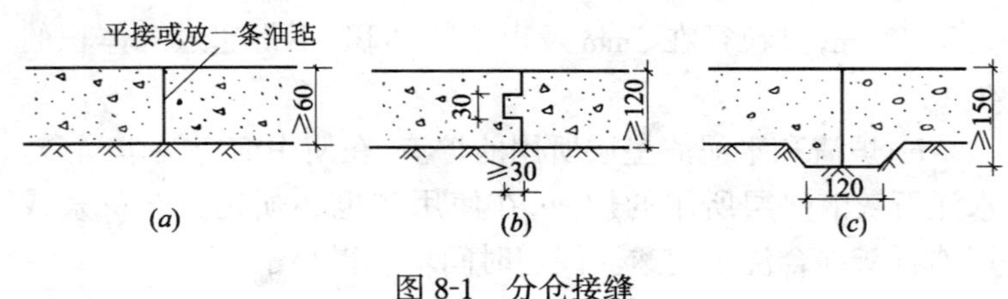

图8-1　分仓接缝

e. 混凝土垫层浇筑完毕后，应及时加以覆盖和浇水。浇水养护日期不少于7昼夜，待其强度达到1.2MPa后，才能做面层。

f. 表面平整度应控制在10mm以内，标高偏差应控制在±10mm以内。

g. 垫层找坡坡度偏差不大于房间相应尺寸的2/1000，且不大于30mm。

3. 找平层

(1)找平层使用的水泥宜采用硅酸盐水泥或普通硅酸盐

水泥。

(2)碎石和卵石的粒径不应大于找平层厚度的2/3,含泥量不应大于2%,砂为中粗砂,其含量不应大于3%。

(3)水泥砂浆体积比宜小于1:3;水泥混凝土强度等级不应小于C15。

(4)在预制混凝土板上铺设找平层时,必须在楼板灌缝严密,填缝采用细石混凝土,其强度等级不得小于C20,填缝高度应低于板面10~20mm,且振捣密实,表面不应压光,填缝后应养护。

板间锚固筋埋设牢固,板面上需预埋的电管等均应牢固,做好隐蔽验收符合要求后,方可铺设找平层。预制钢筋混凝土板相邻缝底宽不应小于20mm。

(5)铺设找平层时,对其下一层表面必须清理干净。采用水泥砂浆或混凝土找平层时,其下层表面要求粗糙,如表面光滑,应划(凿)毛。铺设时,先刷一遍水泥浆,其水灰比宜为0.4~0.5,并应随刷随铺。

(6)铺设沥青砂浆或沥青混凝土找平层,拌合料必须拌合均匀,宜采用机械搅拌,在常温下,拌合料拌合温度为140~170℃,至压实完毕温度不低于160℃,拌合料铺平后,应用有加热设备的辗压机具压实,每层虚铺厚度不宜大于30mm。

(7)有防水要求的楼面工程,有铺设找平层前,应对立管、套管和地漏与楼板节点之间进行密封处理。并应在管道四周留出深8~10mm的深槽,采用防水卷材或防水涂料裹住管口和地漏。

(8)当铺设有坡度要求的找平层时,排水坡度应符合设计要求。

(9)找平层表面须平整、粗糙。

4. 隔离层和填充层

(1)隔离层的材料应符合设计要求,防油渗隔离层的材料尚应符合施工规范的有关规定,材料进入现场后按规定取样复试;合格后方可使用。

(2)厕浴间和有防水要求的建筑地面必须设置防水隔离层,楼层结构必须采用现浇混凝土或整块预制混凝土板,混凝土强度等级不应小于C20,楼板四周除门洞外,应做混凝土翻边,其高度不应小于120mm,施工时结构层标高和预留孔洞位置应准确,严禁乱凿洞。

(3)填充层的材料按形状可分为:松散、板状和整体类等。其材料密度和导热系数、强度等级或配合比均应符合设计要求。

(4)当铺设隔离层和填充层时,其下一层的表面应平整、洁净和干燥;并不得有空鼓、裂缝和起砂现象。

(5)当采用松散材料做填充层时,应分层铺平拍实。每层虚铺厚度不宜大于150mm。拍实后不得直接在保温层上行车或堆重物。完工后的填充层厚度偏差应控制在±10%~-5%之间。

(6)当采用板状材料做填充层时,应分层错缝铺贴,每层应选用同一厚度的板块料,其厚度允许偏差为±5%,且不得超过4mm。

(7)用沥青粘贴板块时,应边刷、边贴、边压实;要求板块相互之间,与基层之间的沥青饱满、粘牢。

(8)用水泥砂浆粘贴板块时,板块缝隙应用填充灰浆填实并勾缝。填充灰浆的配合比一般为体积比1:1:10(水泥:石灰膏:同类填充材料碎粒)。

(9)填充层在施工中和在防水层施工前均应采取措施加以保护,以防浸湿和损坏。

(10)铺设防水类材料时，在经过楼板面管道四周处，防水材料应向上铺涂，并应超过套管的上口，在墙面处铺涂应高出面层200～300mm。阴阳角和穿过板面管道的根部尚应增加铺涂防水层。

铺贴完毕后，应做蓄水检验，蓄水深度宜为20～30mm，24h内无渗漏为合格，并应做蓄水记录。

8.2.3 地面面层施工的质量控制

地面面层工程是地面工程中的重要组成部分。地面面层施工质量的好坏，除了影响今后的使用年限，更影响到整个工程的美观。以下就不同地面面层工程施工方法和质量控制要点分述如下。

1. 水泥混凝土面层

(1)材料要求

1)水泥：宜采用硅酸盐水泥或普通硅酸盐水泥，强度等级不应低于32.5，且必须有出厂合格证和复试报告。

2)砂：宜采用中砂或粗砂，过筛除去有机杂质，含泥量不应大于3%。

3)石子：粒径应不大于15mm或不大于面层厚度的2/3，含泥量应小于2%。

4)水：宜用饮用水。

(2)施工工艺

清扫、清洗基层→弹面层线→做灰饼、标筋→润湿基层→扫水泥素浆→铺混凝土拌合料→振实→木尺刮平→木抹子压光、搓平→铁抹子压光(3遍)→盖草包浇水养护。

(3)质量控制

1)基层应修整，清扫干净后用水冲洗晾干，不得有积水现象。

2)面层下的基层为水泥类材料时，在铺设前应刷一遍水泥浆，其水灰比宜为0.4～0.5，并随刷随铺。

3)有坡度、地漏房间，检查放射状标筋的标高，以保证流水坡向。

4)水泥混凝土面层的强度等级不宜小于C20；水泥混凝土垫层兼面层的强度等级不应小于C15。浇筑水泥混凝土面层时，其坍落度不宜大于30mm。

5)水泥混凝土面层应在初凝前完成抹平工作，终凝前完成压光工作。

6)浇筑钢筋混凝土楼板或水泥混凝土垫层兼面层时，应采用随捣随抹的方法。在压光过程中个别地方较湿时，可加干拌的水泥砂(1:2～1:2.5)；较干时，略洒水，铺1:2水泥砂浆拍实压光，切忌撒干水泥。

7)面层压光一昼夜后，必须覆盖草包，每天浇水2～3次，养护时间不少于7d，使其在湿润的条件下硬化。待面层强度达到5MPa时，方可准许人行走。

8)施工温度不应低于5℃，当低于该温度时应采取相应的冬期措施。

9)楼梯踏步的宽度，高度应符合设计要求。楼层梯段相邻踏步高度差不应大于10mm，每踏步两端宽度差不应大于10mm，旋转楼梯梯段的每踏步两端宽度的允许偏差为5mm，楼梯踏步的齿角应整齐、防滑条应顺直。

10)试块的制作养护及强度检验应符合《混凝土结构工程施工质量验收规范》的有关规定。试块的组数，按每一层建筑地面工程不应少于一组。当每层地面面积超过1000m^{2}时，面积每增加1000m^{2}各增做一组试块，不足1000m^{2}按1000m^{2}计算。

2. 水泥砂浆面层

(1)材料要求

1)水泥:宜选用硅酸盐水泥、普通硅酸盐水泥,强度等级不应小于42.5,并严禁混用不同品牌、强度等级的水泥。

2)砂:应采用中粗砂,其含泥量不应大于3%。

3)水:宜采用饮用水。

(2)施工工艺

清扫、清洗基层→弹面层线→做灰饼、标筋→润湿基层→扫水泥素浆→铺水泥砂浆→木尺压实、刮平→木抹子压光、搓平→铁抹子压光(3遍)→浇水养护。

(3)质量控制

1)地面和楼面的标高与找平、控制线应统一弹到房间的墙上,高度一般比设计地面高500mm。有地漏等带有坡度的面层,标筋坡度要满足设计要求。

2)基层应清理干净,表面应粗糙,如光滑应凿毛处理。

3)水泥砂浆面层厚度不应小于20mm。其体积比宜为1:2(水泥:砂),其稠度(以标准圆锥体沉入度计)不应大于35mm,强度等级不应小于M15。

4)铺设时,在基层上涂刷水灰比为0.4~0.5的水泥浆,随刷随铺水泥砂浆,随铺随拍实并控制其厚度.磨光时先用刮尺刮平,用木抹子压实、搓平,再用铁抹子压光。

5)水泥砂浆面层的抹平工作应在初凝前完成,压光工作应在终凝前完成。且养护不得少于7d。

6)当水泥砂浆面层内埋设管线等出现局部厚度减薄时,应按设计要求做防止面层开裂处理后方可施工。

7)施工时环境温度不应小于5℃。

8)楼梯踏步的宽度,高度应符合设计要求。楼层梯段相邻踏步高度差不应大于10mm,每踏步两端宽度差不应大于

10mm,旋转楼梯梯段的每踏步两端宽度的允许偏差为 5mm,楼梯踏步的齿角应整齐、防滑条应顺直。

9)试块的制作、养护及强度检验应符合《砌体工程施工质量验收规范》的规定。试块的组数,每一楼层不应少于一组。当每层面积超过 1000m^2 时,每增加 1000m^2 各增做一组试块,不足 1000m^2 按 1000m^2 计算。

3. 水磨石面层

(1)材料要求

1)水泥:宜采用硅酸盐水泥、普通硅酸盐水泥或矿渣硅酸盐水泥,其强度等级不应大于 42.5 级。

2)石子:一般采用质地密实、磨面光亮的天然大理石、白云石、方解石、花岗石和辉绿岩等石材破碎加工而成。石子中不得含有风化、水锈及其他杂色。

3)颜料:应选用耐碱、耐光的矿物颜料。不得使用酸性颜料。

常用的几种矿物颜料主要性能见表 8-2。

几种矿物颜料主要性能 **表 8-2**

序号	名称	密度	遮盖力(g/m^3)	着色力	耐光性	耐碱性	分散性
1	氧化铁红	5.15	6~8	良	良	耐	不易分散
2	氧化铁黄	4.05~4.09	11~13	良	良	耐	不易分散
3	氧化铁绿	—	13.5	良	良	耐	不易分散
4	氧化铁棕	4.77	—	良	良	耐	不易分散
5	群　青	2.23~2.35	—	良	良	耐	不易分散
6	氧化铬绿	5.08~5.26	<12	差	良	极耐	不易分散
7	氧化铁蓝	1.83~1.90	<15	良	良	不耐	易分散

(2)施工工艺

清洗基层→做灰饼、标筋→抹底层找平层砂浆→弹分格线→粘贴分格条→养护→扫水泥素浆→铺水泥砂浆→清边拍实→滚压→再次补拍→养护→头遍磨光→擦水泥浆→二遍磨光→擦二遍水泥浆→三遍磨光→清洗、晾干→擦草酸→打光上蜡。

(3)质量控制

1)面层标高按房间四周墙上500mm水平线控制。有坡度的地面应在垫层或找平层上找坡,其坡度符合设计要求。

2)基层应洁净、湿润、不得有积水,表面应粗糙,如表面光滑应凿毛。水泥砂浆找平层的抗压强度达到1.2MPa时,方可弹分格线、嵌条。

3)水磨石面层的颜色、图案或分格应符合设计要求,拌合料的体积比宜为1:1.5~1:2.5(水泥:石粒)。颜料的掺入量宜为水泥重量的3%~6%;最大掺入量不宜超过水泥重量的12%,稠度约为6cm,面层厚度一般为12~18mm。

4)水磨石面层铺设前,应在找平层表面刷一道与面层颜色相同的水灰比为0.4~0.5的水泥浆,随刷随铺水磨石拌合料,其拌合料高度宜高出分格条2mm,并应拍平,滚压密实。

铺设前,应在找平层上嵌分格条,分格条应采用水泥浆固定。固定方法见图8-2。水泥浆顶部应低于条顶4~6mm,并做成30°。且距十字中心点应各离14~20mm不抹水泥浆。当嵌条为铝条时,铝条应作防腐处理,一般在铝条上涂刷1~2遍白色调和漆或清漆。分格条应平直、牢固,接头严密,上表面水平一致。

5)在同一面层上做几种颜色时,应先做深色,后做浅色;先做大面,后做镶边;待前一种色浆凝固后,再做后一种,以防混色;各种面层分界线应设置在门框裁口处。

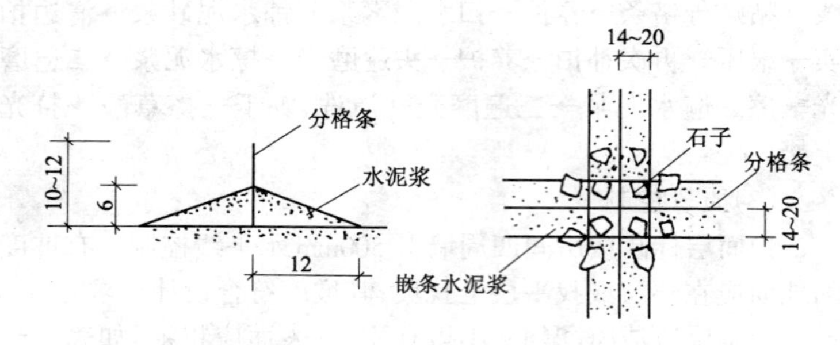

图 8-2　分格条粘嵌示意

6)水磨石面层使用磨石机分次磨光。开磨前应先试磨，表面石粒不松动方可开磨，一般开磨时间见表 8-3。

水磨石面层养护及开磨时间参考　　表 8-3

方　式	5~10℃	10~20℃	20~30℃
机械磨光(d)	5~6	3~4	2~3
人工磨光(d)	2~3	1~1.5	1~2

注:天数以水磨石压实磨光完成算起。

7)普通水磨石面层磨光遍数不应少于 3 遍，每遍磨光采用的油石规格可按表 8-4 选用。

油石规格的选用　　表 8-4

遍　数	油石规格(号)
头　遍	54、60、70
二　遍	99、100、120
三　遍	180、220、240

8)水磨石面层的涂草酸和上蜡工作，应在影响面层质量的其他工程全部完工后进行。

9)踢脚线的用料如设计未规定，一般采用 1:3 水泥砂浆打底,用 1:1.25~1.5 水泥石料砂浆罩面,凸出墙面 8mm。踢脚线可采用机械磨或人工磨,特别注意阴角交接处不要漏磨,镶边用料及尺寸应符合设计要求。

10)楼梯踏步的宽度,高度应符合设计要求。楼层梯段相邻踏步高度差不应大于 10mm,每踏步两端宽度差不应大于 10mm,旋转楼梯梯段的每踏步两端宽度的允许偏差为 5mm,楼梯踏步的凿角应整齐、防滑条应顺直。

4. 防油渗面层

(1)材料要求

1)水泥:宜用普通硅酸盐水泥,其强度等级应为 32.5。

2)碎石:应采用花岗石或石英石,严禁使用松散多孔和吸水率大的石子,粒径宜为 5~15mm,其最大粒径不应大于 20mm,含泥量不应大于 1%。

3)砂:应为中砂、洁净无杂物,其细度模数应控制在 2.3~2.6。

4)玻璃纤维布:应为无碱网格布。

5)防油渗涂料:应具有耐油、耐磨、耐火和粘结性能,其抗拉粘结强度不应小于 0.3MPa。

(2)施工工艺

清洗基层、晾干→刷底子油→铺贴隔离层→浇筑防油渗混凝土拌合料→振捣、抹平、压光。

(3)质量控制

1)基层表面须平整、洁净、干燥、不得有起砂现象。

2)防油渗胶泥涂抹均匀,玻璃布粘贴覆盖时,其搭接宽度不得小于 100mm;与墙、柱连接处应向上翻边、其高度不得小于 30mm。

3)防油渗混凝土的强度等级不应小于 C30,防油渗涂料抗拉粘结强度不应小于 0.3MPa。其厚度宜为 60~70mm,面层内配置钢筋时,应在分区段缝处断开。

4)当防油渗混凝土面层分区段浇筑时,区段面积不宜大于 $50m^2$。分区段缝的宽度宜为 20mm,并上下贯通;缝内应灌注防油渗胶泥材料、并应在缝的上部用膨胀水泥砂浆封缝,封填深度宜为 20~25mm,见图 8-3。

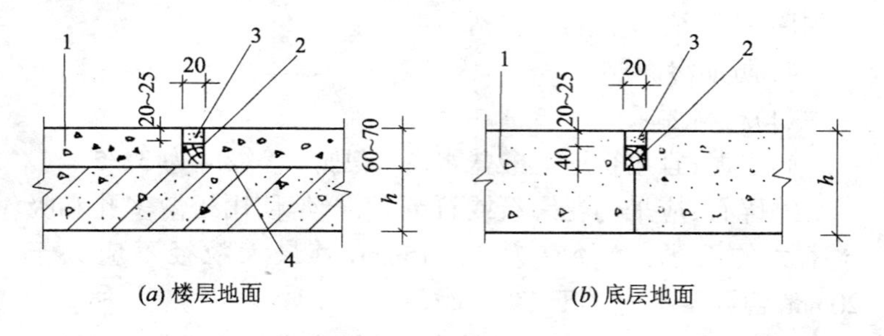

(a) 楼层地面　　(b) 底层地面

图 8-3　防油渗面层分缝做法

1—防油渗混凝土;2—防油渗胶泥;
3—膨胀水泥砂浆;4—按设计做一布二胶

5)防油渗混凝土配合比按设计要求进行试配确定,试验可按表 8-5 试配。

防油渗混凝土配合比(重量比)　　**表 8-5**

材　料	水　泥	砂	石　子	木	防油渗剂
防油渗混凝土	1	1.79	2.996	0.5	B 型防油剂

注:B 型防油剂按产品质量标准和生产厂说明使用。

6)防油渗混凝土拌合要均匀,浇筑时坍落度不宜大于 10mm。振捣密实,不得漏振。

7)当防油渗混凝土面层抗压强度到 5MPa 时,应将分区段缝内清理干净并干燥,同时刷一遍同类底子油后,趁热灌注防油渗胶泥。

8)防油渗混凝土内不得敷设管线,凡露出面层的电线管、地脚螺栓等,应进行防油渗胶泥或环氧树脂处理,与柱、墙、变形缝及孔洞等连接处应做泛水。

9)防油渗面层采用防油渗涂料时,材料应按设计要求选用,涂层厚度宜为 5~7mm。

5. 水泥钢(铁)屑面层

(1)材料要求

1)水泥:同水泥砂浆面层。

2)钢(铁)屑:钢(铁)屑粒径为 1~5mm,且颗粒小于 1mm 的应予筛去。

(2)施工工艺

清扫、清洗基层→扫水泥素浆→做结合层、铺水泥钢(铁)屑→振实、抹平→压光→养护。

(3)质量控制

1)铺设水泥钢(铁)屑面层时,应先在洁净的基层上刷一遍水泥浆,做法同水泥砂浆面层。

2)水泥钢(铁)屑面层的配合比,应通过试验确定,其强度等级不应小于 M40,稠度不应大于 10mm,必须拌合均匀。

3)铺设水泥钢(铁)屑面层时,应先铺厚 20mm 的水泥砂浆结合层。水泥钢(铁)屑应随铺随拍实,宜用滚筒压密实。拍实和抹平工作应在结合层和面层的水泥初凝前完成;压光工作在水泥终凝前完成,并应养护。

6. 沥青砂浆和沥青混凝土面层

(1)材料要求

1)沥青:其软化点按"环球法"试验时宜为 50~60℃,并不得大于 70℃。

2)砂:宜为天然砂、应洁净、干燥,含泥量不应大于3%。

3)石子:应洁净、干燥、其粒径不大于面层分层铺设厚度的2/3,含泥量不应大于2%。

4)粉状填充料:应采用磨细的石料、砂或炉灰、粉煤灰等矿物材料,不得使用石灰、石膏、黏土等作为粉状填充料。粉状填充料中小于0.08mm的细颗粒含量不应小于85%。含泥量不应大于3%。

(2)施工工艺

1)铺设沥青混凝土面层前,应将基层表面清理干净,涂刷冷底子油;并防止铺设表面被玷污。

2)沥青类面层的抗压强度应符合设计要求,其配合比由试验确定。

3)沥青类的拌合料应采用机械搅拌均匀。拌合料的拌制、开始碾压和压实完毕的温度应符合表8-6的规定。

沥青类拌合物拌制过程的温度及技术要求　　表8-6

项　目	拌　制		开始碾压		压实完毕	
气温(℃)	>5	5～-10	>5	5～-10	>5	5～-10
拌合料温度(℃)	140～170	160～180	90～100	110～130	>60	>40

注:当环境温度低于5℃时,不宜施工。

4)沥青类面层拌合料应分段分层铺平后,进行揉压拍实,并用加热设备的碾压机具压实。每层虚铺厚度不宜大于30mm。

5)在沥青类面层施工间歇后继续铺设前,应将已压实的面层边缘加热,接槎处应碾压至不显接缝为止。

6)已铺设的面层不得出现裂缝、蜂窝、脱层等现象,亦不得用热沥青作表面处理。当面层的局部强度不符合要求或局部出现裂缝、蜂窝、脱层等现象时，应将该局部挖去，并清扫干净，以热沥青拌合料修补、压实。

7. 砖面层

(1)材料要求

1)砖(缸砖、陶瓷锦砖、陶瓷地砖):

a. 外观质量，表面平整、边缘整齐、颜色一致、不得有裂纹等缺陷。

b. 吸水率，陶瓷地砖、陶瓷锦砖不得大于4%；缸砖、红地砖不大于8%，其他颜色地砖不大于4%。

c. 抗压强度，陶瓷地砖、陶瓷锦砖、缸砖不小于15MPa。

2)砂：水泥砂浆用中(粗)砂；嵌缝用中(细)砂。

(2)施工工艺

清理基层→贴灰饼标筋→铺结合层砂浆→铺陶瓷锦砖→洒水、揭纸→嵌缝→养护
→铺地砖、缸砖→压平、嵌缝→养护

(3)质量控制

1)基层应清除干净、用水冲洗、晾干。

2)弹好地面水平标高线。在墙四周做灰饼，每隔1.5m冲好标筋。标筋表面应比地面水平标高线低一块所铺砖的厚度。

3)铺砂浆前，基层应浇水湿润，刷一道水泥素浆，随刷随铺水泥:砂=1:3(体积比)的干硬性砂浆，根据标筋标高拍实刮平，其厚度控制在10~15mm。

4)在水泥砂浆结合层上铺贴缸砖、陶瓷地砖等面层时，在铺贴前，应对砖的规格尺寸、外观质量、色泽等进行预选，并应浸水湿润后晾干待用。铺贴时，面砖应紧密、坚实、砂浆饱满、缝隙一致。当面砖的缝隙宽度设计无要求时，紧密铺贴缝隙宽度不宜大于1mm；虚缝铺贴缝隙宽度宜为5~10mm。

5)地砖铺贴完后应在24h内进行擦缝、勾缝和压缝。缝

的深度宜为砖厚的 1/3；擦缝和勾缝应采用同品种、同强度等级、同颜色的水泥。

6）在水泥砂浆结合层上铺贴陶瓷锦砖时，结合层和陶瓷锦砖应分段同时铺贴，在铺贴前，应刷水泥浆，其厚度宜为 2～2.5mm，并应随刷随铺贴，用抹子拍实。应紧密贴合。

7）陶瓷锦砖面层在铺贴后，应淋水、揭纸，并用水泥擦缝。

8）在砖面层铺完后，面层应坚实、平整、洁净、线路顺直，不应有空鼓、松动、脱落和裂缝、缺楞掉角、污染等缺陷。

9）采用胶粘剂在结合层上粘贴砖面层时，胶粘剂选用应符合现行国家标准《民用建筑工程室内环境污染控制规范》GB50325的规定。

8．大理石和花岗石面层

（1）材料要求

1）大理石、花岗石：天然大理石、花岗石的技术等级、光泽度、外观等质量要求，应符合国家现行标准 JC/T79《天然大理石建筑板材》和 JC205《天然花岗石建筑板材》的规定，同时要符合表 8-7 的质量要求。

板块材质量要求　　表 8-7

<table>
<tr><th rowspan="2">种　类</th><th colspan="3">允　许　偏　差（mm）</th><th rowspan="2">外 观 要 求</th></tr>
<tr><th>长度宽度</th><th>厚　度</th><th>平整度最大偏差值</th></tr>
<tr><td>花岗石板材</td><td rowspan="2">+0
−1</td><td>±2</td><td rowspan="2">长度＞400　0.6
＞800　0.8</td><td rowspan="2">花岗石、大理石板材表面要求光洁明亮、色泽鲜明无刀痕、旋纹</td></tr>
<tr><td>大理石板材</td><td>+1
−2</td></tr>
</table>

2）水泥、砂：同砖面层。

（2）施工工艺

清理基层→弹线→试排、试拼→扫浆→铺水泥砂浆结合层→铺板→灌、擦缝
└→铺水泥砂浆结合层─┘

(3)质量控制

1)板块铺贴前应先对色、拼花预排编号。

2)清除基层垃圾、并冲洗干净。

3)根据墙面水平基准线,在四周墙面上弹出地面面层标高线和结合层线。当结合层为水泥砂(1:4~1:6体积比)时,其厚度应为20~30mm;当结合层为水泥砂浆时,其厚度应为10~15mm。据此,以控制结合层的厚度、面层平整度和标高。

4)按编号位置铺贴板块,一般从房间中部向两侧采取退步法施工顺序,凡有柱子的,应先铺贴柱与柱中间的地面,然后向两边展开。

5)板块应先浸水湿润,阴干备用。铺贴时要先试铺,合适时,将板块揭起,再正式铺贴。

6)铺贴板块面层时,结合层与板块应分段同时铺贴,且宜采用水泥浆或干铺水泥洒水作粘结。铺贴的板块应平整、线路顺直、镶嵌正确;板材间、板材与结合层以及在墙角处均应紧密砌合、不得有空隙。

7)大理石、花岗石面层缝隙当设计无要求时,不应大于1mm。

8)铺贴完后,次日用素水泥浆灌缝2/3高度,再用同色水泥浆擦缝,并用干锯末覆盖保护2~3d。待结合层的水泥砂浆强度达到1.2MPa后,方可打蜡、行走。

9. 塑料地板面层

(1)材料要求

1)半硬质和软质聚氯乙烯板质量要求见表8-8、表8-9(a)、(b)。

半硬质聚氯乙烯地板质量要求　　　表 8-8

外观		尺寸允许偏差(mm)			
缺陷	指标	长度	宽度	厚度	直角度
缺口、龟裂、分层	不允许有	±0.3	±0.3	±0.15	<0.25
凹凸不平、发花、光泽不均匀、色调不均匀、沾污、划伤痕、混入异物	在离地板砖60cm处观察不明显				

软质聚氯乙烯地卷材尺寸的允许误差　表 8-9(a)

项目	尺寸允许误差	附注
厚度	平均厚度与标准厚度相差小于 0.13mm，最厚处与最薄处相差小于 0.2mm	B.S$_{3261}$ TOCT$_{7251}$
卷材宽度	宽度不允许小于规定值，比规定值最多大 6mm	
每卷长度	不小于 20m	
两边平行差	在 1m 偏差不超过 4mm	

软质聚氯乙烯地卷材的性能　　　表 8-9(b)

性能	要求	附注
软性	不允许有裂开，出现裂纹或其他破坏迹象	将试件在 0℃时包在直径为 40mm 的钢棒上，用放大镜观察不应有裂纹
水分引起的伸缩	线度上的尺寸变化不得超过 0.4%	
尺寸稳定性	线度上尺寸变化不得大于 0.4%，且不应有翘曲	将试件放在 80℃的烘箱内 6h 后冷却至室温再测其尺寸的相对变化。将试样放在 23℃±2℃的蒸馏水中 72h 后测其尺寸的相对变化
热老化和渗油	增塑剂不得有明显的渗出，外观不应有任何变化，软性保持不变	将试样放在 70℃的烘箱内放置 360h，冷却后用白色滤纸擦拭来判断有无增塑剂渗出。同时将处理过的试样在 23℃时包在 40mm 直径的钢棒上，不应开裂和出现裂纹
弹性积	抗拉强度与延伸的乘积的平均值不小于 2.0MJ/m^3	
残余凹陷	不大于 0.1mm	用直径 4.5mm 的平头钢柱压实，加负荷 36.0kg10min，卸荷后回复 1h，再测残余凹入深度

2)胶粘剂

胶粘剂须有出厂合格证,超过生产期 3 个月的产品,应取样检验,合格后方可使用;超过保质期的产品,不得使用。

(2)施工工艺:

焊接法→焊缝坡口→施焊→切削→修整

基层清理→弹线→预铺→刮胶→粘贴→贴踢脚板→养护

卷材→接缝弹线→接缝切割→接缝粘贴压平

(3)质量控制

1)水泥类基层质量达到以下要求:

a. 水泥类材料的抗压强度不得小于 12MPa。

b. 表面无起砂、起皮、空鼓、裂缝等现象。

c. 表面平整度不大于 2mm(2m 靠尺)。

d. 阴、阳角方正:地面与墙、柱面成直线,且顺直。

e. 基层含水率不大于 9%。

2)在塑料板块铺贴前和基层清理后应按设计要求进行弹线、分格和定位(图 8-4),并在距墙面 200 ~ 300mm 处作镶边。

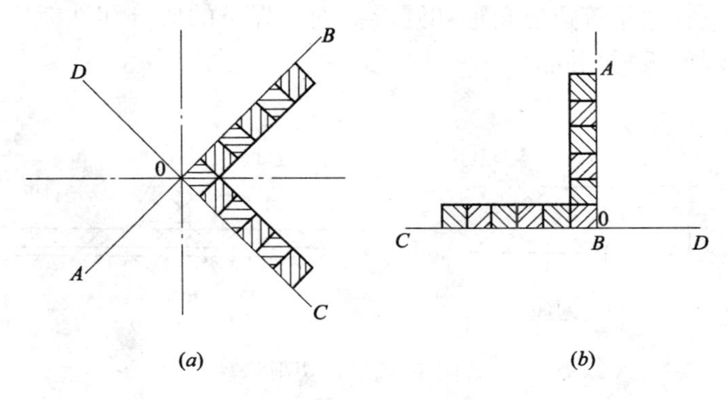

图 8-4　定位方法

(a)对角定位法;(b)直角定位法

3)在试铺前,塑料板块应进行处理。软质聚氯乙烯板应放入75℃的热水中浸泡10～20min,使板面松软伸平后取出晾干、待用;半硬质聚氯乙烯板宜采用丙酮:汽油(1:8)混合溶液进行脱脂除蜡。

4)塑料板面铺贴前,应在洁净的基层涂刷一层薄而匀的底子胶[原胶剂(非水溶):0.1汽油:0.1醋酸乙脂;水溶性胶粘剂+适量水](重量比)。待其干燥后即按弹线位置沿轴线由中央向四面铺贴。

5)基层表面涂刷胶粘剂必须均匀。并超出分格线约10mm,涂刷厚度应控制在1mm以内;塑料板背面亦应均匀涂刷,待胶层干燥至不粘手(约10～20min)即可铺贴,应一次就位正确,粘贴密实。踢脚板的铺贴与面层相同。

6)软质塑料板在基层粘贴后,缝隙如须焊接,一般须经48h后方可施焊,并应采用热空气焊,其压力控制在0.8～$1kg/cm^2$,温度控制在180～250℃。焊接前应将相邻的塑料板边缝切成V形槽,见图8-5。槽口务必平直,宽窄和角度一致。焊条宜选用等边三角形和圆形截面。焊条的成分和性能应与被焊的板材相同。

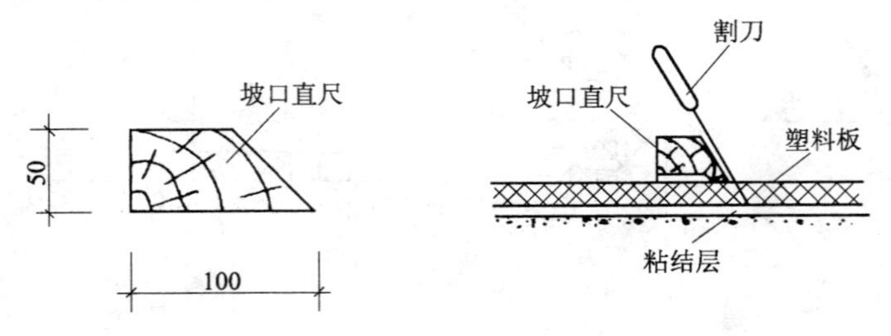

图8-5　坡口切割

7)塑料板块面层质量应符合下列规定:

a. 表面应平整、光洁、无缝纹、四边应顺直,不得翘边和鼓包。

b. 色泽应一致，接槎应严密。脱胶处面积不得大于 $20cm^2$，且相隔的间距不得小于 500mm。

c. 与管道接合处应严密、牢固、平整。

d. 焊缝应平整、光洁、无焦化变色、斑点，焊瘤和起鳞等缺陷。

e. 踢脚板上口应平直，拉 5m 直线检查（不足 5m 的要拉通线），允许偏差为 ± 3mm

f. 面层表面平整度允许偏差 ± 2mm（2m 靠尺），相邻板块拼缝高度差不应大于 0.5mm。

10. 活动地板面层

(1)材料要求

活动地板面层承载力不应小于 7.5MPa，其系统电阻：A 级板为 $1.0\times10^5\sim1.0\times10^8\Omega$，B 级板为 $1.0\times10^5\sim1.0\times10^{10}\Omega$。

(2)施工工艺

基层清理→弹支柱（架）定位线→测水平→固定支柱（架）底座→安装桁条（搁栅）→仪器抄平、调平→铺设活动地板面板。

(3)质量控制

1)基层表面应平整、光洁、不起灰。安装前要清扫干净。根据设计要求，可在基层表面上涂刷清漆。

2)按设计要求，在基层上弹出支柱（架）定位方格十字线，标出地板块的安装位置和高度，并标明设备预留位置。

3)将支柱（架）底座摆平在支座点上，核对中心线后，安装钢支柱（架），按支柱（架）顶面标高，拉纵横水平通线调整支柱（架）活动杆顶面平标高线固定。再次用水平仪逐点抄平。

4)待所有支座柱和横梁构成框架一体后，应用水平仪最后抄平。支座与基层之间的空隙应灌注环氧树脂并连接牢固，亦可用膨胀螺栓或射钉连接。

5)在铺设活动地板面板前，须在横梁上设置缓冲胶条，可采用乳胶液与横梁粘合。在铺设面板时，应调整水平度保证四角接触处平整、严密，不得采用加垫的方法。

6)活动地板面层的质量应符合下列规定：

a. 表面平整度其允许空隙不应大于 2mm(用 2m 直尺检查)；

b. 相邻板块间缝隙不应大于 0.3mm；相邻板块的不平度不应大于 0.4mm；板块与四周墙面间的缝隙不应大于 3mm；

c. 板块间的缝隙直线度不应大于 0.5‰；

d. 活动地板面层应排列整齐，行走时应无声响、摆动。

11. 实木地板面层

(1)材料要求

1)搁栅、撑木、垫木经干燥和防腐处理后含水率不大于 20%。

2)毛地板含水率不大于 12%。

3)实木地板含水率：长条板不超过 12%；拼花板不超过 10%。

4)实木踢脚板：含水率应不超过 12%，背面满涂防腐剂。

(2)施工工艺

1)长条、拼花实木地面：

a. 实铺式：基层清理→弹线、找平→修理预埋件→安装木搁栅、撑木→弹线、钉毛地板→找平、刨平→弹线、钉硬木面层→找平、刨平→弹线、钉踢脚线→刨光、打磨→油漆。

b. 架空式：地垅墙顶抄平、弹线→干铺油毛毡→铺垫木→弹线、找平、安装木搁栅、剪刀撑→弹线、钉毛地板→找平、刨平→弹线、铺硬木面层→找平、刨平→弹线、钉踢脚线→刨光、打磨→油漆。

2)薄木地面：

基层清理→弹线→分档→粘贴大面→粘贴镶边→撕牛皮纸→粗刨→细刨、打磨→油漆。

(3)质量控制

1)实木地面一般有长条、拼花实木地板和薄木地板。而长条、拼花实木地板又分为实铺式和空铺式两种，它们的构造如图 8-6。

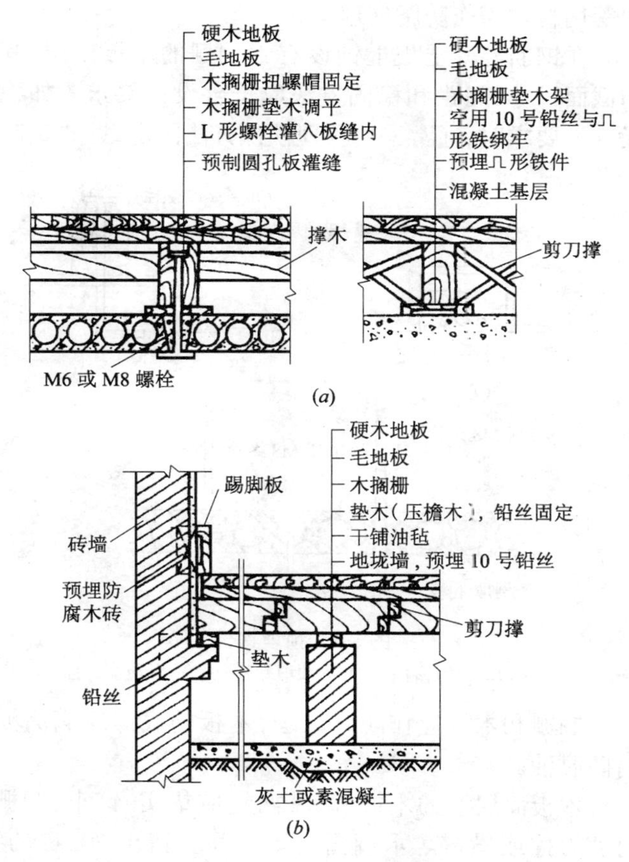

图 8-6　实木地面构造

(a)实铺式(双层)；(b)空铺式(双层)

2)木板面层的搁栅下的砖、石地垅墙、墩的砌筑，应符合现行国家标准《砌体工程施工质量验收规范》的有关规定。

3）木板面层的侧面带有企口的木板宽度不应大于120mm，且双层木板面层下的毛地板以及木板面层下木搁栅和垫木等用材均需作防腐处理 。

4）在钢筋混凝土板上铺设有木搁栅的木板面层，其木搁栅的截面尺寸、间距和稳固方法应符合设计要求。如稳固方法设计无要求时，通常采用预埋铁件方法固定，见图8-7。

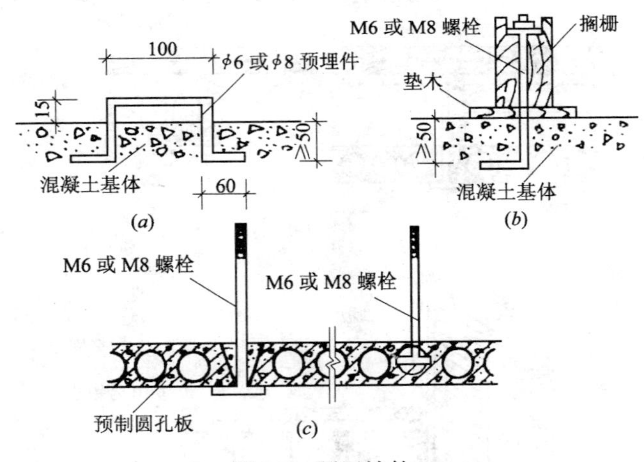

图8-7 预埋铁件

（*a*）⎍形预埋件；（*b*）L形预埋螺栓；（*c*）⊥形预埋螺栓

木搁栅和木板应作防腐处理，木板的底面应满涂沥青或木材防腐油。

5）木板面层下的木搁栅，其两端应垫实、钉牢、搁栅间应加钉剪刀撑或横撑。木搁栅与墙之间宜留出30mm的缝隙。木搁栅的表面平整度不得超过3mm（用2m直尺检查）。

6）双层木板面层下的毛地板其宽度不宜大于120mm，在铺设毛地板时，应与搁栅成30°或45°并应斜向钉牢，且髓心向上。板间缝隙不应大于3mm。毛地板与墙之间应留10～

20mm 缝隙。每块毛地板在每根搁栅上各钉两个钉子固定，钉长应为板厚的 2.5 倍。

7)在毛地板上铺钉长条木板或拼花木板时，宜先铺设一层沥青纸(或油纸)，以隔声和防潮。

8)在铺设单层木板面层时，每块长条木板应在每根搁栅上斜向钉入钉子，钉长为板厚的 2.5 倍。

9)在铺设木板面层时，木板端头接缝应错开并在搁栅上。且面层与墙之间应留 10～20mm 缝隙，并用踢脚板盖缝。

10)采用胶粘剂粘贴薄木地板时，其水泥类基层应平整、洁净、干燥。

11)在用沥青胶结料铺贴木板面层时，应先在基层表面涂刷一遍同类底子油。后用沥青胶结料随涂随铺，其厚度宜为 2mm，在铺贴时，木板块背面亦应涂刷一层薄而匀的沥青胶结料。

12)采用胶粘剂铺贴时，胶粘剂应存放在阴凉通风、干燥的室内。超过生产期 3 个月的产品。应取样复试。合格后方可使用。超过保质期的产品不得使用。

13)地板刨光：长条地板应顺纹方向刨平、刨光；拼花地板应与木纹成 45°角斜刨。当采用粘贴的拼花木板面层时，应待沥青胶结料或胶粘剂凝固后才可进行刨平、刨光。

14)木板面层的踢脚板或踢脚条应在面层刨光后装置。

15)木板面层的涂油、磨光、上蜡工作应在房间内装饰工程完工后进行，并应做好产品保护工作。

12. 硬质纤维板面层

(1)材料要求

1)硬质纤维板：采用的硬质纤维板应符合现行的国家标准《硬质纤维板》的规定。其规格、外观质量和主要技术性能如表 8-10 所示。

硬质纤维板的规格、外观质量和主要技术性能　　表 8-10

规格(mm)		允许公差(mm)	外观质量要求				主要技术性能				
长×宽	厚		名称	一等	二等	三等	名称	特级	普通级一等	普通级二等	普通级三等
1220×610	3、4、5 及	长：±5	水渍	轻微	不显著	显著	密度不小于(kg/m³)	1000	900	800	800
1830×916	3.2、4.8	厚(3、4)±0.3	油污	不许有	不显著	显著					
2135×915		厚(5)±0.4	斑纹	不许有	不许有	轻微					
1830×1220			粘痕	不许有	不许有	轻微	吸水率(%)	15	20	30	35
2440×1220			压痕	轻微	不显著	显著					
3050×1220			鼓泡、分层、水湿、碳化、裂痕、边角松软	不许有	不许有	不许有	含水率(%)	4~10	5~12	5~12	5~12
2000×1000							静曲强度不小于(MPa)	50	40	30	20

2)胶粘剂:应具有出厂合格证,生产日期和保质日期,超过生产期3个月的产品,应取样复试,合格后方可使用;超过保质期的产品,不得使用。

3)沥青胶结料:宜采用10号或30号建筑石油沥青。沥青的软化点宜为60～80℃,针入度宜为20～40。

(2)施工工艺

基层清理、湿润→弹线、做灰饼、标筋→抹水泥木屑找平层→养护→弹线预铺→刷胶→铺贴→刷涂料→打蜡、磨光。

(3)质量控制

1)铺贴硬质纤维板面层的下一层基层表面应平整、洁净、干燥、不起砂、含水率不应大于9%。

2)水泥木屑砂浆配合比应通过试验确定,或按表8-11配制。其厚度宜为25mm,抗压强度不应小于10MPa,水泥木屑砂浆应搅拌均匀,颜色一致,随铺随拍实;抹平工作应在初凝前完成;压光工作应在终凝前完成。养护7～10d即可铺贴面层。

水泥木屑砂浆配合比(重量比)　　表8-11

材料名称	水泥(32.5级)	砂(中砂)	木屑	工业氯化钙(无水)	水(洁净水)
配合比	100	100	13～14	2	60

3)铺贴前,应根据设计的图案尺寸弹线试铺,一般可从房间中央向四周展开。用胶粘剂铺贴时,按编号顺序在基层表面和硬质纤维板背面分别涂胶粘剂,其厚度:基层表面应为1mm;硬质纤维板背面应为0.5mm。并应待5min后铺贴,粘结应牢固,防止翘边、空鼓。

4)用沥青胶结料铺贴时,在基层表面先涂刷一层冷底子油,然后在基层表面和硬质纤维板背面分别涂刷沥青胶结料,随涂随铺，其厚度为2mm。硬质纤维板相邻高差不应高于铺贴面1.5mm或低于铺贴面0.5mm；过高或过低的应重铺，溢出板面的沥青胶结料应刮去。

5)当硬质纤维板铺贴在水泥木屑砂浆垫层上时，在每块板的四周边缘和"V"形槽内用ϕ1.8mm，长度20mm的圆钉，砸扁钉牢，钉帽宜稍冲进，钉子间距60～100mm，钉眼可用同色腻子嵌平。最后弹线粘贴踢脚板。

6)硬质纤维板间的缝隙宽度宜为1～2mm，相邻两块板面应平整，2m直尺内其允许空隙为2mm。

7)铺贴完毕经检查其质量符合要求后，1～2d即可在硬质纤维板面上满刷一遍清油、满刮一遍腻子，1号砂纸磨平后涂刷地板涂料，再打蜡、磨光。

13. 竹地板面层

(1)材料要求

1)竹地板应经严格选材、硫化、防腐，防蛀处理，并采用具有商品检验合格证产品，其技术等级及质量要求均应符合国家现行行业标准《竹地板》LY/T1573的规定。

2)木搁栅、毛地板和垫木等应做防腐、防蛀处理，处理后含水率不大于20%。

(2)施工工艺

基层清理→弹线、找平→安装木搁栅、撑木→弹线、钉毛地板→找平、刨平→弹线、粘贴竹面层。

(3)质量控制

1)木搁栅安装应牢固、平直。

2)面层铺设应牢固、粘贴无空鼓。

3)竹地板面层品种与规格应符合设计要求，板面无翘曲。

4)面层缝隙应均匀，接头位置错开，表面洁净。

8.3 建筑地面工程变形缝和镶边的设置

建筑地面工程变形缝和镶边的设置,在施工过程中往往被施工单位所忽视,特别是变形缝的构造要求和处理方法上存在着一些问题,它不仅影响了地面工程的美观,而且也影响到地面工程的使用功能。本节就变形缝的种类,构造做法以及镶边的设置作如下说明。

8.3.1 变形缝的种类和构造做法

1. 建筑地面工程的变形缝

建筑地面工程变形缝包括:沉降缝,防震缝和伸缩缝。

伸宿缝又可分为两种情况,一种是由于房屋结构体形较大、设计时从结构位置考虑而设置的;另一种是由于建筑地面面积较大,从构造要求考虑而设置的。第二种伸缩缝又可分为伸缝和缩缝两种。

2. 建筑地面工程变形缝各种构造做法和要求。

(1)建筑地面变形缝应按设计要求设置,并应与结构变形缝的位置相对应。除假缝外,均应贯通各构造层。

(2)水泥混凝土垫层长期处于0℃以下,而设计无要求时,其房间地面应设置伸缩缝。

(3)变形缝的宽度应符合设计要求。在缝内清洗干净后,应先用沥青麻丝填实,再以沥青胶结料填嵌后用盖板封盖,盖板应与地面面层齐平。其构造做法见图8-8(*a*)、(*b*)所示。

(4)室外水泥混凝土地面工程应设置伸缩缝;室内水泥混凝土楼、地面工程应设置纵、横向缩缝,不宜设置伸缝。

(5)当设计无要求时,伸缝和缩缝的间距应符合表8-12的要求。

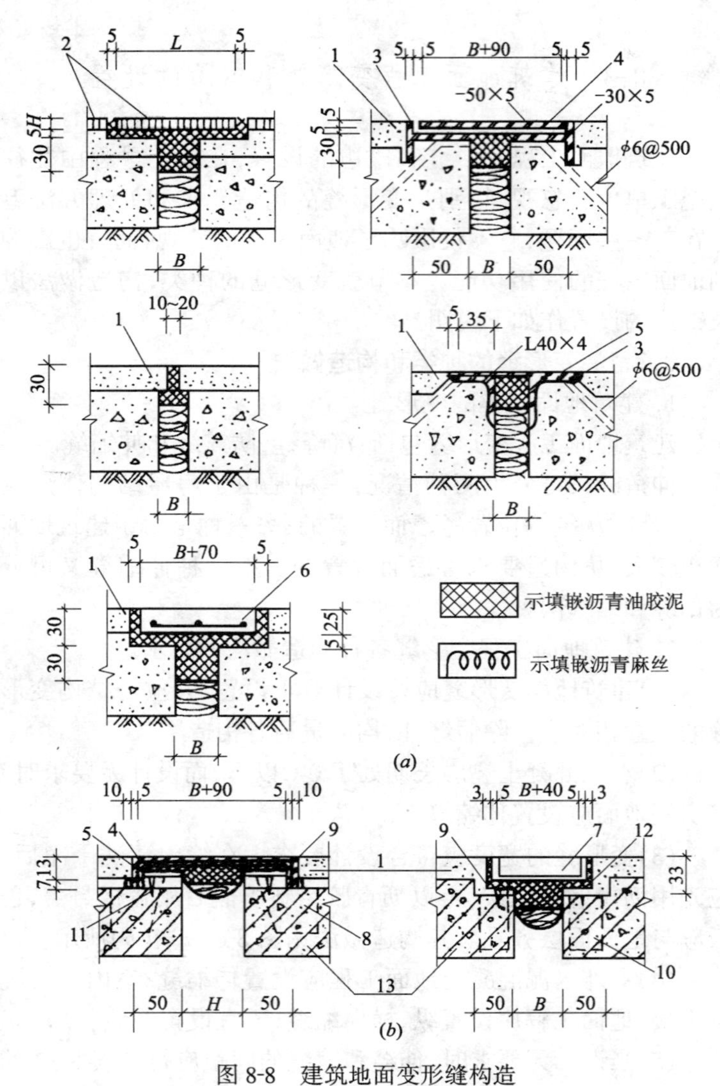

图 8-8　建筑地面变形缝构造

（a）地面变形缝各种构造做法；（b）楼面变形缝各种构造做法

伸缝和缩缝的间距要求(m)　　　　表 8-12

	伸　　缝	缩　　缝	
		纵　　向	横　　向
室　外	宜 30		宜 3～6
室　内	不宜设置	宜 3～6	宜 6～12

(6)室内水泥混凝土地面工程分区,段浇筑时,应与设置的纵、横向缩缝相一致,见图 8-9*a*。

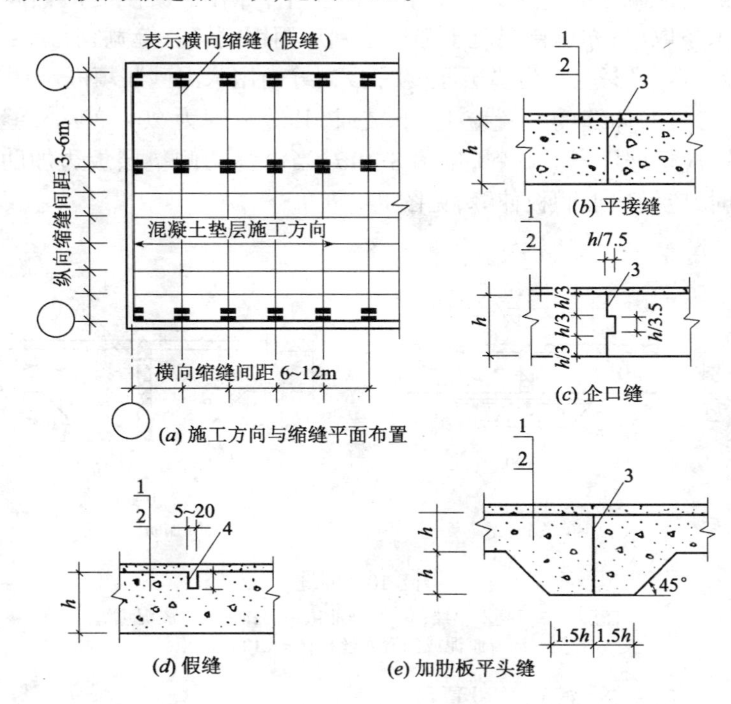

图 8-9　纵、横向缩缝

1—面层;2—混凝土垫层;3—互相紧贴,不放隔离材料;4—1∶3 水泥砂浆填缝纵向缩缝应做成：1）平头缝（图 8-9b）；2）加肋板平头缝（图 8-9e），用于垫层板边加肋时；3）企口缝（图 8-9c），用于垫层厚度大于 150mm 时。

平头缝和企口缝的缝间不得放置任何隔离材料，在浇筑时应互相紧贴。

拆模时的混凝土强度不宜小于 3MPa。

横向缩缝应做假缝（图 8-9d），假缝应设置吊装模板；或在浇筑混凝土时将木条预设在混凝土中，并在混凝土终凝前将木条取出；亦可待混凝土强度达到后用锯割缝。缝宽宜为 5 ~ 20mm，其深度宜为垫层厚度的 1/3，缝内用水泥砂浆填嵌。

（7）伸缝的设置应上、下贯通，其缝宽度为 20 ~ 30mm，缝内应填嵌沥青类材料，见图 8-10a，当沿缝两侧垫层板边加肋时，应做成加肋板伸缝，见图 8-10b。

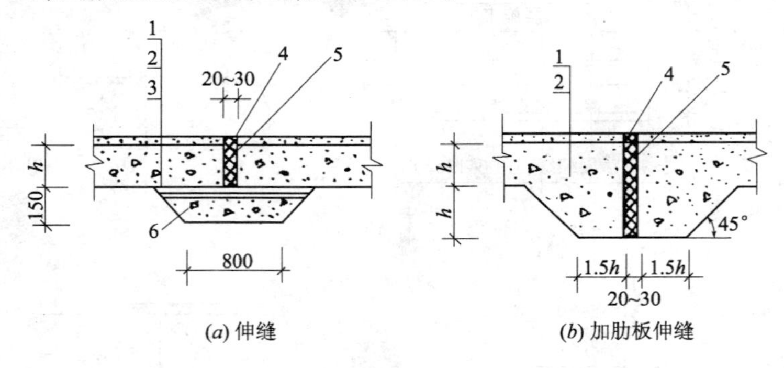

(a) 伸缝　　(b) 加肋板伸缝

图 8-10　伸缝

1—面层；2—混凝土垫层；3—干铺油毡一层；4—沥青胶泥填缝；5—沥青胶泥或沥青木丝板；6—C10 混凝土

8.3.2　镶边的设置

建筑地面工程镶边的设置，当设计无要求时，应符合下列规定：

(1)在有强度机械作用下的水泥类整体面层与其他类型的面层邻接处,应设置镶边角钢。

(2)当做水磨石整体面层时,应采用同类材料以分格条设置镶边。

(3)在条石面层和砖面层与其他面层邻接处,应采用顶铺的同类材料镶边。

(4)当采用木板、拼花地板、塑料地板和硬质纤维板面层时应采用同材料镶边。

(5)在地面面层与管沟、孔洞、检查井等邻接处,应设置镶边。

9　地下防水工程

地下工程防水一般可采用钢筋混凝土结构自防水、卷材防水和涂膜防水等技术措施。

9.1　地下工程卷材防水

用卷材作地下工程的防水层,因长年处在地下水的浸泡中,所以不得采用极易腐烂变质的纸胎类沥青防水油毡,宜采用合成高分子防水卷材和高聚物改性沥青防水卷材作防水层。

9.1.1　施工技术要求

1. 找平层要求

(1)地下工程找平层的平整度与屋面工程相同,表面应清洁、牢固,不得有疏松,尖锐棱角等凸起物。

(2)找平层的阴阳角部位,均应做成圆弧形,圆弧半径参照屋面工程的规定,合成高分子防水卷材的圆弧半径应不小于20mm;高聚物改性沥青防水卷材的圆弧半径应不小于50mm;非纸胎沥青类防水卷材的圆弧半径为100~150mm。

(3)铺贴卷材时,找平层应基本干燥。

(4)将要下雨或雨后找平层尚未干燥时,不得铺贴卷材。

2. 地下工程卷材防水层施工方法

(1)外防外贴法施工

外防外贴法是在混凝土底板和结构墙体浇筑前,先在墙体外侧的垫层上用单砖砌筑高为1m左右的永久性保护墙体。平面部位的防水层铺贴在垫层上,立面部位的防水层先铺贴在永久性保护墙上,待结构墙体浇筑后,再直接铺贴在结构墙体的外表面(迎水面)上。"外防外贴法"铺贴的防水层能随着结构的变形而同步变形,受保护层变形和基层沉降变形的影响较小,施工时便于控制混凝土结构及卷材防水层的施工质量,发现问题,可以及时修补,防水层的整体质量容易得到保证。这是优先采用外防外贴法施工的主要优点。外防外贴法防水构造见图9-1。

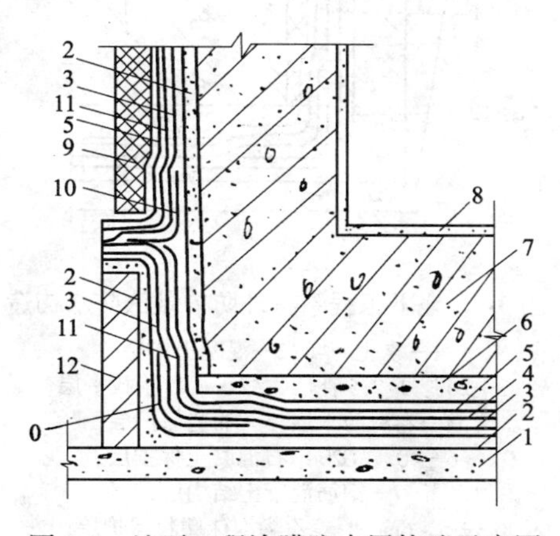

图9-1 地下工程涂膜防水层构造示意图

1—混凝土垫层;2—水泥砂浆找平层(掺微膨胀剂);
3—基层处理剂(硅橡胶为1号涂料);4—平面涂膜(共需刷3~5遍);
5—油毡保护层;6—细石混凝土保护层;7—钢筋混凝土结构层;
8—水泥砂浆面层;9—40mm厚聚苯乙烯泡沫塑料保护层;
10—胎体增强材料;11—立面涂膜(共需刷5~8遍);12—永久性保护墙体

(2)外防内贴法施工

当围护结构墙体的防水施工受现场条件限制,外防外贴法难以实施时,方可采用外防内贴法施工。

外防内贴法平面部位的卷材铺贴方法与外防外贴法相同，而立面部位，先按设计要求的高度完成永久性保护墙体，最后完成钢筋混凝土底板和围护墙体的施工。

外防内贴法防水构造见图 9-2。

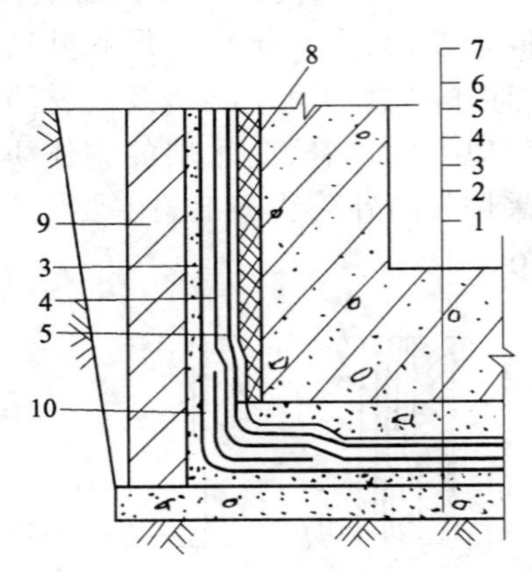

图 9-2　地下工程卷材外防内贴法防水构造

1—素土夯实；2—混凝土垫层；
3—20 厚 1:2.5 补偿收缩水泥砂浆找平层；
4—卷材防水层；5—油毡保护层；
6—40 厚 C20 细石混凝土保护层；
7—钢筋混凝土结构层；
8—5~6mm 厚聚乙烯泡沫塑料保护层；
9—永久性保护墙体；10—附加防水层

(3)施工注意事项

1)防水施工所用的材料属易燃物质，贮存、运输和施工现场必须严禁烟火，通风良好，还必须配备相应的消防器材。

2)现场施工必须戴好安全帽、口罩、手套等防护用品，热熔施工时必须戴墨镜，并防止烫伤。施工现场应保持通风良好。

3)厚度在 4mm 以上的新型沥青防水卷材方可用热熔法施

工,4mm 以下的新型沥青防水卷材应用冷粘法施工。

4)施工人员进入施工现场必须穿软底鞋,不得穿硬底或带钉子的鞋。

5)在使用小车运送细石混凝土或水泥砂浆进行保护层的施工时,小车的铁脚必须用旧胶皮车胎或橡胶制品裹垫捆绑牢固,严防铁脚损坏防水层。如发现防水层被施工器件损伤,必须用卷材修补密封后再继续进行浇筑。

6)所用施工工具在每次施工结束后,应及时用有机溶剂清洗干净,以备重复使用。

9.1.2 施工质量控制

1. 地下工程卷材防水层所使用的合成高分子防水卷材和新型沥青防水卷材的材质证明必须齐全。

2. 防水卷材进场后,应对材质分批进行抽样复检,其技术性能指标必须符合所用卷材规定的质量要求。

3. 防水施工的每道工序必须经检查验收合格后方能进行后续工序的施工。

4. 卷材防水层必须确认无任何渗漏隐患后方能覆盖隐蔽。

5. 卷材与卷材之间的搭接宽度必须符合要求。搭接缝必须进行嵌缝处理,嵌缝宽度不得小于 10mm,并且必须用封口条对搭接缝进行封口和密封处理。

6. 防水层不允许有皱折、孔洞、翘边、脱层、滑移和虚粘等现象存在。

7. 地下工程防水施工必须做好隐蔽工程记录,顶埋件和隐蔽物需变更设计方案时必须有工程洽商单。

9.2 地下工程涂膜防水

地下工程防水层大部分位于最高地下水位以下,长年处于潮湿环境中,用涂膜作防水层时,宜采用中、高档防水涂料,如合成高分子防水涂料,高聚物改性沥青防水涂料等,不得采用乳化沥青类防水涂料。如采用高聚物改性沥青防水涂膜作防水层时,为增强涂膜强度,宜夹铺胎体增强材料,进行多布多涂防水施工。

9.2.1 施工技术要求

1. 找平层的要求

地下工程涂膜防水层宜涂刷在结构具有自防水性能的基层上,与结构共同组成刚柔复合防水体系,以提高防水可靠性。

地下工程涂膜防水宜涂刷在补偿收缩水泥砂浆找平层上。找平层的平整度应符合要求,且不应有空鼓、起砂、掉灰等缺陷存在。涂布时,找平层应干燥,下雨、将要下雨或雨后尚未干燥时,不得施工。

2. 地下工程涂膜防水层施工方法

地下工程涂膜防水层一般应采用"外防外涂法"施工。其防水施工工艺如下,用"二四"砖在待浇筑的结构墙体外侧的垫层上砌筑一道 1m 左右的永久性保护墙体,连同垫层一起抹补偿收缩防水砂浆找平层,然后在平面和保护墙体上完成涂膜施工,待主体结构浇筑完后,再在结构墙体外侧完成涂膜施工,其防水构造见图 9-3。

(1)防水施工工序

砌筑永久性保护墙→混凝土垫层变形缝处理→抹水泥砂浆找平层→涂布基层处理剂→复杂部位增强处理→涂布防水层→铺贴油毡保护层→砌筑临时性保护墙体→浇筑细石混凝土刚性保护层→抹水泥砂浆保护层→浇筑钢筋混凝土主体结构→细部构造防水处理→抹水泥砂浆面层→结构墙体外墙立面的找平处理→清除外墙基面尘土杂质→涂布外墙基面涂膜

防水层→铺贴油毡保护层→铺贴聚苯乙烯泡沫塑料保护层→回填二八灰土。

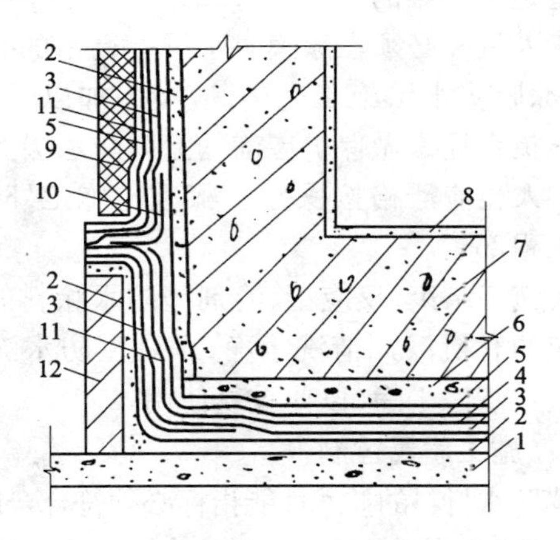

图 9-3 地下工程涂膜防水层构造示意图

1—混凝土垫层;2—水泥砂浆找平层(掺微膨胀剂);
3—基层处理剂(硅橡胶为1号涂料);4—平面涂膜
(共需刷3~5遍);5—油毡保护层;6—细石混凝土保护层;
7—钢筋混凝土结构层;8—水泥砂浆面层;
9—40mm厚聚苯乙烯泡沫塑料保温层;10—胎体增强材料;
11—立面涂膜(共需刷5~8遍);12—永久性保护墙体

(2)施工注意事项

1)防水涂料及辅助材料属易燃、易挥发品,必须用包装桶密封存放,不得敞口贮存。存放仓库和施工现场必须严禁烟火,并配备化学灭火器材。

2)溶剂型涂料有一定的毒性,存放场所和施工现场必须通风良好,如无通风条件,则应采用机械抽风机进行通风。

3)结构墙体浇筑后,保护涂膜的油毡应用手撕掉,严禁用割刀划掉,以防划破涂膜防水层,留下渗漏隐患。涂膜防水层一旦在阴角根部遭到损坏,施工人员和质检人员都很难查出,阴角部位是防水的薄弱环节，即使检查出损坏点，要想完全修复成原状也是很困难的。

4)施工人员和必须在涂膜防水层上行走的其他人员均应穿软底鞋，涂膜防水层施工完毕，应精心加以保护，严格禁止非本工种人员在还未做保护层前的涂膜防水层上随意走动。

5)施工人员应严格按操作步骤进行施工，防止施工材料污染其他工程部位。

6)每次施工结束，反应型、溶剂型防水涂料的施工机具应及时用相应的有机溶剂清洗干净，水乳型防水涂料的施工机具用洁净软水清洗干净，以便重复使用。

9.2.2 施工质量控制

1. 涂膜防水材料的技术性能指标必须符合合成高分子防水涂料的质量要求和高聚物改性沥青防水涂料的质量要求。

2. 进场防水涂料的材质证明文件必须齐全，这些文件中所列出的技术性能数据必须和现场取样进行检测的试验报告以及其他有关质量证明文件中的数据相符合。

3. 涂膜防水层必须形成一个完整的闭合防水整体，不允许有开裂、脱落、气泡、粉裂点和末端收头密封不严等缺陷存在。

4. 涂膜防水层必须均匀固化，不应有明显的凹坑凸起等现象存在，涂膜的厚度应均匀一致。合成高分子防水涂膜的总厚度不应小于 2mm，(无胎体硅橡胶防水涂膜的厚度不宜小于 1.2mm)，复合防水时不应小于 1mm；高聚物改性沥青防水涂膜的厚度不应小于 3mm，复合防水时不应小于 1.5mm。涂膜的厚度，可用针刺法或测厚仪进行检查，针眼处用涂料覆盖，以防基层结构发生局部位移时，将针眼拉大，留下渗漏隐患。必要时，也可选点割开检查，割开处用同种涂料刮平修复，固化后再用胎体增强材料补强。

10 屋面防水与隔热保温工程

本章通过屋面防水,保温隔热屋面部分,重点阐述了屋面与防水工程的施工技术与质量检查的要点和内容。

10.1 屋面防水工程

10.1.1 卷材屋面防水工程

1. 卷材屋面防水工程的施工技术要求

(1)一般规定

1)适用范围:

卷材防水屋面适用于防水等级为Ⅰ-Ⅳ级的屋面防水。

屋面结构层为装配式钢筋混凝土板时,应采用细石混凝土灌缝,其强度等级不应小于C20。灌缝的细石混凝土宜掺微膨胀剂。当屋面板板缝宽度大于40mm且上窄下宽时,板缝中应设置构造钢筋。

2)找平层:

找平层表面应压实平整,排水坡度应符合设计要求。采用水泥砂浆找平层时,水泥砂浆抹平收水后应二次压光,充分养护,不得有酥松、起砂、起皮现象。

基层与突出屋面结构(女儿墙、立墙、天窗壁、变形缝、烟囱等)的连接处,以及基层的转角处(水落口、檐口、天沟、屋脊等)均应做成圆弧,圆弧半径应根据卷材种类按表10-1选用。

转角处圆弧半径　　表 10-1

卷材种类	圆弧半径(mm)	卷材种类	圆弧半径(mm)
沥青防水卷材	100～150	合成高分子防水卷材	20
高聚物改性沥青防水卷材	50		

3)基层处理：

铺设屋面隔气层和防水层前，基层必须干净、干燥。

干燥程度的简易检验方法，是将 1m² 卷材平坦地干铺在找平层上，静置 3～4h 掀开检查，找平层覆盖部位与卷材上未见水印即可铺设隔气层或防水层。

4)采用基层处理剂时，其配置与施工应符合下列规定：

a. 基层处理剂选择应与卷材的材性相容。

b. 基层处理剂可采取喷涂或涂刷法施工。喷、涂应均匀一致。当喷、涂二遍时，第二遍喷、涂应在第一遍干燥后进行。待最后一遍喷、涂干燥后，方可铺贴卷材。

c. 喷、涂基层处理剂前，应用毛刷对屋面节点、周边、拐角等处先行涂刷。

5)卷材铺贴：

a. 卷材铺设方向应符合下列规定：

(a)屋面坡度小于 3%，卷材宜平行屋脊铺贴。

(b)屋面坡度在 3%～15%之间，卷材可平行或垂直屋脊铺贴。

(c)坡度大于 15%或屋面受振动时，沥青防水卷材应垂直屋脊铺贴；高聚物改性沥青防水卷材和合成高分子防水卷材可平行或垂直屋脊铺贴。

(d)上下层卷材不得相互垂直铺贴

b. 屋面防水层施工时，应先做好节点，附加层和屋面排水比较集中的部位(屋面与水落口连接处、檐口、天沟、屋面转角处、板端缝等)的处理,然后由屋面最低标高处向上施工。铺贴天沟、檐沟卷材时,宜顺天沟、檐沟方向,减少搭接。

c. 卷材搭接的方法、宽度和要求,应根据屋面坡度、年最大频率风向和卷材的材性决定。

(a)铺贴卷材应采用搭接法,上下层及相临两幅卷材的搭接缝应错开。平行于屋脊搭接缝应顺流水方向搭接,垂直于屋脊的搭接缝应顺年最大频率风向搭接。

各种卷材搭接宽度应符合表 10-2 的要求。

卷材搭接宽度　　表 10-2

搭接方向		短边搭接宽度(mm)		长边搭接宽度(mm)	
铺贴方法 / 卷材种类		满粘法	空铺法 点粘法 条粘法	满粘法	空铺法 点粘法 条粘法
		100	150	70	100
高聚物改性沥青防水卷材		80	100	80	100
合成高分子防水卷材	粘接法	80	100	80	100
	焊接法	50			

(b)高聚物改性沥青防水卷材和合成高分子防水卷材的搭接缝,宜用材性相容的密封材料封严。

(c)叠层铺设的各层卷材,在天沟与屋面的连接处,应采用叉接法搭接,搭接缝应错开,接缝宜留在屋面或天沟侧面,不宜留在沟底。

d. 在铺贴卷材时,不得污染檐口的外侧和墙面。

(2)细部构造施工要求

1)天沟、檐口防水构造:

天沟、檐口防水构造应符合下列规定:

a. 天沟、檐口应增设附加层。当采用沥青防水卷材时应增铺一层卷材；当采用高聚物改性沥青防水卷材或合成高分子防水卷材时宜采用防水涂膜加强层。

b. 天沟、檐口与屋面交接处的附加层宜空铺，空铺宽度应为200mm。

c. 天沟、檐口卷材收头，应固定密封(如图10-1)。

d. 高低跨内排水天沟与主墙交接处应采取能适应变形的密封处理(如图10-2)。

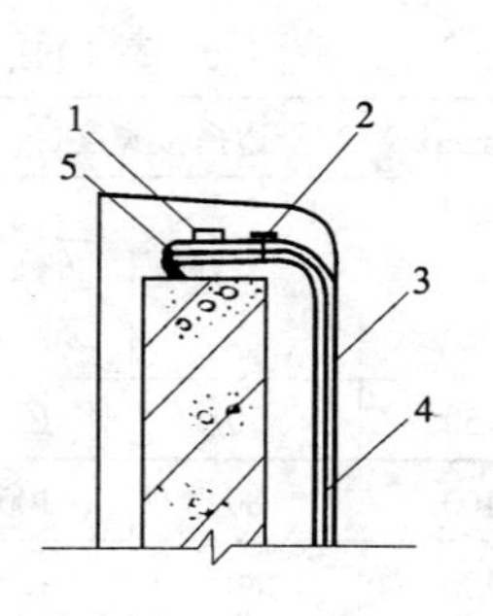

图10-1　檐沟卷材收头
1—钢压条；2—水泥钉；3—防水层
4—附加层；5—密封材料

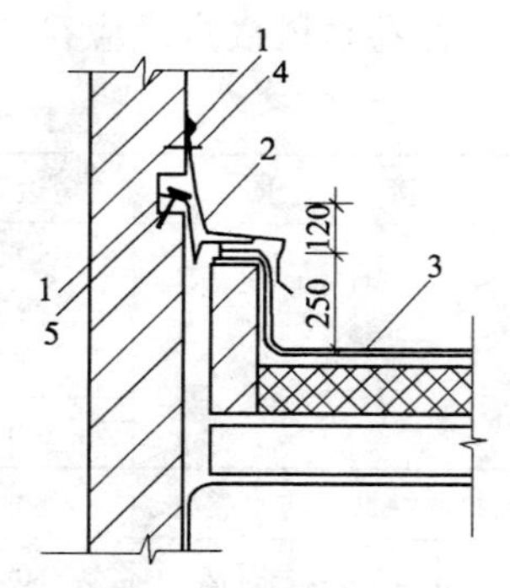

图10-2　高低跨变形缝
1—密封材料；2—金属或高分子盖板；
3—防水层；4—金属压条钉子固定；
5—水泥钉

2)泛水防水构造：

a. 铺贴泛水处的卷材应采取满粘法。泛水收头应根据泛水高度和泛水墙体材料确定收头密封形式。

(a)墙体为砖墙时，卷材收头可直接铺压在女儿墙压顶下，压顶应做防水处理(如图10-3所示)。

也可在砖墙留凹槽，卷材收头应压入凹槽内固定密封，凹槽距屋面找平层最低高度不应小于250mm，凹槽上部的墙体亦应做防水处理(如图 10-4 所示)。

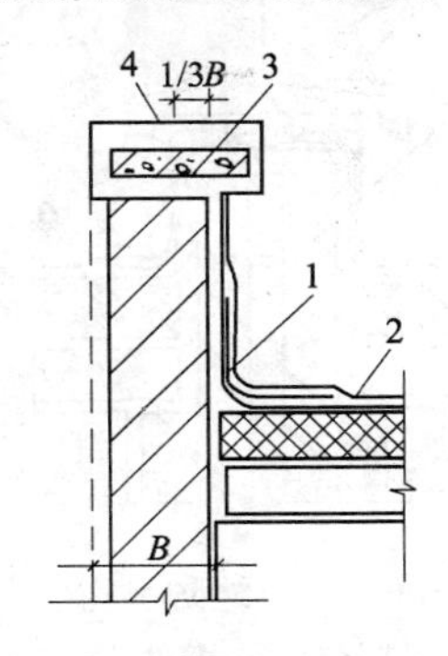

图 10-3　卷材泛水收头

1—附加层;2—防水层;
3—压顶;4—防水处理

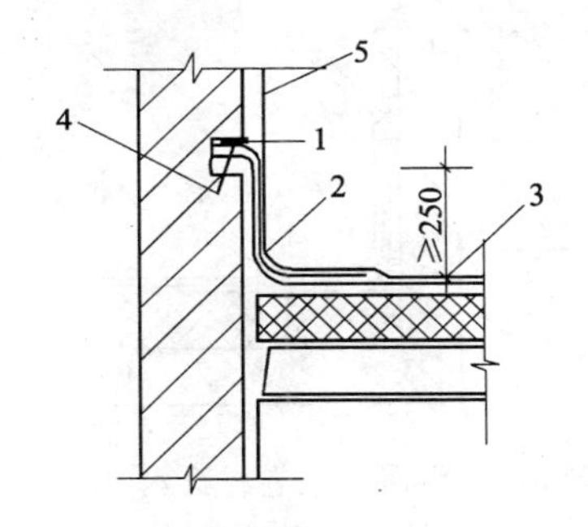

图 10-4　砖墙卷材泛水收头

1—密封材料;2—附加层;3—防水层
4—水泥钉;5—防水处理

(b)墙体为混凝土时,卷材的收头可采用金属压条钉压,并用密封材料封固,如图 10-5 所示。

b. 泛水宜采取隔热防晒措施,可在泛水卷材面砌砖后抹水泥砂浆或浇细石混凝土保护;亦可采用涂刷浅色涂料或粘贴铝箔保护层。

3)变形缝处理:

变形缝内宜填充泡沫塑料或沥青麻丝,上部填放衬垫材料,并用卷材封盖,顶部应加扣混凝土盖板或金属盖板,如图 10-6 所示。

4)水落口防水构造:

水落口防水构造应符合下列规定:

a. 水落口杯宜采用铸铁或塑料制品。

b. 水落口杯埋设标高,应考虑水落口设防时增加的附加层和柔性密封层的厚度及排水坡度加大的尺寸。

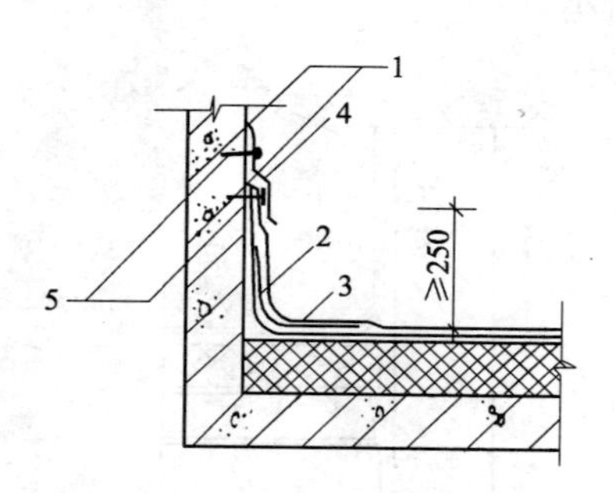

图 10-5　混凝土墙卷材泛水收头

1—密封材料；2—附加层；
3—防水层；4—金属、合成高
分子盖板；5—水泥钉

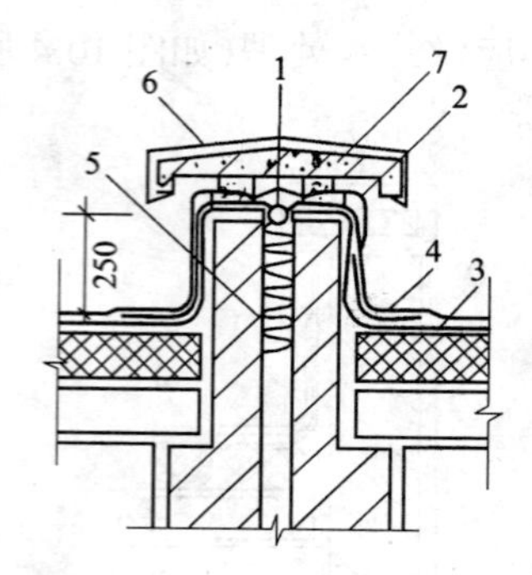

图 10-6　变形缝防水构造

1—衬垫材料；2—卷材盖材；
3—附加层 4—防水层；5—沥青麻丝；
6—水泥砂浆；7—混凝土盖板

c. 水落口周围直径 500mm 范围内坡度不应小于 5%，并应用防水涂料或密封材料涂封，其厚度不应小于 2mm，水落口杯与基层接触处应留宽 20mm，深 20mm 凹槽，嵌填密封材料，如图 10-7 和图 10-8 所示。

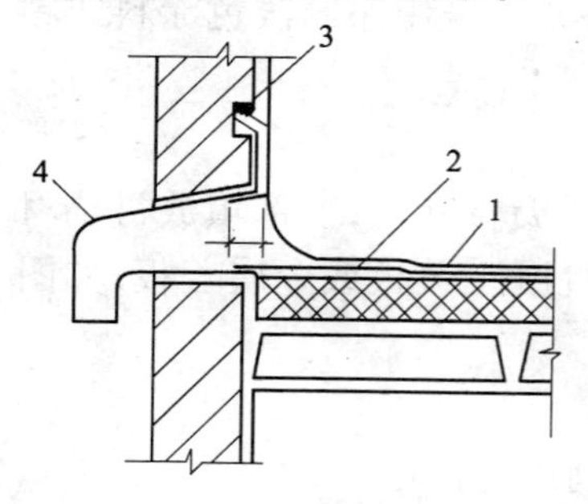

图 10-7　横式水落口

1—防水层；2—附加层；
3—密封材料；4—水落口

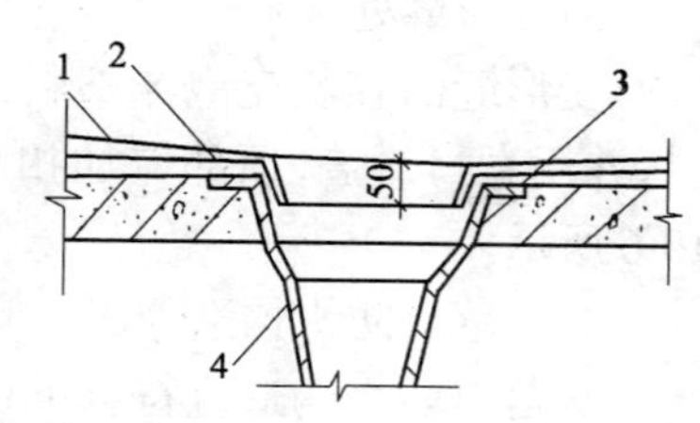

图 10-8　直接水落口

1—防水层；2—附加层；
3—密封材料；4—水落口杯

5）反梁过水孔的构造：

a. 应根据排水坡度要求留设反梁过水孔，图纸应注明孔底标高。

b. 留置的过水孔高度不应小于 150mm，宽度不应小于 250mm，当采用预埋管做过水孔时，管径不得小于 75mm。

c. 过水孔可采用防水涂料、密封材料防水。预埋管道两端周围与混凝土接触处应留凹槽，用密封材料封严。

6)伸出屋面管道处：

伸出屋面管道周围的找平层应做成圆锥台，管道与找平层间应留凹槽，并嵌填密封材料，防水层收头处应用金属箍紧，并用密封材料封严。

7)屋面出入口：

屋面垂直出入口防水层收头应压在混凝土压顶圈下（如图 10-9）；水平出入口防水层收头应压在混凝土踏步下，防水层的泛水应设护墙（如图 10-10）。

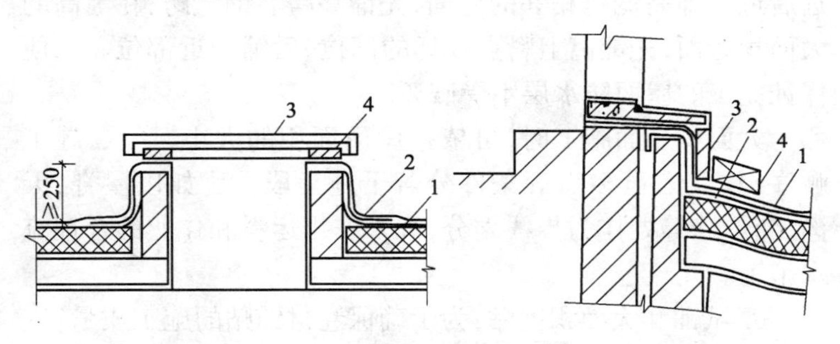

图 10-9　垂直出入口防水构造

1—防水层；2—附加层；
3—人孔箍；4—混凝土压顶圈

图 10-10　水平出入口防水构造

1—防水层；2—附加层；
3—护墙；4—踏步

(3)沥青卷材的防水施工

石油沥青纸胎油毡通常采用传统的热沥青玛瑞脂粘贴法施工。一般由三毡四油构成防水层。这一方法由于在用沥青锅熬制玛琋脂时污染空气，且有发生大火、烫伤等事故，已禁止在域内使用。

石油沥青玻璃布胎油毡、玻纤胎油毡亦可用热玛琋脂进行粘贴施工，目前常用冷玛琋脂进行铺贴。一般由三毡四油构成防水层。如选用不同胎体和性能的石油沥青油毡组成复合防水层时，应将抗裂性、耐久性等性能好的放在面层。

1)热玛琋脂的施工工艺

a. 工艺流程：

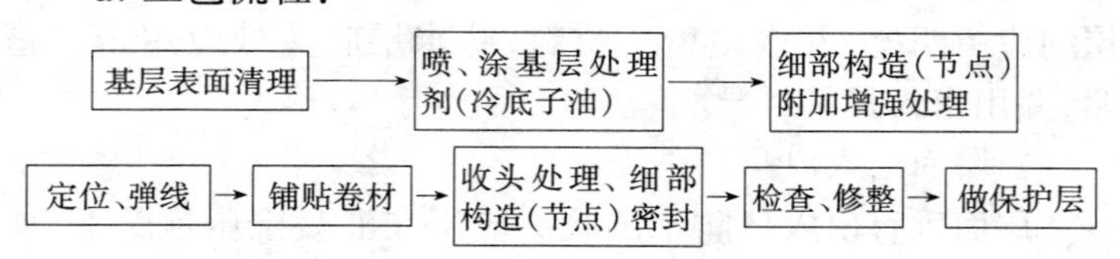

b. 卷材铺贴顺序：卷材的铺贴顺序一般是："先高后低，先远后近"，即高低跨相邻的屋面，先铺高跨后铺低跨；在等高的大面积屋面，先铺离上料点较远的部位，后铺较近部位。以便保证完工的屋面防水层不受破坏。

大面积屋面施工时，可依据屋面面积的大小、形状、施工顺序、作业人员多少等条件分若干施工段。比如以屋脊、天沟、变形缝等处作为界线划分，统筹安排运料和作业的合理流水施工。

c. 试铺和大面积铺贴：为了确保卷材铺贴的施工质量，宜在正式铺贴前进行试铺(只对位、不粘连)，并在基层上定位弹线。对水落口、立墙转角、檐沟、天沟等节点部分。应按设计要求尺寸裁剪好卷材先行铺贴。大面积铺贴卷材的操作工序是：先固定一端对位，将卷材端头掀开，在基层上涂刷热玛琋脂(或浇在基层上)，随即紧贴端头卷材仔细压实平整，继续铺贴卷材时，需将已放开的卷材部分紧紧地卷回，对准位置继续往前铺贴。

使用热玛琋脂连续热粘卷材的方法有：浇油、刷油、刮油、撒油等方法，各种方法铺贴每层卷材的玛琋脂厚度须控制在1～1.5mm，面层热玛琋脂的厚度宜为2～3mm。

2)冷玛琋脂施工工艺

施工准备、基层要求、工艺流程、附加层处理、铺贴作业要求等，基本上与热玛琋脂铺贴卷材相同，只是胶结料为冷玛琋脂。沥青卷材一般采用刮涂法铺贴，每层满涂的玛琋脂厚度控制在1mm以下，表面刮涂厚度在1.5mm左右，过厚防水层容易起泡。铺贴卷材前冷玛琋脂要反复均匀刮涂，不得漏刮空白或出现麻点水泡，玛琋脂使用时应搅匀，稠度太大时可加适量溶剂稀释搅匀。

(4)高聚物改性沥青卷材防水施工

依据高聚物改性沥青卷材的特性，其施工方法一般可分为热溶法、冷粘法、自粘法三种。

1)冷粘法施工要点：

a. 复杂部位的增强处理。待基层处理剂干燥后，应先将水落口、管根、烟囱底部等易发生渗漏的薄弱部位，在其中心200mm左右范围内均匀涂刷一度胶粘剂，涂刷厚度以1mm左右为宜，涂胶后随即粘贴一层聚脂纤维无纺布，并在无纺布上再涂刷一层厚度为1mm左右的胶粘剂。干燥后即可形成一层无接缝和具有弹性塑性的整体增强层。

b. 铺贴卷材防水层。按卷材的配置方案在流水坡的下坡开始弹出基准线，边涂刷胶粘剂，边向前滚铺卷材，并及时用压辊用力进行压实；用毛刷涂刷时，蘸胶液要饱满，涂刷要均匀。滚压时注意不要卷入空气或异物，粘结必须牢固。

c. 卷材的接缝处理。卷材纵横之间的搭接宽度为80～

100mm。接缝可用胶粘剂粘合,也可用汽油喷灯热熔作业,边融化边压实。接缝边缘趁融化卷材时,用扁铲压实封边,效果更佳。当为双层做法时,第二层卷材的搭接与第一层搭接缝应错开卷材幅宽的1/3~1/2。

2)热熔法施工要点:

a. 基层要求和基层处理剂的使用与冷粘法施工相同时。冬季施工基层处理剂涂刷后应干燥静置24h以上,使溶剂充分挥发后再进行热熔作业,以保安全。

b. 喷枪(灯)加热基层及卷材时,距离应适中,一般距卷材300~500mm,与基层夹角30°~45°。在幅宽内均匀加热,以卷材表面沥青熔融至黑色光亮为度,不得过分加热或烧穿卷材。

c. 热熔接缝前,先将卷材表面的隔离层融化,搭接缝热熔以溢出热熔的改性沥青为控制度,趁卷材尚未冷却时,用铁抹子封边,再用喷灯均匀细致密封。

3)自粘法施工要点:

a. 铺贴卷材前,基层表面应均匀涂刷基层处理剂,干燥后应及时铺贴卷材。

b. 铺贴卷材时,应将自粘胶表面的隔离纸完全撕净。

c. 铺贴卷材时,应排除卷材下面的空气,并辊压粘结卷材。

d. 铺贴的卷材应平整顺直,搭接尺寸应准确,不得扭曲、皱折。搭接部位宜采用热风焊枪加热,加热后随即粘贴牢固,并将溢出的自粘胶随即刮平封口。

e. 接缝口应用密封材料封严,宽度不小于10mm。

f. 铺贴立面卷材时,应加热后粘贴牢固。

(5)合成高分子防水卷材防水施工

合成高分子防水卷材一般均采用单层冷粘法施工,也可采用自粘法和热风焊接法铺贴。

1)合成高分子卷材冷粘法施工,不同的卷材和不同的粘结部位应使用不同的胶粘剂。即不同品种卷材或卷材与基层,卷材与卷材搭接缝粘结,其使用的胶粘剂不一样,切勿混用、错用。

2)合成高分子防水卷材施工要点:

a. 卷材施工前的基层处理和卷材铺贴工艺与高聚物改性沥青卷材冷作业施工的相同。

b. 卷材铺贴时,应根据专用胶粘剂的性能,控制胶粘剂涂刷与粘合的间隔时间,并排除接缝间的空气,辊压粘接牢固。

c. 当采用空铺法施工时,丁基橡胶胶粘剂只涂刷在卷材接缝相对应的基层上,涂胶粘剂后指触基本不粘时,即可进行粘接施工,并用手持压辊压实,全部搭接缝的边缘都要用密封材料封牢。

3)合成高分子卷材自粘法施工,基本与高聚物改性沥青自粘法施工相同。

4)合成高分子卷材热风焊接法施工,一般适用于热塑性高分子防水卷材的接缝施工,其工艺如下:

一般是在基层上先铺设厚度 4mm 的聚乙烯泡沫卷材或无纺布衬垫,再用射钉或木螺钉将塑料圆垫片固定在衬垫上,间距 50~100mm,梅花形铺设。防水卷材则用热焊方法焊接在塑料圆垫片上,卷材与卷材的接缝用专用垫焊机焊接,最终形成无钉孔铺设的防水层。

为使接缝焊接牢固和密封,必须将接缝的结合面清扫干净,无灰尘、砂粒、污垢。焊缝施工前,将卷材平放顺直,搭接缝应按事先弹好的标准对齐、展铺、不扭曲、不皱折、然后进行施焊,为了保证质量和便于操作,应先焊长边接缝,后焊短边接缝。

(6)屋面卷材保护层施工

保护层有以下几种做法:

1)涂料保护层:保护层涂料一般在现场配制,常用的有铝基沥青悬浮液、丙烯酸浅色涂料或在涂料中掺入铝粉的反射涂料,施工前防水层表面应干净,无杂物。涂刷方法与用量按各种保护层涂料使用说明书操作,基本和涂膜防水施工相同。涂刷均匀、不漏涂。

2)绿豆砂保护层:在沥青卷材非上人屋面中使用较多。施工时在卷材表面涂刷最后一道沥青玛瑺脂,趁热撒铺一层粒径为 3~5mm 的绿豆砂(或人工砂),绿豆砂应撒铺均匀,全部嵌入沥青玛瑺脂中,为了嵌入牢固,绿豆砂须经预热至 100℃左右,干燥后使用,边撒砂边扫铺均匀,并用软辊轻轻压实。

3)细砂、云母粉或蛭石粉保护层:常用于不上人的卷材防水屋面(有时也用于涂膜防水屋面)。使用于卷材屋面时,在表面边涂刷胶粘剂、边撒布细砂(或云母粉、蛭石粉),同时用软胶辊反复轻轻压滚,使保护层牢固地粘结在涂层上。

4)预制板块保护层:预制板块保护层的结合材料可采用砂和水泥砂浆铺设。板块的铺砌横平竖直,并满足排水要求。用砂结合铺砌板块时,砂层应洒水压实,刮平,板块对接铺砌,缝隙应一致,缝宽 10mm 左右,砌完洒水轻压拍实,板缝先填砂一半高度,再用 1:2 水泥砂浆勾成凹缝。

隔离层的做法有干砂垫,干油毡,铺纸筋灰或麻刀灰,黏土砂浆,白灰砂浆作隔离层等多种方法施工。

上人屋面的预制板块保护层,板块材料应参照楼地面工程的质量要求选用,结合层应选用 1:2 水泥砂浆。

5)水泥砂浆抹面保护层:水泥砂浆保护层与防水层之间

应设置隔离层。保护层用的水泥砂浆配合比为1∶2.5～3(体积比)。

保护层施工前,应根据结构情况每隔4～6m,用木模设置纵横分格缝,铺设水泥砂浆时应随铺随拍压,并用刮尺刮平。排水坡度应符合设计要求。

立面水泥砂浆保护层施工时,为使砂浆与防水层粘结牢固,可事先在防水层(涂膜或卷材)表面粘结砾沙或小豆石后,然后再做保护层。

6)整体现浇细石混凝土保护层:施工前应在防水层上铺设隔离层。浇筑细石混凝土前支好分格缝的木模,每格面积不大于36cm²,分格宽度为20mm。一个分格内的混凝土应连续浇捣,不留施工缝。振捣后采用铁辊滚压或人工拍实,以防破坏防水层。拍实后随即用刮尺按排水坡度刮平,初凝前用木抹子提浆抹平,初凝后及时拆除分格缝大模,终凝前用铁抹子抹光。抹平压光时不宜在表面掺加水泥砂浆或干灰,否则表层砂浆易产生裂缝与剥落现象。

细石混凝土保护层浇筑完后应及时养护7d,养护完毕将分格缝清理干净,待干燥后用密封材料嵌填。

7)架空隔热保护层:铺设前,将屋面防水层上的杂物清理干净,根据架空板尺寸在防水层上划线确定支座位置,支座宜采用水泥砂浆砌筑,其强度等级应为M5,砌筑支座应根据排水坡进行挂线,以保证支座的高度一致,使架空层铺稳并达到设计要求的排水坡度。支座底面应铺垫一层卷材或聚酯毡,以保护防水层。架空板宜随支座的砌筑进行铺设,以便及时根据架空板的尺寸调整支座位置,保证架空板有足够的支撑面积。

架空板铺设1～2d后,板缝应用水泥砂浆勾缝抹平,以便于架空板排水,从而保护防水层。

2. 卷材屋面防水工程施工质量控制

(1)材料质量检查

防水卷材现场抽样复验应遵守下列规定:

1)同一品种、牌号、规格的卷材,抽验数量为:大于1000卷抽取5卷,500~100卷抽取4卷,100~499卷抽取3卷,小于100卷抽取2卷。

2)将抽验的卷材开卷进行规格、外观质量检验,全部指标达到标准规定时,即为合格。其中如有一项指标达不到要求,即应在受检产品中加倍取样复验,全部达到标准规定为合格。复验时有一项指标不合格,则判定该产品外观质量为不合格。

3)卷材的物理性能应检验下列项目:

a. 沥青防水卷材:拉伸强度、性能、耐热度、柔性、不透水性。

b. 高聚物改性沥青防水卷材:拉伸性能、耐热度、柔性、不透水性。

c. 合成高分子防水卷材:拉伸性能、断裂伸长率,低温弯折性、不透水性。

4)胶粘剂物理性能应检验下列项目:

a. 改性沥青胶粘剂:粘结剥离强度。

b. 合成高分子胶粘剂:粘结剥离强度,粘结剥离强度浸水后保持率。

防水卷材一般可用卡尺、卷尺等工具进行外观质量的测试。用手拉伸进行强度、延伸率回弹力的测试,重要的项目应送质量监督部门认定的检测单位进行测试。

(2)施工质量检查

1)卷材防水屋面的质量要求

a. 屋面不得有渗漏和积水现象。

b. 屋面工程所用的合成高分子防水卷材必须符合质量标准和设计要求，以便能达到设计规定的耐久使用年限。

c. 坡屋面和平屋面的坡度必须准确，坡度的大小必须符合设计要求。平屋面不得出现排水不畅和局部积水现象。

水落管、天沟、檐沟等排水设施必须畅通，设置应合理，不得堵塞。

d. 找平层应平整坚固，表面不得有酥软、起砂、起皮等现象，平整度不应超过5mm。

e. 屋面的细部构造和节点是防水的关键部位。所以，其做法必须符合设计要求和规范的规定，节点处的封固应严密，不得开缝、翘边、脱落。水落口及突出屋面设施与屋面连接处，应固定牢靠，密封严实。

f. 绿豆砂、细砂、蛭石、云母等松散材料保护层和涂料保护层覆盖应均匀，粘结应牢固；刚性整体保护层与防水层之间应设隔离层，表面设分格缝、分格缝留设应正确；块体保护层应铺设平整，勾缝平密，分格缝留设位置、宽度应正确。

g. 卷材铺贴方法、方向和搭接顺序应符合规定，搭接宽度应正确，卷材与基层、卷材与卷材之间粘结应牢固，接缝缝口、节点部位密封应严密，不得皱折、鼓包、翘边。

h. 保护层厚度、含水率、表现密度应符合设计规定要求。

2)卷材防水屋面的质量检验

a. 卷材防水屋面工程施工中应做好从屋面结构层、找平层、节点构造直至防水屋面施工完毕，分项工程的交接检查，未经检验验收合格的分(单)项工程，不得进行后续施工。

b. 对于多道设防的防水层，包括涂膜、卷材、刚性材料等，每一道防水层完成后，应由专人进行检查，每道防水层均应符合质量要求,不渗水,才能进行下一道防水工程的施工。使其真正起到多道设防的应有效果。

c. 检验屋面有无渗漏或积水,排水系统是否畅通,可在雨后或持续淋水 2h 以后进行。有可能作蓄水检验的屋面宜做蓄水 24h 检验。

d. 卷材屋面的节点做法、接缝密封的质量是屋面防水的关键部位,是质量检查的重点部位。节点处理不当会造成渗漏;接缝密封不好会出现裂缝、翘边、张口、最终导致渗漏;保护层质量低劣或厚度不够,会出现松散脱落、龟裂爆皮,失去保护作用,导致防水层过早老化而降低使用年限。所以,对这些项目,应进行认真的外观检查,不合格的,应重做。

e. 找平层的平整度,用 2mm 直尺检查,面层与直尺间的最大空隙不应超过 5mm,空隙仅允许平缓变化,每米长度内不多于一处。

f. 对于用卷材做防水层的蓄水屋面、种植屋面应做蓄水 24h 检验。

10.1.2 涂膜屋面防水工程

涂膜防水屋面是由各类防水涂料经重复多遍地涂刷在找平层上,静置固化后,形成无接缝,整体性好的多层涂膜作屋面防水层。主要适用于屋面多道防水的一道,少量用于防水等级为Ⅲ级、Ⅳ级的屋面防水,这是由涂膜的强度、耐穿刺性能比卷材低所决定的。用高档涂料(聚氨酯、丙烯酸和硅橡胶)作一道设防时,其耐久年限尚能达 10 年以上,但一般不会超过 15 年,其余均为中低档涂料,所以根据屋面防水等级、耐用年限对作一道设防的涂膜厚度,应作严格规定。另外,由于涂膜的整体性好,对屋面的细部构造、防水节点和任何不规则的屋面均能形成无接缝的防水层,且施工方便。如和卷材作复合防水层，充分发挥其整体性好的特性，将取得良好的防水效果。

1. 涂膜屋面防水施工技术要求

(1)一般规定

1)适用范围：

涂膜防水屋面主要适用于防水等级为Ⅲ级、Ⅳ级的屋面防水，也可用作Ⅰ级、Ⅱ级屋面多道防水设防中一道防水层。

2)涂膜层的厚度：

沥青基防水涂膜在Ⅲ级防水屋面上单独使用时厚度不应小于 8mm，在Ⅳ级防水屋面上或复合使用时厚度不宜小于 4mm；高聚物改性沥青防水涂膜厚度不应小于 3mm，在Ⅲ级防水屋面上复合使用时，厚度不宜小于 1mm。

3)防水涂膜涂刷要求：

防水涂膜应分层分遍涂布。待先涂的涂层干燥成膜后，方可涂布后一遍涂料。需铺设胎体增强材料，当面坡度小于 15%时可平行屋脊铺设；当屋面坡度大于 15%时应垂直屋脊铺设，并由屋面最低处向上操作。胎体长边搭接宽度不得小于 50mm；短边搭接宽度不得小于 70mm，采用二层胎体增强材料时，上下层不得互相垂直铺设，搭接缝应错开，其间距不应小于幅宽的 1/3。

在涂膜实干前，不得在防水层上进行其他施工作业。涂膜防水屋面上不得直接堆放物品。

4)天沟、泛水、水落口等部位的强化要求：

天沟、檐沟、檐口、泛水等部位，均应加铺有胎体增强材料的附加层。水落口周围与屋面交接处，应作密封处理，并加铺两层有胎体增强材料的附加层。涂膜伸入水落口的深度不得小于 50mm。

涂膜防水层的收头应用防水材料多遍涂刷或用密封材料封严。

5)屋面的板缝处理要求:

屋面的板缝处理应符合下列规定:

a. 板缝应清理干净;细石混凝土应浇捣密实,板端缝中嵌填的密封材料应粘结牢固、封密严密。

b. 抹找平层时,分格缝应与板端缝对齐,匀交顺直,并嵌填密封材料。

c. 涂层施工时,板端缝部位空铺的附加层每边距板缝边缘不得小于 80mm。

(2)细部构造

1)天沟、檐沟与屋面交接处的附加层宜空铺,空铺的宽度宜 200 ~ 300mm,如图 10-11 所示,屋面设有保温层时,天沟、檐沟处宜铺设保温层。

2)檐口处涂膜防水层的收头,应用防水材料多遍涂刷或用密封材料封严,如图 10-12 所示。

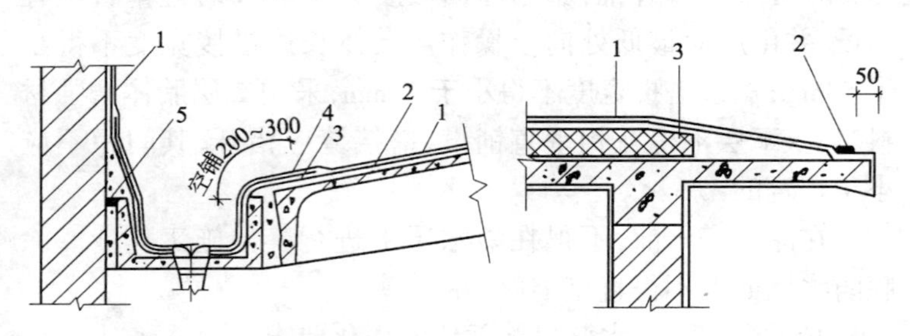

图 10-11　天沟、檐沟构造

1—涂膜防水层;2—找平层;
3—有胎体增强材料的附加层;
4—空铺附加层;5—密封材料

图 10-12　檐口构造

1—涂膜防水层;2—密封材料;
3—保温层

3)泛水处的涂膜防水层宜直接涂刷至女儿墙的压顶下,

收头处理应用防水涂料多遍涂刷封严，压顶应做防水处理，如图 10-13 所示。

4)变形缝内应填充泡沫塑料或沥青麻丝，其上放衬垫材料，并用卷材封盖；顶部应加混凝土盖板或金属盖板，如图 10-14所示。

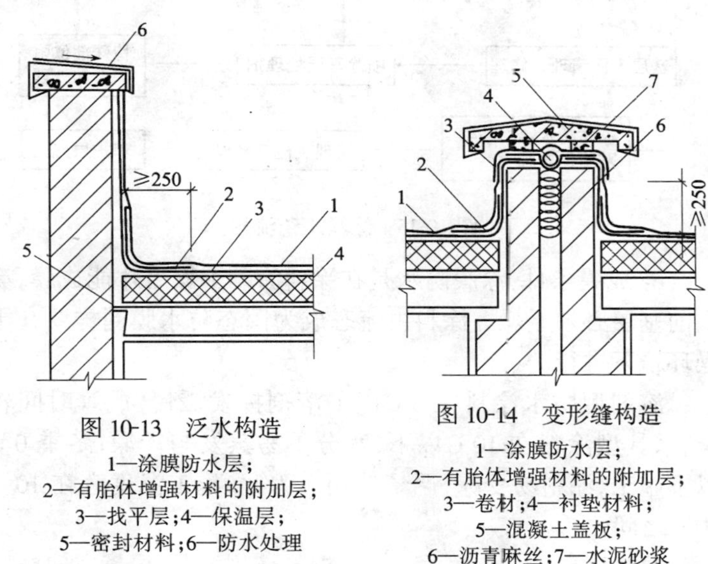

图 10-13　泛水构造

1—涂膜防水层；
2—有胎体增强材料的附加层；
3—找平层；4—保温层；
5—密封材料；6—防水处理

图 10-14　变形缝构造

1—涂膜防水层；
2—有胎体增强材料的附加层；
3—卷材；4—衬垫材料；
5—混凝土盖板；
6—沥青麻丝；7—水泥砂浆

(3)沥青基防水涂膜施工

沥青基防水涂膜是以沥青为基料配制成的水乳型或溶剂型防水涂料，通过工程现场作业而成膜的防水层。

1)施工要点

a. 施工顺序应“先高后低，先远后近，”涂刷涂料。并先做水落口、天沟、檐沟细部附加层处理，后做屋面大面涂刷，大面积涂刷宜以变形缝为界分段作业。涂刷方向应顺屋脊进行。特别是屋面转角与立面涂层应该薄涂，但遍数要多，并达到要求厚度。涂刷均匀,不堆积,不流淌。

涂层中夹铺胎体增强材料时,宜边涂边铺胎体;胎体应排除气泡,并与涂料粘牢。在胎体上涂布涂料时,应使涂料浸透胎体,覆盖完全,胎体不外露。

b. 施工工艺、工艺流程如图 10-15 所示。

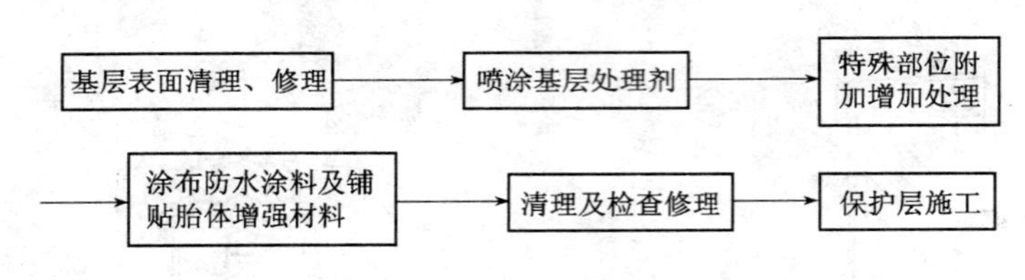

图 10-15　涂膜工艺流程

c. 成膜条件:涂膜防水是在涂料涂刷干燥后才能成膜,涂刷前基层必须干燥。涂料由流态成为固态防水膜同样要在干燥环境下进行。

溶剂型防水涂料在 5℃以下溶剂挥发缓慢,成膜时间较长;水乳型涂料在 10℃以下,水分不易蒸发与干燥,冬季 0℃以下施工,涂料易受冻,严禁使用。为此,施工温度宜在 10～30℃之间。

2)注意事项:

a. 涂料涂刷前要充分搅拌均匀。每遍涂刷薄厚一致,过厚不易固化成膜,影响连续作业和涂膜质量。沥青基防水涂膜至少涂刷两边以上至达到设计厚度为准。

b. 涂膜防水层完工后,注意成品保护,涂膜自然养护一般 7d 以上。

c. 如使用二种以上不同防水材料时,材料应相容。在天沟、泛水等部位使用相容的防水卷材时,卷材与涂膜的接缝应顺流水方向,搭接宽度不小于 100mm。

(4)高聚物改性沥青防水涂膜施工

高聚物改性沥青防水涂膜施工与沥青基防水涂料施工要求基本相同。

施工注意事项:

1)屋面基层干燥程度,视所用涂料特性而定。采用溶剂型涂料时,基层应干燥。

2)基层处理剂应充分搅拌,涂刷均匀,覆盖完全,干燥后方可进行涂膜施工。

3)最上层涂层的涂刷不应少于两遍,其厚度应不小于1mm。

4)高聚物改性沥青防水涂膜严禁在雨天、雪天施工;五级风及其以上时也不得施工。溶剂型涂料施工环境气温宜为-5~35℃。

(5)合成高分子防水涂膜施工

施工操作要点:

1)合成高分子防水涂膜施工与沥青基防水涂膜施工处理相同外,可采用涂刮或喷涂施工。当涂刮施工时,每遍涂刮的前进方向宜与前一遍相互垂直。涂膜厚度一致,不露底、不存气泡、表面平整。

2)多组分涂料必须按配合比准确计算,搅拌均匀,已配成的多组分涂料必须及时使用。配料时允许加入适量的缓凝剂或促凝剂以调节固化时间,但不得混入已固化的涂料。

3)在涂层中夹铺胎体增强材料时,位于胎体下面的涂层厚度不宜小于1mm,最上层的涂层应不少于两遍。

4)合成高分子防水涂膜施工时的气候条件与高聚物改性沥青防水涂膜施工相同。

(6)涂膜屋面保护层施工

涂膜防水屋面保护层处理，选材可采用细砂、云母、蛭石、浅色涂料、水泥砂浆或块材等。采用水泥砂浆或块材时，应在涂膜与保护层之间设置隔离层。水泥砂浆保护层厚度不宜小于 20mm。

1)当采用细砂，云母或蛭石等撒布材料作保护层时，应筛去粉料，在涂刮最后一遍涂料时，边涂边撒布均匀，不得露底，待涂料干燥后，将多余的撒布材料清除掉。

2)用水泥砂浆作保护层时，表面应抹平压光，每 $1m^2$ 设表面分格缝。

3)用块体材料作保护层时，宜留设分格缝，分格面积不宜大于 $100m^2$。分格缝宽度不小于 20mm，缝内嵌密封材料。

4)用细石混凝土作保护层时，混凝土应振捣密实，表面抹平压光，并宜设分格缝。分格面积不宜大于 $36m^2$。

5)刚性保护层与女儿墙之间必须预留 30mm 以上空隙，并嵌填密封材料。

6)水泥砂浆、块材、细石混凝土保护层与防水层之间设置的隔离层应平整，以便起到隔离的作用。

2. 涂膜屋面防水的施工质量控制

(1)材料质量检查

进场的防水材料和胎体增强材料抽样复验应符合下列规定：

1)同一规格、品种的防水材料，每 10t 为一批，不足 10t 者按一批进行抽检；胎体增强材料，每 $3000m^2$ 为一批，不足 $3000m^2$ 者按一批进行抽检。

2)防水涂料应检查延伸或断裂延伸率、固体含量、柔性、不透水性和耐热度；胎体增强材料应检查拉力和延伸率。

(2)施工质量检查

1)涂膜防水屋面的质量要求：

a. 屋面不得有渗漏和积水现象。

b. 为保证屋面涂膜防水层的使用年限，所用防水涂料应符合质量标准和涂膜防水的设计要求。

c. 屋面坡度应准确，排水系统应通畅。

d. 找平层表面平整度应符合要求，不得有酥松、起砂、起皮、尖锐棱角现象。

e. 细部节点做法应符合设计要求，封固应严密，不得开缝、翘边。水落口及突出屋面设施与屋面连接处，应固定牢靠、密封严实。

f. 涂膜防水层不应有裂纹、脱皮、流淌、鼓泡、胎体外露和皱皮等现象，与基层应粘结牢固，厚度应符合规范要求。

g. 胎体材料的铺设方法和搭接方法应符合要求；上下层胎体不得互相垂直铺设，搭接缝应错开，间距不应小于幅宽的1/3。

h. 松散材料保护层，涂料保护层应覆盖均匀严密、粘结牢固。刚性整体保护层与防水层间应设置隔离层，其表面分格缝的留设应正确。

2)涂膜防水层屋面的质量检查：

a. 屋面工程施工中应对结构层、找平层、细部节点构造，施工中的每遍涂膜防水层、附加防水层、节点收头、保护层等应做分项工程的交接检查；未经检查验收合格；不得进行后续施工。

b. 涂膜防水层或其他材料进行复合防水施工时，每一道涂层完成后，应由专人进行检查，合格后方可进行下一道涂层和下一道防水层的施工。

c. 检验涂膜防水层有无渗漏和积水、排水系统是否通畅，应雨后或持续淋水 2h 以后进行。有可能作蓄水检验的屋面宜作蓄水检验,其蓄水时间不宜少于 24h。淋水或蓄水检验应在涂膜防水层完全固化后再进行。

d. 涂膜防水层的涂膜厚度,可用针刺或测厚仪控测等方法进行检验,每 $100m^2$ 的屋面不应少于 1 处;每一屋面不应少于 3 处,并取其平均值评定。

涂膜防水层的厚度应避免采用破坏防水层整体性的切割取片测厚法。

e. 找平层的平整度,应用 2m 直尺检查;面层与直尺间最大空隙不应大于 5mm,空隙应平缓变化,每米长度内不应多于一处。

10.1.3 刚性屋面防水工程

刚性防水屋面实质上是刚性混凝土板块防水和柔性接缝防水材料复合的防水屋面。这种刚柔结合的防水屋面适应结构层的变化,它主要是依靠混凝土自身的密实性或采用补偿收缩混凝土,并配合一定的结构措施来达到防水目的。这些结构措施包括:屋面具有一定的坡度便于雨水排除;增加钢筋;设置隔离层(减少结构变形对防水层的不利影响);混凝土分块设缝,以使板面在温度,湿度变化下不致于开裂;采用油膏嵌缝,以适应屋面基层变形,保证分格缝的防水功能。由于刚性防水层对地基不均匀沉降、温度变化、结构振动等因素都非常敏感,所以刚性防水屋面适用于屋面结构刚度较大及地基地质条件较好的建筑。

刚性防水屋面施工可分为普通细石混凝土防水层、补充收缩混凝土防水层以及块体刚性防水层施工。

1. 刚性屋面防水施工技术要求

(1)一般规定

1)适用范围：

刚性防水屋面主要适用于防水等级为Ⅲ级的屋面防水、也可用做Ⅰ级与Ⅱ级屋面多道防水设施中的一道防水层；不适用与设有松散材料保温层的屋面以及受较大振动或冲击的建筑物屋面。

2)板缝要求：

刚性防水屋面的结构层宜为整体现浇的钢筋混凝土。当屋面结构采用装配式钢筋混凝土板时，应用细石混凝土灌缝，其强度等级不应小于C20，灌缝的细石混凝土宜掺微膨胀剂。当屋面板缝宽度大于40mm，或上窄下宽时，板缝内应设置构造钢筋，板端缝内应进行密封处理。

3)基层处理：

a. 刚性防水层与山墙、女儿墙以及突出屋面结构的交接处均应做柔性密封处理。

b. 细石混凝土防水层与基层间宜设置隔离层。

c. 防水层施工要求

(a)防水层的细石混凝土宜掺微膨胀剂、减水剂、防水剂等外加剂，并应用机械搅拌，机械振捣。

(b)刚性防水层应设置分格缝，纵横间距不宜大于6m，分格缝内应嵌填密封材料。

(c)天沟、檐沟应用水泥砂浆找坡，找坡厚度大于20mm，宜采用细石混凝土。

(d)刚性防水层内严禁埋设管线。

(e)刚性防水层施工气温宜为5～35℃，并应避免在负温度或烈日爆晒下施工。

(2)细部构造

1)普通细石混凝土和补偿收缩混凝土防水层的分格缝宽

度宜为 20～40mm。分格缝中应嵌填密封材料，上部铺贴防水卷材。

2)细石混凝土防水层与天沟、檐沟的交接处应留凹槽，并应用密封材料封严(如图 10-16 所示)。

3)刚性防水层与山墙、女儿墙交接处应留宽度为 30mm 的缝隙，并应用密封材料嵌填；泛水处应铺设卷材或涂膜附加层(如图 10-17 所示)。

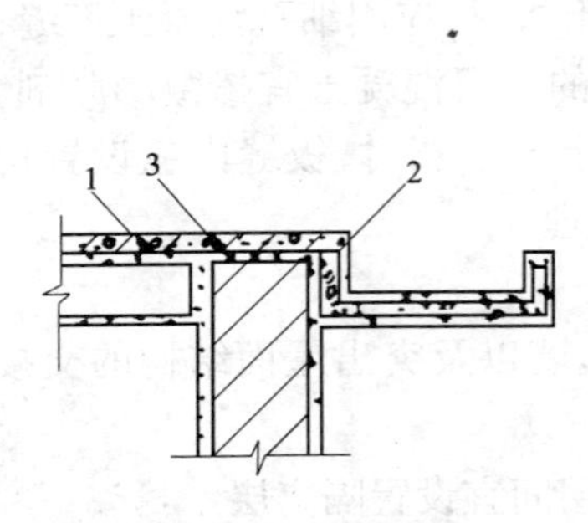

图 10-16　檐沟滴水

1—刚性防水层；
2—密封材料；3—隔离层

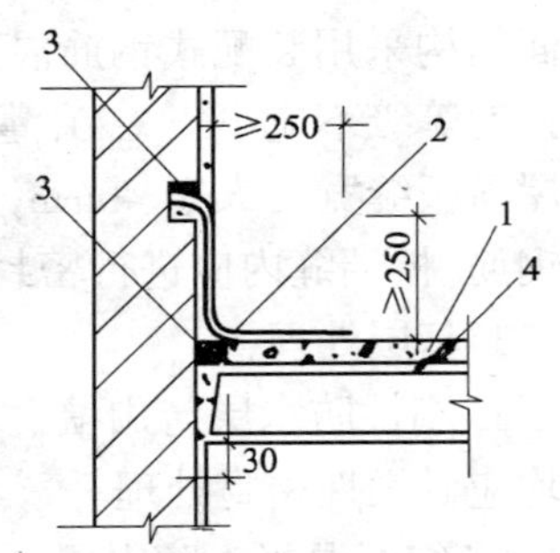

图 10-17　泛水构造

1—刚性防水层；2—防水卷材或涂膜；
3—密封材料；4—隔离层

4)刚性防水层与变形缝两侧墙体交接处应留宽度为 30mm 的缝隙，并应用密封材料嵌填；泛水处应铺设卷材或涂膜附加层；变形缝中应填充泡沫塑料或沥青麻丝，其上填放衬垫材料，并应用卷材封盖，顶部加扣混凝土盖板或金属盖板(如图 10-18 所示)。

5)伸出屋面管道与刚性防水层交接处应留设缝隙，用密封材料嵌填，并应加设柔性防水附加层；收头处应固定密封(如图 10-19 所示)。

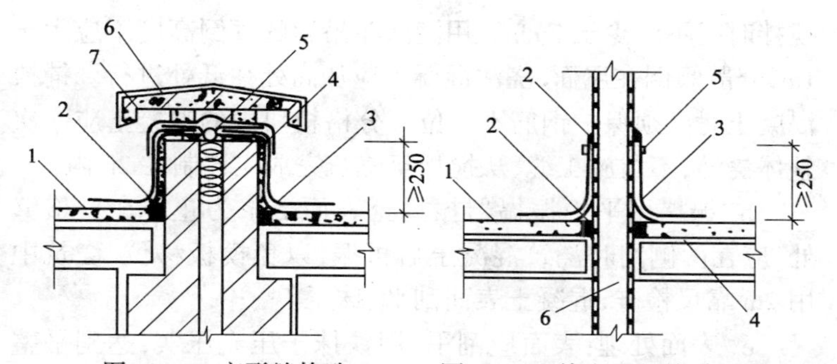

图 10-18　变形缝构造
1—刚性防水层;2—密封材料;3—防水卷材;
4—衬垫材料;5—沥青麻丝;
6—水泥砂浆;7—混凝土盖板

图 10-19　伸出屋面管道防水构造
1—刚性防水层;2—密封材料;
3—卷材(涂膜)防水层;4—隔离层;
5—金属箍;6—管道

(3)普通细石混凝土防水工程

1)隔离层施工:

隔离层可选用干铺卷材、砂垫层、低强度等级砂浆等材料。干铺卷材隔离层做法:在找平层上干铺一层卷材,卷材的接缝均应粘牢;表面涂刷二道石灰水或掺10%水泥的石灰浆(防止日晒卷材发软),待隔离层干燥有一定强度后进行防水层施工。

黏土砂浆或白灰砂浆隔离层;采用这两种低强度砂浆的隔离作用比较好。黏土砂浆配合比为石灰膏:砂:黏土=1:2.4:3.6;白灰砂浆配合比为石灰膏:砂=1:4。铺抹前基层宜润湿,铺抹厚度10~20mm压光,养护至基本干燥(平压无痕)即可做防水层。

2)施工工艺:

细石混凝土防水层施工质量的好坏,关键在于保证混凝土的密实性和及时养护。

a.浇筑细石混凝土应注意防止混凝土分层离析。混凝土搅拌时间不应少于2min。用浇灌斗吊运的倾倒高度不应大于1m,分散倾倒在屋面,浇注混凝土应从高处往低处进行。铺摊混凝土时必须保护钢筋不错位。分格板块内的混凝土应一次整体浇灌,不留施工缝,从搅拌至浇筑完成应控制在2h内。

b. 振捣用平板振捣器振捣至表面泛浆为止。在分格缝处,应在两侧同时浇筑混凝土后再振,以免模板移位,浇筑中用2m靠尺检查,混凝土表面刮平、抹压。

c. 表面处理:表面应刮平,用铁抹子压光压实,达到平整并符合排水坡度要求。抹压时严禁在表面洒水,加水泥浆或撒干水泥。当混凝土初凝后,提出分格缝模板并修整。混凝土收水后应进行二次表面压光,或在终凝前三次压光。

d. 混凝土浇筑12~24h后应进行养护。养护时间不应少于14d,养护方法采用淋水、覆盖砂、锯末、草帘或涂刷养护剂等。养护初期屋面不允许上人。

2. 刚性屋面防水的施工质量控制

(1)材料质量检查

1)对水泥的要求:

a. 防水层的细石混凝土宜用普通硅酸盐水泥;当采用矿渣硅酸盐水泥时应采取有效泌水性的措施;水泥强度等级不宜低于32.5,并不得使用火山灰质水泥。

b. 水泥贮存时应防止受潮,存放期不得超过三个月。当超过存放期限时,应重新检验确定水泥强度等级。

2)对粗细骨料的要求:

防水层的细石混凝土和砂浆中,粗骨料的最大粒径不宜大于15mm,含泥量不应大于1%;细骨料应采用中砂或粗砂,含泥量不应大于2%,拌合用水应采用不含有害物质的洁净水。

3)对外加剂的要求：

a. 防水层细石混凝土使用膨胀剂、减水剂、防水剂等外加剂，应根据不同品种的适用范围、技术要求选择。

b. 外加剂应分类保管、不得混杂、并应存放于阴凉、通风、干燥处。运输时应避免雨淋、日晒和受潮。

4)对钢筋的要求：

防水层内配置的钢筋宜采用冷拔低碳钢丝。

5)对块体刚性防水材料要求：

块体刚性防水层使用的块材应无裂纹、无石灰颗粒、无灰浆泥面、无缺棱掉角、质地密实和表面平整。

(2)施工质量检查

刚性防水层屋面不得有渗漏积水现象、屋面坡度应准确，排水系统应通畅。在防水层施工过程中，每完成一道工序，均由专人进行质量检查，合格后方可进行下一道工序的施工。特别是对于下一道工序掩盖的部位和密封防水处理部位，更应认真检查，确认合格后方可进行隐蔽施工。

刚性防水层的质量应符合以下要求：

1)刚性防水层的厚度应符合设计要求，表面应平整光滑，不得有起壳、爆皮、起砂和裂缝等现象。其平整度应用 2m 直尺检查，面层与直尺间的最大空隙不应超过 5mm，空隙仅允许平缓变化，且每米长度内不应多于一处。

2)细石混凝土和补偿收缩混凝土防水层的钢筋位置应准确，布筋距离应符合设计要求，保护层厚度应符合规范要求、不得出现碰底和露筋现象。

3)块体防水层内的块体铺砌应准确，底层和面层砂浆的配比应准确。

4)防水剂、减水剂、膨胀剂等外加剂的掺量应准确，不得随意加入。

5)细部构造防水做法应符合设计、规范要求。刚柔结合部位应粘结牢固,不得有空洞、松动现象。

6)分格缝应平直,纵横距离、位置应准确,密封材料嵌填应密实,与两壁粘结牢固。

嵌缝前,应将分格缝两侧混凝土修补平整,缝内必须清洗干净。灌缝密实材料性能应良好,嵌填应密实,否则,应返工重做。

7)密封部位表面应光滑、平直、密封尺寸应符合设计要求,不得有鼓包、龟裂等现象。

8)盖缝卷材、保护层卷材铺贴应平直,粘结必须牢固,不得有翘边,脱落现象。

当刚性防水层施工结束时,全部分项检查合格后,可在雨后或持续淋水 2h 的方法来检查防水层的防水性能,主要检查屋面有无渗漏或积水、排水系统是否畅通。如有条件作蓄水检验的宜作蓄水 24h 检验。

10.2 保温与隔热屋面

保温隔热施工技术与防水施工技术一起成为屋面工程的两大关键施工技术,两者的施工质量都关系到屋面工程的防水质量。现代化建筑工程对防水和节能都有很高的要求,有了配套的建筑防水新技术外,还应有良好的建筑保温隔热技术。

10.2.1 保温屋面

屋面保温材料应选用吸水率低,表观密度和导热系数较小,并具有一定强度,以便于运输、搬运和施工(施工时不易损坏)的散体和块体材料。保温层按所用保温材料的形态不同分为松散材料保温层,板状保温层和整体保温层。

1. 施工技术要求

(1)细部构造

1)天沟、檐沟与屋面交接处的保温层,为了提高热工效能,符合节能要求,此处保温层可能出现冷桥断层,所以应铺设至少不小于墙厚的1/2处理。

2)对铺有保温层的设在屋面排气道交叉处的排气管应伸到结构上,排气管与保温层接触处的管避应打孔,孔径及分布应适当,确保排气道畅通,如图10-20和图10-21所示。

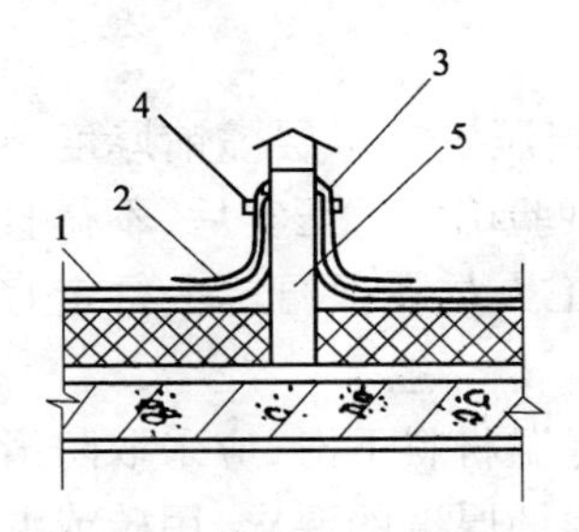

图10-20　排汽出口构造

1—防水层;2—附加防水层;3—密封材料;4—金属箍;5—排汽管

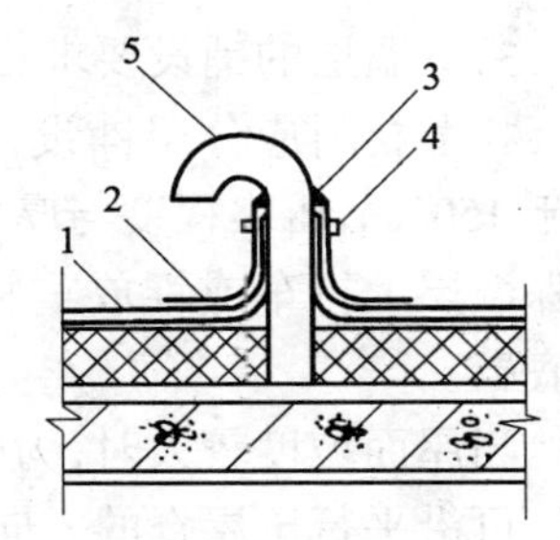

图10-21　排汽出口构造

1—防水层;2—附加防水层;3—密封材料;4—金属箍;5—排汽管

3)倒置式保温屋面是将保温层设置在防水层之上的屋面,保温材料应具有增水性,施工时先做防水层,后做保温层(如图10-22和图10-23所示)。

(2)松散材料保温层的施工要求

1)对基层的要求:

铺设松散材料保温层的基层应平整、干燥、干净。

2)对保温层含水率的要求:

松散材料保温层含水率应视胶结材料的不同而异,但不得超过规定要求。炉渣应过筛,并仅作辅助材料。

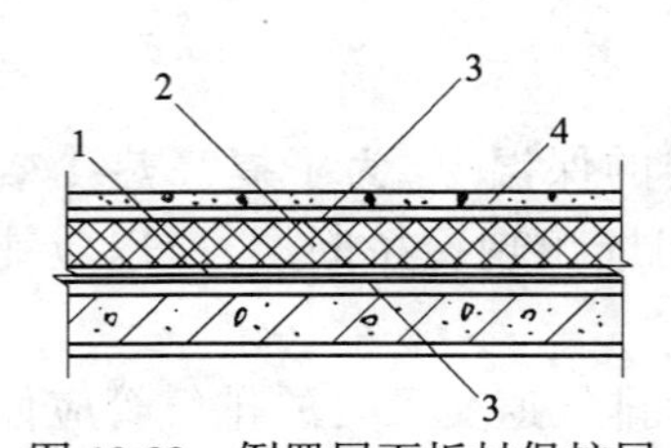

图 10-22　倒置屋面板材保护层

1—防水层;2—保温层;3—砂浆找平层;4—混凝土或黏土板材制品

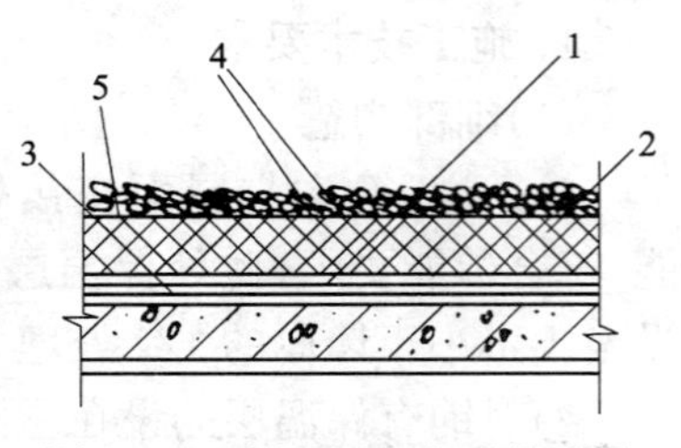

图 10-23　倒置屋面卵石保护层

1—防水层;2—保温层;3—砂浆找平层;4—卵石保护层;5—纤维织物

3)保温层的铺设要求:

松散材料应分层铺设,并适当压实。每层虚铺厚度不宜大于 150mm,压实程度与厚度由试验确定。压实后,不得直接在保温层上行车或堆放重物,施工人员在保温层上行走宜穿软底鞋。

当屋面坡度较大时,为防止保温材料下滑,应采取防滑措施。可沿平行于屋脊的方向,按虚铺厚度的要求,用砖或混凝土每隔 1m 左右构筑一道防滑带,阴止松散材料下滑。

(3)板状材料保温层的施工要求

1)板状材料保温层的基层应平整、干燥和干净。

2)保温层的铺设要求:

a. 干铺的板状保温材料,应紧靠在需保温的基层表面上,并应铺平垫稳。分层铺设的板块,上下层接缝应相互错开;板间缝隙应采用同类材料嵌填密实。

b. 粘贴的板状保温材料应贴严、铺平;分层铺设的板块,上下层接缝应相互错开,并应符合下列要求:

(a)当采用玛琋脂及其他胶结材料粘贴时,板状保温材料相互间及与基层之间应满涂胶结材料,使之互相粘牢。玛琋脂的加热和使用温度，与石油沥青纸胎油毡施工方法中的有关内容相同。采用冷玛琋脂粘贴时应搅拌均匀，稠度太大时可加少量溶剂稀释搅匀。

(b)当采用水泥砂浆粘贴板状保温材料时，板间缝隙应采用保温灰浆填实并勾缝。保温灰浆的配合比宜为1∶1∶10(水泥∶石灰膏∶同类保温材料的碎粒，体积比)。

(4)整体现浇保温层的施工要求

1)水泥膨胀蛭石、水泥膨胀珍珠岩保温层的施工要求：

a. 水泥膨胀蛭石、水泥膨胀珍珠岩不宜用封闭式保温层。

b. 铺设厚度：

铺设前，应将清理干净的基层浇水湿润。虚铺的厚度应根据试验确定，一般虚铺的厚度为设计厚度的1.3倍左右，虚铺后用木拍轻轻拍实抹平至设计厚度。

c. 抹找平层

水泥膨胀蛭石、水泥膨胀珍珠岩压实抹平后应立即抹找平层(铺设一段保温层抹一段找平层)。这样找平层在做完后可避免出现开裂现象。

2)整体沥青膨胀蛭石，沥青膨胀珍珠岩保温层的施工要求：

a. 热沥青玛琋脂的加热温度和使用温度与石油沥青纸胎油毡施工方法中熬制温度与使用温度相同。

b. 沥青膨胀珍珠岩、沥青膨胀蛭石的搅拌宜用机械搅拌，搅拌后的色泽应均匀一致，无沥青团。

c. 沥青膨胀珍珠岩、沥青膨胀蛭石的铺设厚度：

沥青膨胀蛭石、沥青膨胀珍珠岩的铺设压实程度应根据实验确定，铺设的厚度应符合设计要求。施工前，用水平仪找好坡度，并作出标志。铺设时用铁滚子反复滚压至设计规定的厚度。最后用木抹子找平抹光,使保温层表面平整。

(5)施工条件

干铺的保温层可在负温度下施工。用热沥青粘结的整体现浇保温层和粘贴的板状材料保温层在气温低于-10℃时不宜施工。用水泥、石灰或乳化沥青胶结的整体现浇保温层和用水泥砂浆粘贴的板状材料保温层不宜在气温低于5℃时施工。

雨天、雪天、五级风及其以上时不得施工。施工中途下雨、下雪应采取有效的遮盖措施,以防止保温层内部含水率增加而降低保温效果。

(6)施工注意事项

1)基层表面应平整、干燥、干净、无裂缝。

2)施工前,应对进场保温材料进行现场复检,其质量应符合有关规定,并做好进场材料的防雨防潮工作。

3)膨胀蛭石、膨胀珍珠岩的吸水率较大,用这类材料在高温环境下做松散材料保温层时,基层表面宜做防潮层。

4)对正在施工或施工完的保温层应采取保护措施,不得随意踩踏和压重物。

2. 施工质量检查

(1)材料质量检查

保温材料现场抽样复验应遵守下列规定:

1)松散保温材料应检测粒径、堆积密度。

2)板状保温材料应检测密度、厚度、含水率、形状、强度,必要时还应检测导热系数。

3)保温材料抽检数量应按使用的数量确定,同一批材料至少抽检一次。

(2)施工质量检查

保温屋面的质量应符合下列要求:

1)保温层含水率、厚度、表观密度应符合设计要求。

2)已竣工的防水层和保温层,严禁在其上凿孔打洞、受重物冲击;不得任意在其上堆放杂物及增设构筑物。如需增加设施时,应做好相应的系统畅通。

3)严防堵塞水落口、天沟、檐口,保持排水系统畅通。

10.2.2 隔热屋面

隔热屋面按隔热方式的不同,一般可分为架空隔热屋面、蓄水隔热屋面和种植隔热屋面三类。蓄水屋面在民用和工业建筑屋面上应用得较多,防水等级为Ⅰ、Ⅱ级的屋面不宜采用蓄水屋面。

1. 施工技术要求

(1)细部构造

1)架空隔热屋面的架空隔热层高度宜为 100 ~ 300mm;架空板与女儿墙的距离不宜小于 250mm,如图 10-24 所示。

2)蓄水屋面的溢水口上部高度应距分仓墙顶面 100mm,如图 10-25 所示;过水孔应设在仓墙底部,排水管应与水落管连通,如图 10-26 所示。

3)种植屋面上的种植介质四周应设挡墙;挡墙下部应设泄水孔,如图 10-27 所示。

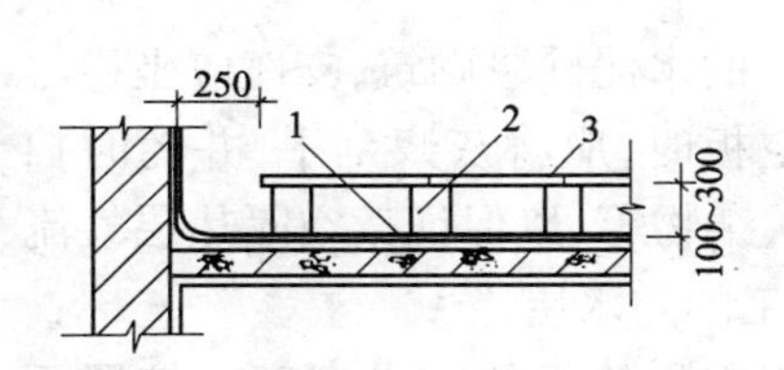

图 10-24 架空隔热屋面构造

1—防水层;2—支架;3—架空板

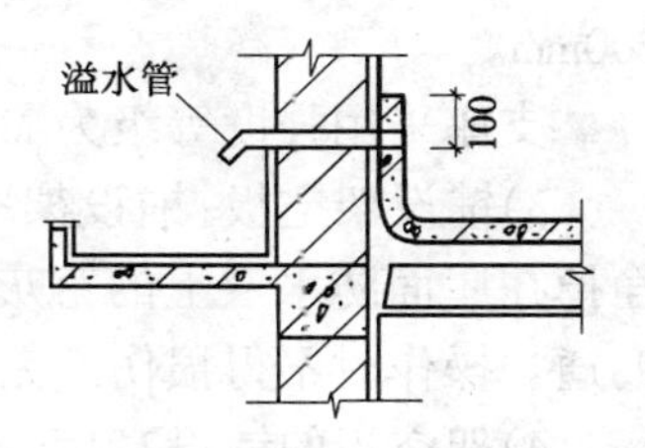

图 10-25 溢水口构造

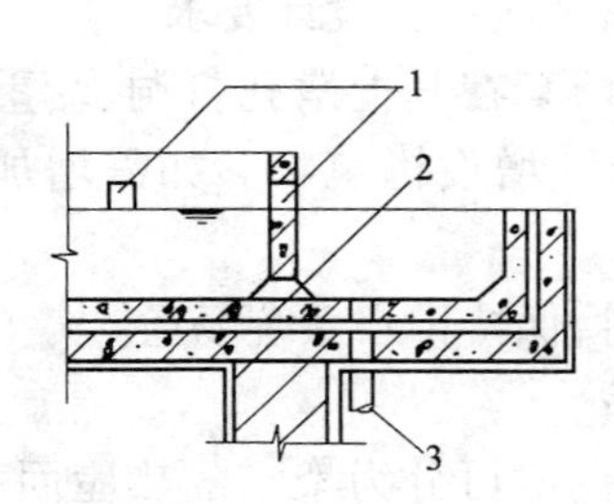

图 10-26　排水管、过水孔构造
1—溢水口；2—过水孔；3—排水管

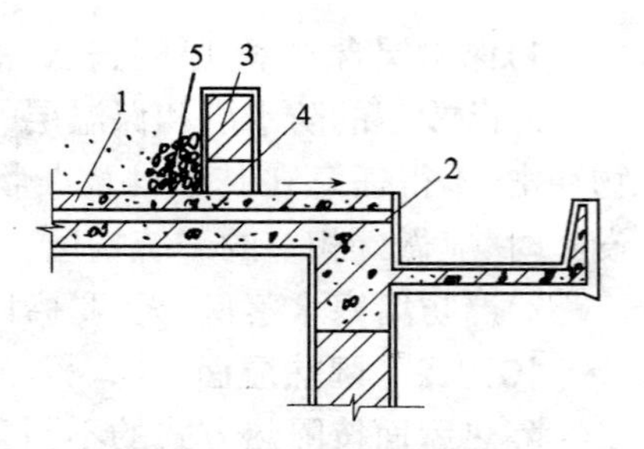

图 10-27　种植屋面构造
1—细石混凝土防水层；
2—密封材料；3—砖砌挡墙；
4—泄水孔；5—种植介质

(2)架空隔热屋面施工要点

架空隔热屋面是在屋面上支撑架空板，在烈日与屋面之间形成一道通风的隔热层，从而使屋面表温得到降低。

架空隔热屋面的坡度不宜大于5%。

1)架空隔热层施工对基层的要求：架空隔热层施工前，应先将屋面清扫干净，并根据架空板的尺寸，弹出支座中线。

2)支座底部防水层加强处理：支座底部的卷材或涂膜柔性防水层承受支座的重压，易遭损坏，所以应在支座部位用附加防水层作加强处理，加强的宽度应大于支座底面边线150~200mm。

支座采用强度等级为M5的水泥砂浆砌筑，支座应坐稳。

3)铺设架空板：铺设架空板时，应将灰浆刮平，并随时扫净掉在屋面防水层上的落灰、杂物等，以保证架空隔热层气流畅通。操作时不得损伤已完工的防水层。

4)架空板的铺设高度：架空隔热板的铺设高度应按屋面宽度或坡度大小的变化来确定。一般在100~300mm之间进行调整。

5)架空板与女儿墙之间的距离:架空板与四周女儿墙之间的距离不宜少于250mm。

6)架空隔热屋面通风道的设置:通风道的设置,应根据当地炎热季节最大频率风向(主导风向)的走向,宜将进风口设置在正压区,出风口设置在负压区。当屋面宽度大于10m时,应设通风屋脊。

7)架空板的铺设要求:架空板铺设应平整、稳固、缝隙宜用水泥砂浆、混合砂浆嵌填,并按设计要求留变形缝。

8)雨天、雪天、大风天气不得施工。

9)卷材、涂膜外露防水层极易损坏,施工人员应穿软底鞋在防水层上操作,施工机具和建筑材料应轻拿轻放,严禁在防水层上拖动,不得损伤已完工的防水层。

2. 施工质量检查

(1)材料质量检查

隔热材料抽检数量应按使用的数量来确定,同一批材料至少抽检一次。

(2)隔热屋面的施工质量

1)架空隔热屋面的架空板不得有断裂、缺损、架设应平稳,相邻两块板的高低偏差不应大于3mm,架空层应通风良好,不得堵塞。

2)蓄水屋面、种植屋面的溢水口、过水孔、排水管、泄水孔应符合设计要求。施工结束后,应作蓄水24h检验。

3)蓄水屋面应定期清理杂物,严防干涸。

11 建筑电气工程

建筑电气工程是建设工程中一个比较重要的组成部分，它由配管、穿线、电箱、灯具和防雷等分项工程组成，它与人们的日常生活密切相关，尤其在民用住宅工程更为突出。因此抓好建筑电气工程在施工过程中的质量，对安全，正常用电非常重要。本章着重阐明建筑电气工程常见的一些规定，施工方法和质量控制。

11.1 配电柜(箱)安装工程

11.1.1 一般规定

1. 成套配电柜和动力照明配电箱安装应按以下程序进行：

(1)埋设的基础型钢和柜下的电缆沟等相关建筑物检查合格，才能安装配电柜。

(2)内外落地动力配电箱的基础验收合格，且对埋入基础的电线导管、电缆导管进行检查，符合施工图纸要求，才能安装箱体。

(3)明装的动力、照明配电箱的预埋件(建层埋件，螺栓)，在抹灰前预留和预埋；暗装的动力、照明配电箱的预留孔位置正确，动力、照明配线的线盒及电线导管敷设到位，才能安装配电箱。

2. 成套配电柜，配电箱、金属框架及基础型钢必须接地(PE)和接零(PEN)可靠，装有电器的可开启门，门和框架的接地端子间，应用裸编织铜线连接。框架之间与基础型钢之间应用镀锌螺栓连接，且防松零件齐全。

3. 成套配电柜、配电箱应有可靠的电击保护。柜内保护导体应为裸露的连接外部保护导体的端子，当设计无要求时，柜内保护导体最小截面积 Sp 不应小于表 11-1 的规定。

保护导体的截面积　　　　表 11-1

相线的截面积 S(mm²)	相应保护导体的最小截面积 Sp(mm²)
$S \leqslant 16$	S
$16 < S \leqslant 35$	16
$35 < S \leqslant 400$	$S/2$
$400 < S \leqslant 800$	200
$S > 800$	$S/4$

注：S 指柜(箱)电源进线相线截面积，且两者(S、Sp)材质相同

4. 手车，抽出式成套电柜推拉应灵活，无卡阻碰撞现象。动触头与静触头的中心线应一致，且触头接触紧密，投入时接地触头先于主触头接触；退出时接地触头后于主触头脱开。

5. 低压成套配电柜交接试验，应符合下列要求：

(1)每路配电开关及保护装置的规格，型号应符合设计要求；

(2)相间和相对地间的绝缘电阻值应大于 0.5MΩ；

(3)电气装置的交流工频耐压试验电压为 1kV，当绝缘电阻大于 10MΩ 时，可采用 2500V 兆欧表摇测替代，试验持续时间 1min，无击穿闪络现象。

配电柜配电箱线间的绝缘和二次回路交流工频耐压试验，前者其线与线，线与地和馈电线路，绝缘电阻测试值必须大于 0.5MΩ，后者二次回路必须大于 1MΩ。二次回路交流工频耐压试验，当绝缘电阻大于 10MΩ 时，可采用 2500V 兆欧表摇测 1min，应无击穿闪络现象，当绝缘电阻在 1～10MΩ 时，做

1000V 交流工频耐压试验，时间 1min，无击穿闪络现象。

6. 照明配电箱安装应符合下列要求：

(1)箱内配线、接线整齐，导线无绞接现象，回路编号齐全，标识正确。

(2)箱内开关动作灵活可靠，带有漏电保护的回路，漏电保护装置动作电流不大于 30mA，动作时间不大于 0.1s。

(3)照明箱内分别设置零线（N）和保护地线（PE）汇流排，零线和保护地线经汇流排配出。

(4)箱应安装牢固，位置正确，门开启方便。箱内部件齐全，箱体开孔与导管管径适配，暗装配电箱箱盖紧贴墙面，箱涂层完整。

(5)箱不采用可燃材料制作。

(6)箱底边距地面为 1.5m，照明配电板底边距地面不小于 1.8m。

7. 基础型钢制作安装基本要求应符合表 11-2 的规定。

基础型钢安装允许偏差　　　　表 11-2

项　　目	允　许　偏　差	
	(mm/m)	(mm/全长)
不直度	1	5
水平度	1	5
不平行度	/	5

8. 配电柜、配电箱安装基本要求，应符合表 11-3 的规定。

配电柜、配电箱安装允许偏差　　　　表 11-3

项　　目	允　许　偏　差　(mm)	
垂直度	1000	1.5
相互间接缝	全长	≤2
成列盘面	全长	≤5

9. 配电柜配电箱间的配线，电流回路应采用额定电压不低于750V，芯线截面积不小于2.5mm^{2}的铜芯绝缘电线或电缆，除电子元件或类似回路外，其他回路的电线应采用额定电压不低于750V，芯线截面不小于1.5mm^{2}的铜芯绝缘电线或电缆。

二次回路连线应成束绑扎，不同电压等级，交流直流线路及计算机线路应分别绑扎，且有标识。

11.1.2 施工及质量控制

1. 配电间的电器设备安装，应在土建装饰完成后进行。在配电间土建施工前，电气安装施工人员对施工图纸应该有一个基本的了解和掌握，在土建整个施工过程中，应积极配合做好预埋等配合工作。电柜安装之前的注意事项：

(1)复核土建施工图，对柜下的沟槽宽和深校对一次。

(2)根据电气施工图，预埋输入和输出电源的电线导管和电缆导管及接地扁钢。

(3)对于电线和电缆导管的外露端部，应焊接地螺栓。

(4)对于穿越基础的导管，预埋防水钢性套管，防止墙面出现渗水现象。

(5)复核预埋的导管和扁钢敷设部位，检查是否正确，是否与柜一一对应。

(6)对于电缆导管，要求做到其管端部两侧应成喇叭口。另外电柜就位固定前，建筑物的屋顶、楼板、墙面、室内地坪、地沟、地槽应施工完毕。

明暗装动力、照明配电箱安装的注意事项：

(1)明装电箱设置在混凝土墙面上，应采用金属膨胀螺栓固定，设置在砖墙面上的应采用开脚螺栓固定，开脚螺栓应采用1:2水泥砂浆嵌塞。

(2)电箱安装应在墙面粉刷完毕后进行,且不同大小的箱,其底部标高应保持一致。

(3)明装电箱配管采用明敷设时,电箱的开孔大小匹配、排列正确、间距一致,同一直线;配管距墙面的间距,应满足已确定的配管固定配件的要求。

(4)明装电箱采用暗配管,其配管接线盒应在箱底部内侧。

(5)当配电箱暗敷时,其墙面留孔尺寸应及时反馈给土建,垂直方向留孔适当长一些,如箱采用底部配管的,箱的下部留的空间适当长一些,反之上部配管的,箱的上部空间同样适当留的长一些,这主要是为了便于电线导管的连接。

2. 配电柜在固定安装前,先应加工制作柜底部的基础型钢。基础型钢一般应采用 10 号槽钢,在下料制作前,基础型钢的不直度如超标应予以校正;并根据配电柜的设计尺寸和数量,方可切割下料。基础型钢在加工时,槽面应向内侧。采用内外侧电焊连接,内侧应及时清除焊渣,外侧需打磨,以不突出槽外侧平面为合格要求。基础型钢加工完毕后,应及时除锈防腐,并与柜底部框架上的 4 个孔的尺寸相对应,在基础型钢上部钻孔,用于柜和基础型钢的螺栓连接。基础型钢下部,相对称的钻四个孔用于与地面的固定。另外,基础型钢内侧下部,应焊接地螺栓。配电柜、配电箱的金属框架,基础型钢和装有电器可开启的门,都应接地,导线应从配电柜、配电箱内接地(PE)汇流排接出,采用裸编织铜线连接。反之门上无电器的可不作接地。配电柜与基础型钢连接应紧密,不应有间隙,如需调整,垫铁应在基础型钢下部。配电柜与基础型钢应采用镀锌螺栓连接,螺栓应从下往上穿,且防松垫圈等零件齐全。

3. 为防止成套配电柜、配电箱意外遭到电击时,因保护导体截面过小,不能承受流过的接地故障电流而危及到人身安全,故保护导体的截面非常重要。在目前工程中,连接配电柜、配电箱本体的这根保护导体基本上由安装人员连接,而这根保护导体的截面设计施工图上是不反应出来的,因而往往不被重视。目前较多柜箱内这根保护导体不能达到规范规定。同时,根据规范要求,保护导体截面确定,同样适用于供电系统各级的 PE 线导体截面选用。因此当设计无要求时,PE 线导体截面应满足达到,当相线截面为 16mm^2 及以下时,PE 保护导体截面应和相线截面相同;当相线截面为 25 ~ 35mm^2 时,PE 保护导体截面为 16mm^2;当相线截面为 50mm^2 及其以上时,PE 保护导体截面应为相线截面的一半。在图纸会审时,要注意这根保护导体截面,如保护导体截面不能满足规范要求,应及早通过设计认可进行调整,并注意导管直径的变化,合理解决,避免出现材料的浪费。

4. 为了保证手车、抽屉式成套配电柜推拉灵活,无卡阻、碰撞现象出现,保证配电柜的功能和检查,因此必须做到:

(1)配电柜从生产制造至施工现场安装就位固定,柜体不能出现有变形;配电柜在储藏、装卸、运输、搬运和安装过程中,对产品应进行保护。

(2)电柜与基础型钢紧密连接,柜体垂直平面和基础型钢均处于水平状态。

(3)对电柜复测;对手车、抽屉进行水平检测;对配电柜内触点处的检查:特别是投入时接地触头先于主触头接触,退出时接地触头后于主触头脱开。以及检查触点处是否紧密,如有问题,需进行调整。

5. 低压部分的交接试验,主要是绝缘检测,分为线路与装置两个单元。

(1)对于线路,采用500V兆欧表进行相间和相地间绝缘电阻检测,凡检测结果电阻值大于0.5MΩ为合格。

(2)电气装置交流工频耐压试验是根据绝缘测试结果来选择,一般采用电源升至1000V方法和用2.5kV的兆欧表方法进行试验。当绝缘电阻值在1~10MΩ时,用1kV做工频耐压试验,当绝缘电阻大于10MΩ时,用2.5kV的兆欧表进行检测,持续时间1min,无击穿现象为合格。

6. 配电箱安装

(1)照明配电箱的配线方法。

怎样合理的布置,将有助于提高工效,保证质量和节省材料。因此配线要根据不同建筑物,不同功能与类型进行合理调整与布置,其主要有以下几种:

1)输入和输出同为配电箱上部配置,它主要适合于有吊顶的,采用桥架敷设,墙面设置照明箱的如写字楼,高档装潢的办公室,高级公寓和选用立式水泵的泵房间等。

2)输入为配电箱上部,输出为配电箱下部配置,它主要适合于普通学校这一类的建筑物和选用卧式水泵的泵房间等。

3)输入和输出同为配电箱下部配置,它主要适合于民用住宅中的弱电系统。

4)输入为配电箱下部、输出为配电箱上部配置,它主要适合于民用住宅工程中配电表箱至照明箱的电源采用沿地敷设的照明系统。

配电箱内的布线应平直,无绞接现象。在布线前,先要理顺在放线过程中导线出现的扭转,然后按回路对每组导线用尼龙扎带等距离进行绑扎。输入和输出的导线应适当留有一定的长度。单一电源或双电源进箱,导线均应沿箱内侧左右两角敷设，各型号开关的配线，其导线端部绝缘层不应剥得过长防止导线插入开关接线孔后，仍有裸铜芯外露。另外配电箱内不论电源有多少回路，导线不应交叉担成一团，应平行整理，按开关排列，分间距进行包扎。

配电箱配线的注意事项：

1)核对图纸检查箱内配件在数量、规格、型号等方面是否符合图纸设计要求。

2)配电箱内开关排列与导线色标排列是否一致。

3)检查配电箱内零线(N)和保护接地线(PE)汇流排的接线端子数量是否满足零线(N)和保护接地线(PE)输出输入和本体接线的要求。

4)根据图纸，在空气开关下部标注各回路的编号。

(2)照明配电箱内，各种开关应启闭灵活，开关的接线桩头导线应固定牢固，防止松动，造成接触电阻增加，温度升高，使开关烧坏。对漏电保护开关，应用专用仪器进行检测，其动作电流不能大于30mA，动作时间不大于0.1s。

(3)配电箱内应分别设置零线(N)和保护地线(PE)汇流排，所有输入和输出的零线(N)和保护地线(PE)必须通过汇流排。汇流排每个接线端只能接二根导线且导线之间应有平垫片隔开，平垫片两侧导线截面应相同，导线固定防松垫圈等零件齐全。

(4)配电箱安装固定前，应结合施工图和现场配电间的面积条件进行必要的排布，特别是对于面积较小的配电间排布与调整尤为重要。排布时要考虑操作方便，布线顺序，门开启能成90°，同时，对桥架、线槽、配管进行同步适当调整，使配电间电箱更趋向于设置合理。箱体开孔的直径要根据配管口径而定，不宜过大，开孔时孔与管应相匹配，孔距应一致，且孔中心成一直线。暗装配电箱，其底箱安装应在墙面塌饼已做方能进行,底箱不应突出塌饼,防止出现箱面板突出粉层表面。

(5)配电箱不应用塑料板等燃烧材料制作,通常应采用薄壁钢板制成。

(6)配电箱安装高度应以箱底边为准,其安装高度为光地坪至箱底1.5m。照明配电板,可选用胶木板,玻璃丝板等阻燃材料,选用木板应涂二度防火漆,安装高度应为板底距光地坪不小于1.8m。

7. 基础型钢制作时应控制槽钢四边平面的水平。一般应先点焊、测量、校正,然后进行焊接,焊接时注意槽钢的变形,其水平高度偏差控制在每米不大于1mm,全长偏差不大于5mm,二边不平行度偏差全长不大于5mm。当地坪不平时,型钢面水平度达不到要求应用垫铁衬垫在基础型钢下部。当平行度达不到要求时,应切割重新焊接。基础型钢一般采用金属膨胀螺栓固定,当配电柜设在机房或潮湿场合基础型钢需抬高时,下部应浇混凝土。

8. 配电柜、配电箱安装前,需先对已固定的基础型钢进行水平度检查,如超过允许偏差范围,应进行调整。柜、箱与基础型钢之间周边大小匹配,连接平整牢固,之间无衬垫。其垂直度偏差每米不得大于1.5mm,柜与柜之间接缝间隙全长不得大于2mm,成列盘面偏差全长不得大于5mm。

9. 配电柜、配电箱内部接线由制造商完成,但柜箱间电气配件的电流回路,配线和工程项目因功能变化而调整、增加等,会造成施工现场对柜箱内电气配件进行修改或增加以及线路调整。因此对这部分导线的选用有规定:对于柜箱间电气配件的电流回路配线,应采用额定电压不低于750V芯线,截面积不小于2.5mm^{2}的铜芯绝缘电线或电缆。对于柜箱间电气配件连线,采用额定电压不低于750V芯线截面积不小于

1.5mm^2 的铜芯绝缘电线或电缆。在配线中要注意导线使用是否正确,容易混淆的是工程中照明线一般是选用额定电压不低于 500V 的绝缘线。

二次回路的不同电压等级,交流、直流线路及计算机控制线路在布线时,应将导线色标予以区别,并根据不同功能对导线成束绑扎。

11.2　裸母线,封闭母线,插接式母线安装

11.2.1　一般规定

1. 绝缘子的底座,套管的法兰,保护网(罩)及母线支架等可接近裸露导体应接地(PE)或接零(PEN)可靠。不应作为接地(PE)或接零(PEN)的接续导体。

2. 母线与母线或母线与电器接线端子,当采用螺栓搭接连接,以及搭接面处理时,应符合下列要求:

(1)母线的各类搭接连接的钻孔直径和搭接长度及用力矩扳手拧紧钢制连接螺栓的力矩值应符合规范规定。

(2)母线接触面保持清洁,涂电力复合酯,螺栓孔周边无毛刺。

(3)连接螺栓两侧有平垫圈,相邻垫圈间有大于 3mm 的间隙,螺母侧装有弹簧垫圈或锁紧螺母。

(4)螺栓受力均匀,不使电器的接线端子受额外应力。

(5)母线与母线,母线与电器接线端子搭接,搭接面的处理应按下列要求进行:

1)铜与铜:室外、高温且潮湿的室内,搭接面搪锡;干燥的室内不搪锡;

2)铝与铝:搭接面不做涂层处理;

3)钢与钢:搭接面搪锡或镀锌;

4)铜与铝:在干燥的室内,铜导体搭接面搪锡;在潮湿场所,铜导体搭接面搪锡,且采用铜铝过渡板与铝导体连接;

5)钢与铜或铝:钢搭接面搪锡。

3. 封闭、插接式母线安装应符合下列要求:

(1)母线与外壳同心,允许偏差为 ±5mm。

(2)当段与段连接时,两相邻段母线及外壳对准,连接后不使母线及外壳受额外应力。

(3)母线的连接方法符合产品技术文件要求。

(4)母线的固定位置应正确,外壳与底座间,外壳各连接部位和母线的连接螺栓应按产品技术文件要求选择正确,连接紧固。

4. 母线的支架与预埋铁件采用焊接固定时,焊接应饱满;采用膨胀螺栓固定时,选用螺栓应适配,连接应牢固。

5. 线的相序排列及涂色:当设计无要求时应符合下列要求:

(1)上下布置的交流母线,由上至下排列为 A、B、C 相;直流母线正极在上,负极在下;

(2)水平布置的交流母线,由盘后向盘前排列 A、B、C 相,直流母线正极在上,负极在下;

(3)面对引下线的交流母线,由左至右排列为 A、B、C 相,直流母线正极在左,负极在右;

(4)母线的涂色:交流,A 相黄色,B 相绿色,C 相红色;直流,正极为赭色,负极为蓝色;在连接处或支持件边缘两侧 10mm 以内不涂色。

11.2.2 施工与质量控制

1. 绝缘子底座一般采用型钢制作成龙门支(吊)架,加工时,每付支(吊)架应大小一致,固定绝缘子的圆孔直径应与绝缘子螺杆直径相匹配。支(吊)架安装在混凝土上一般采用膨胀螺栓固定;安装在砖墙上,支架二边脚头端部开叉,用水泥、石子填嵌固定,安装固定时,其支架面与孔成直线。支架旁侧应钻 ϕ13mm 孔,用于与接地(PE)或(PEN)扁钢连接,连接的螺栓应为 M12,紧密固定时防松垫圈等零件应齐全。金属套管在预埋时,应用扁钢(钢筋)进行接地跨接,并将扁钢(钢筋)终端裸露在外,用于与接地(PE)或(PEN)干线连接。保护网罩应根据网罩片数,单片的直接与接地干线连接,多片的应进行跨接,并与接地干线连接。母线支架旁侧应设接地干线,支架与接地干线宜采用扁钢连接。绝缘子底座,套管、保护罩(网),母线支架,均应与接地支线并联接地连接。

2. 母线搭接的注意事项:

(1)为保证母线与母线连接的导电性能良好,搭接面处污垢(油腻)的含量和搭接的紧密程度是关键。前者造成导电不良,后者造成电阻增加,因此在搭接时,其接触面部分必须清除污垢(油腻),亦可采用汽油、酒精等挥发剂涂擦。接触面干燥后涂电力复合酯。母线与母线的搭接一定要紧密,不能有缝隙产生。母线的螺栓孔严禁气割开孔,应采用机械钻孔,孔的直径比螺栓直径大 1mm,母线钻孔后应及时清除反面的毛刺。

(2)母线搭接处连接螺栓上的两侧应有平垫圈,不准螺母伤害母体,垫圈不应选用宽边,且垫圈与垫圈之间应有大于 3mm 的间隙。螺母侧应有防松件,或采用锁紧螺母。同时还应注意螺栓长度,螺母拧紧后突出螺母长度,不应大于螺杆直径的 1/2。

(3)母线与电器的接线端子连接,当螺栓拧紧时受力应均匀,防止螺栓因拧紧产生的旋转应力作用在接线端子上。

(4)为防止母线在潮湿,高温及空气中有悬浮颗粒较多场合,与不同材质母线连接的搭接处产生电化腐蚀,故在母线组对搭接时,应对母线的端部进行搪锡。母线搪锡表面应平整光滑,不应出现高低起伏及微小颗粒，搪锡的长度应大于搭接面的长度。

3．母线的安装形式分为垂直式，悬吊式，侧装式三种。母线每间隔1.5m需设一支架，支架应牢固。垂直安装用弹性支承架，其作用是固定母线并承受每层楼母线的重量。另外膨胀节安装时应注意，当连接完毕后，应松开箱体左右两侧长槽孔内的螺栓。

为保证母线正常安全输送电源，保持带电导体与非带电物体或不同相带电导体间的空间最近距离，这样可以避免和防止因各种原因引起的过电压而发生的击穿现象，诱发短路事故。因此规定了母线安装距其他导体，物体的最小间距，也是在母线排版布线时首要考虑的问题，并在施工过程中予以控制。下面是母线安装施工前的准备：

(1)配合土建在结构浇捣混凝土时，及时预留洞口，且洞口尺寸与坐标正确。

(2)上下拉线，检查预留洞坐标是否发生偏移，如存在，应予以修正。

(3)根据垂直线对支架进行安装，在就位固定前，复测支架上下是否平齐，上口是否平整达到要求，支架应固定牢固。

(4)在支架上找出母线的横、直中心线。

(5)母线按横、直中心线进行安装固定。依这个步骤施工，母线的垂直度必将得到有效的控制。

4．母线支架安装，一般均采用金属膨胀螺栓固定，采用预埋铁件焊接的很少见着。母线落地支架一般采用ϕ10mm膨胀螺栓固定，墙面支架一般采用ϕ12mm膨胀螺栓固定。支架固定采用焊接的，其型钢与预埋铁件应满焊，焊缝饱满，焊渣及时清除。

5．母线的相序排列与色标在工程中基本上是与规范相符的，因为母线主要设置在变电所、配电间等电器设备用房，这些设备上设有接线的标志，一般情况下是不会接错的。母线和导线的相序排列与色标的要求相同(表 11-4),两者之间导线较容易出现这方面的问题,在此涉及相序与色标时,为方便掌握,在这里顺便指出,常见有错的主要在配电柜、配电箱和分户箱内,而且集中在输出电源线上。其原因有:一是施工图上未注明。二是施工图上已标明导线的相序,但施工人员未根据图上要求,而是擅自错接。三是施工过程中的电源变更调整,未重新按相序的程序接线排布。四是施工技术员未通知材料部门,明确不同色标导线采购的数量。五是施工技术员未向班组交底清楚,自己又缺乏检查等。因此要控制导线的相序与色标,除了需解决上述五个原因外,更主要的是提高管理能力,提高检查力度。对于相序只要按交流电源 A、B、C,直流电源 N、S,交流电源导线色标黄、绿、红,直流电源正极赭色,负极蓝色。牢记十二个字"从上到下,从里到外,从左到右",就能保证导线敷设正确,达到规范要求。母线在涂色时,宜在连接处支持件边缘两侧 10mm 内,先用粘纸粘贴,随后涂色,涂色完毕,应撕去粘纸,这样能保证涂色端部平直,提高感观质量。

母线、导线的相位(代号)与色标　　表 11-4

色标 相位代号 性质	相位(代号)	颜色
交流	A	黄
	B	绿
	C	红
直流	N	赭
	S	蓝
零线	N	浅蓝
接地接零	PE	黄绿双色

11.3 电缆桥架安装和桥架内电缆敷设

11.3.1 一般规定

1. 电缆桥架接地

(1)金属电缆桥架及其支架和引入或引出的金属电缆导管必须接地(PE)或接零(PEN)可靠。

(2)金属电缆桥架及其支架全长应不少于2处与接地(PE)或接零(PEN)干线相连接。

(3)非镀锌电缆桥架间连接板的两端跨接铜芯接地线，接地线最小允许截面面积不小于$4mm^2$。

(4)镀锌电缆桥架间连接板的两端不跨接接地线，但连接板两端不少于2个有防松螺帽或防松垫圈的连接固定螺栓。

2. 电缆桥架安装

(1)直线段钢制电缆桥架长度超过30m、铝合金或玻璃钢制电缆桥架长度超过15m应设有伸缩节；电缆桥架跨越建筑物变形缝处应设置补偿装置。

(2)电缆桥架转弯处的弯曲半径，不小于桥架内电缆最小允许弯曲半径，电缆最小允许弯曲半径应符合表11-5的规定。

电缆最小允许弯曲半径　　表11-5

序号	电缆种类	最小允许弯曲半径
1	无铅包钢铠护套的橡皮绝缘电力电缆	10D
2	有钢铠护套的橡皮绝缘电力电缆	20D
3	聚氯乙烯绝缘电力电缆	10D
4	交联聚氯乙烯绝缘电力电缆	15D
5	多芯控制电缆	10D

注：D为电缆外径。

(3)当设计无要求时，电缆桥架水平安装的支架间距为1.5～3.0m；垂直安装的支架间距不大于2m。

(4)桥架与支架间螺栓，桥架连接板螺栓固定紧固无遗漏，螺母位于桥架外侧；当铝合金桥架与钢支架固定时，有相互间绝缘的防电化腐蚀措施。

(5)电缆桥架敷设在易燃易爆气体管道和热力管道下方，当设计无要求时，与管道的最小净距，应符合表11-6的规定。

桥架与管道的最小净距(m)　　表11-6

管道类别		平行净距	交叉净距
一般工艺管道		0.4	0.3
易燃易爆气体管道		0.5	0.5
热力管道	有保温层	0.5	0.3
	无保温层	1.0	0.5

(6)敷设在竖井内和穿越不同防火区的桥架，按设计要求位置，有防火隔堵措施。

(7)支架与预埋件焊接固定时，焊缝饱满；膨胀螺栓固定时，选用螺栓适配，连接牢固，防松零件齐全。

3．电缆桥架内敷设

(1)电缆敷设严禁有绞拧、铠装压扁、护层断裂和表面严重划伤等缺陷。

(2)桥架内电缆敷设应符合下列规定：

1)大于45°倾斜敷设的电缆每隔2m处设固定点。

2)电缆出入电缆沟、竖井、建筑物、柜(盘)、台处以及管子、管口处等做密封处理。

3)电缆敷设排列整齐，水平敷设的电缆，首尾两端，转弯两侧及每隔5～10m处设固定点，敷设于垂直桥架内的电缆固

定点间距,应不大于表11-7的规定

电缆固定点的间距(mm)　　　　表11-7

电　缆　种　类		固定点的间距
电力电缆	全塑型	1000
	除全塑型外的电缆	1500
控制电缆		1000

(3)电缆的首端,末端和分支处,应设标志牌。

11.3.2　施工及质量控制

1. 电缆桥架和导管的接地

(1)建筑电气安装工程中,供电系统干线基本是采用电缆输送电源,而电缆敷设一般均选用金属导管和金属桥架。(不包括电缆室外±0.00以下埋设);为了保证供电干线电路安全正常的输送电源,以及保护人们的生命安全,因此必须对金属电缆桥架和金属电缆导管进行接地(PE)或接零(PEN)。金属桥架在接地时,应考虑他的防腐涂层。目前常见的涂层有两大种类,一种是喷涂,一种是镀锌,我们在检查时应该注意。另外金属电缆导管在工程中一般常用在配电间电源的输入、输出,以及工程中桥架至设备,桥架至配电箱等电源线上。敷设在配电间金属导管一般是采用埋地预埋,其管口应突出地沟侧面或突出地坪,要注意的是,在穿电缆前,管子的端部应焊接地螺栓,便于导线与接地主干线连接。其他部位电缆选用导管敷设方法的,用黑铁管的同样在穿电缆前,在其端部焊一个接地螺栓,用镀锌钢管的,采用接地卡进行导线接地跨接。

(2)金属电缆桥架的两个端部,应与接地(PE)或接零(PEN)干线连接,当桥架过长时,在30~50m之间宜增加接地(PE)或接零(PEN)点。桥架应钻ϕ11孔,用ϕ10镀锌螺栓,且螺栓上防松垫圈齐全。桥架的支架宜镀锌,当选用镀锌桥架,桥架可直接与支架连接,支架不必再作接地。当选用非镀锌桥架,支架应接地。

(3)当采用喷涂桥架时,桥架与桥架应进行接地跨接,接地螺栓应从内向外穿,接触点处的涂层应铲除,或选用爪型垫圈,防松垫圈等零件齐全,以保证接触良好。跨接线选用 $4mm^2$ 及以上的裸编织铜线或多股软线,且导线的端部应搪锡。

(4)采用镀锌电缆桥架,每组连接板两端应不少于 2 个有防松螺帽或防松垫圈的连接固定螺栓。应注意的是防松垫圈不能用未镀锌零件。以及当桥架内底部全线敷设一根镀锌扁钢制成的接地或接零,且与每段桥架固定连接的,上述(2)、(3)点不作要求。

.2. 电缆桥架安装的要求

(1)电缆桥架过长需设置伸缩节,跨越建筑物变形缝需补偿,伸缩与补偿主要有两种形式,一种为水平自由移动,一种为上下自由移动。水平自由移动,桥架与连接板开横向长腰子孔;上下自由移动,桥架与连接板开竖向长腰子孔。螺栓不应固定过紧,应有微隙。

(2)桥架在加工定制前,应先确定电缆的型号,因为不同电缆的最小允许弯曲半径不同。电缆 90°弯曲半径与直角桥架内侧 45°的斜边的长短相关。因此在制作时要注意这点,并在安装前进行复测。

(3)桥架支架安装前,先要确定其敷设线路,然后用尺进行距离测量,支架在允许范围内设置的间距,主要是根据桥架内电缆的重量,采用等分平均设置。支架固定要注意的是:一在同一直线上首先应安装首尾两个支架,这两个支架坐标一定要正确,然后拉直线作其余支架安装的基准线,二支架安装型钢方向应保持一致,三支架应横平竖直,高低一致。

(4)支架在制作时,底部应钻 $\phi11$ 孔。当桥架设置在支架上,桥架的两边与支架的间距相等时,依支架孔在桥架上钻另孔,然后用螺栓紧密固定。桥架与支架固定的螺栓,均应内向外穿,螺母应放在外部。当桥架采用铝合金时,桥架与支架之间应有绝缘层。

(5)当某建筑物内安装工程同时存在桥架、助燃气体管道和蒸汽管道等,桥架必须安装在下方,假如桥架在管道上部,其他管道发生泄漏时,其将浸没在气体分子中,这样就相当危险。为了确保电缆运行安全,防止事故发生,国家规范作了明确规定。为了保证达到规定,在工程总体施工前,应对施工图纸进行深化,协调,对各类管线进行排版,找出最佳布线方案,使桥架与助燃气体管道、蒸汽管道的间距达到规范最小规定。

(6)根据国家高层建筑防火规范要求,凡建筑物高于100m。竖井内的空洞每层应有防火隔堵,当建筑物低于100m,竖井内空洞每隔二三层,应有防火隔堵。当桥架穿越不同防火区时;应同样有防火隔堵。

(7)桥架支架的安装,工程中常见是采用金属膨胀螺栓,采用预埋件电焊的很少,因为预埋件坐标,埋设的深度都比较难以控制,对于成批制作的支架,而且需要支架保持统一直线,确实有一定难度。因此,目前工程中基本上全部是采用金属膨胀螺栓固定。金属膨胀螺栓规格的选择,主要是根据桥架电缆大小而定,一般在 $\phi10\sim\phi14$mm 之间。采用金属膨胀螺栓固定,其防松零件应齐全,桥架安装是否牢固,关键是膨胀螺栓施打的重量,这是检查重点。

3. 电缆桥架内敷设

(1)电缆敷设时,电缆应从盘的上端引出,在电缆盘托起之前,注意盘的方向是否正确。电缆从盘上端引出,可以避免出现电缆在地面摩擦拖拉。电缆一定要顺着电缆盘,慢慢放送,要特别注意的是前后协调,不要出现因前慢后快,造成电缆在地面上形成多个电缆圈,这样很容易造成电缆绞拧。铠装电缆是电缆系列中保护层最好的一种,往往保护不被重视,如工地上的施工车辆,石块、铁管、工具等压在电缆上面或从上面通过,有可能压扁钢带,造成护层断裂,从而伤及电缆芯,引发事故产生。另外,电缆在敷设前,应把电缆所经过的通道进行一次检查,清除地坪上的铁板、钉子、金属废料,地沟内,沟底应铲平不留有突出的硬质尖物以及割除沟边露出的钢筋。这些东西不清除,容易造成电缆表面划伤。因此在电缆敷设前,这项检查工作很有必要。

(2)除梯形桥架外,当电缆敷设在托盘式桥架和槽式桥架内,桥架在加工制作时,应根据要求,按水平、斜向和垂直的不同,在桥架内设置固定电缆的横担。工程技术人员事先应查看施工图纸和现场桥架走向,确定各段桥架内固定电缆横担的尺寸,提供给桥架生产部门。

(3)电缆在桥架内敷设应排列整齐,电缆水平敷设时,首尾两端,转弯两侧及每隔 5~10m 设固定点,大于 45°倾斜时电缆每隔 2m 处设固定点,垂直敷设时,塑型电缆、控制电缆固定点间距为 1000mm,其他电缆固定点间距为 1500mm。

(4)电缆穿入保护管后,应对管口进行封闭,先将油麻拧紧成麻丝状,打入管口内,然后浇灌沥青或环氧树脂,上口不应低于管口。

(5)电缆从总配电间电柜下部输出,至分配电间输入,以及中间分支输出,均应按每条线路设标志牌,便于电缆在运行中的巡视检查和维护检修。

11.4 电线导管、电缆导管和线槽敷设

11.4.1 一般规定

1. 金属导管

(1)金属的导管必须接地(PE)或接零(PEN)。

(2)镀锌的钢导管,当采用螺纹连接时,不得熔焊钢筋跨接接地线,两端应用专用接地卡跨接,两卡间连线为铜芯软导线,截面积不小于 $4mm^2$。

(3)非镀锌钢导管采用螺纹连接时,连接处的两端应焊跨接接地线。

(4)金属导管严禁对口熔焊连接;镀锌和壁厚小于等于 2mm 的钢导管不得套管熔焊连接。

(5)室外埋地敷设的电线、电缆导管,埋深不应小于 0.7m。壁厚小于等于 2mm 的金属导管不应埋设于室外土壤内。

(6)室外导管的管口应设置在盒、箱内。在落地式配电箱内的管口、箱底无封板的,管口应高出基础面 50~80mm。所有管口在穿入电线、电缆后应做密封处理。由箱式变电所或落地式配电箱引向建筑物的导管,建筑物一侧的导管管口应设在建筑物内。

(7)电缆导管的弯曲半径不应小于电缆最小允许弯曲半径。

(8)金属导管内外壁应防腐处理;埋设于混凝土内的导管内壁应做防腐处理,外壁可不防腐处理。

(9)暗配的导管,埋设深度与建筑物,构筑物表面的距离

不应小于15mm,明配的导管应排列整齐,固定点间距均匀、安装牢固,在终端、弯头中点或柜台箱等边缘的距离150～500mm范围内设有管卡,中间直线段管卡的最大间距应符合表11-8的规定。

管卡间最大距离　　表11-8

敷设方式	导管种类	导管直径(mm)				
		15～20	25～32	32～40	50～65	65以上
		管卡间最大距离(m)				
支架或沿墙明敷	壁厚＞2mm刚性钢导管	1.5	2.0	2.5	2.5	2.5
	壁厚≤2mm刚性钢导管	1.0	1.5	2.0	—	—
	刚性绝缘导管	1.0	1.5	1.5	2.0	2.0

(10)防爆导管不应采用倒扣连接,当连接有困难时,应采用防爆活接头,其接合面应严密。

(11)防爆导管间及与灯具、开关、线盒等的螺纹连接处紧密牢固,除设计有特殊要求外,连接处不跨接接地线,在螺纹上涂以电力复合酯或导电性防锈酯。防爆导管应安装牢固、顺直,导管表面镀锌层锈蚀或剥落处需做防腐处理。

(12)金属导管在建筑物变形缝处,应设补偿装置。

2. 线槽敷设的规定

(1)金属线槽必须接地(PE)或接零(PEN)。

(2)金属线槽不作设备的接地导体,当设计无要求时,金属线槽全长不少于2处与接地(PE)或接零(PEN)干线连接。非镀锌金属线槽间连接板的两端跨接铜芯接地线,镀锌金属线槽间连接板的两端不跨接接地线,但连接板两端不少于2个有防松螺帽或防松垫圈的连接固定螺栓。

(3)线槽应安装牢固,无扭曲变形,紧固件的螺母应在线槽外侧。

3. 绝缘导管敷设的规定

(1)当绝缘导管在砌体剔槽埋设时,应采用强度等级不小于 M10 的水泥砂浆抹面保护,保护层厚度大于 15mm。

(2)管口平整光滑;管与管,管与盒(箱)等器件采用插入法连接时,连接处结合面涂专用胶合剂,接口牢固密封。

(3)直埋于地下或楼板内的刚性绝缘导管,在穿出地面或楼板易受机械损伤的一段,采取保护措施。

(4)当设计无要求时,埋设在墙内或混凝土内的绝缘导管,采用中型以上的导管。

4. 柔性导管敷设的规定

(1)柔性导管与电气设备、器具连接,柔性导管的长度在动力工程中不大于 0.8m,在照明工程中不大于 1.2m。

(2)柔性导管与刚性导管或电气设备,器具间的连接采用专用接头。

(3)金属柔性导管不能做接地(PE)或接零(PEN)的接续导体。

11.4.2 施工与质量控制

1. 金属导管

(1)在电气安装工程中,电源的金属导管比较容易接近电源裸露导体,为防止金属导管意外受到电击时,人们不慎触及,从而引发触电事故。因此人们必须对金属导管接地的重视,从导管的起端至末端,整条管线必须接地(PE)或接零(PEN),当电源的金属导管可能遭到电击时,能及时切断电源,保障整条线路的安全。因此,除对整条管线接地检查必须重视外,还必须特别注意对导管起端接地的检查。

(2)镀锌钢导管分厚壁和薄壁,当采用厚壁钢管时,必须用专用接地卡，跨接用 4mm^2 软线连接。软线的两端必须搪锡，连接点必须牢固，防松垫圈齐全。当采用薄壁钢管时除用专用接地卡跨接外，也可采用套接紧定式和扣压式。采用紧定式，紧定螺钉必须拧紧至断裂。采用扣压式，应用专用钳子，压接紧密，扣压二道。

(3)非镀锌钢导管采用螺纹连接时，导管连接紧固后，管口螺纹根部应有 2~3 扣螺纹外露。薄壁钢导管套丝长度一般与板牙螺纹长度相等，厚壁钢导管套丝前，绞板网格一定要正确，其网格应根据配件的内螺纹定，否则会造成螺纹接口过紧或偏松，也就是外螺纹与内螺纹不匹配。非镀锌钢管采用螺纹连接应进行接地跨接，通常跨接是选用圆钢电焊连接，其跨接有三点要注意：1)电焊时焊缝应平整、饱满、无夹渣、焊穿和假焊现象。2)焊缝长度达到钢筋直径的 6d。3)跨接钢筋的选用，当薄壁钢管 ϕ 小于 32，厚壁钢管为 ϕ25 时，选用 ϕ6mm 钢筋，当薄壁钢管为 ϕ32 与 ϕ40 时，厚壁钢管为 ϕ40 ~ ϕ50 时选用 ϕ10mm 钢筋，当厚壁钢管大于 ϕ50 时选用 ϕ12mm 钢筋或 25×4 扁钢。

(4)为了防止金属导管对接熔焊时，焊丝渗入导管内，造成穿线时导线绝缘层损坏，以及金属导管壁厚在 2mm 及以下套接环焊时，容易将配件和导管焊穿的现状。为此规定了金属导管在连接时严禁采用对口熔焊和金属导管壁厚在 2mm 及以下时严禁采用套接。这个规定要求在工程配管检查中作为一个严格控制的重点方面。金属导管的连接有多种方法，它主要是根据金属导管的种类来确定。

(5)室外埋地敷设的金属导管，开沟时要注意导管的直径和数量。然后确定开沟的宽度，沟底应平整、顺直、夯实，导管不得敷设在未经处理的松土上，其埋设深度为导管上部至地面不应小于 700mm。当管线过长时,应设过路箱。过路箱与导管同标高时,应砌筑井,过路箱设置在地面上时,过路箱的配管应垂直返高,导管弯曲符合要求,且过路箱宜设在较隐蔽处。另外金属导管在回填土前应做好防腐处理。室外埋地敷设的金属导管,必须为厚壁钢管,严禁使用薄壁钢管,当选用非镀锌刚管,2″以上为套接,2″及以下采用螺纹连接,钢筋接地跨接。当采用镀锌钢管时,应采用螺纹连接,要注意接地卡厚度不应过薄,否则时间长时容易烂穿,建议选用镀锌扁钢,自制接地卡。

(6)当室外敷设电线、电缆金属导管,因导线过长,分支,装设灯具等,需将导线连接和中断以及拼头,在这些接点处均应设盒(箱)。导管的管口应设置在盒箱内,突出盒(箱)内 5mm,导管采用螺纹连接的,管口在(箱)盒的两边均应设锁紧螺母,采用焊接的(箱)盒与导管周边应满焊。这些主要是为了防止雨水的渗入。配电柜的导管应垂直穿出地面,并高于地面 50~80mm。单根导管应焊接地螺栓,多根导管应进行接地跨接,并焊接接地螺栓,接地螺栓与跨接均应明露,并且与接地汇流排连接。导线在穿线或穿电缆时,管口应设护圈,4″以上导管其管口应制成喇叭口。导管在穿入导线和电缆后应进行密封处理,防止异物进入和管内结露,以减缓内部锈蚀。凡输入建筑物内电源,其保护导管不得将导管口设置在室外。

(7)导管的弯曲半径不应小于表 11-5 的规定。

(8)除镀锌钢管埋入混凝土内金属导管外壁不做防腐外,其他部位敷设金属导管,不论是厚壁与薄壁钢导管,内外都应做防腐处理。导管的防腐通常做成一个矩形的水槽,内盛水柏油,然后将导管浸没在水柏油中,稍等即将导管捞起,滴油后,进行风干。上面这种做法,主要适用于成批金属导管的防腐。

(9)金属导管暗敷有二种做法,一种是埋设在混凝土内,一种是墙面开槽埋设。为了保证金属导管表面距墙距离不小于15mm,关键是导管埋设时的施工方法是否正确,这在配管时应注意的。金属导管在混凝土内埋设时,当土建钢筋绑扎施工完毕后,导管应穿在钢筋内侧,在入箱(盒)前端,将导管拗成双弯,使箱盒能贴模板。如将导管敷设在钢筋外侧,在拆模时我们可能发现导管表面局部外露,也有可能出现保护层仅几个毫米,因此,在浇混凝土前,对导管检查时应予以重视。在砖墙上开槽暗敷导管,首先要保证开槽垂直度能得到控制,在导管敷设前要抓好下列事项:1)熟悉施工图,确定管线的走向和箱(盒)的坐标,在施工图上标明清楚,并向班组交底。2)根据已确定的箱(盒)坐标,使混凝土内一次配管到位,如一次配管能得以控制,二次配管的垂直度就能得到保证。3)抓墙面开槽的质量,开槽前应对墙面进行弹线,槽的深度应为导管的直径加上15mm,宽度应恰好,槽的底部应平整,不应有局部凹进和凸出。当导管埋设在槽内时,应紧贴槽底,并用铅丝、圆钉、木榫固定,最后用1:2水泥砂浆补槽。

明配电线导管,应在土建墙面粉刷结束后进行,配管应垂直,排列应整齐,间距应一致,当导管根数过多时应分层排列,导管在进入箱盒前,应拗成双弯,成排管的双弯,弧度应一致,以满足锁紧螺母的安装。当导管采用非镀锌钢管时应进行接地跨接,不管导管采用何种跨接形式,跨接钢筋在导管面上应水平或垂直。焊接长度达到钢筋直径的6倍,跨接钢筋的端部应焊接地螺栓,用导线与箱内接地汇流排作接地连接。当采用镀锌钢管螺纹连接时,跨接应用专用接地卡。导管的固定点应对称均匀,安装牢固。当导管数量较少时,采用电骑马固定,导管应紧贴墙面敷设。导管数量较多时,宜采用U字卡固定，导管与墙面应留有角钢边宽的间距，便于U字卡的安装。导管在端部、弯曲点和箱盒的边缘，在150~500mm范围内应有固定点，一般情况下，固定点控制在200~300mm之间。直线导管固定点间距基本上要保持一致，当不同管径敷设在同一支架上，其间距应按最小管径的要求设置。

(10)导管在燃烧气体和助燃气体环境中敷设，应采用厚壁钢管，钢管与钢管，钢管与电气设备及附件之间连接应采用螺纹连接，不准采用套管焊接，在安装配管前，先要熟悉施工图纸，明确施工步骤，落实附件数量，如防爆灯具，防爆开关，防爆接线盒等。导管敷设应按电源输送程序，就可避免在安装过程中，电气管路之间出现连接困难而使用防爆活接头。同时要注意如附件在施工过程中不齐，切不可以先将导管敷设。

(11)导管端部套丝要注意丝扣完整，不应出现有断丝现象，否则容易使气体渗入。其安装注意事项：1)导管端部螺纹在连接前应涂电力复合酯，要注意不得在螺纹上涂白漆，缠麻丝。2)导管与导管，导管与附件连接应牢固，螺纹啮合紧密，有效扣数不少于5扣。3)电气导管不应采用倒扣连接，因为倒扣连接丝扣必须过长，这不但破坏了管壁的防腐性能，而且降低了管壁的强度。4)在安装过程中导管表面镀锌层有可能被破坏，对于防腐层有损部位，应及时做防腐处理。

(12)金属导管在穿越结构变形缝时，必须设有补偿，否则有可能造成导管的断裂。补偿分为两种，一种为沉降缝的补偿，一种为伸缩缝的补偿，前者一般控制在200mm左右，后者一般控制在100mm左右。当结构发生变化时补偿就能起到缓冲作用。

金属导管过变形缝补偿如图11-1所示。

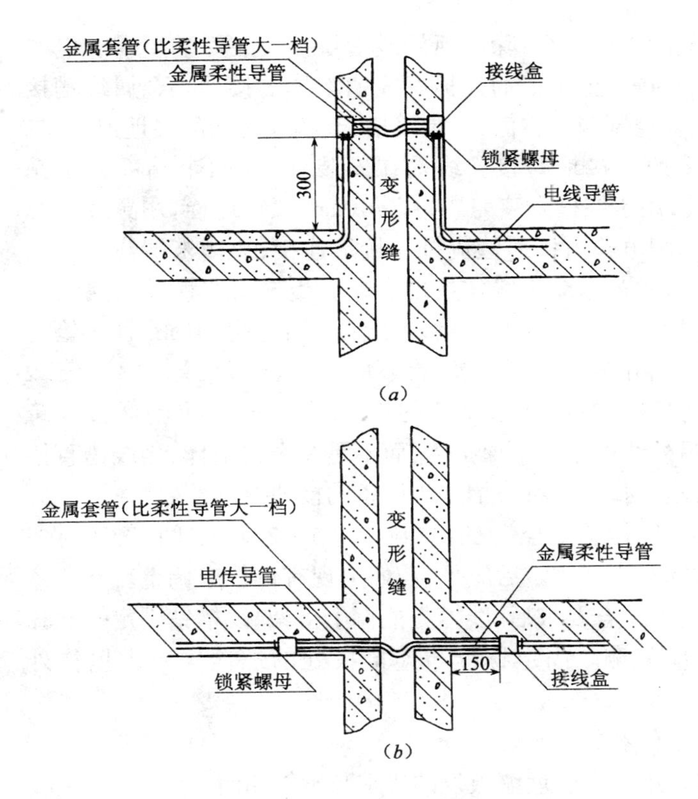

图 11-1　金属导管过变形缝补偿做法
(a)室内做法;(b)走道做法

2. 金属线槽

(1)线槽接地与钢管相同,具体见本节钢管接地。

(2)线槽一般比较适用在电源支线上,常见在配电箱至设备的动力电源上,配电箱至控制箱的动力、照明电源线以及配电间的其他一些部位。因金属导管难以敷设而被选用,因此在工程中用途非常广。为了保障线槽内电源的安全输送和保护人们的生命安全，除了抓好线槽拼接安装时的质量和电源布线的质量，更主要的是抓好线槽本体的接地。金属线槽接地，主要控制两个方面，一是线槽，起端和终端的接地连通，二是连接处的接地跨接。线槽在安装前，在两个端部分别钻 ϕ11 孔，用于线槽安装完毕，穿 ϕ10mm 镀锌螺栓，用黄绿色双色线与配电箱内接地汇流排作接地连接，线槽末端与控制箱接地排，用黄绿双色线作接地连接。当选用非镀锌金属线槽时，连接处应进行接地跨接，导线截面不小于 4mm^2 且平垫与防松垫圈齐全。当选用镀锌线槽时，连接板两端应不少于 2 个有防松螺帽，或防松垫圈的连接固定螺栓，可不做接地跨接。另外线槽是一个保护体，而不是一个接地体，当线槽直接接至设备时，不应将线槽作为设备的接地导体。

(3)线槽的支架，一般控制在 1.5 ~ 2.0m 之间，安装时一定要拉线，支架固定后应平直，如出现有偏位应调整。支架经目测检查符合要求后，线槽方能搁上支架，线槽钻固定螺栓孔时，还应复测。固定螺栓与连接板处的螺栓均应由里往外穿。

3. 绝缘导管

(1)绝缘导管埋墙敷设的要求与钢管相同。

(2)绝缘导管及其配件必须选用有产品许可证的阻燃材料，其外壁应有明显连续、阻燃标记和制造厂标，且间距不大于 1m。绝缘导管与金属导管不同，它的安装工艺较简单，施工速度较快，常见配管与敷设同时进行。此时，主要控制二点，一是导管的连接，二是箱盒的坐标。导管在敷设过程中，按箱盒的位置常被截断，管口的内外侧留有毛刺，这些毛刺应及时清除，保持管口的平整光滑，然后涂上专用胶合剂，否则将影响到导管连接牢固和导管在穿线时，管口内刺有可能凿穿导线的绝缘层。绝缘导管的连接,应采用插入法,粘接后接口应牢固密封,当采用套管连接时,套管长度宜为管外径的1.5~3.0倍,管与管的对口应位于套管的中心。当导管与配件连接时,插入深度应与配件插口长度相等。

(3)明配和直埋于地下室或楼板内的绝缘导管,在穿越楼板和露出地面易受机械损伤的部位应用金属管保护,一般长度不应小于500mm。

(4)中型绝缘导管和轻型绝缘导管的壁厚分别为1.5~1.6mm,和1.1~1.2mm之间,轻型导管通常在电气安装中不应使用,主要是因弯曲部位容易瘪,混凝土内敷设容易碎。因此配管时应加强对导管壁厚的检查。

4. 柔性导管

(1)柔性导管在电气安装工程中,用于刚性导管与灯具、设备之间作过渡导管连接,而不应该误解,把它作为电源导管使用,因此对柔性导管的敷设长度作了规定,要求刚性导管必须敷设到位。在照明施工中,接线盒应设在灯具的上方,高度控制在1m左右。动力电源的刚性导管端部或接线盒距设备的间距,要考虑电缆弯曲的半径和滴水弧度。

(2)柔性导管不应该退绞、松散,中间不应该有接头,与设备灯具连接时,软管的两端应采用专用接头,且铰紧螺母应捏紧,连接处应密封紧固。当在潮湿场所使用柔性导管时,应用防液型金属软管。

(3)金属软管应可靠接地,防液型金属软管可不做接地。因金属软管为过渡导管,其材质和设备检修时要拆卸等原因,故不得作为电气设备的接地导体。

11.5 电线、电缆穿管和线槽敷设及线路绝缘测试

11.5.1 一般规定

1. 电线、电缆穿管

(1)三相或单相的交流单芯电缆,不得单独穿于钢导管内。

(2)不同回路,不同电压等级的交流与直流的电线,不应穿于同一导管内,同一交流回路的电线应穿于同一金属导管内,且管内电线不得有接头。

(3)爆炸危险环境照明线路的电线和电缆额定电压不得低于750V,且电线必须穿于钢导管内。

(4)电线、电缆穿管前,应清除管内杂物和积水。管口应有保护措施,不进入接线盒(箱)的垂直管口穿入电线、电缆后,管口应密封。

2. 电线、电缆线槽内敷设

(1)电线在线槽内有一定余量,不得有接头。电线按回路编号分端绑扎,绑扎点间距不应大于2m。

(2)同一回路的相线和零线,敷设于同一金属线槽内。

(3)同一电源的不同回路,无抗干扰要求的线路,可敷设于同一线槽内;敷设于同一线槽内有抗干扰要求的线路,用隔板隔离,或采用屏蔽电线且屏蔽护套一端接地。

3. 接线和线路绝缘测试

(1)低压电线和电缆,线间和线对地间的绝缘电阻值必须大于0.5MΩ。

(2)铠装电力电缆头的接地线应采用铜绞线或镀锡铜编织线,截面积不应小于表11-9的规定。

接地线截面积(mm^2) **表 11-9**

电缆芯线截面积	接地线截面积
120 及以下	16
150 及以上	25
注:电缆芯线截面积在 $16mm^2$ 及以下,拉地线截面积与电缆芯线截面积相等。	

(3)电线、电缆接线必须准确。

(4)多股铜芯线端部应拧紧搪锡,或接续端子后与设备、器具的端子连接(不包括设备自带插接式端子)。

(5)每个设备和器具的端子接线不多于 2 根电线。

(6)电线、电缆的回路标记应清晰、编号准确。

11.5.2 施工与质量控制

1. 电线、电缆穿管

照明、动力电源线单根穿入钢管内,此类情况在电源干线上一般不会出现。但在支线上,特别是增加的电源线上有可能出现。因此,当工程中电源选用单芯线时,对电源支线、新增电源作为检查重点。

(1)为了防止导管内导线周边产生涡流,同一交流回路的导线必须穿于同一钢管内。但工程中有可能出现同一回路导线未穿入同一管内,此类情况虽很少见着,但也应引起注意,在工程中它主要出现在电源线路变更,电的容量增大,原有的导线截面不能满足输出要求,因而需要对导线截面增大。而此时配管穿线已敷设完毕,原有的钢导管截面不能容下增大的导线穿越;以及个别人为了图省事,在旁边增设一路导管,敷设单根线,遇到这方面问题应及时控制。当导线截面发生变化时,钢导管截面同样应发生变化。

(2)工程中,不同电压线穿入同一导管内的现象一般是不会出现的，但工程中同一电压不同回路，穿错管的现象还时有发生。不同回路零线采用公用，使有的管内穿一根相线，有的管内穿两根相线等。因此，在检查时，查看管口端部每个回路导线的根数，如不齐就应该及时查出原因。另外，导线在穿管前先估一下导线和导管的长度，做到导管两端导线有余量，导管中间导线无接头，短线短用，长线长用。

(3)通常照明导线均采用额定电压不小于500V的绝缘线，要注意的是在爆炸危险环境，照明导线的额定电压不得低于750V，并且必须敷设在钢管内。因此导线穿管前必须查看导线表面型号是否达到要求。

(4)管内穿线一般在墙面粉刷完毕后进行，这样可以避免外露导线被纸筋、砂浆污染。穿线前应清除箱(盒)内污染杂物，原因是由于土建在墙面粉刷时，将纸筋砂浆落入箱(盒)，影响到穿线，同时，也造成箱(盒)内壁镀锌层锈蚀。因此清除箱(盒)内垃圾，补刷油漆，可以保证箱盒使用长久和穿线质量。同时还应在管口套上相应规格的护圈。对于不进入箱(盒)的垂直管子口，应作密封处理，以防止杂物、水和有害气体进入管内，又可防止管内锈蚀。

2. 电线、电缆线槽内敷设

(1)线槽的连接缝两侧应平整，接口端部口光滑无毛刺，如不能达到要求，导线在敷设移动中有可能影响到导线的绝缘层。导线敷设在线槽内不应过紧，应稍留余量，导线在放置线槽前，应按不同回路进行绑扎编号，每道绑扎间距不大于2m。导线在线槽内不应有接头，对于小于线槽长度和没有接线余量的导线应用在其他部位。线槽的90°直角其内角应成45°角，以保证导线弯曲弧度。

(2)线槽内因导线数量较多，为了保证每个回路相线、零线接地线在一起,导线落料后及时进行绑扎,特别是导线端部的绑扎,然后按回路一组一组放置,这既能保证导线在线槽内放置平整,又能保证接线正确。

(3)由于工程中导线的种类较多,不可能敷设放置过多的线槽,造成线槽内导线有可能相互交叉和平行紧挨现象。对于有干扰的线路,应在线槽内用隔离板把导线隔开,或采用屏蔽电线,但屏蔽护套的一端应与 PE 汇流作接地连接。

3. 接地和线路绝缘测试

(1)电缆、导线敷设完毕,在正式送电前,应用 500V 摇表测量线间和大地间的绝缘电阻,其每组绝缘电阻值必须大于 0.5MΩ,以确保送电安全。对于绝缘测试未达到 0.5MΩ,必须查出原因,在解决之前不能送电。

(2)铠装电缆端部钢带应接地,接地可采用多股线或铜编织线,采用多股线的其两端宜设铜接头,采用编织线其两端应搪锡,也可选用铜接头。钢带外露部分钻 ϕ11 孔,采用 ϕ10 镀锌螺栓与多股线或编织线一端作地接连接,且镀锌螺栓上防松垫圈齐全,多股线或编织线另一端与接地汇流排连接,铠装电缆的接地线分三档:1)相线为 $16mm^2$ 及其以下,接地线截面与相线相同。2)相线为 $120mm^2$ 及其以下,接地线为 $16mm^2$。3)相线为 $150mm^2$ 及其以上,接地线为 $25mm^2$。

(3)导线在接线前,一定要核对一次电气系统图,在核对时,做好标记,同时根据已规定的导线色标,接相、接零必须正确,导线排列顺序一致。不准出现位号接错,相位接错,以避免送电时造成失误而引发重大安全事故。

(4)导线与设备、器具的连接,有三种形式,分别是插入,做成羊眼圈和导线端部设铜接头,选用哪种接线方式要看连接形式以及连接桩头的大小。一般来说,开关、插座、灯具、漏电保护器等，它的接线桩头比较小，适用于 2.5mm^2 及其以下导线。熔断器、空气开关导线是插入式，比较适用 4mm^2 及其以上导线。这主要是保证连接牢固，接线方便。具体的导线截面大小以施工图为准。对于 2.5mm^2 及其以下的多股线在接线前，将导线端部拧紧后搪锡，对于 2.5mm^2 以上多股线，建议做成羊眼圈形状搪锡或压铜接头，对于插入式用多股线的，其导线端部拧紧搪锡。

(5)导线与灯具、开关、插座的连接，应采用并联接法，接线螺栓上应只接一根导线。与电气设备的连接，接线端子上宜接一根导线，最多不能超过二根，且中间必须设平垫片。

(6)电线、电缆敷设完毕，根据布线的编号，对照电气系统图，结合工程实际，对导线、电缆进行有秩序的排列，每个回路的编号应清晰，通电时要核对，检查是否正确。

11.6 普通灯具安装

11.6.1 一般规定

1. 灯具配件应齐全，无机械损伤、变形、油漆剥落、灯罩破裂等缺陷。

2. 根据灯具的安装场所及用途，引向每个灯具的导线线芯最小截面应符合表 11-10 的规定。

导线线芯最小截面积　　表 11-10

灯具的安装场所及用途		线芯最小截面(mm^2)		
		铜芯软线	铜　线	铝　线
灯头线	民用建筑室内	0.5	0.5	2.5
	工业建筑室内	0.5	1.0	2.5
	室　　外	1.0	1.0	2.5

3. 灯具的固定应符合下列要求:

(1)吊灯灯具重量大于 3kg 时,应采用预埋吊钩或螺栓固定。

(2)软线吊灯,灯具重量在 0.5kg 及以下时,采用软电线自身吊装;大于 0.5kg 的灯具应增设吊链。灯具固定应牢固可靠,不得使用木楔。

(3)当钢管做灯杆时,钢管内径不应小于 10mm;钢管厚度不应小于 1.5mm。

(4)同一室内或场所成排安装的灯具,其中心线偏差不应大于 5mm。

4. 固定花灯的吊钩,其圆钢直径不应小于灯具吊挂销、钩的直径,且不应小于 6mm。吊钩严禁使用螺纹钢。

5. 固定灯具带电部件的绝缘材料以及提供防触电保护的绝缘材料,应耐燃烧和防明火。

6. 须要接地的灯具应做好保护接地。

7. 灯具的灯头及接线应符合下列要求:

(1)软线吊灯的软线两端做保护扣,两端芯线搪锡;当装升降器时,套塑料软管,采用安全灯头。

(2)连接灯具的软线盘扣、搪锡压线,当采用螺口灯头时,相线接于螺口灯头中间的端子上。

(3)灯头的绝缘外壳不破损和漏电;带有开关的灯头,开关手柄无裸露的金属部分。

8. 装有白炽灯泡的吸顶灯具,灯泡不应紧贴灯罩;当灯泡与绝缘台间距离小于 5mm 时,灯泡与绝缘台间应采取隔热措施。

9. 安装在重要场所的大型灯具的玻璃罩,应按设计要求采取防止碎裂后向下溅落的措施。

10. 安装在室外的壁灯应有泄水孔，绝缘台与墙面之间应有防水措施。

11. 在变电所内，高压、低压配电设备及母线的正上方，不应安装灯具。

12. 公共场所用的应急照明灯和疏散指示灯，应有明显的标志。无专人管理的公共场所照明宜装设自动节能开关。

11.6.2 施工与质量控制

1. 灯具一般由玻璃、塑料、搪瓷、铝合金等原材料制成，且零件较多，运输保管中易破损或丢失，安装前应认真检查，防止安装破损灯具，影响美观和质量

2. 为了保证导线能承受一定的机械应力和可靠的安全运行，根据灯具的用途和不同的安装场所，对导线线芯最小截面作了规定。

3. 为防止灯具超重发生坠落，特规定在混凝土顶板内先预埋吊钩，或用膨胀螺栓固定，其固定件的承载能力应与灯具重量相匹配。

软线吊灯的软线应作保险扣，两端芯线应搪锡。吸顶灯安装应牢固，位置正确，有台的应装在台中央，且不得有漏光现象。链吊日光灯灯线应不受力，灯线应与吊链编织在一起，双链平行；管吊灯钢管内径不应小于 10mm，壁厚不应小于 1.5mm，吊杆垂直；弯管壁灯应装吊攀，吊攀统一加工制作，不得用导线缠绕吊在灯杆上；安装在吊顶上的灯具应有单独的吊链，不得直接安装在平顶的龙骨上。

成排灯具在安装过程中应拉线，使灯具在纵向、横向、斜向及高低水平上都成一直线。按规范要求，偏差不大于 5mm。如为成排日光灯，则应认真调整灯脚，使灯管都在一直线上。

4. 按国家施工质量验收规范的规定，对大型花灯的固定及悬吊装置应作2倍的过载试验，建设单位、施工企业应重视。为确保安全，上海地区要求大型花灯的预埋吊钩必须有隐蔽验收记录，经建设单位及施工企业签字确认，并加盖双方公章。

5. 为了保证用电安全检修方便，对部件材料作了具体的规定。安装前应认真检查材料是否符合规定。

6. 按国家施工质量验收规范的规定，当灯具距地面高度小于2.4m时，灯具的可接近裸露导体必须接地(PE)或接零(PEN)可靠，并应有专用接地螺栓，且有标识。

7. 为防止触电，特别是防止更换灯泡时触电，对灯头及接线方式作了具体的规定，工人在安装完后应认真检查是否符合要求。

8. 白炽灯泡离绝缘台过近，绝缘台易受热而烤焦、起火，故应在灯泡与绝缘台间设置隔热阻燃制品，如石棉布等。

9. 在实际使用中，由于灯泡温度过高，玻璃罩常有破碎现象发生，为确保安全，避免发生事故，施工单位应按设计要求采取安全措施。

10. 室外壁灯因为积水时常引起用电事故，故要求施工单位在安装前先打好泄水孔，并要求与墙面之间不得有缝隙，可用硅胶等材料密封。

11. 为确保维修安全，同时也不致影响整个用电单位的停电，所以要求变电所内，高压、低压设备及母线的正上方，不应安装灯具。

12. 本条文的规定主要是为方便确认，以利与常规灯具区别，且节约电能。

11.7 开关、插座、风扇安装

11.7.1 一般规定

1. 开关安装

(1)安装在同一建筑物、构筑物内的开关,宜采用同一系列的产品,开关的通断位置应一致,一般向下为开启,操作灵活,接触可靠。

(2)开关安装位置应便于操作,距地面高度应符合下列要求:

1)拉线开关一般在2~3m,距门框为0.15~0.2m,且拉线的出口应垂直向下。

2)当设计无要求时,其他各种开关安装一般为1.3m,距门框为0.15~0.2m,开关不应装于门后,成排安装的开关高度应一致,高低差不大于2mm。

(3)当开关面板为二联及以上控制时,导线应采用并头后分支与开关接线连接,不应采用"头拱头"方式串接。

(4)电器、灯具的相线应经开关控制;民用住宅严禁装设床头开关。

(5)暗设的开关、插座应有专用盒,专用盒的四周不应有空隙,盖板应端正紧贴墙面。

2. 插座安装

(1)插座的安装高度应符合设计的规定,当设计无规定时应符合下列要求:

1)一般距地面高度为1.3m,在托儿所、幼儿园、住宅及小学等不应低于1.8m,同一场所安装的插座高度应一致。

2)车间及试验室的明、暗插座一般距地高度不低于0.3m,

特殊场所暗装插座高度差不应低于 0.15m，同一室内安装的插座高低差不应大于 5mm，成排安装的插座不应大于 2mm。

3)落地插座应具有牢固可靠的保护盖板。

(2)插座接线应符合下列要求：

1)单相二孔插座：面对插座的右极接相线，左极接零线；

2)单相三孔、三相四孔及三相五孔的接地线或接零线均应在上孔，插座的接地线端子严禁与零线端子直接连接。

3)交、直流或不同电压等级的插座安装在同一场所时，应有明显区别，且其插头与插座均不能互相插入。

(3)潮湿场所应采用密封良好的防水防溅插座。

(4)当原预埋插座接线盒与装饰板面不平时，应加装套箱接出，导线不得裸露在装饰板内。

3. 风扇安装

(1)吊扇安装应符合下列要求：

1)吊扇挂钩应安装牢固，不得使用螺纹钢。

2)吊杆上的悬挂销钉必须装设防振橡皮垫及防松装置。

3)吊扇的接线钟罩应与平顶齐平，接线不应有外露现象，成排安装的吊扇应在同一直线上。

(2)扇叶距地面高度不应低于 2.5m。

(3)吊扇组装时，应符合下列要求：

1)严禁改变扇叶角度；

2)扇叶的固定螺钉应有防松装置；

3)吊杆之间，吊杆与电机之间，螺纹连接的啮合长度不得小于 20mm，并必须有防松装置。

(4)吊扇接线正确，运转时扇叶不应有显著颤动和异常声响。

(5)壁扇安装应符合下列要求：

1)壁扇底座固定应牢固无松动。

2)壁扇安装高度距地面不宜低于1.8m。底座平面的垂直偏差不大于2mm。

3)壁扇防护罩应扣紧,固定可靠,运转时扇叶与防护罩不应有明显的颤动和异常声响。

11.7.2 施工与质量控制

1. 开关安装

(1)开关的面板在一个单位工程中应统一,不得出现两种以上的不同面板。开关的面板固定螺钉不得使用平机螺钉和木螺钉,面板螺孔盖帽应齐全。

(2)开关不得装于门后,建设单位应重视设计交底工作,对不合理的地方应及时提出修改意见,使问题及时得到解决。

(3)为确保使用安全、可靠,开关中的导线在接线孔上都只允许接一根线,并线应在安全型压接帽内进行。开关线的颜色应选用与相线、零线、接地线的色标有所区别的颜色。

(4)为确保安全,电器设备、灯具的相线应该由开关控制,施工过程中应安装带开关的插座。

(5)在现浇混凝土内预埋箱盒应紧靠模板,固定牢靠,并应主动与土建配合,避免歪斜或凹入混凝土墙内,箱盒四周应用水泥砂浆修补平整,箱盒内杂物应清除干净,并及时刷红丹防锈漆。

2. 插座安装

(1)插座安装高度的规定主要是为确保使用安全、方便,设计中如果对特殊场合的插座没有合理的布置,建设单位应及时提出并修改。为了装饰美观,同一场所的插座高度应一致,工人在施工中应多用卷尺测量其高度的准确性。

(2)为了确保安全,插座接线应统一,插座中的相线、零线、PE 保护线在接线孔上都只允许接入一根线，并线应在阻燃性的压接帽内进行。导线的颜色应区分；零线的应用浅蓝或深蓝色导线，接地线（PE）应用黄绿双色线，相线应用黄色、绿色、红色三种颜色。

（3）为了确保用电安全，对潮湿场所插座的选材应有明确的规定。

（4）工人在施工过程中应注意预埋的接线盒与饰面的距离，并及时调整增加套箱至饰面平，套箱与接线盒应用螺丝固定。

3. 风扇安装

（1）吊扇吊钩的直径不应小于悬挂销钉的直径，且不得小于 8mm。吊钩加工成型应一致，安装的吊钩应埋设在箱盒内。吊钩离平顶高低应一致，使吊扇的钟罩能够吸顶将吊钩遮住。一直线上的吊扇其偏差不大于 5mm。

（2）壁扇底座可采用尼龙胀管或膨胀螺栓固定，数量不小于 2 个，直径不应小于 8mm。

（3）为确保安全，壁扇高度低于 2.4m 及以下时，其金属外壳应可靠接地。

（4）吊扇与壁扇安装完毕应进行试运转，当不出现明显的颤动和异常声响后方可交付使用。

11.8 接地装置安装

11.8.1 一般规定

1. 接地装置（由接地极与接地线组成）安装

（1）接地装置顶面埋设深度不应小于 0.6m。角钢及钢管接地极应垂直埋入地下，水平接地极间距不应小于 5m。

(2)接地极与建筑物的距离不应小于1.5m。

(3)接地线在穿过墙壁时应能过明孔、钢管或其他的坚固的保护套管。

(4)接地线沿建筑物墙壁水平敷设时,离地面应保持250~300mm的距离,与建筑物墙壁应有10~15mm的间隙。

(5)在接地线跨越建筑物伸缩缝、沉降缝时,应加设补偿装置,补偿装置可用接地线本身弯成弧状代替。

(6)接地线的连接应采用焊接,焊接必须牢固,其焊接长度必须符合下列规定:

1)扁钢与扁钢搭接为扁钢宽度的2倍,不少于三面施焊。

2)圆钢与圆钢搭接为圆钢直径的6倍,双面施焊。

3)圆钢与扁钢搭接为圆钢直径的6倍,双面施焊。

4)扁钢与钢管或角钢焊接时,应紧贴角钢外侧两面,或紧贴3/4钢管表面,上下两侧施焊。

5)除埋设在混凝土中的焊接头外,应有防腐措施。

(7)当设计无要求时,接地装置的材料采用为钢材,热浸镀锌处理,最小允许规格、尺寸应符合表11-11的规定:

最小允许规格、尺寸　　表11-11

种类、规格及单位		敷设位置及使用类别			
		地上		地下	
		室内	室外	交流电流回路	直流电流回路
圆钢直径(mm)		6	8	10	12
扁钢	截面(mm^2)	60	100	100	100
	厚度(mm)	3	4	4	6
角钢厚度(mm)		2	2.5	4	6
钢管管壁厚度(mm)		2.5	2.5	3.5	4.5

2. 避雷针(带)安装

(1)如设计无要求时避雷带应沿屋脊或女儿墙明敷,支持件必须已预埋固定无松动现象。

(2)避雷针(带)与引下线之间的连接应采用焊接,其材料采用及最小允许规格、尺寸应符合本规定(6)条(7)条的规定。

(3)暗敷在建筑物抹灰层的引下线应有卡钉分段固定,明敷的引下线应平直、无急弯,与支架焊接处,油漆防腐,且无遗漏。

(4)建筑物采用多根引下线时,应在各引下线距地面的1.5~1.8m处设置断接卡。上海地区除了设置断接卡外,当引下线采用暗敷时,可设置测试点。测试点的点数或坐标位置应按设计图设置,设计无要求时,一个工程应不少于2组测试点。

(5)设计要求接地的幕墙金属框架和建筑物的金属门窗、阳台金属栏杆应就近与接地干线连接可靠,连接处不同金属间应有防电化腐蚀措施。

(6)装有避雷针的金属筒体,当其厚度大于4mm时,可作为避雷针的引下线;筒体底部应有对称两处与接地体相连。

(7)屋顶上装设的防雷金属网和建筑物顶部的避雷针及金属物体应焊接成一个整体。

(8)不得在避雷针构架上架设低压线或通讯线。

11.8.2 施工与质量控制

1. 接地装置安装

(1)接地装置由接地线和接地极组成。接地线一般采用25mm×4mm扁钢,当地下土壤腐蚀性较强时,应适当加大其截面(上海地区采用40mm×4mm)。为便于施工时将接地极打入地下,接地极应采用角钢或钢管(上海地区一般采用

L50mm × 50mm × 5mm 角钢)。

(2)接地线与接地极的连接应采用焊接。当扁钢与钢管、扁钢与角钢焊接时,为确保连接可靠,除应在其接触部位两侧进行焊接外,并应以由钢带弯成的弧形(或直角形)卡子或直接由钢带本身弯成弧形(或直角形)与钢管(或角钢)焊接。焊缝应平整饱满,不应有夹渣、咬边现象。焊接后应及时清除焊渣,并应刷沥青漆两道。

(3)接地装置埋设的深度,当设计无要求时,从接地极的顶端至地面的深度不应小于 0.6m。

2. 避雷针(带)安装

(1)避雷带(扁钢或圆钢)在女儿墙敷设时,一般应敷设在女儿墙中间,当女儿墙宽度大于 500mm 时则应将避雷带移向女儿墙的外侧 200mm 处为宜。

(2)利用金属钢管作避雷带的,应在钢管直线段对接处、转角以及三通引下线等部位用镀锌扁钢或者圆钢进行搭接焊接,搭接长度每边为扁钢宽度 2 倍。

(3)避雷带的搭接焊焊缝处严禁用砂轮机将焊缝磨平整。

(4)避雷带的经过变形缝(沉降缝或伸缩缝)处,应加设补偿装置,补偿装置可用同样材质弯成弧状做成。

(5)引下线的根数以及断接卡(测试点)的位置、数量由设计决定,建设单位或施工单位不得任意取消和修改,如确需取消或修改的应由设计出具书面变更通知。引下线必须与接地装置可靠连接,并根据设计和规范要求设置断接卡或测试点。

(6)高层建筑物的金属门窗、金属阳台栏杆以及玻璃幕墙的金属构架都必须与均压环或接地干线连接可靠。当玻璃幕墙主金属构架采用型钢材料时,应用镀锌扁钢或圆钢与金属主构架进行焊接,并引出与屋面或女儿墙上的避雷带进行搭接焊接；当玻璃幕墙主金属框架采用铝合金材料时，应在主金属构架和避雷带上个钻一个 ϕ13mm 小孔，用软导线、螺栓将两端进行连接，导线截面不应小于 100mm^2。

12 通风与空调工程

12.1 风管制作工程

12.1.1 一般规定

1. 风管的分类

风管是通风管道的简称,风管所处的环境不同,所输送空气介质不同,所选用的材质也不相同。如空调系统风管多选用镀锌钢板;防爆系统风管选用铝板居多;生物工程及厨房送排风系统风管多用不锈钢板;含有酸碱气体的车间送排风系统风管大多选用玻璃钢或硬聚氯乙烯;防火系统采用防火钢板等等,这些不同用途的风管都有不同的质量要求。

风管系统按材质分类如下:

(1)金属风管

1)薄钢板风管(俗称黑铁皮风管)

2)镀锌钢板风管(俗称白铁皮风管)

3)不锈钢板风管

4)铝板风管

(2)非金属风管

1)有机玻璃钢风管

2)无机玻璃钢风管

3)硬聚氯乙烯板风管

4)超级风管(又称玻璃纤维风管)

2. 风管的制作

(1)风管的标准规格

通风管道的规格,风管以外径或外边长为准,风道以内径或内边长为准。

1)圆形风管规格应符合表12-1的规定

圆形风管规格(mm) **表12-1**

风管直径 D			
基本系列	辅助系列	基本系列	辅助系列
100	80	250	240
	90	280	260
120	110	320	300
140	130	360	340
160	150	400	380
180	170	450	420
200	190	500	480
220	210	560	530
630	600	1250	1180
700	670	1400	1320
800	750	1600	1500
900	850	1800	1700
1000	950	2000	1900
1120	1060		

2)矩形风管规格应符合表12-2的规定

矩形风管规格(mm)　　表 12-2

风管边长				
120	320	800	2000	4000
160	400	1000	2500	—
200	500	1250	3000	—
250	630	1600	3500	—

3)圆形弯管的弯曲半径(以中心线计)和最少节数应符合表12-3的规定

圆形弯管曲率半径和最少节数　　表 12-3

弯管直径 D(mm)	曲率半径 R	弯管角度和最少节数							
		90°		60°		45°		30°	
		中节	端节	中节	端节	中节	端节	中节	端节
80～220	$\geqslant 1.5D$	2	2	1	2	1	2	—	2
220～450	$D \sim 1.5D$	3	2	2	2	1	2	—	2
450～800	$D \sim 1.5D$	4	2	2	2	1	2	1	2
800～1400	D	5	2	3	2	2	2	1	2
1400～2000	D	8	2	5	2	3	2	2	2

4)矩形风管弯管可采用内弧形或内斜线矩形弯管(见图 12-1);当边长 A 大于或等于 500mm 时应设置导流片。矩形三通、四通可采用分叉式或分隔式(见图 12-2)。

(2)风管板材厚度

1)各类金属风管板材厚度不得小于表 12-4～表 12-6 的规定。

2)各类非金属风管板材厚度不得小于表 12-7～表 12-11 的规定。

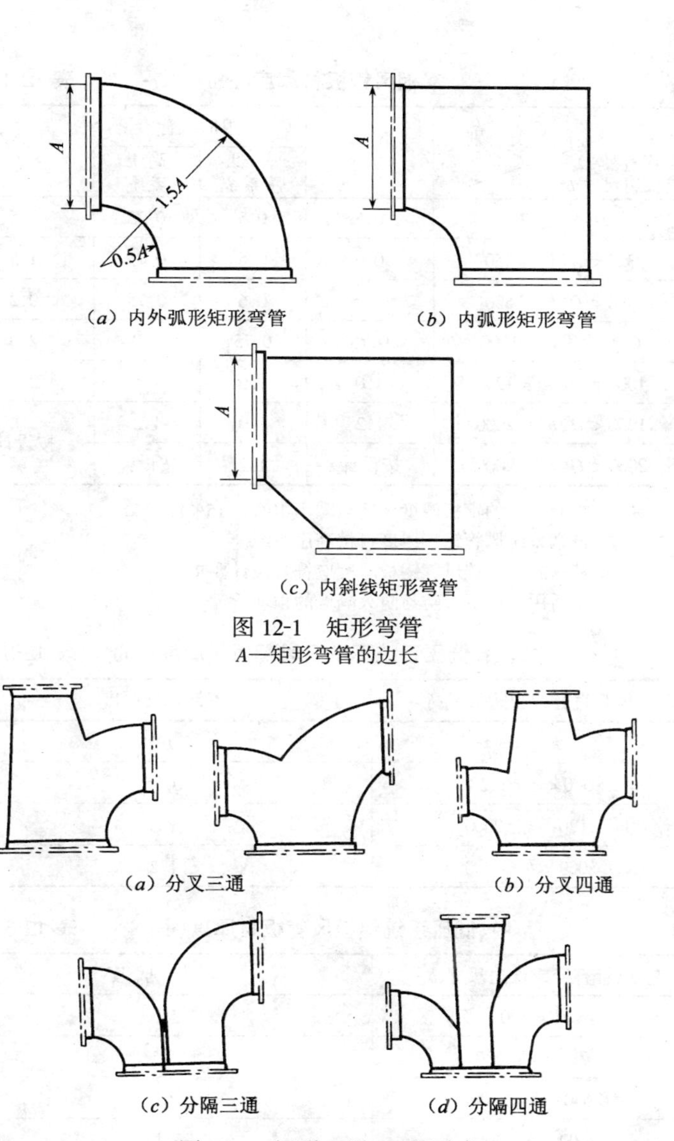

（a）内外弧形矩形弯管

（b）内弧形矩形弯管

（c）内斜线矩形弯管

图 12-1　矩形弯管

A—矩形弯管的边长

（a）分叉三通

（b）分叉四通

（c）分隔三通

（d）分隔四通

图 12-2　矩形三通、四通形式

钢板风管板材厚度(mm)　　表 12-4

类别 风管直径 D 或长边尺寸 b	圆形风管	矩形风管		除尘系统风管
		中、低压系统	高压系统	
$D(b) \leqslant 320$	0.5	0.5	0.75	1.5
$320 < D(b) \leqslant 450$	0.6	0.6	0.75	1.5
$450 < D(b) \leqslant 630$	0.75	0.6	0.75	0.2
$630 < D(b) \leqslant 1000$	0.75	0.75	1.0	2.0
$1000 < D(b) \leqslant 1250$	1.0	1.0	1.0	2.0
$1250 < D(b) \leqslant 2000$	1.2	1.0	1.2	按设计
$2000 < D(b) \leqslant 4000$	按设计	1.2	按设计	

注:1. 螺旋风管的钢板厚度可适当减小 10% ~ 15%。
2. 排烟系统风管钢板厚度可按高压系统。
3. 特殊除尘系统风管钢板厚度应符合设计要求。
4. 不适用于地下人防与防火隔墙的预埋管。

高、中、低压系统不锈钢风管板材厚度(mm)　表 12-5

风管直径或长边尺寸 b	不锈钢板厚度
$b \leqslant 500$	0.5
$500 < b \leqslant 1120$	0.75
$1120 < b \leqslant 2000$	1.0
$2000 < b \leqslant 4000$	1.2

中、低压系统铝板风管板材厚度(mm)　表 12-6

风管直径或长边尺寸 b	铝板厚度
$b \leqslant 320$	1.0
$320 < b \leqslant 630$	1.5
$630 < b \leqslant 2000$	2.0
$2000 < b \leqslant 4000$	按设计

中、低压系统硬聚氯乙烯圆形风管板材厚度(mm)　表 12-7

风管直径 D	板材厚度
$D \leqslant 320$	3.0
$320 < D \leqslant 630$	4.0
$630 < D \leqslant 1000$	5.0
$1000 < D \leqslant 2000$	6.0

中、低压系统硬聚氯乙烯矩形风管板材厚度(mm)　表 12-8

风管长边尺寸 b	板材厚度
$b \leqslant 320$	3.0
$320 < (b) \leqslant 500$	4.0
$500 < (b) \leqslant 800$	5.0
$800 < (b) \leqslant 1250$	6.0
$1250 < (b) \leqslant 2000$	8.0

中、低压系统有机玻璃钢风管板材厚度(mm)　表 12-9

圆形风管直径 D 或矩形风管长边尺寸 b	壁厚
$D(b) \leqslant 200$	2.5
$200 < D(b) \leqslant 400$	3.2
$400 < D(b) \leqslant 630$	4.0
$630 < D(b) \leqslant 1000$	4.8
$1000 < D(b) \leqslant 2000$	6.2

中、低压系统无机玻璃钢风管板材厚度(mm) 表 12-10

圆形风管直径 D 或矩形风管长边尺寸 b	壁 厚
$D(b)\leqslant 300$	2.5~3.5
$300<D(b)\leqslant 500$	3.5~4.5
$500<D(b)\leqslant 1000$	4.5~5.5
$1000<D(b)\leqslant 1500$	5.5~6.5
$1500<D(b)\leqslant 2000$	6.5~7.5
$D(b)>2000$	7.5~8.5

中、低压系统无机玻璃钢风管

玻璃纤维布厚度与层数(mm) 表 12-11

圆形风管直径 D 或矩形风管长边 b	风管管体玻璃纤维布厚度		风管法兰玻璃纤维布厚度	
	0.3	0.4	0.3	0.4
	玻璃布层数			
$D(b)\leqslant 300$	5	4	8	7
$300<D(b)\leqslant 500$	7	5	10	8
$500<D(b)\leqslant 1000$	8	6	13	9
$1000<D(b)\leqslant 1500$	9	7	14	10
$1500<D(b)\leqslant 2000$	12	8	16	14
$D(b)>2000$	14	9	20	16

(3)风管的制作与连接

1)金属风管

a. 金属风管的制作

金属风管和配件的板材连接，钢板厚度小于或等于

1.2mm 时宜采用咬接，大于 1.2mm 时宜采用焊接；镀锌钢板及有保护层的钢板应采用咬接或铆接。

不锈钢板风管壁厚小于或等于 1.0mm 时应采用咬接，大于 1.0mm 时宜采用氩弧焊或电弧焊焊接，不得采用气焊。采用氩弧焊或电弧焊时应选用与母材相匹配的焊丝或焊条；采用手工电弧焊时应防止焊接飞溅物沾污表面，焊后应将焊渣及飞溅物清除干净。对有要求的焊缝还应作酸洗和钝化处理。

铝板风管壁厚小于或等于 1.5mm 时应采用咬接，大于 1.5mm 时可采用氩弧焊或气焊焊接，并采用与母材材质相匹配的焊丝。焊接前应清除焊口处和焊丝上的氧化皮及污物。焊接后应用热水清洗除去焊缝表面残留的焊渣、药粉等。焊缝应牢固，不得有虚焊和烧穿等缺陷。

金属风管和配件的常见咬口形式见图 12-3。

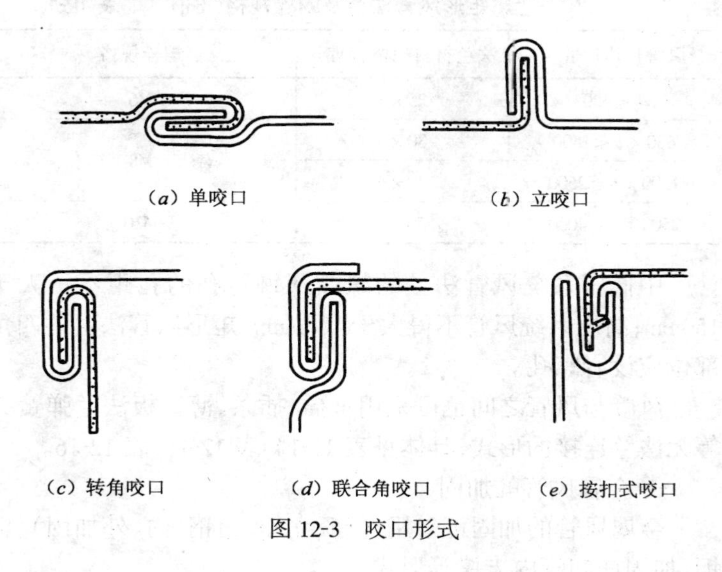

图 12-3 咬口形式

b. 金属风管的连接

风管与风管、风管与部件、配件之间可采用法兰连接，风管法兰材料的规格见表 12-12 和表 12-13。

金属圆形风管法兰及螺栓规格(mm)　　表 12-12

风管直径 D	法兰材料规格		螺栓规格
	扁钢	角钢	
$D \leqslant 140$	20×4	—	M6
$140 < D \leqslant 280$	25×4	—	
$280 < D \leqslant 630$	—	25×3	
$630 < D \leqslant 1250$	—	30×4	M8
$1250 < D \leqslant 2000$	—	40×4	

金属矩形风管法兰及螺栓规格(mm)　　表 12-13

风管长边尺寸 b	法兰材料规格(角钢)	螺栓规格
$b \leqslant 630$	25×3	M6
$630 < b \leqslant 1500$	30×3	M8
$1500 < b \leqslant 2500$	40×4	
$2500 < b \leqslant 4000$	50×5	M10

中低压系统风管法兰的螺栓及铆钉孔的孔距不得大于 150mm；高压系统风管不得大于 100mm。矩形风管法兰的四角部位应设有螺孔。

风管与风管之间也可采用承插、插条、薄钢板法兰弹簧夹等无法兰连接的形式，具体见表 12-14、表 12-15、表 12-16。

c. 金属风管的加固

金属风管的加固可采用楞筋、立筋、角钢(内、外加固)、扁钢、加固筋和管内支撑等形式。

圆形风管无法兰连接形式　　　　表 12-14

无法兰连接形式	附件板厚（mm）	接口要求	使用范围
承插连接	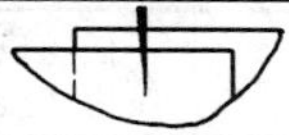 —	插入深度≥30mm,有密封要求	低压风管直径<700mm
带加强筋承插	 —	插入深度≥20mm,有密封要求	中、低压风管
角钢加固承插	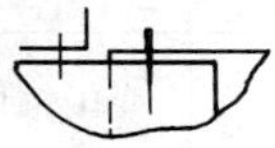 —	插入深度≥20mm,有密封要求	中、低压风管
芯管连接	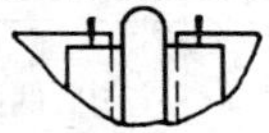 ≥管板厚	插入深度≥20mm,有密封要求	中、低压风管
立筋抱箍连接	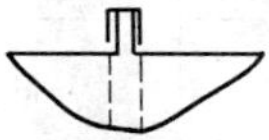 ≥管板厚	翻边与楞筋匹配一致,紧固严密	中、低压风管
抱箍连接	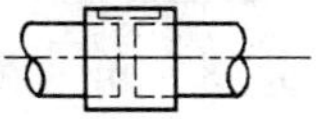 ≥管板厚	对口尽量靠近不重叠,抱箍应居中	中、低压风管宽度≥100mm

圆形风管的芯管连接　　　　表 12-15

风管直径 D(mm)	芯管长度 l(mm)	自攻螺丝或抽芯铆钉数量(个)	外径允许偏差(mm)	
			圆管	芯管
120	120	3×2	−1~0	−3~−4
300	160	4×2		
400	200	4×2	−2~0	−4~−5
700	200	6×2		
900	200	8×2		
1000	200	8×2		

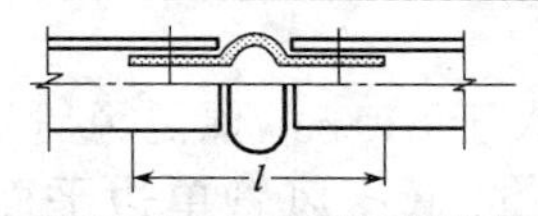

矩形风管无法兰连接形式　　　　表 12-16

无法兰连接形式		附件板厚(mm)	使用范围
S形插条		≥0.7	低压风管单独使用连接处必须有固定措施
C形插条		≥0.7	中、低压风管
立插条	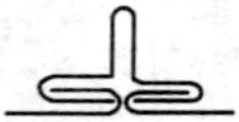	≥0.7	中、低压风管
立咬口	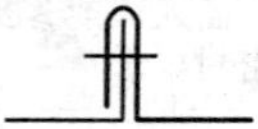	≥0.7	中、低压风管
包边立咬口	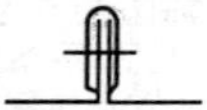	≥0.7	中、低压风管
薄钢板法兰插条		≥1.0	中、低压风管
薄钢板法兰弹簧夹		≥1.0	中、低压风管
直角形平插条	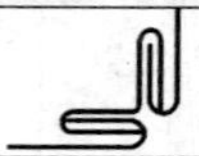	≥0.7	低压风管
立联合角形插条		≥0.8	低压风管

注:薄钢板法兰风管也可采用铆接法兰条连接的方法。

金属风管的加固应符合以下规定:

圆形风管(不包括螺旋风管)的直径大于等于 800mm,且其管段长度大于 1250mm 或总表面积大于 $4m^2$ 均应采取加固措施;

矩形风管边长大于 630mm、保温风管边长大于 800mm,管段长度大于 1250mm 或低压风管单边平面积大于 $1.2m^2$、中、高压风管大于 1.0m^2 的均应采取加固措施；

高压风管的单咬口缝应有加固补强措施。当风管的板材厚度大于或等于 2.0mm 时加固措施的范围可放宽。

2)非金属风管的制作与连接

a. 硬聚氯乙烯风管

(a)热成型的硬聚氯乙烯风管和配件不得出现气泡、分层、碳化、变形和裂纹等缺陷。

(b)硬聚氯乙烯风管及配件的板材连接应采用焊接并应进行坡口，焊缝形式及其相关尺寸应符合规定。焊缝应饱满，焊条排列整齐，不得出现焦黄、断裂等缺陷，焊缝强度不得低于母材的 60%。

(c)硬聚氯已烯矩形风管的成型，四角可采用煨角或焊接的方法。当采用煨角时，纵向焊缝应设置在距煨角 80mm 处。

(d)硬聚氯乙烯风管与法兰连接应采用焊接。法兰端面应与风管轴线成直角。当直径或边长大于 500mm 时，其风管与法兰的连接处应设加强板，且间距不得大于 450mm。

(e)硬聚氯已烯风管亦可采用套管连接或承插连接的形式。套管连接时，套管的长度宜为 150 ~ 250mm，其厚度不应小于风管壁厚。圆形风管直径小于或等于 200mm 且采用承插连接时，插口深度宜为 40 ~ 80mm。粘接处应去除油污，保持干净，并应严密和牢固。

b. 玻璃钢风管

玻璃钢风管分为有机玻璃钢风管和无机玻璃钢风管二类，目前在工程上的应用越来越多，不仅仅用于排风排烟系统，空调送风系统和新风系统也可适用。其板材厚度应符合表 12-9、表 12-10 的规定。

(a)有机玻璃钢风管应采用1:1经纬线的玻纤布增强，树脂的含量应为50%～60%。

(b)无机玻璃钢风管的玻璃布层数不应少于表12-11中的规定，其表面不得出现返卤或严重泛霜。

(c)玻璃钢风管及配件的连接可采用法兰连接，也可采用承插连接的形式。当采用法兰连接时，其螺栓孔的间距不得大于120mm，矩形风管法兰的四角处应设有螺孔。当采用承插连接时，接口的封闭应采用本体材料或防腐性能相同的材料，并与风管成一整体。

c. 超级风管

超级风管亦称离心玻璃纤维板风管，风管的外表面粘上一层耐用防火的铝箔，内表面用化学乳胶热力凝固而成的覆盖层，风管的连接采用雌雄口的插接，结合处用密封胶粘合，再用胶粘带封严。

制作安装这类风管时应注意施工时不应出现破损，一旦出现破损应及时用修补胶补好。同时风管支吊架的间距应缩短，以防止风管变形。

12.1.2 质量控制

1. 原材料质量验收

金属风管、非金属风管的材料品种、规格、性能与厚度必须符合设计和现行国家产品标准的规定。

检查方法：查验材料质量合格证明文件、性能检测报告，并通过尺量和目测观察检查。

检查数量：按材料与风管加工批数量抽查10%但不得少于5件。

2. 质量通病及其防治：

(1)法兰连接铆钉脱落

应按施工工艺正确操作,增强工人责任心,或加长铆钉。

(2)风管法兰连接不方正

应用直角钢尺找正,使法兰与直管棱线垂直管口四边,并保持翻边宽度一致。

(3)法兰翻边四角漏风

风管各片咬口前要倒角,咬口重叠处翻边时应铲平,且四个角上不应出现豁口。

3. 成品保护

成品、半成品加工成型后,应存放在宽敞、避雨的仓库中,堆放应整齐,避免相互间碰撞造成表面划伤;运输装卸时应轻拿轻放,避免来回碰撞,损坏风管及配件。

12.2 风管部件制作

12.2.1 一般规定

通风与空调工程的部件有风口类、阀门类及罩类、风帽、检查门、测定孔等其他部件,是整个通风与空调系统的重要组成部分。风口类部件主要起分配风量的作用;阀门类部件主要起调节风量和开关的作用;罩类主要收集废气;风帽则用于排除有害气体。

1. 常用风口制作

风口的规格和尺寸应以颈部外径或外边长为准,其尺寸的允许偏差值应符合表12-17的规定。风口的外表装饰面应平整,叶片或扩散环的分布应匀称,颜色应一致、无明显的划伤和压痕;其调节装置转动应灵活、可靠,定位后应无明显自由松动。

风口尺寸允许偏差(mm)　　表 12-17

圆形风口			
直径	≤250	>250	
允许偏差	0～-2	0～-3	
矩形风口			
边长	<300	300～800	>800
允许偏差	0～-1	0～-2	0～-3
对角线长度	<300	300～500	>500
对角线长度之差	≤1	≤2	≤3

2. 常用阀门制作

(1)应按阀门的种类、形式、规格和使用要求选用不同的材料制作。

(2)阀门的外框及叶片下料应使用机械完成,成型应尽量采用专用模具。

(3)阀门内转动的零部件应采用有色金属制作,以防锈蚀。

(4)阀门外框焊接可采用电焊或气焊方法,并保证使其焊接变形控制在允许范围。

(5)阀门组装应按照规定的程序进行。风阀的结构应牢固,调节应灵活,定位准确可靠,并应标明风阀的启闭方向及调节角度。严禁调节和定位失控。

3. 罩类制作

(1)应根据不同要求选用普通钢板、镀锌钢板、不锈钢板、铝板等材料制作。

(2)尺寸应正确,连接牢固,形状规则,表面应平整光滑,外壳不应有尖锐边角。

(3)厨房锅灶排烟罩应采用不易锈蚀材料制作,其下部集水槽应严密不漏水并坡向排放口,罩内油烟过滤器应便于拆卸和清洗。

4. 风帽制作

(1)尺寸应正确,结构牢靠,风帽接管尺寸的允许偏差与风管制作的规定一致。

(2)风帽的制作可采用镀锌钢板、普通碳素钢板及其他适宜材料。

5. 柔性短管制作

(1)应选用防腐、防潮、不透气、不易霉变的柔性材料。用于空调系统的应采取防止结露的措施;用于净化空调系统的应是内壁光滑、不易产生尘的材料。

(2)长度一般宜为150~300mm,连接处应严密、牢固可靠。

(3)设于变形缝处的柔性短管长度宜为变形缝的宽度加100mm及以上。

(4)防排烟系统柔性短管的制作材料必须为不燃材料。

(5)柔性短管不宜作为找正、找平的异径连接管。

6. 导流叶片的制作

矩形弯管导流叶片的迎风侧边缘应圆滑,固定应牢固。导流片的弧度应与弯管的角度相一致。导流片的分布应符合设计规定。当导流片的长度超过1250mm时应有加强措施。

12.2.2 质量控制

1. 质量控制要点

(1)各类部件的规格、尺寸必须符合设计要求。

(2)各类部件组装应连接紧密,牢固,活动件灵活可靠,松紧适度。

(3)防火阀必须关闭严密,转动部件必须采用耐腐蚀材料。外壳、阀板厚度严禁小于2mm。

(4)风口外观质量应合格,孔、片、扩散圈间距一致,边框和叶片平直整齐,外观光滑、美观。

(5)各类风阀的制作应有启闭标记,多叶阀叶片贴合、搭接一致,轴距偏差不大于1mm,阀板与手柄方向一致。

(6)罩类制作,罩口尺寸偏差每米应不大于2mm,连接处牢固,无尖锐的边缘。

(7)风帽的制作尺寸偏差每米不大于2mm,形状规整,旋转风帽重心平衡。

(8)柔性短管应松紧适度,长度符合设计要求和规范的规定,无开裂、扭曲等现象。

2. 质量通病及其防治

(1)风口的装饰面划伤

组装时应在操作台上加垫橡胶板等柔性材料。

(2)部件活动不灵

下料时应考虑装配误差和喷漆增厚,同时要做到方正、平直、通轴。

(3)柔性短管脱落

柔性短管与法兰组装可采用钢板压条和角钢法兰的方式,通过铆接使两者连接紧密。

12.3 风管系统安装

12.3.1 一般规定

1. 风管安装

(1)一般风管安装

1)风管的安装要求

a. 风管和空气处理室内，不得敷设电线、电缆以及输送有毒、易燃、易爆气体或液体的管道。

b. 风管与配件可拆卸的接口（风管法兰、法兰弹簧夹等）及调节机构（风阀的调节操作手柄及自控装置）不得装设在墙或楼板内。

c. 风管安装前，应清除内外杂物，并做好清洁和保护工作。

2）风管安装的技术规定

a. 现场风管接口的配置，不得缩小其有效截面。

b. 支、吊架不得设置在风口、风阀、检查门及自控机构处。

c. 支、吊架的间距，如设计无要求，应符合下列规定：

（a）风管水平安装，直径或边长尺寸小于等于 400mm，间距不应大于 4m；大于 400mm，不应大于 3m。

（b）风管垂直安装，间距不应大于 4m，单根立管至少应有 2 个固定点。

（c）水平悬吊的主、干风管长度超过 20m 时应设置防止摆动的固定点，每个系统不应少于 1 个。

d. 法兰垫料的材质及厚度如设计无要求，应按以下规定选择：

（a）输送空气温度低于 70℃ 的风管，应采用橡胶板、闭孔海绵橡胶板、密封胶带或其他闭孔弹性材料等；

（b）输送空气温度高于 70℃ 的风管，应采用石棉橡胶板等。

（c）输送含有腐蚀性介质气体的风管，应采用耐酸橡胶板或软聚氯乙烯板等；

（d）输送产生凝结水或含有蒸汽的潮湿空气的风管，应采用橡胶板或闭孔海绵橡胶板等。

e. 法兰垫片的厚度宜为3~5mm,法兰截面尺寸小的取小值;截面尺寸大的取大值,无法兰连接的垫片应为4~5mm,垫片应与法兰齐平,不得凸入管内。连接法兰的螺栓应均匀拧紧,达到密封的要求,连接螺栓的螺母应在同一侧。

f. 风管及部件穿墙、过楼板或屋面时,应设预留孔洞,尺寸和位置应符合设计要求。

穿出屋面的风管超过1.5m时应设拉索,拉索应镀锌或用钢丝绳。拉索不得固定在风管法兰上,严禁拉在避雷针或避雷网上。

g. 柔性短管的安装应松紧适度,不得扭曲。可伸缩性的金属或非金属软风管(指接管如从主管接出到风口的短支管)的长度不宜超过2m,并不应有死弯及塌凹。

h. 保温风管的支、吊架宜设在保温层的外部,并不得破坏保温层。

(2)特殊风管安装

特殊风管是指有特殊用途的风管,如不锈钢、铝板、防爆系统、净化系统、复合材料及有机、无机玻璃钢风管等。

1)一般要求

输送含有易燃、易爆气体和安装在易燃、易爆环境的风管系统均应有良好的接地,并应减少接头。法兰与法兰之间应进行跨接。

输送易燃、易爆气体的风管严禁通过生活间或其他辅助生产房间,必经通过时应严密,并不得设置接口。

2)不锈钢风管安装的质量要求

不锈钢风管与普通碳钢支架接触处,应按设计的要求在支架上喷以涂料或在支架与风管之间垫以非金属垫片。非金属垫片是指耐酸橡胶板、聚氯乙烯板等。

3)铝板风管安装的质量要求

铝板风管法兰的连接应采用镀锌螺栓,并应在法兰螺栓两侧加镀锌垫圈。支、吊架应镀锌或按设计要求做防腐绝缘处理。铝板风管较软,法兰用纯铝制作的较少,一般用角钢法兰镀锌的较多,这样可以增加风管的强度。铝板风管用于防爆系统的比较多,除法兰跨接外,还应有良好的接地,并符合设计要求。

4)玻璃钢风管安装的质量要求

有机玻璃钢风管的安装应符合下列规定:

a. 风管不应有明显扭曲、树脂破裂、脱落及界皮分层等缺陷,破损处应及时修复或调换。

b. 支架的形式、宽度与间距应符合设计要求。

c. 连接法兰的螺栓两侧应加镀锌垫圈。

无机玻璃钢风管属于水泥类制品,在安装过程中很容易受到碰撞,易损伤。无机玻璃钢风管有法兰连接和承插连接二种形式,安装质量应符合下列规定:

a. 法兰不得破损或缺角,法兰与风管结合处不得开裂,螺孔洞应完整无损,相同规格的风管法兰应可通用。

b. 承插连接的无机玻璃钢风管接口处应严密牢固,不得有开裂或松动,嵌缝应饱满密实。

c. 连接法兰的螺栓两侧应加镀锌垫圈。

5)空气净化空调系统风管安装的质量要求

a. 系统安装应严格按照施工程序进行,不得次序颠倒。

b. 风管、静压箱及其他部件在安装前内壁必须擦拭干净,做到无油污和浮尘。当施工完毕或安装停顿时,应封好端口

(用不透气不产尘的塑料薄膜封口)。

c. 风管、静压箱、风口及设备(空气吹淋室、余压阀等)安装在或穿过围护结构,其接缝处应采取密封措施,做到清洁、严密。

d. 法兰垫片和清扫口、检查门等处的密封垫料应选用不漏气、不产尘、弹性好、不易老化和具有一定强度的材料,如闭孔海绵橡胶板,软橡胶板等,厚度应为 5 ~ 8mm。严禁采用厚纸板、石棉绳、铅油麻丝以及泡沫塑料、乳胶海绵等易产尘材料。法兰垫料应减少接头,接头必须采用梯形或榫形连接,垫片应干净,并涂密封胶粘牢。

6)集中式真空吸尘系统安装的质量要求

集中式真空吸尘系统是清理洁净室内不洁空气及室内粉尘的吸尘装置,通常将管道系统安装在洁净室内,并留有数个吸尘管接口,使用时将吸尘设备的接管与接口相接。真空吸尘管道的安装应符合下列规定:

a. 集中式真空吸尘管道宜采用无缝钢管或硬聚氯乙烯管,管道连接应采用焊接,并应减少可拆卸接头。

b. 真空吸尘系统弯管的弯曲半径应为直径的 4 ~ 6 倍,弯管煨弯不得采用折皱法;三通的夹角宜为 30°,且不得大于 45°,四通制作应采用两个斜三通做法。

c. 水平吸尘管道的坡度值为 $i = 1‰ \sim 3‰$,并应坡向立管或吸尘点。

d. 吸尘嘴与管道应采用焊接或螺纹连接,并应牢固、严密地装设在墙或地面上,真空吸尘泵安装应按现行国家标准执行,并符合产品标准的要求。

7)超级风管安装的质量要求

超级风管是用离心法生产的玻璃纤维与乳胶凝固而成的

材料制成的。外表面裱上防火铝箔,内表面喷以化学乳胶层,两端用模具压制成雌雄接口,以备安装之用。

该风管质轻,内表面不产尘,具有保温、消声作用和抑制细菌生长的功能,适应于系统工作压力1000Pa以下的中低压风管系统。

超级风管安装应符合下列规定:

a. 内外表面不得破损,损伤处应立即修复并达到合格品的要求;

b. 风管各管段的对接处,三通(四通)开口处以及风口风阀的连接部位必须严密不漏风;

c. 风管系统的安装不得出现变形和扭曲。安装完毕后必须做漏风量测试。

2. 部件安装

(1)风口安装的质量要求

1)风口与风管的连接应牢固、严密;边框与建筑装饰面贴实,外表面应平整不变形,调节应灵活。同一厅室、房间内相同规格风口的安装高度应一致、排列应整齐。

2)铝合金条形风口(也称条形散流器)的安装,其表面应平整、线条清晰、无扭曲变形,转角、拼接缝处应衔接自然,且无明显缝隙。接散流器风口的风管尺寸应比风口的颈部尺寸大3~5mm。

3)净化系统风口安装前应清扫干净,其边框与建筑顶棚或墙面间的接缝应加密封垫料或填密封胶,不得漏风。

(2)风阀安装的质量要求

1)多叶阀、三通阀、蝶阀、防火阀、排烟阀(口)、插板阀、止回阀等应安装在便于操作的部位,操作应灵活。

2)斜插板阀的安装,阀板应向上拉启。水平安装时,阀板应顺气流方向插入。止回阀宜安装在风机的压出管段上,开启方向必须与气流方向一致。

3)防火阀安装,方向位置应正确,易熔件应迎气流方向,安装后应做动作试验,其阀板的启闭应灵活,动作应可靠。

4)排烟阀(排烟口)及手控装置的位置应符合设计要求,预埋管不得有死弯及瘪陷。

排烟阀安装后应做动作试验,手动、电动操作应灵敏、可靠,阀板关闭时应严密。

5)各类排气罩的安装宜在设备就位后进行,位置应正确,固定应可靠。支吊架不得设置在影响操作的部位。

6)自动排气活门安装,活门的重锤必须垂直向下,调整到需要的位置,开启方向应与排气方向一致。

12.3.2 质量控制

1. 质量控制要点

(1)风管及部件安装完毕后,应按系统压力等级进行严密性检验(即漏光法检验和漏风量测试),系统风管的严密性检验应符合规范规定。

(2)系统风管漏光法检测、漏风量测试被抽检系统应全数合格,如有不合格应加倍抽检直至全数合格。

(3)部件安装,对有开关与调节作用的部件安装后,应作动作试验,达到出厂检验的要求。

(4)净化系统风管及部件内壁应清洁、无浮尘、油污及锈蚀等,可用白布检查。无污物为合格。

(5)风管规格、走向、坡度必须符合设计要求,用料品种、规格正确。

(6)部件安装位置正确、操作灵活、维修方便,防火阀、排烟阀(口)必须留出检修或更换易熔件的空间位置。风口安装应横平竖直、排列整齐,达到美观的要求,风口与风管的连接、风口与装饰的连接应平滑自然,不得漏风。

2. 质量通病及其防治

(1)风管支吊架间距过大

认真贯彻规范要求,安装完毕后应认真复查有无间距过大现象。

(2)法兰连接螺栓漏穿或松动

应加强工人责任心,吊装前应全数加以检查。

(3)法兰垫料脱落

应严格按照施工工艺进行施工,法兰表面应保持清洁。

(4)防火阀距墙过远

应严格按图施工,保证防火阀距墙表面不大于200mm。

(5)风口安装软管接口不实

软管与风口连接时应用专用卡具,软管应套进风口喉颈100mm及以上,用卡子卡紧。与软管连接风管的末端宜压制楞筋,以便于软管安装。

12.4 通风与空调设备安装

12.4.1 一般规定

1. 产品验收

(1)通风与空调设备应有装箱清单、设备说明书、产品质量合格证书和产品性能检测报告等随机文件,进口设备还必须具有商检合格的证明文件。

(2)设备安装前,应进行开箱检查,并形成验收文字记录。开箱检查人员可由建设、监理、施工和厂商方等单位的代表组成。

(3)通风机的开箱检查应符合下列规定:

1)根据设备装箱清单,核对叶轮、机壳和其他部位的尺寸、进风口、出风口的位置等应与设计相符。

2)叶轮旋转方向应符合设备技术文件的规定。

3)进风口、出风口应有盖板遮盖,各切削加工面、机壳和转子不应有变形和锈蚀、碰损等缺陷。

(4)空调设备的开箱检查应符合下列规定:

1)应按装箱清单核对设备的型号、规格及附件数量。

2)设备的外形应规则、平直,圆弧形表面应平整无明显偏差,结构应完整,焊缝应饱满,无缺损和孔洞。

3)金属设备的构件表面应作除锈和防腐处理,外表面的色调应一致,且无明显的划伤、锈斑、伤痕、气泡和剥落现象。

4)非金属设备的构件材质应符合使用场所的环境要求,表面保护涂层应完整。

5)设备的进出口应封闭良好,随机的零部件应齐全、无缺陷。

2. 通风机安装

(1)通风机的搬运和吊装

1)整体安装的风机,搬运和吊装的绳索不得捆缚在转子和机壳或轴承盖的吊环上。

2)现场组装的风机,绳索的捆缚不得损伤机件表面,转子、轴颈和轴封等处均不应作为捆缚部位。

3)输送特殊介质的通风机转子和机壳内如涂有保护层,应严加保护,不得损伤。

(2)通风机的进风管、出风管应顺气流,并设单独支撑,与基础或其他建筑物连接牢固,风管与风机连接时,不得强迫对口。

(3)通风机传动装置的外露部位应有防护罩(网),当风机的进、出口直通大气时,应加装保护网或采取其他安全措施。

(4)通风机底座若不用隔振装置而直接安装在基础上,应用垫铁找平。

(5)通风机的基础,各部位尺寸应符合设计要求。预留孔灌浆前应清除杂物,灌浆应用细石混凝土,其强度等级应比基础的混凝土高一级,并捣固密实,地脚螺栓不得歪斜。

(6)电动机应水平安装在滑座上或固定在基础上,找正应以通风机为准,安装在室外的电动机应设防雨罩。

(7)通风机的拆卸、清洗和装配应符合下列规定:

1)应将机壳和轴承箱拆开后再清洗,直联传动的风机可不拆卸清洗;

2)清洗和检查调节机构,其转动应灵活;

3)各部件的装配精度应符合产品技术文件的要求;

4)轴承箱清洗后应加入清洁机械油。

(8)通风机的叶轮旋转后,每次均不应停留在原来的位置上,并不得碰壳。

(9)固定通风机的地脚螺栓,除应带有垫圈外,并应有防松装置,如双螺母、弹簧垫圈等。

(10)安装隔振器的地面应平整,各组隔振器承受荷载的压缩量应均匀,高度误差应小于2mm。

(11)通风机安装的允许偏差应符合表12-18的规定。

3. 空气过滤器安装

通风机安装的允许偏差　　表 12-18

项次	项目		允许偏差	检验方法
1	中心线的平面位移		10mm	经纬仪或拉线和尺量检查
2	标高		±10mm	水准仪或水平仪、直尺、拉线和尺量检查
3	皮带轮轮宽中心平面偏移		1mm	在主、从动皮带轮端面拉线和尺量检查
4	传动轴水平度		纵向 0.2/1000 横向 0.3/1000	在轴或皮带轮 0°和 180°的两个位置上，用水平仪检查
5	联轴器	两轴芯径向位移	0.05mm	在联轴器互相垂直的四个位置上，用百分表检查
		两轴线倾斜	0.2/1000	

通风空调工程中常用空气过滤器分为三类：干式纤维过滤器、浸油金属网格过滤器和静电过滤器。空气过滤器起净化空气的作用，把室外含尘量较大的空气经净化后送入室内，根据过滤器的滤尘性能分为初效、中效和高效过滤器。由于过滤器使用要求和组合形式的不同，对安装的质量也提出了不同要求。

(1)框架式及袋式初、中效空气过滤器的安装，应便于拆卸和更换滤料。过滤器与框架之间、框架与空气处理室的围护结构之间应严密。

(2)自动浸油过滤器的安装，链网应清扫干净，传动灵活。两台以上并列安装，过滤器之间的接缝应严密。

(3)卷绕式过滤器的安装框架应平整，滤料应松紧适当，上下筒应平行。

(4)静电过滤器的安装应平稳，与风管或风机相连接的部位应设柔性短管，接地电阻应小于 4Ω。

(5)亚高效、高效过滤器的安装应符合下列规定：

1)应按出厂标志方向搬运和存放。安装前的成品应放在清洁的室内,并应采取防潮措施。

2)框架端面或刀口端面应平直,端面平整度的允许偏差单个为±1mm,过滤器外框不得修改。

3)在洁净室全部安装工程完毕,并全面清扫,系统连续试车12h后,方能开箱检查,不得有变形、破损和漏胶等现象,检漏合格后立即安装。

4)安装时,外框上的箭头应与气流方向一致。用波纹板组合的过滤器在竖向安装时波纹板必须垂直于地面,不得反向,以免脱胶受损。

5)过滤器与框架之间必须加密封垫料或涂抹密封胶。密封垫料厚度应为6~8mm,定位粘贴在过滤器边框上,拼接方法为梯形或榫形连接,安装后垫料的压缩率应大于50%。

采用硅橡胶作密封材料,应先清除过滤器边框上的杂物和油污。挤抹硅橡胶应饱满、均匀、平整,并应在常温下施工。

采用液槽密封,槽架安装应水平,槽内应保持干净,无污物和水分。槽内密封液高度宜为2/3槽深。

6)多个过滤器组安装时,应根据各台过滤器初阻力大小进行合理配置,初阻力比较相近的安装在一起。

4. 消声器安装

(1)外观检查

1)消声器外表面应平整,不应有明显的凹凸、划痕及锈蚀;外观清洁完整,严禁放于室外受日晒雨淋;

2)吸声片的玻纤布应平整无破损,两端设置的导向条应整齐完好;

3)紧固消声器部件的螺钉应分布均匀,接缝平整,不得松动、脱落；

4)穿孔板表面应清洁,无锈蚀及孔洞堵塞。

(2)消声器安装的方向应正确,不得损坏和受潮。

(3)大型组合式消声室的现场安装,应按照正确的施工顺序进行。消声组件的排列、方向与位置应符合设计要求,其单个消声器组件的固定应牢固。当有2个或2个以上消声元件组成消声组时,其连接应紧密,不得松动,连接处表面过渡应圆滑顺气流。

(4)消声器、消声弯管均应设单独支吊架。

5. 空调机组安装

(1)组合式空调机组的安装

1)组合式空调机组各功能段的组装,应符合设计规定的顺序和要求。

2)机组应清理干净,箱体内应无杂物。

3)机组应放置在平整的基础上,基础应高于机房地平面至少一个虹吸管的高度。

4)机组下部的冷凝水排管,应有水封,与外管路连接应正确。

5)组合式空调机组各功能段之间的连接应严密,整体应平直,检查门开启应灵活,水路应畅通。

(2)空气处理室的安装

1)金属空气处理室壁板及各段的组装,应平整牢固,连接严密、位置正确,喷水段不得渗水。

2)喷水段检查门不得漏水,冷凝水的引流管或槽应畅通,冷凝水不得外溢。

3)预埋在砖、混凝土空气处理室构件内的供、回水短管应焊防渗肋板,管端应配制法兰或螺纹,距处理室墙面应为

100～150mm。

4)表面式换热器的散热面应保持清洁、完好,用于冷却空气时,在下部应设排水装置。

6. 风机盘管安装

(1)机组安装前宜进行单机三速试运转及水压检漏试验。试验压力为系统工作压力的1.5倍,试验观察时间为2min,不渗漏为合格。

(2)机组应设独立支吊架,安装的位置、高度及坡度应正确。

(3)机组与风管、回风箱或风口的连接处应严密、可靠。

7. 除尘器安装

(1)基础检验

大型除尘器的钢筋混凝土基础及支柱,应提交耐压试验报告,验收合格后方可进行设备安装。

(2)除尘器的安装应符合下列规定:

1)型号、规格、进出口方向必须符合设计要求;除尘器的安装位置应正确、牢固平稳,允许误差应符合表12-19的规定;

除尘器安装允许偏差和检验方法　　表12-19

项次	项目		允许偏差(mm)	检验方法
1	平面位移		≤10	用经纬仪或拉线、尺量检查
2	标高		±10	用水准仪、直尺、拉线和尺量检查
3	垂直度	每米	≤2	吊线和尺量检查
		总偏差	≤10	

2)现场组装的除尘器壳体应做漏风量检测,在设计工作压力下允许漏风率为5%,其中离心式除尘器为3%;

3)布袋除尘器、电除尘器的壳体及辅助设备接地应可靠;

4)除尘器的活动或转动部件的动作应灵活、可靠，并应符合设计要求；

5)除尘器的排灰阀、卸料阀、排泥阀的安装应严密，并便于操作与维护修理。

12.4.2　质量控制

1. 质量控制要点

(1)通风机传动装置的外露部位应有防护罩(网)，当风机的进、出口直通大气时，应加装保护网或采取其他安全措施。

(2)现场组装的组合式空气调节机组应做漏风量的检测，其漏风量必须符合现行国家标准《组合式空调机组》GB/T 14294的规定。

(3)静电空气过滤器金属外壳接地必须良好。

(4)电加热器的安装必须符合下列规定：

1)电加热器与钢构架间的绝热层必须为不燃材料；接线柱外露的应加设安全防护罩；

2)电加热器的金属外壳接地必须良好；

3)连接电加热器的风管的法兰垫片应采用耐热不燃材料。

(5)干蒸汽加湿器的安装，蒸汽喷管不应朝下。

(6)风机盘管机组应设独立支吊架，安装的位置、高度及坡度应正确。机组与风管、回风箱或风口的连接处应严密、可靠。

(7)消声器、消声弯管均应设独立支吊架。

(8)变风量末端装置的安装应设单独支吊架，与风管连接前宜做动作试验。

2. 质量通病及其防治

(1)除尘器制作

1)异型排出管与筒体连接不平

防治措施:在圈圆时用各种样板找准各段弧度。

2)芯子的螺旋叶片角度不正确

防治措施:组装时边点焊边检查。

(2)风机运转中皮带滑下或产生跳动

应检查两皮带轮是否找正并在一条中线上,或调整两皮带轮的距离,如皮带过长应更换。

(3)通风机与电动机整体振动

应检查地脚螺栓是否松动,机座是否紧固;与通风机相连的风管是否加支撑固定以及柔性短管是否过紧等。

(4)消声器外壳拼接处及角部产生孔洞漏风

用锡焊或密封胶封堵孔洞。

(5)风机盘管表冷器堵塞

风机盘管与管道连接后未经冲洗排污不得投入运行使用。

(6)风机盘管结水盘堵塞

风机盘管运行前应清除结水盘中的杂物,保证凝结水畅通,凝结水管道还应做充水试验;

12.5 空调水系统及制冷设备安装

12.5.1 一般规定

1. 空调水系统安装

(1)管道安装

1)焊接钢管、镀锌钢管不得采用热煨弯;

2)管道与设备的连接,应在设备安装完毕后进行,与水泵、制冷机组的接管必须为柔性接口。柔性短管不得强行对口连接，与其连接的管道应设置独立支架；

3)管道穿越墙体或楼板处应设钢制套管，管道接口不得置于套管内，保温管道与套管四周间隙应使用不燃绝热材料填塞紧密；

4)螺纹连接的管道，螺纹应清洁、规整，断丝或缺丝不大于螺纹全扣数10%；法兰连接的管道，法兰面应与管道中心线垂直，并同心。法兰对接应平行，其偏差不应大于其外径的1.5/1000，且不得大于2mm。

(2)阀门安装

1)阀门的安装位置、高度、进出口方向必须符合设计要求，并便于操作；连接应牢固紧密，启闭灵活；成排阀门的排列应整齐美观，在同一平面上的允许偏差为3mm；

2)安装在各类保温管道上的各类手动阀门，手柄均不得朝下；

3)阀门安装前必须进行外观检查。对于工作压力大于1.0MPa及在主干管上起到切断作用的阀门，应进行强度和严密性试验，合格后方准使用；

4)电动、气动等自控阀门在安装前应进行单体的调试，包括开启、关闭等动作试验。

(3)水泵、水箱等设备安装

1)水泵的规格、型号、技术参数应符合设计要求和产品性能指标，水泵正常连续试运行的时间不应少于2h；

2)水箱、集水缸、分水缸、储冷罐的满水试验或水压试验必须符合设计要求。储冷罐内壁防腐涂层的材质、涂抹质量、厚度必须符合设计或产品技术文件要求，储冷罐与底座必须进行绝热处理。

2. 制冷设备安装

(1)开箱检查及吊装

1)根据设备装箱清单说明书、合格证、检查记录和必要的装配图和其他技术文件,核对型号、规格以及全部零件、部件、附属材料和专用工具;

2)主体和零、部件等表面有无缺损和锈蚀等情况;

3)设备充填的保护气体应无泄漏,油封应完好,开箱检查后,设备应采取保护措施,不宜过早或任意拆除,以免设备受损;

4)制冷设备的搬运和吊装,应符合下列规定:

a. 混凝土基础达到养护强度,表面平整,位置、尺寸、标高、预留孔洞及预埋件等均符合设计要求后方可安装;

b. 安装前放置设备应用衬垫将设备垫妥;

c. 吊装前应核对设备重量,吊运捆扎应稳固,主要承力点应高于设备重心;

d. 吊装具有公共底座的机组,其受力点不得使机组底座产生扭曲和变形;

e. 吊索的转折处与设备接触部位,应采用软质材料衬垫。

(2)活塞式制冷机安装的质量要求

1)安装的要求

整体安装的活塞式制冷机组,其机身纵、横向水平度允许偏差为0.2/1000,测量部位在主轴外露部分或其他基准面上,对于有公共底座的冷水机组,应按主机结构选择适当位置作基准面。

2)制冷设备的装卸和清洗

a. 用油封的活塞式制冷机,在技术文件规定期限内(一般以出厂半年为限），外观完整，机体无损伤和锈蚀等现象，可仅拆卸缸盖、活塞，气缸内壁、吸排气阀、曲轴箱等均应清洗干净，油系统应畅通，检查紧固件是否牢固，并更换曲轴箱内的润滑油。如在技术文件规定期限外，或机体有损伤和锈蚀等现象，则必须全面检查，并按设备技术文件的规定拆洗装配，调整各部位间隙，并做好记录。

b. 充入保护气体的机组在设备技术文件规定期限内，外观完整和氮封压力无变化的情况下，不作内部清洗，仅作外表擦洗，如需清洗时，严禁混入水气。

c. 制冷系统中的浮球阀和过滤器均应检查和清洗。

3）制冷机的辅助设备

单机安装前必须吹污，并保持内壁清洁。承受压力的辅助设备，应在制造厂进行强度试验，并具有合格证。

4）辅助设备的安装

a. 辅助设备安装位置应正确，各管口必须畅通；

b. 立式设备的垂直度，卧式设备的水平度允许偏差均为1/1000；

c. 卧式冷凝器、管壳式蒸发器和贮液器，应坡向集油的一端，其倾斜度为1/1000～2/1000；

d. 贮液器及洗涤式油氨分离器的进液口均应低于冷凝器的出液口；

e. 直接膨胀表面式冷却器、贮液器在室外露天布置时，应有遮阳与防冻措施。

（3）离心式制冷机安装的质量要求

1）安装前，机组的内压及油箱内的油量应符合设备技术文件规定的出厂要求；

2）机组应在压缩机的机加工平面上找正水平，其纵、横向

水平度允许偏差均为 0.1/1000;

3)基础底板应平整,底座安装应设置隔振器,隔振器压缩量应均匀一致。

(4)溴化锂吸收式制冷机组的安装质量要求

1)安装前,设备的内压应符合设备技术文件规定的出厂压力;

2)机组就位后,应找正水平,其纵、横向水平度允许偏差均为 0.5/1000。双筒吸收式制冷机应分别找正上、下筒的水平;

3)机组配套的燃油系统等安装应符合产品技术文件的规定。

(5)螺杆式制冷机安装的质量要求

1)机组安装应对机座进行找平,其纵、横向水平度允许偏差均为 0.1/1000;

2)机组接管前,应先清洗吸、排气管道,合格后方能连接,接管不得影响电机与压缩机的同轴度。

(6)模块式冷水机组安装的质量要求

1)机组安装应对机座进行找平,其纵、横向水平度允许偏差均为 1/1000;

2)多台模块式冷水机组单元并联组合,应牢固地固定在型钢基础上,连接后模块机组外壳应保持完好无损,表面平整、接口牢固;

3)模块式冷水机组进、出水管连接位置应正确、严密不漏。

(7)大、中型热泵机组安装的质量要求

1)空气热源热泵机组周围应按设备不同留有一定的通风空间;

2)机组应设置隔振垫,并有定位措施;

3)机组供回水管侧应留有检修距离;

4)水源热泵机组安装要求同单元式空调机组。

(8)冷却塔安装的质量要求

1)基础标高应符合设计的规定,允许偏差为20mm。冷却塔地脚螺栓与预埋件的连接或固定应牢固,各连接部件应采用热镀锌或不锈钢螺栓,其紧固力应一致、均匀;

2)冷却塔安装应水平,单台冷却塔安装水平度和垂直度允许偏差均为2/1000。同一冷却水系统的多台冷却塔安装时,各台冷却塔的水面高度应一致,高差不应大于30mm;

3)冷却塔的出水口及喷嘴的方向和位置应正确,积水盘应严密无渗漏,分水器布水均匀。带转动布水器的冷却塔,其转动部分应灵活,喷水出口按设计或产品要求,方向应一致;

4)冷却塔风机叶片端部与塔体四周的径向间隙应均匀。对于可调整角度的叶片,角度应一致。

3. 制冷系统试验及试运转

空调制冷系统安装结束后,应做系统试验及试运转,以检验系统的完整性、严密性和可靠性。系统试验及试运转的内容如下:

(1)压缩式制冷系统应做系统吹扫排污

系统吹污压力采用0.6MPa的干燥压缩空气或氮气,在排污口用白布检查,5min内无污物(垃圾、铁锈、粉尘)为合格。吹污后应将系统中阀门的阀芯拆下清洗干净(安全阀除外)。

(2)系统气密性试验

试验压力保持24h,前6h压力降不应大于0.03MPa,后

18h除去因环境温度变化而引起的误差外，压力无变化为合格。

(3)真空试验

真空试验的剩余压力，氨系统应不高于8kPa，氟利昂系统应不高于5.3MPa，保持24h，氨系统压力以无变化为合格；氟利昂系统压力回升不应大于0.53MPa。离心式制冷机按设备技术文件规定执行。

(4)活塞式制冷机充注制冷剂

充注制冷剂应按下列步骤进行：首先充注适量制冷剂，氨系统加压到0.1~0.2MPa，用酚酞试纸检漏。氟利昂系统加压到0.2~0.3MPa，用卤素喷灯或卤素检漏仪检漏，无渗漏时，再按技术文件规定继续加液。充注时应防止吸入空气和杂质，严禁用高于40℃的温水或其他方法对钢瓶加热。

(5)制冷机组单机试运转和系统带负荷试运转

各类制冷机组应按照有关技术文件的规定做好单机试运转工作，无负荷试运转时间一般不应少于2h；在系统吹污、气密性试验、抽真空结束后方可进行系统的带负荷试运转。

12.5.2 质量控制

1. 质量控制要点

(1)制冷系统管道、管件和阀门的安装应符合下列规定：

1)制冷系统的管道、管件和阀门的型号、材质及工作压力等必须符合设计要求，并应具有出厂合格证、质量证明书；

2)法兰、螺纹等处的密封材料应与管内的介质性能相适应；

3)制冷剂液体管不得向上装成“Ω”形。气体管道不得向下装成“U”形(特殊回油管除外);液体支管引出时,必须从干管底部或侧面接出;气体支管引出时,必须从干管顶部或侧面接出;有两根以上的支管从干管引出时,连接部位应错开,间距不应小于2倍支管直径,且不小于200mm;

4)制冷机与附属设备之间制冷剂管道的连接,其坡度与坡向应符合设计及设备技术文件要求。当设计无规定时应符合表12-20的规定;

制冷剂管道坡度、坡向　　　　表12-20

管道名称	坡向	坡度
压缩机吸气水平管(氟)	压缩机	≥10/1000
压缩机吸气水平管(氨)	蒸发器	≥3/1000
压缩机排气水平管	油分离器	≥10/1000
冷凝器水平供液管	贮液器	(1~3)/1000
油分离器至冷凝器水平管	油分离器	(3~5)/1000

5)制冷系统投入运行前,应对安全阀进行调试校核,其开启和回座压力应符合设备技术文件的要求。

(2)燃油管道系统必须设置可靠的防静电接地装置,其管道法兰应采用镀锌螺栓连接或在法兰处用铜导线进行跨接,且接合良好。

(3)燃气系统管道与机组的连接不得使用非金属软管。燃气管道的吹扫和压力试验应为压缩空气或氮气,严禁用水。当燃气供气管道压力大于0.005MPa时,焊缝的无损检测的执行标准应按设计规定。当设计无规定,且采用超声波探伤时,应全数检测,以质量不低于Ⅱ级为合格。

(4)空调水系统管道安装完毕,外观检查合格后,应按设计要求进行水压试验。当设计无规定时，应符合下列规定：

1)冷热水、冷却水系统的试验压力，当工作压力小于等于1.0MPa时，为1.5倍工作压力，但最低不小于0.6MPa；当工作压力大于1.0MPa时，为工作压力加0.5MPa；

2)对于大型或高层建筑垂直位差较大的冷(热)媒水、冷却水管道系统宜采用分区、分层试压和系统试压相结合的方法。一般建筑可采用系统试压方法；

3)各类耐压塑料管的强度试验压力为1.5倍工作压力，严密性工作压力为1.15倍的设计工作压力。

(5)钢制管道的安装应符合下列规定：

1)管道和管件在安装前，应将其内、外壁的污物和锈蚀清除干净。当管道安装间断时，应及时封闭敞开的管口；

2)管道弯制弯管的弯曲半径，热弯不应小于管道外径的3.5倍，冷弯不应小于4倍；焊接弯管不应小于1.5倍；冲压弯管不应小于1倍。弯管的最大外径与最小外径的差不应大于管道外径的8%，管壁减薄率不应大于15%；

3)冷凝水排水管坡度应符合设计文件的规定。当设计无规定时，其坡度宜大于或等于8‰；软管连接的长度，不宜大于150mm；

4)冷热水管道与支吊架之间应有绝热衬垫(承压强度能满足管道重量的不燃、难燃硬质绝热材料或经防腐处理的木衬垫)，其厚度不应小于绝热层厚度。宽度应大于支吊架支承面的宽度，衬垫的表面应平整、衬垫接合面的空隙应填实；

5)管道安装的坐标、标高和纵、横向的弯曲度应符合表12-21的规定。在吊顶内等暗装管道的位置应正确，无明显偏差；

管道安装的允许偏差和检验方法　　　　表 12-21

项　　目			允许偏差(mm)	检 查 方 法
坐标	架空及地沟	室外	25	按系统检查管道的起点、终点、分支点和变向点及各点之间的直管 用经纬仪、水准仪、液体连通器、水平仪、拉线和尺量检查
		室内	15	
	埋地		60	
标高	架空及地沟	室外	±20	
		室内	±15	
	埋地		±25	
水平管道平直度		$DN \leqslant 100$mm	$2L$‰，最大 40	用直尺、拉线和尺量检查
		$DN > 100$mm	$3L$‰，最大 60	
立管垂直度			$5L$‰，最大 25	用直尺、线锤、拉线和尺量检查
成排管段间距			15	用直尺尺量检查
成排管段或成排阀门在同一平面上			3	用直尺、拉线和尺量检查

注：L——管道的有效长度(mm)。

6)金属管道的支吊架的型式、位置、间距、标高应符合设计或有关技术标准的要求。设计无规定时，应符合下列规定：

a. 支吊架的安装应平整牢固，与管道接触紧密。管道与设备连接处应设独立支吊架；

b. 冷(热)媒水、冷却水系统管道机房内总、干管的支吊架应采用承重防晃管架；与设备连接的管道管架宜有减振措施。当水平支管的管架采用单杆吊架时，应在管道起始点、阀门、三通、弯头及长度每隔 15m 设置承重防晃支吊架；

c. 无热位移的管道吊架，其吊杆应垂直安装；有热位移的，其吊杆应向热膨胀（或冷收缩）的反方向偏移安装，偏移量按计算确定；

d. 滑动支架的滑动面应清洁、平整，其安装位置应从支承面中心向位移反方向偏移 1/2 位移值或符合设计文件规定；

e. 竖井内的立管，每隔 2～3 层应设导向支架。在建筑结构负重允许的情况下，水平安装管道支吊架的间距应符合表 12-22 的规定；

钢管道支、吊架的最大间距　　　　表 12-22

公称直径(mm)		15	20	25	32	40	50	70	80	100	125	150	200	250	300
支架的最大间距(m)	L_1	1.5	2.0	2.5	2.5	3.0	3.5	4.0	5.0	5.0	5.5	6.5	7.5	8.5	9.5
	L_2	2.5	3.0	3.5	4.0	4.5	5.0	6.0	6.5	6.5	7.5	7.5	9.0	9.5	10.5
	对大于 300mm 的管道可参考 300mm 管道														

注：1. 适用于工作压力不大于 2.0MPa，不保温或保温材料密度不大于 200kg/m^3 的管道系统。

2. L_1 用于保温管道，L_2 用于不保温管道。

f. 管道支吊架的焊接应由合格持证焊工施焊，并不得有漏焊、欠焊或接裂纹等缺陷。支架与管道焊接时，管道侧的咬边量应小于 0.1 管壁厚。

2. 质量通病及其防治

(1)冷凝水管道无坡或倒坡

应严格按照规范要求施工，坡度宜大于或等于 8‰，冷凝水管道还应做充水试验，防止流水不畅。

(2)风机盘管机组与管道之间的软管连接扭曲

应加强工人责任心，软管的连接应牢固，不应有强扭和瘪管。

(3)阀门渗漏

阀门安装前应按规范规定做好检查、清洗、试压工作，杜绝不合格产品使用于工程中。

(4)随意用气焊切割型钢、螺栓孔及管道

支吊架、管道等金属材料的切割应用砂轮锯或手锯断口；各类螺栓孔则应用电钻打孔，严禁气割开孔。

12.6 防腐与绝热

12.6.1 一般规定

1. 风管及管道油漆防腐工程的质量要求

(1)通风管道油漆的质量要求

1)油漆施工时应采取防火、防冻、防雨等措施，并不应在低温及潮湿环境下喷刷油漆。

2)风管和管道喷刷底漆前，应清除表面的灰尘、污垢和锈斑，并保持干燥。

3)面漆和底漆漆种宜相同。漆种不相同时，施涂前应做亲溶性试验，不相溶合的漆不宜使用。

4)普通薄钢板在制作咬接风管前，宜预涂防锈漆一遍，以防咬口缝锈蚀。

5)喷、涂油漆的漆膜应均匀，不得有堆积、漏涂、皱纹、气泡、掺杂及混色等缺陷。

6)支、吊架的防腐处理应与风管或管道相一致，明装部分必须涂面漆。明装部分的最后一遍色漆，宜在安装完毕后进行。

(2)制冷管道油漆的质量要求

空调制冷系统管道包括制冷剂、冷冻机(载冷剂)、冷却水、冷冻供回水管及冷凝水管道等的油漆应符合设计要求。

空调制冷各系统管道的外表面，应按设计规定做色标。

2. 风管及管道保温绝热工程的质量要求

(1)一般规定

1)风管与部件及空调设备绝热工程施工应在风管系统严密性检验合格后进行。

2)空调制冷系统管道绝热工程施工应在管路系统强度与严密性试验合格及防腐处理结束后进行。

3)绝热工程应采用不燃材料(如超细玻璃棉板)或难燃材料,如采用难燃材料(如阻燃型的聚苯乙烯保温板)应对其难燃性进行检查,合格后方可使用。

4)绝热工程冬期施工或在户外施工时应有防冻、防雨措施。

5)空气净化系统的绝热工程不得采用易产尘的绝热材料(如玻璃纤维、短纤维矿棉等)。

(2)风管、部件及空调设备绝热工程施工质量要求

1)绝热层应平整密实,不得有裂缝、空隙等缺陷。风管系统部件的绝热,不得影响其操作功能。风管与设备的绝热层如用卷、散材料时,厚度应均匀,包扎牢固,不得有散材外露的缺陷。

2)电加热器前后 800mm 范围内的风管绝热层及穿越防火隔墙两侧 2m 范围内的风管绝热层应采用不燃绝热材料。

3)绝热层采用粘结方法固定时,应符合下列规定:

a. 粘结剂的性能应符合使用温度及环境卫生的要求,并与绝热材料相匹配;

b. 粘结材料宜均匀地涂在风管、部件及设备的外表面上,绝热材料与风管、部件及设备表面应紧密贴合,无空隙;绝热层的纵、横向接缝应错开;

c. 绝热层粘贴后,如进行包扎或捆扎,包扎的搭接处应均

匀贴紧，捆扎时应松紧适度不得损坏绝热层。

4)绝热层采用保温钉连接固定时应符合下列规定：

a. 保温钉与风管、部件与设备表面的连接可采用粘接或焊接，结合应牢固，保温钉不得脱落；

b. 矩形风管及设备保温钉应均匀分布，其数量底面每平方米不应少于16个，侧面不应少于10个，顶面不应少于8个。首行保温钉至风管或保温材料边沿的距离应小于120mm；

c. 绝热材料纵向缝不宜设在风管或设备底面；

d. 保温钉的长度应能满足压紧绝热层及固定压片的要求，固定压片应松紧适度，均匀压紧；

e. 带有防潮隔汽层的绝热材料的拼缝处应用粘胶带封严。粘胶带的宽度不应小于50mm。粘胶带应牢固地粘贴在防潮面层上，不得胀裂和脱落。

5)绝热涂料(即糊状保温材料)作绝热层时，应分层涂抹，厚度均匀，不得有气泡和漏涂等缺陷，表面固化层应光滑，牢固无缝隙。

6)金属保护层施工应符合下列要求：

a. 保护层材料宜采用镀锌钢板或铝板，当采用薄钢板时内外表面必须做防腐处理。金属保护壳可采用咬接、铆接、搭接等方法施工，外表应整齐、美观；

b. 保护壳应紧贴绝热层，不得有脱壳、褶皱、强行接口等现象。接口的搭接应顺水，并有凸筋加强，搭接尺寸为20~25mm；采用自攻螺钉紧固时，螺钉间距应匀称，并不得刺破防潮层；

矩形保护层表面应平整、棱角规则、圆弧(指弯管)均匀、底部与顶部不得有凸凹等缺陷；

c. 户外金属保护层的纵、横向接缝应顺水，其纵向接缝应设在侧面。保护层与外墙面或屋顶的交接处应加设泛水。

(3)制冷管道及附属设备绝热工程施工质量要求

制冷管道的绝热材料有橡塑类制品、离心玻璃棉、聚苯乙烯制品、聚氨脂泡沫塑料制品、珍珠岩制品、软木制品等,橡塑类制品及离心玻璃棉制品使用最为常见。

1)制冷管道系统绝热施工质量要求

a. 绝热制品的材质和规格应符合设计要求。绝热材料应粘贴牢固,敷设平整,绑扎紧密,无滑动、松弛、断裂等现象;

b. 硬质或半硬质绝热管壳之间的缝隙,保温时不应大于5mm,保冷时不应大于2mm,并且粘结材料勾缝填满;纵缝应错开,外层的水平接缝应设在侧下方。当绝热层厚度大于100mm时,应分层铺设,层间应压缝;

c. 硬质或半硬质绝热管壳应用金属丝或难腐织带捆扎,其间距为300~350mm,且每节至少捆扎二道;

d. 松散或软质材料作绝热层,应按规定的密度压缩其体积,疏密应均匀,毡类材料在管道上包扎时,搭接处不应有孔隙;

e. 管道穿墙、穿楼板套管处应采用不燃或难燃的绝热材料填实;

f. 管道阀门、过滤器及法兰部位的绝热结构应能单独拆卸。

2)制冷管道系统防潮层的施工质量要求

a. 防潮层应紧密粘贴在绝热层上,封闭良好,不得有虚粘、气泡、褶皱、裂缝等缺陷;

b. 立管的防潮层应由管道的低端向高端敷设,环向搭缝口应朝向低端,纵向搭缝应位于管道的侧面并顺水;

c. 卷材作防潮层时采用螺旋形缠绕的方式施工时,卷材

的搭接宽度宜为30~50mm;

d. 油毡纸作防潮层时,可用包卷的方式包扎,搭接宽度宜为50~60mm。

(4)制冷管道系统保护层的施工质量要求

1)与风管系统保护层材料相同的保护层质量参见本节;

2)毡、布类保护层表面加涂防水涂层时,涂层应完整均匀,且应有效地封闭所有网孔。

12.6.2 质量控制

1. 风管及管道油漆防腐工程施工质量控制要点

(1)底漆与面漆在同一项目上使用时,两种油漆必须为相溶性漆种。

(2)风管、部件、设备及制冷管道在刷底漆前,必须清除金属表面的氧化物,铁锈、灰尘、污垢等。

(3)油漆施工前应对油漆质量进行检验,下列油漆不得使用:

1)超过使用期限;

2)油漆成胶冻状;

3)油漆沉淀、底部结成硬块不易调开;

4)慢干与返粘的油漆。

(4)涂刷油漆的施工场所应清洁,不得在粉尘飞扬的环境里施工;也不得在低温环境下及潮湿的环境下施工。

(5)漆膜应附着牢固、光滑均匀、无杂色、透锈、漏涂、起泡、剥落、流淌等缺陷;各类产品铭牌不得刷漆。

(6)带有调节、关闭和转动要求的风口类及阀门类油漆后应开启灵活、调节角度准确,关闭严密。

(7)油漆规格、油漆遍数及制冷管道的颜色符合设计要求。

2. 风管及制冷管道系统绝热施工质量控制要点

(1)原材料检验

1)绝热工程施工前,风管系统应完成漏光检查、漏风量试验;制冷管道系统应完成吹污、气密性检验、真空试验等确认合格后,并在防腐处理结束后进行。

2) 对绝热材料的质量应进行检验,保温材料的外观质量及物理性能(容重、导热系数、防火性能等)必须符合设计要求。

(2)风管绝热工程

1)绝热材料的品种、规格、厚度应符合设计要求。

2)用粘贴法施工的绝热层,粘贴必须牢固,胶粘剂应均匀地涂满地风管及设备表面上,绝热材料应均匀压紧,接缝处用密封膏填实。

用保温钉施工的绝热层,保温钉的数量、规格应符合规范的规定,保温钉的粘贴必须牢固,保温材料纵、横向的拼缝应错开,拼缝处的缝隙应用相同的绝热材料填实,并用密封胶带封严。

3)防潮层应完整无破损。

4)石棉水泥保护层,配料应正确,涂层厚度均匀(10~15mm),表面光滑、平整,无明显裂纹。

金属保护壳的搭接应顺水,搭接宽度一致,凸鼓重合。垂直风管应由下向上施工,水平风管应由低处向高处施工。弯头、三通、异径管的保护壳不得有孔洞。同一根风管保护壳的搭接缝方向一致。

(3)制冷管道系统绝热工程

1)制冷管道系统的绝热材料品种、规格及物理性能必须符合设计要求。

2)硬质管壳绝热层应粘贴牢固,绑扎紧密、无滑动、松弛、断裂现象。管壳之间的拼缝应用树脂腻子或沥青胶泥嵌填饱满。检查粘贴是否牢固,可用双手卡住绝热管壳轻轻扭动,不转动则为合格。

3)用橡塑材料施工时,所有接缝都必须粘贴牢固、平整,弯头、异径管、三通等处的绝热层应衔接自然。阀门类及法兰处的绝热层必须留出螺栓安装的距离,一般为螺栓长度加长25~30mm,接缝处应用与前后管道相同的绝热材料填实。

(4)制冷管道系统保护层施工

制冷管道系统绝热材料的保护层有石棉水泥粉面、缠绕玻璃布、薄金属板保护壳等。

1)石棉水泥保护层,应分二次施抹,第一层为与铅丝网的结合层,应将砂浆抹进铅丝网内,并要抹平。第二层为覆盖层,应抹平、抹圆、抹光,不得出现胀裂。

2)缠绕玻璃布要平直、圆整,玻璃布的搭接宽度宜为30mm,间距均匀,玻璃布的始端和终端部位必须用镀锌铅丝扎牢,外表面宜刷防水涂料二道,涂刷均匀,颜色一致。

3)金属保护壳的施工可以采用咬接和搭接。纵向拼接缝可用咬接,纵向及横向搭接缝的边缘应凸筋。保护壳的搭接应顺水,表面应平整光滑,不得有明显凹凸和缝隙,凸筋方向一致,自攻螺钉间距均匀,固定可靠,整齐美观。

3. 质量通病及其防治

(1)保温层脱落,玻璃布松散

保温钉固定时一定要粘牢,铺设保温材料后压盖要压紧。玻璃布端头要固定好。

(2)保温层外表不美观

保温材料裁剪要准确,拼缝应整齐,玻璃布缠绕要松紧适度。

(3)管道保温近垫木处缝隙大,易结露

垫木处保温材料要塞紧,不得有孔隙。

(4)风管保温法兰处保温厚度不够

风管法兰部位的保温厚度不应低于风管绝热层的0.8倍,法兰处保温宜做成加强腰鼓型。

(5)管道穿楼板处结露

管道穿楼板套管应采用不燃或难燃的软、散绝热材料填实。

(6)油漆漆膜剥落

在油漆前应清除风管和管道表面的灰尘、污垢和锈斑。

12.7 系统调试

12.7.1 一般规定

通风与空调系统安装完毕后,在投入使用前还必须进行系统的测定和调整,使其达到使用要求。通风与空调系统的调试应由施工单位负责,监理单位监督,设计单位与建设单位参与和配合。

系统调试应包括:设备单机试运转及调试;系统无生产负荷下的联合试运转及调试。

1. 设备单机试运转

(1)通风机试运转

通风机运转前必须加上适度的机械油,检查各项安全措施;盘动叶轮,应无卡阻和碰壳;叶轮旋转方向必须正确,运转平稳,其电机运行功率应符合设备技术文件的规定。

试运转应无异常振动与声响,在额定转速下连续试运转

2h后，滑动轴承外壳最高温度不得超过70℃；滚动轴承最高温度不得超过80℃。

(2)水泵试运转

在设计负荷下连续运转应不少于2h，并应符合下列规定：

1)运转中不应有异常振动和声响，壳体密封处不得渗漏，紧固连接部位不应松动；

2)滑动轴承外壳的最高温度不得超过70℃，滚动轴承的最高温度不得超过75℃；

3)轴封的温升应正常，在无特殊要求的情况下，普通填料泄漏量不应大于60mL/h，机械密封的泄漏量不应大于5mL/h；

4)电动机的电流和功率不应超过额定值。

(3)其他设备试运转

1)冷却塔本体应稳固、无异常振动，其噪声应符合设备技术文件的规定；

2)制冷机组、单元式空调机组的试运转应符合设备技术文件和《制冷设备、空气分离设备安装工程施工及验收规范》GB50274的有关规定，正常运转不应少于8h；

3)带有动力的除尘器、空气过滤器、板式换热机组、转轮除湿机、全热交换机组等设备的试运转可参照本节"通风机和水泵"的试运转规定，并且还应符合设备技术文件的要求。

2. 系统无生产负荷联合试运转及调试

(1)系统联合试运转

系统联合试运转是对组成系统的各部件、设备、管道或风管等总体质量的检验，联合试运转应在制冷设备和通风与空调设备单机试运转和风管系统严密性检验合格后进行。

(2)无生产负荷的测定与调试

1)通风机的风量、风压及转速的测定。通风与空调设备

(如空调机组)的风量、余压(指机外余压)与风机转速的测定(指设备内风机)。实测值应满足设计要求;

2)系统与风口的风量测定与调整,系统总风量实测与设计风量的偏差不应大于10%,各风口或吸风罩的风量与设计风量的允许偏差不应大于15%;

3)通风机、制冷机、空调噪声应符合设计规定要求;

4)制冷系统运行的压力、温度、流量等各项技术参数应符合有关技术文件的规定;

5)防排烟系统风量及正压必须符合设计与消防的规定;

6)空调系统带冷(热)源的正常联合试运转应大于8h,当竣工季节与设计条件相差较大时,仅做不带冷(热)源的试运转。通风、除尘系统的连续试运转应大于2h;

7)设计要求满足的其他测试项目。

(3)系统风量的测定

1)风管的风量一般可用毕脱管和微压计测量,测量截面的位置应选择在气流均匀处,按气流方向,应选择在局部阻力之后大于或等于4倍及局部阻力之前大于或等于1.5倍圆形风管直径或矩形风管长边尺寸的直管段上。当测量截面上的气流不均匀时,应增加测量截面上的测点数量。

2)风管内的压力测量应采用液柱式压力计,如倾斜式、补偿式微压计。

3)通风机出口的测定截面位置应靠近风机。通风机的风压为风机进出口处的全压差。风机的风量为吸入端和压出端风量的平均值,且风机前后的风量之差不应大于5%。如超过此值则应重测。

4)风口的风量可在风口处或风管(连接风口的支管)内测量。在风口处测风量可用风速仪直接测量或用辅助风管法求取风口断面的平均风速，再乘以风口净面积得到风口风量值。当风口与较长的支管段相连接时，可在风管内测量风口的风量。

5)风口处的风速如用风速仪测量时，应贴近格栅或网格，平均风速测定可采用匀速移动法或定点测量法等。匀速移动法不应少于3次，定点测量法的测点不应小于5个。

6)系统风量调整宜采用"流量等比分配法"或"基准风口法"，从系统最不利环路的末端开始，最后进行总风量的调整。

(4)噪声测量及其他

1)通风机、制冷机、空调机组、水泵等设备噪声的测量，应按现行国家标准《采暖通风与空气调节设备噪声声功率级的测定——工程法》GB9068的规定执行。

2)通风机转速的测量可采用转速表直接测量风机主轴转速，重复测量三次取其平均值的方法。如采用累积式转速表，应测量30s以上。

3)空气净化系统高效过滤器检漏和室内洁净度测定应按国家标准《通风与空调工程施工质量验收规范》GB50243—2002的规定执行。

3.综合效能的测定与调整

(1)综合效能试验的条件

1)通风、空调系统带生产负荷的综合效能的测定和调整，应在已具备生产试运行的条件下进行，由建设单位负责，设计、施工单位配合。

2)通风、空调系统带生产负荷的综合效能的测定和调整的项目应由建设单位根据工程性质、工艺和设计的要求确定。

(2)不同系统综合效能试验可包括的项目

1)通风、除尘系统综合效能试验可包括下列项目：

a. 室内空气中含尘浓度或有害浓度与排放浓度的测定;

b. 吸气罩罩口气流特性的测定;

c. 除尘器阻力和除尘效率的测定;

d. 空气油烟、酸雾过滤装置净化效率的测定。

2)空调系统综合效能试验可包括下列项目:

a. 送回风口空气状态参数的测定与调整;

b. 空气调节机组性能参数的测定与调整;

c. 室内噪声的测定;

d. 室内空气温度和相对湿度的测定与调整;

e. 对气流有特殊要求的空调区域做气流速度的测定。

3)恒温恒湿空调系统除应包括空调系统综合效能试验项目外,尚可增加下列项目:

a. 室内静压的测定和调整;

b. 空调机组各功能段性能的测定和调整;

c. 室内温度、相对湿度场的测定和调整;

d. 室内气流组织的测定。

4)净化空调系统除应包括恒温、恒湿空调系统综合效能试验项目外,尚可增加下列项目:

a. 生产负荷状态下室内空气净化度的测定;

b. 室内浮游菌和沉降菌的测定;

c. 室内自净时间的测定;

d. 洁净度高于5级的洁净室,除应进行净化空调系统综合效能试验项目外,尚应增加设备泄漏控制、防止污染扩散等特定项目的测定;

e. 洁净度高于等于5级的洁净室,可进行单向气流流线平行度的检测,在工作区内气流流向偏离规定方向的角度不大于15°。

5)防排烟系统综合效能的测定项目,为模拟状态下安全区正压变化测定及烟雾扩散试验等。

12.7.2 质量控制

1. 系统调试质量控制要点

(1)系统调试所使用的测试仪器和仪表,性能应稳定可靠,其精度等级及最小分度值应能满足测定的要求,并应符合国家有关计量法规及检定规程的规定。

(2)系统调试前,承包单位应编制调试方案,报送专业监理工程师审核批准;调试结束后,必须提供完整的调试资料和报告。

(3)系统调试应在设备单机试运转和风管系统严密性检验合格后进行。

(4)各项测定数据应真实可靠,并应符合设计要求和规范规定。

2. 质量通病及其防治

(1)通风与空调系统安装完成后不进行调试或进行虚假调试

通风与空调系统性能的好坏,是否达到设计要求,需要通过系统各参数的测定与调整来实现。通过测试可以发现一些安装质量问题。

(2)实际风量过大

可能是系统阻力偏小或风机转速过大造成。可以调节风机风板或阀门增加阻力或降低风机转速、更换风机。

(3)实际风量过小

可能是系统阻力偏大或风机转速过小造成。检查风管系统有无漏风处,或放大部分管段尺寸,改进部分部件,检查风道或设备有无堵塞,提高风机转速或更换风机。

(4)气流速度过大

可能是气流组织不合理,送风量过大,风口风速过大造成。可以改大送风口面积,减少送风量,改变风口型式或加挡板使气流组织合理。

(5)房间噪声过大

可能是风管中空气流动引起管壁振动或风道风速偏大及消声器质量问题等造成。检查风机和水泵的隔振,改小风机转速,放大风速偏大的风道尺寸及防止风管振动,对矩形风管按规定进行加固及在风道中增贴消声材料等。

13 管 道 工 程

13.1 室内给水管道安装

13.1.1 一般规定

1. 管道在安装施工前应具备的条件

(1)施工技术图纸及其他技术文件齐全,并且已进行图纸技术交底,满足施工要求。

(2)施工方案、施工技术、材料机具供应等能保证正常施工。

(3)施工人员应经过管道安装技术的培训。

2. 材料要求

提拱的管材和管件,应符合设计规定,并附有产品说明书和质量合格证书,并符合下列规定:

(1)对进场材料进行质量验收,凡损坏、严重锈蚀的材料一律不可使用于工程。

(2)对用于工程的材料均应有产品质保书或合格证,对特殊产品应有技术文件。

(3)材料进场应按施工阶段分批进料。规格、型号、数量、质量验收后应有记录。

(4)管材、管件应作外观质量检查,如发现质量有异常,应在使用前进行技术鉴定。

(5)给水管道必须采用与管材相适应的管件。

(6)生活给水系统所涉及的材料必须达到饮用水卫生标准。

3. 施工安装准备

施工安装时,应复核冷、热水管的公称压力等级和使用场合。管道的标记应面向外侧,处于显眼位置。

4. 作业条件

(1)认真熟悉图纸,参看有关专业设备图和装修建筑图,核对各种管道的标高是否有交叉,管道排列所用空间是否合理。有问题及时与设计和有关人员研究解决,办好变更洽商记录。

(2)预留孔洞、预埋件已配合完成。

(3)暗装管道(含竖井、吊顶内的管道)应核对各种管道的标高、坐标的排列有无矛盾。

(4)明装管道安装时室内地平线应弹好,墙面抹灰工程已完成。

(5)材料、施工力量、机具等已准备就绪。

13.1.2 质量控制

1. 工艺流程

测量与定位 → 支、吊架的安装 → 管道预制 → 立管及水平总管安装 → 水平横干管、支管安装 → 泵房设备安装 → 水压试验与冲洗消毒

2. 技术要求及验收

(1)管道安装

1)管道嵌墙、直埋敷设时,宜在砌墙时预留凹槽,若在墙体上开槽,应先确认墙体强度。凹槽表面必须平整,不得有尖角等突出物,管道试压合格后,凹槽用 M7.5 级水泥砂浆填补密实。

2)管道在楼(地)坪面层内直埋时,预留的管槽深度不应小于 $De+5$mm,当达不到此深度时应加厚地坪层,管槽宽度宜为 $De+40$mm。管道试压合格后,管槽用与地坪层相同等级的水泥砂浆填补密实。直埋敷设的管道必须有埋设位置的施工记录,竣工时交业主存档。

3)管道安装时,不得有轴向扭曲。穿墙或穿楼板时,不宜强制校正。

4)给水塑料管与其他金属管道平行敷设时,应有一定的保护距离,净距离不宜小于 100mm,且塑料管宜在金属管道的内侧。

5)给水引入管与排水排出管的水平净距不得小于 1m,室内给水与排水管道平行敷设时两管间的最小水平净距不得小于 0.5m,交叉铺设时垂直净距不得小于 0.15m。给水管应铺在排水管上面,若给水管必须铺在排水管的下面时,给水管应加套管,其长度不得小于排水管管径的 3 倍。

6)室内明装管道,宜在土建粉刷或贴面装饰完毕后进行,安装前应配合土建正确预留孔洞或预埋套管。

7)管道穿越墙壁和楼板时,应设置套管,安装在楼板内的套管高出地面 20mm,安装在卫生间和厨房内的套管高出地面 50mm,底部应与楼板底面相平;安装在墙壁内的套管两端与饰面相平。管道穿越屋面时,应采取严格的防水措施。穿越管段的前端应设固定支架。

8)直埋式敷设在楼(地)坪面层及墙体管槽内的管道,应在封闭前做好试压和隐蔽工程的验收记录工作。

9)建筑物埋地引入管或室内埋地管道的敷设要求如下:

a. 室内地坪 ±0.00 以下管道敷设宜分两阶段进行。先进行室内段的敷设,至基础墙外壁处为止;待土建施工结束,外墙脚手架拆除后，再进行户外连接管的敷设；

b.室内地坪以下管道的敷设，应在土建工程回填土夯实以后，重新开挖管沟，将管道敷设在管沟内。严禁在回填土之前或在未经夯实的土层中敷设管道；

c.管沟底应平整，不得有突出的尖硬物体。土的颗粒粒径不宜大于12mm，必要时可铺100mm厚的砂垫层；

d.管沟回填时，管周围的回填土不得夹杂尖硬物体。应先用砂土或过筛的粒径不大于12mm的泥土，回填至管顶以上0.3m处，经洒水夯实后再用原土回填至管沟顶面。室内埋地管道的埋深不宜小于0.3m。

10)地下室或地下构筑物有管道穿过的应采取防水措施。对有严格防水要求的建筑物，必须采用柔性防水套管。

11)管道出地坪处，应设置保护套管。其高度应高出地坪100mm。

12)管道在穿越基础墙处，应设置金属套管。套管顶与基础墙预留孔的孔顶之间的净空高度，应按建筑物的沉降量确定，但不应小于0.1m。

13)管道在穿越车行道时，覆土深度不应小于0.7m。达不到此深度时，应采取严格的保护措施。

14)管道穿过结构伸缩缝、抗震缝、沉降缝时应采取保护措施。

(2)管道连接

1)PVC—U硬聚氯乙烯给水管道的连接：

一般采用粘接连接：

a.严格检查管口承口表面，检查无污后用清洁干布蘸无水酒精或丙酮等清洁剂擦拭承口及管口表面，不得将管材、管件头部浸入清洁剂。

b. 待清洁剂全部挥发后，将管口、承口用清洁无污的鬃刷蘸胶粘剂涂刷管口、管件承口，涂刷时先涂承口，后涂插口，由里向外均匀涂刷，不得漏涂。胶粘剂用量应适量。

c. 涂刷胶粘剂的管表面经检查合格后，将插口对准承口迅速插入，一次完成，当插入1/2承口时应稍加转动，但不应超过90°，然后一次插到底部。全部过程应在20s内完成。

d. 粘接工序完成，应将残留承口的多余胶粘剂擦揩干净。

e. 粘接部位在1h内不应受外力作用，24h内不得通水试压。

2)PP－R聚丙烯给水管道的连接：

同种材质的给水聚丙烯管材和管件之间，应采用热熔连接或电熔连接，熔接时应使用专用的热熔或电熔焊接机具。直埋在墙体或地坪面层内的管道，只能采用热(电)熔连接，不得采用丝扣或法兰连接，丝扣或法兰连接的接口必须明露。给水聚丙烯管材与金属管件相连接时，应采用带金属嵌件的聚丙烯管件作为过渡，该管件与聚丙烯管采用热(电)熔连接，与金属管件或卫生洁具的五金配件采用丝扣连接。

热熔连接应按下列步骤进行：

a. 热熔工具接通电源，等到工作温度指示灯亮后，方能开始操作；

b. 管材切割前，必须正确丈量和计算好所需长度，用合适的笔在管表面画出切割线和热熔连接深度线，连接深度应符合要求，切割管材必须使端面垂直于管轴线。管材切割应使用管子剪或管道切割机；

c. 管材与管件的连接端面和熔接面必须清洁、干燥、无油；

d. 熔接弯头或三通时，应注意管线的走向宜先进行预装，校正好走向后，用笔画出轴向定位线；

e. 加热：管材应无旋转地将管端导入加热套内，插入到所标志的连接深度，同时，无旋转地把管件推到加热头上，并达到规定深度标志处。加热时间必须符合规定（或热熔机具生产厂的规定）；

f. 达到规定的加热时间后，必须立即将管材与管件从加热套和加热头上同时取下，迅速无旋转地直线均匀地插入到所标深度，使接头处形成均匀的凸缘；

g. 在规定的加工时间内，刚熔接好的接头允许立即校正，但严禁旋转；

h. 在规定的冷却时间内，应扶好管材、管件，使它不受扭、受弯和受拉。

电熔连接应按下列步骤进行：

a. 按设计图将管材插入管件，并达规定深度，校正好方位；

b. 将电熔焊接机的输出接头与管件上的电阻丝接头夹好，开机通电加热至规定时间后断电；

c. 冷却至规定时间。

3)金属管连接：

a. 丝口连接：

(a)切割管材，必须使端面垂直于管轴线，清理断口的飞刺和铁膜。

(b)对管道进行套丝，以丝口无断丝和缺牙为合格。

(c)用厚白漆加麻丝或聚四氟乙烯生料带顺时针缠绕在管材丝口上。

(d)连接管路，丝口宜露出 2~3 扣。

(e)去除露出丝口的麻丝或生料带。

(f)管路连接后，在丝口处刷防锈漆。

b. 法兰连接：

(a)管端插入法兰深度为法兰厚度的 1/2~2/3。

(b)校直两对应的连接件,使连接的两片法兰垂直于管道中心线,表面相互平行。

(c)法兰的衬垫,应采用耐热无毒橡胶圈。

(d)应使用相同规格的螺栓,安装方向一致。螺栓应对称紧固。紧固好的螺栓应露出螺母之外,宜齐平。螺栓螺帽宜采用镀锌件。

(e)连接管道的长度应精确,当紧固螺栓时,不应使管道产生轴向拉力。

(f)法兰连接部位应设置支吊架。

c. 沟槽式连接:

(a)连接管端面应平整光滑、无毛刺。

(b)管道的沟槽及支、吊架的间距应符合表13-1规定。

管道沟槽及支、吊架的间距　　表13-1

公称直径(mm)	沟槽深度(mm)	允许偏差(mm)	支、吊架间距(m)	端面垂直度允许偏差(mm)
65~100	2.20	0~+0.3	3.5	1.0
125~150	2.20	0~+0.3	4.2	1.5
200	2.50	0~+0.3	4.2	1.5
225~250	2.50	0~+0.3	5.0	1.5
300	3.0	0~+0.5	5.0	1.5

(c)支、吊架不得支承在连接头处。

(d)水平管的任意两个连接头之间必须有支、吊架。

d. 钢管焊接连接:

(a)管道附件及管道的焊缝上,不得开孔或连接支管。

(b)管道的对口焊接距弯管的起弯点不得小于管子外径,且不得小于100mm,焊缝离支架边缘必须大于50mm。

(c)钢管的焊接连接,可采用氧-乙炔气焊或电弧焊。

*DN*50 以下的管子可使用氧-乙炔气焊。大于 *DN*50 的管子宜使用电弧焊。

(d)钢管的焊接连接必须满足下述条件：

a)钢管坡口及组对：

• 管壁厚度大于或等于 3mm 必须坡口，按 V 形坡口的组对要求，应留有 1.5～2mm 对口间隙，以保证焊透。

• 气割的坡口，应除去表面氧化皮，并将影响焊接质量的高低不平处打磨平整。

• 管子对口时，应使两根管子中心线在同一直线上，且不准强行对口焊接。

• 管子对口时的错口偏差，应不超过管壁厚度 20%，且不超过 2mm。

• 距管端 15～20mm 范围内的油污、铁锈等应清除干净。

b)管道及管件焊接的焊缝表面质量：

• 焊缝外形尺寸应符合图纸和工艺文件的规定，焊缝高度不得低于母材表面，焊缝与母材应圆滑过渡。

• 焊缝及热影响区表面应无裂纹、未熔合、未焊透、夹渣、弧坑和气孔等缺陷。

c)钢管管道焊口尺寸的允许偏差应符合表 13-2 的规定。

钢管管道焊口允许偏差 **表 13-2**

项目			允许偏差
焊口平直度	管壁厚 10mm 以内		管壁厚 1/4
焊缝加强面	高度		±1mm
	宽度		
咬边	深度		小于 0.5mm
	长度	连续长度	25mm
		总长度(两侧)	小于焊缝长度的 10%

d)外观检查如发现焊缝缺陷超过规定标准，应按表13-3进行整修。

管道焊接缺陷允许程度及修整方法　　表13-3

缺陷种类	允许程度	修整方法
焊缝尺寸不符合标准	不　允　许	焊缝加强部分如不足，应补焊，如过高过宽则作修整
焊瘤	严重的不允许	铲　除
咬肉	深度大于0.5mm	清理后补焊
	连续长度大于25mm	
焊缝或热影响区表面有裂纹	不　允　许	将焊口铲除重焊
焊缝表面弧坑、夹渣或气泡	不　允　许	铲除缺陷后补焊
管子中心线错开或弯曲	超过规定的不允许	修整

(e)弯制钢管，弯曲半径应符合下列规定：

a)热弯：应不小于管道外径的3.5倍。

b)冷弯：应不小于管道外径的4倍。

c)焊接弯头：应不小于管道外径的1.5倍。

d)管道上使用冲压弯头时，所使用的冲压弯头外径应与管道外径相同。

e.铜管焊接连接：

(a)管径小于22时宜采用承插或套管焊接，承口应迎介质流向；当管径大于或等于22时宜采用对口焊接。

(b)铜在焊接过程中，有易氧化、易变形、易蒸发(如锌等)、易产生气孔等不良现象，给焊接带来困难。因此焊接铜管时，必须合理选择焊接工艺，正确使用焊具和焊料，严格遵守焊接操作规程，不断提高操作技术，才能获得优质的焊缝。

铜管的焊接方法较多，目前广泛采用的为手工电弧焊和钎焊。钎焊是利用成分与基础金属不同的、熔点较焊件低的钎料和焊件一同加热，使钎料熔化，但焊件不熔化。借助毛细管吸力作用，使钎料填满连接处的间隙，而把焊件连接在一起。钎焊时，焊件温度较低，因而具有工件的金相组织和机械性能变化不大，变形较小，接头平整光滑，焊接过程简单，生产率高等优点。铜管钎焊一般在不承受冲击、弯曲负荷或承受较低冲击、振动负荷的场所使用。

(c)为保证焊缝质量，施焊时应注意以下几点：

a)铜的导电性强，施焊前焊件要预热(用氧乙炔焰预热至200℃以上)并用较大电流焊接。

b)铜的电膨胀系数大，导热快，热影响区大，凝固时产生的收缩应力较大，因此装配间隙要大些。

c)根据管材成分和壁厚等因素，要正确选用焊条种类、直径和焊接电流强度。

d)焊接黄铜时焊接电流强度应比紫铜小。

e)铜在焊接时应采用直流电源反极性接法。

f)铜管接头有对接、搭接(承插焊)等形式(见图 13-1、图 13-2)。

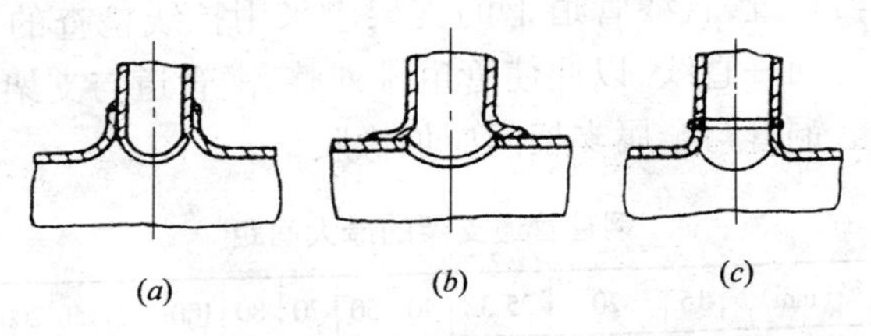

图 13-1 铜管和支管的焊接连接

(a)管子孔口卷边和支管搭接焊；(b)反管卷边连接；

(c)管子卷边和支管对口焊

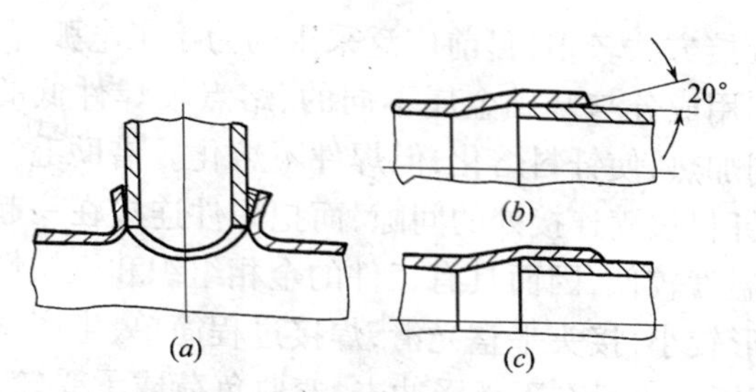

图 13-2　铜管钎焊的接头形式

(*a*)铜管和支管钎焊连接；(*b*)、(*c*)钎焊铜管搭接的两种形式

钎焊接头强度小，一般采用搭接形式。搭接长度为管壁的 6～8 倍。管子的公称直径小于 25mm 时，搭接长度为 1.2～1.5*D*。

g)焊接前，必须清除管道上的污物。焊后趁焊件在热态下，用小平锤敲打焊件，以消除热应力。钎焊后的管道，必须除去残留的溶剂和溶渣。

(3)支吊架安装

1)管道支架的设置位置应符合设计要求，设计未规定时，钢管水平安装的支架不应超过表 13-4 所规定的最大间距，塑料管水平安装的支架不应超过表 13-5 所规定的最大间距，铜管水平安装的支架不应超过表 13-6 所规定的最大间距；且支架应均匀布置，直线管道上的支架应采用拉线检查的方法使支架保持同一直线，以便使管道排列整齐，管道与支架之间紧密接触。铜管与金属支架间应加橡胶垫。

钢管管道支架的最大间距　　　　表 13-4

公称直径(mm)		15	20	25 32	40	50	70	80	100	125	150	200	250	300
支架的最大间距(m)	保温管	2	2.5 2.5	2.5	3	3	4	4	4.5	6	7	7	8	8.5
	不保温管	2.5	3 3.5	4	4.5	5	6	6	6.5	7	8	9.5	11	12

塑料管和复合管管道支架的最大间距　　表 13-5

管径（mm）			12	14	16	18	20	25	32	40	50	63	75	90	110
支架的最大间距（m）	立管		0.5	0.6	0.7	0.8	0.9	1	1.1	1.3	1.6	1.8	2	2.2	2.4
	水平管	冷水管	0.4	0.4	0.5	0.5	0.6	0.7	0.8	0.9	1	1.1	1.2	1.35	1.55
		热水管	0.2	0.2	0.25	0.3	0.3	0.35	0.4	0.5	0.6	0.7	0.8		

铜管管道支架的最大间距　　表 13-6

公称直径(mm)		15	20	25	32	40	50	65	80	100	125	150	200
支架的最大间距（mm）	垂直管	1.8	2.4	2.4	3	3	3	3.5	3.5	3.5	3.5	4	4
	水平管	1.2	1.8	1.8	2.4	2.4	2.4	3	3	3	3	3.5	3.5

2)立管管卡安装,层高小于或等于 5m,每层须安装一个;层高大于 5m,每层不得少于 2 个。管卡安装高度,距地面应为 1.5～1.8m,2 个以上管卡应匀称安装,同一房间管卡应安装在统一高度上。

3)沟槽式连接的管道,在距弯头中心 15～50cm 的部位对称设置 2 只支架。

4)沟槽式连接的管道其水平管的任意两个连接头之间必须有支、吊架。

5)水平管支架固定管路的 U 字螺丝或抱箍等固定装置不宜倒吊。

(4)管道试压

1)室内给水管道的水压试验必须符合设计要求。当设计未注明时,各种材质的系统试验压力均为工作压力的 1.5 倍,但不得小于 0.6MPa。

2)金属给水管道的试压:

a.将试压管段末端封堵,缓慢注水,注水过程中同时将管内气体排出;

b.管道系统充满水后,进行水密性检查;

c. 对系统加压,加压宜采用泵缓慢升压,升压时间不应小于 10min;

d. 升至规定试验压力后,停止加压,稳压 10min,观察接点部位有否漏水现象,压力降不应大于 0.02MPa;

e. 然后,降至工作压力检查管路,应不渗不漏;

f. 管道系统试压后,发现渗漏水或压力下降超过规定值时,应检查管道进行排除;再按以上规定重新试压,直至符合要求。

3)PVC-U 硬聚氯乙烯给水管道的试压:

a. 将试压管段末端封堵,缓慢注水,注水过程中同时将管内气体排出;

b. 管道系统充满水后,进行严密性检查;

c. 对系统加压,加压宜采用泵缓慢升压,升压时间不应小于 10min;

d. 升至规定试验压力后,停止加压,稳压 1h,压力降不得超过 0.05MPa;

e. 在工作压力的 1.15 倍状态下稳压持续 2h,压力降不得超过 0.06MPa,且系统无渗漏现象为合格;

f. 管道系统试压后,发现渗漏水或压力下降超过规定值时,应检查管道进行排除;再按以上规定重新试压,直至符合要求。

4)PP-R 聚丙烯给水管道的试压:

a. 热(电)熔连接的管道,应在接口完成超过 24h 以后才能进行水压试验,一次水压试验的管道总长度不宜大于 500m;

b. 水压试验之前,管道应固定牢固,接头须明露,除阀门外,支管端不连接卫生器具配水件;

c. 加压宜用手压泵，泵和测量压力的压力表应装设在管道系统的底部最低点（不在最低点时应折算几何高差的压力值），压力表精度为 0.01MPa；

d. 管道注满水后，排出管内空气，封堵各排气出口，进行水密性检查；

e. 缓慢升压，升压时间不应小于 10min，升至规定试验压力（在 30min 内，允许 2 次补压至试验压力），稳压 1h，检验应无渗漏，压力降不得超过 0.05MPa；

f. 在设计工作压力的 1.15 倍状态下，稳压 2h，压力降不得超过 0.03MPa，同时检查无发现渗漏，水压试验为合格。

(5) 冲洗、消毒

1) 给水管道系统在验收前应进行通水冲洗，管内流速不小于 3m/s。

2) 管道冲洗后，用含 20～30mg/L 的游离氯的水灌满管道，对管道进行消毒，消毒水滞留 24h 后排空。

3) 管道消毒后打开进水阀向管道供水，打开配水点龙头适当放水，在管网最远配水点取水样，经卫生监督部门检验合格后方可交付使用。

(6) 质量记录

应具备以下文件：

1) 施工图、竣工图与设计变更文件；

2) 管材、管件和质保资料的现场验收记录；

3) 隐蔽工程验收记录和中间试验记录；

4) 水压试验和通水能力检验记录；

5) 生活饮用水管道冲洗和消毒记录，卫生防疫部门的水质检验合格证；

6) 工程质量事故处理记录；

7)检验批质量验收记录;

8)子分部及分项工程质量验收记录。

3. 产品保护

(1)搬运管材和管件时,应小心轻放,避免油污,严禁剧烈撞击、与尖锐物品碰触和抛、摔、滚、拖。

(2)管材和管件应存放在专用地点;塑料管材和管件不得露天存放,防止阳光直射。

13.2 室内塑料排水管安装

13.2.1 一般规定

1. 材料要求

(1)管材为硬聚氯乙烯(UPVC)。所用胶粘剂应是同一厂家配套产品,应与卫生洁具连接相适宜,并有产品合格证及说明书。

(2)管材内外表层应光滑,无气泡、裂纹,管壁厚薄均匀。

2. 作业条件

(1)暗装管道(含竖井、吊顶内的管道)应核对各种管道的标高、坐标的排列有无矛盾。

(2)预留孔洞、预埋件已配合完成。

(3)明装管道安装时室内地平线应弹好,墙面抹灰工程已完成。

(4)材料、施工力量、机具等已准备就绪。

13.2.2 质量控制

1. 工艺流程:

安装准备 → 预制加工 → 支架设置 → 立管安装 → 干管、支管安装 → 灌水试验 → 通水、通球试验

2. 技术要求与控制

(1)根据图纸要求并结合实际情况,按预留口位置尺寸,绘制加工草图。根据草图量好管道尺寸,进行断管。

1)去除管口的飞刺,外棱铣出15°角。

2)去除管口油污。

(2)根据图纸要求并结合实际情况确定支架位置。

1)支架最大间距不得超过表13-7的规定。

塑料排水管道支架最大间距 **表13-7**

管径(mm)	40	50	75	90	110	125	160
横管(m)	0.40	0.50	0.75	0.90	1.10	1.25	1.60
立管(m)	1.0	1.2	1.5	2.0	2.0	2.0	2.0

2)支架与管材的接触面应为非金属材料。

3)支架应根据管道布置位置在墙面弹线确定。

4)采用金属材料制作的支架应及时刷防锈漆和面漆。

5)支架的固定应牢固。

(3)立管、干管及支管的安装:

1)立管安装应在支架稳固后自下而上分层进行。干管及支管安装应先对支架吊线,进行坡度校正。

2)用管材对承插口进行试插,插入承口3/4深度为宜,做好标记。

3)管道粘接(适用立管和横管)。

a. 胶粘剂涂刷应先涂管件承口内侧,后涂管材插口外侧。插口涂刷应为管端至插入深度标记范围内。

b. 胶粘剂涂刷应迅速、均匀、适量,不得漏涂。

c. 承插口涂刷胶粘剂后,应立即找正方向将管子插入承口,施压使管端插入至预先划出的深度标记处,并将管道旋转90°。

d. 承插接口粘接后，应将挤出的胶粘剂擦净。

4)粘接完毕后，应立即将管道固定。

(4)管路的保护：

1)有防火要求的（主要是高层建筑明设且管径≥ϕ110的管路），在穿墙或楼板处须按规定设置阻火圈或防火套管。

2)无防火要求的，在穿墙或楼板处须按规定设置金属或非金属套管，套管内径可比穿越管外径大10~20mm，套管高出完成地面宜为50mm，穿墙套管应与饰面平。

3)卫生洁具的登高管必须按99S—304图集设置阻水圈。

4)伸缩节的设置参照CJJ/T29—98技术规程。

(5)灌水及通水、通球试验：

1)隐蔽或埋地的排水管道在隐蔽前必须做灌水试验，其灌水高度应不低于底层卫生洁具的上边缘或底层地面高度。

a. 灌水15min后，若液面下降，再灌满延续5min，液面不降为合格。

b. 高层建筑可根据管道布置，分层、分段做灌水试验。

c. 室内雨水管灌水高度必须到每根立管上部的雨水斗。

d. 灌水试验完毕后，应及时排清管路内的积水。

2)排水立管及水平干管在安装完毕后做通水、通球试验。

a. 通球球径应≥管径的2/3。

b. 通球率必须达到100%。

(6)质量记录：

1)竣工图及设计变更文件。

2)主要材料、零件的合格证、质保书。

3)隐蔽工程验收记录。

4)灌水和通水、通球试验记录。

5)工程质量事故处理记录。

6)检验批质量验收记录。

7)子分部及分项工程质量验收记录。

3. 产品保护

(1)管道安装完毕后,应将所有管口封闭,防止杂物进入,造成管道堵塞。

(2)墙面粉饰前应将管道用纸或塑料膜包裹,以免污染管道。

(3)安装后的管道严禁攀踏或借作他用。

13.3 卫生洁具安装

13.3.1 一般规定

1. 材料要求

(1)对卫生器具的外观质量和内在质量必须进行检验,并且应有产品的合格证,对特殊产品应有技术文件。

(2)高低水箱配件应采用有关部门推荐产品。

(3)对卫生器具的镀铬零件及制动部分进行严格检查,器具及零件必须完好无裂纹及损坏等缺陷。

(4)卫生器具检验合格后,应包扎好单独放置,以免碰坏。

(5)卫生器具应分类、分项整齐的堆放在现场材料间,并妥善保管,以免损坏。

(6)卫生器具进场后班组材料员和现场材料员对照材料单进行规格数量验收。

2. 主要机具

(1)常用机械:电动套丝机、砂轮机割机、砂轮锯、手电钻、冲击钻、电锤等。

(2)常用器具:管钳、手锯、活扳手、死扳手、工作台、螺丝刀、手铲、鲤鱼钳等。

(3)常用量具:水平尺、钢卷尺、角尺等。

3. 作业条件

(1)卫生器具与它相连接的管道的相对位置安排合理、正确。

(2)所有与卫生器具相连接的管道应保证排水管和给水管无堵、无漏,管道与器具连接前已完成灌水试验、通球、试气、试压等试验,并已办好隐蔽检验手续。

(3)用于卫生器具安装的预留孔洞坐标,尺寸已经测量过,符合要求。

(4)土建已完成墙面和地面全部工作内容后,并且室内装修基本完成后,卫生器具才能就位安装(除浴缸就位外)。

(5)蹲式大便器应在其台阶砌筑前安装。

4. 技术准备

(1)熟悉并掌握施工图及有关技术资料,了解卫生器具的安装位置尺寸及安装要求。

(2)根据施工要求,施工员在开工前向班组进行施工技术交底,内容包括图纸、工艺、技术措施、质量标准、设备材料及施工安全措施,并应做好书面记录。

(3)根据设计确定的卫生器具型号审核预留孔洞的位置,尺寸是否正确,有无遗漏现象。

13.3.2 质量控制

1. 工艺流程

安装准备 → 卫生洁具及配件检验 → 卫生洁具安装 → 盛水试验

2. 技术要求与控制

(1)卫生器具安装位置的确定:

卫生器具安装位置的确定应用吊坠、直尺、水平尺、拉线等工具，根据卫生洁具的具体尺寸确定洁具安装的位置。

(2)根据卫生洁具安装位置和设计(规范)要求确定洁具安装标高。

1)卫生洁具的固定方式可采用预埋地脚螺栓或使用膨胀螺栓。

2)预埋地脚螺栓或膨胀螺栓的直径应与卫生洁具上的孔径相适应，一般来讲螺栓直径应比孔径小2mm。

(3)卫生洁具的就位找平：

1)卫生洁具的固定必须牢固无松动，不得使用木螺钉。便器固定螺栓应使用镀锌件，并使用软垫片压紧，不得使用弹簧垫片。

2)坐便器底座不得使用水泥砂浆垫平抹光。装饰工程中，面盆、小便斗的标高应控制在标准允许的偏差范围内；面盆的热水和冷水阀门的标高及排水管出口位置应正确一致，严禁在多孔砖或轻型隔墙中使用膨胀螺栓固定卫生洁具(如：高、低水箱及面盆、水盘等)。

3)就位时用水平尺找平，就位后加软垫片，拧紧地脚螺丝，用力要适当，防止器具破裂，卫生洁具与地坪接口处用纸筋石灰抹涂后再安装器具，严禁用水泥涂抹接口处。

4)卫生洁具安装位置应正确。允许偏差：单独器具为±10mm；成排器具为±5mm，卫生器具安装要平直牢固，垂直度允许偏差不得超过3mm，卫生器具安装标高，如设计无规定应按施工规范安装，允许偏差：单独器具为±15mm，成排器具为±10mm，器具水平度允许偏差2mm。

5)卫生洁具安装好后若发现安装尺寸不符合要求，严禁用铁器锤打器具的方法来调整尺寸，应用扳手松开螺帽重新校正位置。

(4)洗脸盆的安装：

1)有沿洗脸盆的沿口应置于台面上,无沿洗脸盆的沿口应紧靠台面底。台面高度一般均为800mm。

2)洗脸盆由型钢制作的台面构件支托,安装洗脸盆前应检测台面构架的洗脸盆支托梁的高度,安装洗脸盆时盆底可加橡胶垫片找平,无沿盆应有限位固定。

3)有沿洗脸盆与台面接合处,应用YJ密封膏抹缝,沿口四周不得渗漏。

4)洗脸盆给水附件安装：

单冷水的水龙头位于盆中心线,高出盆沿200mm。冷、热水龙头中心距150mm。暗管安装时,冷、热水龙头平齐。

5)洗脸盆排水附件安装：

洗脸盆排水栓下安装存水弯的,应符合如下要求:P型存水弯出水口高度为400mm,与墙体暗设排水管连接,S型存水弯出水口与地面预留排水管口连接,预留的排水管口中心距墙一般为70mm,墙、地面预留的排水管口,存水弯出水管插入排水管口后,用带橡胶圈的压盖螺母拧紧在排水管上,外用装饰罩罩住墙、地面。

(5)大便器的安装：

1)坐便器应以预留排水管口定位。坐便器中心线应垂直墙面。坐便器找正找平后,划好螺孔位置。

2)坐便器排污口与排水管口的连接,里“S”坐便器为地面暗接口,地面预留的水管口为DN100应高出地面10mm。排水管口距背墙尺寸,应根据不同型号的坐便器定。

(6)壁挂式小便器安装：

1)墙面应埋置螺栓和挂钩,螺栓的位置,根据不同型号的产品实样尺寸定位。

2)壁挂式小便器水封出水口有连接法兰,安装时应拆下连接法兰,将连接法兰先拧在墙内暗管的外螺纹管件上,调整好连接法兰凹入墙面的尺寸。

3)小便器挂墙后,出水口与连接法兰采用胶垫密封,用螺栓将小便器与连接法兰紧固。

4)壁挂式小便器墙内暗管应为 DN50,管件口在墙面内 45mm 左右。暗管管口为小便器的中心线位置,离地面高度应根据所选用的型号确定。

(7)地漏安装:

1)地漏应安装在室内地面最低处,蓖子顶面应低于地面 5mm,其水封高度不小于 50mm。

2)地漏安装后应进行封堵,防止建筑垃圾进入排水管内。

3)地漏蓖子应拆下保管,待交工验收时进行安装上,防止丢失。

(8)卫生器具与给排水管连接:

1)卫生器具与支管连接应紧密,牢固,不漏,不堵。

2)卫生器具支托架安装必须平整牢固与器具接触应紧密。

3)卫生器具安装完毕后,对每个器具都应进行 24h 盛水试验,要求面盆、水盘满水,马桶水箱至溢水口,浴缸至 1/3 处,检查器具是否渗漏及损坏。

4)卫生器材盛水试验后,应做通水试验,检查器具给排水管路是否通畅,管路是否渗漏,器具和管道连接处是否渗漏,保证无漏、无堵现象。

5)卫生器具安装调试完毕后,应采取产品保护措施,防止器具损坏及杂物入内堵塞。

6)对卫生器具盛水、通水试验要作记录。

(9)质量记录:

1)卫生器具盛水记录。

2)技术交底记录。

3)原材料质保书。

4)隐蔽验收记录。

5)检验批质量验收记录。

6)子分部及分项质量验收记录。

3. 产品保护

(1)洁具在搬运和安装时要防止磕碰,安装后洁具排水口应用防护用品堵好,镀铬零件用纸包好,以免堵塞或损坏。

(2)在釉面砖、水磨石、墙面钻孔时,宜用手电钻或使用錾子轻轻刨掉釉面,待刨至砖底层处方可用力,但不得过猛,以免将面层敲碎或振成空鼓现象。

13.4 室内采暖管道安装

13.4.1 一般规定

1. 材料要求

(1)对进场材料进行质量验收,凡损坏、严重锈蚀的材料一律不可使用于工程。

(2)对用于工程的材料均应有产品质保书或合格证,对特殊产品应有技术文件。

(3)材料进场应按施工阶段分批进料。规格、型号、数量、质量验收后应有记录。

2. 技术要求

(1)设计图纸及其他技术文件齐全,并经会审通过。

(2)有批准的施工方案或施工组织设计。

(3)对施工队伍已进行技术交底,内容包括图纸、工艺、技术措施质量标准、设备材料及施工安全措施,并应做好书面记录。

(4)对预埋件及预留洞已复核无误。

13.4.2 质量控制

1. 工艺流程

安装准备 ⟶ 支架安装 ⟶ 预制加工 ⟶ 干管安装 ⟶ 立管安装 ⟶ 支管安装 ⟶ 试压 ⟶ 冲洗 ⟶ 防腐 ⟶ 保温 ⟶ 调试

2. 技术要求与控制

(1)根据图纸要求并结合实际情况,按预留口位置尺寸,绘制加工草图。根据草图量好管道尺寸,进行断管。

(2)预制加工:

1)根据设计图纸及现场实际情况,进行管段的加工预制。

2)根据确定的支架位置进行支架安装。

(3)支架安装同 13.1.2 中支架安装。

(4)管路安装:

1)一般按照 干管安装 ⟶ 立管安装 ⟶ 支管安装 的顺序进行。

2)管路连接同 13.1.2 中金属管道连接。

3)当水平管变径时,热水系统采用顶平偏心连接;蒸汽系统采用底平偏心连接。

4)当管路转弯时,若作为自然补偿应采用煨弯连接。

5)管道安装坡度,当设计未注明时,应符合《建筑给水排水及采暖工程施工质量验收规范》GB50242—2002 的规定。

(5)水压试验:

1)采暖系统管路安装结束,在保温前必须进行水压试验。

2)试验压力应符合设计要求。当设计未明确时,应符合下列规定:

蒸汽、热水采暖系统应以系统顶点工作压力加 0.1MPa 作试验压力,同时系统顶点压力不小于0.3MPa;高温热水采暖系统,试验压力应为系统顶点工作压力加0.4MPa;使用塑料管及复合管的热水采暖系统,应以系统顶点工作压力加0.2MPa作水压试验,同时在系统顶点的试验压力不小于0.4MPa。

3)水压试验应符合下列要求:

钢管及复合管的采暖系统应在试验压力下10min内压力降不大于0.02MPa,降至工作压力后检查管路不渗、不漏。塑料管的采暖系统应在试验压力下1h内压力降不大于0.05MPa;然后降压至工作压力1.15倍,稳压2h,压力降不大于0.03MPa,同时管路不渗、不漏。

(6)冲洗:

1)试压合格后,应对系统冲洗并清扫过滤器和除污器。

2)冲洗时水流速度宜为3m/s,冲洗压力宜为0.3MPa。

3)当出水口水质与进水口水质类同时,可判定冲洗合格。

(7)防腐:

1)试压合格后对管路进行防腐。

2)防腐应按设计要求进行,若设计无明确要求,可按一道底漆一道面漆进行防腐。

3)防腐前应先除去管路的锈迹和油污。

4)防腐和涂漆应附着良好,无脱皮、起泡、流淌和漏涂等缺陷。

(8)保温:

1)防腐结束后即可对管路进行保温。

2)当采用一种绝热制品,保温层厚度大于100mm,保冷层厚度大于80mm时,绝热层的施工应分层进行。

3)绝热层拼缝时,拼缝宽度:保温层不大于5mm,保冷层不大于2mm。同层错缝,上下层压缝。角缝为封盖式搭缝。

4)施工后的绝热层严禁覆盖设备铭牌。

5)有保护层的绝热,对管路其环向和纵向接缝搭接尺寸应不小于50mm,对设备其接缝搭接尺寸宜为30mm。

6)护层的搭接必须上搭下,成顺水方向。

(9)系统施工完毕应充水、加热,进行试运行和调试。

(10)质量记录:

1)施工图与设计变更文件。

2)技术交底记录。

3)管材、管件和设备的质保资料。

4)隐蔽工程验收记录和中间试验记录。

5)水压试验记录。

6)管道冲洗记录。

7)工程质量事故处理记录。

8)检验批质量验收记录。

9)子分部及分项工程质量验收记录。

3. 产品保护

(1)采暖系统施工完毕后,各部位的设备组件要有保护措施,防止碰动,损坏装修成品。

(2)采暖管道安装与土建及其他管道发生矛盾时,不得私自拆改,要经过设计,办理变更洽商妥善解决。

13.5 室内消防管道及设备安装

13.5.1 一般规定

1. 材料要求

(1)消火栓系统管材应根据设计要求选用,管材不得有弯曲、锈蚀、起皮及凹凸不平等现象。

(2)消火栓箱体的规格类型应符合设计要求,箱体表面平整、光洁。金属箱体无锈蚀、划伤,箱门开启灵活。箱体方正,箱内配件齐全。栓阀外型规矩,无裂纹,启闭灵活,关闭严密,密封填料完好,有产品出厂合格证。

2. 作业条件

(1)管道安装所需要的基准线应测定并标明,如吊顶标高、地面标高、内隔墙位置线等。

(2)设备基础经检验符合设计要求,达到安装条件。

(3)安装管道所需要的操作架应由专业人员搭设完毕。

(4)检查管道支架、预留孔洞的位置、尺寸是否正确。

3. 安装准备

(1)认真熟悉图纸,根据施工方案、技术、安全交底的具体措施选用材料,测量尺寸,绘制草图,预制加工。

(2)对有关专业图纸,查看各种管道的坐标、标高是否有交叉或排列位置不当,及时与设计人员研究解决,办理洽商手续。

(3)检查预埋件和预留洞是否准确。

检查管材、管件、阀门、设备及组件等是否符合设计要求和质量标准。

(4)要安排合理的施工顺序,避免工种交叉作业干扰,影响施工。

13.5.2 质量控制

1. 工艺流程

安装准备 → 干管安装 → 立管安装 → 消火栓及支管安装 → 消防水泵、高位水箱、水泵结合器安装 → 管道试压 → 管道冲洗 → 节流装置安装 → 消火栓配件 → 系统通水调试

2. 技术要求与控制

(1)干管安装:

1)管道连接紧固法兰时,检查法兰端面是否干净,采用3~5mm的橡胶垫片。法兰螺栓的规格应符合规定。紧固螺栓应先固定最不利点,然后依次对称紧固。法兰接口应安装在易拆装的位置。

2)消火栓系统干管安装应根据设计要求使用管材,按压力要求选用碳素钢管或无缝钢管。

3)管道在焊接前应清除接口处的浮锈、污垢及油脂。

4)当壁厚≤4mm,直径≤50mm时宜采用气焊;壁厚≥4.5mm,直径≥70mm时宜采用电焊。

5)不同管径的管道焊接,连接时如两管径相差不超过小管径的15%,可将大管径端部缩口与小管对焊。如果两管径相差超过小管径的15%,应加工异径短管焊接。

6)管道对口焊缝上不得开口焊接支管,焊口不得安装在支吊架位置上。

7)管道穿墙处不得有接口(丝接或焊接)。

8)碳素钢管开口焊接时要错开焊缝,并使焊缝朝向易观察和维修的方向。

9)管道焊接时先点焊三点以上,然后检查预留口位置、方向、变径等无误后,找直、找正,再焊接,紧固卡件、拆掉临时固定件。

(2)报警阀安装:应设在明显、易于操作的位置,距地高度宜为1m左右。报警阀处地面应有排水措施,环境温度不应低于+5℃。报警阀组装时应按产品说明书和设计要求,控制阀应有启闭指示装置,并使阀门工作处于常开状态。

(3)消火栓立管安装:

1)立管暗装在竖井内时,在管井内预埋铁件上安装卡件固定,立管底部的支吊架要牢固,防止立管下坠。

2)管道明装时每层楼板要预留孔洞,立管可随结构穿入,以减少立管接口。

(4)消火栓及支管安装:

1)消火栓箱体要符合设计要求,栓阀有单出口和双出口双控等。产品均应有消防部门的制造许可证及合格证方可使用。

2)消火栓支管要以栓阀的坐标、标高定位甩口,核定后再稳固消火栓箱,箱体找正稳固后再把栓阀安装好,栓阀侧装在箱内时应在箱门开启的一侧,箱门开启应灵活。

3)消火栓箱体安装在轻质隔墙上时,应有加固措施。

(5)消防水泵安装:

1)水泵的规格型号应符合设计要求,水泵应采用自灌式吸水,水泵基础按设计图纸施工,吸水管应加减振器。加压泵可不设减振装置,但恒压泵应加减振装置,进出水口加防噪声设施,水泵出口宜加缓闭式逆止阀。

2)水泵配管安装应在水泵定位找平正、稳固后进行。水泵设备不得承受管道的重量。安装顺序为:逆止阀,阀门依次与水泵紧牢,与水泵相接配管的一片法兰先与阀门法兰紧牢,用线坠找直找正,量出配管尺寸,配管先点焊在这片法兰上,再把法兰松开取下焊接,冷却后再与阀门连接好,最后再焊与配管相接的另一管段。

3)配管法兰应与水泵、阀门的法兰相符,阀门安装手轮方向应便于操作,标高一致,配管排列整齐。

(6)高位水箱安装:

应在结构封顶前就位,并应做满水试验,消防用水与其他共用水箱时应确保消防用水不被它用,留有 10min 的消防总用水量。与生活水合用时应使水经常处于流动状态,防止水质变坏。消防出水管应加单向阀(防止消防加压时,水进入水箱)。所有水箱管口均应预制加工,如果现场开口焊接应在水箱上焊加强板。

(7)水泵结合器安装:

规格应根据设计选定,有三种类型:墙壁型、地上型、地下型。其安装位置应有明显标志,阀门位置应便于操作,结合器附近不得有障碍物。安全阀应按系统工作压力定压,防止消防车加压过高破坏室内管网及部件,结合器应装有泄水阀。

(8)管道试压:

消防管道试压可分层分段进行,上水时最高点要有排气装置,高低点各装一块压力表,上满水后检查管路有无渗漏,如有法兰、阀门等部位渗漏,应在加压前紧固,升压后再出现渗漏时做好标记,卸压后处理。必要时泄水处理。冬季试压环境温度不得低于+5℃,夏季试压最好不直接用外线上水防止结露。试压合格后及时办理验收手续。

(9)管道冲洗:

消防管道在试压完毕后可连续做冲洗工作。冲洗前先将系统中的流量减压孔板、过滤装置拆除,冲洗水质合格后重新装好,冲洗出的水要有排放去向,不得损坏其他成品。

(10)消火栓配件安装:

消火栓配件安装应在交工前进行。消防水龙带应折好放在挂架上卷实、盘紧放在箱内,消防水枪要竖直放在箱体内侧,自救式水枪和软管应放在挂卡上或放在箱底部。消防水龙带与水枪、快速接头的连接,一般用14号钢丝绑扎两道,每道不少于两圈,使用卡箍时,在里侧加一道钢丝。设有电控按钮时,应注意与电气专业配合施工。

(11)质量记录:

1)技术交底记录。

2)设计变更记录。

3)原材料质保书。

4)隐蔽验收记录。

5)试气试压记录。

6)系统清洗记录。

7)检验批质量验收记录。

8)子分部及分项质量验收记录。

3. 成品保护

(1)消防系统施工完毕后,各部位的设备组件要有保护措施,防止碰动跑水,损坏装修成品。

(2)消防管道安装与土建及其他管道发生矛盾时,不得私自拆改,要经过设计,办理变更洽商妥善解决。

13.6 锅炉及附属设备安装

13.6.1 一般规定

1. 材料及设备要求

(1)锅护必须具备图纸、合格证、安装使用说明书、劳动部门的质量监检证书。技术资料应与实物相符。

(2)锅炉设备外观应完好无损。

(3)锅炉配套附件和设备应齐全完好,并符合要求。

2. 技术要求

认真熟悉图纸,参看有关专业设备图和装修建筑图,核对各种管道的标高是否有交叉,管道排列所用空间是否合理。有问题及时与设计和有关人员研究解决,办好变更洽商记录。

3. 作业条件

(1)现场水电应能满足连续施工要求,系统材料能保证正常施工。锅炉房主体结构、设备基础完工。

(2)锅炉及附属设备图纸、安装使用说明书、锅炉房设计图纸等技术文件已通过有关部门的审核同意。

(3)基础、各种预留孔洞、沟槽及各种预埋件的位置、尺寸、数量、要求等均满足施工需要。

13.6.2 质量控制

1. 工艺流程

基础弹线 → 锅炉本体安装 → 管线及设备、配件安装 → 水压试验 → 烘炉 → 煮炉 → 安全阀定压 → 带负荷试运行

2. 技术要求与控制

(1)基础弹线:

1)根据锅炉房平面图和基础图弹安装基准线。

2)锅炉基础标高基准点,在锅炉基础上或基础四周选有关的若干地点分别作标记,各标记间的相对位移不应超过3mm。

3)当基础尺寸、位置不符合要求时,必须经过修改达到安装要求。

4)基础弹线应有验收记录。

(2)锅炉本体安装:

1)通常采用机械吊装就位。

2)锅炉就位后应进行校正:

锅炉纵向找平:用水平尺放在炉排的纵排面上,检查炉排面的纵向水平度,检查点最少为炉排前后两处。当锅炉纵向不平时,可用千斤顶将过低的一端顶起,在锅炉的支架下垫以适当厚度的钢板,使锅炉的水平度达到要求。垫铁的间距一般为500~1000mm。

锅炉横向找平：用水平尺放在炉排的横排面上，检查炉排面的横向水平度，检查点最少为炉排前后两处，当锅炉横向不平时，可用千斤顶将锅炉一侧支架顶起，在支架下垫以适当厚度的钢板，垫铁的间距一般为500～1000mm。

3）锅炉找平找正后，即可进行地脚螺栓孔灌注混凝土。灌注时应捣实，防止地脚螺栓倾斜。待混凝土强度达到75%以上时，方可拧紧螺栓，在拧紧螺栓时应进行水平的复核。

（3）管线及设备、配件安装：

1）排烟管、蒸汽管（热水管）、排污管、放空管等管线按有关标准安装。蒸汽管（热水管）法兰连接时，垫料采用耐热橡胶板。

2）阀门应经强度和严密性试验合格才可安装。

3）安全阀应在锅炉水压试验合格后再安装。

（4）水压试验：

1）水压试验应报请当地有关部门参加。

2）试验对环境温度的要求：

水压试验应在环境温度（室内）高于+5℃时进行。在低于+5℃进行水压试验时，必须有可靠的防冻措施。

3）锅炉水压试验压力见表13-8。

锅炉水压试验压力　　表13-8

名　称	锅炉本体工作压力（P）	试验压力（P）
锅炉本体	<0.8MPa	1.5P但≥0.2MPa
锅炉本体	0.8～1.6MPa	P+0.4MPa
锅炉本体	>1.6MPa	1.25P

4）锅炉应在试验压力下保持20min，期间压力不下降。然后，降到工作压力进行检查。

5）锅炉进行水压试验时，应符合下列情况：

在受压元件金属壁和焊缝上没有水珠和水雾。当降到工作压力后胀口处不滴水珠。水压试验后没有发现残余变形。

(5)烘炉：

1)烘炉前，应制订烘炉方案。

2)烘炉可根据现场条件，采用火焰、蒸汽等方法进行。

3)对整体安装的锅炉烘炉时间宜为2~4d。

4)烘炉时，应经常检查砌体的膨胀情况。当出现裂纹或变形迹象时，应减慢升温速度，并应查明原因后，采取相应措施。

5)烘炉过程中应测定和绘制实际升温曲线图。

(6)煮炉：

1)在烘炉末期，当炉墙红砖灰浆含水率降到10%时，可进行煮炉。

2)煮炉的加药量应符合锅炉设备技术文件的规定；当无规定时，按表13-9的配方加药。

煮炉加药量 表13-9

药品名称	加药量(kg/m^3)	
	铁锈较薄	铁锈较厚
氢氧化钠(NaOH)	2~3	3~4
磷酸三钠($Na_3PO_4.12H_2O$)	2~3	2~3

3)药品应溶解成溶液后方可加入炉内；配制和加入药液时采取安全措施。

4)加药时，炉水应在低水位；煮炉时，药液不得进入过热器内。

5)煮炉时间宜为2~3d。煮炉的最后24h宜使压力保持在额定工作压力的75%。

6)煮炉期间,应定期从锅筒和水冷壁下集箱取水样,进行分析。当炉水碱度低于45mol/L时,应补充加药。

7)煮炉结束后,应交替进行持续上水和排污,直到水质达到运行标准;然后停炉排水,冲洗锅炉内部和曾与药品接触过的阀门。

8)煮炉后检查锅筒和集箱内壁,其内壁应无油垢,擦去附着物后,金属表面应无锈迹。

(7)安全阀定压:

送专业检测部门调整,调整后的安全阀应立即加锁或铅封。

(8)带负荷试运行:

1)试运行必须由具有合格证的司炉工负责操作。

2)锅炉应全负荷连续运行72h,以锅炉及全部附属设备运行正常为合格。

(9)在锅炉试运行合格后,建设单位、施工单位应会同当地有关部门对锅炉及全部附属设备进行总体验收。

(10)质量记录:

锅炉工程安装质量证明书。

13.7 室内自动喷水灭火系统

13.7.1 一般规定

1.材料及设备要求

(1)对进场材料进行质量验收,凡损坏、严重锈蚀的材料一律不可使用于工程。

(2)对用于工程的材料均应有产品质保书或合格证,对特殊产品应有技术文件。

(3)材料进场应按施工阶段分批进料。规格、型号、数量、质量验收后应有记录。

(4)主要系统设备要有消防许可证。

2. 技术要求

认真熟悉图纸,参看有关专业设备图和装修建筑图,核对各种管道的标高是否有交叉,管道排列所用空间是否合理。有问题及时与设计和有关人员研究解决,办好变更洽商记录。

3. 作业条件

(1)现场水电应能满足连续施工要求,系统材料能保证正常施工。

(2)地面标高、隔墙位置已定。

(3)设备安装前,基础应检验合格。

(4)喷头及支管安装时应配合吊顶安装进行。

4. 安装准备

(1)管道在安装施工前,应具备下列条件:

施工技术图纸及其他技术文件齐全,并且已进行图纸技术交底,满足施工要求;施工方案、施工技术、材料机具供应等能保证正常施工;施工人员应经过管道安装技术的培训,特殊工种应持证上岗。

(2)管材、管件应作外观质量检查,如发现质量有异常,应在使用前进行技术鉴定。

(3)报警阀应逐个进行渗漏试验,阀门、喷头抽样进行强度和严密性试验,结果均应满足规范要求。

13.7.2 质量控制

1. 工艺流程

安装准备 → 支架安装 → 管网安装 → 试压 → 设备安装 → 喷头支管安装 → 系统试压及冲洗 → 通水调试

2. 技术要求与控制

(1)支架安装同13.4.2中支架安装。

(2)管路安装：

1)一般按照 干管安装 → 立管安装 → 支管安装 的顺序进行。

2)管路连接同13.1.2中金属管道连接。

(3)试压：

1)管网安装完毕后，应进行强度和严密性试验。

2)强度和严密性试验宜用水进行。干式喷水灭火系统和预作用喷水灭火系统应作水压和气压试验。

3)系统试压应具备的条件：

试压用的压力表不少于2只，精度不低于1.5级。试压方案已批准。对不能参与试压的设备、仪表、阀门等附件应加以隔离或拆除。

4)试压要求：

a. 水压试验：

系统工作压力≤1.0MPa时，水压强度试验压力为工作压力的1.5倍，并≥1.4MPa；当系统设计工作压力>1.0MPa时，水压强度试验压力应为工作压力加0.4MPa。水压强度试验的测试点应设在系统管网的最低点。对管网注水时，应将管网内的空气排净，并应缓慢升压，达到试验压力后，稳压30min，目测管网无泄漏和变形，且压力降≤0.05MPa为合格。严密性试验应在强度试验和管网冲洗合格后进行，严密性试验压力应为设计工作压力，稳压24h，应无泄漏。

b. 气压试验：

气压试验介质宜采用空气或氮气。气压严密性试验的试验压力应为0.28MPa，且稳压24h，压力降应≤0.01MPa。

(4)冲洗：

1)管网冲洗的水流方向应与灭火时管网的水流方向一

致。

2)管网冲洗顺序应先室外后室内;先地下后地上;室内冲洗时应按配水干管、配水管、配水支管的顺序进行。

3)对不能经受冲洗的设备和冲洗后可能存留污物的管段,应进行清理。

4)管网冲洗的水流速度不宜小于3m/s。

5)管网冲洗应连续进行,当出水口水质与进水口水质基本一致时,冲洗合格。

6)冲洗结束,应将管网内的水排除干净。

(5)系统调试:

1)系统调试应在系统施工完成后进行。

2)系统调试的内容:

水源测试、消防水泵调试、稳压泵调试、报警阀调试、排水装置调试、联动试验

(6)系统验收:

1)系统验收应由建设单位主持,公安消防监督机构、设计、施工及监理等单位共同参加。

2)验收不合格不得投入使用。

(7)质量记录:

1)技术交底记录。

2)设计变更记录。

3)原材料质保书。

4)隐蔽验收记录。

5)试气试压记录。

6)系统清洗记录。

7)检验批质量验收记录。

8)子分部及分项质量验收记录。

9)系统调试记录。

10)系统联动试验记录。

3. 成品保护

(1)喷淋系统施工完毕后,各部位的设备组件要有保护措施,防止碰动跑水,损坏装修成品。

(2)喷淋管道安装与土建及其他管道发生矛盾时,不得私自拆改,要经过设计,办理变更洽商妥善解决。

14 质量保证资料

质量保证资料是建筑工程施工全过程的真实记录。由于建筑工程量特性是最终检验时不能解体和拆卸,因而作为施工全过程质量凭证的质量保证资料更为重要。

质量保证资料的基本要求是真实、齐全、准确。质量保证资料核查就是按国家标准、规范的有关规定,核对该工程资料是否达到要求。本章就质量保证资料核查中常见的问题和通病作一些初步分析,供资料核查时参考。

14.1 建筑工程质量保证资料

14.1.1 钢材

一、钢材的出厂合格证

1. 存在问题

(1)合格证是复印件且手续不全。

(2)合格证上内容不全,无生产厂盖章。

(3)从合格证上反映出错用 Q215 或 Q195 代替原设计 A3 钢。

2. 注意事项

(1)钢材出厂合格证可以转抄或复印,但抄件或复印件上应注明原件存放单位,有抄件人(复印人)抄件(复印)单位签字和盖章。

(2)钢材购买单位应敦促钢材生产厂出厂合格证内容齐

全。

(3)应了解仅Q235能代替原A3钢。

二、钢材的检验报告

1. 存在问题

(1)钢筋检验批量不足,不满足标准要求。

(2)当发现钢筋脆断、焊接性能不良或力学性能显著不正常等现象时,漏做化学成分分析试验。

(3)对钢筋的机械性能及化学成分具体指标数据不了解,不能及时发现不合格的复试报告。

2. 注意事项

(1)应熟悉钢筋验收批量的规定

1)热轧钢筋每批由不大于60t的同级别、同直径钢筋组成。

2)冷拉钢筋每批由不大于20t的同级别、同直径钢筋组成。

3)冷拔低碳钢丝、甲级钢丝的力学性能应逐盘检验,分别作拉力和180°反复弯曲试验;乙级钢丝的力学性能可分批检验,以同一直径的钢丝5t为一批,分别作拉力和反复弯曲试验。

4)刻痕钢丝、碳素钢丝、钢绞线:以3t同钢号、同直径、同一抗拉强度为一批。

5)钢筋的化学成分分析以每一炉罐为一批。

(2)当发现钢筋脆断、焊接性能不良或力学性能显著不正常等现象时,应对该批钢筋进行化学成分检验或其他专项检验。

(3)对常用规格钢筋的机械性能及化学成分数据应熟记,一旦发现复试报告中有不合格情况马上双倍取样再做复试,若再有不合格即会同有关单位及时进行处理。

三、钢材的焊接试验报告

1. 存在问题

(1)钢筋焊接实物抽查批量过少,不满足标准要求。

(2)焊接复试报告中无焊工姓名。

(3)焊接复试内容不全,焊接接头取样数量不足。

(4)焊接报告不合格未采取补救措施。

2. 注意事项

(1)按《钢筋焊接及验收规程》标准取样:

1)点焊:同钢筋级别、直径及尺寸的焊接制品,每 200 件为一批。

2)对焊:同一台班内,由同一焊工、按同一焊接参数完成的 300 个同类型接头,作为一批。一周内累计不足 300 个接头时,亦按一批计算。

3)电弧焊:在工厂焊接条件,以 300 个同钢筋级别、同接头型式为一批。在现场安装条件下,每一至二楼层按 300 个同类型接头作为一批,不足 300 个时,仍作为一批。

4)电渣压力焊:在一般构筑物中,以 300 个同级别钢筋接头作为一批;在现浇钢筋混凝土多层结构中,以每一楼层或施工区段中 300 个同级别钢筋接头作为一批,不足 300 个接头仍作为一批。

(2)加强现场管理,分清每个焊工的焊接制品,在焊接试验申请单上填上焊工姓名。

(3)加强资料员、检验员的业务学习,熟悉标准规定,正确送交焊接试件,及时处理复试报告不合格的焊接制品。

14.1.2 水泥

一、水泥的出厂合格证

1. 存在问题

(1)出厂合格证无28d强度报告。

(2)早期出厂合格证和28d强度报告在出厂日期、质保书编号、试件编号上不相符合。

2. 注意事项

材料采购部门需有专人负责收集水泥每批的早期出厂合格证和28d强度报告,发现出厂合格证有漏缺,及早与水泥厂家联系补齐。将完整的出厂合格证交给资料员。

二、水泥的复试报告

1. 存在问题

(1) 对每批进场水泥未做到全数复试。

(2)用于装饰工程上的水泥不做复试。

2. 注意事项

(1)所有水泥厂出厂的水泥在使用前必须复试,按同一生产厂家、同一品种、同一批号且连续进场的水泥,袋装不超过200t为一批,散装不超过500t为一批,每批抽样不少于一次。复试合格以后才能使用。

(2)《建筑装饰装修工程质量验收规范》(GB50210—2001)规定:用于装饰工程中的水泥在使用前仍需复试其安定性和凝结时间。因为安定性不合格的水泥即为废品,不能用于工程之中。

14.1.3 砌体的出厂合格证及检验报告

1. 存在问题

(1)砌体的出厂合格证内容不全。

(2)砌体的检验品种不全,数量不足。

(3)砌体的品种使用不按规定。

2. 注意事项

(1)砌体的出厂合格证应内容齐全、技术数据完整。合格证应有砌体品种、规格、批量、外观质量及物理性能反映。

(2)每一生产厂家的砖到现场后,按烧结砖15万块、多孔砖5万块、灰砂砖及粉煤灰砖10万块为一检验批,抽检数量为一组;每一生产厂家,每1万块小型空心砌块至少抽检一组,用于多层以上建筑基础和底层的小砌块抽检数量不少于2组;所有砌体的产品龄期应超过28天。

(3)按建设部有关规定:建设工程中非承重墙体以及围墙,禁止使用黏土砖;建设工程零零线以上的承重墙体,禁止使用实心黏土砖。

14.1.4 防水材料质保书及复试报告

1. 存在问题

(1)防水材料质保书漏缺,质保书中未反映出单位工程名称,无针对性,对防水性能保质期未有承诺。

(2)从质保资料中反映出,防水材料设计、施工未按建设部规定执行。

(3)对进入施工现场的屋面防水材料,未做到在使用前全数检验,复试数量不全。

(4)防水材料复试内容不全。

2. 注意事项

(1)总包单位应督促检查屋面防水分包单位保证防水材料质保书齐全。各种屋面防水材料均需有质保书,且质保书需有针对性,反映出单位工程名称,应有防水性能保质期保证10年以上的承诺。

(2)按建设部《关于治理屋面渗漏若干规定》文件的规定,根据建筑物的性质、重要程度、使用功能及防水使用年限,屋面工程按不同等级设防。

(3)按建设部文件规定,对用于屋面工程所有屋面防水材料在使用前必须全部复试,复试合格后方能使用。取样数量应满足标准规定。

(4)对屋面防水材料的各种主要性能指标,都应按《屋面工程质量验收规范》(GB50207—2002)中规定进行复试。

14.1.5 砂浆试块报告

1. 存在问题

(1)砂浆试块组数不全,少做或漏做。

(2)砂浆强度评定不正确,同一验收批划分错误。

(3)未按规定使用商品砂浆。

2. 注意事项

(1)砂浆试块制作应做到:每一检验批且不超过 $250m^3$ 砌体的各种类型及强度等级的砂浆。每台搅拌机应至少做一组。

(2)砂浆强度评定前应首先划分同一验收批,单位工程内同品种、同等级砂浆为同一验收批。同一验收批内砂浆抗压强度平均值不小于设计强度,最低一组试块不低于 0.75 倍的设计强度。当同一验收批内仅有一组试块时,该组砂浆试块强度应大于等于设计强度。

(3)应按有关规定收集商品砂浆质量保证书、检测资料等相关资料。

14.1.6 混凝土试块报告

1. 存在问题

(1)混凝土试块制作组数不全,少做,漏做。

(2)对于梁柱节点、叠合梁后浇部分混凝土,后浇带混凝土常漏做试块。

(3)混凝土试块同一验收批划分错误。

(4)混凝土试块非统计评定与数理统计评定分界线不清

楚。

(5)混凝土试块强度评定公式不正确,特别是数理统计评定公式不会用。

(6)对何时需做混凝土抗渗试块标准不了解,抗渗试块少做,漏做。

(7)对于预拌(商品)混凝土,现场漏做试块。

(8)楼地面地坪漏做混凝土试块。

(9)泥浆护壁钻孔灌注桩试块组数不足。

(10)试块报告中内容填写不全。

2. 注意事项

(1)按规范要求制作试块,每拌制 100 盘且不超过 $100m^3$ 的同配合比的混凝土不少于一组试块;每工作班拌制的同配合比的混凝土,不足 100 盘时不少于一组试块;对现浇混凝土结构:每一现浇楼层同配合比混凝土不少于一组,同一单位工程每一验收项目中同配合比混凝土不少于一组。

(2)对于梁柱节点、叠合梁后浇部分、后浇带的混凝土,虽然混凝土用量较少,但属于重要结构部位,必须做试块,且按规范规定,每工作班不少于一组也必须做试块。

(3)混凝土的同一验收批应由强度等级、龄期相同,生产工艺和配合比基本相同的混凝土试块组成。对现浇混凝土结构构件,尚应按单位工程的验收项目划分验收批,如基础与主体分部内混凝土应划分为二个验收批。

(4)当同一验收批满足数理统计评定条件时,即应用数理统计方法评定混凝土强度。只有当同一验收批内试块组数少于 10 组时的零星混凝土可用非统计方法进行评定。

(5)凡是设计图纸上有明确抗渗等级 P6、P8 的防水结构混凝土,除做强度试块外,还必须做抗渗试块。连续浇筑混凝土每 500m^3 留置一组抗渗试件，且每项工程不得少于 2 组。采用预拌混凝土的抗渗试块的留置组数可视结构的规模和要求而定，试块应在浇筑地点制作。试块养护期不少于 28d，不超过 90d。

(6)对于预拌(商品)混凝土除应在预拌混凝土厂内按规定留置试件外，混凝土运到施工现场后，应按每浇捣 100m^3 混凝土不少于一组试块，当连续浇捣 1000m^3 以上混凝土时，每 200m^3 混凝土不少于一组试块，且单位工程混凝土评定以现场制作试块为依据。

(7)对于楼、地面地坪混凝土同样应留试块，数量为每 500m^2 的地面与楼面不少于一组。

(8)根据《建筑地基基础工程施工质量验收规范》(GB50202—2002)的规定，泥浆护壁成孔的灌注桩每根桩不得少于一组试块。

(9)试验室对混凝土抗压强度试块报告应填写认真完整。包括报告申请编号、报告单编号、混凝土的配合比、外掺剂、水泥强度等级、品种、厂家等都应填写齐全。如果报告单中有修改试验室应盖章证明。

14.1.7 地基验槽

1. 存在问题

(1)地基验槽单鉴证手续不全。

(2)验槽单中反映出基底土质不好，或有暗浜等需要加固，但加固方案资料没有。

2. 注意事项

(1)地基验槽应有施工单位、勘测单位、设计单位、建设单位四方共同参加、签章。如果设计单位委托建设单位，应有书面委托书。

(2)对基底加固应有书面资料,一般用技术核定单填写,并且有设计单位、建设单位、施工单位分别签字认可。

14.1.8 土壤试验

1. 存在问题

(1)回填土未做密实度测定。

(2)砂垫层漏做环刀测定。

(3)回填土、砂垫层环刀取样数量不足

(4)回填土、砂垫层环刀取样缺取样平面图及分层图。

2. 注意事项

(1)除底层有架空板的工程外,其他工程特别是工业厂房、车间、仓库、车站、码头、电影院等公共建筑都必须做回填土密实度试验。回填土压实后测定的干土质量,其合格率不应小于90%,不合格干土质量密度的最低值与设计值的差不应大于0.08g/cm^3,且不集中。

(2)凡是基坑用砂垫层加固的,必须进行砂垫层环刀试验测定干密度。砂垫层环刀测定用不大于该砂料在中密状态时的干密度数值为合格。也可用钢筋贯入法代替环刀测定,用直径20mm、长1250mm的平头钢筋,举离砂垫层700mm自由下落,插入深度应根据该砂的控制干密度确定,一般小于70mm为合格。

(3)回填土与砂垫层的取样数量,柱基抽查总数10%,但不少于5个;基坑每层按100~500m^{2}取样一组,但不少于一组。

(4)回填土与砂垫层测试报告后应附上取样平面图与分层图。

14.1.9 桩基资料

1. 存在问题

(1)缺样桩、桩位复核资料。

(2)预制混凝土桩出厂合格证资料有误。

(3)现场预制桩资料漏缺。

(4)打桩原始记录内容不全。

(5)接桩资料漏缺,无硫磺胶泥试块报告或焊缝隐蔽工程验收单。

(6)钻孔灌注桩缺钢筋笼隐蔽工程验收,或钢筋笼焊接连接接头抽查数量不足。

(7)对于护壁泥浆未测泥浆密度,不测黏度、含砂率、胶体三指标。

(8)在钻孔灌注桩施工期间未进行孔径、孔斜的测定。

(9)钻孔灌注桩清孔记录不全,沉渣厚度数据不具体。

(10)桩位竣工图不符合要求,对超过验收规范的桩无处理说明。

(11)工程桩的承载力检验报告内容不齐全。

2. 注意事项

(1)打桩前应建立桩位、样桩复核制度,定位者与复核者不能是同一人。

(2)对于混凝土构件厂出厂的预制桩的合格证,要核对桩的数量、型号、规格与设计图纸是否相符,一旦发现不符马上与构件厂联系,及时更正。

(3)涉及到现场预制桩的有关质量保证资料均应齐全,例如浇捣预制桩所用的水泥有出厂合格证及使用前的检验报告;钢材的出厂合格证和检验报告、钢筋的焊接抽查报告;预制桩钢筋的隐蔽工程验收及模板的技术复核;预制桩的施工日记及混凝土试块报告。

(4)打桩原始记录应有桩入土每米锤击数、总击数、桩锤重量、落锤高度记录及桩面位移、倾斜记录、最后贯入度和桩顶标高记录。此外还需有打桩单位、日期、班次、桩号、打桩顺序、打桩起止时间记录。

(5)接桩资料，对于焊接接桩一般情况下仅需对焊缝高度、长度、饱满度、数量及外观质量进行隐蔽工程验收。当设计对焊缝有拍片探伤等特殊要求时，按设计要求进行。对于硫磺胶泥接桩，必须按规范要求制作硫磺胶泥试块，每工作班不少于一组，每组应 9 块，3 块抗压，抗压的平均强度不小于 $40N/mm^2$，6 块抗拉，抗拉的平均强度不少于 $4N/mm^2$。

(6)钻孔灌注桩的钢筋笼制作完成后应进行隐蔽工程验收和分项工程质量验收，对于 2 节钢筋笼的搭接焊接应进行班前同条件焊接试验，取样复试数量满足不少于 300 个接头为一批。

(7)对于护壁泥浆施工中应经常测定泥浆密度，并定期测定黏度 18 ~ 22s，含砂率不大于 4% ~ 8%，胶体率不小于 90%。

(8)除在试桩时应进行孔径、孔斜检测外，在钻孔灌注桩施工期间也应定期抽查孔径、孔斜。若施工单位无此设备，应请专业单位来检测。

(9)钻孔灌注桩清孔记录应齐全，沉渣厚度检查用具体数据反映。以摩擦力为主的桩严禁大于 300mm，以端承力为主的桩严禁大于 100mm。

(10)桩位竣工图中应注明每根桩的桩顶标高及桩位偏差具体数据，并说明超过规范要求的桩号及偏差数值，附上如何处理这些超偏差桩的技术核定单，施工、监理、设计、建设四方签证手续齐全。

(11)桩基承载力报告和桩身质量检测报告符合《建筑地

基基础工程施工质量验收规范》(GB50202—2002)的规定。

14.1.10 吊装记录

1. 存在问题

(1)吊装前未进行质量检查,将不合格的构件安装在工程上。

(2)吊装前未进行轴线、标高复核,吊装完发现尺寸错误。

(3)吊装记录内容不全。

2. 注意事项

(1)在吊装前应检查构件是否有出厂合格证,在吊装过程中应及时检查外观质量,一旦发现存在质量问题构件,不能用在工程中。

(2)在吊装前,吊装单位应对土建单位提供的轴线、标高进行复核,及时纠正尺寸错误。有复核记录。

(3)吊装记录上应有构件型号、规格、数量、部位、搁置长度、连接固定方法等检查记录。初次吊装后的校正记录。

14.1.11 幕墙资料

1. 存在问题

(1)幕墙的抗风压性能、空气渗透性能、雨水渗漏性能及平面变形性能检测报告未做或内容不齐全。

(2)硅酮结构胶相容性和粘结性试验未做或内容不齐全。

(3)幕墙工程所使用的板材(铝板、石材)性能指标未进行复验。

(4)幕墙工程隐蔽工程验收记录不齐全。

(5)后置埋件未做现场拉拔强度检测报告。

(6)施工过程中未进行抗雨水渗漏的淋水检查。

(7)未进行防雷装置测试记录。

2. 注意事项

(1)按《建筑装饰装修工程质量验收规范》(GB50210—2001)第9.1.2条规定幕墙应做抗风压性能、空气渗透性能、雨水渗漏性能及平面变形性能四项物理性能检测报告,在安装幕墙板块前,施工单位应出具相关报告,作为幕墙中间验收的资料。

(2)幕墙工程使用的硅酮结构密封胶,应选用法定检测机构检测的合格产品,在使用前必须对幕墙工程选用的铝合金型材、玻璃、双面胶带、硅酮密封胶接触的材料做相容性试验和粘结剥离性试验,试验合格后才能进行打胶。

(3)铝板和石材幕墙应对铝塑复合板的剥离强度、石材的弯曲强度、寒冷地区石材的耐冻融性、室内花岗石的放射性等性能指标进行复验。

(4)幕墙工程应对下列项目进行隐蔽工程验收:预埋件(或后置埋件)、构件的连接节点、变形缝及墙面转角处的构造节点、幕墙防雷装置、幕墙防火构造。

(5)当施工未设预埋件,预埋件漏放、偏位,设计变更时,往往使用后置埋件(膨胀螺栓或化学螺栓)时,应符合设计要求并进行现场拉拔试验。

(6)玻璃幕墙施工过程中,应对易渗漏部位进行淋水检查,以便控制幕墙安装质量。

(7)幕墙结构中自上而下的防雷装置与主体结构的防雷装置可靠连接十分重要,防雷装置接地电阻值测试应符合设计要求。

14.1.12 钢结构资料

1. 存在问题

(1)对特殊要求的钢材未进行抽样复验。

(2)钢结构连接用高强度大六角螺栓连接副、扭剪型高强度螺栓连接副出厂时检验报告和现场复验报告不齐全。

(3)对重要钢结构采用的焊接材料未进行抽样复验。

(4)焊接球未进行无损检验。

(5)钢结构防火涂料试验未做。

2. 注意事项

(1)对国外进口钢材、混批钢材、板厚等于或大于40mm且设计有Z向性能要求的厚板、建筑结构等级为一级、大跨度钢结构中主要受力构件所采用的、设计有复验要求的、对质量有疑义的钢材应进行抽样复试，其结果应符合现行国家产品标准和设计要求。

(2)高强度大六角螺栓连接副、扭剪型高强度螺栓连接副出厂时应带有扭矩系数和紧固轴力的检验报告外，应按《钢结构工程施工质量验收规范》(GB50205)要求对其扭矩系数和预拉力进行复验。

(3)重要钢结构工程的焊接材料需复验，"重要"是指：建筑结构安全等级为一级的一、二级焊缝；建筑结构安全等级为二级的一级焊缝；大跨度结构中一级焊缝；重级工作制吊车梁结构中一级焊缝及设计要求。

(4)焊接球焊缝应按设计要求进行无损探伤检测，当设计无要求时，应符合《钢结构工程施工质量验收规范》GB50205—2001中规定的二级质量标准。

(5)钢结构防火涂料的粘结强度、抗压强度应按有关规定复验：每使用100t或不足100t薄涂型防火涂料应抽检一次粘结强度；每使用500t厚型防火涂料应抽检一次粘结强度和抗压强度。

14.1.13 结构实体检测资料

1. 存在问题

(1)未按《混凝土结构工程施工质量验收规范》GB50204—2002留置混凝土强度检验用同条件养护试件或根据合同的规定采用非破损或局部破损的检测方法。

(2)未按规范要求进行钢筋保护层厚度检验。

2. 注意事项

(1)同条件养护试件所对应的结构构件或结构部位,应由监理(建设)、施工等各方共同选定。

(2)对混凝土结构工程中的各混凝土强度等级,均应留置同条件养护试件。同一强度等级的同条件养护试件,其留置的数量应根据混凝土工程量和重要性确定,不宜少于10组,且不应少于3组。

(3)同条件养护试件拆模后,应放置在靠近相应结构构件或结构部位的适当位置,并应采取相同的养护方法。

(4)同条件养护试件应在达到等效养护龄期时进行强度试验。龄期及相应的试件强度代表值,宜根据当地的气温和养护条件确定:等效养护龄期可取按日平均温度逐日累计达到600℃·d时所对应的龄期,0℃及以下的龄期不计入,等效养护龄期不应小于14d,也不宜大于60d。

(5)对于结构施工阶段未留置同条件养护试件的工程,可采用非破损或局部破损的检测方法,按国家现行有关标准的规定进行检测。

(6)钢筋保护层厚度检验的结构部位和构件数量应符合下列要求:

1)钢筋保护层厚度检验的结构部位,应由监理(建设)施工等各方根据结构构件的重要性共同选定。对梁类板类构件应各抽取构件数量的2%,且不少于5个构件进行检验。当有悬挑构件时,抽取的构件中悬挑梁类、板类构件所占比例均不宜小于50%。

2)对选定的梁类构件,应对全部纵向受力钢筋的保护层厚度进行检验。对选定的板类构件,应抽取不少于6根纵向受力钢筋的保护层厚度进行检验,对每根钢筋应在有代表性的部位测量1点。

3)钢筋保护层厚度的检验可采用非破损或局部破损的方法,也可采用非破损方法并用局部破损方法进行校准。当采用非破损方法检验时,所使用的检测仪器,应经过计量检验。检测操作应符合相应规程的规定,钢筋保护层厚度检验的检测误差不应大于1mm。

4)钢筋保护层厚度检验时纵向受力钢筋保护层厚度的允许偏差对梁类构件为+10mm,-7mm;对板类构件为+8mm,-5mm。

5)对梁类板类构件纵向受力钢筋的保护层厚度应分别进行验收。

(7)结构实体钢筋保护层厚度验收合格应符合下列规定:

1)当全部钢筋保护层厚度检验的合格点率为90%及以上时,钢筋保护层厚度的检验结果应判为合格。

2)当全部钢筋保护层厚度检验的合格点率小于90%,但不小于80%,可再抽取相同数量的构件进行检验;当按两次抽样总和计算的合格点率为90%及以上时,钢筋保护层厚度的检验结果仍应判为合格。

3)每次抽样检验结果中,不合格点的最大偏差均不应大于规定允许偏差的1.5倍。

14.1.14 室内环境检测资料

1. 存在问题

(1)建筑材料和装修材料未按设计和规范要求,进行进场检验;

(2)未按《民用建筑工程室内环境污染控制规范》GB50325—2001对氡、甲醛、氨、苯和总挥发性有机化合物TVOC进行室内环境污染物的检测。

2. 注意事项

(1)工程验收时需提供建筑材料和装修材料的污染物含量检测报告、材料进场检验记录、复验报告；

(2)民用建筑工程验收时，必须进行室内环境污染浓度检测。检测结果符合表14-1的规定。

民用建筑工程室内环境污染浓度限量　　表14-1

污　染　物	Ⅰ类民用建筑工程	Ⅱ类民用建筑工程
氡(Bq/m^2)	≤200	≤400
游离甲醛(mg/m^2)	≤0.08	≤0.12
苯(mg/m^2)	≤0.09	≤0.09
氨(mg/m^2)	≤0.2	≤0.5
TVOC(mg/m^2)	≤0.5	≤0.6

注：表中污染物浓度限量，除氡外均应以同步测定的室外空气相应值为空白值。

14.2　建筑设备安装工程质量保证资料

14.2.1　采暖卫生与煤气材料、设备出厂合格证

1. 存在问题

(1)给排水、煤气、管材、管件、水泵等设备的出厂合格证规格、数量不全，未注明单位工程名称。

(2)阀门质保书是一小块硬纸片，无技术数据，起不到合格证作用。

2. 预防措施

(1)施工单位在施工过程中应及时收集给水、排水、煤气

管道系统的管材、管件、阀门、水泵等设备的出厂合格证,各种规格、数量必须符合设计要求。

(2)对于无技术数据、不符合要求的质保书,应督促生产厂家改进。

14.2.2 管道设备强度、焊口检查和严密性试验记录

1. 存在问题

(1)上水试压未按系统进行,试压数量不足;消防管道漏做试压试验,试验压力错误。

(2)煤气管道严密性试验数量不足,阀门漏做严密性试验。

2. 注意事项

(1)室内给水管道试验压力必须符合设计要求,当设计未注明时,给水管道试验压力为工作压力的1.5倍,但不应小于0.6MPa。

(2)煤气管道严密性试验同样按系统或区(段)进行。

凡出厂没有强度和严密性试验单的阀门,安装前都应补做抽查试验;对于安装在主干管上起切断作用的闭路阀门应逐个做强度和严密性试验。

14.2.3 系统清洗记录

1. 存在问题

单位工程竣工后漏做管道清洗工作,竣工验收时龙头打开都是带铁锈污水。

2. 注意事项

单位工程竣工后交付使用前,给水管道系统应用水冲洗,直到将污浊物冲净为止,保证给水系统管网内的洁净,防止管腔内积存脏物、杂物和积水,影响水质标准和造成管道堵塞,系统清洗应有书面记录。

14.2.4 排水管灌水、通水试验记录

1. 存在问题

(1)埋地管在回填土前漏做灌水试验。

(2)通水试验错误理解为水通即可。

2. 注意事项

(1)液面不下降,管道及接口无渗漏为合格。

(2)通水试验指包括室内给水系统同时开放最大数量配水点额定流量,消火栓组数的最大消防能力,室内排水系统排放效果等试验记录,结果符合设计要求。

14.2.5 锅炉烘炉、煮炉、设备试运转记录

1. 存在问题

(1)锅炉烘炉、煮炉记录不全。

(2)设备试运转记录仅有单机试运转无联合整体试运转记录。

2. 注意事项

(1)烘炉记录应包括锅炉本体及热力交换站的有关管道和设备,火焰烘炉温度升、降记录。烘烤时间和效果应符合设计要求和规范规定。

(2)煮炉记录应有煮炉的药量及成分、加药程序、蒸汽压力、升降温控制、煮炉时间及煮完后的冲洗、除垢,均应有详细记录。操作者、施工负责人及质量检查人员应共同签证。

(3)设备试运转主要包括锅炉、水泵、风机和热交换站、煤气调压站等设备管道及附件。其运转工作性能(热工、机械性能、压力及安全性能等)及水质、烟尘排放浓度等。均应符合设计要求和有关专门规定。记录应包括单机试运转和有设计要求的联合整体试运转记录、结论符合设计要求。

14.2.6 主要电气设备、材料合格证

1. 存在问题

各种电气设备、材料合格证不全,漏缺,合格证大多为小型硬纸片,技术数据内容不全,不正规。

2. 注意事项

强化“无合格证的设备、材料不得使用”,施工单位应及时收集整理合格证。主要的设备、材料,如高压设备和配件中的柜盘、绝缘子、套管、避雷器、隔离开关、油开关。变压器、瓦斯断电器、温度计、电机等应有合格证。其他材料如线材、管材、灯具、开关、绝缘油、插销、低压设备及附件等,也应有出厂证明。

14.2.7 电气设备试验、调整记录

1. 存在问题

(1)无主要设备开箱检验及验收记录。

(2)对要求试运转检验、调整的项目无书面记录资料。

2. 注意事项

(1)主要设备使用前,必须开箱检验及试验。如各种阀、表的校验、各种断路器的外观检验、调整及操作试验。各类避雷器、电容器、变压器及附件、互感器、各种电机、盘柜、低压电器的检验和调整试验等,应按规定进行耐压试验或调整试验。

(2)有要求进行试运转检验、调整的项目,应有过程记录,设计有要求的工程应有系统或全负荷试验。

14.2.8 绝缘、接地电阻测试记录

1. 存在问题

(1)绝缘电阻未按每单元、每层每回路测定,检测数量不足。

(2)高层建筑采用暗防雷,一层漏引出测试点,不便于防

雷接地电阻测试,工作保护接地测试有漏。

2. 注意事项

(1)绝缘电阻测试记录:主要包括设备绝缘电阻测试,线路导线间、导线对地间的测试记录,低压回路的绝缘电阻测试,有书面记录,其结论符合设计要求,绝缘电阻检测应按每一单元、每层、每一回路进行全数检测。

(2)接地电阻:主要包括设备、系统的保护接地装置,按设计要求的数量应进行全数检查。土建与安装配合对于暗防雷在底层规定标高从柱中引出防雷测试点。

14.2.9 通风与空调工程

一、材料、设备出厂合格证

(1)材料:包括风管及部件制作或安装所使用的各种板材、线材及附件;制冷管道系统的管材;防腐、保温等材料,应有出厂合格证。

(2)设备:主要包括空气处理设备(消声器、除尘器等)、通风设备(空调机组、热交换器、风机盘管、诱导器、通风机等),制冷设备(各式制冷机及其附件等)各系统中的专用设备等,都应有出厂合格证。

二、空调调试报告

各项设备的单机试运转(如风机、制冷机、水泵、空气处理室、除尘过滤设备等);无生产负荷联合试运转的测定,其测定内容及过程应符合设计要求。对洁净系统测试静态室内空气含尘浓度、室内正压值等达到设计和使用要求。

三、制冷管道试验记录

包括系统的强度、严密性试验和工作性能试验两方面。强度、严密性试验包括阀门、设备及系统。工作性能试验包括管(件)及阀门清洗、单机试运转。系统吹污、真空试验、检漏试验及带负荷试运转等程序符合设计要求。

14.2.10 电梯安装工程

1. 绝缘、接地电阻测试记录

绝缘电阻测试(设备、线间、线地间、接头及系统)和接地电阻(设备及系统保护接地),结果符合设计要求和规范规定。

2. 空、满、超载试运行记录

按不同荷载情况分别记录,内容应包括起动、运行和停止时的振动、制动、摩擦及有升温限值的升温情况及有关性能装置的工作情况。多台程序控制电梯应有联合试运行记录。

3. 调整、试验报告

包括各部门、各系统(曳引、运行、安全保护装置等)的调整、试验报告和整机与试运行相结合进行的调整和试验报告。

15 建筑工程施工质量验收

15.1 总　　则

建筑工程施工质量验收规范(以下简称《验收规范》,目录详见表 15-1)是由《建筑工程施工质量验收统一标准》(GB50300—2001)(以下简称《统一标准》)和 14 项建筑专业工程施工质量验收规范(以下简称"专业验收规范")组成。统一标准(GB50300—2001)规定了建筑工程施工现场质量管理和质量控制的要求,提出了检验批质量检验的抽样方案要求,确定了建筑工程施工质量验收的划分,合格判定及验收程序的原则,规定了各专业验收规范编制的统一准则,《统一标准》还对单位工程质量验收的内容、方法和程序等作出了具体的规定。各"专业验收规范"分别对有关分项工程检验批的划分、主控项目和一般项目的质量指标的设置、合格判断等作出了具体的规定,并对建筑材料、构配件和建筑设备的进场复验,涉及结构安全和使用功能的检测项目提出具体要求。

《验收规范》在总结了我国建筑工程施工质量验收的实践经验的基础上,根据"验评分离,强化验收,完善手段,过程控制"的指导思想,将原质量检验评分标准中的质量检验与质量评分内容分离,将原施工及验收规范中的施工工艺与质量验收内容分离,把质量检验与质量验收内容合并后,重新编制成判定施工质量合格并予以验收的国家标准,即在我国的行政区域内，建设参与各方在任何情况下，都必须无条件执行的强制性标准。至于质量评定和施工工艺则作为推荐性标准，稍后予以编制。《验收规范》还在强化施工全过程质量控制的基础上，扩大了进场建筑材料复验的范围，增加了对工程实体涉及结构安全和使用功能所进行的检测，调整了检验项目和质量技术指标的设置，完善了验收的手段，进一步增强了质量验收的科学性，为加强建筑工程的质量管理，统一建筑工程施工质量的验收，确保工程质量起到了保证作用。

建筑工程施工质量验收规范目录　　表 15-1

序号	标准编号	标准名称	废止标准编号	施行日期
1	GB50300—2001	建筑工程施工质量验收统一标准	GBJ300—88 GBJ301—88	2002-01-01
2	GB50202—2002	建筑地基基础工程施工质量验收规范	GBJ201—83 GBJ202—83	2002-05-01
3	GB50203—2002	砌体工程施工质量验收规范	GB50203—98	2002-04-01
4	GB50204—2002	混凝土结构工程施工质量验收规范	GB50204—92 GBJ321—90	2002-04-01
5	GB50205—2002	钢结构工程施工质量验收规范	GB50205—95 GB50221—95	2002-03-01
6	GB50206—2002	木结构工程施工质量验收规范	GBJ206—83	2002-07-01
7	GB50207—2002	屋面工程质量验收规范	GB50207—94	2002-06-01
8	GB50208—2002	地下防水工程质量验收规范	GBJ208—83	2002-04-01
9	GB50209—2002	建筑地面工程施工质量验收规范	GB50209—95	2002-06-01
10	GB50210—2001	建筑装饰装修工程质量验收规范	GBJ240—83	2002-03-01

续表

序号	标准编号	标准名称	废止标准编号	施行日期
11	GB50242—2002	建筑给水排水及采暖工程施工质量验收规范	GBJ242—82 GBJ302—88	2002-04-01
12	GB50243—2002	通风与空调工程施工质量验收规范	GB50243—97 GBJ304—88	2002-04-01
13	GB50303—2002	建筑电气工程施工质量验收规范	GBJ303—88 GB50258—96 GB50259—96	2002-06-01
14	GB50310—2002	电梯工程施工质量验收规范	GBJ310—88 GB50182—93	2002-06-01
15	GB50339—2003	智能建筑工程质量验收规范	GB50339—2003	2003-10-01

《验收规范》适用于新建、改建和扩建的房屋建筑物和附属物、构筑物设施(含建筑设备安装工程)的施工质量验收。标准、规范中以黑体字标志的条文为强制性条文,必须严格执行。凡涉及工业设备、工业管道、电气装置、工业自动化仪表、工业炉砌筑等工业安装工程的质量验收,不适用于本系列验收规范。各“专业验收规范”另有规定的应服从其规定。

各“专业验收规范”必须与《统一标准》配套使用。

15.2 基 本 规 定

为全面执行建筑工程施工质量验收规范,在工程的开工准备、施工过程和质量验收中,应遵守以下各项基本规定。

15.2.1 施工现场质量管理

1. 施工现场应备有与所承担施工项目有关的施工技术标准。除各专业工程质量验收规范外,尚应有控制质量,指导施工的工艺标准(工法)、操作规程等企业标准。企业制定的质量标准必须高于国家技术标准，以确保最终质量满足国家标准的规定。

2. 健全的质量管理体系是执行国家技术法规和技术标准的有力保证，对建筑施工质量起着决定性的作用。施工现场应建立健全项目质量管理体系，其人员配备、机构设置、管理模式、运作机制等，是构建质量管理体系的要件，应有效地配置和建立。

3. 施工现场应建立从材料采购、验收、储存、施工过程质量自检、互检、专检，隐蔽工程验收，涉及安全和功能的抽查检验等各项质量检验制度。这是控制施工质量的重要手段，通过各种质量检验，及时对施工质量水平进行测评，寻找质量缺陷和薄弱环节，制订措施，加以改进，使质量处于受控状态。施工单位应按表15-2“施工现场质量管理检查记录”的要求进行检查和填写，并经总监理工程师签署确认后方可开工。施工中尚应不断补充和完善。

15.2.2 建筑施工质量控制

1. 进入施工现场的建筑材料、构配件及建筑设备等，除应检查产品合格证书、出厂检验报告外，尚应对其规格、数量、型号、标准及外观质量进行检查，凡涉及安全、功能的产品，应按各专业工程质量验收规范规定的范围进行复验(试)，复验合格并经监理工程师检查认可后方可使用。复验抽样样本的组批规则、取样数量和测试项目，除专业规范规定外，一般可按产品标准执行。

2. 工序质量是施工过程质量控制的最小单位，是施工质量控制的基础。对工序质量控制应着重抓好“三个点”的控制，首先是设立控制点，即将工艺流程中影响工序质量的所有节点作为质量控制点，按施工技术标准的要求，采取有效技术

施工现场质量管理检查记录　　　　表 15-2

开工日期：

<table>
<tr><td>工程名称</td><td colspan="3"></td><td>施工许可证(开工证)</td><td></td></tr>
<tr><td>建设单位</td><td colspan="3"></td><td>项目负责人</td><td></td></tr>
<tr><td>设计单位</td><td colspan="3"></td><td>项目负责人</td><td></td></tr>
<tr><td>监理单位</td><td colspan="3"></td><td>总监理工程师</td><td></td></tr>
<tr><td>施工单位</td><td></td><td>项目经理</td><td></td><td>项目技术负责人</td><td></td></tr>
<tr><td>序　号</td><td colspan="3">项　　　目</td><td colspan="2">内　　容</td></tr>
<tr><td>1</td><td colspan="3">现场质量管理制度</td><td colspan="2"></td></tr>
<tr><td>2</td><td colspan="3">质量责任制</td><td colspan="2"></td></tr>
<tr><td>3</td><td colspan="3">主要专业工种操作上岗证书</td><td colspan="2"></td></tr>
<tr><td>4</td><td colspan="3">分包方资质与对分包单位的管理制度</td><td colspan="2"></td></tr>
<tr><td>5</td><td colspan="3">施工图审查情况</td><td colspan="2"></td></tr>
<tr><td>6</td><td colspan="3">地质勘察资料</td><td colspan="2"></td></tr>
<tr><td>7</td><td colspan="3">施工组织设计、施工方案及审批</td><td colspan="2"></td></tr>
<tr><td>8</td><td colspan="3">施工技术标准</td><td colspan="2"></td></tr>
<tr><td>9</td><td colspan="3">工程质量检验制度</td><td colspan="2"></td></tr>
<tr><td>10</td><td colspan="3">搅拌站及计量设置</td><td colspan="2"></td></tr>
<tr><td>11</td><td colspan="3">现场材料、设备存放与管理</td><td colspan="2"></td></tr>
<tr><td>12</td><td colspan="3"></td><td colspan="2"></td></tr>
</table>

检查结论：

总监理工程师

（建设单位项目负责人）　年　月　日

措施，使其在操作中能符合技术标准要求；其次是设立检查点，即在所有控制点中找出比较重要又能进行检查的点，对其进行检查,以验证所采取的技术措施是否有效,有否失控,以便即时发现问题,及时调整技术措施;第三是设立停止点,即在施工操作完成一定数量或某一施工段时,在作业组或生产台班自行检查的基础上,由专职质量员做一次比较全面的检查,确认某一作业层面操作质量,是否达到有关质量控制指标的要求,对存在的薄弱环节和倾向性的问题及时加以纠正,为分项工程检验批的质量验收打下坚实基础。

3. 在加强工艺质量控制的基础上,尚应加强相关专业工种之间的交接检验,形成验收记录,并取得监理工程师的检查认可,这是保证施工过程连续有序,施工质量全过程控制的重要环节。这种检查不仅是对前道工序质量合格与否所做的一次确认,同时也为后道工序的顺利开展提供了保证条件,促进了后道工序对前道工序的产品保护。通过检查形成记录,并经监理工程师的签署确认方有效。这样既保证了施工过程质量控制的延续性,又可将前道工序出现的质量问题消灭在后道工序施工之前,又能分清质量责任,避免不必要的质量纠纷产生。

15.2.3 建筑工程施工质量验收

1. 质量验收的依据

(1)应符合《统一标准》和相关"专业验收规范"的规定。

(2)应符合工程勘察、设计文件(含设计图纸、图集和设计变更单等)的要求。

(3)应符合政府和建设行政主管部门有关质量的规定。如上海市建委对特细砂、海砂、立窑水泥等制订了禁止、限制使用的规定等。

(4)应满足施工承发包合同中有关质量的约定。如提高某些质量验收指标;对混凝土结构实体采用钻芯取样检测混凝土强度等。

2. 质量验收涉及的资格与资质要求

(1)参加质量验收的各方人员应具备规定的资格。

这里的资格既是对验收人员的知识和实际经验上的要求,同时也是对其技术职务、执业资格上的要求。如单位工程观感检查人员,应具有丰富的经验;分部工程应由总监理工程师组织验收,不能由专业监理工程师替代等。

(2)承担见证取样检测及有关结构安全检测的单位,应为经过省级以上建设行政主管部门对其资质认可和质量技术监督部门已通过对其计量认证的质量检测单位。

3. 验收均应在施工单位自行检查评定合格后,交由监理单位进行。

这样既分清了两者不同的质量责任,又明确了生产方处于主导地位该负的首要质量责任。

4. 隐蔽工程前应由施工单位通知有关单位进行验收,并填写隐蔽工程验收记录。

这是对难以再现部位和节点质量所设的一个停止点,应重点检查,共同确认,并宜留下影像资料作证。

5. 涉及结构安全的试块、试件及有关材料,应在监理单位或建设单位人员的见证下,由施工单位试验人员在现场取样,送至有相应资质的检测单位进行测试。进行见证取样送检的比例不得低于检测数量的30%,交通便捷地区比例可高些,如上海地区规定为100%。

6. 对涉及结构安全和使用功能的重要分部工程,应按专业规范的规定进行抽样检测。以此来验证和保证房屋建筑工程的安全性和功能性,完善了质量验收的手段,提高了验收工作准确性。

7. 检验批的质量应按主控项目和一般项目进行验收。

进一步明确了检验批验收的基本范围和要求。

8. 工程的观感质量应由验收人员通过现场检查,并应共同确认。

强调了观感质量检查应在施工现场进行,并且不能由一个人说了算,而应共同确认。

15.2.4 抽样方案与风险

抽样检验是利用批或过程中随机抽取的样本,对批或过程的质量进行检验,作出是否接收的判决,是介于不检验和百分之百检验之间的一种检验方法。百分之百检验需要花费大量的人力、物力和时间,而且有的检验项目带有破坏性,不允许百分之百检验,因此,采用抽样检验的办法。

抽样检验可按以下几个方面进行分类:

1. 按检验目的:分为预防、验收、监督抽样检验。

2. 按检验方式:分为计数、计量抽样检验。

3. 按抽取样本的次数:分为一次、二次、多次等抽样检验。

4. 按抽样方案是否调整:分为调整型和非调整型抽样检验。

由于计数抽样检验不需作复杂计算,使用方便,故被广泛采用。

15.3 建筑工程质量验收的划分和程序

为了使建筑施工过程质量得到及时和有效控制,为了全面全过程实施对建筑工程施工质量的验收,建筑工程质量验收应划分为单位(子单位)工程、分部(子分部)工程、分项工程和检验批,并按相应规定的程序组织验收。

15.3.1 建筑工程质量验收的划分

1. 单位(子单位)工程划分的原则

(1)具备独立施工条件并能形成独立使用功能的建筑物及构筑物为一个单位工程,通常由结构、建筑与建筑设备安装工程共同组成。如一幢公寓楼、一栋厂房、一座泵房等,均应单独为一个单位工程。

(2)建筑规模较大的单位工程,可将其能形成独立使用功能的部分划为两个或两个以上子单位工程。这对于满足建设单位早日投入使用,提早发挥投资效益,适应市场需要是十分有益的。如一个单位工程由塔楼与裙房组成,可根据建设方的需要,将塔楼与裙房划分为两个单位工程,分别进行质量验收,按序办理竣工备案手续。子单位工程的划分应在开工前预先确定,并在施工组织设计中具体划定,并应采取技术措施,既要确保后验收的子单位工程顺利进行施工,又能保证先验收的子单位工程的使用功能达到设计的要求,并满足使用的安全。

一个单位工程中,子单位工程不宜划分得过多,对于建设方没有分期投入使用要求的较大规模工程,不应划分子单位工程。

(3)室外工程可按表15-3进行划分。

室外工程划分　　表15-3

单位工程	子单位工程	分部(子分部)工程
室外建筑环境	附属建筑	车棚、围墙、大门、挡土墙、垃圾收集站
	室外环境	建筑小品、道路、亭台、连廊、花坛、场坪绿化
室外安装	给排水与采暖	室外给水系统、室外排水系统、室外供热系统
	电气	室外供电系统、室外照明系统

2. 分部(子分部)工程划分的原则

(1)分部工程的划分应按专业性质、建筑部位确定。

建筑与结构工程划分为地基与基础、主体结构、建筑装饰装修(含门窗、地面工程)和建筑屋面等4个分部。地基与基础分部包括房屋相对标高±0.000以下的地基、基础、地下防水及基坑支护工程,其中有地下室的工程其首层地面以下的结构工程属于地基与基础分部工程;地下室内的砌体工程等可纳入主体结构分部,地面、门窗、轻质隔墙、吊顶、抹灰工程等应纳入建筑装饰装修工程。

建筑设备安装工程划分为建筑给排水及采暖、建筑电气、智能建筑、通风与空调及电梯等5个分部。

(2)当分部工程较大或较复杂时,可按材料种类、施工特点、施工程序、专业系统及类别等划分为若干个子分部工程,如建筑屋面分部可划分为卷材防水、涂膜防水、刚性防水、瓦、隔热屋面等5个子分部。当分部工程中仅采用一种防水屋面形式时可不再划分子分部工程。建筑工程分部(子分部),分项工程可按表15-4进行划分。

建筑工程分部(子分部)工程、分项工程划分　表15-4

序号	分部工程	子分部工程	分项工程
1	地基与基础	无支护土方	土方开挖、土方回填
		有支护土方	排桩、降水、排水、地下连续墙、锚杆、土钉墙、水泥土桩、沉井与沉箱,钢及混凝土支撑
		地基及基础处理	灰土地基、砂和砂石地基、碎砖三合土地基,土工合成材料地基,粉煤灰地基,重锤夯实地基,强夯地基,振冲地基,砂桩地基,预压地基,高压喷射注浆地基,土和灰土挤密桩地基,注浆地基,水泥粉煤灰碎石桩地基,夯实水泥土桩地基

续表

序号	分部工程	子分部工程	分项工程
1	地基与基础	桩基	锚杆静压桩及静力压桩，预应力离心管桩，钢筋混凝土预制桩，钢桩，混凝土灌注桩（成孔、钢筋笼、清孔、水下混凝土灌注）
		地下防水	防水混凝土，水泥砂浆防水层，卷材防水层，涂料防水层，金属板防水层，塑料板防水层，细部构造，喷锚支护，复合式衬砌，地下连续墙，盾构法隧道；渗排水、盲沟排水，隧道、坑道排水；预注浆、后注浆，衬砌裂缝注浆
		混凝土基础	模板、钢筋、混凝土，后浇带混凝土，混凝土结构缝处理
		砌体基础	砖砌体，混凝土砌块砌体，配筋砌体，石砌体
		劲钢（管）混凝土	劲钢（管）焊接、劲钢（管）与钢筋的连接，混凝土
		钢结构	焊接钢结构、栓接钢结构，钢结构制作，钢结构安装，钢结构涂装
2	主体结构	混凝土结构	模板，钢筋，混凝土，预应力、现浇结构，装配式结构
		劲钢（管）混凝土结构	劲钢（管）焊接、螺栓连接、劲钢（管）与钢筋的连接，劲钢（管）制作、安装，混凝土
		砌体结构	砖砌体，混凝土小型空心砌块砌体，石砌体，填充墙砌体，配筋砖砌体
		钢结构	钢结构焊接，紧固件连接，钢零部件加工，单层钢结构安装，多层及高层钢结构安装，钢结构涂装、钢构件组装，钢构件预拼装，钢网架结构安装，压型金属板
		木结构	方木和原木结构、胶合木结构、轻型木结构，木构件防护
		网架和索膜结构	网架制作、网架安装、索膜安装、网架防火、防腐涂料

续表

序号	分部工程	子分部工程	分 项 工 程
3	建筑装饰装修	地 面	整体面层:基层、水泥混凝土面层、水泥砂浆面层、水磨石面层、防油渗面层、水泥钢(铁)屑面层、不发火(防爆的)面层;板块面层:基层、砖面层(陶瓷锦砖、缸砖、陶瓷地砖和水泥花砖面层)、大理石面层和花岗石面层,预制板块面层(预制水泥混凝土、水磨石板块面层)、料石面层(条石、块石面层)、塑料板面层、活动地板面层、地毯面层;木竹面层:基层、实木地板面层(条材、块材面层)、实木复合地板面层(条材、块材面层)、中密度(强化)复合地板面层(条材面层)、竹地板面层
		抹 灰	一般抹灰,装饰抹灰,清水砌体勾缝
		门 窗	木门窗制作与安装、金属门窗安装、塑料门窗安装、特种门安装、门窗玻璃安装
		吊 顶	暗龙骨吊顶、明龙骨吊顶
		轻质隔墙	板材隔墙、骨架隔墙、活动隔墙、玻璃隔墙
		饰面板(砖)	饰面板安装、饰面砖粘贴
		幕 墙	玻璃幕墙、金属幕墙、石材幕墙
		涂 饰	水性涂料涂饰、溶剂型涂料涂饰、美术涂饰
		裱糊与软包	裱糊、软包
		细部	橱柜制作与安装,窗帘盒、窗台板和暖气罩制作与安装,门窗套制作与安装,护栏和扶手制作与安装,花饰制作与安装
4	建筑屋面	卷材防水屋面	保温层,找平层,卷材防水层,细部构造
		涂膜防水屋面	保温层,找平层,涂膜防水层,细部构造
		刚性防水屋面	细石混凝土防水层,密封材料嵌缝,细部构造
		瓦屋面	平瓦屋面,油毡瓦屋面,金属板屋面,细部构造
		隔热屋面	架空屋面,蓄水屋面,种植屋面

续表

序号	分部工程	子分部工程	分项工程
5	建筑给水、排水及采暖	室内给水系统	给水管道及配件安装、室内消火栓系统安装、给水设备安装、管道防腐、绝热
		室内排水系统	排水管道及配件安装、雨水管道及配件安装
		室内热水供应系统	管道及配件安装、辅助设备安装、防腐、绝热
		卫生器具安装	卫生器具安装、卫生器具给水配件安装、卫生器具排水管道安装
		室内采暖系统	管道及配件安装、辅助设备及散热器安装、金属辐射板安装、低温热水地板辐射采暖系统安装、系统水压试验及调试、防腐、绝热
		室外给水管网	给水管道安装、消防水泵接合器及室外消火栓安装、管沟及井室
		室外排水管网	排水管道安装、排水管沟与井池
		室外供热管网	管道及配件安装、系统水压试验及调试、防腐、绝热
		建筑中水系统及游泳池系统	建筑中水系统管道及辅助设备安装、游泳池水系统安装
		供热锅炉及辅助设备安装	锅炉安装、辅助设备及管道安装、安全附件安装、烘炉、煮炉和试运行、换热站安装、防腐、绝热
6	建筑电气	室外电气	架空线路及杆上电气设备安装，变压器、箱式变电所安装，成套配电柜、控制柜(屏、台)和动力、照明配电箱(盘)及控制柜安装，电线、电缆导管和线槽敷设，电线、电缆穿管和线槽敷设，电缆头制作、导线连接和线路电气试验，建筑物外部装饰灯具、航空障碍标志灯和庭院路灯安装，建筑照明通电试运行，接地装置安装
		变配电室	变压器、箱式变电所安装，成套配电柜、控制柜(屏、台)和动力、照明配电箱(盘)安装，裸母线、封闭母线、插接式母线安装，电缆沟内和电缆竖井内电缆敷设，电缆头制作、导线连接和线路电气试验，接地装置安装，避雷引下线和变配电室接地干线敷设

续表

序号	分部工程	子分部工程	分项工程
6	建筑电气	供电干线	裸母线、封闭母线、插接式母线安装,桥架安装和桥架内电缆敷设,电缆沟内和电缆竖井内电缆敷设,电线、电缆导管和线槽敷设,电线、电缆穿管和线槽敷线,电缆头制作、导线连接和线路电气试验
		电气动力	成套配电柜、控制柜(屏、台)和动力、照明配电箱(盘)及安装,低压电动机、电加热器及电动执行机构检查、接线,低压电气动力设备检测、试验和空载试运行,桥架安装和桥架内电缆敷设,电线、电缆导管和线槽敷设,电线、电缆穿管和线槽敷线,电缆头制作、导线连接和线路电气试验,插座、开关、风扇安装
		电气照明安装	成套配电柜、控制柜(屏、台)和动力、照明配电箱(盘)安装,电线、电缆导管和线槽敷设,电线、电缆导管和线槽敷线,槽板配线,钢索配线,电缆头制作、导线连接和线路电气试验,普通灯具安装,专用灯具安装,插座、开关、风扇安装,建筑照明通电试运行
		备用和不间断电源安装	成套配电柜、控制柜(屏、台)和动力、照明配电箱(盘)安装,柴油发电机组安装,不间断电源的其他功能单元安装,裸母线、封闭母线、插接式母线安装,电线、电缆导管和线槽敷设,电缆头制作、导线连接和线路电气试验,接地装置安装
		防雷及接地安装	接地装置安装,避雷引下线和变配电室接地干线敷设,建筑物等电位连接,接闪器安装
7	智能建筑	通信网络系统	通信系统、卫星及有线电视系统、公共广播系统
		办公自动化系统	计算机网络系统、信息平台及办公自动化应用软件、网络安全系统
		建筑设备监控系统	空调与通风系统、变配电系统、照明系统、给排水系统、热源和热交换系统、冷冻和冷却系统、电梯和自动扶梯系统、中央管理工作站与操作分站、子系统通信接口

续表

序号	分部工程	子分部工程	分项工程
7	智能建筑	火灾报警及消防联动系统	火灾和可燃气体探测系统、火灾报警控制系统、消防联动系统
		安全防范系统	电视监控系统、入侵报警系统、巡更系统、出入口控制(门禁)系统、停车管理系统
		综合布线系统	缆线敷设和终接、机柜、机架、配线架的安装、信息插座和光缆芯线终端的安装
		智能化集成系统	集成系统网络、实时数据库、信息安全、功能接口
		电源与接地	智能建筑电源、防雷及接地
		环 境	空间环境、室内空调环境、视觉照明环境、电磁环境
		住宅(小区)智能化系统	火灾自动报警及消防联动系统、安全防范系统(含电视监控系统、入侵报警系统、巡更系统、门禁系统、楼宇对讲系统、住户对讲呼救系统、停车管理系统)、物业管理系统(多表现场计量及与远程传输系统、建筑设备监控系统、公共广播系统、小区网络及信息服务系统、物业办公自动化系统)、智能家庭信息平台
8	通风与空调	送排风系统	风管与配件制作;部件制作;风管系统安装;空气处理设备安装;消声设备制作与安装,风管与设备防腐;风机安装;系统调试
		防排烟系统	风管与配件制作;部件制作;风管系统安装;防排烟风口、常闭正压风口与设备安装;风管与设备防腐;风机安装;系统调试
		除尘系统	风管与配件制作;部件制作;风管系统安装;除尘器与排污设备安装;风管与设备防腐;风机安装;系统调试
		空调风系统	风管与配件制作;部件制作;风管系统安装;空气处理设备安装;消声设备制作与安装;风管与设备防腐;风机安装;风管与设备绝热;系统调试
		净化空调系统	风管与配件制作;部件制作;风管系统安装;空气处理设备安装;消声设备制作与安装;风管与设备防腐;风机安装;风管与设备绝热;高效过滤器安装;系统调试

续表

序号	分部工程	子分部工程	分项工程
8	通风与空调	制冷设备系统	制冷机组安装；制冷剂管道及配件安装；制冷附属设备安装；管道及设备的防腐与绝热；系统调试
		空调水系统	管道冷热（媒）水系统安装；冷却水系统安装；冷凝水系统安装；阀门及部件安装；冷却塔安装；水泵及附属设备安装；管道与设备的防腐与绝热；系统调试
9	电梯	电力驱动的曳引式或强制式电梯安装工程	设备进场验收，土建交接检验，驱动主机，导轨，门系统，轿厢，对重（平衡重），安全部件，悬挂装置，随行电缆，补偿装置，电气装置，整机安装验收
		液压电梯安装工程	设备进场验收，土建交接检验，液压系统，导轨，门系统，轿厢，平衡重，安全部件，悬挂装置，随行电缆，电气装置，整机安装验收
		自动扶梯、自动人行道安装工程	设备进场验收，土建交接检验，整机安装验收

3. 分项工程、检验批的划分原则

(1)分项工程应按主要工种、材料、施工工艺、设备类别等进行划分，如模板、钢筋、混凝土分项工程是按工种进行划分的；

(2)分项工程划分成检验批进行验收有助于及时纠正施工中出现的质量问题，确保工程质量，也符合施工实际需要。多层及高层建筑工程中主体结构分部的分项工程可按楼层或施工段来划分检验批，单层建筑工程中的分项工程可按变形缝等划分检验批；地基与基础分部工程中的分项工程一般划分为一个检验批，有地下层的基础工程可按不同地下层划分检验批；屋面分部工程中的分项工程，不同楼层屋面可划分为不同的检验批；其他分部工程的分项工程，可按楼层或一定数量划分检验批；对于工程量较少的分项工程可统一划为一个检验批。安装工程一般按一个设计系统或设备组别划分为一个检验批。室外工程统一划分为一个检验批。散水、台阶、明沟等含在地面检验批中。

地基基础中的土石方,基坑支护子分部工程及混凝土工程中的模板工程,虽不构成建筑工程实体,但它是建筑工程施工不可缺少的重要环节和必要条件,其施工质量如何,不仅关系到能否施工和施工安全,也关系到建筑工程质量,因此将其列入施工验收内容。

15.3.2 建筑工程质量验收程序和组织

为了落实建设参与各方各级的质量责任,规范施工质量验收程序,工程质量的验收均应在施工单位自行检查评定的基础上,按施工的顺序进行:检验批→分项工程→分部(子分部)工程→单位(子单位)工程。单位工程完工后,施工单位应自行组织有关人员进行检查评定,并向建设单位提交工程验收报告。建设单位应及时组织有关各方进行验收。单位工程质量验收合格后,建设单位应在规定时间内将工程竣工验收报告和有关文件,报建设行政管理部门备案。

建筑工程质量验收的组织及参加人员见表15-5。

建筑工程质量验收组织及参加人员　　表15-5

序号	工程	组织者	参加人员
1	检验批	监理工程师	项目专业质量(技术)负责人
2	分项工程	监理工程师	项目专业质量(技术)负责人
3	分部(子分部)工程	总监理工程师	项目经理、项目技术负责人、项目质量负责人
	地基与基础、主体结构分部	总监理工程师	施工技术部门负责人 施工质量部门负责人 勘察项目负责人 设计项目负责人

续表

序号	工程	组织者	参加人员
4	单位 (子单位)工程	建设单位 (项目)负责人	施工单位(项目)负责人 设计单位(项目)负责人 监理单位(项目)负责人

注:有分包单位施工时,分包单位应参加对所承包工程项目的质量验收,并将有关资料交总包单位。

参加质量验收的各方对工程质量验收意见不一致时,可采取协商、调解、仲裁和诉讼四种方式解决。

(1)协商是指产品质量争议产生之后,争议的各方当事人之间进行协商,本着解决问题的态度,互谅互让,争取当事人各方自行调解解决争议的一种方式。协调是解决质量争议最常用而且最有效的方式之一。当事人通过这种方式解决纠纷既不伤和气,节省了大量的精力和时间,也免去了调解机构、仲裁机构和司法机关不必要的工作,节约了社会资源。因此,协商是解决产品质量争议的较好的方式。

(2)调解是指当事人各方在发生产品质量争议后经协商不成时,向有关的质量监督机构或建设行政主管部门提出申请,由这些机构在查清事实、分清是非的基础上,依照国家的法律、法规、规章等,说服争议各方,使各方能互相谅解,自愿达成协议,解决质量争议的方式。

(3)仲裁是指产品质量纠纷的争议各方在争议发生前或发生后达成协议,自愿将争议交给仲裁机构作出裁决,争议各方有义务执行的解决产品质量争议的一种方式。

(4)诉讼是指因产品质量发生争议时,在当事人与有关诉讼人的参加下,由人民法院依法审理纠纷案时所进行的一系列的审理原则、诉讼程序及其他有关方面都要遵守《民事诉讼法》和其他法律、法规的规定。

这四种解决质量争议的方式有各自的特点和长处,采用哪种方式来解决争议,法律并没有强制规定,当事人可以根据争议的具体情况进行选择。单位工程质量验收合格后,建设单位应在规定的时间内将工程竣工验收报告和有关文件报建设行政管理部门备案。

15.4 建筑工程质量验收

15.4.1 检验批质量验收

检验批是构成建筑工程质量验收的最小单位,是判定单位工程质量合格的基础。检验批质量合格应符合下列规定:

1. 主控项目和一般项目的质量经抽样检验合格

(1)主控项目是指对检验批质量有致命影响的检验项目。它反映了该检验批所属分项工程的重要技术性能要求。主控项目中所有子项必须全部符合各专业验收规范规定的质量指标,方能判定该主控项目质量合格。反之,只要其中某一子项甚至某一抽查样本检验后达不到要求,即可判定该检验批质量为不合格,则该检验批拒收。换言之,主控项目中某一子项甚至某一抽查样本的检查结果为不合格时,即行使对检验批质量的否决权。

主控项目涉及的内容主要有:

1)建筑材料、构配件及建筑设备的技术性能及进场复验要求。

2)涉及结构安全、使用功能的检测、抽查项目,如试块的强度、挠度、承载力、外窗的三性要求等。

3)任一抽查样本的缺陷都可能会造成致命影响。须严格控制的项目,如桩的位移、钢结构的轴线、电气设备的接地电阻等。

(2)一般项目是指除主控项目以外,对检验批质量有影响的检验项目,当其中缺陷(指超过规定质量指标的缺陷)的数量超过规定的比例,或样本的缺陷程度超过规定的限度后,对检验批质量会产生影响。它反映了该检验批所属分项工程的一般技术性能要求。一般项目的合格判定条件:抽查样本的80%及以上(个别项目为90%以上,如混凝土规范中梁、板构件上部纵向受力钢筋保护厚度等)符合各专业验收规范规定的质量指标,其余样本的缺陷通常不超过规定允许偏差的1.5倍(个别规范规定为1.2倍,如钢结构验收规范等)。具体应根据各专业验收规范的规定执行。

2. 具有完整的施工操作依据和质量检查记录

检验批施工操作依据的技术标准应符合设计、验收规范的要求。采用企业标准的不能低于国家、行业标准。有关质量检查的内容、数据、评定,由施工单位项目专业质量检查员填写,检验批验收记录及结论由监理单位监理工程师填写完整。

3. 检验批质量验收结论1、2两项均符合要求,该检验批质量方能判定合格。若其中一项不符合要求,该检验批质量则不得判定为合格。

检验批质量验收记录应按表15-6的格式填写。

15.4.2 分项工程质量验收

1. 分项工程是由所含性质、内容一样的检验批汇集而成,是在检验批的基础上进行验收的,实际上是一个汇总统计的过程,并无新的内容和要求,但验收时应注意:

(1)应核对检验批的部位是否全部覆盖分项工程的全部范围,有无缺漏部位未被验收。

(2)检验批验收记录的内容及签字人是否正确、齐全。

检验批质量验收记录　　表 15-6

<table>
<tr><td>工程名称</td><td colspan="2"></td><td>分项工程名称</td><td></td><td>验收部位</td><td></td></tr>
<tr><td>施工单位</td><td colspan="3"></td><td>专业工长</td><td>项目经理</td><td></td></tr>
<tr><td>施工执行标准名称及编号</td><td colspan="6"></td></tr>
<tr><td>分包单位</td><td colspan="2"></td><td>分包项目经理</td><td></td><td>施工班组长</td><td></td></tr>
<tr><td></td><td colspan="2">质量验收规范的规定</td><td colspan="2">施工单位检查评定记录</td><td colspan="2">监理(建设)单位验收记录</td></tr>
<tr><td rowspan="10">主控项目</td><td>1</td><td></td><td colspan="2"></td><td colspan="2" rowspan="10"></td></tr>
<tr><td>2</td><td></td><td colspan="2"></td></tr>
<tr><td>3</td><td></td><td colspan="2"></td></tr>
<tr><td>4</td><td></td><td colspan="2"></td></tr>
<tr><td>5</td><td></td><td colspan="2"></td></tr>
<tr><td>6</td><td></td><td colspan="2"></td></tr>
<tr><td>7</td><td></td><td colspan="2"></td></tr>
<tr><td>8</td><td></td><td colspan="2"></td></tr>
<tr><td>9</td><td></td><td colspan="2"></td></tr>
<tr><td></td><td></td><td colspan="2"></td></tr>
<tr><td rowspan="4">一般项目</td><td>1</td><td></td><td colspan="2"></td><td colspan="2" rowspan="4"></td></tr>
<tr><td>2</td><td></td><td colspan="2"></td></tr>
<tr><td>3</td><td></td><td colspan="2"></td></tr>
<tr><td>4</td><td></td><td colspan="2"></td></tr>
<tr><td colspan="2">施工单位检查结果评定</td><td colspan="5">项目专业质量检查员：
年　月　日</td></tr>
<tr><td colspan="2">监理(建设)单位验收结论</td><td colspan="5">监理工程师(建设单位项目专业技术负责人)
年　月　日</td></tr>
</table>

(3)分项工程质量验收可按表15-7的要求填写。

______分项工程质量验收记录　　表15-7

工程名称		结构类型		检验批数	
施工单位		项目经理		项目技术负责人	
分包单位		分包单位负责人		分包项目经理	

序号	检验批部位、区段	施工单位检查评定结果	监理(建设)单位验收结论
1			
2			
3			
4			
5			
6			
7			
8			
9			
10			
11			
12			
13			
14			
15			
16			
17			

检查结论	项目专业 技术负责人: 年　月　日	验收结论	监理工程师 (建设单位项目专业技术负责人) 年　月　日

2. 分项工程质量合格应符合下列规定：

(1)分项工程所含的检验批均应符合合格质量的规定。

(2)分项工程所含的检验批的质量验收记录应完整。

15.4.3 分部(子分部)工程质量验收

1. 分部工程仅含一个子分部时，应在分项工程质量验收基础上，直接对分部工程进行验收；当分部工程含两个及两个以上子分部工程时，则应在分项工程质量验收的基础上，先对子分部工程分别进行验收，再将子分部工程汇总成分部工程。

2. 分部(子分部)工程质量验收合格应符合下列规定：

(1)分部(子分部)工程所含分项工程质量均应验收合格。

1)分部(子分部)工程所含各分项工程施工均已完成。

2)所含各分项工程划分正确。

3)所含各分项工程均按规定通过了合格质量验收。

4)所含各分项工程验收记录表内容完整，填写正确，收集齐全。

(2)质量控制资料应完整。

质量控制资料完善是工程质量合格的重要条件，在分部工程质量验收时，应根据各专业工程质量验收规范中对分部或子分部工程质量控制资料所作的具体规定，进行系统地检查，着重检查资料的齐全，项目的完整，内容的准确和签署的规范。另外在资料检查时，尚应注意以下几点：

1)有些龄期要求较长的检测资料，在分项工程验收时，尚不能及时提供，应在分部(子分部)工程验收时进行补查，如基础混凝土(有时按 60d 龄期强度设计)或主体结构后浇带混凝土施工等。

2)对在施工中质量不符合要求的检验批、分项工程按有关规定进行处理后的资料归档审核。

3)对于建筑材料的复验范围,各专业验收规范都作了具体规定,检验时按产品标准规定的组批规则、抽样数量、检验项目进行,但有的规范另有不同要求,这一点在质量控制资料核查时需引起注意。

(3)地基与基础、主体结构和设备安装等分部工程有关安全及功能的检验和抽样,检测结果应符合有关规定。

有关对涉及结构安全及使用功能检验(检测)的要求,应按设计文件及专业工程质量验收规范中所作的具体规定执行。如对工程桩应进行承载力检测和桩身质量检测的规定,混凝土验收规范对结构实体所作的混凝土强度及钢筋保护层厚度检验规定等,都应严格执行。在验收时还应注意以下几点:

1)检查各专业验收规范所规定的各项检验(检测)项目是否都进行了测试。

2)查阅各项检验报告(记录),核查有关抽样方案、测试内容、检测结果等是否符合有关标准规定。

3)核查有关检测机构的资质,取样与送样见证人员资格,报告出具单位责任人的签署情况是否符合要求。

(4)观感质量验收应符合要求。

观感质量验收系指在分部所含的分项工程完成后,在前三项检查的基础上,对已完工部分工程的质量,采用目测、触摸和简单量测等方法,所进行的一种宏观检查方式。由于其检查的内容和质量指标已包含在各个分项工程内,所以对分部工程进行观感质量检查和验收,并不增加新的项目,只不过是转换一下视角,采用一种更直观、便捷、快速的方法,对工程质量从外观上作一次重复的、扩大的、全面的检查,这是由建筑施工特点所决定的,也是十分必要的。

1)尽管其所包含的分项工程原来都经过检查与验收,但随着时间的推移，气候的变化，荷载的递增等，可能会出现质量变异情况，如材料裂缝、建筑物的渗漏、变形等。

2)弥补受抽样方案局限造成的检查数量不足和后续施工部位(如施工洞、井架洞、脚手架洞等)原先检查不到的缺憾，扩大了检查面。

3)通过对专业分包工程的质量验收和评价，分清了质量责任，可减少质量纠纷，既促进了专业分包队伍技术素质的提高，又增强了后续施工对产品的保护意识。

观感质量验收并不给出“合格”或“不合格”的结论，而是给出“好、一般或差”的总体评价，所谓“一般”是指经观感质量检查能符合验收规范的要求；所谓“好”是指在质量符合验收规范的基础上，能达到精致、流畅、匀净的要求，精度控制好；所谓“差”是指勉强达到验收规范的要求，但质量不够稳定，离散性较大，给人以粗疏的印象。观感质量验收若发现有影响安全、功能的缺陷，有超过偏差限值，或明显影响观感效果的缺陷，则应处理后再进行验收。

3. 分部(子分部)工程质量验收应在施工单位检查评定的基础上进行，勘察、设计单位应在有关的分部工程验收表上签署验收意见，监理单位总监理工程师应填写验收意见，并给出“合格”或“不合格”的结论。

4. 有关分部(子分部)工程质量验收应按表15-8的要求填写。

15.4.4 单位(子单位)工程质量验收

单位工程未划分子单位工程时，应在分部工程质量验收的基础上，直接对单位工程进行验收；当单位工程划分为若干子单位工程时，则应在分部工程质量验收的基础上，先对子单位工程进行验收，再将子单位工程汇总成单位工程。

______分部(子分部)工程验收记录　　表 15-8

工程名称		结构类型		层　数	
施工单位		技术部门负责人		质量部门负责人	
分包单位		分包单位负责人		分包技术负责人	

序号	分项工程名称	检验批数	施工单位检查评定	验　收　意　见
1				
2				
3				
4				
5				
6				
质量控制资料				
安全和功能检验(检测)报告				
观感质量验收				

验收单位			
验收单位	分包单位		项目经理　年　月　日
验收单位	施工单位		项目经理　年　月　日
验收单位	勘察单位		项目负责人　年　月　日
验收单位	设计单位		项目负责人　年　月　日
验收单位	监理(建设)单位	总监理工程师 (建设单位项目专业负责人)　年　月　日	

单位(子单位)工程质量验收合格应符合下列规定:

1. 单位(子单位)工程所含分部(子分部)工程的质量均应验收合格。

(1)设计文件和承包合同所规定的工程已全部完成。

(2)各分部(子分部)工程划分正确。

(3)各分部(子分部)工程均按规定通过了合格质量验收。

(4)各分部(子分部)工程验收记录表内容完整,填写正确,收集齐全。

2. 质量控制资料应完整

质量控制资料完整是指所收集的资料，能反映工程所采用的建筑材料、构配件和建筑设备的质量技术性能，施工质量控制和技术管理状况，涉及结构安全和使用功能的施工试验和抽样检测结果，及建设参与各方参加质量验收的原始依据、客观记录、真实数据和执行见证等资料，能确保工程结构安全和使用功能，满足设计要求，让人放心。它是评价工程质量的主要依据，是印证各方各级质量责任的证明，也是工程竣工交付使用的“合格证”与“出厂检验报告”。

尽管质量控制资料在分部工程质量验收时已检查过，但某些资料由于受试验龄期的影响，或受系统测试的需要等，难以在分部验收时到位。单位工程验收时，对所有分部工程资料的系统性和完整性，进行一次全面的核查，是十分必要的，只不过不再像以前那样进行微观检查，而是在全面梳理的基础上，重点检查有否需要拾遗补缺的，从而达到完整无缺的要求。

质量控制资料核查的具体内容按表 15-9 要求进行，从该表及各专业验收规范的要求来看，与原验评标准相比有两个明显变化：其一，对建筑材料、构配件及建筑设备合格证书的要求，几乎涉及到所有建筑材料、成品和半成品，不管是用于结构还是非结构工程中。其二，对于涉及结构安全和影响使用安全、使用功能的建材的进场复验，也从原来的几种材料增到几十种，几乎囊括了主要的建筑材料、建筑构配件和设备，既有结构和建筑设备，又有装饰工程的。涉及结构安全的试块、试件及有关材料，还应按规定进行见证取样送样检测。具体哪些建筑材料需进行，由于专业验收规范涉及的分项工程在单位工程中所处地位的重要性不一样，故对需作复验的材料种类、组批量、抽样的频率、试验的项目等规定是不统一的，核查时应注意以下几点：

单位(子单位)工程质量控制资料核查记录　表 15-9

工程名称			施工单位		
序号	项目	资　料　名　称	份数	核查意见	核查人
1	建筑与结构	图纸会审、设计变更、洽商记录			
2		工程定位测量、放线记录			
3		原材料出厂合格证书及进场检(试)验报告			
4		施工试验报告及见证检测报告			
5		隐蔽工程验收表			
6		施工记录			
7		预制构件、预拌混凝土合格证			
8		地基、基础、主体结构检验及抽样检测资料			
9		分项、分部工程质量验收记录			
10		工程质量事故及事故调查处理资料			
11		新材料、新工艺施工记录			
12					
1	给排水与采暖	图纸会审、设计变更、洽商记录			
2		材料、配件出厂合格证书及进场检(试)验报告			
3		管道、设备强度试验、严密性试验记录			
4		隐蔽工程验收表			
5		系统清洗、灌水、通水、通球试验记录			
6		施工记录			
7		分项、分部工程质量验收记录			
8					
1	建筑电气	图纸会审、设计变更、洽商记录			
2		材料、设备出厂合格证书及进场检(试)验报告			
3		设备调试记录			
4		接地、绝缘电阻测试记录			
5		隐蔽工程验收表			
6		施工记录			
7		分项、分部工程质量验收记录			
8					

续表

工程名称			施工单位		
序号	项目	资料名称	份数	核查意见	核查人
1	通风与空调	图纸会审、设计变更、洽商记录			
2		材料、设备出厂合格证书及进场检(试)验报告			
3		制冷、空调、水管道强度试验、严密性试验记录			
4		隐蔽工程验收表			
5		制冷设备运行调试记录			
6		通风、空调系统调试记录			
7		施工记录			
8		分项、分部工程质量验收记录			
9					
1	电梯	土建布置图纸会审、设计变更、洽商记录			
2		设备出厂合格证书及开箱检验记录			
3		隐蔽工程验收表			
4		施工记录			
5		接地、绝缘电阻测试记录			
6		负荷试验、安全装置检查记录			
7		分项、分部工程质量验收记录			
8					
1	建筑智能化	图纸会审、设计变更、洽商记录、竣工图及设计说明			
2		材料、设备出厂合格证及技术文件及进场检(试)验报告			
3		隐蔽工程验收表			
4		系统功能测定及设备调试记录			
5		系统技术、操作和维护手册			
6		系统管理、操作人员培训记录			
7		系统检测报告			
8		分项、分部工程质量验收报告			

结论：

施工单位项目经理 年 月 日　　　总监理工程师(建设单位项目负责人) 年 月 日

(1)不同规范或同一规范对同一种材料的不同要求：

1)用于混凝土结构工程的砂应进行复验，用于砌筑砂浆、抹灰工程的砂未作规定。

2)砌体规范对用于承重砌体的块材要求进行复验，对填充墙未作规定。

3)钢结构规范中对用于建筑结构安全等级为一级，大跨度钢结构中主要受力构件，及板厚40mm及以上且设计有Z向性能要求的钢材，或进口(无商检报告)、混批、质量有疑义的钢材及设计有复验要求的，应进行复验，其他当设计无要求时可不复验等。

(2)材料的取样批量要求

材料取样单位一般按照相关产品标准中检验规则规定的批量抽取，但个别验收规范有突破。如水泥应根据水泥厂的年生产能力进行编号后，按每一编号为一取样单位。但混凝土验收规范却规定：袋装水泥以不超过200t为一取样单位，散装水泥以不超过500t为一取样单位。

(3)材料的抽样频率要求

材料的抽样频率，一般按照相关产品标准的规定抽样试验1组，但砌体验收规范对用于多层以上建筑基础和底层的小砌块抽样数量，规定不应少于2组。

(4)材料的检验项目要求

材料进场复验时究竟要对哪些项目进行检验，就全国范围来讲没有一个权威而又统一的标准，有的地区以产品标准中的出厂检验项目为依据；也有以产品标准中的主要技术要求为依据，成为约定俗成的规矩。但一些地区对某些材料的检验项目因意见不统一而引起纠纷，为此验收规范对部分材料作了明确。但鉴于同一种材料用途不一，导致专业验收规范对检验项目做出了不同的规定，如水泥的检验项目：混凝土、砌体规范规定为“强度”和“安定性”两项；装饰规范对饰面板（砖）粘贴工程还增加“凝结时间”项目，而对抹灰工程仅规定为“凝结时间”、“安定性”两项等。

(5)特殊规定

对无粘结预应力筋的涂包质量，一般情况应作复验，但当有工程经验，并经观察认为质量有保证，可不作复验。又如对预应力张拉孔道灌浆水泥和外加剂，当用量较少，且有近期该产品的检验报告，可不进行复验等。

单位（子单位）工程质量控制资料的检查应在施工单位自查的基础上进行，施工单位应在表 15-9 填上资料的份数，监理单位应填上核查意见，总监理工程师应给出质量控制资料“完整”或“不完整”的结论。

3. 单位（子单位）工程所含分部工程有关安全和功能的检测资料应完整

前项检查是对所有涉及单位工程验收的全部质量控制资料进行的普查，本项检查则是在其基础上对其中涉及结构安全和建筑功能的检测资料所作的一次重点抽查，体现了新的验收规范对涉及结构安全和使用功能方面的强化作用，这些检测资料直接反映了房屋建筑物、附属构筑物及其建筑设备的技术性能，其他规定的试验、检测资料共同构成建筑产品一份“型式”检验报告。检查的内容按表 15-10 的要求进行。其中大部分项目在施工过程中或分部工程验收时已作了测试，但也有部分要待单位工程全部完工后才能做，如建筑物的节能、保温测试、室内环境检测、照明全负荷试验、空调系统的温度测试等；有的项目即使原来在分部工程验收时已做了测试，但随着荷载的增加引起的变化，这些检测项目需循序渐进，连续进行，如建筑物沉降及垂直测量，电梯运行记录等。所以在单位工程验收时对这些检测资料进行核查，并不是简单的重复检查，而是对原有检测资料所作的一次延续性的补充、修正和完善，是整个“型式”检验的一个组成部分。单位（子单位）工程安全和功能检测资料核查表15-10中的份数应由施工单位填写，总监理工程师应逐一进行核查，尤其对检测的依据、结论、方法和签署情况应认真审核，并在表上填写核查意见，给出“完整”或“不完整”的结论。

单位（子单位）工程安全和功能检验资料核查及主要功能抽查记录

表15-10

工程名称			施工单位			
序号	项目	安全和功能检查项目	份数	核查意见	抽查结果	核查（抽查）人
1	建筑与结构	屋面淋水试验记录				
2		地下室防水效果检查记录				
3		有防水要求的地面蓄水试验记录				
4		建筑物垂直度、标高、全高测量记录				
5		抽气（风）道检查记录				
6		幕墙及外窗气密性、水密性、耐风压检测报告				
7		建筑物沉降观测测量记录				
8		节能、保温测试记录				
9		室内环境检测报告				
10						
1	给排水与采暖	给水管道通水试验记录				
2		暖气管道、散热器压力试验记录				
3		卫生器具满水试验记录				
4		消防管道、燃气管道压力试验记录				
5		排水干管通球试验记录				
6						

续表

工程名称				施工单位		
序号	项目	安全和功能检查项目	份数	核查意见	抽查结果	核查（抽查）人
1	电气	照明全负荷试验记录				
2		大型灯具牢固性试验记录				
3		避雷接地电阻测试记录				
4		线路、插座、开关接地检验记录				
5						
1	通风与空调	通风、空调系统运行记录				
2		风量、温度测试记录				
3		洁净室洁净度测试记录				
4		制冷机组试运行调试记录				
5						
1	电梯	电梯运行记录				
2		电梯安全装置检测报告				
1	智能建筑	系统试运行记录				
2		系统电源及接地检测报告				
3						

结论：

施工单位项目经理 年 月 日 总监理工程师（建设单位项目负责人） 年 月 日

注：抽查项目由验收组协商确定。

4．主要功能项目的抽查结果应符合相关专业质量验收规范的规定

上述第3项中的检测资料与第2项质量控制资料中的检

测资料共同构成了一份完整的建筑产品“型式”检验报告,本项对主要建筑功能项目进行抽样检查,则是建筑产品在竣工交付使用以前所作的最后一次质量检验,即相当于产品的“出厂”检验。这项检查是在施工单位自查全部合格基础上,由参加验收的各方人员商定,由监理单位实施抽查。可选择其中在当地容易发生质量问题或施工单位质量控制比较薄弱的项目和部位进行抽查。其中涉及应由有资质检测单位检查的项目,监理单位应委托检测,其余项目可由自己进行实体检查,施工单位应予配合。至于抽样方案,可根据现场施工质量控制等级,施工质量总体水平和监理监控的效果进行选择。房屋建筑功能质量由于关系到用户切身利益,是用户最为关心的,检查时应从严把握。对于查出的影响使用功能的质量问题,必须全数整改,达到各专业验收规范的要求。对于检查中发现的倾向性质量问题,则应调整抽样方案,或扩大抽样样本数量,甚至采用全数检查方案。

功能抽查的项目,不应超出表 15-10 规定的范围,合同另有约定的不受其限制。

主要功能抽查完成后,总监理工程师应在表 15-10 上填写抽查意见,并给出“符合”或“不符合”验收规范的结论。

5. 观感质量验收应符合要求

单位(子单位)工程观感质量验收与主要功能项目的抽查一样,相当于商品的“出厂”检验,故其重要性是显而易见的。其检查的要求、方法与分部工程相同(见 15.4.3),其检查内容在表 15-11 中具体列出。凡在工程上出现的项目,均应进行检查,并逐项填写“好”、“一般”或“差”的质量评价。为了减少受检查人员个人主观因素的影响,观感检查应至少 3 人以上共同参加,共同确定。

单位(子单位)工程观感质量检查记录　　表 15-11

工程名称			施工单位			
序号	项　目		抽查质量状况	质量评价		
				好	一般	差
1	建筑与结构	室外墙面				
2		变形缝				
3		水落管、屋面				
4		室内墙面				
5		室内项棚				
6		室内地面				
7		楼梯、踏步、护栏				
8		门窗				
1	给排水与采暖	管道接口、坡度、支架				
2		卫生器具、支架、阀门				
3		检查口、扫除口、地漏				
4		散热器、支架				
1	建筑电气	配电箱、盘、板、接线盒				
2		设备器具、开关、插座				
3		防雷、接地				
1	通风与空调	风管、支架				
2		风口、风阀				
3		风机、空调设备				
4		阀门、支架				
5		水泵、冷却塔				
6		绝热				
1	电梯	运行、平层、开关门				
2		层门、信号系统				
3		机房				
1	智能建筑	机房设备安装及布局				
2		现场设备安装				
3						
观感质量综合评价						
检查结论	施工单位项目经理　年　月　日		总监理工程师 (建设单位项目负责人)　年　月　日			

注:质量评价为差的项目应进行返修。

观感质量验收不单纯是对工程外表质量进行检查，同时也是对部分使用功能和使用安全所作的一次宏观检查。如门窗启闭是否灵活，关闭是否严密，即属于使用功能。又如室内顶棚抹灰层的空鼓、楼梯踏步高差过大等，涉及使用的安全，在检查时应加以关注。检查中发现有影响使用功能和使用安全的缺陷，或不符合验收规范要求的缺陷，应进行处理后再进行验收。

观感质量检查应在施工单位自查的基础上进行，总监理工程师在表15-11中填写观感质量综合评价后，并给出“符合”与“不符合”要求的检查结论。

单位(子单位)工程质量验收完成后，按表15-12要求填写工程质量验收记录，其中：验收记录由施工单位填写；验收结论由监理单位填写；综合验收结论由参加验收各方共同商定，建设单位填写，并应对工程质量是否符合设计和规范要求及总体质量水平作出评价。

单位(子单位)工程质量竣工验收记录　　表15-12

工程名称		结构类型		层数/建筑面积	
施工单位		技术负责人		开工日期	
项目经理		项目技术负责人		竣工日期	

序号	项　目	验　收　记　录	验　收　结　论
1	分部工程	共　分部，经查　分部 符合标准及设计要求　分部	
2	质量控制资料核查	共　项，经审查符合要求　项，经核定符合规范要求　项	
3	安全和主要使用功能核查及抽查结果	共核查　项，符合要求　项，共抽查　项，符合要求　项，经返工处理符合要求　项	
4	观感质量验收	共抽查　项，符合要求　项，不符合要求　项	

续表

<table>
<tr><td colspan="2">工程名称</td><td></td><td>结构类型</td><td></td><td>层数/建筑面积</td><td></td></tr>
<tr><td colspan="2">施工单位</td><td></td><td>技术负责人</td><td></td><td>开工日期</td><td></td></tr>
<tr><td colspan="2">项目经理</td><td></td><td>项目技术负责人</td><td></td><td>竣工日期</td><td></td></tr>
<tr><td>序号</td><td>项　　目</td><td colspan="3">验收记录</td><td colspan="2">验　收　结　论</td></tr>
<tr><td>5</td><td>综合验收结论</td><td colspan="3"></td><td colspan="2"></td></tr>
<tr><td rowspan="2">参加验收单位</td><td>建设单位</td><td colspan="2">监理单位</td><td colspan="2">施工单位</td><td>设计单位</td></tr>
<tr><td>（公章）
单位（项目）负责人
年　月　日</td><td colspan="2">（公章）
总监理工程师
年　月　日</td><td colspan="2">（公章）
单位负责人
年　月　日</td><td>（公章）
单位（项目）负责人
年　月　日</td></tr>
</table>

15.4.5 建筑工程质量不符合要求时的处理规定

1. 经返工重做或更换器具、设备的检验批，应重新进行验收

返工重做是指对该检验批的全部或局部推倒重来，或更换设备、器具等的处理，处理或更换后，应重新按程序进行验收。如某住宅楼一层砌砖，验收时发现砖的强度等级为 MU5，达不到设计要求的 MU10，推倒后重新使用 MU10 砖砌筑，其砖砌体工程的质量应重新按程序进行验收。

重新验收质量时，要对该检验批重新抽样、检查和验收，并重新填写检验批质量验收记录表。

2. 经有资质的检测单位检测鉴定能够达到设计要求的检验批，应予以验收

这种情况多数是指留置的试块失去代表性，或因故缺少试块的情况，以及试块试验报告缺少某项有关主要内容，也包括对试块或试验结果有怀疑时，经有资质的检测机构对工程进行检测测试。其测试结果证明，该检验批的工程质量能够达到设计图纸要求，这种情况应按正常情况予以验收。

3. 经有资质的检测单位检测鉴定达不到设计要求，但经原设计单位核算认可能够满足结构安全和使用功能的检验批，可予以验收

这种情况是指某项质量指标达不到设计图纸的要求，如留置的试块失去代表性，或是因故缺少试块以及试验报告有缺陷，不能有效证明该项工程的质量情况，或是对该试验报告有怀疑时，要求对工程实体质量进行检测。经有资质的检测单位检测鉴定达不到设计图纸要求，但差距不是太大。经原设计单位进行验算，认为仍可满足结构安全和使用功能，可不进行加固补强。如原设计计算混凝土强度为 27MPa，选用了 C30 混凝土。同一验收批中共有 8 组试块，8 组试块混凝土立方体抗压强度的理论均值达到混凝土强度评定要求，其中 1 组强度不满足最小值要求，经检测结果为 28MPa，设计单位认可能满足结构安全，并出具正式的认可证明，有注册结构工程师签字，加盖单位公章，由设计单位承担责任。因为设计责任就是设计单位负责，出具认可证明，也在其质量责任范围内，故可予以验收。

以上三种情况都应视为符合验收规范规定的质量合格的工程。只是管理上出现了一些不正常的情况，使资料证明不了工程实体质量，经过检测或设计验收，满足了设计要求，给予通过验收是符合验收规范规定的。

4. 经返修或加固处理的分项、分部工程，虽改变外形尺寸但仍能满足安全使用要求，可按技术处理方案和协商文件进行验收。

这种情况是指某项质量指标达不到设计图纸的要求，经有资质的检测单位检测鉴定也未达到设计图纸要求，设计单位经过验算，的确达不到原设计要求。经分析，找出了事故原

因，分清了质量责任，同时经过建设单位、施工单位、设计单位、监理单位等协商，同意进行加固补强，协商好加固费用的处理、加固后的验收等事宜。由原设计单位出具加固技术方案，虽然改变了建筑构件的外形尺寸，或留下永久性缺陷，包括改变工程的用途在内，按协商文件进行验收，这是有条件的验收，由责任方承担经济损失或赔偿等。这种情况实际是工程质量达不到验收规范的合格规定，应属不合格工程的范畴。但根据《条例》的第 24 条、第 32 条等对不合格工程的处理规定，经过技术处理(包括加固补强)，最后能达到保证安全和使用功能，也是可以通过验收的。这是为了减少社会财富不必要的损失，出了质量事故的工程不能都推倒报废，只要能保证结构安全和使用功能，仍作为特殊情况进行验收，是属于让步接收的做法，不属于违反《条例》的范围，但其有关技术处理和协商文件应在质量控制资料核查记录表和单位(子单位)工程质量竣工验收记录表中载明。

5. 通过返修或加固处理仍不能满足安全使用要求的分部(子分部)工程、单位(子单位)工程，严禁验收。

这种情况通常是指不可救药者，或采取措施后得不偿失者。这种情况应坚决返工重做，严禁验收。